W0268575

K. H. Kellermayr

Technische Informatik

Internet- und PC-Technologie
für automatisierte Anlagen
und Prozesse

SpringerWienNewYork

Univ.-Dozent Dipl.-Ing. Dr. Karl H. Kellermayr
Fachhochschulstudiengang Automatisierte Anlage- und Prozesstechnik
Wels, Österreich

Satz: Reproduktionsfertige Vorlage des Autors

Gedruckt auf säurefreiem, chlorfrei gebleichtem Papier – TCF
SPIN: 10766496

Mit 303 Abbildungen

Die Deutsche Bibliothek – CIP-Einheitsaufnahme
Ein Titeldatensatz für diese Publikation ist bei
Der Deutschen Bibliothek erhältlich

ISBN-13:978-3-211-83486-2   e-ISBN-13:978-3-7091-6779-3
DOI: 10.1007/978-3-7091-6779-3

Vorwort

Die Technische Informatik wird in zahlreichen Lehrbüchern behandelt. Vor diesem Hintergrund stellt sich die Frage, welche neuen Entwicklungen ein weiteres Lehrbuch auf diesem Gebiet rechtfertigen. Die Antwort liegt in ungebremsten Fortschritten der Rechnertechnologie, in der fortschreitenden Konvergenz, dem Zusammenrücken von Computer und Kommunikationstechnik (Schlagwort Internet) und im zunehmend breiter werdenden Einsatzbereich der Informationstechnologie begründet. Auch hat sich die Struktur der Computerbranche geändert. Durch die PC- und Netzwerktechnik können zunehmend Klein- und Mittelbetriebe auch leistungsfähige Systeme entwickeln und durch die Globalisierung des Wirtschaftslebens weltweit vermarkten. Mit dem vorliegenden Lehrbuch wird die Technische Informatik auf eine neuartige Weise dargestellt, die der Entwicklung dieses Gebietes in den zurückliegenden 20 Jahren Rechnung trägt. Als Schlagwörter seien diesbezüglich nur genannt:

- Marktdurchbruch des PCs mit einer Fülle neuer Anwendungen im technischen Bereich (Mess- und Automatisierungstechnik, virtuelle Instrumente),
- leistungsfähige visuelle Programmiersprachen,
- offene Systeme (basierend auf Betriebssystemstandards wie Windows und Unix),
- Lokale Computernetze,
- die flexible Vernetzung von Sensoren, Stellgliedern, Antrieben und Steuerungen in Produktionsanlagen und Laboratorien über Feldbusse,
- das Internet und die damit einhergehende "totale digitale Vernetzung" unserer Gesellschaft.

Während ursprünglich in der Technischen Informatik elektronische Bauelemente, Schaltungs-, Gerätetechnik und Rechnerarchitektur dominierende Themen waren, dringt zunehmend auch die Systemsoftware in das Zentrum der technischen Betrachtung. Als Bindeglied zwischen Hardware und Anwendungssoftware hat die Systemsoftware (Betriebssysteme) schon immer eine Mittlerrolle zwischen den Anwendungsanforderungen und den technologiebedingten Möglichkeiten der Rechnerhardware übernommen. Abstraktion war und ist das mächtige Konzept, mit dem dieser Brückenschlag gemeistert wird. Dahinter verbirgt sich die Überlegung, Anwendungen eine Sicht auf die Rechnerhardware zur Verfügung zu stellen, die von zwar wichtigen, aber für die Anwendungsfragen unwesentlichen Details und technologiebedingten Beschränkungen befreit ist.

Die Abstraktionen der frühen Hardware- und Betriebssystemgenerationen haben schrittweise Verallgemeinerungen erfahren, von denen heute jede Anwendung profitiert. Das gewachsene Verständnis von einem strukturierten Aufbau von Informationssystemen aus Hardware, Netzwerk und Software fanden einen Niederschlag in modularen Architekturen. Diese unterscheiden zwischen Kernfunktionen und darauf aufbauenden höheren Anwendungsfunktionen. Rechnerarchitekturen, Netzwerkarchitekturen und Systemarchitekturen sind der Schlüssel für die Offenheit, Skalierbarkeit und Anpassungsfähigkeit von Informationssystemen an unterschiedliche und ständig steigende Anwendungsanforderungen.

Die Computer-Technologie entwickelt sich in einem immer schneller werdenden, steten Wandel. Hardware-Fortschritte ergeben sich durch bessere, effizientere Prozessoren. Vielseitige und kompakte, integrierte mikroelektronische Bausteine (ICs, Chips) und immer schneller und größer werdende Speicher ermöglichen die Realisierung immer komplexerer Systeme, bei immer geringeren Kosten und erhöhter Funktionalität und Stabilität.

Große Fortschritte bei Anwendungssystemen haben die grafischen Benutzeroberflächen und insbesondere die grafischen Entwicklungsumgebungen hervorgebracht. Letztere bieten eine leichte Programmierung, ohne dabei auf Funktionalität und Geschwindigkeit zu verzichten. Vorangetrieben werden diese Entwicklungen durch den Bedarf an Netzwerkkommunikation, Echtzeit-Anforderungen, einfachere Bedienbarkeit und steigende Zuverlässigkeitsanforderungen an die Systeme in kommerziellen und industriellen Anwendungen.

Dieses Buch ist aus Vorlesungsunterlagen an der Universität Linz und am Fachhochschulstudiengang „Automatisierte Anlagen- und Prozesstechnik" in Wels entstanden. Es bemüht sich um eine systematische, anschauliche und praktische Heranführung an die Technische Informatik. Neben den Grundlagen der Informationstheorie und der computergerechten Signal- und Zeichendarstellung beinhaltet es eine Einführung in die Boolesche Algebra sowie in die Elektronik und Mikroelektronik. Darauf aufbauend werden die Schaltungs- und Gerätetechnik moderner Informationssysteme im Überblick dargestellt (logische Schaltnetze und Schaltwerke) und der funktionelle Aufbau digitaler Rechenanlagen und vernetzter Systeme wird behandelt. Nach einer grundlegenden Einführung in die Rechnerarchitektur und einer Beschreibung der Funktionsweise von CPU, Speicher und Input-/Output-Einheiten werden die wichtigsten marktüblichen Mikroprozessoren, aber auch Rechnernetze unter Behandlung konkreter, praxisrelevanter Protokolle und Schnittstellen behandelt. Das ISO-7-Schichtenmodell wird als Orientierungshilfe eingeführt und die für das Internet wichtigen Kommunikationsprotokolle TCP/IP werden vorgestellt. Großer Wert wird auch den Techniken der Erfassung und Ausgabe von Prozessdaten im Umfeld der Mess- und Steuertechnik und den Möglichkeiten der Feldbusse eingeräumt. Dadurch wird der Leser solide in die Funktionsweise moderner Computer eingeführt und wird vertraut mit Aspekten zum Entwurf und Aufbau von einfachen bis sehr umfassenden und leistungsfähigen vernetzten informationsverarbeitenden Systemen.

Das behandelte Themengebiet ist sehr umfangreich und breit. Es kann daher in einem Lehrbuch nicht vollständig behandelt werden. Thematische Einschränkungen durch Schwerpunktbildung sind erforderlich: technologische Aspekte im Personal-Computer-Umfeld und die Internettechnologie. Weder in theoretischer Sicht noch im Hinblick auf die Komponenten- und Gerätetechnik wird Vollständigkeit angestrebt. Vielmehr sollen Grundlagen und praxisrelevante Techniken in zeitgemäßer abstrakter Darstellung vermittelt werden. Basierend auf ausgewählten Beispielen, zu denen es in der Regel Lösungen mit direkt ausführbaren Programmen gibt, kann sich der interessierte Leser durch selbstständiges Arbeiten in die Lehrinhalte gezielt vertiefen. Dadurch können die erforderlichen theoretischen Grundlagen vermittelt und gleichzeitig auch Verständnis und Fachkompetenz für die Lösung konkreter Aufgabenstellungen geweckt und aufgebaut werden.

Hauptaugenmerk liegt auf der Erläuterung zentraler Begriffe und Verfahren der Technischen Informatik. Die am Markt befindlichen Produkte werden eingeordnet; sie werden in einer übergeordnete Darstellungsweise behandelt, die sich am Normenwesen orientiert, durch welches der Stand der Technik verkörpert wird.

Aus technischer Sicht werden Kenntnisse über den Aufbau und die Wirkungsweise von Computern und Computernetzen vermittelt. Das Buch wendet sich an Studenten und im Berufsleben stehende Techniker, die sich einen praxisgerechten Überblick zum Stand der Technik verschaffen wollen oder müssen. Als Techniker werden nicht primär Kerninformatiker (Technische Informatiker), sondern vor allem Messtechniker, Automatisierungstechniker, Anlagentechniker und Prozesstechniker angesprochen. Das Buch soll sie befähigen, sachgerecht Geräte und Anlagen der Informations- und Kommunikationstechnik auszuwählen, zu planen, zu konfigurieren und zu entwickeln. Überdies sollen sie Leistungs- und Effektivitätsabschätzungen realer Systeme vornehmen können, um in Problemfällen gezielte Schwachstellenanalysen fachgerecht durchzuführen.

Grundlegende Begriffe und Inhalte der Informations- und Signaltheorie werden eingeführt. Die rechnerinterne Zeichen- und Informationsdarstellung wird ausführlich behandelt. Die Behandlung computerinterner Strukturen und Vorgänge erfolgt logisch-funktionell. Logische (verarbeitende) und speichernde Elemente sowie komplexe Grundschaltungen werden anschaulich behandelt. Die Von-Neumann-Architektur bildet den Bezugspunkt für die Vermittlung von Kenntnissen über den Aufbau, die Arbeitsweise und Organisation von Rechenanlagen. Die Abläufe bei der Verarbeitung, der Speicherung und der Steuerung der Ein- und Ausgabe sollen eine Basis für das Verständnis von Rechnern und Rechnernetzen schaffen.

Die technologischen und schaltungstechnischen Grundlagen, Architekturen, Konzepte und Techniken werden nicht nur in Theorie, sondern auch mit konkreten Beispielen und Simulationsmodellen behandelt. Für die Simulation wird LabVIEW verwendet, eine moderne grafische Programmiersprache, die insbesondere bei Automatisierungs- und messtechnischen Anwendungen eine große marktwirtschaftliche Bedeutung erlangt hat. Damit wird eine sehr anschauliche und praxisnahe Konkretisierung der Inhalte erreicht.

Der Zugang zu diesem Themenbereich erfolgt durch die PC-Technologie mit Windows-Betriebssystemen und der Vernetzung über das Internet. Dabei ist die Programmierung technischer Anwendungen kein eigentliches Anliegen dieses Buches. Hauptziel ist es, über den aktuellen Stand der Hardware- und Softwaretechnologie grundlegend zu informieren, um PC-basierende-Systeme für die Automatisierungstechnik möglichst flexibel und zukunftssicher gestalten zu können. Vermittelt werden sollen vertieftes Verständnis zu:

- standardisierte Bussysteme, wie PCI, PC-Card,
- Hardware-Schnittstellen zur Datenerfassung, Instrumentennetze (GPIB, V.24, RS 485),
- industrielle Kommunikationsnetze (Internet, Feldbusse),
- Microsoft OLE (Object Linking and Embedding) und OPC (OLE for Process Control).

In der Mess- und Automatisierungstechnik kommen dem PC, Feldbussen, dem Internet und auch der Software eine immer entscheidendere Rolle zu. Der Mess- und Automatisierungstechniker muss sich daher mit der PC-Gerätetechnik, der Netzwerktechnik, den entsprechenden Betriebssystemen und auch mit der Software beschäftigen. Im Softwarebereich hat sich seit Mitte der 80-er Jahre mit LabVIEW eine sehr innovative Technologie durchgesetzt und dient auch in diesem Buch als Werkzeug zum Vertiefen der wesentlichen Konzepte. Daher ist auch ein kurzes Kapitel enthalten, in dem die Programmiergrundlagen und -möglichkeiten von Lab-VIEW vorgestellt werden. Beispiele geben einen Einblick in die Funktionsweise dieser modernen Software.

Durch Simulationsprogramme in LabVIEW werden die theoretischen, aber auch die praktischen Aspekte der in diesem Buch behandelten Konzepte anschaulich gemacht. Die große Vielzahl der in LabVIEW vorhandenen booleschen und numerischen Bedien- und Anzeigeelemente, zusammen mit der Fülle von Programmstrukturen und Funktionen machen LabVIEW zu einem ausgezeichneten Werkzeug, um viele der grundlegenden Konzepte der Technischen Informatik simulieren und verdeutlichen zu können. Die Modularität der Elektronik und der Hardware kann durch die Modularität von LabVIEW für die Simulation in der Weise genutzt werden, dass komplizierte integrierte Digitalschaltungen oder Hardwarebaugruppen aus einfachen Block-Schaltungen nachgebildet und anschaulich analysiert und studiert werden können. Die gebräuchlichen Bussysteme in der Messtechnik IEC-625, RS 232, RS 485, Feldbusse und PC-Messkarten werden durch LabVIEW sehr gut und zwar durchgehend, von der Ebene der Anwendungssoftware über die Systemsoftware (Gerätetreiber) bis zur Hardware, unterstützt.

Zu diesem Buch gibt es ein WWW-Seite. Über die URL

http://www.fhs-wels.ac.at/technischeinformatik

können Interessenten auf Zusatzinformationen, diverse Links, eine voll einsatzfähige Demoversion zu LabVIEW, Erweiterungen und Korrekturen, aber auch auf alle Musterlösungen und Übungsbeispiele zu den im Buch behandelten Themen zugreifen.

Durch dieses Buch sollten Studenten der Fachrichtungen Mess- und Regeltechnik, Automatisierungstechnik, Industrielle Steuerungstechnik, Verfahrenstechnik, aber auch Informatik und Informationstechnik an Universitäten und Fachhochschulen sowie Praktiker und Softwareentwickler in Wirtschaft und Industrie angesprochen werden. Sie sollen sich damit detaillierte Grundkenntnisse über die Funktionsweise und den Aufbau moderner PC-gestützter-Automatisierungssysteme aufbauen können. Eine ausgewogene Mischung von technischen Grundlagen, realisierten Systemen und praktischen Anwendungen wurde bei der inhaltlichen Gestaltung angestrebt.

Bei der Vorbereitung zu diesem Buch waren mir die Diskussionen mit zahlreichen Fachkollegen eine sehr wertvolle Hilfe. Ohne sie namentlich anzuführen möchte ich ihnen an dieser Stelle meinen Dank aussprechen. Vor allem gilt aber mein besonderer Dank meinem Bruder und meiner Frau für die mühsame Arbeit des Korrekturlesens und die vielen daraus entstandenen wertvollen Anregungen. Besonders bedanken möchte ich mich auch bei Frau Elisabeth Schmidt vom Springer Verlag für die besonders zuvorkommende Unterstützung beim Zustandekommen des Buchprojektes und dass sie mir die Möglichkeit bot, dieses Buch zu veröffentlichen.

Abschließend bleibt mir noch der Wunsch, mit diesem Werk den geschätzten Lesern für die Lösung ihrer Probleme eine wertvolle und hilfreiche Unterstützung anzubieten. Möge dieses Buch eine breit gestreute Beschäftigung mit den Themen der Technischen Informatik, der Internet- und der PC-Technologie unterstützen und durch die gebotene Information die fachliche Auseinandersetzung befruchten.

Leonding, im Juni 2000   Karl H. Kellermayr

Inhalt

1   Einführung

Durch die große Bedeutung, welche die Computertechnik in praktisch allen Bereichen unseres modernen Lebens erlangt hat, sind heute nicht nur Informatiker, als Experten des Computers, sondern insbesondere auch viele andere Berufe von den Entwicklungen und Errungenschaften der Informatik betroffen. Insbesondere durch das stürmische Fortschreiten der PCs und durch die rasche Verbreitung des Internets, werden mehr und mehr Berufe durch die Informationstechnik, d.h. durch Computer- und Kommunikationssysteme, beeinflusst.

Großrechner in klimatisierten Rechenzentren und leistungsfähige Minirechner als Abteilungs- oder Prozessrechner haben der Computertechnik zum Durchbruch verholfen. Sie werden nun durch Personal Computer (PC) und Netzwerke wie das Internet stark bedrängt, ja sie wurden vielfach bereits verdrängt. Der PC als universeller Digitalrechner hat sich insbesondere im Bürobereich und als Arbeitsplatzrechner für Sachbearbeiter, Techniker und Ingenieure mit atemberaubender Geschwindigkeit seit Mitte der 80er Jahre durchgesetzt. Mittlerweile hat der PC seine Einsatzfähigkeit jedoch schon weit über das Büro hinaus bewiesen und für die Computertechnik ein weiteres breites Anwendungsfeld erschlossen: Messdatenverarbeitung, Prozessmesstechnik, Prozessvisualisierung, Automatisierungstechnik etc. zählen bereits zu seinen Stärken im technischen Bereich von Betrieben und Laboratorien. Der PC ist in die rauhe Welt der Produktions- Fertigungs- und Labortechnik eingedrungen. Digitalrechner, Personal Computer, Industrie-PCs (IPCs) sind zu einem wichtigen Thema der Produktions-, Fertigungs-, Mess-, Steuer-, Regel- und Automatisierungstechnik geworden.

Die Vernetzung zwischen dem Produktions-, Fertigungs- und dem Bürobereich (Produktionsplanung, Betriebswirtschaft und Verwaltung) schreitet immer mehr voran und das nicht nur in großen Vorzeigeprojekten oder Vorzeigefirmen. Rechnernetze, Bussysteme, Schnittstellen sind wichtige Themen bei Informationssystemen jeder Größenordnung und Art. Mess-, Steuer-, Regel-, Visualisierungstechnik etc. sind Kernelemente der Automatisierungstechnik und werden in zunehmendem Maße in direkter Einbindung mit Digitalrechnern und hier insbesondere mit vernetzten PCs realisiert. Analoge und digitale Verfahren von der Messdatenerfassung und -verarbeitung bis zu Prozessvisualisierungen und Prozessautomatisierungen wachsen zu untrennbaren gerätetechnischen Einheiten und komplexen Systemen zusammen. Durch die Verbindung von Sensoren mit programmierbaren digitalen messtechnischen Komponenten entstehen sehr flexible und leistungsfähige vernetzte Systeme der Prozesstechnik. Messsysteme im Verbund mit Rechnern erfüllen Aufgaben der Anpassung von Sensor und Messkette, Signalaufbereitung und Analog-Digital-Umsetzung, Berechnung, Umwandlung und Speicherung von Daten. Benutzerfreundliche Aufbereitung und Präsentation der Ergebnisse zählen auch zu ihrer Stärken.

Die wichtigsten Vorteile rechnergestützter Verfahren sind: programmgesteuerte Abläufe, reproduzierbare Prozesse (Messungen), Fehlersicherheit durch programmgesteuerte Einstellungen und einfache, anspruchsvolle Präsentation und Weiterverarbeitung der Ergebnisse, insbesondere am PC.

1.1   Informatik - Technische Informatik

Die Informatik als wissenschaftliche Disziplin ([Bauer, 1991], [Rechenberg, 1997]) ist mit dem Computer entstanden und aufs engste mit dem Computer verknüpft. Sie wird daher, insbesondere im englischen Sprachraum, als „die Wissenschaft vom Computer" (computer science) definiert. So wie sich die Computertechnik noch in einer stürmischen Entwicklung befindet, ist dies auch bei der Informatik der Fall. Eine Beschreibung, was Informatik und insbesondere auch Technische Informatik ist, welche Anwendungsgebiete, Aufgaben, Gegenstände der Betrachtung und Methoden ihr zuzuordnen sind, kann daher zum derzeitigen Zeitpunkt nur unvollständig sein, ist jedoch erforderlich und dienlich, um insbesondere für die Lehre und für die Kooperation in größeren Projekten eine „Standortfestlegung" zu ermöglichen. Im deutschen Sprachraum hat sich für die Informatik eine Einteilung in vier Bereiche durchgesetzt:

- **Theoretische Informatik**
- **Technische Informatik**
- **Praktische Informatik**
- **Angewandte Informatik**

Eine umfassende Darstellung, was Informatik ist, stammt vom Linzer Informatikprofessor Peter Rechenberg [Rechenberg, 1993]. Nachfolgendes Zitat stammt aus dieser Quelle:

Zitat Anfang

„...Die **Technische Informatik** befasst sich mit dem Bau von Computern und allen damit verbundenen Problemen. Das beginnt mit den elektronischen Schaltungen zum Rechnen, Speichern und Signalübertragen. Es setzt sich fort in den Funktionsgruppen, aus denen Computer bestehen, und endet zunächst beim vollständigen Computer. Dabei sind die elektronischen Schaltungen weitgehend Sache der Elektrotechnik oder sogar der Halbleiterphysik und stehen deshalb eher am Rande als im Mittelpunkt der Technischen Informatik. Die Vielfalt, mit der man Schaltkreise und Baugruppen organisieren kann, um daraus Computer mit verschiedenen Eigenschaften aufzubauen, steht im Vordergrund. Man nennt dieses Gebiet auch Rechnerarchitektur, weil die Tätigkeit des Technischen Informatikers der des Architekten ähnelt. Jenseits des einzelnen Computers, dessen technischer Aufbau bereits kompliziert genug ist, geht es aber noch weiter zu höheren Gebilden mit der Verbindung mehrerer Computer zu Rechnernetzen. Dabei spielt die elektrische Übertragungstechnik eine Rolle, vor allem aber sind es wieder Fragen der Organisation, die eine reibungslose Zusammenarbeit von mehreren Computern ermöglichen soll.

Das Teilgebiet der Informatik, das sich mit der Programmierung beschäftigt, also mit der Software, nennt man **Praktische Informatik**. Fundament der Praktischen Informatik ist die Lehre von den Algorithmen und Datenstrukturen. Die damit eng verbundene Programmierungstechnik behandelt allgemeine methodische Fragen der Programmierung. Davon unterscheidet man die Softwaretechnik, die Fragen behandelt, die sich bei der Entwicklung sehr großer Programme ergeben, bei denen viele Programmierer zusammenarbeiten und deren Arbeit sich über Jahre erstreckt. Das Programmieren vollzieht sich immer in einer Programmiersprache. Ein Programm besteht aus einem Text, aus Wörtern und Zahlen. Wer noch keine Vorstellung davon hat, kann es sich im Augenblick als eine lange Folge mathematischer Formeln denken. In dieser Folge hat jedes Zeichen eine ganz bestimmte Bedeutung, und die Anordnung der Zeichen ist durch grammatische Regeln bestimmt, so dass hier tatsächlich die Bezeichnung „Sprache" angemessen ist, obwohl diese Sprache nicht gesprochen, sondern nur geschrieben und gelesen wird. Die Anzahl der Programmiersprachen geht in die Hunderte, womöglich Tausende, und wenn auch nur einige davon häufig verwendet werden, sind es genug, um Verwirrung anzurichten. Die Lehre von den Programmiersprachen ist deshalb ein weiteres Teilgebiet der Praktischen Informatik. Da die in Programmiersprachen geschriebenen Programme zwar für Menschen, nicht aber für den Computer verständlich sind, müssen sie, bevor sie der Computer ausführen kann, erst in die Maschinensprache des betreffenden Computers übersetzt werden. Das machen spezielle Programme, die Übersetzer oder Compiler genannt werden. Weil Compiler kompliziert und wissenschaftlich interessant sind, bildet der Compilerbau ein Teilgebiet der Praktischen Informatik. Ein weiteres Teilgebiet sind die Betriebssysteme, die für den reibungslosen Ablauf der Programme sorgen.

Die **Theoretische Informatik** befasst sich mit Grundlagenfragen. In dem Teilgebiet der Automatentheorie wird zum Beispiel danach gefragt, welche einfachsten mathematischen Modelle dem Computer zu Grunde liegen. Die Theorie der Berechenbarkeit untersucht, wie man das Berechenbare vom Nichtberechenbaren abgrenzen kann, indem man Probleme benennt, die ein Computer unter keinen Umständen lösen kann. Die Komplexitätstheorie fragt danach, welchen rechnerischen Aufwand die Lösung gewisser Probleme erfordert. In dem Teilgebiet Formale Sprachen wird der strukturelle Aufbau von Programmiersprachen untersucht, und im Teilgebiet Formale Semantik wird versucht, die Bedeutung der Konstruktion von Programmiersprachen mathematisch exakt zu fassen. Schließlich versucht man auch, Programme tatsächlich als mathematische Gebilde anzusehen, und ihre Korrektheit wie die eines mathematischen Satzes zu beweisen, wobei man allerdings statt Beweis meist Verifikation sagt. Insgesamt ist die theoretische Informatik die mathematische Basis der Informatik und in vielem von der Mathematik nicht zu unterscheiden.

Technische, Praktische und Theoretische Informatik bilden die Informatik im engeren Sinn und man bezeichnet sie im deutschen Sprachraum deshalb auch manch-

mal als **Kerninformatik**. Ihnen steht die **Angewandte Informatik** gegenüber, i
der die Anwendungsmöglichkeiten des Computers erforscht werden. ..."

Zitat Ende

Entsprechend dem breiten Anwendungsfeldes der Informatik ist nachfolgend
Grafik angebracht:

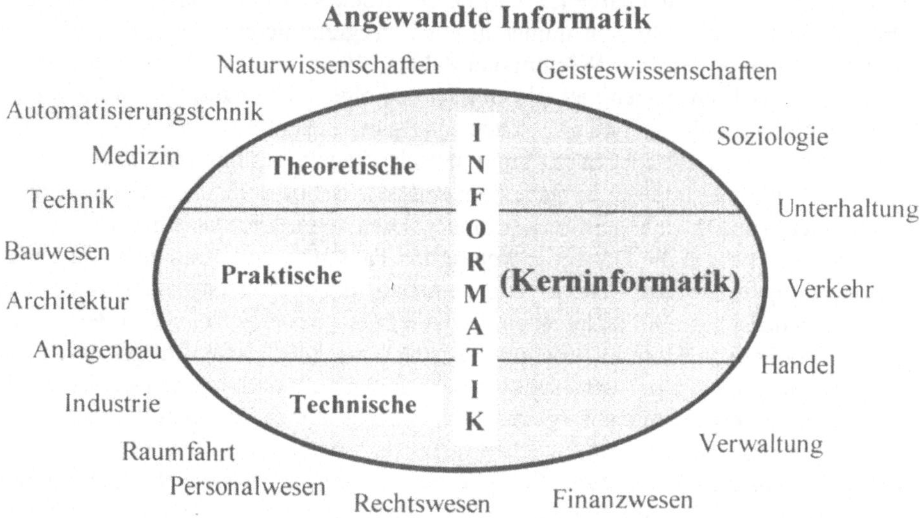

Angewandte Informatik

Naturwissenschaften   Geisteswissenschaften
Automatisierungstchnik   Soziologie
Medizin   **Theoretische**   **I N F O R M A T I K**
Technik   Unterhaltung
Bauwesen
Architektur   **Praktische**   **(Kerninformatik)**   Verkehr
Anlagenbau
Industrie   **Technische**   Handel
Raumfahrt   Verwaltung
Personalwesen   Rechtswesen   Finanzwesen

**Abb. 1.1: Die Informatik als wissenschaftliche Disziplin und
ihre Anwendungsbereiche**

In diesem Buch wird der Schwerpunkt klar auf die Technische Informatik, aber
auch auf Anwendungen der Informatik in der Technik, im Anlagenbau und in der
Prozess- und Automatisierungstechnik gelegt. Aspekte der Praktischen und Theoretischen Informatik werden soweit behandelt, als sie für eine übersichtliche Strukturierung und praktische Veranschaulichung an Simulationsbeispielen dienlich sind.

Unter Technischer Informatik werden in diesem Buch also Grundlagen der ma-
schinellen Daten- und Symbolverarbeitung, Theorie und Technik des Computers,
Rechnerarchitektur, Netzwerkarchitektur, Ordnung und Betriebssicherheit auf Be-
triebssystemebene, Systemmanagement, Systemadministration, Netzwerkmanage-
ment, Theorie und Technik von der Automatisierung und Simulation durch Computer bei technisch orientierten Anwendungen, spezielle Programmiersprachen, Betriebssysteme und Anwendungssysteme für die Realisierung von Echtzeitanwendungen, das sind zeitkritische Anwendungen in der Automatisierungstechnik, Pro-
zessrechneranwendungsbereiche, Laborautomatisierung etc. behandelt.

1.2 Informations- und Kommunikationssysteme - Die Bedeutung der informationstechnischen Infrastruktur für ein Unternehmen

Der effektive und effiziente Umgang mit Information erhält zunehmende Bedeutung für den Erfolg eines Unternehmens. Bei wachsender Menge, Komplexität und Dynamik der zu berücksichtigenden Informationen kommt der Gestaltung der informationstechnischen Infrastruktur eine sehr bedeutende Rolle für die erfolgreiche Umsetzung der Unternehmensstrategie und die effiziente Abwicklung von operativen Geschäftsprozessen zu. Eine immer größer werdende Vielzahl von Tätigkeiten in Betrieben ist in kooperative Arbeitsprozesse eingebunden und somit informations- und kommunikationsbezogen: Informationsbeschaffung, Informationsverarbeitung bzw. -aufbereitung, Informationsdarstellung bzw. -ausgabe und Informationsübertragung in allen Bereichen eines Unternehmens sind ohne Computer- und Kommunikationssysteme nicht mehr zu bewältigen.

Der Informationshaushalt eines Unternehmens wird durch eine Fülle von unterschiedlichen „Entitäten" gebildet: Menschen wie Boten, Sachbearbeiter, Führungskräfte; Organisationseinheiten wie Arbeitsgruppen und Abteilungen; sowie Geräte und andere materielle Einheiten wie Schreibmaschinen, Textverarbeitungssysteme, Karteien, Ablagesysteme, Berichte, Computersysteme, Datenbanken, Rechnernetze, Telefonvermittlungssystem, Telex- u. Telefaxgeräte, etc. Hierfür wurde bereits der Begriff Informationstechnische Infrastruktur [Heinrich, 1997], [Heinrich 1994] geprägt.

Organisations-, Handhabungs- und Schnittstellenprobleme beeinträchtigen leider vielfach die Effizienz. Die technologische Entwicklung auf dem Gebiete der Informationstechnologie vollzieht sich in enormer Geschwindigkeit und ermöglicht enorme Verbesserungen, die jedoch durch Menschen und Organisationseinheiten nicht immer in der Geschwindigkeit umgesetzt werden können, wie sie sich technologisch weiterentwickeln. Es existiert eine Kluft, die durch die Dynamik der Entwicklung derzeit eher breiter als schmäler wird. Daraus ergeben sich Chancen für jene Firmen, die in der Lage sind, rascher als andere Möglichkeiten der neuen Technologien (und somit Verbesserungen) umzusetzen.

Die strategische Wichtigkeit der Informationstechnik für Betriebe als Anwender von modernen Informationssystemen erfordert in Zeiten des verstärkten Wettbewerbes auf immer größer werdenden (globalen) Märkten, klar strukturierte Konzepte für den Einsatz von Informationssystemen. Von diesen erwartet man eine Unterstützung zur kostengünstigen Produktion „richtiger" Güter und Dienstleistungen im „richtigen" Zeitpunkt, sowie Hilfestellung bei der marktgerechten Planung, Vermarktung und Verwaltung.

Informationssysteme stellen ein Infrastruktur-Faktum dar, wie Transport-, Verkehrs- und Energieeinrichtungen etc. Informationssysteme haben in den Bereichen Hardware, Netzwerke, Software und Dienstleistungen eine Reife und ein Marktpotential erreicht, sodass nicht mehr dominante Herstellerfirmen (IBM, UNIVAC, SIEMENS, HP Microsoft etc.), sondern national und international abgesicherte Standard-Konzepte, die weitere Entwicklung prägen (ISO, ITU/CCITT, ECMA, ANSI, DIN, ÖNORM, etc.).

Die vorhandene informationstechnische Infrastruktur ist in Großbetrieben sehr heterogen: Eine große Anzahl unterschiedlicher Hardware-, Software- und Kommunikationsprodukte prägen sie. Know-how im Umgang mit dieser Infrastruktur ist ir den Betrieben vorhanden. Das ganzheitliche, zielorientierte Management erforder: nicht nur Fachwissen, sondern auch strukturierte Modelle (Informationssystem-Architektur) und Systemmanagement, sodass Techniker und Manager eine gemeinsame Sichtweise artikulieren können.

Systemmanagement umfasst die Gesamtheit der Vorkehrungen und Aktivitäten zur Sicherstellung des effektiven und effizienten Einsatzes und der Weiterentwicklung der vorhandenen Ressourcen. Systemmanagement ist betriebszielorientiert, betrifft Personal, Kunden, Verfahren, Programme und technische Systeme und umfasst die Aspekte Planung, Qualitätssicherung, Betrieb, Wartung (Einsatzbereitschaft), Kontrolle sowie Berücksichtigung von Organisationsformen.

Unter einer Informationssystem-Architektur wird als Verallgemeinerung des Architekturbegriffes der Bautechnik bzw. der Computer- und Kommunikationstechnik die Festlegung von Funktionsmodulen als Betriebsmittel für die Strukturierung eines Informationssystems in seiner Ganzheit verstanden. Hierzu gehört auch die Festlegung von deren Funktionsprinzip und der erforderlichen Regeln (Protokolle) für ihr Zusammenwirken.

Eine Informationssystem-Architektur muss durch ein Strukturmodell transparent dargestellt werden und ist Voraussetzung für leistungsfähiges Systemmanagement.

Unter Informationsmanagement wird das Leitungshandeln (Management) in einer Betriebswirtschaft in Bezug auf Information und Kommunikation bezeichnet, d.h. alle Führungsaufgaben, die sich mit Information und Kommunikation in der Betriebswirtschaft befassen. Wenn alle Aufgaben einer Betriebswirtschaft bezüglich Information und Kommunikation zu einer betrieblichen Funktion zusammengefasst werden, dann spricht man von Informationsfunktion (als verkürzte Bezeichnung für Informations- und Kommunikationsfunktion) der Betriebswirtschaft, in Analogie zu anderen betrieblichen Funktionen wie Beschaffung, Produktion, Vertrieb, Logistik, Personalwirtschaft und Finanzwirtschaft.

Als Informationstechnische Infrastruktur bezeichnet man die technischen Einrichtungen, Mittel und Maßnahmen, welche die Voraussetzung von Information und Kommunikation schaffen (Hardware, Software, Organisation, Personal, etc.). Im engeren Sinne bildet die informationstechnische Infrastruktur die Gesamtheit der Einrichtungen des Informationshaushaltes eines Betriebes, die für eine ordnungsgemäße Geschäftsführung, für die ausreichende Existenzvorsorge, die wirtschaftliche Entwicklung eines Unternehmens und die Sicherstellung der Dienstleistungs-, Produkt- und Prozessqualität erforderlich sind.

Hierzu zählen u.a.: Anwendungssysteme (Anwendungssoftware), Hardwareeinrichtungen, Endgeräte und Netze, Systemsoftware-Plattformen, Software-Entwicklungsumgebungen, Datenbanksysteme, Personal-Organisation, Methoden Werkzeuge, und Konzepte

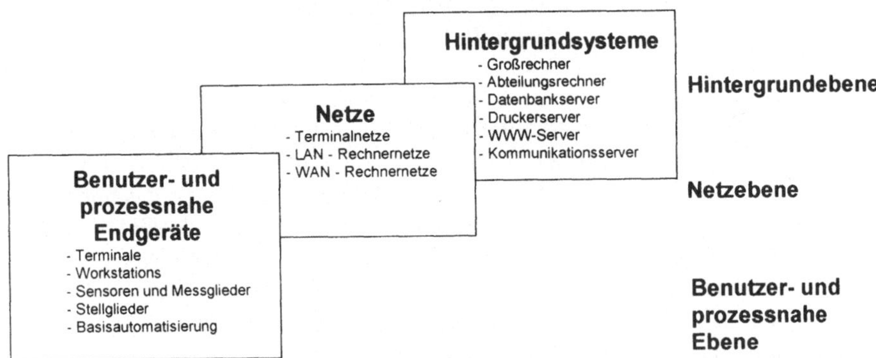

Abb. 1.2: Referenzmodelle für Informationstechnische Infrastruktur

Die Planung und Gestaltung eines Informations- und Kommunikationssystems bzw. einer ganzen informationstechnischen Infrastruktur erfordert neben konkreten technischen Detailaufgaben grundsätzliche Überlegungen zur

- langfristigen Unternehmensstrategie,

- gewählten Organisationsstruktur,

- Führungskonzeption und

- Personalentwicklung.

Das erfordert organisatorische, technische und soziale Festlegungen und Gestaltung in einer interdisziplinären integrierten Betrachtungsweise. Eine ziel- und strategiegerechte Gestaltung von Informations- und Kommunikationssystemen liegt nicht ausschließlich in den Händen der Techniker, sondern in der Verantwortung des Managements.

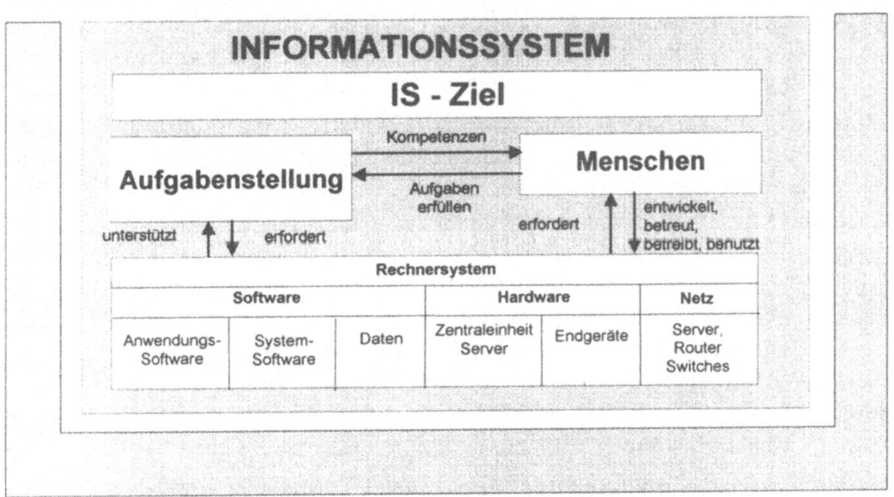

Abb. 1.3: Informationstechnische Infrastruktur

1.3   Rechnergestützte Automatisierung
Virtuelle Instrumente

Der rechnergestützten Automatisierungstechnik erschließen sich immer neue Anwendungsgebiete. Für deren Realisierung und Umsetzung steht eine breite Palette technologischer Alternativen zur Verfügung: von sehr leistungsfähigen, aber auch sehr teuren High-End-Systemen bis zu (mittlerweile auch sehr leistungsfähigen) kostengünstigen PC-basierenden Systemen. Durch die steigende Geschwindigkeit und Leistungsfähigkeit der PCs konkurrieren sie heute mit anspruchsvollen Workstations und hochspezialisierten Mess-, Steuer-, und Analysesystemen. Bei einem Bruchteil der Kosten können so einfach zu handhabende, äußerst leistungsfähige Systeme rasch und vor allem bedarfsgerecht erstellt werden.

Wenn man sich über Computer im Zusammenhang mit der Automatisierungstechnik Gedanken macht und die Entwicklung der Automatisierungstechnik gedanklich Revue passieren lässt, so erkennt man deutlich, dass sie in den Kernbereichen Messeinrichtungen, Aktoren (Antriebe, Stellglieder), Steuerung, Regelung, Visualisierung, Kommunikation und Informationsverarbeitung gekennzeichnet ist durch das massive Eindringen von Digitaltechnik und Mikroelektronik. Diverse Spezialcomputer, aber auch Universalcomputer und hier insbesondere PCs (Industrie-PCs) finden in der Automatisierungstechnik bereits breite Anwendung; Bewegung kennzeichnet die Szene.

Aus Messeinrichtungen mit analogelektronischen Auswertegeräten werden intelligente Sensoren (Analysen- und Massenstrommessungen etc.), die Messwerte in digitaler, direkt im Rechner weiterverarbeitbarer Form bereitstellen. In die Aktoren (Antriebe, Stellglieder wie Frequenzumrichter oder Stellungsregler am automatischen Ventil etc.) hat die Digitaltechnik ebenso Einzug gehalten. Für die Verarbeitung der Sensorinformation zu Aktorbefehlen sind Steuerungen und Leitsysteme aller Art zuständig und befinden sich in ungebrochen stürmischer Entwicklung. Der PC übernimmt zunehmend anspruchsvollere Aufgaben in der Messwerterfassung und -verarbeitung, der Visualisierung, Steuerung und Überwachung.

Information ist eines der Hauptthemen der Automatisierungstechnik geworden. Um ihre Beschaffung, Verarbeitung und Aufprägung auf Prozesse und Anlagen aller Art mittels Computer scheint sich derzeit alles zu drehen. Wichtige Begriffe sind: NC (Numerical Control), CNC (Computerized Numerical Control), DNC (Direct Numerical Control), SPS (Speicherprogrammierbare Steuerung), PLS (Prozessleitsystem), PNK (Prozessnahe Komponenten), ABK (Anzeige- und Bedienkomponenten), EWS (Engineering Workstation), PC (Personal Computer), IPC (Industrial Personal Computer - Industrie PC), LAN (Local Area Network - Lokales Computernetz), WAN (Wide Area Network), HMI (Human Maschine Interface), MMI (Mensch Maschinen Interface), SCADA (Supervisery Control And Data Acquisition), VI (Virtuelles Instrument), um nur einige wichtige zu nennen.

Die Entwicklung leistungsfähiger Mess-, Steuer-, Regelungs- und Instrumentierungssysteme ist nicht nur in einem technischen, sondern vor allem auch in hohem Maße in einem marktwirtschaftlichen Zusammenhang zu sehen, wo Stückzahlen, Preis, Flexibilität, Umsetzungsgeschwindigkeit, Time-to-Market etc. wichtige Faktoren sind. Waren ursprünglich funktionelles Prinzip, technische Machbarkeit („Erfindung") die zentralen Themen bei Automatisierungssystemen, so gewannen zunehmend Aspekte wie universelle Anwendbarkeit, flexible Anpassung an Anwendungen durch Programmierbarkeit an Bedeutung. Sehr deutlich lässt sich dies nachvollziehen bei der Entwicklung automatischer Maschinensteuerungen von der NC- zur SPS-Technik, aber auch bei der Entwicklung programmierbarer Messgeräte.

In der Automatisierungstechnik der 60-er Jahre waren elektromechanische Relais- und Schützensteuerungen zunehmend umfangreich und unflexibel geworden. Die Funktion wurde durch die Verdrahtung während des Aufbaues festgelegt. Bei Messgeräten war es (und ist es noch in den 90-er Jahren) üblich, dass für jede Messaufgabe ein speziell hierfür aufgebautes und als Einheit handhabbares Gerät eingesetzt wurde. Es folgte ein kurzer Wettkampf in der Steuerungstechnik zwischen elektrischen und pneumatischen Steuerungen, wobei insbesondere die elektronischen Gatterschaltungen (UND-, ODER-, NICHT-Schaltkreise) als klarer Sieger hervorgingen. Diese konnten relativ einfach auf gedruckten Schaltungen verschaltet werden und in großen Stückzahlen kostengünstig gefertigt werden.

In den USA wurde für General Motors 1968 die Speicherprogrammierbare Steuerung (SPS) entwickelt (1969 eingeführt) und überzeugte vor allem wegen der großen Flexibilität: Funktionsänderungen, die zum Alltag der Inbetriebnahme einer automatisierten Anlage gehören, sind mit einem Programmiergerät durch Änderung von Speicherinhalten wesentlich einfacher durchführbar als durch Hardwareänderungen mit Lötkolben und Abisolierzange.

In der Messtechnik wurden bereits in den 70-er Jahren flexible, über Bussysteme verbindbare und programmierbare Messsysteme, entwickelt. Insbesondere HP hat hierbei mit dem HP-IP-Bus (heute international genormt: GPIB, IEC-Bus) und mit in Basic programmierbaren Messgeräten eine Vorreiterrolle eingenommen.

Mit Prozessrechnern gelang es schließlich, komplexe Leitsysteme, zentrale und kompakte Leitstände, rechnergeführte Steuer-, Regel-, Mess- und Prüfsysteme zu realisieren.

Bei der Numerical-Control oder NC-Technik für Maschinensteuerung (NC-Maschinen) erfolgte die Steuerung im Gegensatz zur manuellen Steuerung konventioneller Maschinen durch programmierte Anweisungen, die in Form von Lochstreifen oder über Magnetbänder eingegeben wurden. Solche Maschinen befinden sich durchaus noch im Einsatz auf Grund der langen Lebenszyklen von teuren Maschinen. Bei Computerized Numerical Control (CNC-Technik, CNC-Maschinen) werden Kleinrechner bzw. Mikroprozessoranlagen in die Maschine zur Speicherung und Abarbeitung bzw. Ausführung der Steuerungsprogramme integriert. Änderungen in der Arbeitsfolge können unmittelbar am Gerät und relativ leicht eingegeben werden. Direct Numerical Control (DNC-Technik, DNC-Maschinen) als weiter fortgeschrittene Entwicklungsstufe ermöglichen die Steuerung durch Online-Übertragung der benötigten Daten von einem Leitrechner, der gleichzeitig die Arbeitsvorgänge an verschiedenen Maschinen koordiniert und zumeist auch eine Schnittstelle zu übergeordneten CAD/CAM- (Computer Aided Design / Computer Aided Manufacturing) und PPS-Systemen (Produktions-Planung und Steuerung) herstellt.

Traditionelle Mess- Steuer- und Regelgeräte bzw. Instrumente sind gekennzeichnet durch einen anwendungs- und herstellerspezifischen Aufbau, wobei die Funktionalität durch den Hersteller relativ eng und vor allem anwendungsspezifisch bereits bei der Planung und Herstellung definiert wird. Mittlerweile ist ein starker Trend zu virtuellen Instrumenten festzustellen. Damit lassen sich sehr umfassende, vollständige und anwendungsspezifische Instrumentierungssysteme entwickeln und realisieren. Bei Bedarf können sie im Laufe ihres Lebenszyklusses an sich ändernde oder sogar an völlig neue Anforderung angepasst werden.

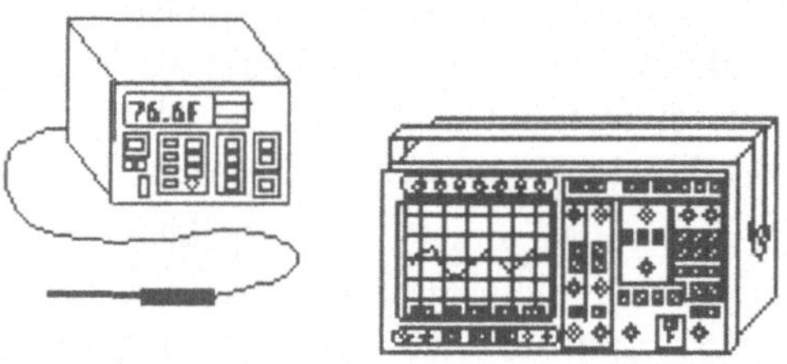

Abb. 1.4: Traditionelle Instrumente

Durch interaktive grafische Bedienoberflächen erlauben moderne virtuelle Instrumente das Steuern komplexer, aber auch einfacher Systeme und ermöglichen eine einfache und flexible Darstellung und Weiterverarbeitung von Messwerten, Daten- oder sonstigen Ergebnissen. Es gibt eine Fülle standardisierter und leistungsfähiger Möglichkeiten für das Datenmanagement: Speicherung in Datenbanken auf Festplatten, Magnetbändern oder Archivspeichern. Für die Ausgabe kann auf Drucker direkt oder über Netzwerke zugegriffen werden. Über Netzwerke und Standardprogramme kann auch direkt auf Daten zur Weiterverarbeitung zugegriffen werden. Mit Tabellenkalkulationsprogrammen wie Excel, Textverarbeitungsprogrammen wie Word oder Präsentationssystemen wie Powerpoint können Daten direkt für ein Berichtswesen und für Präsentationen weiterbearbeitet werden.

Von einer breiten Vielfalt an Mess- und Analysegeräten können Daten direkt über standardisierbare Schnittstellen (GPIB General Purpose Interface Bus, serielle Geräte mit RS 232-V.24 bzw. RS 422 oder RS 485 Schnittstelle, Feldbusse etc.) eingelesen werden und über speicherprogrammierbare Steuerungen oder Einsteckkarten zur Datenerfassung kann direkt auf physikalische Prozesssignale zugegriffen werden. Mit anderen Datenquellen kann gearbeitet werden, z.B. über Netzwerke, Kommunikation zwischen Applikationen und Verbindungen zu SQL-Datenbanken (Structured Query Language) unterschiedlichster Hersteller.

Nachdem Daten erfasst wurden, können sie als Rohdaten mittels der leistungsfähigen Routinen zur Datenanalyse in aussagefähige Ergebnisse verwandelt werden. Bei virtuellen Instrumenten haben insbesondere grafische Systeme wie LabVIEW von National Instruments eine außergewöhnliche Programmierumgebung geschaffen. Diese Umgebung zeichnet sich aus durch eine hohe Modularität und eine für Anwendungstechniker (Mess- und Regeltechniker) einfache Anwendbarkeit. Ähnliche Systeme gibt es auch von anderen Herstellern, z.B. VEE von Hewlett Packard.

Sie erfordern nicht die algorithmische und textliche Beschreibung einer Aufgabenstellung (eines Programms) mit den Sprachelementen einer Programmiersprache,
sondern bauen auf eine grafische Beschreibung als Blockschaltbild basierend auf
Funktionsmodulen auf. Sie unterstützen somit die Kreativität des Einzelnen als auch
die Teamarbeit und ermöglichen überdies kurze Entwicklungszeiten, da sie die Wiederverwendbarkeit von Software (Musterlösungen) sehr wirkungsvoll unterstützen.

Für die virtuelle Instrumentierung wurde durch die Einführung von LabVIEW im
Jahre 1986 ein neuer Weg in der Gerätesteuerung geschaffen. Virtuelle Instrumentierung erlaubt den Anwendern mit Standardcomputern und kosteneffektiver Hardware eigene Instrumente wie Messsysteme etc. zu erstellen. Diese softwarebe-
stimmten Systeme verwenden die rechnertechnischen Grafik- und Netzwerkmög-
lichkeiten von weitverbreiteten Computern und geben ihnen Leistungsfähigkeit und
Flexibilität für alle messtechnischen Funktionen. Es kann die Hardware zur Datenerfassung und Gerätesteuerung, einschließlich der schon existierenden Geräte (Messgeräte), geradezu nach Belieben zusammengestellt werden, um virtuelle Instrumentierungssysteme aufzubauen, die genau den jeweils in Frage kommenden Erforder-
nissen entsprechen.

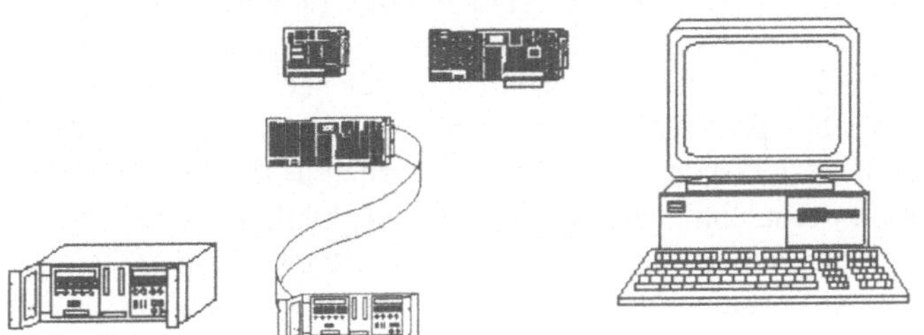

**Abb. 1.5: Virtuelle Instrumente - Digitaltechnik, Rechnerarchitektur,
Programmierbarkeit mit universellen Programmiersprachen, Kommunikation
über standardisierte Schnittstellen**

Virtuelle Instrumentierung spart Zeit und Geld, indem die Möglichkeit geboten
wird, benutzerdefinierte Systeme in einem Bruchteil der Zeit zu erstellen, die man
mit traditionellen Methoden brauchen würde. Während der Entwicklungsphase erhalten Ingenieure ihre Antworten bezüglich der Machbarkeit von Lösungsansätzen
schneller und haben so mehr Zeit, die entstehenden Systeme sorgfältig zu testen. In
der Produktion kann man Funktionsgruppen zukaufen und die Produkte allgemein
schneller und sorgfältiger erstellen und testen. Im Anlagenbau gewinnt man Spiel-
raum durch die Trennung von Hardware und Software. Die Qualität steigt und vor
allem steigt die Entwicklungs- und Produktionsgeschwindigkeit. Time-To-Market
und auch die Produktivität wird wesentlich besser. Ein weiterer Vorteil, der sich im
Lebenszyklus eines im Einsatz befindlichen virtuellen Instrumentes bezahlt macht,

sind einfache Bedienbarkeit, vereinfachte Wartung und die Wiederverwendbarkeit von Software.

Durch die Kombination von virtuellen Instrumenten mit Standard-Datenerfassungs- und Messgeräten sowie Geräten zur Messinstrument-Steuerung können sehr rasch sehr flexible Systeme implementiert werden. Während traditionelle Messgeräte durch die Konzeption des Herstellers begrenzt sind, kann ein virtuelles Instrument als eine Vielfalt von Geräten arbeiten: als Temperaturmonitor, Voltmeter, Streifenschreiber, Digitalisierer und Signalanalysator.

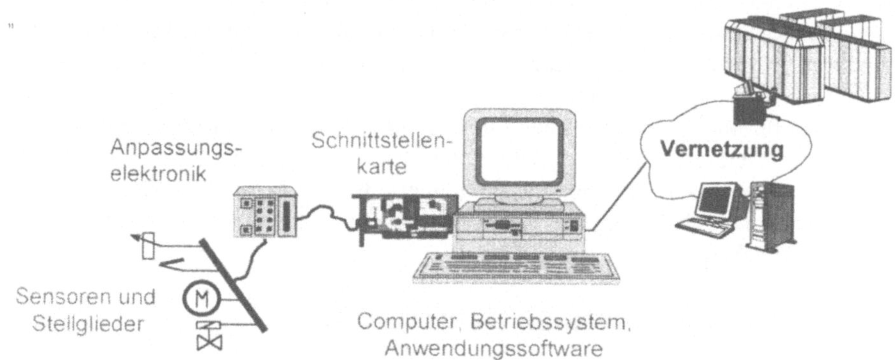

Abb. 1.6: Komponenten in einem virtuellen Instrument

Flexibilität und Wirtschaftlichkeit sind zentrale Forderungen im Wirtschaftsleben. Mikroelektronik und universelle Digitalrechner unterstützen und ermöglichen diese Forderungen in immer weiter reichenden Bereichen der Automatisierung und Instrumentierung. Die Entwicklung der Instrumentierungstechnik kann man insbesondere unter dem Gesichtspunkt der ständigen Zunahme der Flexibilität und Leistungsfähigkeit bei extrem sinkenden Preisen sehen. Digitalrechner, insbesondere auch PCs und moderne Entwicklungsumgebungen, unterstützen bereits alle Anforderungen der Automatisierung: Vom einfachen Messgerät bis zur Integration von Systemen über betriebliche aber auch weltweite Netze.

1.4   Informationstechnische Megahasen: Vom Großrechner über den PC zum Internet und was kommt dann?

Seit ihrer Erfindung in den frühen 40-er Jahren ist die marktwirtschaftliche Bedeutung der Computer enorm gestiegen. Während Sie ursprünglich nur von wenigen sehr großen Institutionen verwendet und eingesetzt wurden, begann in den 60-er Jahren ihr Durchbruch im kommerziellen Bereich. Die Entwicklung der Computertechnik wurde im wesentlich durch beachtliche Innovationen und eine noch immer anhaltende exponentielle Leistungssteigerung der Informationstechnologie geprägt.

Die Computerindustrie hat sich zu einem besonders dynamischen und bedeutenden Sektor entwickelt. Computer-, Kommunikations- und Informationstechnik haben nicht nur einen beachtlichen Wirtschaftszweig entstehen lassen, sie haben insbesondere auch alle Wirtschaftszweige, ja sogar unsere Gesellschaft in ihrer Gesamtheit geprägt und verändert. Bei diesen Veränderungen ist noch kein Ende in Sicht. Die Dynamik hält nach wie vor an. Nicht nur neue technische Errungenschaften kennzeichnen sie, sondern völlig neue Organisationsformen in und zwischen Betrieben (virtuelle Unternehmen), neue Formen von Geschäftsbeziehungen (e-business, e-commerce), des Marketings (Internet), der Beschäftigung (Teleworking) und auch der Unterhaltung (multimediale Computerspiele etc.).

Lässt man die Entwicklung dieses noch so jungen Gebietes Revue passieren, so fallen gewisse prägende Schlüsseltechnologien, gelöste zentrale Probleme, dominante Gesetzmäßigkeiten, der die Entwicklung treibenden marktwirtschaftlichen Kräfte, aber auch unterschiedliche, sich entwickelnde und verändernde Wertschöpfungsstrukturen der betroffenen Industriebereiche und Firmen auf. Diese hat Moschella (siehe [Moschella, 1997] oder [Zerdick, 1999; Seite 104]) in drei markanten „Phasen der IT-Marktentwicklung" zusammengefasst:

- die System-zentrische,

- die PC-zentrische und

- die Netzwerk-zentrische Phase

Neue Schlüsseltechnologien haben jeweils technologische und systemische Quantensprünge ermöglicht, sodass man sie als Megaphasen bezeichnen kann. Nachfolgendes Bild veranschaulicht dies in Anlehnung an [Zerdick, 1999] und enthält überdies als Prognose bereits die nächste sich anbahnende Megaphase, die „Systems on the Chip-zentrische Phase" wie man sie nennen könnte. Super-Mikrochips werden einen weiteren beachtlichen Innovationsschub ermöglichen.

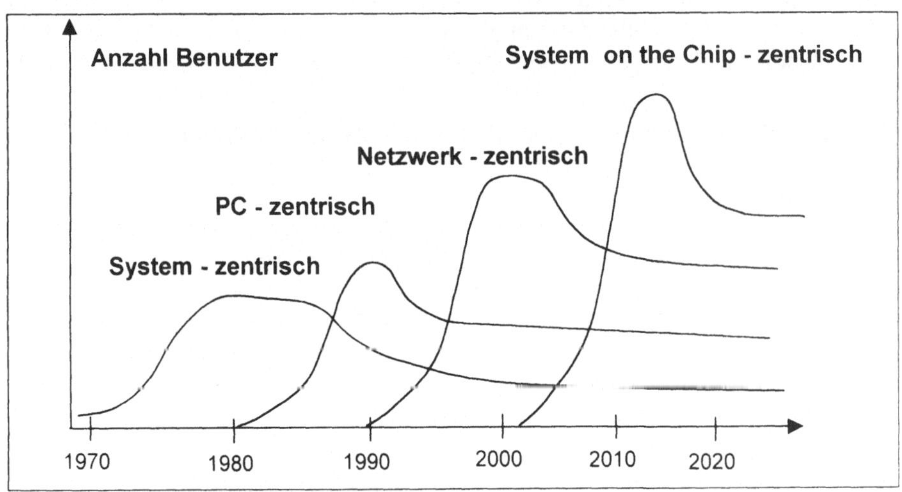

Abb. 1.7: Informationstechnische Megaphasen

In der System zentrischen Phase hatten Großrechner und Minicomputer zentrale Bedeutung. Alles überstrahlende Firma dieser Ära war IBM. IBM schuf in den 60-er Jahren mit der Rechner Familie IBM 360 nicht nur eine überragende Technologie, sondern vor allem das Geschäftsmodell für die gesamte Computerwelt. Dieses Geschäftsmodell ist als Systemansatz zu bezeichnen, wobei IBM alle Aspekte und Elemente in diesem System prägte und selbst im Griff hatte: IBM entwickelte und produzierte die Geräte (d.h. die Hardware), konfigurierte die Systeme, programmierte das Betriebssystem und die jeweiligen benutzerspezifischen Anwendungssysteme, gestaltete den Vertrieb, bildete Programmierer und Benutzer aus und lieferte alle erforderlichen Dienste zur Erhaltung der Einsatzbereitschaft der Systeme (Operating, Systemmanagement, Wartung). Computer wurden in klimatisierten Rechenzentren betrieben und stellten eine sehr teure, bestmöglich auszulastend Ressource dar, um die hohen Kosten rechtfertigen zu können. Bezüglich der Kosten stellte bereits in den 40-er Jahren der Computer-Pionier Herbert Grosch eine bemerkenswerte Gesetzmäßigkeit auf, die lange Zeit für strategische Entscheidungen große Bedeutung hatte: Er stellte fest, dass sich die Rechnerleistung von Computern im Quadrat ihrer Leistung verdoppelt. Daraus ergab sich eine klare Bevorzugung von Großrechnern, da bei einer Verdopplung der Kosten eine Vervierfachung der Rechnerleistung erwartet werden konnte.

Der systemische Ansatz mit einer vertikalen Unternehmensstruktur wurde im wesentlichen durch so prominente Firmen wie Digital Equipment und Hewlett Packard übernommen. Diese Unternehmen, die den Minicomputer zum Durchbruch verhalfen, eröffneten ein neues Marktsegment der Computerbranche, den Computer Einsatz im Mittelbetrieb und in technischen Anwendungen (Prozessrechner, Abteilungsrechner). Die Computertechnologie war von Anfang an durch eine beachtliche Komplexität gekennzeichnet. Der durch IBM geprägte Systemansatz hatte für den Benutzer als Anwender diese Komplexität verborgen und eine Lösung angeboten (und verkauft). Dadurch ergaben sich jedoch Abhängigkeiten (sogenannte „Lock-In" Effekte) die zu langfristigen und strategischen Bindungen an den Systemlieferanten führten. Lock-In heißt, dass der Wechsel zu einem anderen Systemlieferanten mit viel Aufwand und vor allem hohen Kosten verbunden ist. Die Computersysteme waren in hohem Maße geschlossene Systeme und proprietär, d.h. herstellerspezifisch.

Die technologische und marktwirtschaftliche Entwicklung ermöglichte es, immer kleiner und billiger eine immer größer werdende Menge von Computern zu erzeugen. Nach den Minicomputern folgten in den späten 70-er Jahren die Mikrocomputer. Die Bauweise von Mikrocomputern wurde durch fortschreitende Erfolge bei der Miniaturisierung hochintegrierter, mikroelektronischer Schaltkreise möglich. Als IBM Anfang der 80-er Jahre auch Mikrocomputer - Personal Computer - in das umfassende Produktspektrum aufnahm, entschied man sich in der Firmenleitung durch Zeitdruck entgegen der eigentlichen IBM-Firmenstrategie, dass wichtige Komponenten des Personal Computers - des PC - von fremden Firmen bezogen wurden und somit kein weiteres geschlossenes System entstand. Ohne hierauf (aus Zeit und Platzgründen) weiter eingehen zu wollen, sei vermerkt, dass das die eigentliche Geburtsstunde offener Systeme dank IBM (und des großen Markterfolges des PC) und damit einer weiteren Megaphase, der PC-zentrischen Megaphase war. Mikroprozessoren, über Herstellergrenzen hinwegreichend standardisierte Hardware- und Software- Schnittstellen führten den Computereinsatz zu neuen Ufern. Neben der klassischen Datenverarbeitung drang der Computer in den Bürobereich ein (Textverarbeitung, Bürokommunikation), eroberte in weiterer Folge über Multimediale Spiele die Haushalte und schließlich auch über die Mess- und Visualisierungstechnik auch die technischen Bereiche in Labors und Produktionsbetrieben.

Tabelle 1.1: Informationstechnische Megaphasen

	System 1964 - 1981	PC 1981 - 1994	Netzwerk 1994 - ca. 2010	System on the Chip ca. ab 2010
Schlüssel-Technologie	Transistoren	Mikro-prozessoren	Netzwerk-technik	
Schlüssel-Problematik	Software-technik	Standardisie-rung bei Hard-ware und Soft-ware	Standardisierung der Netzwerke	
Schwerpunkte, Stärken	Kommer-zielle Daten-verarbeitung, umfangreiche konsistente Unterneh-mensdaten	Grafik, Büroinformation, Computerspiele, virtuelle Instrumente	World Wide Web, E-Mail, E-Business	
Dominierende Gesetzmäßig-keiten	Grosch´s Law	Moore´s Law	Metcalfe´s Law	
Leistungs-schwerpunkt von Anbietern	Geschlossene Systeme	Standardisierte Produkte	Mehrwertdienste und Content	
Art der Netz-werke	Terminal- und Rechner-netze, Tele-fonnetz	Lokale Computernetze, integrierte Netze	Multimediale Breitbandnetze	
Wert-schöpfungs-Struktur	Vertikale Integration	Horizontale Integration	Virtuelle Unter-nehmen	
Bemerkens-werte Firmen	IBM, DEC, HP	Microsoft, Intel, Compaq (Apple)	Cisco (Netscape)	

Diese PC-zentrische Ära ist vor allem durch zwei Firmen geprägt worden: Micro-soft und Intel, wobei jedoch auch Apple erwähnt werden muss. Während Apple primär den für die Computerindustrie typischen Systemansatz verfolgt hat und damit trotz hervorragender Technologie nur mäßig erfolgreich war, gelang Microsoft mit einer anfangs sehr dürftigen Technologie ein Höhenflug sondergleichen. Die gera-dezu explosionsartige Ausbreitung der PCs lässt sich nicht zuletzt auf eine technolo-gische Charakteristik und damit einhergehende ökonomische Konsequenzen der Mikroelektronik zurückführen. Diese wurden sehr treffend durch das Moore´sche Gesetz beschrieben. Gordon Moore, einer der Mitbegründer des Mikroprozessor

Pioniers Intel hat 1965 eine Prognose aufgestellt, nach der sich die Anzahl der au
einen Chip integrierbaren Transistoren (und damit einhergehend ihre Komplexität)
alle 18 Monate bei gleichen Produktionskosten verdoppelt. Es bleibt nur zu sagen,
dass diese enorme Entwicklung nach wie vor anhält.

In der System-zentrischen Megaphase wurden Großrechner und Minirechner bereits über umfangreiche Netzwerke vernetzt. Hierbei dominierten herstellerspezifische geschlossene Terminalnetze für auf Texte spezialisierte Bildschirmterminals und Drucker. Schwerpunkt der Systeme war die (klassische) Datenverarbeitung. Die Programmierung und Bedienung erforderte Spezialisten. Während der PC-zentrischen Megaphase, in der die Personal-Computer den Schwerpunkt bildeten, trat zur klassischen Datenverarbeitung die automatische Bearbeitung von Büroinformation in Text, Bild und Sprachform hinzu. Der PC entwickelte sich dank neuer grafischer Benutzeroberflächen zu einem von „Jedermann" zu benützenden Werkzeug der Informationsverarbeitung, der sich überdies auch zum Kommunikationsmultitalent entwickelte. Über lokale Computernetze vernetzt, hat der PC insbesondere die Bürowelt erobert und stark verändert.

Die Netzwerk-zentrische Phase, die um 1994 begann, ist vor allem durch die zunehmende , direkte Vernetzung von Computern zu Netzen und die Vernetzung von Netzwerken, im besonderen das Internet, geprägt. Die Dynamik, die sowohl die Computerindustrie als auch durch das gesamte Wirtschaftleben allgemein erfasste, und die Möglichkeiten die sich dadurch für Privatpersonen ergaben, sind beachtlich. Bezüglich der Vernetzung ist hier auch die enorme Bedeutung der Mobilfunkkommunikation und das fortschreitende Zusammenrücken von Computer und Kommunikationstechnik und -anwendungen anzuführen. Prägender Begriff dieser Megaphase ist das Internet mit dem World Wide Web (WWW), der Browsertechnologie (d.h. einfach zu handhabende universelle Anwendungsprogramme) und diversen Diensten wie E-Mail etc. Das Wachstum mit dem sich das Internet im Privatbereich aber auch im betrieblichen Bereich ausbreitet ist beachtlich. Dieses Wachstum ist von zentraler Wichtigkeit. Robert Metcalfe, der Erfinder von Ethernet und Gründer von 3Com hat diesbezüglich eine Gesetzmäßigkeit formuliert (Metcalfe´s Gesetz): Der Wert eines Netzwerkes W steigt mit dem Quadrat seiner Nutzer n: $W = n^2\text{-}n$.

Maschella [Maschella, 1997] hat drei Megaphasen beschrieben. Es ist offensichtlich dass die Dynamik der Entwicklung noch nicht am Ende ist. Aus strategischer Sicht eines Unternehmens, aber auch aus Gesichtspunkten der Festlegung von Ausbildungs- und zukunftsorientierten Entwicklungsschwerpunkten sind Überlegungen angebracht, wie die Entwicklung weitergeht. Die nächste Megaphase ist bereits absehbar, die durch „Systems on the Chip" charakterisiert sein werden. Zentrale Frage wird das Management der Komplexität sein. Immer komplexere Systeme werden in immer kompakterer Form, als „System on the Chip", als komplexes Bauelement Realität, wenn nur ein ausreichend breiter Markt gegeben ist. Computer- und Netzwerktechnologie sind Stand der Technik und werden dank der nach wie vor anhaltenden Erfolge der Mikroelektronik weiter immer kleiner und komplexer. Haustechnik und das Automobil bieten eines sehr breiten Markt. Computer eignen sich nicht nur zum Rechnen sondern auch hervorragend zum Steuern und Überwachen von Geräten im Haus, der Fabrik, im Büro und natürlich auch im Auto. Angefangen vom Aufzug bis hin zu heimischen Stereoanlagen und Lichtanlagen die bei

Betreten des Hauses automatisch eingeschaltet werden. In integrierten Haussystemen können Heizungen, Jalousien, Herde automatisch überwacht werden. Bei Bedarf können automatisch Wachdienste oder die Polizei alarmiert werden. Für leistungsfähige Hausmanagementsysteme gibt es einen sehr breiten Markt, und mit Bussystemen wie dem EIB (European Installation Bus) wurde bereits ein Kommunikationssystem, ein Bussystem auf einfacher Zweidrahttechnik standardisiert, dessen Einstellung und Inbetriebnahme mittels Software erfolgt.

Für Autos aber insbesondere auch für Traktoren in der Landwirtschaft und für Baumaschinen gibt es längst interessante Probleme und Lösungsansätze. Umfangreiche Daten und Funktionen können mit Sensoren und Stellglieder vernetzt werden und zentral verfügbargemacht werden. Auf Traktoren können z.B. über Landwirtschaftliche Bus Systeme bereits umfangreiche betriebswirtschaftlich relevante Daten erfasst und verfügbar gemacht werden, sodass eine genaue Einplanung und Überwachung möglich ist. Autos werden schon in naher Zukunft über einen Joystik gesteuert werden können und sie werden, wenn eine Störung auftritt, selbst ein Service anfordern.

2   Problemlösen mit dem Computer

2.1   Der Computer als Werkzeug

Computer erfüllen keinen Selbstzweck, sondern sind in der Regel ein Werkzeug der Problemlösung. Als Werkzeuge des Geistes werden sie auch als „Denkzeug" bezeichnet. Aber was charakterisiert ein Werkzeug? Welche Fähigkeiten muss man sich aneignen, um mit diesem Werkzeug erfolgreich arbeiten zu können und insbesondere um so ein Werkzeug zu erstellen? Betrachten wir als Metapher das einfache Bild eines uns sehr vertrauten Werkzeuges, eines Hammers.

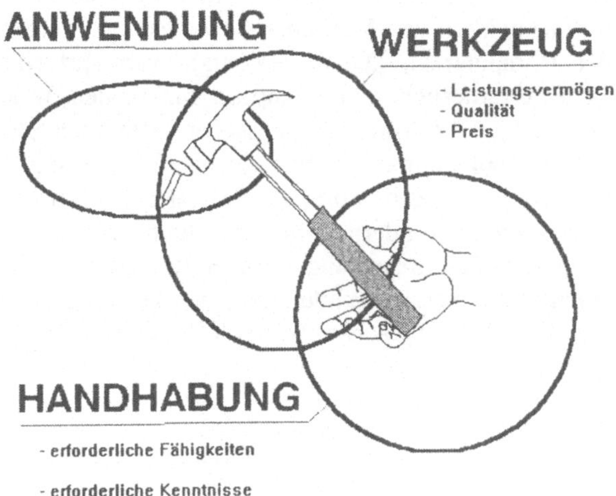

Abb. 2.1: Ein Werkzeug ist gekennzeichnet durch Anwendungsbereich, Leistungsvermögen, Qualität, Preis und die Handhabungsaspekte

Ein Hammer, wie die meisten Werkzeuge, ist hilfreich, gewisse Aufgaben zu meistern. Dazu muss man seine Handhabung beherrschen. Es gibt unterschiedliche Hämmer, die sich nach Leistungsvermögen (Größe, Gewicht,...), Qualität und Preis unterscheiden. Jedes Werkzeug ist gekennzeichnet durch seine „Hardware" und gewisse für die Anwendung erforderliche Fähigkeiten für die Handhabung; man könnte diese als „Software" oder „gewusst wie" bezeichnen.

Ziel des Computereinsatzes ist die Problemlösung. Bei jeder Problemlösung spielt Kommunikation eine wichtige Rolle. Problemlösen in einem Auftraggeber-Auftragnehmer-Verhältnis erfordert

- ein „Problemlösungsverfahren" (einen Algorithmus),
- Kommunikation über das zu lösende Problem bzw. über die zu lösende Aufgabenstellung,
- Problemlösungsfähigkeit und
- Problemlösungskompetenz.

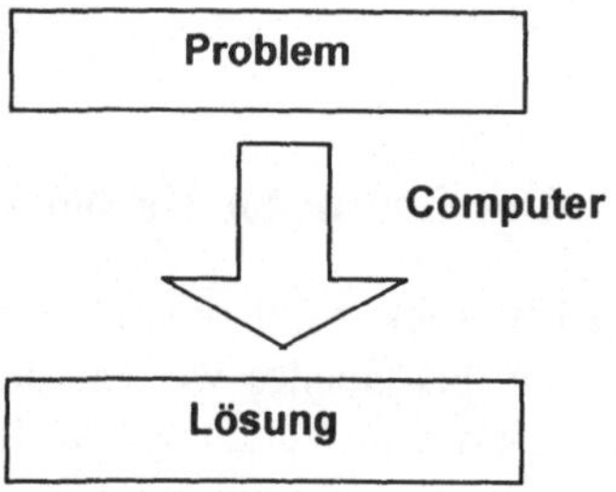

Abb. 2.2: Problemlösen mit dem Computer

Die Wahl und Suche eines geeigneten Problemlösungsverfahrens, eines Algorithmus, ist Domäne des Menschen. Grundlegend können viele Probleme durch das kooperative Zusammenwirken von Menschen bewerkstelligt werden. Bei der Problemlösung werden Computer als „Denkwerkzeuge" vermehrt eingesetzt. Für die Problemlösung ist es erforderlich, dem Computer mitzuteilen, welches Problem er wie lösen soll. So wie für die Mitteilung zwischen Menschen Sprache verwendet wird, ist dies auch in der Kommunikation zwischen Mensch und Computer Stand der Technik geworden. Der Begriff Sprache ist nicht auf die Kommunikation zwischen Menschen beschränkt, sondern wird auch für hochentwickelte Mitteilungsformen zwischen anderen Lebewesen und insbesondere auch für die zwischen Menschen und modernen Maschinen verwendet. Sprachen für letztere Mitteilungsformen bezeichnet man als künstliche Sprachen, wobei insbesondere Programmiersprachen für die Erstellung von Computerprogrammen eine große Bedeutung haben.

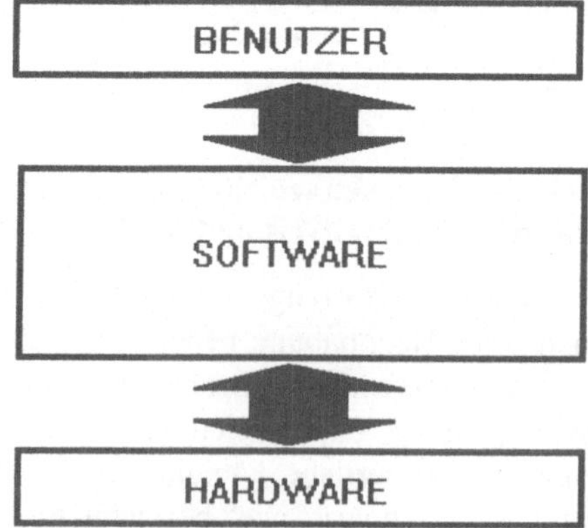

Abb. 2.3: Problemlösung mit dem Computer: Hardware und Software

Wenn wir nun einen Computer als Werkzeug betrachten, so fällt sofort ein wesentlicher Vorteil von Computersystemen als Werkzeuge auf. Mit einer universellen Gerätetechnik, der Hardware, und einer flexibel änderbaren Software können sie für eine große Vielfalt von Anwendungen eingesetzt werden. Die universelle Hardware ermöglicht Massenproduktion und große Marktbreite. Das garantiert niedrige Preise. Die eigentliche, die Funktion bestimmende Komponente am Computersystem ist die Software, die jederzeit und flexibel geändert werden kann.

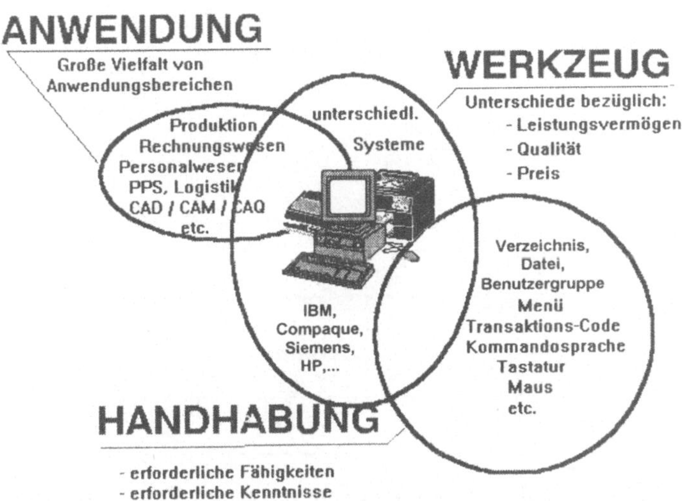

Abb. 2.4: Der Computer als universelles Werkzeug

Als Algorithmus bezeichnet man ein Rechenschema, einen Lösungsweg, ein schematisches Verfahren zur Lösung bestimmter Klassen von Aufgaben, wobei im Algorithmus jeder einzelne Schritt dieses Verfahrens genau definiert ist. Soll ein Rechner einem Lösungsweg Schritt für Schritt folgen, muss er alle durch den Algorithmus formulierten Grundoperationen und „Rechenvorschriften" verstehen und ausführen können. Mit Hilfe eines Programms muss ein Mensch als Problemlöser einen Algorithmus so formulieren, dass ein Rechner den Algorithmus ausführen, Daten verarbeiten und die Ergebnisse speichern und weitergeben kann.

Mit Programmiersprachen formulieren Programmierer Algorithmen und Daten bzw. Datenstrukturen so, dass ein Rechner das Programm in eine Form übersetzt, die für den Rechner auf Grund seines Befehlssatzes unmittelbar ausführbar ist. Es gibt mittlerweile mehr als 1000 verschiedene Programmiersprachen, von denen jedoch nur relativ wenige eine marktwirtschaftliche Bedeutung erlangt haben. Programme, die man speziell für die Lösung einer Aufgabenstellung entwickelt, bezeichnet man als Individualsoftware.

Neben eigens für eine bestimmte Problemlösung erstellte anwendungsspezifische Programme gibt es mittlerweile auch eine große Fülle von Standardprogrammen, wie Tabellenkalkulation, Textverarbeitung, individuelle Datenbanken, Desktop Publishing oder kommerzielle Pakete für das Rechnungswesen, die Buchhaltung, den Vertrieb oder die Logistik, die unmittelbar durch den Benutzer für eine Prob-

lemlösung herangezogen werden können. Die Office-Produkte von Microsoft un
SAP R3 der deutschen Fa. SAP sind diesbezüglich am Markt besonders erfolgreich
Produkte. Standardprogramme werden als Standardsoftware bezeichnet.

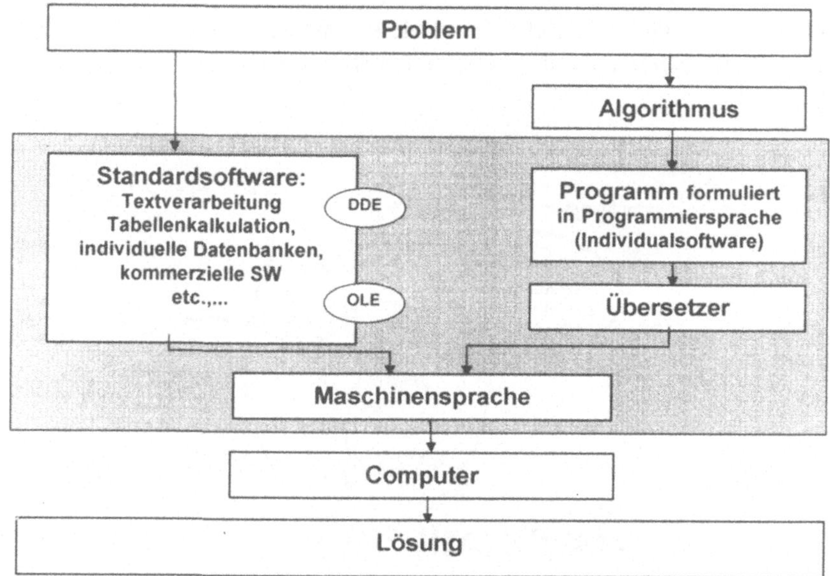

**Abb. 2.5: Problemlösen mit dem Computer mit Standardsoftware oder
Individualsoftware**

Rechnen zum Lösen von Rechenaufgaben ist im Grunde keine kreativ-geistige
sondern eine eher „mechanisch-geistige" (erlernte) Tätigkeit. Die eigentliche geisti-
ge Tätigkeit beim Rechnen ist mit dem Ausarbeiten und Auswählen der Algorithmen gleichsam ein für allemal erledigt. Basierend auf einem Algorithmus kann eir
Programm erstellt werden durch:

- Auswahl einer Folge der Rechenoperationen,

- Wahl geeigneter Symbole und Zeichen zur Niederschrift des Programms,

- Codieren des Programms in einer durch eine Maschine ausführbaren Sprache.

Bei der Auswahl der Rechenoperationen und bei der Wahl der geeigneten Symbole
und Zeichen für die Niederschrift muss darauf geachtet werden, dass der „Auftragnehmer" in der Lage ist, die Rechenoperationen auszuführen, und dass er die Symbole und Zeichen kennt und richtig versteht.

All das gilt auch für die Situation, dass ein „Computer als Auftragnehmer" fungiert. Je nachdem, welche Programme, d.h. welche Software am Computer verfügbar bzw. gerade aktiviert sind, müssen die Anweisungen in unterschiedlichen Sprachen formuliert werden.

Anwendungssoftware hat in der Regel dem menschlichen „Auftraggeber" und der
jeweiligen Problemstellung entgegenkommende Sprachelemente und unterstützt den
Auftraggeber bei der Erfüllung seiner Aufgabenstellung. Damit ein Computer　Ar-

beiten ausführen kann, müssen die Anweisungen vor der Ausführung in eine Maschinensprache übersetzt werden, in der die Elementarfunktionen zusammengefasst sind, welche die Hardware des Computers ausführen kann.

Nach DIN 44300 versteht man unter einer Programmiersprache eine zum Abfassen von Programmen geschaffene Sprache. Formalisierte Sprachausdrücke werden verwendet, die als Anweisungen, Operationen oder Befehle die entsprechenden Elementarfunktionen eines Rechners auslösen. Beim Aufbau von Programmiersprachen wird, ausgehend von gewissen elementaren Anweisungen, ein Regelwerk für die Zusammensetzung, Kombination und Strukturierung dieser Anweisungen zu höherwertigen Sprachkonstrukten gebildet.

Die Sprachkonstrukte einer Programmiersprache müssen durch den Computer eindeutig ausführbare Anweisungen enthalten, sie müssen auf die Möglichkeiten und Gegebenheiten (Hardwarevoraussetzungen) der „Ziel- oder Objektmaschine" hin entwickelt werden, auf der die Programme letztendlich laufen. Darüber hinaus ist eine Form zu wählen, die dem Menschen (Programmierer), der die Verarbeitungsvorschriften (Programme) erstellt, sowie den Menschen, die im Lebenszyklus eines Programms dieses lesen, betreuen und verstehen sollen, angepasst ist. Aus denkökonomischen und lerntechnischen Gründen sind möglichst wenige und möglichst universelle, strukturelle und operative Grundbegriffe zu verwenden. Sie machen den Bedeutungsumfang, die Semantik, der Programmiersprache aus.

Die Semantik einer Sprache befasst sich mit der Beziehung zwischen den Sprachzeichen oder Worten und den Bedeutungen, die sie haben. In einer formalen Sprache, wie es Programmiersprachen sind, bezieht sich die Semantik auf die Beziehungen zwischen den Ausdrücken der Programmiersprache (d.h. Befehle und Befehlsvorrat) und den Elementarfunktionen, die das System ausführen kann.

Die Menge der Ausdrücke einer Programmiersprache und die Menge der Elementarfunktionen, die ein Computer ausführen kann, müssen einander eindeutig zugeordnet werden. Daher besteht bei einer Programmiersprache Eindeutigkeit im Hinblick auf die Bedeutung ihrer Ausdrücke, was bei natürlichen Sprachen nicht immer der Fall ist. Computer stellen sehr hohe Ansprüche auf die korrekte Formulierung von Anweisungen. Die Gesamtheit der Regeln einer Sprache, welche die Form der verwendeten Sprachelemente bzw. Sprachzeichen und ihre Beziehung untereinander regelt, bezeichnet man als Syntax.

In einer Programmiersprache muss die Syntax vollständig und eindeutig definiert sein. Daher ist es möglich, Programme automatisch von einer Programmiersprache in eine andere zu übersetzen. So können Primärprogramme, die in einer „höheren" Programmiersprache (Quellprogramme) erstellt wurden, automatisch, d.h. durch maschinelle Verfahren (Übersetzungsprogramme), in maschinensprachliche Programme (Objektprogramme) umgewandelt werden, die ein Computer direkt ausführen kann.

Software allgemein ist entsprechend ihren Aufgabenstellungen unterteilt in hardwarenahe Systemsoftware (das Betriebssystem) und in anwendernahe Software (die Anwendungssoftware). Systemsoftware, das Betriebssystem, ist zum Einen Software, welche die Hardware mit Leben erfüllt (zur Steuerung der Hardware-Komponenten eines Systems) und zum Anderen ist es die Schnittstelle zwischen

Anwendungsprogrammen und Hardware. Über Systemaufrufe kann auf Funktione
des Betriebssystems aus Anwendungsprogrammen zugegriffen werden. Durch da
Betriebssystem wird die Arbeitsweise eines Computers aus Benutzersicht festgeleg
Gewissermaßen kann man das Betriebssystem so betrachten, dass es die Fülle de
technischen Details eines Computers abstrahiert und in eine kompakte, durch de
Benutzer oder / und Softwaretechniker verständliche und einfach zu handhabend
Form bringt.

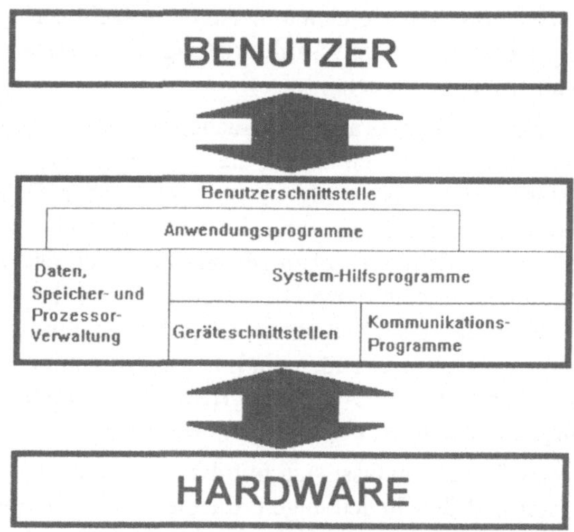

Abb. 2.6: Software Grobstruktur: Anwendungssoftware und Systemsoftware

Durch die rasche Entwicklung der Hardware von Computer-Systemen wäre eine
laufende Anpassung von Anwendungssoftware an neue Hardware extrem aufwän-
dig. Betriebssysteme übernehmen hier eine wichtige Funktion. Sie abstrahieren die
Funktionen, die eine Hardware als Ressource für Anwendungsprogramme bereit-
stellt, in technologisch vereinfachter Form. Ein Programm (Anwendungssoftware)
läuft immer auf einer konkreten Maschine unter einem konkreten Betriebssystem ab.
Betriebssysteme haben sich zu einem „Plattformcharakteristikum" entwickelt.

Automatische Übersetzungsprogramme ermöglichten schon in den 50-er Jahren
die Programmierung in den maschinennahen Assembler-Sprachen und bald darauf
in höheren Programmiersprachen. Programme wurden über Lochstreifen oder Loch-
karten erstellt und eingegeben. Um die Eingabe von der Papierperipherie (Lochkar-
ten und Lochstreifenleser) zu beschleunigen, wurden die Aufträge an den Computer
auf Magnetband zwischengespeichert, von wo sie wesentlich schneller in einem
„Stapel" der Verarbeitung zugeführt werden konnten. Analog war bei der Ausgabe
über Drucker eine Zwischenspeicherung üblich. Erweiterungen der Steuerprogramme ermöglichten es, die gespeicherten Aufträge automatisch nach Prioritäten auszuwählen und die entsprechende Verarbeitung zu veranlassen. Diese Arbeitsweise
wurde als Stapelverarbeitung (Batch processing) eingeführt. Das oberste Ziel war
die bestmögliche Auslastung der anfangs sehr teuren zentralen Ressource eines
Rechners, der zentralen Recheneinheit.

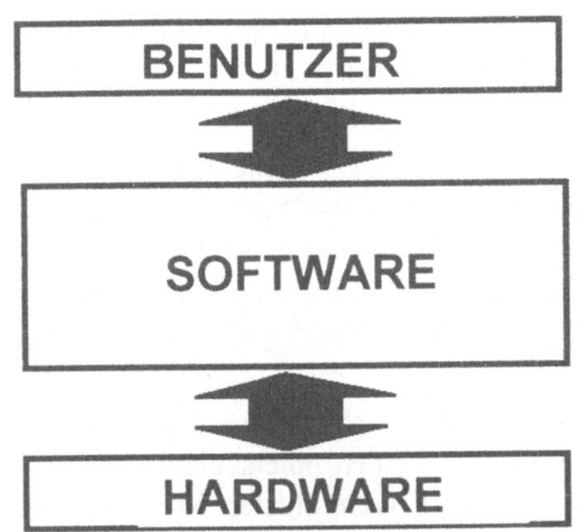

**Festlegungen einer Abstraktion
durch Betriebssystem:**
Ein Benutzer,
mehr Benutzer

Auftragsbearbeitung durch
ein Programm oder mehr
Programme gleichzeitig

Zentrale Recheneinheit (eine/mehr),
Speicher,
logische Namen für
Eingabe/Ausgabegeräte, Vernetzung
räumlich entfernter Hardware

**Abb. 2.7: Betriebssystem abstrahiert die Problemlösungsfähigkeit
eines Computers**

Bis Mitte der 60-er Jahre konnte immer nur ein Auftrag nach dem anderen im Stapelbetrieb durch einen Computer verarbeitet werden, wobei die Ein- und Ausgabe von Daten und Programmen im Rechenzentrum bzw. über Peripheriegeräte erfolgen musste, die in räumlicher Nähe zur Zentraleinheit aufgestellt waren. Mögliche Betriebsarten waren somit

- der Einprogrammbetrieb,

- die Stapelverarbeitung und

- die lokale Verarbeitung.

Erst danach bildeten sich weitere Betriebsarten heraus, die heute bei fast allen Computern zu finden sind:

- der Mehrprogrammbetrieb,

- die interaktive Verarbeitung (Prozess- und Dialogverarbeitung) sowie

- die Datenfernverarbeitung und die

- verteilte Verarbeitung (distributed processing)

- sowie das Client/Server-Prinzip.

Die Hardware-Ressourcen werden durch das Betriebssystem (über dessen Auftragssprache oder Kommandosprache - job control language) so programmiert (verwaltet), dass sie vom Benutzer und von den Anwendungsprogrammen optimal und möglichst einfach eingesetzt werden können. Das Betriebssystem verwaltet und steuert die zentrale Recheneinheit, die Speicher, Endgeräte, das Netzwerk und Programme. Das Betriebssystem ist ein (sehr maschinennahes) Programm und eine Programmiersprache, welche es dem Benutzer ermöglicht, mit einer auf ihn abgestimmten Befehlssprache diverse Funktionen zur Ausführung zu bringen. Mit dem Betriebssystem können die Ressourcen eines Rechners verwaltet werden, insbesondere auch die verschiedenen Werkzeuge und Hilfsmittel für die Erstellung von Anwendungsprogrammen. Es gibt eine große Fülle von Programmiersprachen für die

Erstellung von Anwendungsprogrammen. Egal ob ein Anwendungsprogramm in BASIC, Pascal, Cobol, Fortran, APL, C, C++ oder einer anderen Programmiersprache geschrieben wurde, wenn es in die Maschinensprache übersetzt wird, kann es mit Betriebssystembefehlen durch den Benutzer zur Ausführung gebracht werden.

Anwendungsprogramme schreiben dem Computer vor, welche Aufgaben er erledigen soll. Heute gibt es für die unterschiedlichsten Arbeitsgebiete und Branchen maßgeschneiderte Programme, die als Standardsoftware am Markt verfügbar sind. Mit diesen Programmen kann man sehr schnell und einfach Korrespondenz erledigen, die Buchhaltung abwickeln, Rechnungen schreiben, Kundenkarteien führen, Termine überwachen und vieles Andere mehr.

Für die unterschiedlichen Aufgabenstellungen des Rechnereinsatzes gibt es unterschiedliche Anforderungen und dementsprechend wurden unterschiedliche Systeme und unterschiedliche Betriebsarten entwickelt. Ihre wesentlichen Merkmale manifestieren sich durch unterschiedliche Betriebssysteme:

-          Rechnerbetriebssysteme

-          Netzwerkbetriebssysteme

Das Betriebssystem beinhaltet die Systemprogramme, die für den Betrieb eines Systems erforderlich sind. Wenn ein Betriebssystem geladen, initialisiert und gestartet ist, kann mit seinen Diensten ein Anwendungsprogramm geladen und gestartet werden, womit der Rechner erst die für den Anwender wichtige Rolle spielen kann. Für den Anwender sind Hardware und Betriebssystem nur Mittel zum Zweck. Sie sind notwendig, um Anwendungsprogramme auszuführen.

Für Systemspezialisten und Anwendungsprogrammierer (als Kerninformatiker) ist das Erlernen von Spezialsprachen für den Umgang mit Rechnern keine Schwierigkeit. Seitdem jedoch immer mehr Mensche ohne spezielle Computerkenntnisse Anwender von Rechnern geworden sind, kommt der Benutzeroberfläche eines Rechners, d.h. dem Betriebssystem, immer größere Bedeutung zu, damit die Bedienung ohne langwieriges Studieren von Handbüchern möglich wird. Grafische Benutzeroberflächen haben sich hier in den letzten Jahren besonders durchgesetzt. Bei Benutzeroberflächen handelt es sich um Zusätze zum Betriebssystem, welche die elementaren Dienste des Rechners durch bildliche Darstellungen ordnen und zugänglich machen. Es entsteht gewissermaßen ein elektronischer Schreibtisch (desktop). Grafische Benutzeroberflächen erleichtern das Erlernen der Handhabung eines Computers wesentlich. Programme, aber auch Daten, werden am Rechner in einer kompakten Form als Dateien verwaltet. Hierbei unterscheidet man ausführbare Dateien, das sind Dateien, die Programmcode enthalten, der direkt durch den Rechner ausgeführt werden kann, und Anwendungsdateien, das sind in der Regel Daten, die für einen Benutzer unter Zuhilfenahme einer Anwendung (eines Anwendungsprogramms) Bedeutung haben. Als Aufgaben, die ein Betriebssystem zu erfüllen hat, lassen sich folgende zusammenfassen:

- die Geräte bedienen, die am Rechner angeschlossen sind

- das Dateisystem verwalten

- Anwendungsprogramme laden und starten

- Anforderungen von Benutzerprogrammen erfüllen

- mehrere Programme als Prozesse verwalten

- die Prozessorleistung den Prozessen zuteilen

- den Hauptspeicher verwalten

- eventuell Benutzerkennungen und Abrechnungsdateien verwalten.

Bekannte Betriebssysteme sind:

- Windows 95/98/NT/2000 für Personal Computer

- Windows NT/2000 für Server

- VMS für VAX Rechner von Digital Equipment, MPE für HP 3000 Rechner von HP

- MVS, VM, BS 2000 für Großrechner von IBM und Siemens

- UNIX für Workstationrechner und viele andere Rechner.

Bei den mittlerweile sehr weit verbreiteten Personal-Computern galt lange Zeit das Betriebssystem DOS (Disk Operating System) als de facto-Betriebssystem-Standard. Das Faktum, dass DOS für PCs ein weit akzeptierter Standard war, hat viel dazu beigetragen, dass sich PCs zu dem entwickelt haben, was sie heute sind. Bei MS-DOS (Microsoft Disk Operating System) werden alle Dienste des Betriebssystems über sogenannte Interrupts mit Funktionsnummern realisiert und können über diese Funktionsnummern durch Anwendungssoftware aufgerufen werden. Bei den DOS Nachfolgebetriebssystemen der Windows-Familie (Windows 95/98/NT/2000) ist die Schnittstelle für den Programmierer komplexer, aber auch entsprechend leistungsfähiger geworden. Sie wird durch eine Sammlung von Funktionen zur Verfügung gestellt.

Bei den ersten Computern waren die Betriebssysteme sehr stark herstellerspezifisch. Schon sehr früh in der Entwicklung hat man die zentrale Bedeutung von Betriebssystemen erkannt. UNIX wurde ab den späten 60-er Jahren in den Bell Laboratories des amerikanischen Fernmeldekonzerns AT&T mit dem Ziel entwickelt, optimale Voraussetzungen für die herstellerübergreifende Softwareerstellung zu schaffen. Ken Thompson hat das erste UNIX-Betriebssystem auf einem Digital Equipment Rechner DEC PDP-7 implementiert. Um UNIX als Mehrbenutzersystem auf unterschiedlichen Rechner lauffähig zu machen, wurde das System sehr früh in die höhere Programmiersprache C umgeschrieben, sodass praktisch die relevante Entwicklung von UNIX unter C erfolgt ist.

Die unterste Schicht von UNIX, der Kernel oder Nucleus, umfasst Steuerprogramme für die Hardware. Darüber liegt die Schicht der Benutzerprozesse, die einerseits über die Datenstationen mit den Benutzern kommunizieren und andererseits an den Kernel Aufträge erteilen und von diesem überwacht werden. Zu den Benutzerprozessen gehören nicht nur die Anwendungsprogramme, sondern auch der UNIX-Kommando-Interpreter (shell) und die Dienstprogramme (z.B. Softwareentwicklungswerkzeuge).

Die um den Betriebssystemkern implementierte Schale, bildet die Kommandoschnittstelle, über welche die Benutzer alle Anwendungsprogramme und alle Systemleistungen aufrufen können. Die Kommandoschnittstelle kann entsprechend den

Benutzerbedürfnissen individuell gestaltet werden. Die älteste und programmtechnisch einfachste Form ist gegeben durch

- Tastatur und Kommandozeilen; weiterführende Formen sind

- Menüsteuerung

- Fenstertechnik mit grafischer Benutzeroberfläche (GUI-Graphical User Interface).

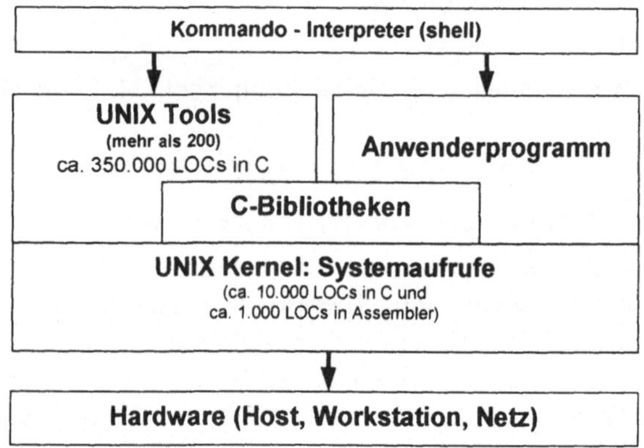

Abb. 2.8: UNIX, ein herstellerneutrales leistungsfähiges Betriebssystem

Als besondere Stärken von UNIX gelten die hierarchische Dateiverwaltung, das Prozesskonzept, das breite und durch den Benutzer jederzeit erweiterbare Angebot an Dienstprogrammen und die Portabilität (Hardware- und Hersteller-Unabhängigkeit).

Weil nur die unterste Schicht (Hardware-Schnittstellen, Gerätetreiber) an die jeweilige Maschinenkonfiguration angepasst werden muss und weil AT&T UNIX-Lizenzen zu sehr günstigen Konditionen weitergegeben hat, unterstützen eine Unzahl von Hardwareherstellern (von Kleinstrechner bis zu den Groß- und Superrechnern) UNIX, wodurch es sich zu einem de facto Standard (Industriestandard) entwickelt hat. Die in 90-er Jahren bei weiten am meisten verbreiteten Betriebssysteme stammen jedoch aus der Microsoft Windows Familie. Die Windows Betriebssysteme bauen im hohen Maße auf UNIX-Erfahrung auf.

Eine besonders erfolgreiche Firma, welche die Computerindustrie geprägt hat, ist IBM. IBM-Rechner decken heute noch das gesamte Leistungsspektrum vom Personalcomputer bis zum Großrechner ab. IBM hat die Entwicklung der EDV lange Jahre und insbesondere im Großrechnerbereich sehr erfolgreich geprägt. Mit Rechnern der Type IBM 360 wurde von IBM 1964 erstmals konsequent mit technischem sowie wirtschaftlichem Erfolg ein Familienkonzept, basierend auf einer im Grunde bis heute gültigen Architektur, eingeführt. Wesentliche Vorteile dieses Konzepts, welches mittlerweile in ihren Grundsätzen in der EDV Allgemeingut ist, sind unter anderem Kompatibilität und Virtualität.

Kompatibilität bedeutet, dass alle Modelle und Nachfolgesysteme wie IBM 360, IBM 370, 38xx, 4381, 3080, 3090 etc., bis zu den jeweils aktuellsten Rechnern streng aufwärtskompatibel sind. Darunter versteht man, dass richtige Programme, die auf einer Modellkonfiguration A laufen, auf einer Modellkonfiguration der gleichen Systemfamilie oder einer Nachfolgefamilie auch laufen, wenn die benötigte Speicherkapazität, die E/A-Geräte und weitere erforderliche optionale Eigenschaften bereitgestellt werden. Vorteile dieser Kompatibilität lassen sich in großer Fülle anführen. Insbesondere können dadurch mit der Zeit wachsende Leistungsanforderungen wirtschaftlich abgedeckt werden, da Investitionen (insbesondere in Software und Benutzerschulung, organisatorische Adaptionen etc.) weitgehend weiterverwendet werden können und somit geschützt sind.

Im Zusammenhang mit Programmen wird Quelltext-Kompatibilität und Programmcode-Kompatibilität unterschieden. Quelltext-kompatible Programme sind nicht direkt zwischen den Rechnern austauschbar. Der Anwendungsentwickler kann jedoch ein einmal geschriebenes Programm leicht für eine andere Plattform anbieten, indem er den Quelltext der Programmiersprache für diese Plattform in die Maschinensprache übersetzt. Programmcode-kompatibel Programme (EXE-Dateien) können direkt auf einer anderen Plattform als ausführbare Maschinenprogramme ausgeführt werden.

Unter einer virtuellen Maschine (Virtualität) versteht man die funktionelle Simulation oder Nachbildung eines Rechners auf einem anderen Rechner (Wirtrechner oder Host genannt). Dabei kann ein einzelner Wirtrechner auch eine Vielzahl virtueller Maschinen simulieren.

2.2 Kommunikation, Signale, Zeichen, Nachrichten, Information, Wissen

Nachricht und Information sind Grundbegriffe der Informatik, deren technische Bedeutung sich jedoch nicht vollständig mit dem umgangssprachlichen Gebrauch der beiden Worte decken. Eine begriffliche Präzisierung ist daher erforderlich, stößt jedoch auf die Schwierigkeit, dass sich diese auf undefinierte Grundbegriffe abstützen muss. In Anlehnung an [Bauer, 1991] werden daher die beiden Begriffe Nachricht und Information selbst als zunächst nicht weiter definierbare Grundbegriffe betrachtet. Zur gegenseitigen Abgrenzung von Nachricht und Information im Kontext der zwischenmenschlichen Kommunikation kann die Redewendung „diese Nachricht gibt mir keine Information" herangezogen werden. Eine (abstrakte) Information wird immer durch eine (konkrete) Nachricht mitgeteilt. Die Zuordnung zwischen Nachricht und Information ist jedoch nicht eindeutig. Bei gegebener Information kann es verschiedene Nachrichten geben, welche diese Information wiedergeben (z.B. Nachrichten in verschiedenen Sprachen oder Nachrichten, die aus einer anderen Nachricht durch Hinzufügen einer belanglosen Nachricht entstehen, welche keine weitere Information mitteilt). Nachrichtenübertragung erfolgt grundsätzlich in der Zeit. Als Träger der Nachricht dienen physikalische Größen, die in der Zeit veränderlich sind. Der eine Nachricht übertragende (und damit Information wiedergebende) zeitliche Verlauf einer physikalischen Größe heißt Signal.

Informationstechnik und Informationstheorie haben ihre Wurzel in der Nachrichtentechnik. Bei der technischen Nachrichtenübermittlung waren lange Zeit nur die physikalischen und technischen Aspekte von Signalen und Systemen von Bedeutung. Oberstes Ziel der Nachrichtentechnik bestand und besteht noch darin, ein Signal möglichst originalgetreu zu übertragen bzw. zu speichern, um es an einem entfernten Ort oder zu einer späteren Zeit in ihrer ursprünglichen Form wiedergeben zu können.

Ein Sender wandelt die Signale (und damit die Nachricht und die Information) durch Codierung bzw. Modulation und Verstärkung in eine für einen Übertragungskanal geeignete Form um. Der Übertragungskanal bringt die Signale (und damit die Nachricht) zum Empfänger. Der Kanal überbrückt räumliche Entfernungen, wie etwa in der Telefonie oder beim Funk, oder er überbrückt eine Zeit und speichert Information, um sie später wieder bereitzustellen (z.B. Magnetbandaufzeichnung von Musik oder Speicherung von Daten in einem Computer). Ein Empfänger wandelt die Signale wieder in die ursprüngliche Nachricht um. Bei der Übertragung kann die Nachricht durch Störungen verfälscht werden. Sind Störungen bei der Übertragung eingetreten, kann die Wiederherstellung der Nachricht beeinträchtigt werden.

Abb. 2.9: Zwischenmenschliche Kommunikation und Nachrichtentechnik als Ausgangspunkt der Informationstechnik

Die Informationstheorie bemüht sich um quantitative, messbare Aussagen für die Darstellung, d.h. für die Codierung von Informationen (Informationsgehalt) und um Aussagen über Einflüsse von Störungen auf die im Kanal zu übertragenden Nachrichten. Der Informationsfluss soll mit möglichst großer Geschwindigkeit und bestmöglicher Qualität und ohne Informationsverlust sichergestellt werden. Insbesondere interessiert man sich um den Aufwand für die eindeutige Codierung von Informationen und darum, welche maximale Nachrichtenmenge über einen Kanal übertragen werden kann (Kanalkapazität).

Das Wort „Information" steht in der Alltagssprache in vielfältigem Gebrauch. Soll es ein Objekt technischer und wissenschaftlicher Untersuchungen bezeichnen, so muss ein zugehöriger Begriff definiert werden, der exakt ist und der die Information zu einer messbaren, nachvollziehbaren Größe macht. Die Lehre von dieser messbaren Information ist die Informationstheorie. Messbarkeit ist die wesentliche Voraussetzung für Nachvollziehbarkeit, Reproduzierbarkeit, d.h. dass sich unter gleichen (bekannten, erkannten) Bedingungen beliebig oft ein und derselbe Messwert ergibt. Dadurch entstehen Objektivität und eine praktische, technische Nutzbarkeit. Den Anstoß für die naturwissenschaftliche Definition des Begriffes „Information" gab jener Zweig der Technik, der sich vorwiegend mit der originalgetreuen Übertragung von Informationen in Form von Nachrichten beschäftigt, die Nachrichtentechnik.

Grundkonzeption: Ein „Sender" teilt sein „Wissen" in Form einer „Nachricht" auf einem „bestimmten Weg", an einem „bestimmten Ort" dem „Empfänger" mit, der dann die Information dieser Nachricht auswerten kann.

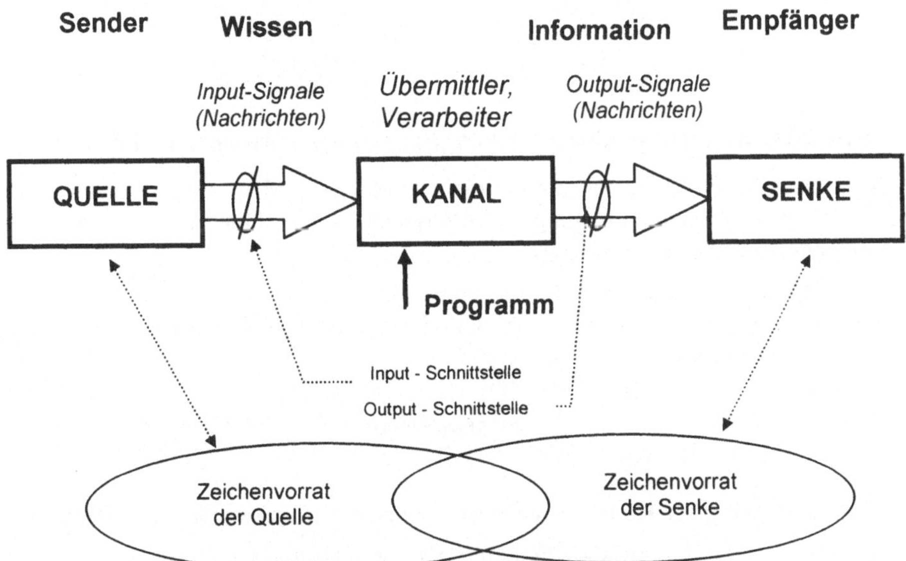

Abb. 2.10: Kommunikationsmodell als Basiskonzept informationstechnischer Betrachtungen

Aus der Nachrichtentechnik hat sich die Informationstechnik entwickelt. Sie kann als die Technik der Weiterleitung und Verarbeitung von Informationsträgern (Nachrichten, Signale) bezeichnet werden; inklusive der hierzu notwendigen Weiterleitung und Verarbeitung der erforderlichen Programme und Steuersignale über Kanäle. Da Signale zur Weiterleitung und Verarbeitung über den Kanal durch physikalische Größen repräsentiert werden und Quelle, Senke und Kanal bestimmte Anforderungen stellen, sind an den Schnittstellen Umformer erforderlich. Durch sie werden die Signale jeweils in eine, dem Kanal der Quelle und der Senke entsprechende Form gebracht.

Kanäle sind zentrale Komponenten von Kommunikationssystemen und können reine Überträger (Kommunikationskanäle wie Telefon, Rundfunk etc.) oder Verarbeiter (Regler, Steuerungseinheiten, Computer) von Nachrichten sein. Ein Kommunikationssystem lässt sich durch 3 Größen charakterisieren:

a) Kommunikationspartner

b) Kommunikationsrichtung

c) Informationsart

zu a)   Bezüglich Kommunikationspartner lassen sich drei Typen von Partnerkombinationen unterscheiden, wie im nachfolgenden Bild dargestellt ist:

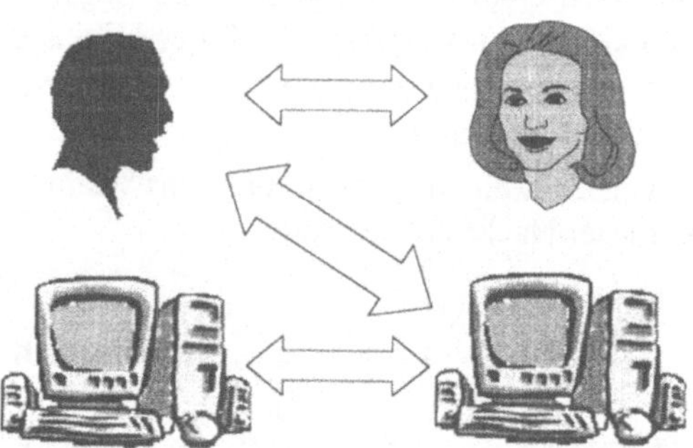

Abb. 2.11: Kommunikationsbeziehungen zwischen Menschen und Maschinen

Neben der Nachrichtenübertragung von Menschen zu Menschen ist in der Informatik die Nachrichtenübertragung von Menschen zu Maschinen und Maschinen zu Maschinen von großer Bedeutung.

zu b)   Bezüglich Kommunikationsrichtung kann man unterscheiden, ob der Nachrichtenfluss nur in einer Richtung erfolgt oder in beiden, wie in nachfolgenden drei Bildern dargestellt ist.

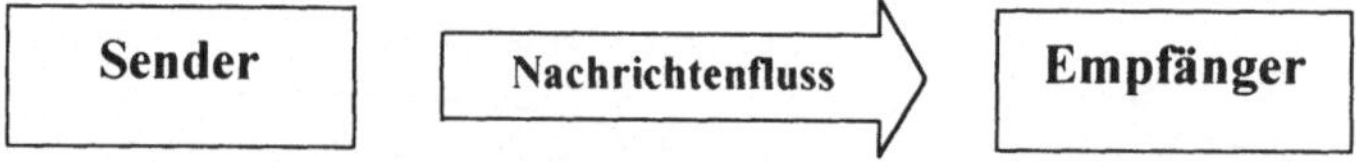

Abb. 2.12: Simplex Kommunikation: Nachrichtenfluss nur in einer Richtung.

Bei der Halbduplex-Kommunikation, dem Wechselbetrieb, wird abwechselnd, d.h. nicht gleichzeitig Information in beiden Richtungen, übertragen.

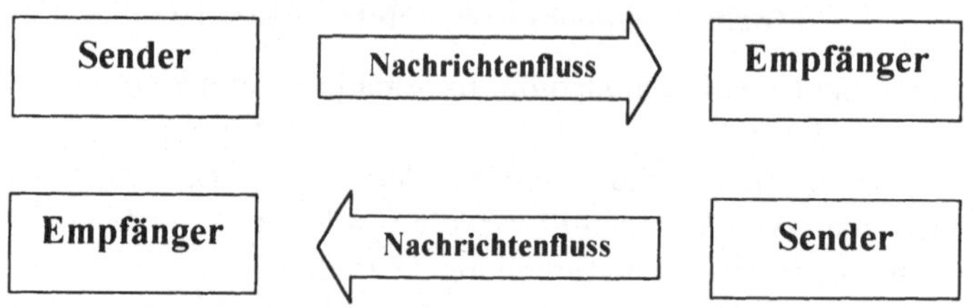

Abb. 2.13: Halbduplex-Kommunikation - Wechselbetrieb

Bei Vollduplex-Kommunikation (Gegenbetrieb) kann Information gleichzeitig in beiden Richtungen übertragen werden.

Abb. 2.14: Vollduplex-Kommunikation - Gegenbetrieb

zu c) Informationsart:

Ausgangspunkt und im Zentrum aller Betrachtungen steht der Mensch mit seinen Möglichkeiten und Bedürfnissen zur Kommunikation.

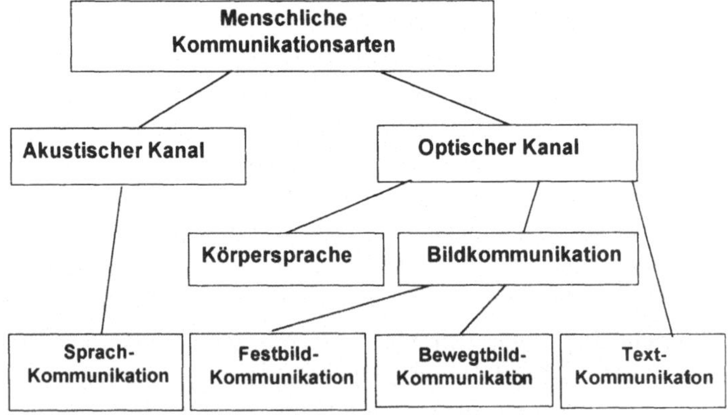

Abb. 2.15: Die gebräuchlichsten menschliche Kommunikationsarten

Tabelle 2.1: Sende und Wahrnehmungsorgane des Menschen und höherer Tiere

Sendeorgan (Effektor)	physikalischer Träger der Nachricht	Wahrnehmungs- organ (Rezeptor)	Art der Übermittlung
Sprechsinn (Sprechapparat des Kehlkopfes)	Schallwellen (16 bis 16 000 HZ)	Gehörsinn (Schnecke des Ohres)	akustisch
Mimik und Gestik (Gesichts-	Lichtwellen (um 10^{15} Hz)	Gesichtssinn (Retina des Auges)	optisch
Handfertigkeit (Hand und Armmuskeln)	Druck	Tastsinn (Hautzellen)	taktil
	Temperatur (-20 bis +50°C)	Tastsinn (Hautzellen)	
	Konzentration von Molekülen in wäss- rigen Lösungen	Geschmackssinn (Mundschleimhaut)	
Duftdrüsen	Konzentration gasförmiger Moleküle	Geruchssinn (Mund- und Nasenschleimhaut)	
	Beschleunigung	Gleichgewichtssinn	
	Mechanische und andere Schäden	Schmerzsinn (freie Nervenenden)	

An dieser Stelle soll nun ein wenig ausgeholt werden um einen Bezug herzusteller zwischen dem eigentlichen physikalischen Signal und der darin steckenden Information. Ein Signal ist eine Quantität, die Information über den „Zustand" eines realen Systems beinhaltet. In DIN 44 300 wird Signal als die physikalische Darstellung von Nachrichten oder Daten festgelegt.

Zeichen sind Elemente einer zur Darstellung von Information vereinbarten endlichen Menge. Ein geordneter Zeichenvorrat heißt Alphabet. Worte sind Folgen von Zeichen, die als Einheit betrachtet werden. Ein Symbol ist ein Zeichen oder Wort, dem eine Bedeutung beigemessen wird. Für Nachrichten, die zwischen Menschen ausgetauscht werden, sind Abmachungen bezüglich ihrer Form erforderlich. Als natürliche Sprache versteht man eine, von Menschen benutzte, gesprochene und/oder geschriebene Sprache, die der Darstellung und Weitergabe von Nachrichten durch und zwischen Menschen dient, d.h. der Kommunikation.

Bei der Kommunikation zwischen Menschen mit dem Zwecke der Beauftragung zur Ausführung eines Auftrags (Anweisung, Lösung eines Problems) teilt ein Auftragsgeber (Quelle, Sender) einem Auftragsnehmer (Senke, Empfänger) eine Nachricht mit, in der ein Auftrag (eine Anweisung) zum Ausdruck gebracht und dadurch genauer gekennzeichnet wird. Es ist also nicht die Nachricht an sich bzw. die übermittelten Signale und Zeichen von Bedeutung, sondern die darin enthaltene Information und die kann durchaus unterschiedlich sein für unterschiedliche Empfänger. Eine an und für sich abstrakte Information wird jedoch immer durch eine konkrete Nachricht mitgeteilt. Die in einer Nachricht enthaltene Information ist eine Interpretationsvorschrift α,

$$\alpha : N \rightarrow I \qquad\qquad \alpha \ \dots \ \text{Interpretationsvorschrift}$$

$$n| \rightarrow i = \alpha(n)$$

Der Sachverhalt wird durch nachfolgendes Bild zum Ausdruck gebracht. Die Nachricht „eagle" über einen Telefonhörer ohne Bezug zum gesprochenen Inhalt kann durchaus unterschiedliche Assoziationen wecken und somit unterschiedliche Information beinhalten.

Abb. 2.16: Nachricht ist nicht gleichbedeutend mit Information

In Zusammenhang mit Information geht es um die Wirkung einer Nachricht. Eine übermittelte Nachricht soll und kann eine Wirkung auslösen, z.B. kann sie Hilfestellung, Daten bzw. Information zur Auswahl einer bestimmten, aus einer Menge möglicher Verhaltensweisen (oder Handlungsalternativen) anbieten

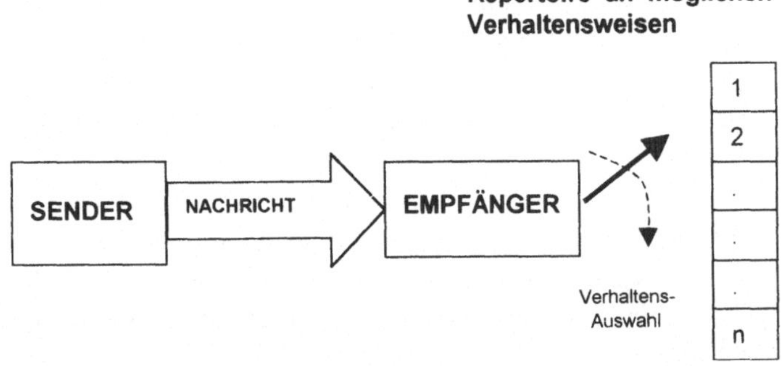

Abb. 2.17: Information als Wirkung und Nutzen einer Nachricht

Charakterisiert wird ein Kommunikationssystem ferner durch die Art der zu übertragenden Information.

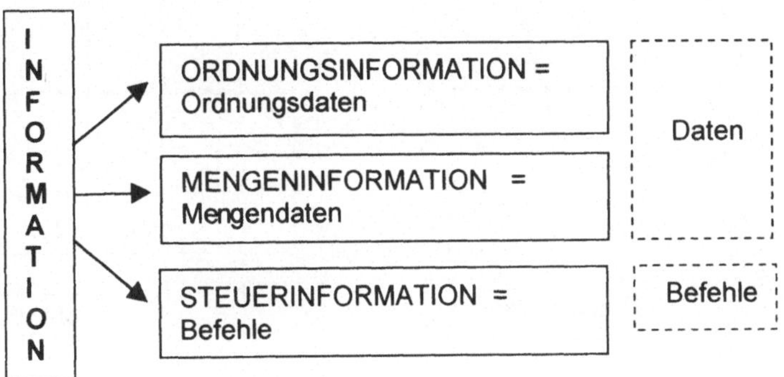

Abb. 2.18: Daten - Befehle

Signale sind die eigentlichen physikalischen Träger von Daten, Nachrichten und Informationen.

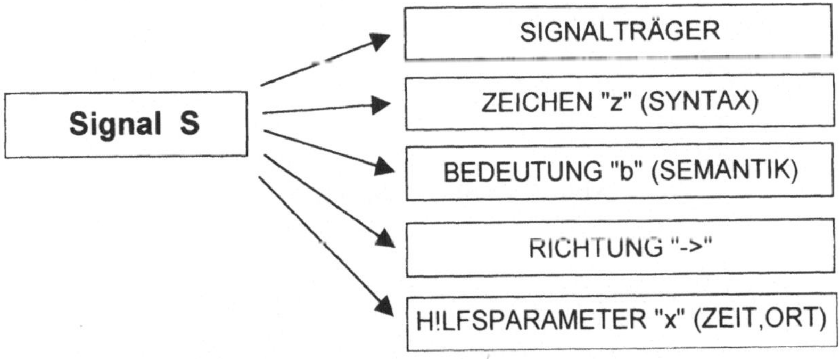

Abb. 2.19: Charakteristische Signalmerkmale

Es lassen sich vier Signalklassen unterscheiden, die sich strukturell in der Werte-(Amplituden-) und in der Zeitrichtung unterscheiden.

Klasse 1:   Signalamlitude und Zeitkoordinate sind kontinuierlich verfügbar (unendliche Mengen). Beispiele: Sprache, Musik.

Klasse 2:   Signalabtastung erfolgt zeitlich mit einem Takt- bzw. Zeitraster T; die Signalamplitude s ist jedoch kontinuierlich.

Klasse 3:   Die Signalamplitude s ist diskret (endliche Menge), der Zeitpunkt, in dem eine Änderung der Signalkoordinate erfolgen kann, ist jedoch beliebig.

Klasse 4:   Die Signalamplitude ist diskret und außerdem ist die Zeitkoordinate diskret, d.h. Signaländerungen erfolgen nur in bestimmten Zeitpunkten, die voneinander einen Abstand haben, der dem Zeitelement T des Takt- oder Zeitrasters oder einem ganzzahleigen Vielfachen davon entspricht.

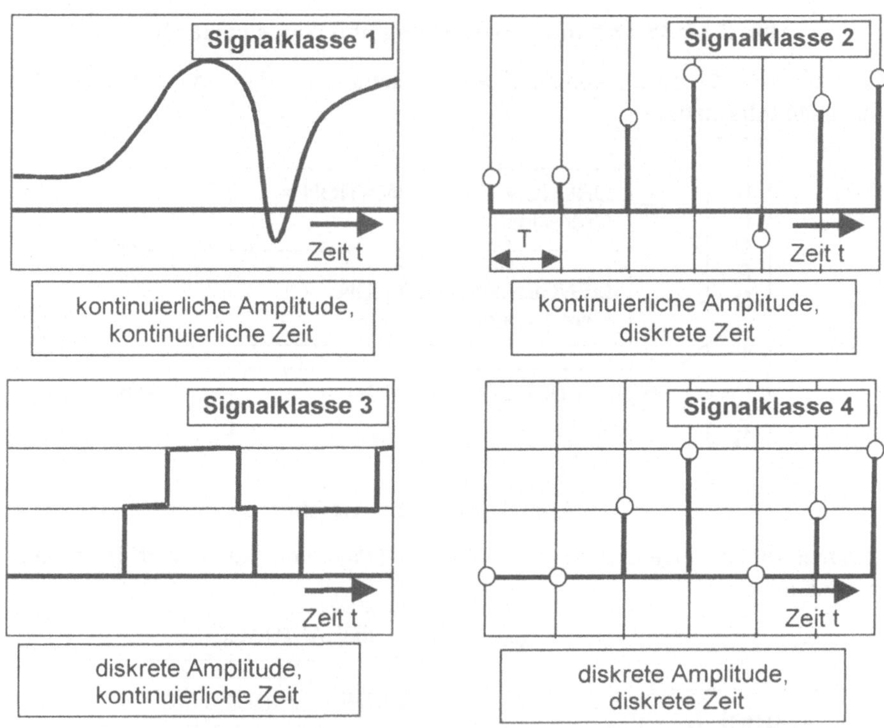

Abb. 2.20: Signalklassen

Wissen und Wissensverarbeitung

Mitte der 50-iger Jahre wurde in den USA der Begriff „Artificial Intelligence" (AI) eingeführt, der im Deutschen Sprachraum als „Künstliche Intelligenz" (KI) übernommen wurde. Dabei handelt es sich um ein Teilgebiet der Informatik, das sich mit der Anpassung des Computers an Denkprozesse des menschlichen Gehirns befasst, wie z.B. Schlussfolgern, Mustererkennen, Sprechen und Handhaben. Man spricht auch von Wissens- und Symbolverarbeitung als Ergänzung zur reinen Datenverarbeitung. In der Wissensverarbeitung werden komplexe Informationsstrukturen, die den Umgang mit diffusem Wissen erfordern, automatisiert. Die traditionelle „Datenverarbeitung" dagegen beschäftigt sich mit der Automatisierung klar strukturierter und wohldefinierter Informationsverarbeitungsprozesse.

Wichtige Teilgebiete der AI oder der KI sind Roboter, Natürlichsprachliche-, Bildverstehende-, Simulations-, Deduktions- und Expertensysteme. Als Expertensysteme bezeichnet man Systeme, die Expertenwissen und die darauf beruhenden Fähigkeiten maschinell verfügbar machen. Sie enthalten nicht nur das aus Lehr- und Fachbüchern hervorgehende Wissen, sondern auch Heuristiken (methodische Gewinnung neuer Erkenntnisse durch Denkmodelle), Strategien und Erfahrungswerte, die sich ein Fachmann (ein menschlicher Experte) in der Regel nur durch langjährige praktische Tätigkeit aneignen kann.

Aus Benutzersicht kann man Expertensysteme als Weiterentwicklung von Datenbanksystemen betrachten, indem sie gespeichertes Wissen (Daten, Informationen) mit dem „Wissen um bestimmte Zusammenhänge" verknüpfen. Expertensysteme finden z.B. in folgenden Gebieten Anwendung: Interpretationssysteme, Diagnosesysteme, Überwachungssysteme, Beratungssysteme, Konfigurationssysteme, Planungssysteme, Hilfesysteme, Unterrichtssysteme und vielen anderen mehr.

2.3 Von der maschinenorientierten zur benutzerorientierten Programmierung im Internet

Die Entwicklung der Programmierung hat in ihrer doch noch relativ kurzen Geschichte schon einige grundlegende Veränderungen durchlaufen, die man als Paradigmenwechsel bezeichnen kann. Ein kurzer Rückblick auf die wesentlichen technologischen Stufen in der Softwareentwicklung bietet eine Möglichkeit die treibenden Kräfte der Entwicklung zu verstehen und ermöglicht somit eine realistische Einschätzung der zukünftigen Entwicklung wie sie sich derzeit im Zusammenhang mit aktuellen Veränderungen insbesondere im Zusammenhang mit der Mobilkommunikation und dem Internet ergeben. Da grundsätzlich alle Möglichkeiten der Programmentwicklung auch heute noch möglich sind und auch angewendet werden, bietet eine historische Betrachtung konkrete, hilfreiche Orientierungshilfe. Den wesentliche Anlass für Veränderungen stellten immer umfangreichere Anforderungen an immer größer und komplexer werdende Programme dar. Management der Komplexität ist nach wie vor die zentrale Problemstellung der Informatik. Wie soll man eine Aufgabenstellungen lösen? Benötigt man eine hochmoderne objektorientierte grafische Programmiersprache oder reicht ein einfaches Programm im Maschinencode für eine kleine Mikroprozessoranwendung oder ein Programm in der

Programmiersprache C für eine PC-Anwendung? Ein Blick auf die Entwicklung legt die Möglichkeiten und wesentliche Entscheidungskriterien sehr deutlich offen.

Während in der Programmierung ursprünglich in sich abgeschlossene Einzelaufgaben durch Programme auf monolithischen Großrechnern im Zentrum der Betrachtung standen, sind heute bereits durch das Internet Informationssysteme Realität (und bedürfen der Programmierung und Weiterentwicklung), die auf Interaktionen in weltweit vernetzten, unterschiedlichsten heterogenen Systemen beruhen. Sogar das Mobiltelefon entwickelt sich zunehmend zu einem Endgerät von Anwendungen insbesondere im Internet. Während in der Anfangszeit nur ausgesprochene Computerexperten den Computer programmierten, bedienten und anwendeten, ist heute bereits der Computer in der Verwendung von „Jedermann" und in der Programmierung ist Benutzerorientiertheit oberstes Gebot. Die benutzerorientierte Programmierung geht aus den Konzepten der strukturierten Programmierung, der objektorientierten Programmierung und der verteilten Umgebungen hervor und bietet Softwareentwicklern die Möglichkeit technische, menschliche, betriebswirtschaftliche, ja volkswirtschaftliche und gesellschaftliche Bedürfnisse zu befriedigen.

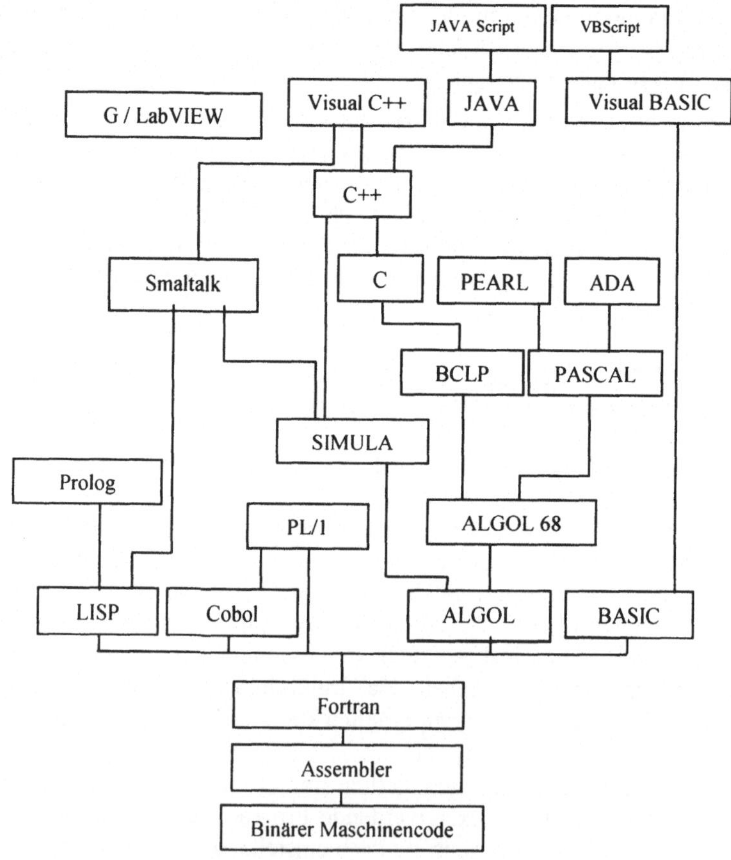

Abb. 21: Stammbaum von Programmiersprachen

2.3.1 Generationen von Computersprachen auf dem Weg zur Strukturierten Programmierung

Vor 1950 waren Programmiersprachen hauptsächlich von der Hardware abhängig. Die zum Einsatz gekommenen Sprachen werden als Sprachen der 1. Generation bezeichnet. Hierbei wurden Programme als Folge von unmittelbar durch die Maschine ausführbare, in binärer Form vorliegende Befehle erstellt: in Maschinensprache. Programme in Maschinensprache sind durch den auf zwei Zeichen 0 und 1 beschränkten Zeichenvorrat für die Darstellung von Anweisungen extrem unübersichtlich und daher nur sehr schwer pflegbar und in der Programmerstellung auch sehr fehleranfällig.

Ein abschreckendes Beispiel: **0001 1010 0011 0100**
könnte für eine Anweisung an einem Computer stehen:
Addiere die Operanden 3 und 4

Bei Sprachen der 2. Generation war man bemüht, die Programmierung mehr auf den Menschen als Programmierer auszurichten. Hierbei handelt es sich um formale Hilfsmittel, formale Sprachen, um Maschinenbefehle in einer für den Programmierer besser verständlichen Form darzustellen. Instruktionen, Befehle werden mittels mnemotechnischer, d.h. das Gedächtnis und Assoziationsvermögen des Programmierers unterstützender Form abgebildet.

Obiges Beispiel bekommt die Form: **ADD 3,4**

Programmiersprachen wurden laufend weiterentwickelt. Mitte der fünfziger Jahre wurde eine dritte Generation von Programmiersprachen eingeführt, die von den binär- maschinenorientierten zu strukturierten Programmiersprachen führte. Sogenannte höhere Programmiersprachen: Sprachen der 3. Generation (high-level languages). Anstoß zur Entwicklung dieser Sprachen gab die mangelhafte Eignung maschinenorientierter Sprachen zur Erstellung komplexer Anwendungsprogramme (schlechte Lesbarkeit, unübersichtliche Struktur, hohe Fehleranfälligkeit,...). Höhere Programmiersprachen ermöglichen die Erstellung von Programmen in einer weitgehenden maschinenunabhängigen, abstrakten Form. Das heißt, solche Programme können nicht nur auf einem, sondern auf mehreren Rechnern in der gleichen Art zur Ausführung gebracht werden.

Das sehr einfache obige Beispiel: **Ergebnis = 3 + 4**

Typische Sprachen der 3. Generation sind Cobol, Fortran, BASIC, PL/1, C, Pascal. Für die Automatisierungstechnik haben insbesondere Fortran, BASIC (QBASIC war lange Zeit im Lieferumfang des Betriebssystems DOS von IBM und Microsoft) und C.

Auf Basis der Sprachen der ersten drei Generationen wurden in den 60-er und 70-er Jahren umfassende Informationssysteme für den operativen Bereich in Betrieben entwickelt (Rechnungswesen, Lohnverrechnung, Finanzbuchhaltung, Kostenrechnung, Materialwirtschaft, etc.). Anfangs dominierte als Rechnerbetriebsweise die Stapelverarbeitung (Batch-Processing), die zunehmend durch die Dialogverarbeitung abgelöst wurde. Die Anforderungen der Benutzer hinsichtlich Aktualität, Verfügbarkeit und Integrierbarkeit der in den Systemen geführten Daten sowie hinsichtlich der Funktionalität der verwendeten Software und insbesondere auch bezüglich der Geschwindigkeit für die Umsetzung neuer Software stieg laufend. Zunehmenc erwuchsen Anforderungen aus den dispositiven, logistischen und auch strategischen Bereichen sowie aus der Produktion und Fertigung.

Für die anfangs stark zentralistisch organisierten Datenverarbeitungsabteilungen wurde es immer schwieriger die Fülle von Anforderungen termingerecht abzudecken. Der „Anwendungsrückstau" bei der Softwareentwicklung lag und liegt in großen Betrieben vielfach im Bereich von 2 bis 3 Jahren. In EDV-Abteilungen sind die Anwendungsentwicklungsabteilungen nicht selten bis zu 80 % mit der Wartung von Altanwendungen beschäftigt.

Als Antwort für diese unbefriedigende Situation wurden und werden unterschiedliche Strategien verfolgt:

- Programmsysteme, welche die Effizienz der Anwendungsentwicklung durch die Programmierer erhöhen sollen (Sprachen und Systeme der 4. Generation),

- Einsetzung von zugekaufter Standardsoftware

- Individuelle Datenverarbeitung durch Endbenutzer

Für die Realisierung von Software stehen heute eine große Fülle von Programmiersprachen zur Verfügung. Die höheren Programmiersprachen wie Fortran, Cobol, BASIC und C wurden so gestaltet, dass bestimmte Typen von Problemen weitgehend unabhängig von der Hardware gelöst werden können. Sie ermöglichen die relativ einfache Übertragung (Portierung) von Anwendungsprogrammen von einem auf einen anderen Rechner. Sie werden auch als problemorientierte Sprachen bezeichnet, da man mit ihnen für die Problemlösung einen Algorithmus auf relativ einfache, dem Problem angepasste Weise, lösen kann unabhängig vom anschließend benutzten Rechnertyp. In einer problemorientierten Sprache abgefasste Programme sind für einen Rechner nicht unmittelbar ausführbar, sie müssen zuerst durch einen Übersetzer (Compiler oder Interpreter) in ein Programm übersetzt werden, welches vom Computer ausführbar ist. Schwerpunkt bei den problemorientierten Programmiersprachen liegt auf den, eine Anwendung ausmachenden Daten und Prozeduren. Die höheren Programmiersprachen ermöglichten den ersten wichtigen Paradigmenwechsel in der Softwareentwicklung, den Wechsel zur strukturierten Programmierung.

Ein wichtiges Konzept, das der strukturierten Programmierung zugrunde liegt, ist Modularität. Umfangreiche und vor allem komplexe Aufgaben lassen sich lösen, indem sie in kleinere aber auch, einfachere Aufgaben zerlegt werden. So beinhaltet z.B. fast jedes Programm die Notwendigkeit, ein Ergebnis auszudrucken. Dafür kann man eine Funktion Namens „Drucken" programmieren und erhält somit eine überschaubare Funktion, die aus weniger Programmzeilen besteht und an verschiedenen Stellen im eigentlichen Anwendungsprogramm einfach durch die Angabe des Wortes „Drucken" benutzt, d.h. aufgerufen werden kann. Diese Druckfunktion kann auch in anderen Anwendungen eingesetzt oder zur gemeinsamen Nutzung mit anderen Benutzern in einer Programmbibliothek abgelegt werden. Durch die strukturierte Programmierung können Module als Komponenten für Programmbibliotheken entwickelt werden, mit denen Programme und Computer zu immer fortgeschritteneren und komplizierteren Dingen angewiesen werden konnten. Diese Module ließen sich mit anderen Entwicklern gemeinsam benützen, wodurch sich die Produktivität wesentlich gesteigert hat. Höhere Programmiersprachen lenkten die Aufmerksamkeit der Softwareentwicklung weg von der Steuerung von Hardware hin zur Erstellung und Implementierung von möglichst wiederverwendbaren Programmbausteinen, die gemeinsam genutzt, erweitert und somit zur Implementierung immer umfassenderer Lösungen eingesetzt werden konnten.

2.3.2   Die nichtprozedurale und objektorientierte Programmierung

Die Weiterentwicklung ist noch nicht am Ende. Ein wesentliches Merkmal der weiterentwickelten Sprachen der nächsten Stufe, d.h. der Sprachen der 4. Generation ist dass sie „nichtprozedural" und „deskriptiv" sind. Darunter versteht man, dass mit diesen Sprachen nicht mehr beschrieben werden muss WIE eine Aufgabe durch den Computer gelöst werden soll. Vielmehr wird in beschreibender, d.h. deskriptiver Form angegeben WAS geschehen soll. Beispiel: Structured Query Language, SQL-Abfrage in Datenbank.

Die strukturierte Programmierung war sehr stark prozedural orientiert. Mit Modulen aus Programmbibliotheken konnte zahlreiche Datenoperationen und Vorgänge realisiert werden, aber keine Dinge oder Objekte aus dem Gegenstandsbereich unserer Betrachtungen beschrieben werden. Ein wesentlicher Paradigmenwechsel in der Computerindustrie begegnete diesem Problem mit der Einführung der objektorientierten Programmierung. Klassen und Objekte stellen zentrale Begriffe in diesem Zusammenhang dar. Das Grundprinzip der objektorientierten Programmierung besteht darin, die Softwareentwicklung auf Objekte statt auf Prozeduren (Funktionen) und Daten aufzubauen. Wichtiges Konzept ist hierbei das der Klasse. Die Funktionsweise der objektorientierten Programmierung lässt sich mit der Art und Weise vergleichen, wie wir Menschen die Welt verstehen und interpretieren. Gemäß unserer Wahrnehmung besteht die Welt aus Dingen und Objekten. Diese Objekte haben Eigenschaften und führen Aktionen aus. Ein Flugzeug ist z. B. durch die Eigenschaften Farbe, Höhe, Gewicht, Antriebe und Form gekennzeichnet und führt Aktionen wie fliegen, landen und starten durch. Um ein Flugzeug mit der objektorientierten Programmierung zu beschreiben bzw. zu programmieren, wären folgende Schritte erforderlich:

- Eine Klasse mit Elementvariablen wird erstellt, welche die Eigenschaften des Flugzeugs repräsentieren

- Elementfunktionen für die Klasse werden erstellt, um die Aktionen zu repräsentieren, die das Flugzeug ausführen kann

Klassen lassen sich mittels einer Technik namens Vererbung erweitern. Dadurch können Softwareentwickler Programme auf einer höheren Abstraktionsebene erstellen. Die Möglichkeit, Funktionen und verwandte Eigenschaften in einem einzigen Objekt zu kapseln, resultiert in Software, die eine wesentlich bedeutsamere Repräsentation der Realität zulässt.

Eine wichtige objektorientierte Programmiersprache ist Smalltalk, die am weitesten verbreitet ist heißt C++ und wurde Mitte der 80-er Jahre aufbauend auf die Programmiersprache C entwickelt. Weil C++ eine Weiterentwicklung aus einer problemorientierten und einer objektorientierten Programmiersprache darstellt, unter-

stützt sie sowohl das Programmierparadigma der strukturierten- als auch der objektorientierten Programmierung. Aus diesem Grund wurde sie sehr schnell von eine
großen Zahl von C-Programmierern akzeptiert und erleichterte den Wechsel von de
strukturierten zur objektorientierten Programmierung in der Softwareindustrie erheblich.

Wegen der großen Bedeutung der objektorientierten Programmierung sollen einige
ihrer zentralen Ansätze und Begriffe noch ein wenig ausgeführt werden. Treibende
Kraft bei der Entwicklung der objektorientierten Programmierung waren Problemstellung im Umfeld komplexer Programme. Bei der Erstellung komplexer Software
spielt die Wiederverwendung vorhandener Programmbestandteile eine besonders
große Rolle, da hierdurch sowohl die Software-Qualität gesteigert, als auch der
gesamte Erstellungs- und Wartungsaufwand erheblich reduziert werden kann. Bei
der Entwicklung der objektorientierte Programmierung wurde die Wiederverwendung bereits durch Sprachkonzepte wie Vererbung und Polymorphie zu einem Bestandteil objektorientierter Programmiersprachen. Die objektorientierte Software-
Entwicklung [Jacobson, 1992] betrachtet das Objekt als gemeinsame Einheit aller
Software-Entwicklungsphasen. Objekte mit gemeinsamen Eigenschaften werden zu
einer Klasse zusammengefasst. Die Schnittstelle einer Klasse nach Außen besteht
aus den Methoden. Vererbung ist eine Relation zwischen Klassen, die eine Implementierung einer Klasse basierend auf einer anderen existierenden Klasse erlaubt.
Die bei der objektorientierten Software-Entwicklung angestrebte Wiederverwendung bereits existierender Komponenten führt zu zahlreichen Vorteilen. Insbesondere beeinflusst die Wiederverwendbarkeit alle wesentlichen Aspekte von Software-
Qualität [Meyer, 1990]. Wenn Wiederverwendung stattfindet, wird weniger Aufwand für die Neuentwicklung von Software-Bestandteilen erbracht. Dadurch kann
bei gleichen oder (eine entsprechende Häufigkeit der Wiederverwendung vorausgesetzt) sogar bei sinkenden Gesamtkosten mehr Aufwand bezüglich Korrektheit,
Robustheit usw. bei der Entwicklung der wiederverwendbaren Komponenten getrie-
ben werden. Diesen Vorteilen der Wiederverwendung stehen jedoch noch Schwierigkeiten gegenüber, wobei eine wesentliche Dokumentation, die Beschreibung
wiederverwendbarer Komponenten darstellt.

Objekte bestehen aus Daten und Prozeduren (Funktionen), was aber bedeutet, dass
die Objekte selber für die Ausführung einer Aufgabe verantwortlich sind (Kapse-
lung). Der Anwender teilt dem Objekt lediglich über eine Botschaft mit, dass eine
spezielle Methode ausgeführt werden soll. Das angesprochene Objekt, führt daraufhin diese Methode aus. Das Ergebnis wird vom Objekt an den Sender der Botschaft
zurückgeschickt. Was ein Objekt an Funktionalität beherrscht und was es genau
macht, wird in einer Liste (Methodeninterface) des Objekts dargestellt. Diese Liste
ist die Schnittstelle des Objekts zur Außenwelt. Nur über diese Methoden kann der
Anwender Daten in dem Objekt verändern lassen. Wie das Objekt die Methoden
ausführt, liegt ausschließlich im Bereich des Objekts und ist im Normalfall von
außen nicht zugänglich (black box).

Ein weiterer Grundpfeiler neben dem Objektkonzept ist die Überlegung, dass Objekte mit gleichen Eigenschaften in gemeinsame Kategorien eingeordnet werden: die
Klassen. Objekte gleicher Eigenschaften werden in Klassen zusammengefasst. Ein
großes Problem in der Softwareentwicklung und auch bei der Objekt-Bildung ist die

Redundanz. Viele Methoden werden wahrscheinlich häufig benötigt, so dass diese mehrfach vorhanden sein müssen. Anstatt Klassen aber nun unabhängig voneinander existieren zu lassen, werden sie in einer Rangordnung (Hierarchie) in Relation gesetzt. Dieses Schema geht vom Allgemeinen zum Speziellen und bringt Ordnung in die Klassen (Beispiel.: Auto, Kombi, Geländewagen, Limousine). Alle Daten, d.h. alle Datenfelder der Vorfahren werden übernommen. Die Unterklasse, der spezielle Nachkomme des Objekttyps, wird aber wahrscheinlich noch neue Datenelemente definieren müssen. Alle Methoden der Vorfahren können auch von Objekten ihrer Nachkommen verwendet werden (Vererbung). Durch Vererbung können Nachkommen Methoden von Vorfahren benutzen. Falls einer Methoden weitere Funktionalität beigebracht werden soll (Spezialisierung etc.), muss die Methode mit dem gleichen Namen wie im Vorfahren definiert werden (function overloading).

Polymorphie ist zunächst ein abstrakter Begriff, der jedoch für ein aus Anwendungssicht sehr nützliches und einfaches Prinzip steht. Polymorphe Funktionen akzeptieren Argumente unterschiedlichen Datentyps und verhalten sich für jede Typenvariante im wesentlichen gleich. Zu verarbeitende Daten für polymorphe Funktionen können von unterschiedlicher Größe, Typ oder Darstellung sein. So können z.B. skalare Werte untereinander addiert werden oder skalare Werte zu Feldern von Daten, oder zwei Felder unter Verwendung der gleichen Funktion addiert werden.

2.3.3   Das Client-Server-Prinzip - Verteilte Umgebungen und das Internet

Die meisten Programme, die mit strukturierter und objektorientierter Programmierung entwickelt wurden, liefen bisher auf Einzelplatzcomputern in einem Adressraum (das sind die Speicherzellen in denen Programm und Daten abgelegt sind). Die wesentlichen Programmiersprachen ließen eine andere Vorgehensweise kaum zu, denn die Sprachen enthielten keine Funktionen, die die Kommunikation über Adressräume oder physische Netzwerkgrenzen hinweg ermöglichten.

Mit dem zweischichtigen Client-Server-Modell wurden diese Grenzen erstmals aufgebrochen. In diesem Modell sind die Daten auf einem Servercomputer abgelegt und zahlreiche Clientcomputer können über ein Netzwerk darauf zugreifen. Um auf Daten aus einer Datenbank zuzugreifen, benutzen Programmierer im Allgemeinen SQL (Structured Query Language), eine Schnittstelle zu relationalen Datenbanken, die Ende der Siebziger Jahre entwickelt wurde. SQL ist eine nichtprozedurale Programmiersprache, mit der man festlegen kann, auf welche Daten man zugreifen möchte, aber nicht im Detail festlegen muss, wie der Zugriff erfolgen soll. Dies hat den großen Vorteil, dass man die Implementierung der Datenbank vor dem Client verbergen kann und die Datenbank dadurch verändern oder sogar auf eine andere Plattform portieren kann.

Die mehrschichtige verteilte Umgebung war die natürliche Weiterentwicklung aus dem zweischichtigen Modell, da sie eine bessere Trennung von Verfahrenslogik und Datenspeicherung auf dem Server ermöglichte. Da die Funktionalität von SQL nicht ausreichte, um auf Elemente außerhalb der Datenschicht zuzugreifen, kamen neue Technologien wie COM (Component Object Model), DCOM (Distributed Component Object Model), ActiveX und Java auf, mit denen die anspruchsvolleren Anforderungen von verteilten Umgebungen besser erfüllt werden können.

Die Einführung von Netzwerken, die aus kostengünstigen vernetzten Personal-Computern bestehen, hat in den meisten Organisationen einen Bedarf für verteilte Umgebungen geweckt und die Entwicklung des ultimativen Netzwerkes Internet vorangetrieben. Das Internet hat insbesondere durch das World Wide Web eine sehr stürmische Verbreitung erlangt.

Das World Wide Web (WWW) ist ein verteiltes System, in das auf Daten auf Servern nach einem zweischichtigen Modell über Webseiten oder im mehrschichtigen Modell über Gateway-Programme zugegriffen wird. Das WWW wurde erst in den 90er Jahren für das Internet entwickelt und hat das Internet damit bereits zu einem Allgemeinbegriff werden lassen. Mit einer sehr universellen und einfach zu bedienenden Client-Anwendung, dem Web Browser, können unterschiedlichste Informationen aus dem weltweiten Netz abgerufen werden. Die Entwicklung des Internet selbst geht auf das ARPAnet zurück, das im Jahr 1969 im Auftrag des Verteidigungsministeriums der USA entwickelt wurde, um Militärstützpunkte, Unternehmen, die für das Verteidigungsministerium arbeiteten, und Universitäten miteinander zu verbinden. Das hauptsächliche Merkmal von ARPAnet aus militärischer Sicht war die Dezentralisierung, welche die Funktionstüchtigkeit des Netzwerks auch dann gewährleistet, wenn einige Computer im Netzwerk ausfallen sollten. Die dezentralisierte Anlage ist noch immer ein Hauptmerkmal des Internets.

Das Internet hat keinen Besitzer, weil es sowohl weltumspannend als auch dezentralisiert ist. Man könnte sagen, dass das Internet der ganzen Welt gehört, bzw. allen Leuten, die es benutzen. Von den ursprünglich vier Computern im Jahre 1969 ist das Internet auf inzwischen mehr als 600.000 Hostrechner angewachsen, die mehr als 25 Millionen Menschen miteinander verbinden. Zur Jahrtausendwende lag die geschätzte Anzahl der Internetbenutzer zwischen 30 und 800 Millionen. Trotz der großen Unterschiede dieser Schätzwerte zeigt der Trend klar eine schnelle Expansion und die hohe Akzeptanz der Benutzung des Internets.

2.3.4 Komponentensoftware - Software für die Bewältigung der Herausforderungen durch das Internet: Java und ActiveX

Das World Wide Web mit seiner bequemen Benutzeroberfläche und den attraktiven grafischen Gestaltungsmöglichkeiten hat einen wesentlichen Beitrag zum Wachstum des Internets geliefert. Der Wunsch, das WWW weg von der reinen Bereitstellung statischer Dokumente in Form von abgespeicherten Webseiten hin zu aktiven, verteilten Anwendungen zu bringen, hat neuen Technologien wie Java und ActiveX entstehen lassen. Beide Technologien wurden für die Erstellung von Komponenten entwickelt, die integriert werden können, um robuste, skalierbare und im Netz verteilte Softwarelösungen bereitzustellen.

Die Programmiersprache Java wurde und wird augenblicklich von einigen Gruppen als neuer Weg für die Zukunft des Internets betrachtet. Java wurde ursprünglich für die Programmierung von Anwendungen für kleinste Computer wie Personal Digital Assistants (PDAs) entwickelt. Inzwischen wurde sie aber aufgerüstet, um im enorm wachsenden Internet-Markt eingesetzt werden zu können. Die Programmiersprache Java entspricht einer vereinfachten Version von C++ und eignet sich sehr gut zur Entwicklung von kleinen, plattformunabhängigen Applets, die in einem Internetbrowser ablaufen können.

Ein Hauptmerkmal von Java ist, dass Bytecode anstatt Maschinencode erzeugt wird. Der Bytecode ist plattformunabhängig und funktioniert, indem er auf einer plattformspezifischen virtuellen Maschine ausgeführt wird. Dieses Konzept verspricht Programmierern, die eine Anwendung für die virtuelle Java-Maschine entwickeln, dass ihre Anwendungen automatisch auf jeder Plattform laufen kann, ohne dass Veränderungen des Programmcodes erforderlich sind.

ActiveX ist eine Technologie zur Erzeugung von sprachenabhängigen Softwarekomponenten von Microsoft. ActiveX kann in Java implementiert werden und verfügt deshalb über alle Vorteile von Java und beinhaltet noch zahlreiche wichtige zusätzliche Merkmale. ActiveX basiert auf dem Microsoft Component Object Model (COM). Zielsetzung von COM ist die leistungsfähige Softwareintegration. Dank COM, das inzwischen ein weit verbreiteter Industriestandard geworden ist, können Softwareentwickler die Arbeit anderer Programmierer sehr leicht nutzen, ohne dass eine Koordination im Entwicklungsprozess erforderlich wäre. Dies ist ein großer Vorteil bei der Verwaltung komplexer, mehrschichtiger, verteilter Internetsysteme.

Über die Dienste von Distributed COM (DCOM) ist ActiveX standorttransparent, wodurch Komponenten entweder auf demselben PC abgelegt oder über das Internet verstreut sein können, ohne dass dafür der Code verändert werden muss. Dies ist eine wesentliche Anforderung für die Entwicklung von flexiblen, skalierbaren Internetanwendungssystemen.

2.3.5 Visuelle Programmierung und Visuelle Programmierumgebungen

Visuelle Programmierung verwendet visuelle Ausdrücke wie Diagramme, Freihandzeichnungen, Icons oder sogar grafische Ausdrücke. Eine Programmiersprache, deren Syntax diese Ausdrücke beinhaltet, nennt man visuelle Programmiersprache. Eine visuelle Programmierumgebung verfügt über visuelle Wege mit einer Programmiersprache zu arbeiten, egal ob die Programmiersprache visuell oder textorientiert ist.

Die frühesten Arbeiten auf dem Gebiet visueller Programmierung begannen mit zwei Arten von visuellen Programmiersprachen:

Visuelle Versuche an traditionellen Programmiersprachen (wie z.B. ausführbare Flussdiagramm) und visuelle Versuche, die von der Tradition der Programmierung abweichen (wie programmieren durch Aufzeigen von gewünschten Aktionen auf dem Bildschirm).

Beide Arten schienen aufregend und intuitiv als sie an einfachen „Spielzeugprogrammen" demonstriert wurden, aber liefen in Schwierigkeiten, als sie zu Programmen von realistischer Größe erweitert wurden. Diese Probleme führten bald dazu, dass man sich über visuelle Programmierung keinen Illusionen mehr hingab, und veranlassten viele zu glauben, dass es eine akademische Übung war und ungeeignet von vornherein für „wirkliche" Arbeit.

Um diese Ansicht zu überwinden, begannen Forscher aber auch erfolgreiche Firmen Wege zu entwickeln um visuelle Programmierung für beschränkte Teile de Softwareentwicklung zu verwenden, wobei die Anzahl der Projekte, die sie unterstützt, erhöht wurden. Bei diesem Versuch wurden visuelle Techniken in visuelle Programmierumgebungen eingegliedert, die textorientierte Sprachen unterstützen, und wurden dann bei der GUI (Graphical User Interface) Programmierung verwendet. Erfolgreiche kommerzielle visuelle Programmierumgebungen, wie Microsofts Visual Basic (für Basic) und Visual C++ haben mittlerweile eine große Beliebthei erlangt.

Großer Beliebtheit erfreuen sich Systeme für spezielle Anwendungsbereiche wie die Mess-, Automatisierungs- und Instrumentierungstechnik, z.B. LabVIEW vor National Instruments oder VEE von HP. Für diese Systeme wurden visuelle Sprachelemente und Ausdrücke in der fachspezifischen Terminologien entwickelt, um den Bedarf nach einfacher übersichtlicher Programmierung auch durch Nichtinformatiker (durch Anwendungstechniker z.B. aus der Messtechnik) zu decken.

Die ursprüngliche Herausforderung, wie entwickelt man visuelle Programmiersprachen mit genug Mächtigkeit und Allgemeinheit, um eine ständig steigende Vielfalt von Programmierungsproblemen zu adressieren, ist noch immer ein sehr erfolgversprechendes aktives Entwicklung- und Forschungsgebiet. Ein wesentliches Ziel ist die Verbesserung der Kommunikation zwischen Computerexperten und Anwender (Problemeigner) um rascher immer leistungsfähigere und komfortablere Lösungen zu erhalten.

LabVIEW ist ein sehr erfolgreiches System, beruht auf einer weltweit anerkannten Technologie und bietet Echtzeit-Prozessvisualisierung, historische Trenddarstellung, On-Line-Konfiguration und SPS-Anbindungen für Automatisierungsaufgaben. Durch die Integration von intuitiver Menübedienung und der hochentwickelten grafischen Programmiersprache G in ein Paket, bietet das System dem Anwender herausragende Möglichkeiten, wie Datenerfassung und -analyse, sehr spezielle und anspruchsvolle MMI-Applikationen und fortschrittliche Supervisors-Control-Applikationen.

2.4   Allgemeine Betrachtungen zur Programmierung

Programmiersprachen und Programme exstieren nicht zum Selbstzweck, sie dienen der sehr fortgeschrittenen Problemlösung mit Computern. Von der Erfassung eines Problems über die Systemanalyse und die Programmierung bis zur eigentlichen Lösung eines Problems sind unabhängig von der Problemstellung immer wieder folgende Tätigkeiten zu erledigen:

a)   Problem- bzw. Systemanalyse, d.h. die genaue Festlegung und möglichst formale und eindeutige Darstellung des Problems

b   Die Wahl eines Verfahrens oder Algorithmus, die Festlegung der Arbeitsvorschriften

c)   Entwurf eines Ablaufschemas in Form eines Fluss-, Struktur-, Block- oder Programmablaufplanes

d)   Die Programmierung und Eingabe des Programms in den Computer und die Programmdokumentation

e)   Testen des Programms mit Testdaten (Dokumentation der Tests)

f)   Anwendung des Programms mit Echtdaten und Interpretation der Ergebnisse

Historisch haben sich die Techniken der Programmierung entsprechend den Möglichkeiten der verfügbaren Programmiersprachen entwickelt. Von funktions- und datenorientierten, über datenbankorientierte, objektorientierte zu dokumentorientierten und Client-Server-Techniken. Nur bei der als erste genannte Programmerstellungstechnik ist der zentrale Bestandteil der Programmentwicklung die primäre Beschäftigung mit dem Programmablauf, der nach wie vor das Hauptelement der traditionellen Ausbildung von EDV-Spezialisten ist. Zunehmend wird die eigentliche Erstellung des Programmcodes von Menschen auf geeignete Software übertragen. Das wird durch die große Zahl vorbereiteter Funktionalität für z.B.

-   die Datenmanipulation (Einlesen, Formatieren, Verdichten, Löschen...)

-   maskengesteuerte Bildschirmausgabe,

-   Informationswiedergewinnung durch Datenbankabfrage

-   etc.

erreicht. Der menschliche Experte kann sich dadurch auf den eigentlichen schöpferischen Akt bei der Softwareerstellung konzentrieren. Von großer Wichtigkeit für eine praxisorientierte Einführung in Programmiertechniken ist eine handlungsorientierte Vorgehensweise.

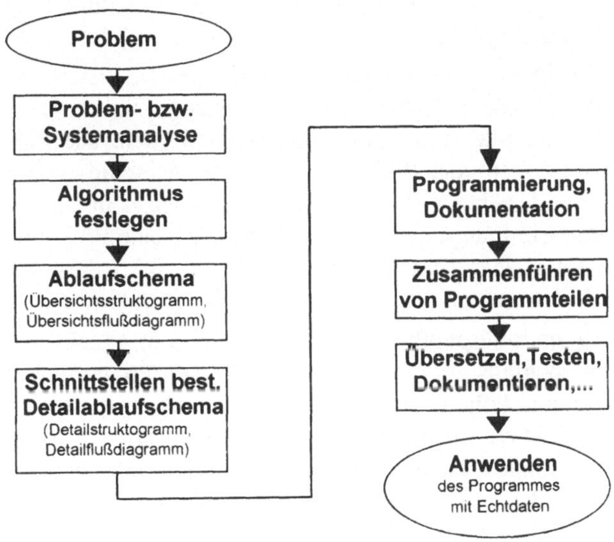

Abb. 2.22: Von der Problemstellung zum lauffähige Programm

Den Technikern und Studenten soll ein Mittel in die Hand gegeben werden,

- sich bei der Erstellung von Aufgabenbeschreibungen und Programmvorgaben an konkreten, bewährten Realisierungstechniken zu orientieren,

- Aufgabenstellungen systematisch, methodengeführt und werkzeugunterstützt zu analysieren,

- die anwendungsspezifisch in Frage kommenden Techniken auszuwählen, diese schrittweise anzuwenden und somit eine programmtechnische Realisierung nachvollziehbar, transparent und wartbar zu entwickeln (bzw. zu verstehen).

2.4.1   Arbeitsschritte bei der Programmerstellung

Die Arbeitsweise und das Verhalten eines Computers muss bis in die kleinsten Einzelheiten von Programmen gesteuert werden. Programme sind Folgen von Anweisungen die Menschen, Programmierer, in maschinenlesbarer Form so erstellen und aufbereiten müssen, dass sie ein Computer ausführen kann.

Das Erstellen eines Programms als Folge von durch den Computer ausführbaren Maschinenbefehlen ist ein sehr mühsamer und fehleranfälliger Vorgang. Daher wurden bereits sehr früh „höhere" Programmiersprachen entwickelt, die sich nicht an der ausführenden Maschine, sondern am zu lösenden Problem und an den Bedürfnissen der Menschen als Problemlöser orientieren. Mit ihrer Hilfe können Programme wesentliche schneller, wirtschaftlicher und effizienter erstellt werden. Die Behebung von Fehlern wird einfacher, gewisse Fehler können von vornherein vermieden werden und die Programme werden für die Programmierer besser lesbar. Sie können somit einfacher auf andere Rechner übertragen (portiert) werden und ihre Wartung über den gesamten Lebenszyklus (d.h. die Erhaltung der Einsatzbereitschaft von der Inbetriebnahme bis zur Außerbetriebsetzung) wird erleichtert.

Programme, die in einer höheren Programmiersprache erstellt wurden, können nicht unmittelbar auf einem Rechner ausgeführt werden. Sie müssen zuerst von der „Hochsprache" in die Maschinensprache übersetzt werden. Die Maschinensprache besteht aus Anweisungen oder Befehlen, welche die Maschine unmittelbar ausführen kann. Ein Compiler übersetzt ein Programm als Ganzes in ein ausführbares Maschinenprogramm. Ein Interpreter übersetzt immer nur eine Programmanweisung in ein entsprechendes kleines Maschinenprogramm und führt dieses sofort aus. Das geschieht für jede Anweisung des Programms bis dieses abgearbeitet ist.

Bevor ein Programm ausgeführt werden kann, muss es erstellt und getestet werden. Dies erfolgt ebenfalls am Computer mit Hilfe von Programmentwicklungsumgebungen. Programme höherer Programmiersprachen können als Text (Quellcode) in einer Datei gespeichert und mit Hilfe eines Editors bearbeitet werden. Zum Bearbeiten (Editieren) können Textverarbeitungsprogramme oder spezielle Programme verwendet werden. Bei grafischen Programmentwicklungsumgebung werden nicht Texte sondern Grafiken erstellt editiert und verwaltet.

Bei der Erstellung von Programmen für Compiler basierende Entwicklungsumgebungen muss das Programm nach der Erstellung mit dem Compiler als Ganzes übersetzt (compiliert) werden, wodurch ein Maschinenprogramm, d. h. eine Datei aus Maschinenbefehlen durch den Compiler erstellt wird (Objectcode). Diese Datei bzw. dieses Programm steht nach der Übersetzung entweder direkt im Hauptspeicher des Computers und kann somit sofort ausgeführt werden, oder sie wird in eine Datei abgespeichert und muss vor der Ausführung durch ein Ladeprogramm in den Speicher gebracht werden.

Sehr üblich ist es bei der Erstellung von Programmen, dass nicht alles selber programmiert wird, sondern dass Unterprogramme aus Programmbibliotheken wiederverwendet werden. Um diese Programmbibliotheken mit einem selbst erstellten Programm zu verbinden sind Preprozessoren (Vorprozessoren) und Linker (Bindungsprogramme) erforderlich.

Für die Fehlersuche während der Testphase eines Programms gibt es Testhilfen, die als Debugger bezeichnet werden. Die Bezeichnung „bug" kommt aus dem Englischen und bedeutet Wanze. Debugging kann also als entwanzen übersetzt werden und lässt sich auf die Zeit der Relaisrechner zurückverfolgen, wo es durchaus vorkam, dass Wanzen zwischen den Relaiskämmen in Rechnern zerdrückt wurden und so zu Fehlern geführt haben. Die Beseitigung solcher von Wanzen verursachten Fehlern war durchaus eine „Entwanzung", d.h. ein debugging.

Editoren (zum Erstellen und Ändern des Programmtextes: Quellcode), Preprozessoren, Compiler, Interpreter, Linker, Ladeprogramme, und Debugger sind zumeist im Betriebssystem enthalten oder Bestandteil einer Programmierumgebung, die alle zur Programmerstellung notwendigen Werkzeuge zusammenfasst.

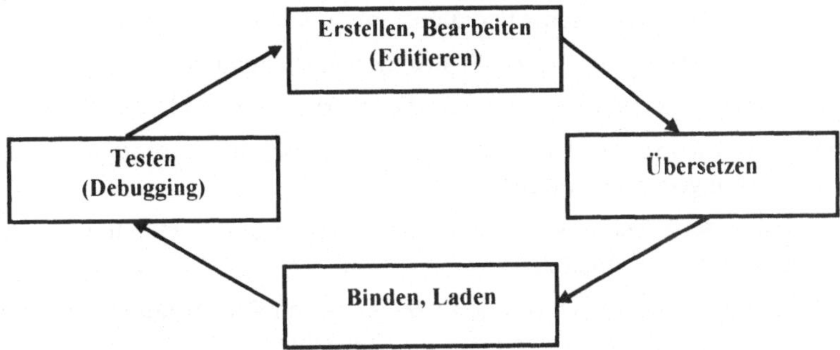

Abb. 2.23: Der Programmentwicklungsprozess

2.4.2 Die wesentlichen Bestandteile eines Programms

Zentrale Bestandteile bei der Erstellung von Programmen sind:

- Die Benutzerschnittstelle

- die eigentliche Verarbeitung

- die Datenhaltung

- mehr und mehr die Kommunikation mit anderen Rechnern (Programmen)

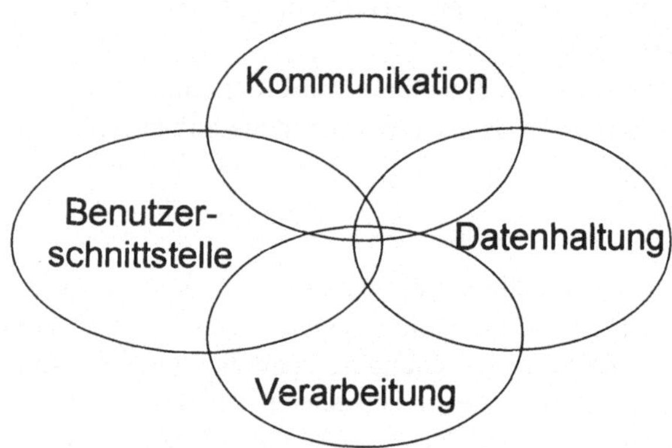

Abb. 2.24: Bausteine für ein modernes Anwendungsprogramm

Jede Programmiersprache unterscheidet drei grundlegende Programmkomponenten:

> Kommentare (zur Dokumentation)
>
> Daten (Variable und Konstante) und
>
> Anweisungen bzw. Instruktionen (Statements)

Die Aufgabe eines jeden Programms ist die Bearbeitung von Daten

- Daten werden repräsentiert durch Datenobjekte, die im Programm durch Bezeichner angesprochen werden

- Programmiersprachen stellen Grunddatentypen zur Verfügung, die der Programmierer verwenden kann

Daten bilden den „Stoff" der von den verschiedenen Anweisungen bzw. Instruktionen bearbeitet wird. Zu unterscheiden sind Konstante und Variable.

Konstante sind feste Zahlen- bzw. Zeichenwerte, die in einer syntaktisch richtigen, dem Rechner verständlichen Form, ins Programm eingebracht werden. Das geschieht in der Regel bei der Erstellung des Programms.

Variable repräsentieren einen bestimmten Speicherplatz im Rechner. Zum Zeitpunkt der Programmierung wird dieser durch einen Bezeichner angelegt, wodurch die Variable im Programm verwendet werden kann. Zur Laufzeit des Programms werden der Variablen (dem Speicherplatz) die entsprechenden Werte (Inhalte) zugewiesen. D.h. erscheint zum Ablauf des Programms eine Variable bzw. deren Bezeichner, so verwendet das Programm den entsprechenden Speicherplatz-Inhalt. Variable müssen in einem Programm zunächst deklariert werden, bevor sie im Programm benutzt werden können.

Bezeichner (Identifier) sind Zeichen oder Zeichenfolgen, die ein Objekt im Programm identifizieren. Solche Objekte können sein: Namen für Variable, Konstante, Felder, Funktionen etc.

Praktisch alle Programmiersprachen stellen gewisse Datentypen zur Verfügung. Nachfolgende Grunddaten von C sind im ANSI-Standard festgelegt

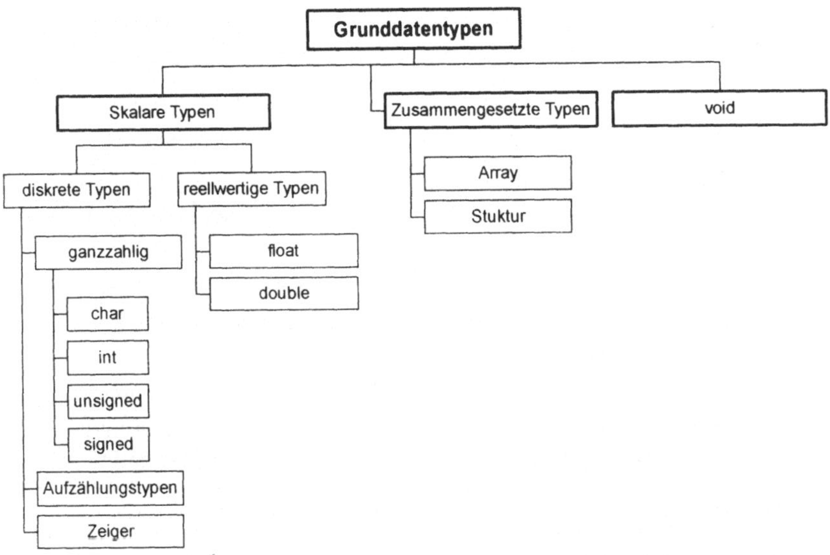

Abb. 2.25: Grunddatentypen in der Programmiersprache C

Als elementare skalare Datentypen kennen alle Programmiersprachen Zeichen und Dezimalwerte in einer der nachfolgenden Form: ganze Zahl, reelle Zahl, Zeichen. Aufbauend auf die elementaren Datentypen besitzen überdies alle Programmiersprachen auch zusammengesetzte Datentypen: Felder (Arrays) und Strukturen. Strukturen dienen dazu, logisch zusammenhängende Variable unterschiedlichen Datentyps zusammenzufassen.

Aus einfachen Variablentypen (wie int, char, float,...) können durch Strukturen neue, benutzerdefinierte Typen geschaffen werden. Beispiel: Eine Person in einem Personalinformationssystem kann abgebildet werden durch Vorname, Familienname und Alter. Für die Maschinendatenerfassung kann ein Datensatz, der im Zusammenhang mit einer Anwendung konkrete Bedeutung hat, zusammengefasst und als solcher eindeutig identifiziert werden, in: Maschinennummer, Uhrzeit der Erfassung, Ereignis-Nr., Wert, etc.

Anweisungen sind die konkreten Vorschriften zur Datenmanipulation und für den Programmablauf. Man unterscheidet:

- Wertanweisungen, die der eigentlichen Berechnung dienen wie Wertzuweisungen, Funktionsaufrufe, Ein-/Ausgabeanweisungen

- Ablaufanweisungen, das sind Anweisungen, welche die normale, sequentielle Reihenfolge im Programmablauf verändern wie Sprunganweisung, Schleife, Case (Fallunterscheidung).

Oft verwendete Anweisungen, über deren Handhabung ein Programmierer unbedingt Bescheid wissen muss, sind:

- Wertzuweisung: formuliert einen arithmetischen oder logischen Ausdruck und weist dessen Wert einer Variablen zu.

- Bedingte Anweisungen: ist eine Anweisung, deren Ausführung abhängt vom Wert eines Booleschen (logischen - Wahr oder - Falsch) Ausdrucks.

- Sprunganweisung: unterbricht den sequentiellen Programmablauf und setz ihn an einer markierten Anweisung, dem Sprungziel wieder fort.

- Schleife: Eine Folge von Anweisungen, die wiederholt durchlaufen werden.

- Aufruf: lässt ein bestimmtes Unterprogramm, eine Funktion ablaufen.

- Block: eine geschlossene Struktur innerhalb eines Programms, wobei Variable lokal nur für den Block oder global für das Programm deklariert werder können.

Die Strukturierungs-Bauelemente eines Programms sind Funktionen. Mehrere Funktionen fügen sich zu einem Programm zusammen, wobei ein Programm auch nur aus einer Funktion bestehen kann.

Neben dem eigentlichen Programmcode gibt es noch Kommentare, die vom Programmierer benutzt werden sollen (leider nicht müssen), um Daten und Funktioner zu beschreiben. Kommentare sollen ein Programm leichter lesbar und verständliche machen, vom Compiler werden sie bei der Übersetzung ignoriert.

2.4.3   Laufzeitkomponenten eines Programms - Die Ausführungen von Programmen auf einem Rechner

Ein Programm besteht zur Laufzeit aus zwei Komponenten: dem Programmcode (Anweisungen in Maschinensprache) und den Daten.

Abb. 2.26: Programmkomponenten zur Laufzeit eines Programmes

Der Programmcode (zur Laufzeit) enthält Anweisungen in Maschinensprache, d.h. Befehle, die von einem Laufzeitsystem abgearbeitet und letztendlich vom Prozessor ausgeführt werden. Dieser Programmcode, der Anweisungsteil wird am Ende des Entwicklungsprozesses eines Programms vom Compiler aus dem Quellenprogramm, dem Source-Code, erzeugt und beim Starten des Programms in den Arbeitsspeicher geladen. Von dort wird jede Anweisung geholt und entsprechend dem Programmablauf werden die Daten verarbeitet.

Der Speicherplatz für variable Daten, ihre Adressen im Speicher, die sie relativ zum Programmanfang haben, werden vom Compiler errechnet. Damit dies geschehen kann, müssen Daten im Programm (Source-Code) definiert werden. Der Inhalt (Wert) der Daten unterliegt während der Laufzeit Änderungen.

Für die Abspeicherung von Programmcode und Daten wird ein Adressraum, d.h. Speicherplatz benötigt, der entsprechend zu verwalten ist. Damit Programme auf einem Rechner ausgeführt werden können, müssen die Systemressourcen durch das Betriebssystem gesteuert und aufgerufen werden.

3 Grafische Programmierung mit LabVIEW - Virtuelle Instrumente

In diesem Kapitel wird ein kurzer Überblick zur Programmentwicklung mit Lab-VIEW gegeben. LabVIEW ist ein grafisches Programmentwicklungssystem der Firma National Instruments (Austin, USA). Es stellt eine äußerst interessante, leistungsfähige und auch zukunftsweisende Softwaretechnologie dar. Obwohl Lab-VIEW speziell für den mess- und automatisierungstechnischen Bereich entwickelt wurde, ist es auch für allgemeine EDV-Anwendungen sehr erfolgreich einsetzbar.

Überdies eignet sich LabVIEW auch gut für die Simulation technischer Systeme. In den nachfolgenden Kapiteln befinden sich zur Vertiefung der Lehrinhalte daher Beispielprogramme zu konkreten Aufga-

benstellungen in LabVIEW. Der interessierte Leser kann diese direkt nutzen. Die notwendige Voraussetzung ist ein PC mit Internetanschluss. Über die Internetadresse von National Instruments www.ni.com kann eine lauffähige aktuelle Evaluierungsversion von LabVIEW direkt auf den PC heruntergeladen werden. Überdies finden sich eine Evaluierungsversion von LabVIEW sowie alle im Buch behandelten Beispiele in einer ausführbaren Version im Internet unter www.fhs-wels.ac.at/technischeinformatik. Zur Evaluierungsversion von LabVIEW gibt es eine sehr kompakte, kurze und umfassende Einführung in LabVIEW, auf die hier ausdrücklich hingewiesen werden soll [NI, 1999].

3.1 Was ist LabVIEW

LabVIEW steht für Laboratory Virtual Instruments Engineering Workbench und ist ein modernes, universelles visuelles Programm-Entwicklungssystem, das auf der grafischen Programmiersprache G basiert. Was die Mächtigkeit zur Programmentwicklung anlangt, ist es durchaus vergleichbar mit Programm-Entwicklungssystemen für Programmiersprachen wie C, C++, (Visual C++) oder BASIC (Visual Basic). Vom Ansatz ist LabVIEW ein Domain- (Anwendungsbereich-) spezifisches Entwicklungssystem für die Bereiche Mess- und Automatisierungstechnik. Es besitzt mächtige Möglichkeiten für die Software-Unterstützung spezieller Hardware wie Prozessdatenerfassungskarten und Schnittstellensteuerungen über GPIB, V.24 / RS-232 sowie Feldbusse. Durch leistungsfähige Bibliotheken ist der direkte Zugriff auf Standardsoftware wie Excel oder Word über DDE und

OLE möglich. Die Speicherung von Daten in Dateien oder die Erstellung vor
Client-Server-Kommunikationsprogrammen mit anderen Computer im Internet is
über direkt aufrufbare TCP/IP-Funktionen sehr effizient und rasch möglich. Lab-
VIEW-Programme reichen von sehr einfachen bis zu komplexen umfassenden Anwendungen, die höchsten Ansprüchen genügen.

Auch zum Testen der Software gibt es sehr innovative Möglichkeiten. Es könner
Haltepunkte an beliebigen Stellen des Programms gesetzt werden und der Programmablauf kann grafisch in einem Einzelschrittmodus durchgeführt und bildhaft
dargestellt werden.

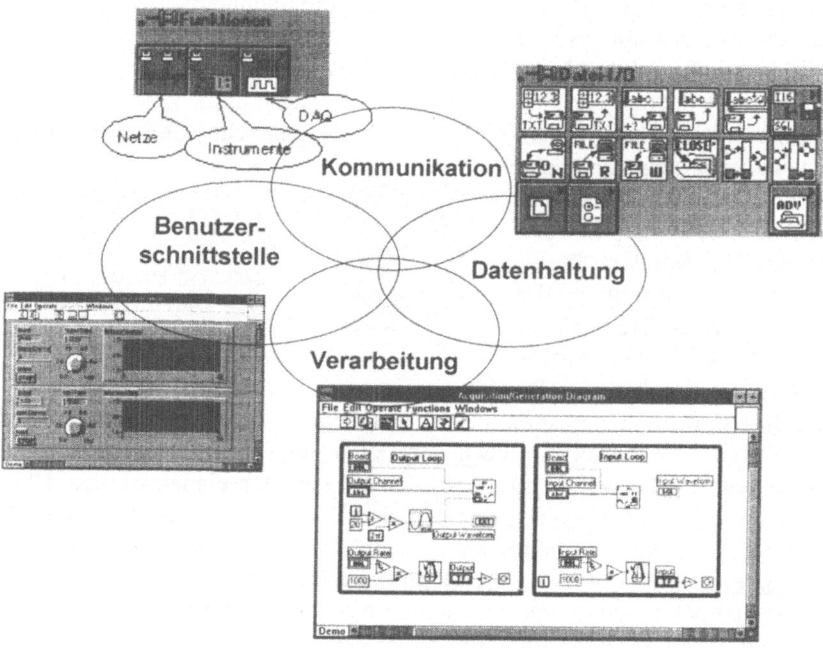

**Abb. 3.1: Interaktive Benutzerschnittstellen, umfassende Funktionen zur
Verarbeitung, Kommunikation mit anderen Systemen und zur Datenhaltung
stehen für die Anwendungsentwicklung unter LabVIEW bereit**

LabVIEW ermöglicht das Einbinden externer Programme als DLLs und unterstützt die Kommunikation mit anderen Programmen basierend auf DDE und OLE.
Zahlreiche fertig einsetzbare Musterbeispiele sind im Lieferumfang enthalten und
umfangreiche Add-On-Toolkits sind für unterschiedlichste Anwendungen erhältlich.

Das **LabVIEW-Test-Executive-Toolkit** ist ein Mehrzweckpaket zur automatischen Testdurchführung. Es enthält fertige, lauffähige LabVIEW-Anwendungen,
die so wie sie geliefert werden benutzt werden können. Durch den Anwender ist
jedoch auch eine Anpassung an spezielle Anforderungen möglich. Mit dem Test
Executive können Testsequenzen für Testanwendungen in der Produktion und Herstellung gesteuert werden.

Das **LabVIEW-SQL-Toolkit** ist eine Sammlung von LabVIEW-VIs für die direkte Wechselwirkung mit einer lokalen oder entfernten Datenbank. Access-VIs auf hoher Ebene vereinfachen den Datenbankzugriff, indem übliche Datenbankoperationen in intelligenter Weise in einfach zu benutzende VIs eingebaut wurden.

Das **LabVIEW-SPC-Toolkit** (SPC - Statistical Process Control) enthält umfangreiche Funktionen für die Anwendung von SPC-Analysen und Darstellungen. Es behandelt wichtige Hauptbereiche der statistischen Prozesskontrolle: Visualisierung, Prozessstatistik und Pareto-Analyse.

Die **Signal-Processing-Suite** bietet umfangreiche Programme für die Analyse von Signalen im Zeit- und Frequenzbereich (digitale Filter, Impuls Antwort), wie sie in der Akustik, der dynamischen Signalanalyse und der Schwingungsanalyse Verwendung finden.

Das **PID-Control-Toolkit** fügt diverse Regelalgorithmen zu LabVIEW hinzu. Mit diesem Paket können sehr schnell Regelsysteme aufgebaut werden. Durch die Kombination mit den mathematischen und logischen Funktionen in LabVIEW kann man Programme für automatische Regelungen entwickeln.

Das **LabVIEW-Picture-Control-Toolkit** ist ein vielseitiges grafisches Zusatzpaket zur Erzeugung spezieller Grafikfenster. Es fügt Bildverarbeitungsfunktionalität zu LabVIEW hinzu, wodurch neue Anzeigen in den Bedienoberflächen erzeugt werden können (spezielle Balkengrafiken, Tortengrafiken oder Smith-Diagramme, die für die Regelungstechnik von Bedeutung sind). Man kann mit dem Picture-Control-Toolkit sogar beliebige Objekte animieren, so z.B. Roboterarme, Testaufbauten, eine UUT (Unit Under Test) oder ein Bild eines realen Prozesses.

Mit LabVIEW können kompilierte 32-Bit Windows-Programme als direkt ausführbare EXE-Programmdateien erstellt werden, die mit zufriedenstellender Ausführungsgeschwindigkeit auf Windows- oder auf Unix-Workstation-Rechnern ausgeführt werden können.

LabVIEW kann ohne klassische Programmiererfahrung (im Sinne einer Informatikausbildung) eingesetzt werden, da es für das Programmieren Terminologien und Symbole verwendet, wie sie Technikern, Naturwissenschaftlern und Ingenieuren geläufig sind. Um Programmabläufe zu erstellen, wird in LabVIEW mit grafischen Symbolen programmiert. Das Programmieren erfolgt analog zum Zeichnen eines Schaltplanes unter Verwendung von Funktionsbausteinen, die „verschaltet" werden. Die so „gezeichneten" Schaltpläne werden durch LabVIEW in maschinensprachliche Programme übersetzt und sind damit für den Computer direkt lesbare und ausführbare Programme. In traditionellen Programmiersystemen problemorientierter Sprachen wie C oder Basic werden Programme als Texte erstellt und bearbeitet (editiert). Programme werden als Dateien verwaltet, es werden Programmzeilen (lines of code) in diesen Dateien erstellt.

LabVIEW-Programme werden virtuelle Instrumente (VI) genannt und besitzen ein interaktives Benutzerinterface, das Frontpanel und ein Blockdiagramm.

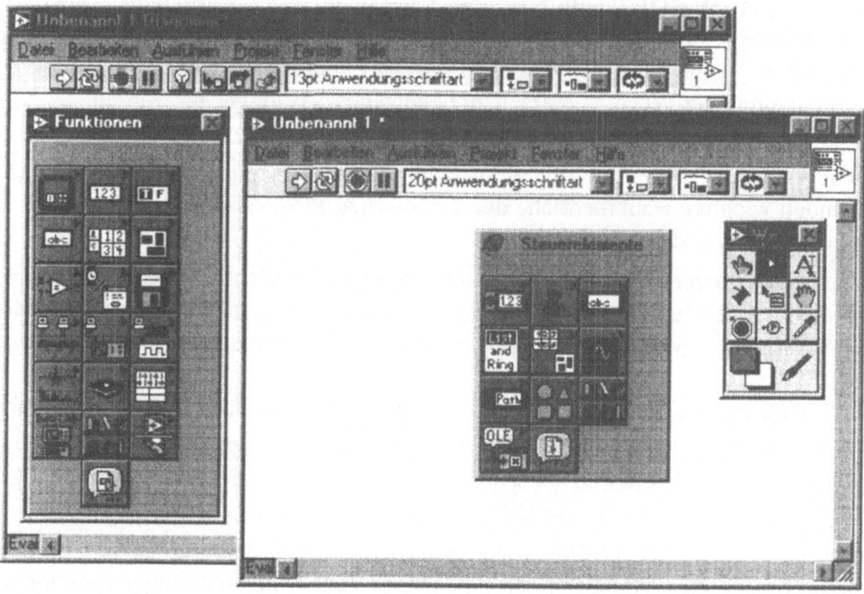

**Abb. 3.2 : Frontpanel und Blockdiagramm - die LabVIEW-
Entwicklungsumgebung**

Das Frontpanel ist die grafische Benutzeroberfläche eines LabVIEW-VIs. Diese
Oberfläche enthält die Benutzereingaben und stellt die Programmausgaben dar. Das
Frontpanel kann Knöpfe, Schalter und Grafiken sowie weitere Bedien- und Anzeigeelemente enthalten, wie sie auch bei der Gestaltung eines modernen Mess-, Steu-
er- oder Analysegerätes vorzufinden sind. Über Paletten können in LabVIEW die
Funktionen und Optionen aufgerufen werden, die zum Erstellen und Ändern, aber
auch zum Testen und Ausführen von VIs erforderlich sind.

Das eigentliche Programm wird im Blockdiagrammen als grafischer Code erstellt,
vergleichbar mit Schaltbildern aus der Elektrotechnik oder der Regelungstechnik. Im
Blockdiagramm des VIs werden Ein- und Ausgänge gesteuert, die auf dem Frontpanel erstellt wurden, und überdies werden die erforderlichen Funktionen eingefügt
und ausgeführt. Das Blockdiagramm kann Funktionen und Strukturen von den in
LabVIEW implementierten VI-Bibliotheken enthalten. Darüber hinaus kann es Anschlüsse enthalten, die mit Bedien- und Anzeigeelementen des Frontpanels verknüpft sind. Von diesen kann es Daten übernehmen bzw. an diese übergeben. Lab-
VIEW-VIs können Daten und Parameter mit hierarchisch über- und untergeordneten
VIs (Unterprogramme) austauschen. Daten können in Dateien am Rechner, in Tabellen oder in Datenbanken abgelegt und wieder aufgefunden werden. Daten können
auch mit externen Geräten über Kommunikationsschnittstellen ausgetauscht werden.
Es ist nicht nur möglich, Programme mit Programmelementen aus der Programmiersprache G, sondern auch mit Programmen aus anderen Programmiersprachen zu
verknüpfen. So ist es ist direkt möglich, C-Code (C-Programme) in VIs einzubinden.

LabVIEW ist datengetrieben. Eine Operation in einem Programm wird ausgeführt, wenn Daten an den Eingängen anstehen bzw. sich ändern. Das ist ein wesentlicher Unterschied zu Programmen, die in traditionellen Sprachen erstellt werden. Traditionelle Programmiersysteme erzeugen taktgesteuerte, sequentiell abzuarbeitende Programme, wobei ein Programm Befehl für Befehl, d.h. Programmzeile für Programmzeile abgearbeitet wird.

LabVIEW Programme sind portabel und können auf PCs unter verschiedenen Windows-Versionen, unter Linux, auf Macintosh oder auf Unix-Rechnern ausgeführt werden. Insbesondere durch die Skalierbarkeit von Unix- und Windows-NT-Systemen ergibt sich somit unmittelbar ein hohes Maß an Skalierbarkeit für Anwendungen, die in LabVIEW entwickelt werden.

Die wesentlichen Programmelemente in LabVIEW werden durch Symbole dargestellt. Die Symbole für Funktionen, Unterprogramme (Sub-VIs) und Programmstrukturen werden allgemein als Knoten bezeichnet. Ein Knoten kann erst arbeiten, wenn alle Eingänge gültige Daten aufweisen. Ist ein Knoten abgearbeitet, liegen an all seinen Ausgängen gültige Daten an. Diese datengetriebene Arbeitsweise wird als Datenfluss (data flow) bezeichnet. Da die Ausführungsreihenfolge unter LabVIEW durch den Datenfluss zwischen den Knoten (nodes) bestimmt wird (anstelle der Sequenz der Textzeilen), ist es möglich, Diagramme mit parallelen Datenpfaden und somit mit simultan abzuarbeitenden Operationen zu erstellen. Unter LabVIEW werden unabhängige Datenpfade quasi gleichzeitig ausgeführt.

Für viele Anwendungen, insbesondere in der Automatisierungstechnik, spielt die Ausführungsgeschwindigkeit der Programme eine große Rolle. Es ist die Stärke von LabVIEW im Unterschied zu anderen grafischen Programmierumgebungen, dass es über einen grafischen Compiler (keinen Interpreter) verfügt, der optimierten Maschinencode erstellt. Die Ausführungsgeschwindigkeit von LabVIEW-Programmen ist daher mit der von compilierten C-Programmen vergleichbar, die Programmentwicklungszeit ist jedoch wesentlich kürzer. Das soll durch nachfolgendes Bild dargestellt werden, wobei GC für grafischer Compiler, GI für grafischer Interpreter, TC für textorientierter Compiler und TI für textorientierter Interpreter steht.

Abb. 3.3 : Gegenüberstellung von Entwicklungszeit und Ausführungsgeschwindigkeit (Laufzeitverhalten) grafischer und textorientierter Systeme

3.2   Einfache Musterprogramme erstellen, editieren und ausführen

Die interaktive Benutzerschnittstelle heißt Frontpanel, da sie die in der Frontplatte eines klassischen Messinstrumentes eingebauten Funktionen nachbildet. Die Frontplatte kann Drehknöpfe, Druckschalter, Signallampen, Zeigerinstrumente und Bildschirme für die Anzeige von Signalverläufen und Bildern enthalten: Eingabeelemente, die als Bedienelemente (control), und Ausgabeelemente, die als Anzeigeelemente (indicator) bezeichnet werden. Bedienelemente werden verwendet, um ein VI mit Daten zu versorgen, und Anzeigeelemente, um die vom VI generierten Daten für den Bediener anzuzeigen.

Die Funktion eines VI wird durch das Blockdiagramm (Diagramm, Blockschaltbild) bestimmt. Das Blockdiagramm ist eine bildhafte Lösung eines Programmierproblems und der Quellcode für das VI.

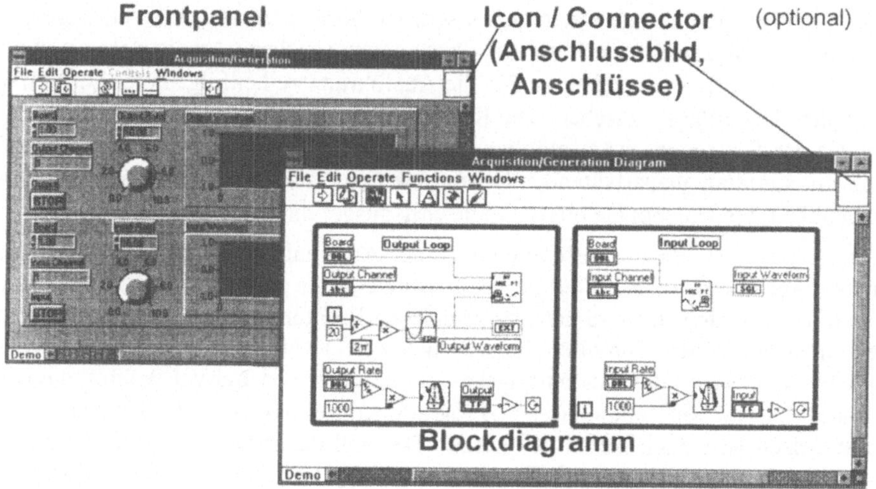

Abb. 3.4: Frontpanel und Blockdiagramm eines VIs

VIs können und sollen hierarchisch und modular gegliedert werden. Sie können ein anders VI als Sub-VI über ein Anschlussbild (icon) und über Schnittstellen-Anschlüsse (connectors - das sind gewissermaßen grafische Parameterlisten) aufrufen.

Das Blockdiagramm entspricht dem Quellcode des VI und besteht in der Regel aus folgenden Komponenten

- Ein- und Ausgängen (Input / Output, I/O)

- Funktionen, arithmetischen und logischen Operationen sowie Unterprogrammen

- Programmlogik und Programmstrukturen.

Die Blockdiagrammkomponenten werden durch Symbole dargestellt und durch Linien (Verbindungen, Drähte - wires) verbunden, die den Datenfluss darstellen. Eingabe-/Ausgabe (I/O) VIs kommunizieren über Gerätetreiber direkt mit Einsteckkarten zur Datenerfassung, Datenausgabe, GPIB- und Schnittstellenkarten mit externen Messgeräten oder Feldbuskomponenten.

Das Erstellen von Programmen beginnt mit dem Einfügen und Bearbeiten der erforderlichen Bedien- und Anzeigeelemente im Frontpanel.

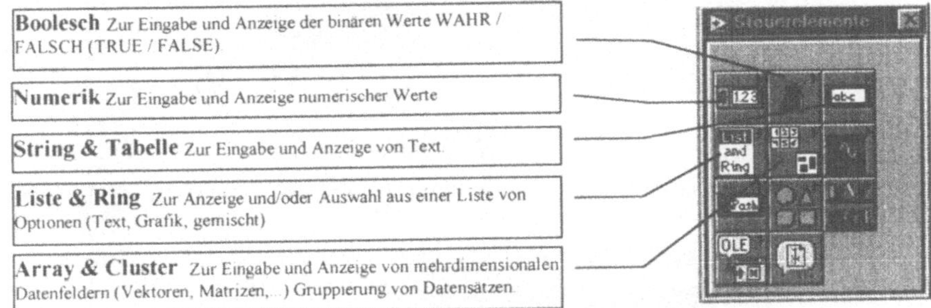

Abb. 3.5 Die Elementepalette bietet eine Fülle von Bedienelemete - Kategorien zur Auswahl

Bearbeitungs- und Auswahloperationen werden über die Werkzeugpaletten gesteuert.

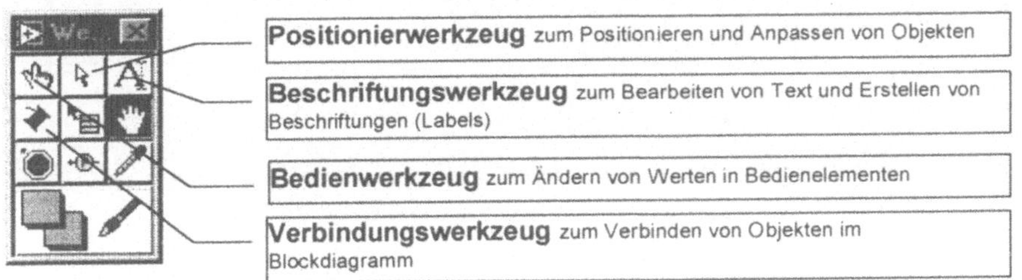

Abb. 3.6: Werkzeugpalette zum Bedienen und Bearbeiten von Benutzeroberfläche und Blockdiagramm

Mit dem Positionierwerkzeug positioniert und wählt man Objekte (Bedienelement, Anzeigeelement, Funktionen etc.) aus, passt ihre Größe an die Erfordernisse an und stellt über die Eigenschaften-Fenster die gewünschten Einstellungen ein. Mit dem Bedienwerkzeug können die Werte eines Bedienelements verändert werden, oder kann Text in einem Bedienelement ausgewählt werden. Das Beschriftungswerkzeug ermöglicht die Bearbeitung von Text und die Erstellung von Beschriftungen (labels). Mit dem Verbindungswerkzeug werden Objekte im Blockdiagramm miteinander verbunden, wodurch der Datenfluss ermöglicht (programmiert) wird. Das Popup-Menü-Werkzeug für Objekte öffnet das Popup-Menü eines Objekts, mit dem Fensterrollwerkzeug kann das Fenster ohne Benutzung der Rollbalken sehr flexibel gerollt werden. Das Breakpoint-Werkzeug bietet schließlich eine nützliche Testhilfe für den fortgeschrittenen Benutzer, das das Setzen von Breakpoints (das sind Haltepunkte im Programmablauf, um Zwischenergebnisse überprüfen zu können) in VIs,

Funktionen, Schleifen, Sequenzen und Cases ermöglicht. Das Probewerkzeug erstellt Proben in Verbindungen.

Das wohl meistverbreitete aber zugleich auch einfachste Programm, das es in jeder Programmiersprache gibt ist „Hello World", ein Programm, das „Hello World" oder „Hallo Welt" am Bildschirm erzeugt. Nachfolgend ist geradezu selbsterklärend eine LabVIEW Version dieses Programms abgebildet.

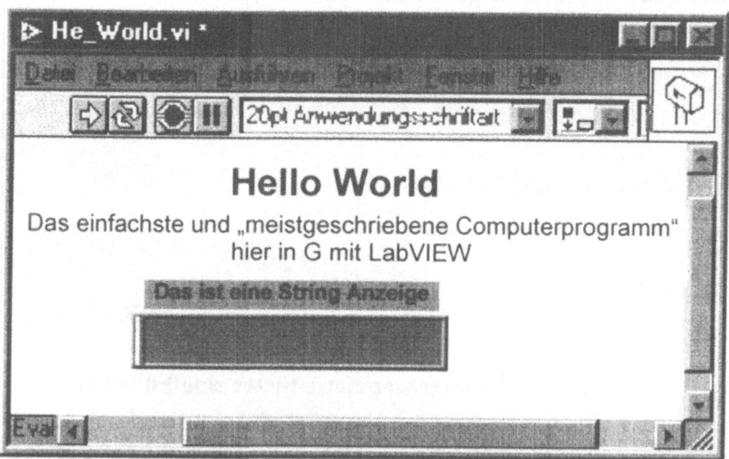

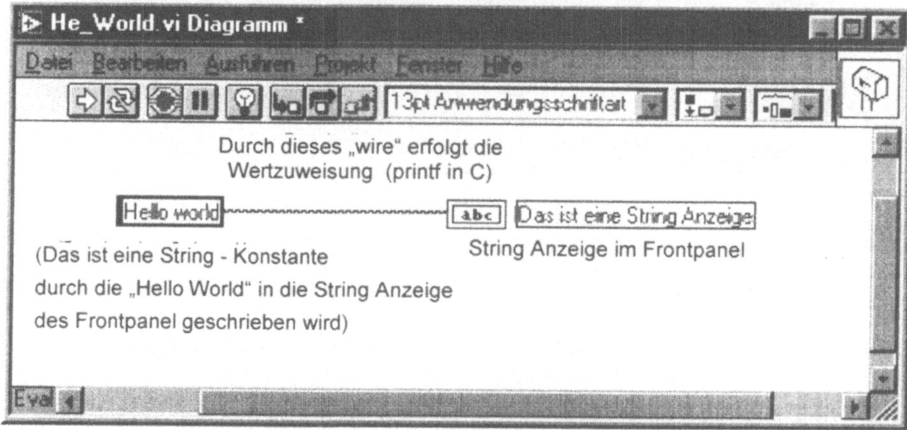

Abb. 3.7: „Hello World" als LabVIEW-Programm:
Frontpanel und Blockdiagramm

Für Techniker sind Rechenprogramme von großer Wichtigkeit. Ein einfaches Programm zum Berechnen des kapazitiven Widerstandes eines Kondensators ist in nachfolgendem Bild durch sein Frontpanel und Blockdiagramm dargestellt. An diesem Programm soll zunächst kurz die datengetriebene Arbeitsweise von LabVIEW erklärt werden.

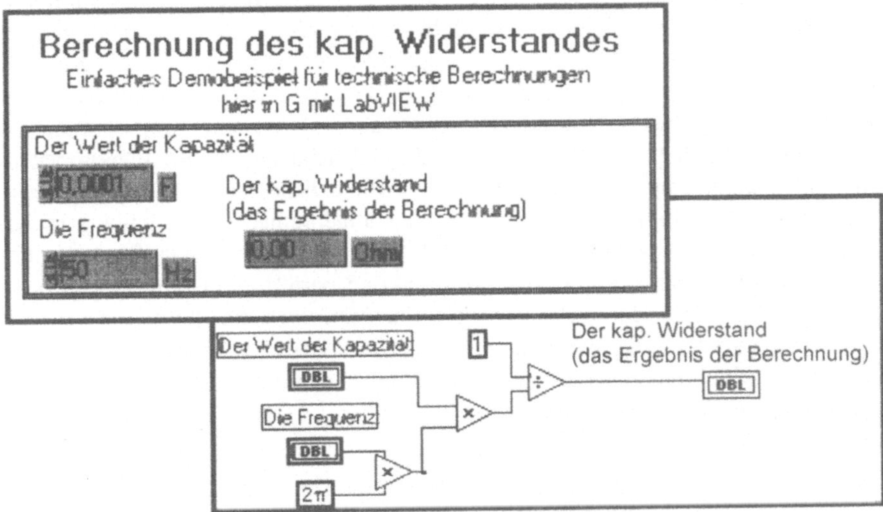

Abb. 3.8: Frontpanel und Blockdiagramm eines Programms zum Berechnen des kapazitiven Widerstandes eines Kondensators

Zunächst sind jedoch einige Funktionen zum Ausführen und Testen von Lab-VIEW-Programmen zu erklären. Zum Ausführen von Programmen gibt es einige wichtige Funktionen:

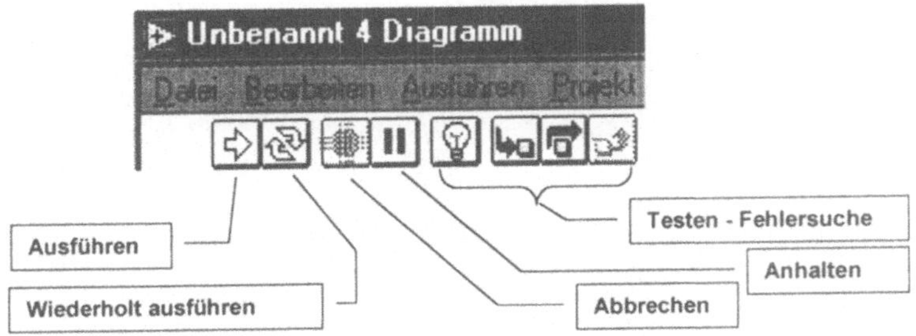

Abb. 3.9: Funktionen zum Ausführen und Testen von LabVIEW-Programmen

Ein VI kann ausgeführt werden, indem die Funktion „Ausführen" aus dem Menü „Ausführen" gewählt wird, oder durch Klicken auf die Taste „Ausführen". Während der VI-Ausführung auf höchster Ebene (d.h. es hat keine Aufrufer und ist daher kein Sub-VI) ändert sich die „Ausführen" Schaltfläche. Durch das Drücken der „Abbrechen" Schaltfläche (Stop) wird die Ausführung des VIs der höchsten Ebene abgebrochen. Wenn ein VI von mehr als einem ausgeführten VI der höchsten Ebene verwendet wird, ist die Schaltfläche als nicht bedienbar markiert. Durch das Drücken der Schaltfläche „Anhalten" wird die Ausführung angehalten. Zur erneuten, bzw. ständig wiederholten Ausführung eines VIs dient die Schaltfläche „Wiederholt ausführen".

Zum Testen und zur Fehlersuche (Debugging) dienen die Highlight-Funktion und Einzelschritt-Modus-Funktionen. Für Debugging-Zwecke ist es hilfreich, eine Animation der Ausführung des VI-Blockdiagramms zu betrachten. Zur Verwendung dieser Funktion dient die Highlight-Funktion (Schaltfläche). Die Schaltfläche ändert ihr Aussehen (gelbes Licht) im aktiven Zustand (Rückkehr zum normalen Ansichtsmodus durch neuerliches Klicken auf Schaltfläche). Diese Funktionen sind sehr gut geeignet, um die datengetriebene Arbeitsweise von LabVIEW zu veranschaulichen. Die Highlight-Funktion wird im allgemeinen in Verbindung mit dem Einzelschritt-Modus verwendet, um einen Einblick in den Datenfluss durch die Knoten zu gewinnen. Mit der Highlight-Funktion wird die Leistung eines VIs ganz erheblich gemindert. Durch die Highlight-Funktion wird die Bewegung von Daten von einem Knoten zu einem anderen Knoten durch Bubbles markiert, die sich entlang der Verbindung bewegen und zusätzlich blinkt im Einzelschritt-Modus der nächste Knoten in rascher Folge.

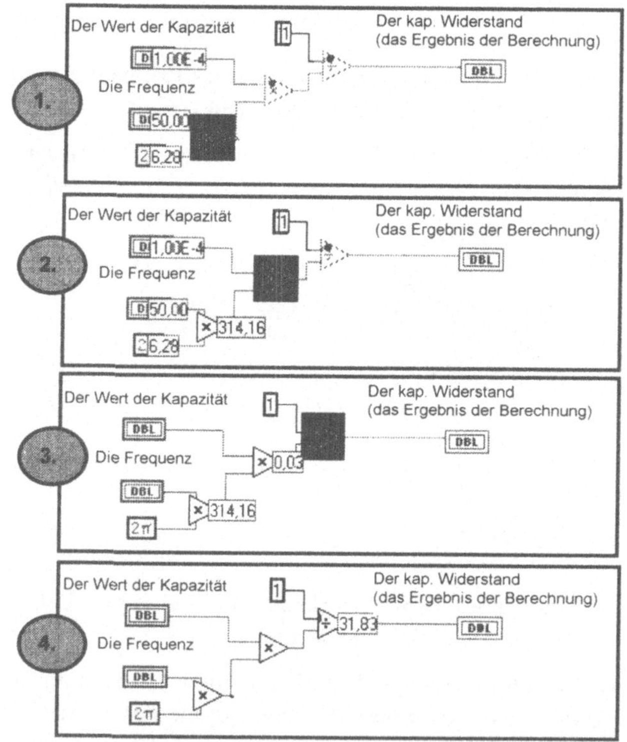

**Abb. 3.10 : Datengetriebene Arbeitsweise von LabVIEW
am Beispielprogramm verdeutlicht**

Im obigen Bild wird unter Verwendung der Highlight-Funktionen die datengetriebene Arbeitsweise des Programms zur Berechnung des kapazitiven Widerstandes eines Kondensators veranschaulicht. Zunächst verfügt nur der Knoten „Multiplikation" mit der Konstanten 2π (Wert 6,28) und der Variablen „Die Frequenz" (Bedienelement - Wert 50) über Daten. Die Funktion wird daher ausgeführt und gibt das Ergebnis den Wert 314,16 an die nächste Funktion weiter. Der Rest ist weitgehend selbsterklärend aus dem Bild zu ersehen.

3.3   Eine Einführung in die wichtigsten Datenelemente

Datenelemente (Konstante und Variable) bilden neben Funktionen, Strukturen und der Programmlogik eine zentrale Rolle in jedem Programm. In LabVIEW werden jene Datenelemente, die als Input- und/oder Outputvariable für die Benutzer- oder für Prozessinteraktion von Bedeutung sind, als umfangreiche und mit einer ansprechenden Visualisierung versehene parametrierbare Objekte bereitgestellt: Bedienelement (control) und Anzeigeelement (indicator). Für die Programmierung sind jedoch noch weitere Datenelemente von Bedeutung:

- Konstante (diese können über die Funktionspalette wie Funktionen ausgewählt und in das Blockdiagramm eingefügt werden)

- Lokale und globale Variable (diese können ebenfalls über die Funktionspalette ausgewählt und mit Eigenschaften versehen werden. Lokale und globale Variable sollten erst nach einiger Programmiererfahrung verwendet werden)

Hinter den Bedien- und Anzeigeelementen verbergen sich neben einer leistungsfähigen Visualisierung und einer Fülle von Möglichkeiten zum Einstellen von Parametern und Eigenschaften die eigentlichen Datentypen. Die breite Palette der aus den Programmiersprachen wie C bekannten Datentypen und einige mehr stehen dem Programmierer in einer sehr kompakten Form zur Verfügung.

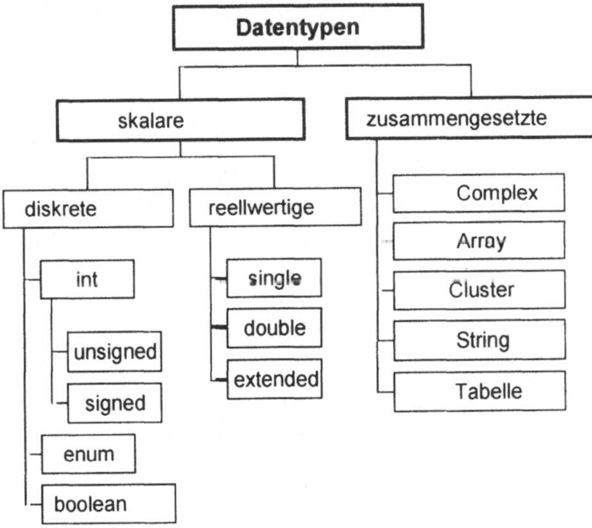

Abb. 3.11: Datentypen in LabVIEW

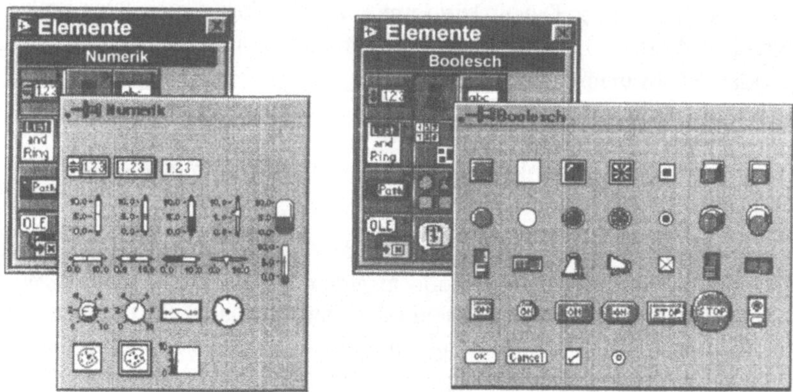

**Abb. 3.12 : Paletten zum Auswählen numerischer und boolescher
Bedien- und Anzeigeelemente**

Bedien- und Anzeigeelemente werden über Paletten im Frontpanel angeboten und
können vom Programmierer eingefügt und über Pop-Up-Menüs parametriert bzw.
konfiguriert werden. Zu jedem Bedien- und Anzeigeelement kann für die Beschrif-
tung ein Label eingefügt werden, der Datentyp kann ausgewählt werden und der
Datenbereich kann vielfältig eingestellt werden.

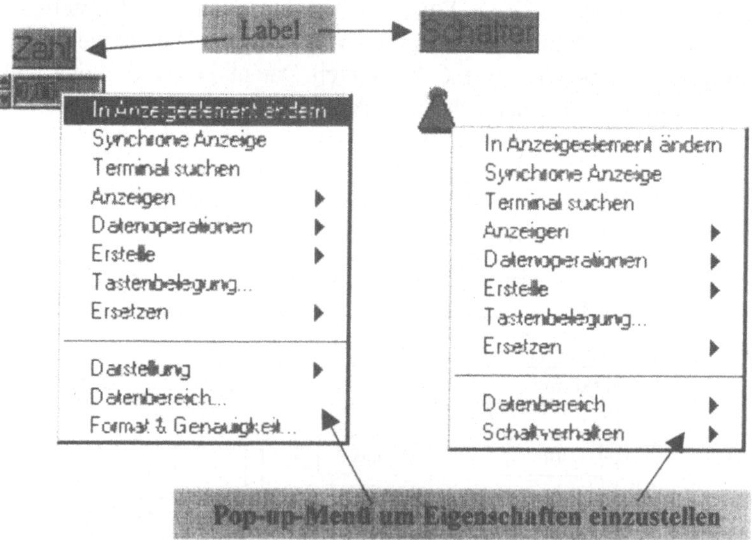

**Abb. 3.13: Über Pop-up-Menüs können die Eigenschaften der
Bedien- und Anzeigeelemente konfiguriert werden**

Neben einfachen, skalaren Datentypen können mehrdimensionale Felder und
strukturierte Daten über die Palette Arrays & Cluster (Datenfelder und Strukturen)
eingefügt werden.

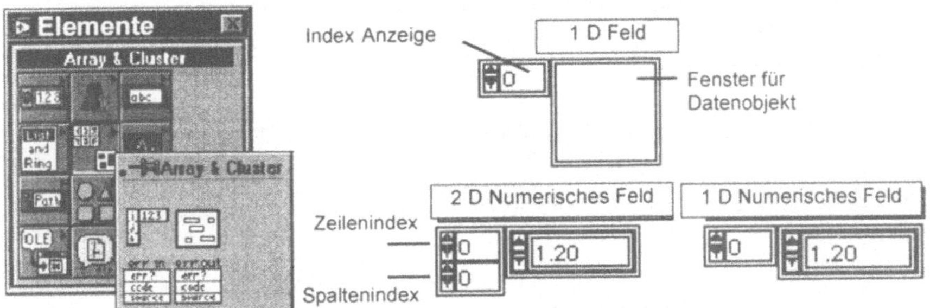

Abb. 3.14: Arrays von gleichartigen Daten: Vektoren, Matrizen , mehrdimensionale Datenbereiche

Ein Array (ein Feld) ist eine Sammlung von Datenelementen des gleichen Typs. Man unterscheidet eindimensionale Arrays (Vektoren), zweidimensionale (Matrizen) und mehrdimensionale Arrays. In jeder Dimension können bis zu 2^{31} Elemente enthalten sein. Auf die Elemente eines Arrays kann über den Index zugegriffen werden. Das erste Element hat Index 0

Index	0	1	2	3	4	5	6	7	8
1D Array	1.2	3.2	8.2	8.0	4.8	5.1	6.0	1.0	2.5	1.7

2D Array — Spaltenindex

	0	1	2	3	4	5
0	0.1	0.0	5.2	5.2	5.2	9.2
1	0.0	0.0	0.0	0.0	0.0	5.2
2	7.5	7.1	7.1	80.1	0.0	5.2
3	3.1	4.1	8.6	6.1	5.2	6.1

Zeilenindex

Array aus 24 Elementen: 6 Spalten und 4 Zeilen

Abb. 3.15: Der Aufbau von ein- und zweidimensionalen Arrays

Eine weitere wichtige Gruppe von Datenelementen stellen Zeichenketten, Textelemente (String-Variable) und Tabellen dar. Eine Zeichenkette (ein String) ist eine Ansammlung von ASCII-Zeichen (im nächsten Kapitel wird darauf eingegangen), die für unterschiedlichste Verwendungen herangezogen werden kann. Anzeige von Fehlermeldungen, Steueranweisungen für Instrumente, Benutzermitteilungen, etc. sind typische Beispiele.

Die Bedien- und Anzeigeelemente für Zeichenketten sind aus der Werkzeugpalette String & Tabelle auszuwählen und verfügen ebenfalls über eine Fülle von Einstellmöglichkeiten für das Erscheinungsbild. So können Zeichenketten in der normalen Form aber auch als Hexadezimal-Code oder im sogenannten "\" Code angezeigt werden. In dieser Darstellung können z.B. Steuerzeichen angezeigt werden. Es wird z.B. das Steuerzeichen für „New Line" als \n, oder „Tabulator" als \t dargestellt.

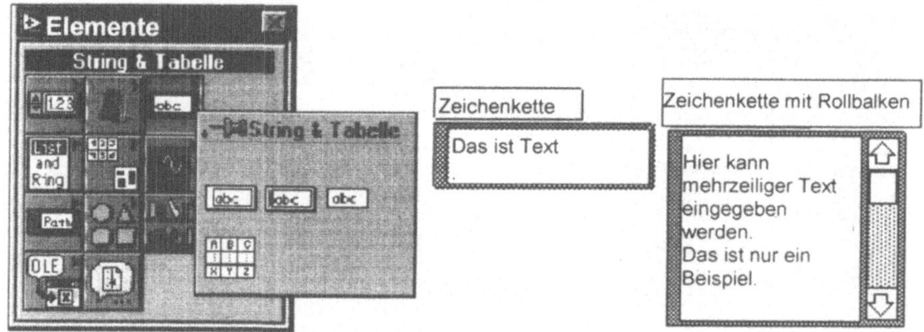

Abb. 3.16: Bedien- und Anzeigeelemente für Zeichenelemente und Tabellen

Alle Eingabeelemente (Bedienelemente) können im annähernd gleichen Erscheinungsbild auch als Ausgabeelement (Anzeigeelement) eingesetzt werden. Eine wichtige und sehr nützliche Klasse von Anzeigeelementen stellen die Kurvendiagramme und Grafen aus der Palette „Graph" dar.

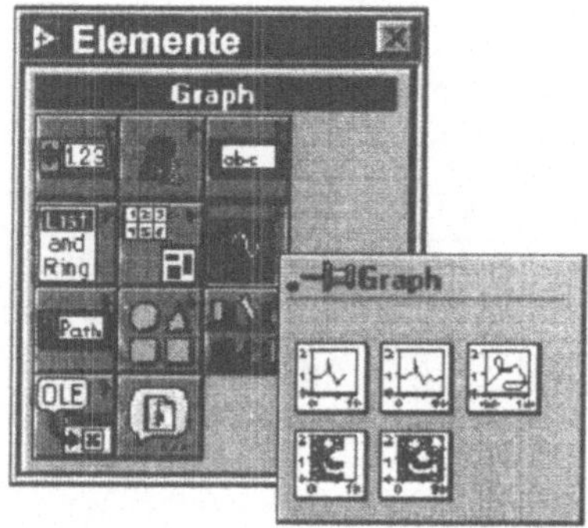

Abb. 3.17: Kurvendiagramme zur Visualisierung von Signalverläufen

Kurvendiagramme (Charts) sind ähnlich wie Linienschreiber in der Messtechnik oder Oszillografen sehr nützliche und wichtige Formen der grafischen Darstellung und Protokollierung des Signalverlaufes von Messwerten. Es gibt unterschiedliche Aktualisierungsmodi, je nachdem wie neue Werte in das Bild eingefügt werden.

- Strip chart mode (Streifendiagramm - wie bei einem Linienschreiber wird der neue Wert hinten (d.h. ganz rechts) hinzugefügt, auf der linken Seite verschwindet ein Wert aus dem Bildfenster

- Scope chart mode (Oszilloskopdiagramm - wie bei einem Oszillografenbild wird das Bild jeweils von links beginnend neu aufgebaut), das alte wird vorher gelöscht

- Sweep chart mode (Sweepdiagramm - ähnlich dem Scope chart mode, nur wird das alte Bild Bildpunkt für Bildpunkt neu aufgebaut)

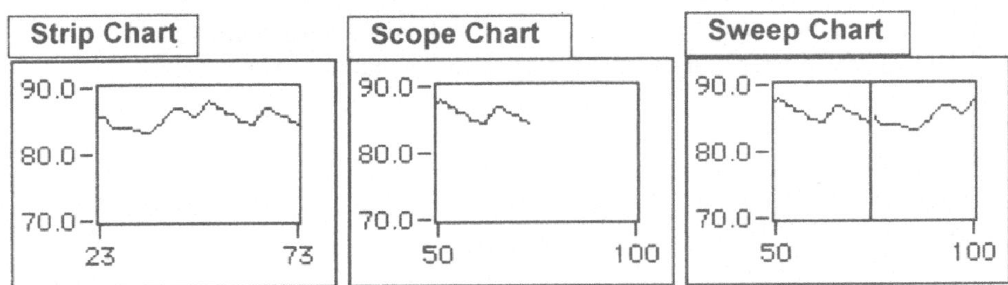

Abb. 3.18: Strip, Scope und Sweep chart Mode für Kurvendiagramme

Im Blockdiagramm sind die Datentypen zu unterschiedlichen Bedien- und Anzeigeelementen durch unterschiedliche Symbole erkennbar. Nachfolgendes Bild fasst die wichtigsten zusammen.

Bedienelement (Control)	Anzeigeelement (Indicator)	Datentyp
EXT	EXT	**Gleitkommazahl erweiterte Genauigkeit** (extended precision floating point)
DBL	DBL	**Gleitkommazahl doppelte Genauigkeit** (double precision floating point)
SGL	SGL	**Gleitkommazahl einfache Genauigkeit** (single precision floating point)
I32	I32	**Ganze Zahl, vorzeichenbehafteter 32 Bit Integer Wert** (Signed 32-Bit Integer)
I16	I16	**Ganze Zahl, vorzeichenbehafteter 16 Bit Integer Wert** (Signed 16-Bit Integer)
I8	I8	**Ganze Zahl, vorzeichenbehafteter 8 Bit Integer Wert** (Signed 8-Bit Integer)
⁰⁰⁰	⁰⁰⁰	**Cluster (Struktur)**
[DBL]	[DBL]	**Feld (Array) von Gleitkommazahlen einfacher Genauigkeit**
TF	TF	**Boolescher Wert**
abc	abc	**Zeichenkette, String**

Abb. 3.19: Bedien- und Anzeigeelemente im Blockschaltbild

Daten fließen über Leitungen, die Knoten über Terminals miteinander verbinden. Dadurch erfolgt die Wertzuweisung an Variable. Struktur und Farbe der Leitungen werden vom Datentyp bestimmt. Unterschiedliche Linienstärken (dünn = numerische Skalare, mittel = numerische Felder, dick = gebündelte Daten).

	Skalar	1 D Array	2 D Array
Natürliche, ganze und Gleitkommzahlen			
Boolesche Werte			
Zeichenketten (String)			
Cluster			
Cluster aus Zahlen			

Natürliche und ganze Zahlen:	blau
Gleitkommazahlen:	orange
Boolesche Werte:	grün
Zeichenketten:	violett

Abb. 3.20: Struktur und Farbe der Verbindungsleitungen (wires) werden vom Datentyp bestimmt

3.4   Funktionen in LabVIEW-Programmen

Funktionen werden in LabVIEW-Programmen im Blockdiagramm aus Funktionspaletten eingefügt. Zu jeder Funktion kann über die Online-Hilfe eine Kurzbeschreibung eingeblendet werden. Die Funktionen sind in der Funktionspalette entsprechend ihrer Zusammengehörigkeit übersichtlich organisiert, nachfolgend werden beispielhaft einige vorgestellt.

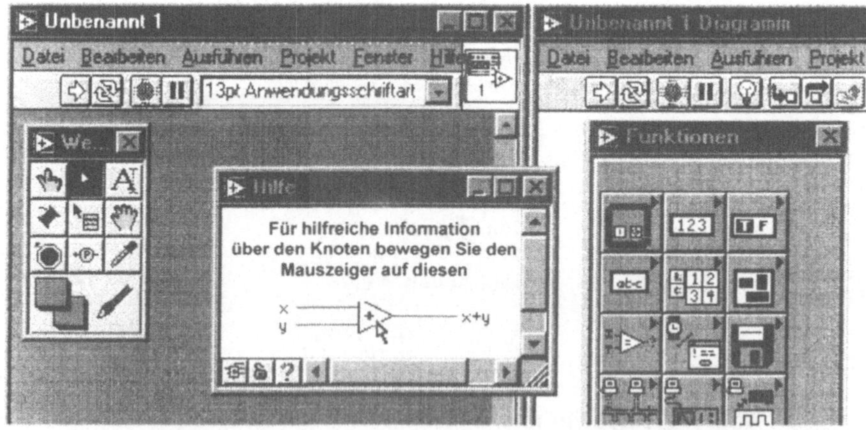

Abb. 3.21: Funktionen können aus der Funktionspalette ausgewählt werden. Es wird eine Online-Hilfe zu jeder Funktion angeboten

Arithmetische und boolesche Funktionen: Einen Auszug einiger numerischer und boolescher Funktionen zeigt nachfolgendes Bild. Die Bedeutung und Anwendung ist weitgehend selbsterklärend. So wird die Addition durch ein Symbol mit einem "+" dargestellt und diese Funktion verfügt über zwei Eingangs- (x, y) und ein Ausgangsterminal, dem der Wert von x + y zugewiesen wird. Der Würfel steht für die Funktion „Zufallszahl erzeugen", die anderen Funktionen werden durch das entsprechende Symbol eindeutig identifiziert. Bei Bedarf findet man in der Online-Hilfe eine Beschreibung, wenn man mit der Maus über das Symbol fährt.

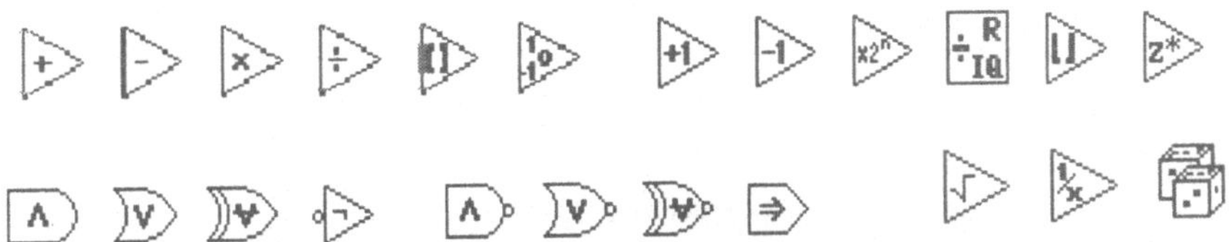

Abb. 3.22: Auszug einiger arithmetischer und boolescher Funktionen, die in das Blockdiagramm eingefügt werden können

Eine sehr flexible Möglichkeit für numerische und boolesche Funktionen bietet der Formelknoten, der über die Funktionspalette „Strukturen" eingefügt werden kann. Der Formelknoten ermöglicht die Implementierung komplexer algebraischer Ausdrücke. Variable werden an der Begrenzung erzeugt (rechte Maustaste: Eingang oder Ausgang hinzufügen) und übergeben. Befehle werden als Text eingefügt und müssen mit einem Semikolon (;) abgeschlossen werden.

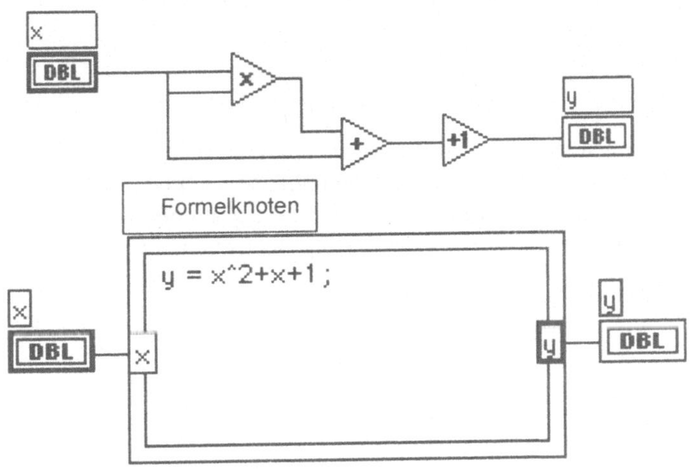

Abb. 3.23: Ein Beispiel für die Implementierung einer Funktion mit Formelknoten

Neben den arithmetischen und booleschen Funktionen gibt es sehr umfassende **Array-Funktionen,** die über die Funktionspalette „Array" eingefügt werden können und mit denen Elemente in Feldern bearbeitet werden können.

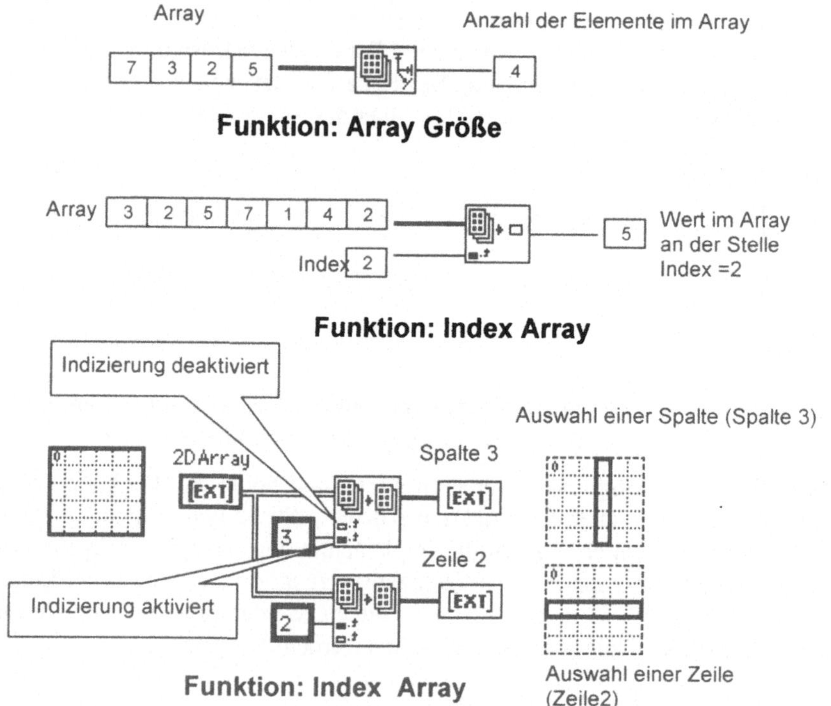

Abb. 3.24: Zwei wichtige Array-Funktionen (Index Array und Array Größe)

String-Funktionen sind Funktionen für Zeichenketten. Sie werden über die Funktionspalette „Strings" eingefügt und verfügen über so wichtige Funktionen wie die Länge einer Zeichenkette zu bestimmen oder das Zusammenfügen von mehreren einzelnen zu einer gemeinsamen Zeichenkette (Konkatenation von Zeichenketten).

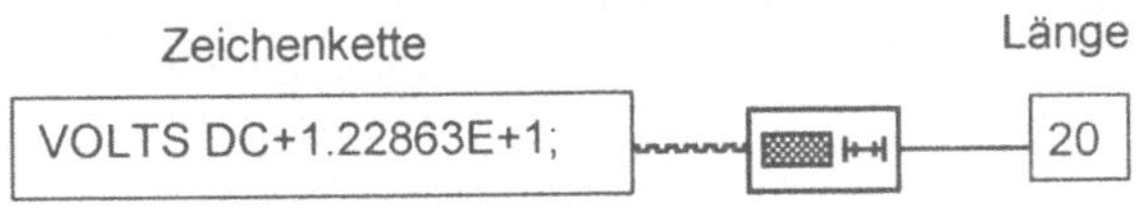

Funktion: Länge einer Zeichenkette

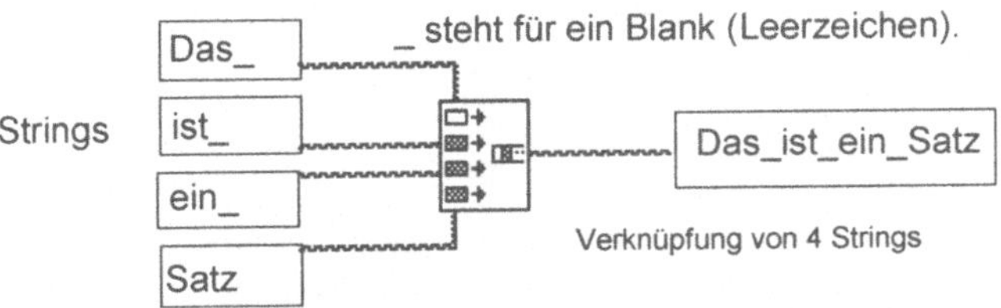

Funktion: Verknüpfung von Zeichenkette

Abb. 3.25: Funktionen zum Bestimmen der Länge von Zeichenketten und Verknüpfen von Zeichenketten

Polymorphismus ist ein abstrakter Begriff der objektorientierten Programmierung, der jedoch für ein aus Anwendungssicht sehr nützliches und einfaches Prinzip steht. Polymorphe Funktionen akzeptieren Argumente unterschiedlichen Datentyps und verhalten sich für jede Typenvariante im wesentlichen gleich. Von polymorphen Funktionen verarbeitete Daten können von unterschiedlicher Größe, Typ oder Darstellung sein. So können z.B. skalare Werte untereinander addiert werden oder skalare Werte zu Feldern von Daten, oder zwei Felder unter Verwendung der gleichen Funktion addiert werden.

3.5 Ablaufstrukturen zum Steuern des Programmablaufes

Ablaufstrukturen werden in LabVIEW ebenfalls in grafischer Form dargestellt und programmiert. Sie bilden eine wichtige Knotenart und werden über die Funktionspalette „Strukturen" eingefügt. Sie bieten jeweils unterschiedliche Arbeitsflächen als Unterdiagramme des Blockdiagramms, wobei jede Arbeitsfläche die abzuarbeitenden Funktionen enthält. Die While- und die For-Schleife bieten Möglichkeiten zur wiederholten Ausführung von Programmbereichen, die Case-Struktur ermöglicht eine Selektion oder Fallunterscheidung in der Ausführung eines Programms und die „Sequenz" sorgt für die geordnete Hintereinanderausführung.

3.5.1 Case-Struktur (Fallunterscheidung)

Die Case-Struktur entspricht der „if...then...else ..."-Anweisung aus anderen Programmiersprachen. Übereinanderliegend wie ein Stapel Spielkarten werden Unterdiagramme für die Abarbeitung bereitgestellt, wobei jeweils nur eines zu sehen ist. Welches ausgeführt wird hängt ab von einem booleschen oder numerischen Wert an einem Auswahlanschluss. Als einfaches Beispiel für eine Case-Struktur kann man einen Rechner betrachten, bei dem zwei Zahlen eingegeben werden können und über einen Wahlschalter wird eine Funktion ausgewählt, die ausgeführt werden soll.

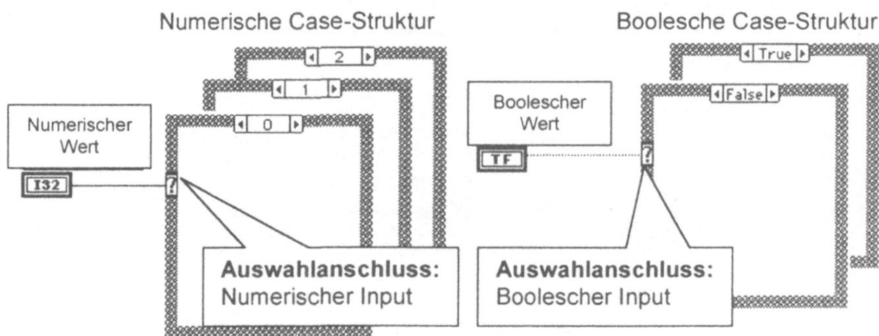

Abb. 3.26: Numerische und boolesche Case-Struktur

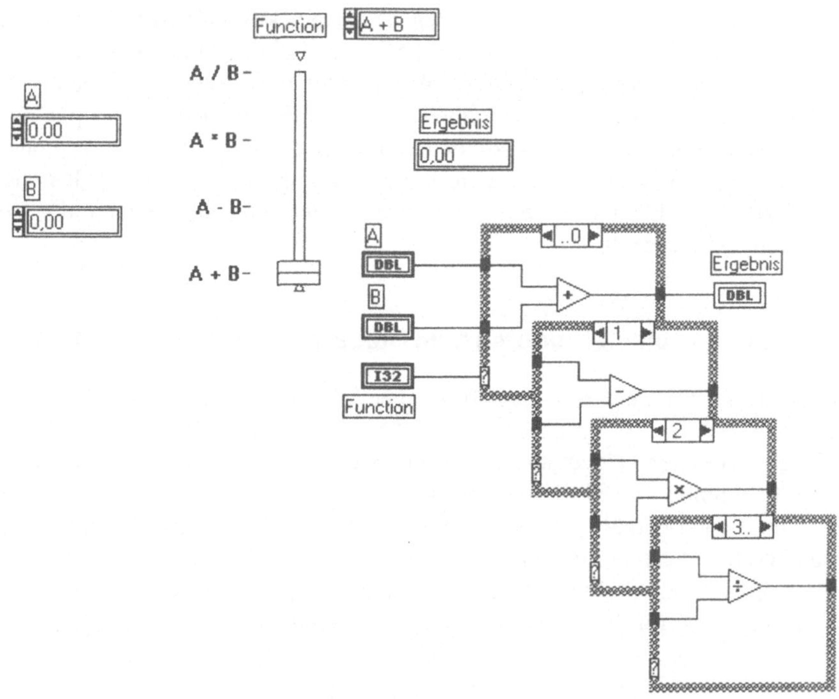

Abb. 3.27: Ein einfacher Rechner als Beispiel für die Anwendung der Case-Struktur

3.5.2 Ablaufsteuerung über die Sequenz-Struktur

Die Ausführungsdisziplin von Befehlen in einem Programm wird als Steuerungsfluss bezeichnet. Bei klassischen Programmiersprachen wie C und Basic wird der
Steuerungsfluss durch die Anordnung der Befehle im Programmtext bestimmt. In
LabVIEW können eigene Ablaufkomponenten verwendet werden, um den Steuerungsfluss in einem Datenfluss zu erhalten. Es werden Unterdiagramme als Rahmen
bereitgestellt, die fortlaufend nummeriert sind und entsprechend ihrer Nummer
streng sequentiell nacheinander abgearbeitet werden: Rahmen 1, Rahmen 2 etc.
Dabei wird der jeweils nächste Rahmen gestartet, wenn der vorhergehende vollständig abgearbeitet ist. Die Rahmen werden übereinanderliegend wie ein Stapel Spielkarten dargestellt, wobei nur die oberste zu sehen ist.

Abb. 3.28: Die Sequenz-Struktur: Ablaufkomponente in LabVIEW

3.5.3 Die While-Schleife

Die While-Schleife bildet ein Unterdiagramm, das innerhalb gewisser Grenzen so
oft ausgeführt wird, bis eine bestimmte Bedingung nicht mehr erfüllt ist. Als Pseudocode entspricht eine While-Schleife der Form:

Do
    Unterdiagramm das **Bedingung** enthält ausführen.
While-Bedingung ist TRUE

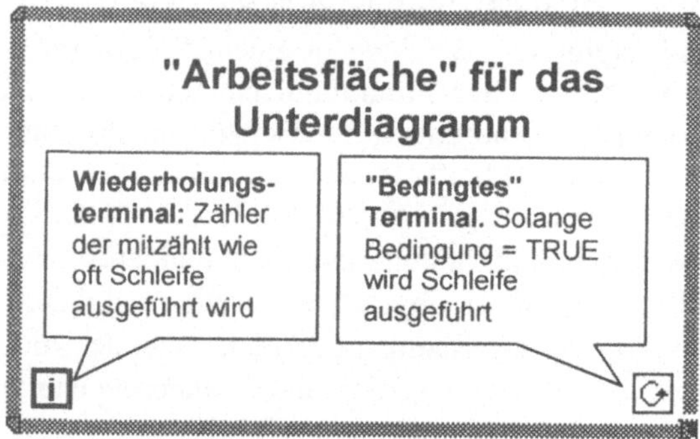

Abb. 3.29: Die While-Schleife

Nachfolgend wird ein Beispiel gezeigt, in dem in einer While-Schleife z.B. über eine Datenerfassungskarte eine Temperatur solange eingelesen und in einem Kurvendiagramm am Bildschirm angezeigt wird, solange der Ein/Aus-Schalter den Wert „True" besitzt.

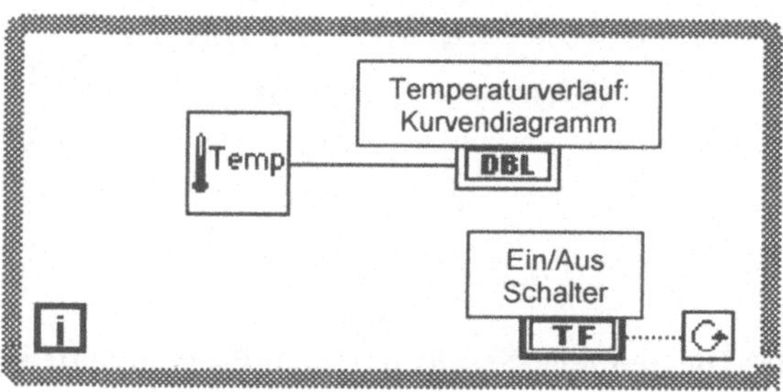

Abb. 3.30: Temperaturmessung und -anzeige so lange Schalter eingeschaltet ist

In nachfolgendem Programm wird das Wiederholungsterminal einer While-Schleife dazu verwendet, um den grafischen Verlauf von Sinuswerten so lange anzuzeigen, solange der Schalter auf „TRUE" steht.

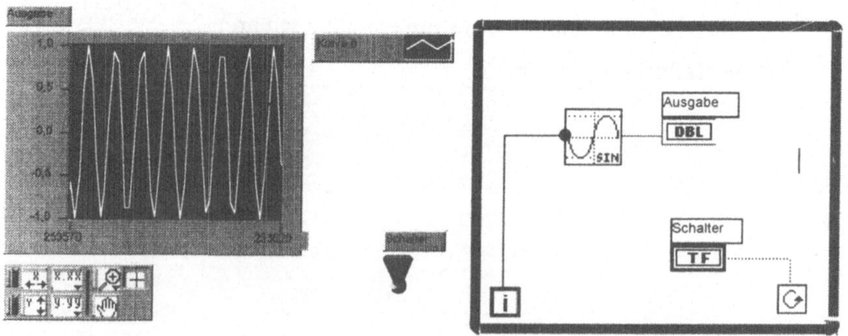

Abb. 3.31: Ein einfaches Programm zur grafischen Darstellung von Sinuswerten

Eine While-Schleife wird auf jeden Fall einmal durchlaufen. In einer Schleife muss die Bedingung nicht unbedingt, wie in den bisherigen Beispielen, durch einen Schalter realisiert werden, vielmehr kann sie durch boolesche Funktionen ermittelt werden, die vom Programmablauf abhängen. Nachfolgend gezeigtes Programm „Auto" ist ein einfaches Beispiel für die Anwendung einer While-Schleife. Es wird durch das Produkt s=v*t der von einem Auto zurückgelegte Weg simuliert. Für die Visualisierung wurde das Bedienelement eines Schiebers individuell bearbeitet (editiert). Das ist ein Beispiel für die anwendungsindividuellen Gestaltungsmöglichkeiten von Bedienelementen zur Visualisierung in LabVIEW.

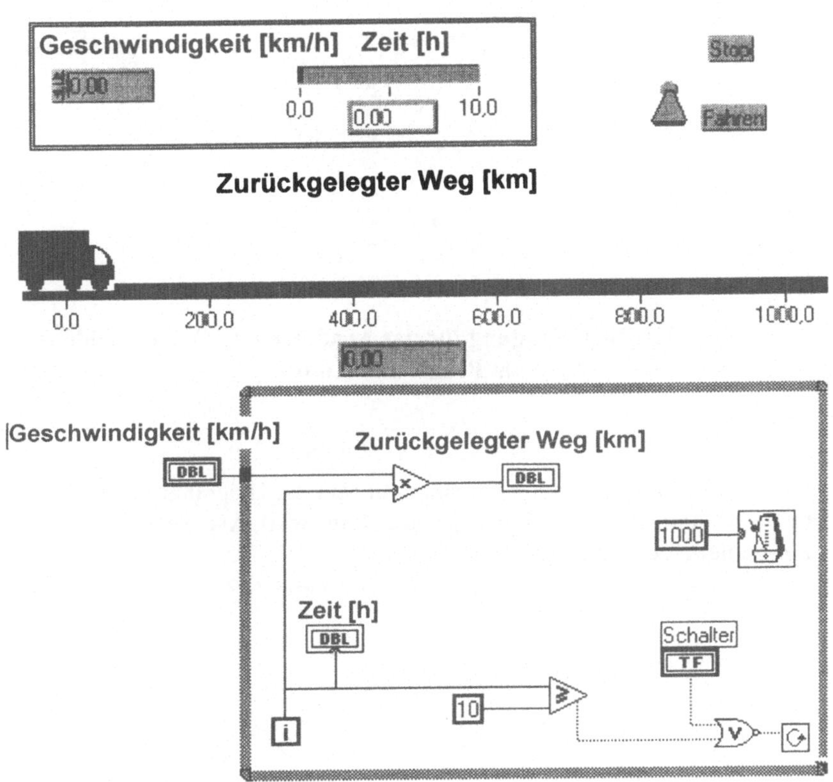

Abb. 3.32: While-Schleife zur Simulation der grafisch animierten Bewegung eines Autos

Im nachfolgenden Bild wird die Situation am Bedingungsterminal der While-Schleife verdeutlicht. Die Schleife startet mit dem Wert i=0. Für i=0 ergibt sich, wenn der Schalter den Wert „TRUE" hat, der Wert für die Bedingung als „TRUE", die Schleife wird also neuerlich für i=1 und so weiter bis i=9 durchlaufen. Für i=10 ergibt sich der Wert „FALSE" und die Ausführung wird abgebrochen.

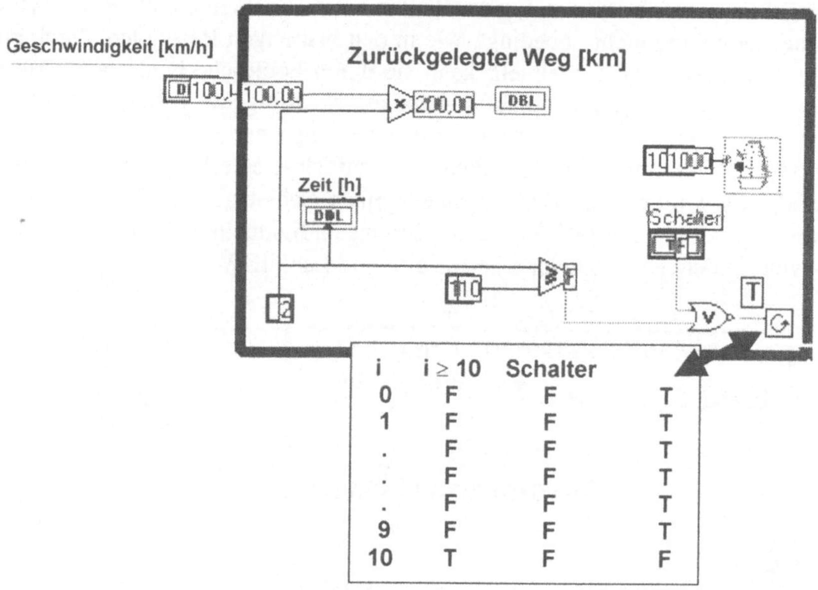

i	i ≥ 10	Schalter	
0	F	F	T
1	F	F	T
.	F	F	T
.	F	F	T
.	F	F	T
9	F	F	T
10	T	F	F

**Abb. 3.33: Die Bedingung für das Ausführen der While-Schleife
im Programm Auto**

3.5.4   For-Schleife

Die For-Schleife bildet ein Unterdiagramm, in dem der Diagramminhalt hintereinander eine vordefinierte Anzahl mal aus ausgeführt wird. Als Pseudocode entspricht eine For-Schleife der Form:

FOR i= 0 TO (N-1)
    Unterdiagramm ausführen.

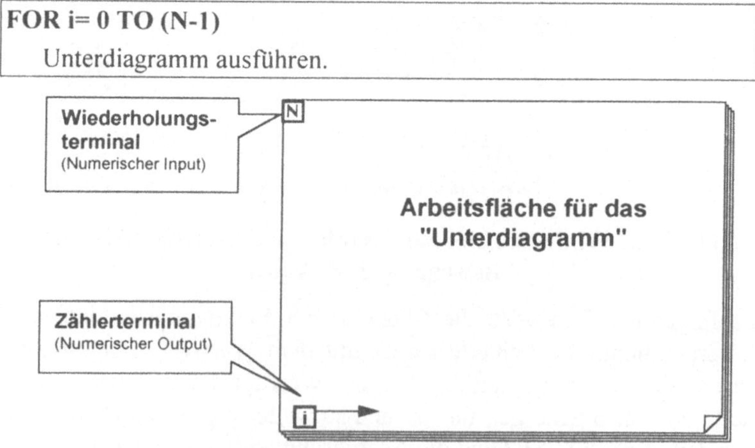

Abb. 3.34: For-Schleife in LabVIEW

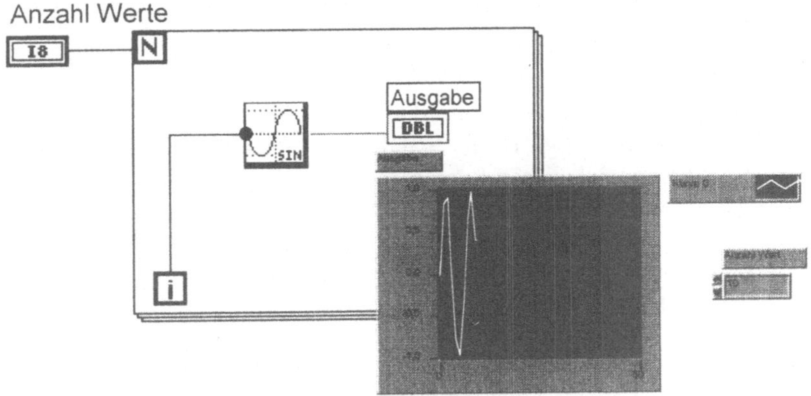

Abb. 3.35: Bestimmung von Sinuswerten in einer For-Schleife

3.5.5 Schieberegister in For-und While-Schleife

In While-und For-Schleifen werden Programmteile wiederholt ausgeführt. Hierbei ist es möglich, dass in jedem Durchlauf bestimmte errechnete Werte gespeichert werden und für die weitere Bearbeitung, z.B. im jeweils nächsten Durchlauf oder am Ende nach Abarbeitung der Schleife, weiterverarbeitet werden können. Das Konstrukt zum Speichern von Werten in Schleifen sind Schieberegister. Schieberegister speichern also Daten von einem Durchlauf einer Schleife zum nächsten. Sie können am rechten und linken Rand der Schleife über ein Pop-up-Menü mit der rechten Maustaste eingefügt werden. Die Funktion lautet „Schieberegister hinzufügen". Das rechte Terminal speichert Daten am Ende eines Schleifendurchlaufes, das linke Terminal stellt die gespeicherten Daten am Beginn der nächsten Iteration bereit.

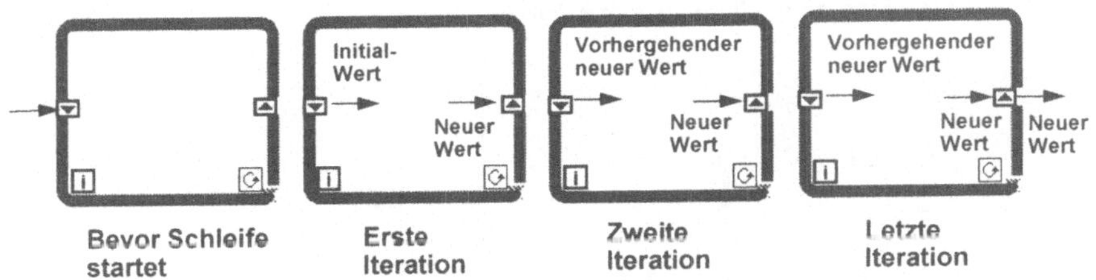

Abb. 3.36: Schieberegister in einer While-Schleife

Schieberegister können (müssen jedoch nicht) initialisiert werden, sodass sie bereits für den ersten Durchlauf einen genau definierten Wert haben. Schieberegister mit Initialisierung starten immer mit dem Wert, der durch die Initialisierung festgelegt wird. Schieberegister ohne Initialisierung starten bei mehrmaligem Durchlauf mit dem zuletzt gesetzten Wert als Initialwert (Beim Start des Programms ist der Initialwert eines numerischen Wertes 0).

3.5.6   Die Generierung und Verwendung von Arrays mit Schleifen

In For- und While-Schleifen können an ihren Grenzen Datenfelder akkumuliert werden und nach Beendigung der Schleife an die aufrufende Struktur übergeben werden. Dies geschieht mit der Einstellung „Auto-Indexing" beim übergebenden Datentunnel. „Auto-Indexing" ist als Standard bei For-Schleifen eingestellt, nicht bei While-Schleifen. Bei diesen kann es über das Pop-up-Menü mit der rechten Maustaste gesetzt werden.

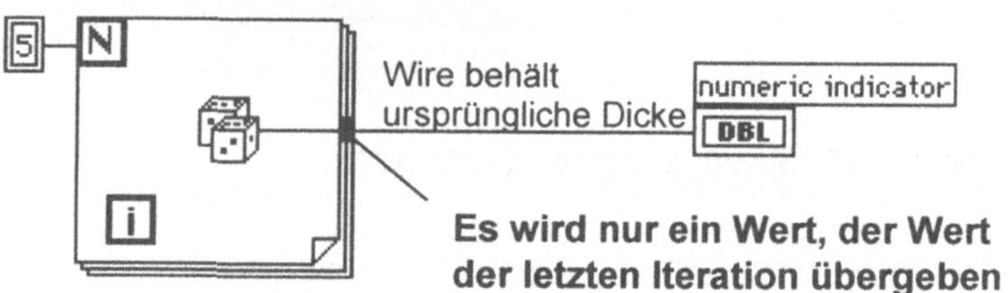

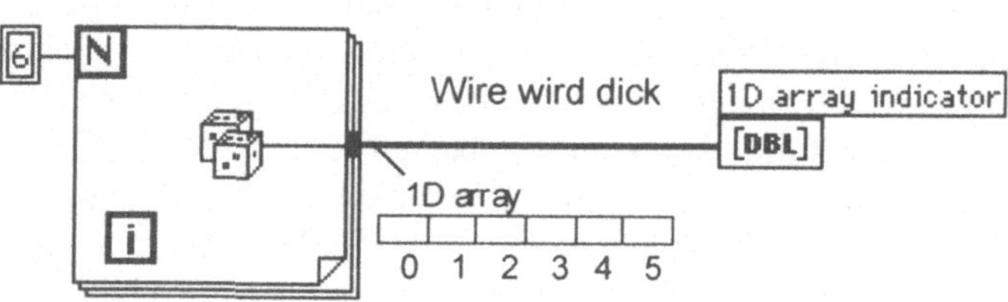

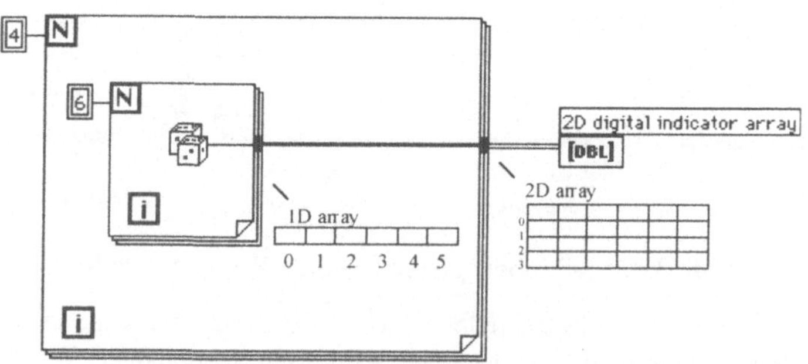

**Abb. 3.37: Die Übergabe von Werten nach Abarbeitung einer Schleife -
Autoindizierung zur Erzeugung von Datenfeldern**

3.5.7 Polymorphismus

Polymorphe Funktionen akzeptieren Argumente unterschiedlichen Datentyps und verhalten sich für jede Typenvariante im wesentlichen gleich. Zu verarbeitende Daten für polymorphe Funktionen können von unterschiedlicher Größe, Typ oder Darstellung sein. So können z.B. skalare Werte untereinander addiert werden oder skalare Werte zu Feldern von Daten, oder zwei Felder unter Verwendung der gleichen Funktion addiert werden. Nachfolgende Beispiele veranschaulichen die Anwendung polymorpher Funktionen weitgehend selbsterklärend.

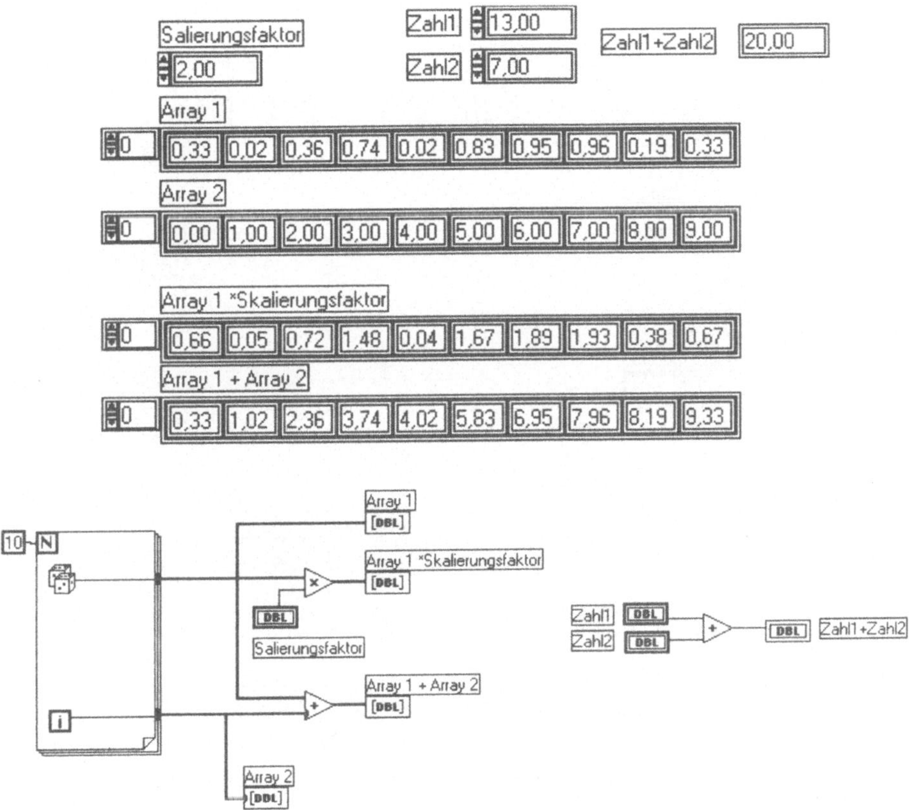

Abb. 3.38 : Beispiele zum Polymporphismus numerischer Bedienelemente

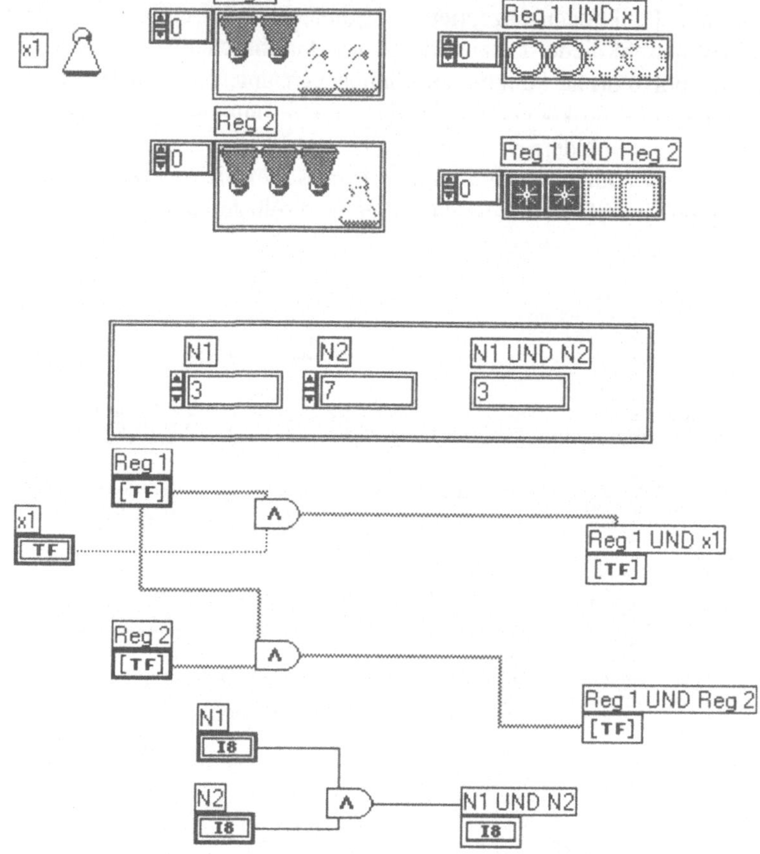

Abb. 3.39: Polymorphismus boolescher Bedienelemente

3.5.8　Diverse Arbeitstechniken

3.5.8.1　Programmbibliotheken und Programmdokumentation

Dokumentation ist ein sehr wichtiges und zentrales Thema bei der professionellen Erstellung von Software. Moderne Software-Entwicklungsumgebungen wie LabVIEW bieten eine Reihe von Möglichkeiten, um die Dokumentation bereits im Programm, d.h. bei der eigentlichen Programmierung mitzuentwickeln. Über die Funktion „Fenster/VI-Info..." kann eine Programmbeschreibung eingegeben und im Programm ständig aktuell gehalten werden. Zu sämtlichen Knoten (d.h. auch zu den Bedien- und Anzeigeelementen) kann eine Beschreibung von der ersten Konzeption im Programm geführt werden. Über die Funktion „Datei/Dokumentation drucken..." kann eine Dokumentation des Programms bestehend aus allen erfassten Beschreibungen, insbesondere aber auch mit einem Bild des Frontpanels und des Blockdiagramms entweder am Drucker ausgegeben oder in eine Datei gespeichert werden (HTML und RTF Format).

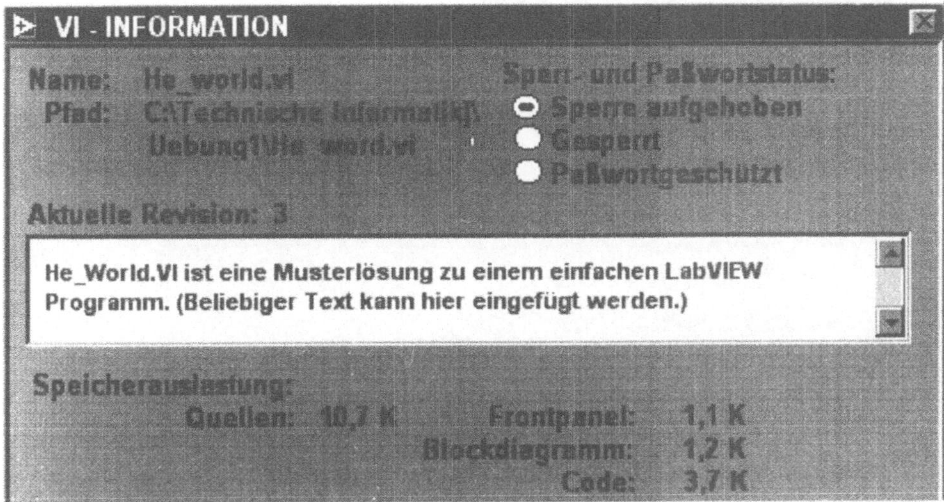

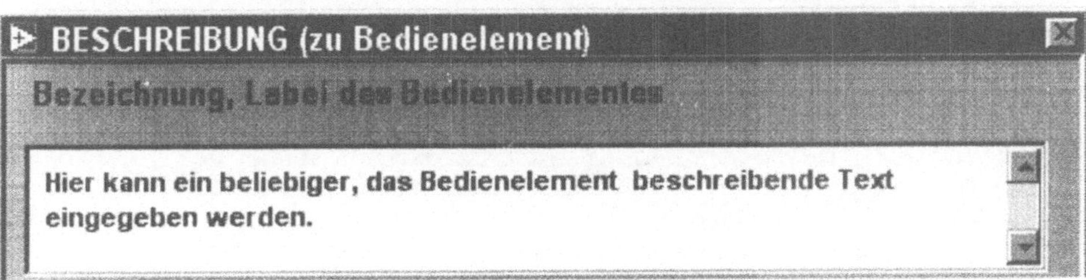

Abb. 3.40: Umfangreiche Möglichkeiten zur Dokumentation von Programmen und Bedienelementen

3.5.8.2 Speichern von VIs und VI-Bibliotheken

Im File Menü Datei gibt es verschiedene Möglichkeiten ein VI abzuspeichern. Mit den Funktionen „Speichern" bzw. „Speichern unter..." kann ein VI wie unter Windows allgemein üblich als Datei mit der Erweiterung *.VI abgespeichert werden. Zusätzlich gibt es die Funktionen „Kopie speichern unter..." und „Mit Optionen speichern...". Mit der letzteren kann man für das Speichern diverse Einstellungen vornehmen, wie es z.B. für die Distribution von fertigen Programmen wünschenswert ist. So kann man etwa ein VI ohne Blockdiagramm speichern womit es zwar ausführbar, aber nicht veränderbar ist. Andererseits ist es möglich sicherzustellen, dass auch alle Unterprogramme abgespeichert werden.

VIs können in ein beliebiges Verzeichnis aber auch in eigene VI-Bibliotheken abgespeichert werden. Eine VI-Bibliothek besitzt die File-Erweiterung *.LLB und ist als ein Datei mit vielen Programmen abgespeichert. Dadurch wird es leichter möglich Programme zu transportieren. Wichtig ist zu beachten, dass bei VI-Bibliotheken keine Hierarchie erlaubt ist (keine Bibliotheken von Bibliotheken). VIs werden in Bibliotheken in komprimierter Form abgespeichert.

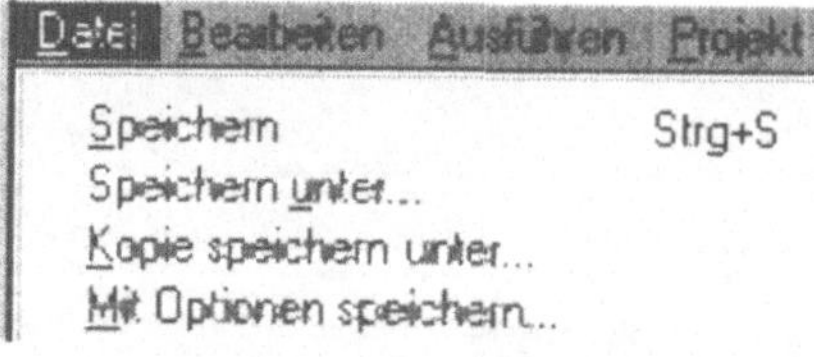

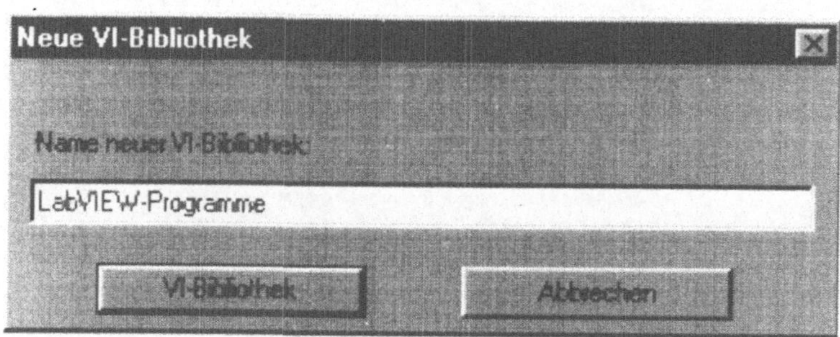

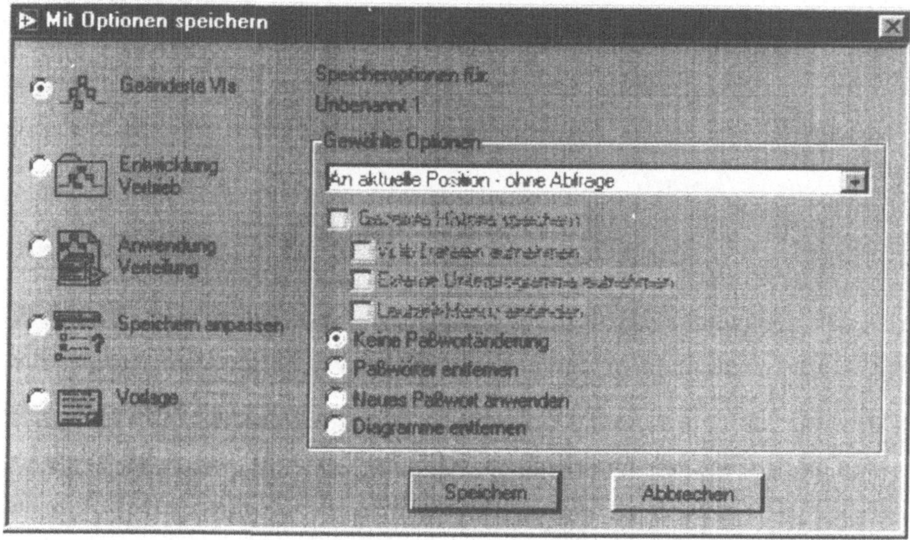

Abb. 3.41: Vielfältige Möglichkeiten zum Speichern von VIs

3.5.8.3   Modularität und Programmstrukturierung

LabVIEW weist ein modulares Design auf. Es können selbst erstellte Unterprogramme (Sub-VIs) in übergeordnete VIs eingebunden werden. Das ergibt die Möglichkeit, ein Softwaresystem aus modularen und vielfach verwendbaren Teilfunktio-
nen zu organisieren.

Durch diese modulare Hierarchie können VIs beliebig (von unterschiedlichen
Teammitgliedern) erstellt, modifiziert oder kombiniert werden. Hierarchie optimiert

Programme. Indem Symbole für VIs eingeführt werden und diese als Unterprogramme im Blockschaltbild anderer VIs verwendet werden, kann die Komplexität überschaubar gestaltet werden.

Zu jedem VI kann ein Icon erstellt werden, es können Bedien- und Anzeigeelemente zu Anschlüssen verbunden werden und für die Ausführung des Vis können umfangreiche VI-Optionen eingestellt werden. Das Erstellen und Editieren eines Icons erfolgt mit dem Icon-Editor:

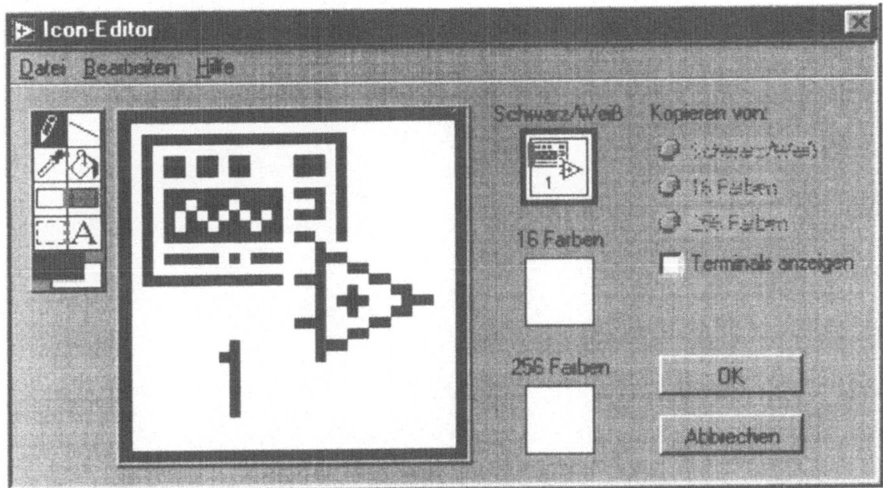

Abb. 3.42: Icon-Editor zum Erstellen und Bearbeiten von Anschlussbildern

3.5.8.4 Die Erstellung lauffähiger EXE-Programme mit dem Application-Builder

LabVIEW bietet eine sehr leistungsfähige und Techniker ansprechende grafische Entwicklungsumgebung. In der Entwicklungsumgebung können Programme erstellt, editiert und ausgeführt werden. Für die Ausführung von LabVIEW-Programmen ist die Entwicklungsumgebung jedoch nicht zwingend erforderlich. Ist ein Programm erstellt, so besteht die Möglichkeit, es mit dem Application-Builder direkt nach Aufruf einer Menüfunktion in ein lauffähiges Exe-Programm zu übersetzen, zu binden und als entsprechende Datei abzuspeichern.

4 Zeichen- und Zahlendarstellung, Informationstechnische Grundlagen

4.1 Codes zur Zeichendarstellung

4.1.1 Zeichenvorrat, Alphabet, Codierung

Eine endliche Menge A, d.h. eine Menge mit einer Mächtigkeit $|A| = n$, $n \in \mathbf{N}$, heißt **Zeichenvorrat**. Wichtige Zeichenvorräte sind z.B. die Dezimalziffern $\mathbf{D} = \{0, 1, 2, 3, 4, 5, 6, 7, 8, 9\}$, die Grossbuchstaben $\{A, B, C, ...,Z\}$ oder die Gesamtheit der Zeichen auf einer Schreibmaschinentastatur. Ein Zeichenvorrat kann jedoch grundsätzlich aus beliebigen, unterscheidbaren n Zeichen a_i, $n \in \mathbf{N}$ bestehen. Ein Zeichenvorrat wird in der Regel festgelegt um gewisse Sachverhalte eindeutig zu kennzeichnen. Mit der Tastatur eines Computers können Zeichen in einem Computer übertragen werden. Jeder Taste der Tastatur sind bestimmte Zeichen zugeordnet, wobei diese in Textverarbeitungssystemen noch über unterschiedliche Schriftarten im Erscheinungsbild einstellbar sind. Nachfolgend einige Beispiele, wobei die Zeichen am Computer direkt über die Tastatur eingegeben und mit den Zeichensätzen (Schriftarten) „Times New Roman", „Windings" und „Keystroke" dargestellt werden.

Bürozeichen = { ..., ..., ..., ..., ..., ..., ..., ..., ..., ..., ... }

Computer = { ..., ..., ..., ..., ..., ... }

Stimmungsbilder = { ..., ..., ..., ... }

$\{ A, B, ..., 1, ..., ..., ..., ..., ..., \text{Alt}, \text{Ctrl}, \text{Shift}, \text{Tab}, ... \} \subset$ ...

Für Digitalrechner ist der binäre Zeichenvorrat $\mathbf{B} - \{0,1\}$ von Bedeutung, der auch betrachtet werden kann als {TRUE, FALSE}, {T, F}, oder {high, low}.

Als Alphabet bezeichnet man einen Zeichenvorrat A, auf dem eine Ordnung $<$ definiert ist $(A, <)$. Unter einer Ordnung auf einer Menge A versteht man eine wohldefinierte Relation, eine Beziehung zwischen deren Elementen. Das Paar $(\mathbf{D}, \leq)$, d.h. die Menge der Dezimalziffern mit der natürlichen „kleiner gleich" Relation, $0 \leq 1 \leq 2 \leq 3 \leq 4 \leq 5 \leq 6 \leq 7 \leq 8 \leq 9$, bildet ein Alphabet. Auch die lateinischen Großbuchstaben mit der natürlichen Ordnung $A < B < C < ... < Z$ bilden ein Alphabet. Für den binären Zeichenvorrat wählt man meist die Ordnung $0 < 1$ (bzw. false < true; low < high).

Mit einem Zeichenvorrat ist man in der Lage, Wörter über dem Zeichenvorrat zu bilden. Wörter sind endliche Folgen von Zeichen, die zu einem Ganzen zusammengefasst werden. Sei A ein Zeichenvorrat (bzw. ein Alphabet mit der Ordnung $\leq$) so wird ein Wort über A als eine endliche Folge $w = a_1 a_2 ... a_k$, bezeichnet, wobei $a_i \in A$ und $k \in \mathbf{N}_0$. Als Länge eines Wortes w bezeichnet man k, die Anzahl der Elemente aus denen es besteht und wird mit $|w| = k$ bezeichnet. λ bezeichnet das leere Wort und es gilt $|\lambda| = 0$.

„STOP" ist z.B. ein Wort der Länge 4 über dem Alphabet der Grossbuchstaben.

„125" kann als Wort der Länge 3 über **D** und

„00111001" kann als Wort der Länge 8 über **B** betrachtet werden.

Die Verwendung eines Alphabets mit nur zwei Zeichen, z.B. $\mathbf{B} = \{0, 1\}$ ist für die Elektronik und Computertechnik von großer Wichtigkeit. Alle Wörter z.B. der Länge 2 über **B** bilden wieder ein Alphabet $\mathbf{B}^2$, wobei gilt: $\mathbf{B}^2 = \{00, 01, 10, 11\}; |\mathbf{B}^2| = 4; 00 < 01 < 10 < 11$

Will man die zehn Dezimalziffern 0, 1, ...9 oder die 26 Buchstaben des Alphabets in Binärzeichen (0 und 1, d.h. mit Zeichen aus der Menge **B**) ausdrücken, so müssen jeder Dezimalziffer bzw. jedem Buchstaben eine bestimmte Kombination mehrerer Binärzeichen, oder einem Wort einer bestimmten Länge über **B** zugeordnet werden.

Eine Zuordnung, die allen Zeichen aus einem Alphabet_1 eindeutig ein Zeichen aus einem Alphabet_2 zuweist, nennt man Code (Code = Schlüssel). Die Zuordnung muss für die Hin- und Rückwandlung eindeutig sein. Der Ausdruck Code wird - abweichend von dieser Begriffsfestlegung (Definition) - auch zur Bezeichnung für das Alphabet_2, in das umgewandelt wird, verwendet. Codieren steht auch für Verschlüsseln und nennt man den Vorgang der Zuordnung eines (meist allgemeineren) Alphabets_1 in ein (meist spezielleres, technisches) Alphabet_2. Dekodieren ist die Umkehrung der Codierung.

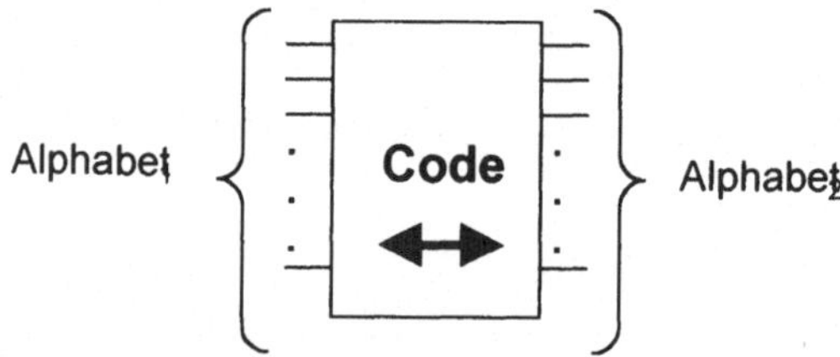

Abb. 4.1: Code als Zuordnung zwischen zwei Alphabeten

Die elementare Einheit, die man im Computer zur Darstellung beliebiger Information verwendet, ist das Bit. Bit steht für „binäry digit" und ist die kleinste Einheit für die codierte Darstellung von Daten. Bei der Darstellung konkreter Zeichensätze am Computer über **B** werden meist Codewörter der Länge n über **B** oder n-Bit-Codes verwendet. Wichtige Zeichensätze sind Buchstaben , Ziffern, Sonderzeichen und diverse Steuerzeichen.

$$c: \text{Zeichenvorrat} \rightarrow \mathbb{B}^n$$

Dabei hängt die Länge der Codewörter zum einen von der Größe des Zeichenvorrates ab ($|\text{Zeichenvorrat}| \leq 2^n$), zum anderen aber auch von anderen Überlegungen wie der Sicherheit gegen Fehler jeglicher Art z.B. durch gezieltes Anfügen von zusätzlichen Stellen (Prüfbits, Prüfsummen).

4.1.2 Tetradendarstellung, Zifferndarstellung, das polyadische Zahlensystem

Das Alphabet der Dezimalziffer **D** besteht aus den zehn Ziffern 0, 1, ...,8 , 9. Für ihre Codierung genügt ein n = 4-stelliges Alphabet$_2$ zur binären Darstellung. Mit n = 4 Bit lassen sich nämlich $2^n = 2^4 = 16$ Binärkombinationen bilden. Die 4 Bits zur Darstellung einer Dezimalziffer bezeichnet man als Tetrade. Von den 16 möglichen Kombinationen werden nur 10 (0 bis 9) für die Codierung verwendet. Daher bezeichnet man vielfach nur diese als Tertrade, die restlichen 6 nennt man Pseudotetraden.

Tabelle 4.1: Tetradendarstellung

		Alphabet $_1$	Alphabet $_1$	Alphabet $_2$
zehn Dezimalziffern:	Tetrade	0	0	0000
		1	1	000L
		2	2	00L0
		3	3	00LL
		4	4	0L00
		5	5	0L0L
		6	6	0LL0
		7	7	0LLL
		8	8	L000
		9	9	L00L
unbe-nützt Pseudo-	Tetraden		A	L0L0
			B	L0LL
			C	LL00
			D	LL0L
			E	LLL0
			F	LLLL

Soll eine mehrstellige Dezimalzahl mit Binärzeichen (0, 1) dargestellt werden, so kann für jede einzelne Dezimalstelle eine Tetrade (= 4 Bit) verwendet werden. Als Beispiel sei eine dreistellige Dezimalzahl betrachtet:

1	3	9

Die Darstellung mit Tetraden erfordert 3x4 Bit = 12 Bit:

000L	00LL	L00L

Für die Codierung der Dezimalziffern gibt es eine Fülle von Möglichkeiten. In der nachfolgenden Tabelle werden einige der historisch bedeutenden angeführt, die alle für sich gewisse Vorteile aufweisen, heute jedoch kaum mehr angewendet werden.

Tabelle 4.2: Gebräuchliche Binärcodes für Dezimalziffern

	BCD - Code	Exzeß-3- Code	Gray- Code	Aiken- Code	2-aus-5- Code
0	0000	0011	0000	0000	11000
1	0001	0100	0001	0001	00011
2	0010	0101	0011	0010	00101
3	0011	0110	0010	0010	00110
4	0100	0111	0110	0100	01001
5	0101	1000	0111	1011	01010
6	0110	1001	0101	1100	01100
7	0111	1010	0100	1101	10001
8	1000	1011	1100	1110	10010
9	1001	1100	1101	1111	10100

Ziffern und Zahlen eigenen sich sehr gut für die Codierung von Zeichensätzen. Durch den täglichen Umgang mit Zahlen aus dem Dezimalsystem sind wir insbesondere damit sehr vertraut, ohne zu beachten, dass es eine Vielzahl von Zahlensystemen gibt.

Das Dezimalsystem hat 10 als Basis. Die Basis entspricht der Stellenwertigkeit und der Menge der je Stelle darstellbaren Elementarzeichen E. D.h., für die Zahlendarstellung können je Stelle Ziffern aus der Menge E verwendet werden.

$e = |E| = 10...$ **Dezimalsystem E** $= D = \{0,1,...,9\}$

$e = |E| = 2.....$ **Dualsystem** (Binärsystem). **E** $= B = \{0,1\}$

$e = |E| = 8.....$ **Oktalsystem. E** $= \{0,1,2,3,4,5,6,7\}$

$e = |E| = 16...$ **Sedezimal-** bzw. **Hexadezimalsystem** (sedezi=sechzehn)
$E = \{0,1,2,3,4,5,6,7,8,9,A, B,C,D,E,F\}$. Eine Tetrade, d.h. 4 Bit werden durch 1 Hexadezimalzeichen dargestellt.

Allgemein gilt: $z = \sum_{i=1}^{n} z_i . e^i$

4.1.3 Die Codierung alphanumerischer Zeichen: ASCII-, ANSI-, UNI- und UCS-Code

Wenn nicht nur Ziffern, sondern auch Buchstaben codiert werden sollen, so reichen 4 Bits nicht mehr aus. Für 10 Dezimalziffern, 26 Großbuchstaben und mehrere Sonderzeichen (z.B. Vorzeichen, Rufzeichen, Fragezeichen etc.) werden mindestens 6 Bits benötigt. Damit können $2^6 = 64$ Zeichen eindeutig unterschieden werden. Ein Beispiel für einen 6-Bit-Code war der BCDI-Code (binary coded decimal interchange code), der von den ersten verbreitet eingesetzten Rechnern wie der IBM-1400er-Serie und der Siemens 3003 verwendeten wurde.

Die International Organisation for Standardisation ISO hat 1968 (und zwischenzeitlich in anderen Fassungen) für die Wiedergabe der Zeichen der Schreibmaschinentastatur (Groß- und Kleinbuchstaben), der Ziffern und Sonderzeichen sowie gewisser Steuerzeichen einen 7-Bit-Code genormt (ISO/IEC 646), der auch von den unterschiedlichen nationalen Normungsinstitutionen aufgegriffen wurde. In Deutschland wurde er in der Norm DIN 66003 festgelegt. Dieser Code ist auch als ASCII-Code bekannt (American Standard Code for Information Interchange) und war nicht als interner Code zur Zeichendarstellung in einem Computer konzipiert, sondern er war primär gedacht und erforderlich zur problemlosen Übergabe von Daten zwischen verschiedenen Datenverarbeitungsanlagen, sowie zur Ein und Ausgabe von Daten. Als 7-Bit-Code gestattet er die Darstellung von $2^7 = 128$ Zeichen.

Tabelle 4.3: ASCII-Code – Internationale Referenz Version

b_4	b_3	b_2	b_1	HEX (1.)	Zeile (2.)	0	1	2	3	4	5	6	7
				b_7 →		0	0	0	0	1	1	1	1
				b_6 →		0	0	1	1	0	0	1	1
				b_5 →		0	1	0	1	0	1	0	1
				HEX	Spalte	0	1	2	3	4	5	6	7
0	0	0	0	0	0	NUL	DLE	SP	0	@	P	`	p
0	0	0	1	1	1	SOH	DC_1	!	1	A	Q	a	q
0	0	1	0	2	2	STX	DC_2	"	2	B	R	b	r
0	0	1	1	3	3	ETX	DC_3	#	3	C	S	c	s
0	1	0	0	4	4	EOT	DC_4	¤	4	D	T	d	t
0	1	0	1	5	5	ENQ	NAK	%	5	E	U	e	u
0	1	1	0	6	6	ACK	SYN	&	6	F	V	f	v
0	1	1	1	7	7	BEL	ETB	'	7	G	W	g	w
1	0	0	0	8	8	BS	CAN	(	8	H	X	h	x
1	0	0	1	9	9	HT	EM	)	9	I	Y	i	y
1	0	1	0	A	10	LF	SUB	*	:	J	Z	j	z
1	0	1	1	B	11	VT	ESC	+	;	K	[	k	{
1	1	0	0	C	12	FF	FS	,	<	L	\	l	|
1	1	0	1	D	13	CR	GS	-	=	M	]	m	}
1	1	1	0	E	14	SO	RS	.	>	N	^	n	~
1	1	1	1	F	15	SI	US	/	?	O	_	o	DEL

Steuer-zeichen	Sonder- und Dezimalzeichen	Groß-buchstaben	Klein-buchstaben

Bestimmte Binärkombinationen in diesem Code sind nach nationalen Bedarf der jeweiligen Alphabete festgelegt. Es existieren eine internationale und mehrere nationale Referenzversionen. So verwendet die Deutsche Referenzversion Umlautzeichen und den Buchstaben „ß", die nicht in jeder nationalen Version erforderlich sind. Fehlt in einem Anwendungsfall eine Vereinbarung, so gilt automatisch die Internationale Referenzversion. Für jedes Zeichen ist eindeutig eine 7-Bit-Kombination der Art: $b_7b_6b_5b_4b_3b_2b_1$ festgelegt, wie in den nachfolgenden Tabellen für die internationale und die deutsche Referenzversion ersichtlich ist.

Tabelle 4.4: ASCII-Code - Deutsche Referenz Version (mit Umlauten)

b_7			0	0	0	0	1	1	1	1
b_6			0	0	1	1	0	0	1	1
b_5			0	1	0	1	0	1	0	1
b_4	b_3	b_2	b_1	Spalte / Zeile	0	1	2	3	4	5	6	7
0	0	0	0	0	NUL	DLE	SP	0	§	P	`	p
0	0	0	1	1	SOH	DC_1	!	1	A	Q	a	q
0	0	1	0	2	STX	DC_2	"	2	B	R	b	r
0	0	1	1	3	ETX	DC_3	#	3	C	S	c	s
0	1	0	0	4	EOT	DC_4	$	4	D	T	d	t
0	1	0	1	5	ENQ	NAK	%	5	E	U	e	u
0	1	1	0	6	ACK	SYN	&	6	F	V	f	v
0	1	1	1	7	BEL	ETB	'	7	G	W	g	w
1	0	0	0	8	BS	CAN	(	8	H	X	h	x
1	0	0	1	9	HT	EM	)	9	I	Y	i	y
1	0	1	0	10	LF	SUB	*	:	J	Z	j	z
1	0	1	1	11	VT	ESC	+	;	K	Ä	k	ä
1	1	0	0	12	FF	FS	,	<	L	Ö	l	ö
1	1	0	1	13	CR	GS	-	=	M	Ü	m	ü
1	1	1	0	14	SO	RS	.	>	N	^	n	ß
1	1	1	1	15	SI	US		?	O		o	DEL

Die Bedeutung der 7-Bit-Codes geht zwar immer mehr zurück, die in der internationalen Referenzversion festgelegte Codierung ist jedoch fester Bestandteil aller weiterer Codes, die sich daraus entwickelt haben. Einen wichtigen Teil der Codetabelle nehmen Steuerzeichen ein. Der 7-Bit-Code enthält 32 Steuerzeichen, die zu folgenden Anwendungsgruppen zusammengefasst werden können:

- Übertragungssteuerzeichen zur Steuerung des Ablaufes der Datenübertragung
- Formatsteuerzeichen zur Beeinflussung der Anordnung von Daten
- Steuerzeichen zur Code-Erweiterung
- Gerätesteuerzeichen zum Ein- und Ausschalten von Geräten
- Informationstrennzeichen zur logischen Gliederung von Daten

- sonstige Steuerzeichen

Tabelle 4.5: ASCII-Steuerzeichen

Übertragungssteuerzeichen			
SOH	Start of header	Kopfanfang	Ctrl-A
STX	Start of text	Textanfang	Ctrl-B
ETX	End of text	Textende	Ctrl-C
EOT	End of transmission	Übertragungsende	Ctrl-D
ENQ	Enquiry	Stationsanforderung	Ctrl-E
ACK	Acknowledge	positive Rückmeldung	Ctrl-F
DLE	data link escape	Datenübertragungsumschaltung	Ctrl-P
NAK	negative acknowledge	Negative Rückmeldung	Ctrl-U
SYN	synchronous idle	Synchronisierung	Ctrl-V
ETB	end of transmission Block	Ende des Datenübertragungsblocks	Ctrl-W
Formatsteuerzeichen			
BS	Backspace	Rückwärtsschritt	Ctrl-H
HT	Horizontal tabulator	Horizontaltabulator	Ctrl-I
LF	Line feed	Zeilenvorschub	Ctrl-J
VT	Vertical tabulator	Vertikaltabulator	Ctrl-K
FF	Form feed	Formvorschub	Ctrl-L
CR	Carriage return	Wagenrücklauf	Ctrl-M
Code - Erweiterungszeichen			
SO	Shift out	Dauerumschaltung	Ctrl-N
SI	Shift in	Rückschaltung	Ctrl-O
Gerätesteuerzeichen			
DC1	device control 1	Gerätsteuerzeichen eins	Ctrl-Q
DC2	device control 2	Gerätsteuerzeichen zwei	Ctrl-R
DC3	device control 3	Gerätsteuerzeichen drei	Ctrl-S
DC4	device control 4	Gerätsteuerzeichen vier	Ctrl-T
Informationstrennzeichen			
FS	file separator	Hauptgruppentrennzeichen	Ctrl-\
GS	group separator	Gruppentrennzeichen	Ctrl-]
RS	record separator	Untergruppentrennzeichen	Ctrl-^
US	unit separator	Teilgruppentrennzeichen	Ctrl-_
Sonstige Steuerzeichen			
NUL	null	Null	
CAN	cancel	ungültig	Ctrl-X
EM	end of medium	Ende der Aufzeichnung	Ctrl-Y
ESC	Escape	Codeumschaltung	Ctrl-[

Einige Steuerzeichen haben im Laufe der Zeit ihre ursprüngliche Bedeutung verloren, andere werden nicht mehr benutzt. Als mit der Zeit durch vielfältigere und komplexer werdende Geräte die 32 Steuerzeichen zur Gerätesteuerung nicht mehr ausreichten, wurden Steuerfunktionen als Folge von Steuer- und anderen Zeichen festgelegt und z.B. in der Norm ISO/IEC 6429 festgelegt.

Beim ASCII-Code kommt man mit 7 Bit für die Darstellung der Zeichen aus. In der EDV hat sich jedoch eine Einheit aus 8 Bits, ein Byte zur Darstellung von Zeichen herauskristallisiert. Mit einem Byte lassen sich 2^8=265 Zeichen darstellen.

Da die elementaren Speicherplätze des Rechners also 8 Bit umfassen, wird bei der Darstellung der ASCII-Zeichen das 8. Bit als sogenanntes Paritybit zur Datensicherung genutzt oder konstant auf 0 gesetzt.

Der Buchstabe A steht in der ASCII-Tabelle in der Spalte 0100 und in der Reihe 0001 . „A" wird daher durch das Bitmuster 0100 0001 dargestellt. Das entspricht der Hexadezimalzahl 41_h bzw. der Dezimalzahl $(4.16^1 + 1.16^0 =)$ 65.

Dem Steuerzeichen „Wagenrücklauf" („CR" Carriage Return) entspricht dem Bitmuster 0000 1101, was wiederum hexadezimal $0D_h$, oder dezimal 13 entspricht .

Die Codierung des Alphabets und der Ziffern in den 128 Positionen der internationalen Referenzversion des ASCII-Codes haben dauerhaften stabilen Bestand. Ein 8-Bit-Code bietet grundsätzlich $2^8 = 256$ Plätze für die Zeichencodierung. Im Großrechnerbereich hat der EBCDIC-Code (Extended Binary Coded Decimal Interchange Code),ein 8-Bit Code der Firma IBM, große Bedeutung erlangt. Mittlerweile sind 8-Bit-Codes auch nach ISO/IEC 8859 genormt und sind aus zwei 7-Bit-Codetabellen zusammengesetzt. Hierbei entspricht der erste 7-Bit-Zeichensatz der internationalen Referenzversion nach ISO/IEC 646 und ist immer gleich. Der zweite 7-Bit-Zeichensatz richtet sich nach den Anforderungen einer Gruppe von Sprachen, einer Region oder einer Schrift.

Weil der erste 7-Bit-Zeichensatz die Schriftzeichen aller westeuropäischen Sprachen und somit die Bedürfnisse von Amerika, Australien, Mittel- und Westeuropa sowie einen Grossteil von Afrika abdeckt, wird dieser Teil von ISO/IEC 8859 auch Latein 1 genannt. In Deutschland ist er unter DIN 66303 genormt.

Im PC Bereich, basierend auf dem Betriebssystem DOS, hat IBM auf der Grundlage des ASCII-Codes verschiedene Code-Tabellen für unterschiedliche nationale Anforderungen festgelegt. Unter dem Namen ANSI-Code hat sich Latein 1 im PC-Umfeld unter dem Betriebssystem Microsoft Windows etabliert.

8-Bit-Codes ermöglichen die Berücksichtigung vieler, aber nicht aller nationaler oder sprachabhängiger Zeichen in weltweit einheitlicher Form. Während man in Europa und Amerika mit 191 Schriftzeichen das Auslangen findet, braucht man in Japan, China und Korea über 10 000 Zeichen und entsprechend längere Codes. Der Schritt zum UNI-Code (16-Bit-Code) gestattet die Codierung der wesentlichen und besonders der zum UCS-Code (32-Bit-Code), die Codierung aller auf der Welt vorhandenen Schriftzeichen.

Der von einem privaten Konsortium 1990 entwickelten UNI-Code bietet als 16-Bit-Code in der Codetabelle Platz für 2^{16}=65.536 Zeichen. Seine ersten 256 Plätze enthalten den Zeichensatz Latein 1 des 8-Bit-Codes nach ISO / IEC 8859. Im UNI-Code können z.B. griechische, kyrillische, koreanische, chinesische und ganz spezielle mathematische und typographische Zeichen dargestellt werden.

Als sehr umfassender Code, als Code der Zukunft ist der UCS-Code zu bezeichnen: Universal Character Set. Dieser Code ist ein 32-Bit-Code und ermöglicht in der Codetabelle 2^{32}=4.294.967.296 Zeichen eindeutig festzulegen. Dieser Code wird auch als UCS-4-Oktett-Code bezeichnet und ist in ISO/IEC 10646 standardisiert. Der Begriff Oktett ist ein weiterer, eindeutiger Begriff für eine Gruppe von acht Bits.

4.2   Zahlensysteme und Zahlendarstellung am Computer

Die Mathematik hat eine Kette jeweils umfassenderer Zahlenbereiche eingeführt,

$$N \subset Z \subset Q \subset R \subset C$$

in denen jeweils umfassendere Gleichungen für a, b, x $\in N$ (positive ganze Zahlen) lösbar sind:

Bereich	Art der lösbaren Gleichungen		Bezeichnung
N	a + x = b	für a ≤ b	**Natürliche Zahlen**
Z	a + x = b		**Ganze Zahlen**
Q	a*x = b	für a ≠ 0	**Rationale Zahlen**
R	a + x² = b	für a ≤ 0	**Reelle Zahlen**
C	a + x² = b		**Komplexe Zahlen**

Für die Speicherung von Daten auf Computern gibt es plattformabhängige, d.h Prozessor- und Betriebssystem-spezifische Konventionen Das Datenwort ist die wesentliche Dateneinheit. MS-DOS und Windows bis 3.11 waren konzipiert für 16-Bit Datenworte. Windows 95/98/NT und Windows 2000 sind konzipiert für 32-Bit Datenworte. Nach ihrer Stelle im Datenwort (Wertigkeit) bezeichnet man die Bits an Stelle 0 als niedrigstwertige (least significant Bit), jene an Stelle 15 als höchstwertige (most significant Bit).

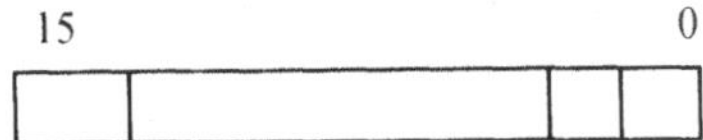

Aufgrund der Datenformate ergeben sich Grenzen für die Darstellbarkeit von Zahlen. In diesen Grenzen kann die Darstellung mit der Option Datenbereich in LabVIEW eingestellt werden:

Boolesche Variable werden als 8-Bit-Werte gespeichert. Wenn der Wert Null ist, ist die Boolesche Variable FALSE. Alle Werte, die nicht Null sind, stellen TRUE dar.

Nachfolgend wird die konkrete Darstellung von Zahlen am PC unter Windows behandelt. Zunächst erfolgt eine kurze Einführung in die Darstellung von Zahlen und eine Diskussion der dabei auftretende Problematik.

4.2.1 Natürliche Zahlen

Für die Darstellung von Zahlen im Digitalrechner können nur die Elemente aus $\mathbf{B}$ = {0, 1} verwendet werden. Daher müssen im Rechner mehrere Binärstellen vorhanden sein, damit mehr als nur die kleinste Informationseinheit 1 Bit dargestellt werden kann. So lassen sich z.B. natürliche Zahlen von 0 bis 15 dadurch darstellen, dass 4 Binärstellen nebeneinander angeordnet werden und jeder Stelle eine duale Wertigkeit zuordnet wird:

- Die niedrigste Leitung bekommt die Wertigkeit $\mathbf{2^0 = 1}$,
- die nächsthöhere die Wertigkeit $\mathbf{2^1 = 2}$,
- die nächste die Wertigkeit $\mathbf{2^2 = 4}$,
- und schließlich die höchste die Wertigkeit $\mathbf{2^3 = 8}$.

Auf dieses Weise wird dem Bitmuster 1110 der Wert

$$\mathbf{1 \cdot 2^3 + 1 \cdot 2^2 + 1 \cdot 2^1 + 0 \cdot 2^0 = 8 + 4 + 2 + 0 = 14}$$

zugeordnet. Dies kann man auch schreiben als $1110_2 = 14_{10}$ (oder: 1110 zur Basis 2 entspricht 14 zur Basis 10).

Größere Zahlen werden dadurch dargestellt, dass entsprechend mehr als nur 4 Stellen mehr als 4 Bit, verwendet werden:

Bei 8 Bit können Zahlen von   0 bis 255 $(0 - 2^8 - 1)$;

bei 16 Bit können Zahlen von   0 bis 65.535 $(0 - 2^{16} - 1)$;

bei 32 Bit können Zahlen von   0 bis 4.294.967.294 $(0 - 2^{32} - 1)$;

dargestellt werden.

Größter Zahlenwert bei n Bits : $\mathbf{z = 2^n - 1}$;   n = Anzahl der Stellen

N_{2Bit} = {0, 1, 2, 3} N_{3Bit} = {0, 1, 2, 3, ...,7}

N_{8Bit} = {0, 1, 2, 3, ...,255} N_{16Bit} = {0, 1, 2, 3, ...,255}

N_{32Bit} = {0, 1, 2, 3, ...,4 294 967 295}

Offensichtlich gilt: $N_{2Bit} \subset N_{3Bit} = \subset N_{8Bit} \subset N_{16Bit} \subset N_{32Bit} \subset N$

4.2.2 Ganze Zahlen

Wenn man positive und negative Zahlen am Computer abbilden will, wird das Bitmuster so organisiert, dass das oberste Bit mit einer „1" anzeigt, dass die Zahl negativ interpretiert werden soll, und mit einer „0" signalisiert, dass es sich bei dem Bitmuster um eine positive Zahl handelt. Über die Komplementbildung zu einer Zahl lässt sich dieser Sachverhalt auch mathematisch formal begründen. Ist k eine natürliche Zahl $k \in N$, $x \in \{ 0, 1, ..., k\}$ Dann ist das Komplement der Zahl x zur Zahl k diejenige Zahl x′, für die gilt : $x + x′ = k$

Die Idee bei der Komplementdarstellungen besteht darin, negative Zahlen durch Komplementbildung zu codieren. Falls etwa ein Speicherwort k verschiedene Zustände 0, 1, 2, ...k-1 annehmen kann, so dienen die Zustände 0, 1,..., k/2 - 1 zur Darstellung positiver Zahlen, während die Zustände k/2, ..., k-1 für die negativen Zahlen -k/2, -k/2 +1, ..., -1 reserviert sind.

Bei der 2-Komplement-Darstellung betrachtet man den speziellen Fall $k = 2^n$. Positive Zahlen $x \in \{0,...,2^{n-1}-1\}$ werden durch ihre Dualdarstellung codiert, während man für negative Zahlen $x \in \{-2^{n-1},...,-1\}$ die Darstellung der Komplimente zu 2^n bildet.

$Z_{2Bit}= \{-2, -1, 0, 1\}$ $Z_{3Bit}= \{-4, -3, -2, -1, 0, 1, 2, 3\}$

$Z_{8Bit}= \{-128, ...,127\}$ $Z_{16Bit}= \{-32\ 768\ , ..., 32\ 767\}$

$Z_{32Bit}= \{-2\ 147\ 483\ 648, ..., 0, 1,..., 2\ 147\ 483\ 647\}$

Offensichtlich gilt: $Z_{2Bit} \subset Z_{3Bit} \subset Z_{8Bit} \subset Z_{16Bit} \subset Z_{32Bit} \subset Z$

Dezimal	Binär	Hexa-dezimal	Natürliche Zahl Integer I8	Ganze Zahl Unsigned U8
$2^7+2^6+2^5+2^4+2^3+2^2+2^1+2^0=$**255**	1111 1111	FF	-1	255
...	...	...	...	...
$2^7+2^0=$**129**	0000 1001	81	-127	129
$2^7=$**128**	0000 1000	80	-128	128
$2^6+2^5+2^4+2^3+2^2+2^1+2^0=$**127**	0000 1111	7F	127	127
...	...	...	...	...
$2^0=$**1**	0000 0001	01	1	1
0	0000 0000	00	0	0

$$-2^{n/2} \leq \text{Zahl i} \leq 2^{n/2}-1$$

4.2.3 Darstellung natürlicher und ganzer Zahlen unter LabVIEW

Natürliche und ganze Zahlen vom Type Long Integer haben ein 32 Bit Format: Signed (mit Vorzeichen), unsigned (ohne Vorzeichen). Signed long integer können Zahlen darstellen zwischen -2 147 483 648 und 2 147 483 647, unsigned long integer zwischen 0 und 4 294 967 295

31   0

Natürliche und ganze Zahlen vom Type Word Integer haben ein 16-Bit Format: signed (mit Vorzeichen), unsigned (ohne Vorzeichen). Signed Word Integer können Zahlen darstellen zwischen -32 768 und 32 767, unsigned zwischen 0 und 65 535

15   0

Natürliche Zahlen, ganze Zahlen vom Type Byte Integer (Byte integer numbers) haben ein 8-Bit Format signed oder unsigned. Signed integer können Zahlen darstellen zwischen -128 und +127, unsigned integer zwischen 0 und 255

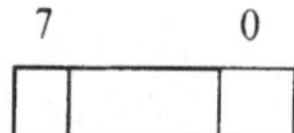

Numerische Bedien- und Anzeigeelemente vom Type signed und unsigned integers können in hexadezimaler, oktaler, dezimaler oder binärer Form am Bildschirm angezeigt werden. Hierzu ist im Eigenschaftsfenster „Format & Genauigkeit" die entsprechende Option „Dezimal", „Hexadezimal", „Oktal" oder „Binär" auszuwählen. Um die Darstellungsform im Frontpanels auch wie im nachfolgenden Bild dargestellt durch „d" für Dezimal, „o" für Oktal, „h" für Hexadezimal und „b" für Binär anzuzeigen, muss die Eigenschaft „Radix Anzeigen" eingestellt werden. Die Zahl **32 553** wird für die jeweilige Darstellungsform wie folgt angezeigt:

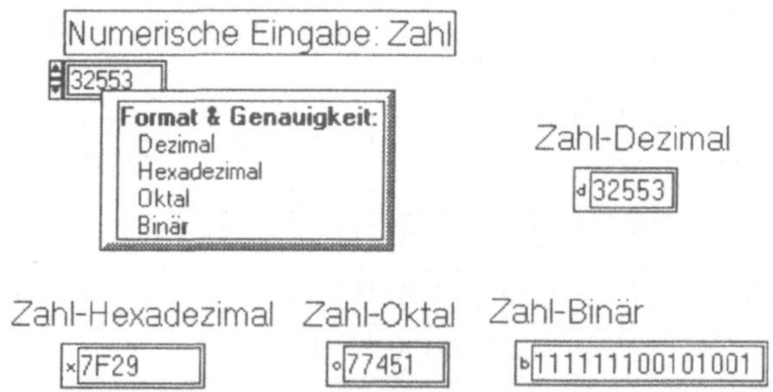

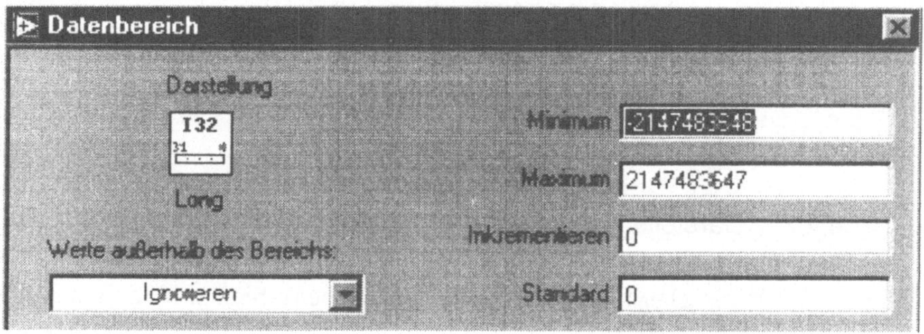

Abb. 4.2: Datenbereich einer Variablen

4.2.4   Rationale und reelle Zahlen

Der Zahlenbereich der rationalen Zahlen **Q** besteht aus „Bruchzahlen", die auch als (möglicherweise periodische Dezimalbrüche geschrieben werden können. Beispiele für solche Zahlen sind:

$$\frac{3}{2} = 1{,}5$$

$$\frac{5}{60} = 0{,}088\overline{3} = 0{,}08333333....$$

$$\frac{82}{7} = 11{,}7\overline{142857} = 11{,}714285714285714285....$$

Aus technischen Gründen zieht man in der Informatik die Dezimalbrüche für die Darstellung vor, allerdings gibt es für die Repräsentation in Computern zwei Probleme:

1. Wie auch bei den anderen Zahlenstrukturen muss man mit einer beschränkten Stellenzahl auskommen

2. Die Position des Dezimalpunktes muss angegeben werden

Das erste Problem löst man durch Rundung, das zweite durch Normalisierung. Dies wird durch die folgenden Beispiele erläutert (unter der Annahme, dass 6 echte Stellen verfügbar sind)

$$\frac{3}{2} = 0{,}150000 * 10^1$$

$$\frac{5}{60} = 0{,}833333 * 10^{-1}$$

$$\frac{82}{7} = 0{,}117143 * 10^2$$

Diese Darstellung kann direkt in die Maschine übertragen werden. Man spricht dann von Gleitpunktzahlen (oder auch Fließpunktdarstellung) und hat z.B. folgende Anordnung

Exponent	Mantisse
+1	+150000
-1	+833333
+2	+117143

was den rationalen Zahlen:

$$0{,}15 * 10^1 = 1{,}5$$
$$0{,}833333 * 10^{-1} = 0{,}0833333 \text{ und}$$
$$0{,}117143 * 10^2 = 11{,}7143$$

entspricht.

Dabei werden die beiden Teile für Mantisse und Exponent jeweils als ganze Zahlen realisiert. Bei Rechenoperationen mit Gleitpunktzahlen sind nun einige Besonderheiten durch diese Darstellungsform zu berücksichtigen. Die Addition von Gleitpunktzahlen erfordert drei Phasen:

1. Exponentenangleichung mit entsprechender Verschiebung der Mantisse

2. Addition der Mantissen

3. Normalisierung

Dies wird durch folgendes Beispiel illustriert

$$
\begin{array}{c}
\boxed{+2}\ \boxed{+100200} \quad + \quad \boxed{-1}\ \boxed{-833333} \\[4pt]
=\quad \boxed{+2}\ \boxed{+100200} \quad + \quad \boxed{+2}\ \boxed{-000833} \\[4pt]
=\quad \boxed{+2}\ \boxed{+099367} \\[4pt]
=\quad \boxed{+1}\ \boxed{+993670}
\end{array}
$$

Mit Gleitpunktzahlen gibt es eine ganze Reihe von Problemen die der Beachtung bedürfen:

- Zunächst muss man eine weitere Beschränkung des Zahlenbereichs hinzunehmen. Wie auch schon bei den natürlichen und ganzen Zahlen hat man nur ein Teilintervall [min, max] $\subseteq$ Q für die Darstellung zur Verfügung. Es kommt sogar noch dazu, dass dieses Teilintervall Lücken hat und streng genommen mehr Lücken als Zahlen.

- Aufgrund der Lücken muss gerundet werden und damit entstehen Rundungsfehler. Diese Rundungsfehler können sich durch eine nachfolgende Rechnung hindurch fortpflanzen und sogar verstärken, sodass zum Schluss der Fehleranteil an den Ergebnissen den größten Teil ausmachen kann. So braucht z.B. die Funktion sin(x) nur im Intervall $[0, 2\pi]$ tatsächlich berechnet werden. Wenn das Argument x größer ist, muss es auf Grund der Gesetzmäßigkeit sinx = sin (x-2π) zunächst in dieses Intervall transformiert werden. Für große Zahlen häufen sich dabei die Fehler so stark, dass zum Beispiel sin(10^{12}) nur noch als Zufallszahl zu werten ist.

- Aufgrund der Rundungsfehler gelten die Gesetze der Arithmetik unter Umständen nicht mehr. So kann zum Beispiel durchaus die „Gleichung" entstehen $10^{20} + 1 - 10^{20} = 0$. Dies geschieht durch die sogenannte Auslöschung: Bei der Subtraktion fast gleich großer (aber verschiedener) Zahlen gehen die meisten oder sogar alle relevanten Stellen verloren

- Besonders lästig ist, dass bei der Konversion auf eine andere Basis, zum Beispiel vom Dezimalsystem der Benutzerschnittstelle des Rechners in das interne Binärsystem der Maschine, ebenfalls Rundungsfehler auftreten

Diese Probleme beim Rechnen mit Gleitkommazahlen werden durch die Numerische Mathematik umfassend behandelt.

Durch die nur endliche Anzahl von Stellen können also nicht alle rationalen Zahlen am Computer dargestellt werden. Die am Computer darstellbaren Gleitpunktzahlen bilden also nur eine Teilmenge der Rationalen Zahlen **Q**. Nun gibt es jedoch noch eine umfassendere Mengen von Zahlen, wie die Menge der reellen Zahlen **R**. Wenn man z.B. $\sqrt{2}$, π oder e etc. die sehr wohl zu **R** aber nicht zu **Q** gehören am Computer darstellen muss, so wird offenkundig, dass diese nur bestmöglich angenähert an diese Zahlen durch Gleitpunktzahlen dargestellt werden können.

4.2.5 Die Darstellung von Gleitpunktzahlen am Computer unter Windows und LabVIEW

Gleitpunktzahlen werden im Computer in der Form $z = \pm\, m * 2^{\,e}$ dargestellt, wobei es drei Formate mit jeweils unterschiedlichen Genauigkeits- und Darstellungsbereich gibt.

Gleitpunktzahlen mit erweiterter Genauigkeit (extended-precision floating-point numbers) bestehen unter Windows aus 80 Bits. Das ist das extended-precision Format des Intel Co-Prozessors 80287 für mathematische Operationen. 1 Bit Vorzeichen, 15 Bit Exponent, 64 Bit Mantisse

79	78	64	63	
Vorz.	Exponent		Mantisse	

Gleitpunktzahlen mit doppelter Genauigkeit (double-precision floating-point numbers) haben das 64-Bit IEEE double-precision Format. Numerische Bedien- und Anzeigeelement unter LabVIEW haben als Standardwert dieses Format: 1 Bit Vorzeichen, 11 Bit Exponent, 52 Bit Mantisse

63	62	52	51	
Vorz.	Exponent		Mantisse	

Gleitpunktzahlen mit einfacher Genauigkeit (Single-precision floating-point numbers), haben das 32-bit IEEE single-precision Format. 1 Bit Vorzeichen, 8 Bit Exponent, 23 Bit Mantisse

31	30	23	22	
Vorz.	Exponent		Mantisse	

Die größten darstellbaren positiven und kleinsten negativen Gleitpunktzahlen sind in nachfolgender Tabelle angeführt:

	Single	Double	Extended
Größte darstellbare positive Zahl	3.4 E 38	1.7 E 308	1.1 E4932
Kleinste darstellbare positive Zahl	1.5 E –45	5.0 E -324	1.9 E 4951
Kleinste darstellbare negative Zahl	-1.5 E –45	-5.0 E -324	-1.9 E -4951
Größte darstellbare negative Zahl	- 3.4 E 38	- 1.7 E 308	-1.1 E 4932

Format und Genauigkeit bei der Darstellung von LabVIEW Bedien- und Anzeigeelementen kann in LabVIEW als Eigenschaft eingestellt werden. Als Standardoption werden in digitalen Anzeigen Zahlen in Fließkomma-Notation (das ist die Gleitpunktdarstellung) mit 2 Nachkommastellen angezeigt. Genauigkeit und Darstellungsform können jedoch geändert werden. Neben dieser Darstellungsform gibt es noch die wissenschaftliche (normalisierte Mantisse und Exponent) und die technische Notation (Mantisse im dreistelligen Bereich).

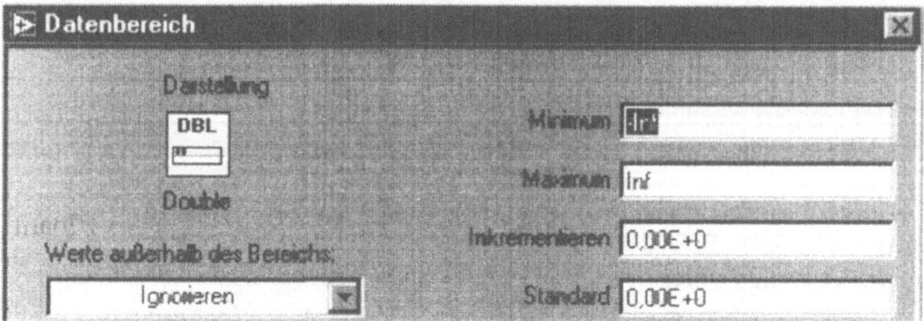

Abb. 4.3: Datenbereich

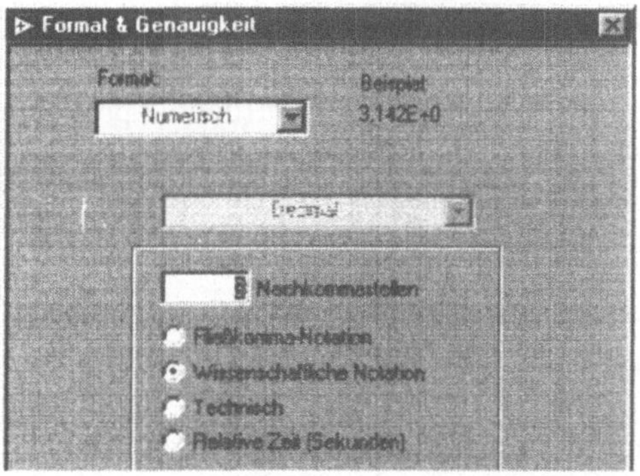

Abb. 4.4: Datenbereich für Gleitkommazahlen

Fliesskommanotation 3 Nachkommastellen	Wissenschaftliche Notation 3 Nachkommastellen	Technische Notation 3 Nachkommastellen
35.374	3,537E+1	35,374E+0

Abb. 4.5: Unterschiedliche Notationen für Gleitkommazahlen

4.3 Daten unter LabVIEW in eine Datei abspeichern und von einer Datei lesen - Datei I/O

Eine sehr zentrale Thematik bei der Erstellung von Programmen jeder Art besteht im Abspeichern und Lesen zusammengehöriger Daten in Form von Dateien auf Datenträgern wie der Festplatten und Disketten. Im einfachsten Falle werden ASCII Zeichen als Zeichenketten in eine Datei in einem bestimmten Verzeichnis gespeichert. Hierzu ist zunächst eine Datei zu erstellen. Mit den Datei I/O-Funktionen in LabVIEW bzw. G verfügt man über leistungsstarke und flexible Mittel für die Arbeit mit Dateien. Mit den Datei I/O-Funktionen von LabVIEW können Daten gelesen und geschrieben werden, Dateien und Verzeichnisse können verschoben und umbenannt werden und vieles mehr. Daten können in verschiedenen Formaten bearbeitet werden.

- **ASCII-Dateien**: In diesem Format sollten Daten abgespeichert werden, auf die von einem anderen Softwarepaket, z.B. von einem Textverarbeitungs- oder einem Tabellenkalkulationsprogramm aus zugegriffen wird. Daten werden durch ihre ASCII Zeichen gespeichert.

- **Datenprotokolldateien**: Diese Dateien liegen in einem binären Format vor, auf das nur G zugreifen kann. Datenprotokolldateien sind mit Datenbankdateien vergleichbar, da mehrere verschiedene Datentypen in einem (Protokoll-) Datensatz für eine Datei gespeichert werden können.

- **Reine Binär-Dateien**: Diese Dateien bieten die kompakteste und schnellste Methode zum Speichern von Daten. Die Daten müssen hierzu jedoch in binäres Format umgewandelt werden und zum Speichern und Abrufen der Daten in diesen Dateien muss man genau wissen, welche Datentypen verwendet werden.

Die meisten Datei I/O-Vorgänge bestehen aus drei Grundschritten:

1. dem Öffnen einer vorhandenen Datei bzw. dem Erstellen einer neuen Datei;

2. dem Schreiben in die Datei bzw. dem Lesen aus der Datei und dem

3. Schließen der Datei wenn sie nicht mehr benötigt wird.

Die Datei I/O-Palette beinhaltet verschiedene Unterpaletten. Fortgeschrittene Dateifunktionen, Binärdatei-Vis, Konfigurationsdatei-Vis und Dateikonstante.

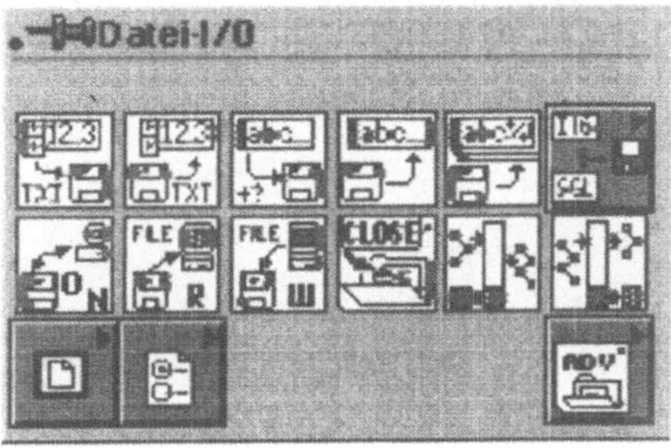

Abb. 4.6: Datei-Funktionen in LabVIEW

LabVIEW enthält zahlreiche Funktionen, mit denen der Programmierer diese Aufgaben sehr Anwendungsnahe lösen kann.

 Das VI „Zeichen in Datei schreiben" schreibt einen Zeichen-String in eine neue ASCII-Datei oder hängt den String an eine vorhandene Datei an. Dieses VI öffnet oder erstellt die Datei, schreibt die Daten und schließt anschließend die Datei wieder.

 Das VI „Zeichen aus Datei lesen" liest ab einem festgelegten Zeichen-Offset eine festgelegte Anzahl von Zeichen aus einer Byte-Stream-Datei. Dieses VI öffnet zuerst die Datei und schließt sie nach Ende des Vorgangs wieder.

 Das VI „Zeilen aus Datei lesen" liest ab einem festgelegten Zeichen-Offset eine festgelegte Anzahl von Zeilen aus einer Byte-Stream-Datei. Dieses VI öffnet zuerst die Datei und schließt sie nach Ende des Vorgangs wieder.

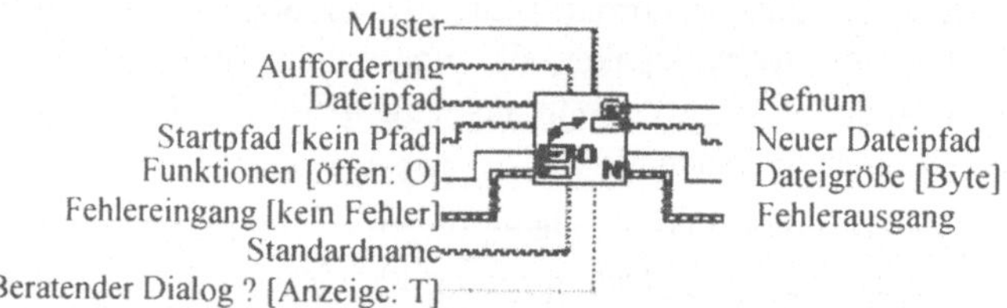

Das VI „Öffnen/Erstellen/Ersetzen einer Datei" öffnet eine vorhandene Datei, erstellt eine neue Datei oder ersetzt eine vorhandene Datei programmgesteuert oder interaktiv über ein Dialogfeld. Wahlweise kann eine Aufforderung, eine Standardname, ein Startpfad oder ein Muster festgelegt werden. Dieses VI kann gemeinsam mit den Funktionen „Datei schreiben" oder "Datei lesen" verwendet werden.

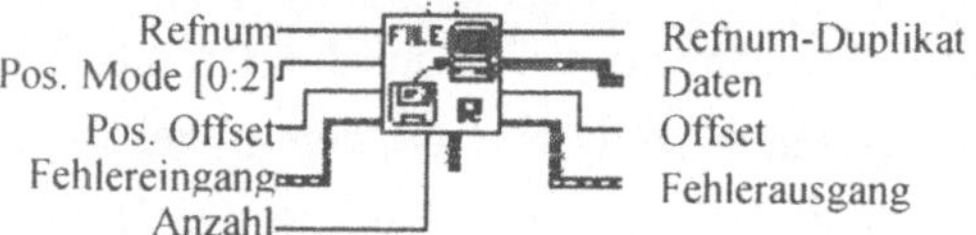

Das VI „Datei lesen" liest aus der durch die „Refnum" vorgegebenen Datei. Lesen beginnt an der durch „Pos Mode" und „Pos Offset" und dem Format festgelegten Position der vorgegebenen Datei.

Um eine ASCII-Zeichenkette in eine Datei auf der Festplatte oder eine Diskette zu speichern, ist nachfolgendes Programm „schreibe.VI" geeignet. Es basiert auf einem Sub-VI, „Datei-S.VI"

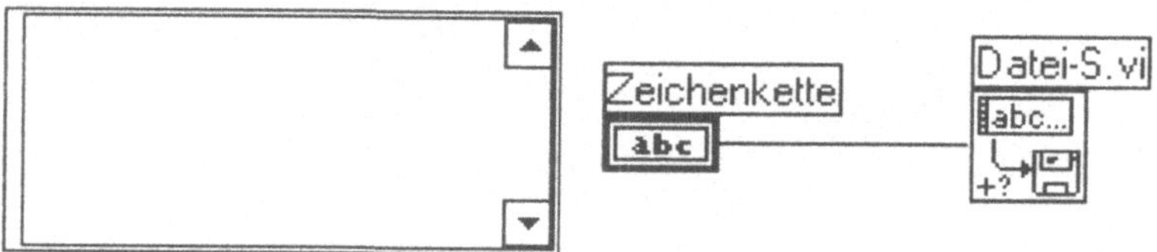

Abb. 4.7: „schreibe.VI" zum Abspeichern von ASCII-Zeichenketten in eine Datei

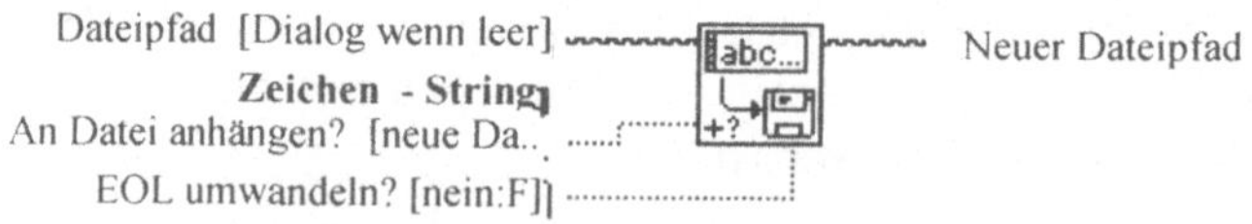

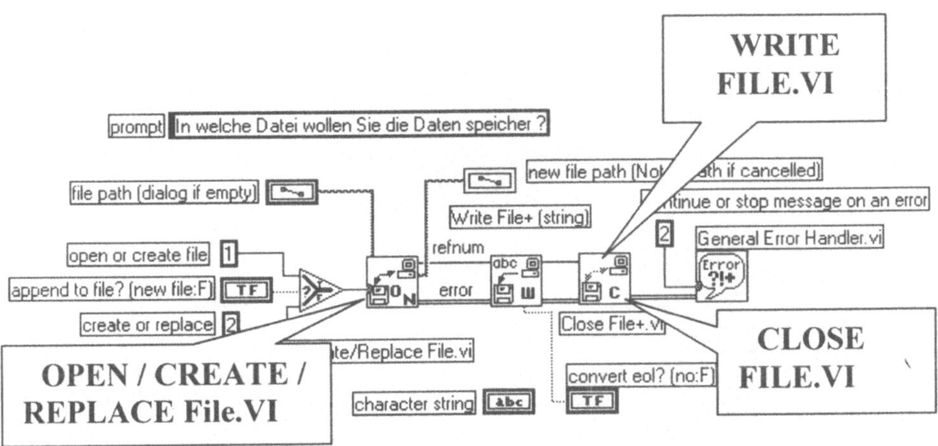

Abb. 4.8: Datei eröffnen, Daten schreiben, Datei schließen: die zentralen Funktionen beim Beschreiben einer Datei

Zum Lesen von ASCII-Zeichen aus einer Datei ist ein entsprechendes Leseprogramm („lese.VI") erforderlich, wie es im nachfolgenden Bild dargestellt ist.

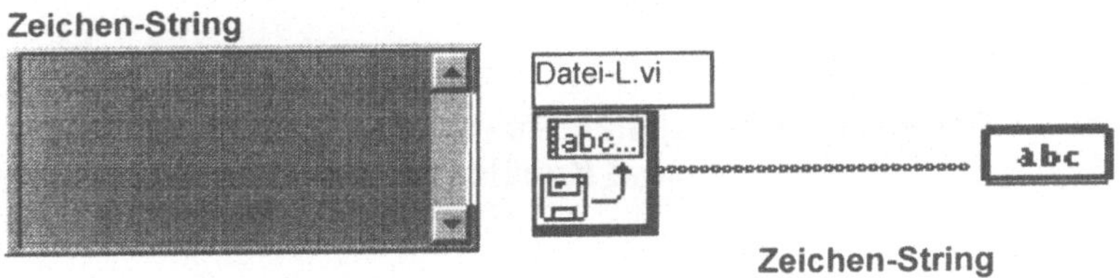

Abb. 4.9:„lese.VI" zum Lesen von ASCII-Daten aus einer Datei

Um numerische Werte in eine Datei zu speichern muss beim Lesen und Schreiben jeweils das richtige Datenformat berücksichtigt werden. Nachfolgendes Programm ist ein einfaches Beispiel zum Abspeichern von numerischen Werten in eine Datei. In einer Schleife wird der Index mit einem Faktor von 0,1 multipliziert und für die jeweils im Feld „Anzahl der Werte" eingegebene Anzahl werden Sinuswerte berechnet, grafisch dargestellt und jeweils als Wert in eine Datei geschrieben. Bevor die Schleife aktiviert wird, wird die Datei mit dem Namen „TEXT.DAT", die auf dem Datenträger vorhanden sein muss, geöffnet. Wenn die Schleife abgearbeitet ist, d.h. wenn alle Daten berechnet und in die Datei geschrieben wurden, wird sie wieder geschlossen. Das nachfolgende Programm kann als einfaches Musterprogramm zum Abspeichern von Messdaten betrachtet werden.

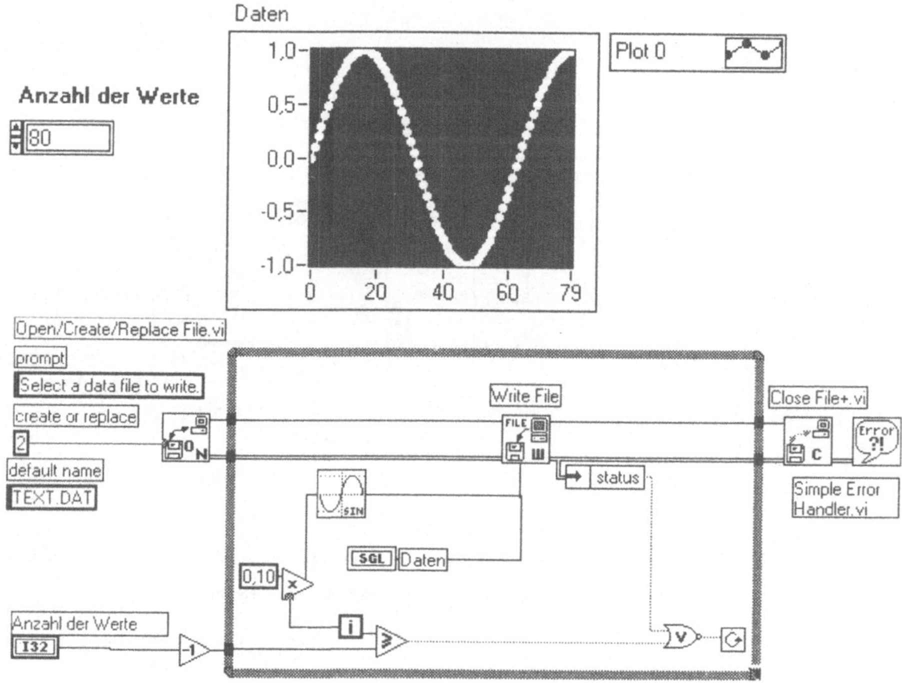

Abb. 4.10: Einfaches Musterprogramm zum Abspeichern numerischer Daten

4.4 Der Informationsgehalt diskreter Informationsquellen und Kanäle

4.4.1 Entscheidungsgehalt, Informationsgehalt

Eine Informationsquelle wird diskret genannt, wenn sie nur endlich viele, z.B. n diskret unterscheidbare Zeichen aus einem Zeichenvorrat oder Alphabet abgeben kann. Beispielsweise verwendet der Fernschreibcode N=59 verschiedene Zeichen, ein Fernschreiber ist daher eine diskrete Informationsquelle. Auch die Computertastatur und eine Quelle die ASCII-Zeichen erzeugen kann, ist ein Beispiel für eine diskrete Informationsquelle.

Das Wesen der Information liegt darin, Neues zum Ausdruck zu bringt. Sie darf dem Empfänger vorher nicht vollständig bekannt sein. Mit dem Eintreffen der Information wird Unsicherheit beseitigt. Im Idealfall, wenn keine Störungseinflüsse auftreten, wird die Unsicherheit vollständig beseitigt.

Zunächst wird der Fall betrachtet, dass alle Zeichen voneinander statistisch unabhängig sind, d.h. dass die Wahrscheinlichkeit für das Eintreten eines bestimmten Zeichens für alle Zeichen gleich groß ist. Wenn k Zeichen x_i $i \in \{1,...,k\}$ eines Zeichenvorrates alle mit der gleichen Wahrscheinlichkeit auftreten, wenn also für die Wahrscheinlichkeit $P(x_i)$ für das Auftreten eines Zeichens gilt:

P=P (x_i)=1/k   für i=1 bis k

dann definiert man als **Entscheidungsgehalt eines Zeichens:**

$$H_0. = lb\left(\frac{1}{P}\right) = lb(k)$$

lb ist der binäre Logarithmus und es gilt lb x=3,32·lg x=1,44·ln x. Die Einheit für H_0 ist das „bit". ([H_0]=1 bit). Die Bezeichnung bit (binary digit) gibt die Anzahl von Binärschritten an, die zur Kennzeichnung eines Zeichens notwendig sind. Ist k eine Potenz von 2, also k=2^n (n>0, ganze Zahl), so kann dieses einfach dargestellt werden. Nachfolgendes Bild zeigt einen Codebaum für k=4 verschiedene Zeichen. Der Entscheidungsgehalt ist Ho=lb 4 bit = 2 bit.

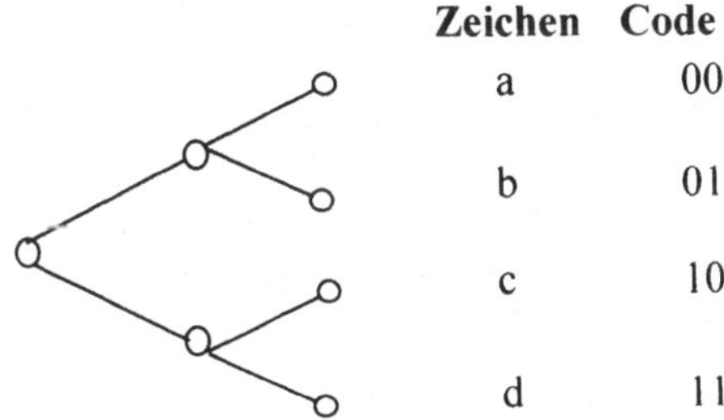

Abb. 4.11: Codebaum zur Codierung von N = 4 verschiedener Zeichen (Buchstaben a bis d)

Zeichen folgen in der Regel gewissen statistischen Gesetzmäßigkeiten, die an die Art der Information geknüpft ist (Text in verschiedener Sprache, Zahlen etc.) D. h., die Wahrscheinlichkeiten P(x_i) für das Auftreten der Zeichen ist nicht gleich für alle Zeichen. Daraus lässt sich ableiten, dass auch die Information der einzelnen Zeichen unterschiedlich ist. Ein häufig auftretendes Zeichen wie z.B. das „e" in einem deutschen Text (aus gezielten Studien hat man ermittelt: P(e)=0,14) liefert eine geringere Information als ein seltenes Zeichen wie z.B. ein „z" (für z gilt P(z)=0,009). Aus einem häufig vorkommenden Zeichen lässt sich weniger leicht auf eine Nachricht schließen, in der es enthalten ist , als aus einem weniger häufigen. Daher definiert man als Information eines einzelnen Zeichens x_i:

$$I_. = lb \frac{1}{P(x_i)}$$

wobei I_i wieder in bit gemessen wird. Wenn man die Informationen, I_i, mittelt mit der Gewichtung der Wahrscheinlichkeit ihres Auftretens, so erhält man einen mittleren Informationsgehalt für ein Zeichen Es gilt für den mittleren Informationsgehalt eines Zeichens:

$$H = \sum_{i=1}^{N} P(x_i).I_. = \sum_{i=1}^{N} P(x_i).lb \frac{1}{P(x_i)}$$

H wird auch als Entropie der Quelle bezeichnet. Es lässt sich zeigen, dass bei gleichwahrscheinlichem Auftreten aller Zeichen (P(x_i)=1/k) der mittlere Informationsgehalt H am größten ist. Er ist dann gleich dem Entscheidungsgehalt Ho. Allgemein gilt $H \leq Ho$.

Um die Begriffe Entscheidungs- und Informationsgehalt noch etwas zu verdeutlichen, wird folgende Situation betrachtet: Eine Quelle sendet vier verschiedene Zeichen aus: a, b, c, d. Die Wahrscheinlichkeiten für ihr Auftreten sind: $P(a)=0,5$; $P(b)=0,25$; $P(c)=P(d)=0,125$. Daraus errechnet man den mittleren Informationsgehalt pro Zeichen wie folgt:

$$H=0,5 . lb2 + 0,25 . lb4 + (0,125 . lb8) . 2 = 1,75 \text{ bit}$$

Im Zusammenhang mit dem Informationsgehalt oder der Entropie einer Quelle stellt sich nun die interessante Frage nach der erforderlichen Länge eines Codes für Codierung der Zeichen. Zur Codierung im konkreten Beispiel wählen wir zunächst einen Codebaum bei dem jedes Codewort durch zwei Binärschritte identifiziert (Situation a im nachfolgenden Bild) ist. Der Entscheidungsgehalt ist $Ho=2$ bit. Die Zeichen besitzen aber nur den mittleren Informationsgehalt $H = 1,75$ bit. Der Code ist redundant. Durch einen Code mit unterschiedlicher Wortlänge für einzelne Zeichen, wie in der Situation b in nachfolgendem Bild, erreicht man als mittlere Wortlänge ñ unter Berücksichtigung der Häufigkeit der einzelnen Zeichen:

$$\tilde{n} = 0,5 \cdot 1 \text{ bit} + 0,25 \cdot 2 \text{ bit} + 0,125 \cdot 3 \text{ bit} \cdot 2 = 1,75 \text{ bit}$$

Dieser Code ist also nicht redundant, es gilt $\tilde{n} = H$.

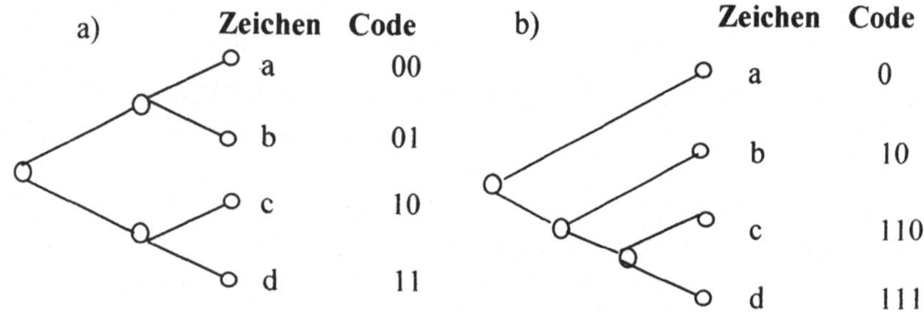

Abb. 4.12: Codierung von 4 Zeichen mit unterschiedlichen Wahrscheinlichkeiten: a) Code konstanter Wortlänge; b) Code unterschiedlicher Wortlänge

Zu bemerken ist, dass bei anderen Zeichenwahrscheinlichkeiten nicht notwendig ein solcher im Sinne kleiner mittlerer Wortlänge optimaler Code existieren muss. Man kann $\tilde{n} = H$ meist nur näherungsweise erreichen.

Es gilt daher die Aussage, dass der Informationsgehalt H die untere Grenze für die mittlere Wortlänge ist. Ein wichtiger Begriff bei einem Code ist die Redundanz.

Die Redundanz R dient zur Beurteilung der informationstheoretischen Eigenschaften eines Codes, dessen Zeichen die mittlere Wortlänge $\tilde{n} = H_0$ besitzen:

$$R = H_0 - H$$

In der Praxis verwendet man heute fast durchwegs Codes mit konstanter Wortlänge (Ausnahme: Morse Alphabet). Man verzichtet häufig auf die optimale Ausnutzung zugunsten einer einfacheren Gestaltung.

Die relative Redundanz r ist

$$r = \frac{H_0 - H}{H_o}$$

Als Informationsfluss H' wird der in der Zeit T abgegebene Informationsgehalt einer Quelle bezeichnet, die zeitlich nacheinander Zeichen abgibt.

$$H' = \frac{H}{T}$$

Entsprechend wird der Entscheidungsfluss H_0' definiert, den eine Quelle abgibt.

$$H_0' = \frac{H_0}{T}$$

Als Beispiel sei ein deutscher Text betrachtet. Bei deutschen Texten treten einschließlich Zwischenraum und Satzzeichen 30 verschiedene Zeichen auf. Der Entscheidungsgehalt eines Zeichens ist Ho = lb 30 bit = 4,9 bit. Wenn man die Häufigkeit des Auftretens der einzelnen Zeichen berücksichtigt, erhält man den mittleren Informationsgehalt eines Zeichens H = 4,1 bit. Tatsächlich sind die einzelnen Zeichen aber nicht statistisch unabhängig voneinander, sondern gewisse Zeichenfolgen kommen häufiger vor als andere. So folgt z.B. q meist u (qu), auf j meist ein Vokal. Unter Berücksichtigung solcher innerer Bindungen hat K. Küpfmüller [Küpfmüller, 1958] für deutschen Text den tatsächlichen mittleren Informationsgehalt pro Zeichen errechnet H = 0,9 bit. Werden die Buchstaben im ASCII-Code mit der konstanten Wortlänge n = 8 bit dargestellt, so beträgt die Redundanz R = 7,1 bit und die relative Redundanz r = 89 %. Beim Sprechen des Textes werden etwa 20 Buchstaben pro Sekunde ausgesprochen, das ergibt den Informationsfluss H' von ungefähr 20 bit/s.

Die Redundanz kann zur Verbesserung der Übertragungssicherheit eingesetzt werden. Eine gebräuchliche Maßnahme ist das Anfügen eines Parity-Bits zur Erkennung eines Fehlers. Beim Einführen weiterer Redundanz kann man auch Fehler-Korrektur ermöglichen.

4.4.2 Begriffe bei der Informationsübertragung

Auf dem Weg von der Informations-Quelle zur Informations-Senke, also dem Übertragungskanal kann infolge von Störungen Information verloren gehen, man bezeichnet diesen Anteil als Äquivokation H (x|y). Anderseits kann unerwünschte Störinformation eingespeist werden, die man als Streuinformation oder Irrelevanz H(y|x) bezeichnet. Der Teil der Information der Quelle, der bis zur Senke durchdringt, wird Transinformation T(x,y) genannt. Im nachfolgenden Bild sind diese Anteile der Information dargestellt. Daraus wird die Beziehung der verschiedenen Informationsflüsse zueinander deutlich.

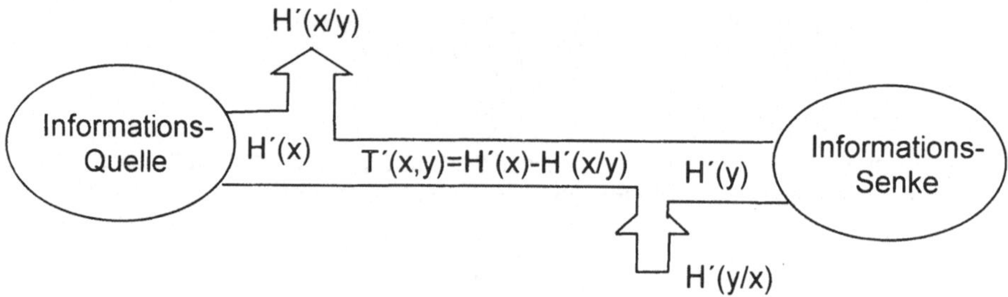

Abb. 4.13: Informationsfluss im Übertragungskanal

H'(x) Informationsfluss an der Quelle,

H'(y) Informationsfluss an der Senke,

H'(x|y) Äquivokationsfluss,

H'(y|x) Streuinformationsfluss (Irrelevanzfluss),

T'(x,y) Transinformationsfluss

Die mathematischen Definitionen der beteiligten Informationsflüsse werden hier nicht im einzelnen dargelegt. Von eigentlichem Interesse ist der maximale Transinformationsfluss, der eigentliche Nachrichtenfluss oder Informationsfluss T'_{max}, der in einem bestimmten Kanal übertragen werden kann Dieser wird Kanalkapazität C genannt und es gilt $C = T'_{max}$. Die Einheit ist bit/s.

Die Kanalkapazität ist eine informationstheoretische Kenngröße eines Kanals. Tatsächlich überträgt ein Kanal meist einen geringeren Informationsfluss als die Kanalkapazität angibt. Nur für Signale, die in informationstheoretischer Hinsicht dem Kanal optimal angepasst sind, lässt sich die Kanalkapazität voll ausnutzen. Es gilt also stets: H' ≤ C. Es ist aber wichtig, diese Kapazität als obere Grenze zu kennen.

Beispiele für einige diskrete Kanäle.

a)   Wenn ein Magnetband-Gerät zur Datensicherung 72.000 Zeichen (Wortlänge n = 8 Bit) pro Sekunde vom Band lesen und an den Computer übergeben kann, ergibt sich bei fehlerfreier Übertragung eine Kapazität C = 576.000 bit/s.

b)   Ein Zeilendrucker mit 132 Spalten und N = 64 verschiedenen Zeichen, der 1200 Zeilen pro Minute ausgeben kann, besitzt eine Kanalkapazität, die sich wie folgt errechnet:

C = 132 . lb 64 bit . 1200/min = 15.840 bit/s

c)   Ein Fernschreiber (N = 59 verschiedene Zeichen) kann maximal 10 Zeichen pro Sekunde abgeben. Die Kanalkapazität im Fernschreibnetz beträgt ungefähr 60 bit/s. Nach einem obigen Beispiel ist in deutschen Texten der mittlere Informationsgehalt pro Zeichen H = 0,9 bit, der Informationsfluss ist somit nur H'= 9 bit/s. Die Kanalkapazität wird hier also nur teilweise ausgenutzt.

d)   In einem Computer müssen alle Daten über einen zentralen Kommunikationskanal, über einen Bus, mit der zentralen Recheneinheit ausgetauscht werden.

Der ISA-Bus im PC verfügt über 16 Datenbit und die maximale Taktgeschwindigkeit beträgt 8, MHz. Eine Datenübertragung am Bus benötigt mindestens 2 Takte. Daraus ergibt sich eine maximaler Informationsfluss $C = 64$ Mbit/s

e)   Ein Analog-Digital-Wandler setzt analoge Signalwerte in binäre Signale um. Dabei werden die Augenblickswerte in bestimmten Zeitpunkten i.T in diskrete Werte quantisiert und am Ausgang als Dualzahlen mit einer bestimmten Wortlänge n abgegeben. Die Kanalkapazität des A/D-Wandlers beträgt also $C = n/T$. Zahlenbeispiel: für n=10 bit, T=1µs ergibt sich $C = 10$ Mbit/s.

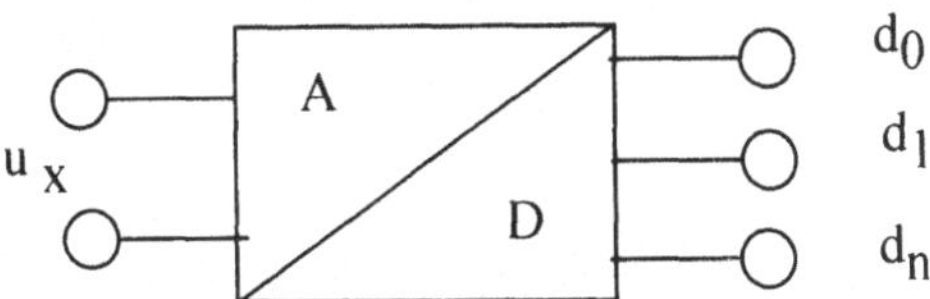

Abb. 4.14: Analog-Digital-Umsetzer

4.5   Informationsgehalt bei kontinuierlichen Informationsquellen und Kanälen

Eine kontinuierliche Quelle sendet nicht einzelne, diskret unterscheidbare Zeichen aus, wie bisher angenommen, sie liefert vielmehr eine kontinuierliche Zeitfunktion s(t).

$$s: [t_0, t_1] \rightarrow \mathbf{R}$$

$$t \mid\rightarrow s(t)$$

Die Augenblickswerte sind unendlich fein gestuft im Gegensatz zur endlichen Stufenzahl einer diskreten Quelle. In der Physik und Technik gibt es jedoch keine unendlich feine Auflösung. Es sind immer Störungen, etwa in Form von Rauschen vorhanden und Messgeräte haben immer eine beschränkte Messgenauigkeit.

Die Begriffe des Informationsgehaltes diskreter Quellen können nun sinngemäß übernommen werden. Speziell von Interesse ist nun der Entscheidungsgehalt von kontinuierlichen Quellen. Im Fall der Überlagerung von Signal (Leistung P_S) und Rauschen (Leistung P_R) gilt als Entscheidungsgehalt eines einzelnen Augenblickswertes:

$$H_0 = lb \sqrt{\frac{P_S - P_R}{P_R}} = lb \sqrt{1 + \frac{P_S}{P_R}}$$

Voraussetzung für diese Beziehung ist, dass das Signal und das Rauschen statistisch normalverteilt sind, was man sehr wohl annehmen kann. Das Signal-Rausch-Verhältnis ist die maßgebliche Größe für den Entscheidungsgehalt. Die Wurzel aus dem Quotient von Gesamtleistung (Signal und Rausch) und Rauschleistung kann als die Zahl der unterscheidbaren Amplitudenstufen interpretiert werden, vergleichbar mit den N diskreten Werten einer diskreten Informationsquelle.

In weiten Bereichen der Nachrichtentechnik verwendet man nicht zeitlich kontinuierliche, sondern zeitdiskrete Signale. Mit Abtastsignalen arbeitet man bei Zeitmultiplex-Übertragungssystemen, bei Regelsystemen mit Prozessrechnern (DDC - Direct Digital Control), bei der digitalen Verarbeitung von Signalen, etwa in der Radartechnik, usw.

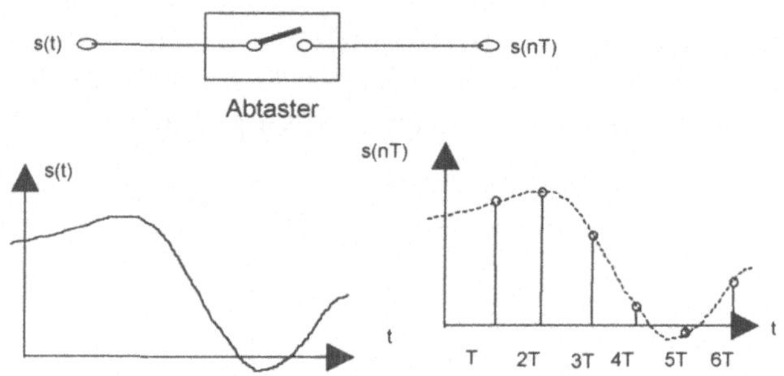

Abb. 4.15: Signalabtastung

Das Abtasttheorem gibt an, wie groß die Abtastintervalle T höchstens sein dürfen, damit alle Einzelheiten der Zeitfunktion s(t) erfasst werden. Wenn die Zeitfunktion s(t) bandbegrenzt ist mit der Bandbreite B, dann muss nach Shannon für das Abtastintervall gelten:

$$T \leq \frac{1}{2.B}$$

Daraus lässt sich nun die Kapazität eines kontinuierlichen Kanals bestimmen. Nach Shannon kann die Kapazität eines durch normalverteiltes Rauschen gestörten Kanals der Bandbreite B berechnet werden. In einem Kanal wird zum Signal zusätzliches Rauschen addiert. Das Gesamtrauschen an der Senke sei r(t); dessen Leistung P_R. Nach dem Abtasttheorem kann man mit Abtastwerten im Abstand T≤1/(2B) den gesamten Informationsgehalt der Signalfunktion s(t) erfassen. Man kann damit die pro Zeiteinheit maximal möglichen unabhängigen Funktionswerte übertragen. Damit lässt sich der maximal möglichen Informationsfluss, die Kanalkapazität C bestimmen:

$$C = \frac{1}{T}.H_0 = 2.B.lb\sqrt{1+\frac{P_S}{P_R}}$$

Innerhalb der Übertragungszeit $T_ü$ kann der maximale Gesamt-Informationsgehalt H_{max} übertragen werden:

$$H_{max} = T_ü.C = T_ü.2.B.lb\sqrt{1+\frac{P_S}{P_R}}$$

$$H_{max} = T_ü.2.B.H_0$$

Der maximale Gesamt-Informationsgehalt H_{max} setzt sich also aus dem Produkt dreier Kenngrößen zusammen Übertragungszeit T, Bandbreite B und Entscheidungsgehalt eines Augenblickswertes (Zeichen):

- $$H_0 = lb\sqrt{1 + \frac{P_S}{P_R}}$$ bei kontinuierlichen Kanälen

- $$H_0 = lb(N)$$ bei diskreten Kanälen.

Dieses Produkt lässt sich als Volumen eines Quaders darstellen, dessen Kantenlängen durch die genannten drei Kenngrößen bestimmt werden. Er wird daher auch als Nachrichtenquader oder Informationsquader bezeichnet. Es wird deutlich, dass man einen bestimmten Nachrichtengehalt auf verschiede Art unter gegenseitigem Austausch der Kenngrößen $T_ü$, B und H_0 (durch den Störabstand bestimmt) übertragen kann. Der Term lb (1+P_S/P_R) wird mit Dynamik bezeichnet. Der Quader setzt sich dann aus den Kantenlängen Übertragungszeit ($T_ü$), Bandbreite (B) und Dynamik zusammen.

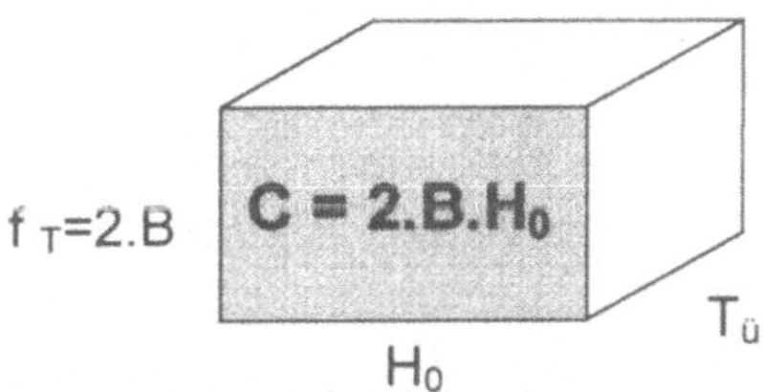

Abb. 4.16: Nachrichtenquader

Die Kanalkapazität C ist die obere theoretische Grenze für den Informationsfluss in einem Übertragungskanal. In den meisten Fällen wird sie nicht erreicht. Vielfach ist es möglich, ein praktisch realisierbares Codierungs- oder Modulationsverfahren zu finden, das die Kanalkapazität C ausschöpft. Nachfolgend sind die Kapazitäten einiger wichtiger klassischer Übertragungskanäle angegeben. Untersuchungen über die bewusste Informationsaufnahme des Menschen beim Lesen, Bilder betrachten, Hören von Sprachen oder Musik haben die Kapazität von etwa 20 bit/s ergeben. Der Unterschied zu den Kapazitäten der genannten Kanäle ist also sehr groß! Ein wichtiges Ziel der Nachrichtenübertragung besteht darin, Codierungs- und Modulationsverfahren zu entwickeln, die aus informationstheoretischer Sicht die Kanalkapazität gut ausnutzen. In der Informatik (Datenverarbeitung) gibt es ein ähnliches Problem: die große Diskrepanz zwischen der Kapazität des Rechensystems und der des Menschen erfordert besondere Aufmerksamkeit für die Kommunikation Mensch - Maschine.

Tabelle 4.6: Kanalkapazitäten typischer analoger Kanäle

Kanal	B	P_S / P_N	C [bit/s]
Informationsaufnahme des Menschen			20
Telegrafie (Fernschreiben)	25 Hz	15 dB	75
Fernsprechen	2,1kHz	40 dB	$4,1 \cdot 10^4$
Rundfunk UKW	15 kHz	60 dB	$3 \cdot 10^5$
Fernsehen	5 Mhz	45 dB	$7,5 \cdot 10^7$

Anmerkung: Das Signal-Rausch-Verhältnis wird vielfach, wie in der Nachrichtentechnik weit verbreitet, im logarithmischen Maß, in dB (Dezibel) angegeben.

5 Digitaltechnik für den Computerbau

5.1 Einführung, Grundgedanken der Digitaltechnik

Die Digitaltechnik hat heute in vielen Bereichen unseres täglichen Lebens und insbesondere auch im Wirtschaftsleben und in der Technik eine sehr große Bedeutung. Sie befindet sich nach wie vor in einer stürmischen Entwicklung und es fällt durch die erforderliche hohe Spezialisierung selbst Experten schwer, den Überblick zu behalten. Man muss sich vielfach mit einem Blick auf das Wesentliche begnügen, wenngleich es nicht leicht ist zu unterscheiden, was wesentlich und was nur Beiwerk ist. Ein Blick auf die Wurzeln der Technik und ihre historische Entwicklung kann hier sehr nützlich sein. Die Technik ist eigentlich nicht Selbstzweck, sondern hat immer eine Zielorientierung. Ohne allzu weit in der Geschichte zurückzublicken, sollen kurz zwei wesentliche Wurzeln der Digital- und der Analogtechnik im Zusammenhang mit der Industrialisierung betrachtet werden.

„Digital" kommt vom lateinischen Wort „digitus". Es bedeutet Finger oder Zahl, da man früher in erster Linie mit den Fingern „zählte". Somit bedeutet digital an sich einfach ziffernmäßig. In der Digitaltechnik werden Signale in Form von diskreten physikalischen Zuständen als Zahlen (Zeichen) verstanden. In der Digitaltechnik geht es nicht nur um Zahlen zum Rechnen, sondern eher grundlegend um das Verknüpfen von Signalzuständen, das Speichern von Daten und das Steuern und Automatisieren von Abläufen mittels Programmen.

Der „Jacquard - Webstuhl" ist eine für die Automatisierungs- und die Informationstechnik sehr typische und im historischen Sinne bedeutende digitale, programmierbare Anlage. Bereits um 1808 setzte J. M. Jacquard gelochte Kartons ein, um ein Webmuster auf einem Webstuhl reproduzierbar und weitgehend automatisch herstellbar zu machen. Das Webmuster war in Kartons eingestanzt. Diese Webstühle haben der Textilindustrie enorme Impulse ermöglicht. Heute findet man sie in Museen. Der Begriff „Jacquard" ist jedoch noch ein üblicher Ausdruck in der Textilbranche und es gibt heute noch Strickmaschinen für den Hausgebrauch, die auf diesem Prinzip beruhen. Ähnlich gelochte Karten (in gefalteter Form) wurden auch für Jahrmarkt-Musikautomaten eingesetzt. Sie sind als Kuriosität noch in Anwendung.

Im Gegensatz zur Digitaltechnik steht die Analogtechnik. „Analog" bedeutet soviel wie „entsprechend". In der Analogtechnik werden physikalische Größen (z.B. die Temperatur) in ein „entsprechendes" physikalisches (z.B. elektrisches) Signal proportional umgeformt und dann entsprechend weiterverarbeitet. Beim Rechenschieber, dem lange Zeit typischen, analogen Rechenwerkzeug von Ingenieuren, werden Rechenoperationen (multiplizieren, potenzieren, Winkelfunktionen etc.) durchgeführt, indem man „Strecken" gegeneinander verschiebt und dann vergleicht. Dabei kann das Verschieben kontinuierlich erfolgen, wobei die Zunge des Rechenschiebers zwischen unterster und oberster Einstellung jede beliebige Zwischenstellung einnehmen kann.

In der analogen Rechentechnik, aber auch in der analogen Mess-, Regel-, Steuerungstechnik, werden physikalische Größen, die ihrer Natur nach „zeitliche Stetigkeit" aufweisen, als Rechengrößen verwendet. Dabei wird die eigentlich interessierende Größe (z.B. Durchflussmenge) durch eine andere physikalische Größe (z.B. Zeigerausschlag eines Messinstruments oder elektrischer Strom bzw. Spannung in einem Schaltnetz mit Operationsverstärkern) ersetzt (oder besser: „simuliert").

Eine historisch sehr bedeutende und sehr typische Anlage für das analoge Rechenprinzip stellt der Fliehkraftregler für die Regelung von Dampfmaschinen von J. Watt um das Jahre 1786 dar. Diese Erfindung hat es ermöglicht, die Dampfkraft durch Regelung bzw. Automatisierung zu zähmen und hat so die Entwicklung des Industriezeitalters wesentlich geprägt (nicht nur technologisch).

In der Digitaltechnik werden im Gegensatz zur Analogtechnik wohldefinierte, separierte und stabile physikalische Zustände verwendet, um Quantitäten mit Hilfe eines Zahlensystems darzustellen. Will man Zustände (Zahlen) elektrisch (physikalisch) darstellen, so ist das unter Umständen mit genügender Genauigkeit und Sicherheit schwierig, wenn man die uns geläufigen Dezimalziffern 0 bis 9 verwendet. Dagegen lassen sich elektrisch (und insbesondere elektronisch) sehr gut und eindeutig zwei Zustände (Ziffern) darstellen, z.B. durch „Spannung vorhanden" oder „Spannung nicht vorhanden".

Man nennt diese zweiwertige Darstellung binär (binär = aus zwei Einheiten bestehend). Die binären Signale kann man durch verschiedene binäre (d.h. zweiwertige) elektrische und elektronische Signalzustände von Bauelementen realisieren, z.B. durch

- mechanische Schalter oder Taster (Kontakt geschlossen - Kontakt geöffnet)

- elektromechanisches Relais (angezogen und Kontakt geschlossen - abgefallen und Kontakt geöffnet)

- Dioden (leitend - gesperrt)

- Transistoren (leitend - gesperrt).

Die moderne Elektronik bevorzugt als binäre Schaltelemente Halbleiterdioden und Transistoren, weil diese gegenüber den mechanischen und elektromechanischen Bauelementen Vorzüge bezüglich Verschleißfreiheit, Ausfallrate, Energieverbrauch und Schnelligkeit haben.

So komplex der gesamte Schaltungsaufbau einer digitalen Rechenanlage auch sein mag - er setzt sich doch stets aus standardisierten Grundschaltungen zusammen. Im Prinzip sind dies:

a) die digitalen Standardbaugruppen für die logischen Grundverknüpfungen (NICHT, UND, ODER bzw. NAND, NOR) und

b) diverse Speicherschaltungen.

In digitalen Anlagen wird angestrebt, dass ein hoher Anteil der Schaltungen aus wenigen Grundschaltungen realisiert wird. Hierzu sind nicht in erster Linien technologische, sondern vor allem wirtschaftliche Gründe ausschlaggebend. So ist es in der Elektronik durchaus üblich, dass z.B. in gewissen Bereichen 80 % der Schaltungen aus nur etwa 5 Standardbausteinen aufgebaut werden. Standardbausteine in großen Stückzahlen zu fertigen bedeutet sie kostengünstig zu fertigen. Die Aufgabenstellung, komplexe schaltungstechnische Sachverhalte durch eine Verschaltung aus wenigen Standardbausteine zu realisieren, hat nicht nur Techniker sondern auch Theoretiker gefordert. In der Digitaltechnik wurde mit der Schaltalgebra eine umfangreiche mathematische, systemwissenschaftliche Basis für technische Aufgabenstellungen geschaffen, auf die nachfolgend kurz eingegangen wird.

Für viele Steuereinrichtungen sind zweiwertige, also binäre Signalzustände (Variable) von Bedeutung. In der Regel sind für sogenannte Verknüpfungssteuerungen eine Vielzahl an Eingangsvariablen mit einer oder mehreren Ausgangsvariablen logisch verknüpft. Man ist ganz allgemein daran interessiert, den Zusammenhang zwischen Eingangsvariablen und den jeweils betrachteten Ausgangsvariablen durch eine Funktion formal und exakt in der Form $A = f(x,y,z)$ zu beschreiben, um sie sodann mit entsprechenden technologischen Komponenten gerätetechnisch zu realisieren.

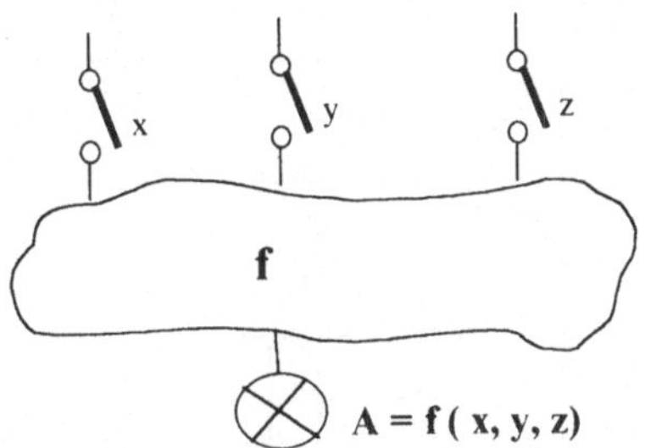

Abb. 5.1: Ausgangssituation für Analyse und Entwurf logischer Schaltungen

Der Mathematik (Systemtheorie und formale Logik) kommt für die exakte Beschreibung von Systemen und für diverse Aufgabenstellung der Optimierung und Realisierung mit bestimmten Funktionsgruppen eine sehr große Bedeutung zu. Vorteil einer mathematischen Behandlung ist, dass sie unabhängig von der eigentlichen, zur Realisierung eingesetzten Technologie ist. Da zunehmend leistungsfähige Computerwerkzeuge für die Problemlösung verfügbar werden, wird der Stellenwert der Mathematik als leistungsfähige und exakte „Problemlösungssprache" immer wichtiger.

Ein wesentliches theoretisches Hilfsmittel für die Entwicklung und Realisierung von Schaltungen allgemeinster Art wie Steuerungen, digitale (logische) Schaltungen, Komponenten von Digitalrechnern etc. ist die Schaltalgebra, mit der Schaltvorgänge in Netzen beschrieben werden können. Sie leistet wertvolle Hilfestellung in allen 3 Phasen, die in der Entwicklung von Steuerungseinrichtungen bzw. digitalen Schaltungen, zu durchlaufen sind:

- Definition
- Konzeption bzw. dem logischer Entwurf (Vereinfachung und Optimierung)

- gerätetechnische Realisierung, Implementierung, Test und Wartung (Fehlersuche und -behebung).

Logische Schaltungen lassen sich einteilen in Schaltungen ohne Gedächtnis (Schaltnetze, kombinatorische Schaltungen) und mit Gedächtnis (Speicher, Schaltwerke). Bei logischen Schaltungen ohne Gedächtnis (Schaltnetz, kombinatorische Schaltungen) hängen die Werte am Ausgang (Output) jederzeit eindeutig von den momentanen Werten am Eingang (Input) ab.

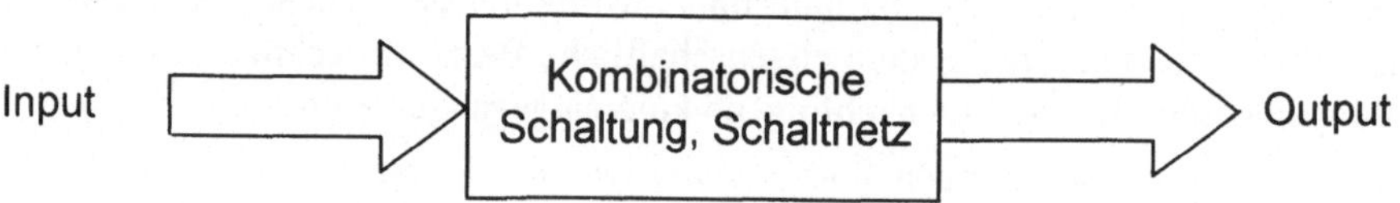

Abb. 5.2: Schaltfunktion, kombinatorische Schaltung, Schaltnetz

Bei logischen Schaltungen mit Gedächtnis (Schaltwerke) hängen die Werte am Ausgang (Output) jederzeit von den momentanen Werten am Eingang (Input) und einem inneren Zustand ab. Daraus folgt, dass bei gleichem Input durchaus ein unterschiedlicher Output vorliegen kann, je nach innerem Zustand.

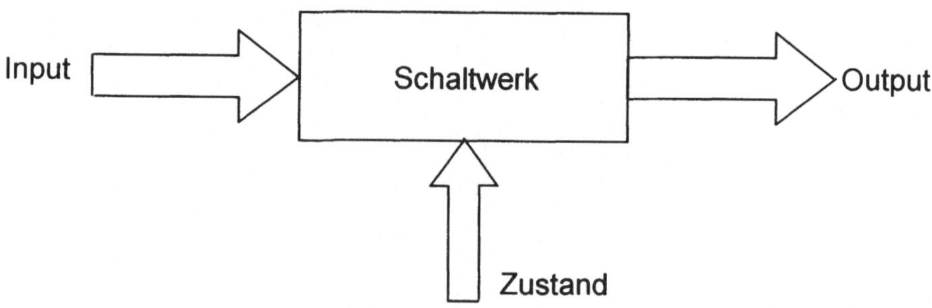

Abb. 5.3: Schaltwerk

Schaltnetze und insbesondere Schaltwerke haben im Rahmen der Informatik und Automatisierungstechnik eine reiche Anwendung im Hardwarebereich wie auch im Softwarebereich.

5.2   Boolesche Algebra, Schaltalgebra

Kombinatorische Schaltungen werden durch Schaltfunktionen beschrieben. Schaltfunktionen können durch Wahrheitstafeln oder durch einen algebraischen Ausdruck beschrieben werden. Grundlage bildet die Schaltalgebra. Die Schaltalgebra ist ein spezielles algebraisches System. Als algebraisches System versteht man eine Menge von Elementen auf der Verknüpfungen, d.h. mengentheoretische Operationen, erklärt sind. Durch diese Verknüpfungen wird ein Rechnen mit den Elementen der Menge ermöglicht.

Gegeben sei eine Menge **B**. Eine zweistellige innere Verknüpfung „+" ist eine Funktion vom kartesischen Produkt der Menge **B x B** in die Menge **B** selbst. Das ist so zu verstehen, dass durch eine zweistellige innere Verknüpfung zu je zwei Elementen z und y der Menge eindeutig ein Element z=x+y dieser Menge zugewiesen wird. Schreibweise aus der Mathematik:

$$+ : \mathbf{B} \times \mathbf{B} \to \mathbf{B} \qquad\qquad (x,y) \mapsto x+y$$

Eine einstellige innere Verknüpfung „-" ist eine Funktion von der Menge **B** in die Menge **B**, d.h. jedem Element der Menge B wird eindeutig ein Element der Menge B zugewiesen:

$$- : \mathbf{B} \to \mathbf{B} \qquad\qquad x \mapsto -x$$

Eine algebraisches System, d.h. eine Menge **B** auf der zwei zweistellige und eine einstellige innere Verknüpfung erklärt sind, wird als Boolesche Algebra bezeichnet, wenn diese, die in der nachfolgenden Definition angeführten Eigenschaften erfüllen.

Definition: BOOLESCHE ALGEBRA:

Ein algebraisches System (B, +, , -), wobei B eine Menge, + und . zweistellige innere Verknüpfungen und - eine einstellige innere Verknüpfung sind, heißt eine BOOLESCHE ALGEBRA, wenn nachfolgende Gesetze (B1) bis (B8) gelten:

Zweistelligen inneren Verknüpfungen

$$. : \mathbf{B} \times \mathbf{B} \to \mathbf{B} \qquad\qquad \text{Boolesches Produkt}$$
$$(x,y) \mapsto (x.y)$$
$$+ : \mathbf{B} \times \mathbf{B} \to \mathbf{B} \qquad\qquad \text{Boolesche Summe}$$
$$(x,y) \mapsto (x+y)$$

Einstelligen inneren Verknüpfungen

$$\neg : \mathbf{B} \to \mathbf{B} \qquad\qquad \text{Boolesches Komplement}$$
$$x \mapsto \neg x$$

(B1)	Assoziativität	$(x.y).z=x.(y.z)$	$(x+y)+z=x+(y+z)$
(B2)	Kommutativität	$x.y=y.x$	$x+y=y+x$
(B3)	Idempotenz	$x.x=x$	$x+x=x$
(B4)	Distributivität	$x.(y+z)=x.y+x.z$	$x+y.z=(x+y).(x+z)$
(B5)		$0.x=0$	$1+x=1$
(B6)		$1.x=x$	$0+x=x$
(B7)		$-(-x)=x$	
(B8)	de Morgan´sche Regeln	$-(x.y)=-x+-y$	$-(x+y)= -x.-y$

B kann eine beliebige Menge sein. Die Verknüpfungen +, . und - sind in dieser Definition als allgemeine Verknüpfungen zu betrachten und sind nicht mit der Addition, Multiplikation oder Negation auf den ganzen Zahlen zu verwechseln.

Die Algebra der logischen Aussagen, die Mengenalgebra und die Schaltalgebra sind Beispiele der Booleschen Algebra. Insbesondere letztere werden wir noch genauer betrachten.

Definition: SCHALTALGEBRA

$(B, \vee, \wedge, \neg)$ ist eine Schaltalgebra wenn gilt:

(1) $B=\{0,1\}$

(2) $\wedge$, $\vee$, $\neg$ sind durch folgende Abbildungsvorschriften definiert:

i	j	$i \wedge j$
0	0	0
0	1	0
1	0	0
1	1	1

i	j	$i \vee j$
0	0	0
0	1	1
1	0	1
1	1	1

i	$\neg\,i$
0	1
1	0

Bezeichnung: $\wedge$ **UND** Verknüpfung   (Konjunktion, logische Multiplikation)

                    $\vee$ **ODER** Verknüpfung   (Disjunktion, logische Summe)

                    $\neg$ **NICHT** Funktion   (Negation, Komplement)

Allgemeine Elemente aus der Menge B werden als Schaltvariable bezeichnet: x, y, z, x_1, etc. Die grafischen Symbole für die Darstellung von Logik-Funktionen sind genormt (zu beachten ist, dass in LabVIEW nicht die in Deutschland nach DIN genormten Symbole, sondern jene der amerikanischen Norm Verwendung finden).

Symbole der logischen Grundfunktionen:

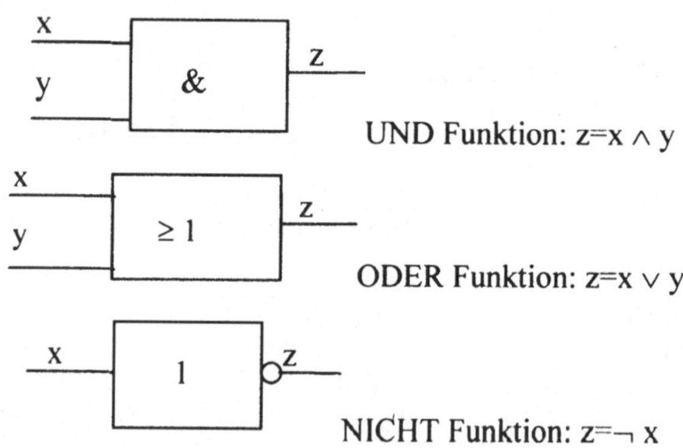

UND Funktion: $z = x \wedge y$

ODER Funktion: $z = x \vee y$

NICHT Funktion: $z = \neg\,x$

Es lässt sich durch perfekte Induktion, eine Methode der Mathematik, zeigen, dass die Schaltalgebra eine Boolesche Algebra ist. Bei der perfekten Induktion wird der Beweis so geführt, indem man für alle möglichen Kombinationen der Schaltvariablen zeigt, dass die zu beweisenden Eigenschaften gelten.

Im nachfolgenden Beispiel wird durch die tabellarische Auflistung aller möglichen Kombinationen der Werte von drei Schaltvariablen, d.h. durch perfekte Induktion gezeigt, dass für die Schaltalgebra das Distributivgesetz gilt. In analoger Weise lassen sich alle anderen Gesetzmäßigkeiten nachweisen.

Distributivität: $x \wedge (y \vee z) = (x \wedge y) \vee (x \wedge z)$ muss für alle möglichen Wertekombinationen der Schaltvariablen x, y und z gelten. Das kann händisch durch Erstellen nachfolgender Tabelle (Wahrheitstabelle) oder z.B. durch ein LabVIEW Programm wie es in den Übung enthalten ist, erfolgen.

x	y	z	$(y \vee z)$	$x \wedge (y \vee z)$	$(x \wedge y)$	$(x \wedge z)$	$(x \wedge y) \vee (x \wedge z)$
0	0	0	0	0	0	0	0
0	0	1	1	0	0	0	0
0	1	0	1	0	0	0	0
0	1	1	1	0	0	0	0
1	0	0	0	0	0	0	0
1	0	1	1	1	0	1	0
1	1	0	1	1	1	0	1
1	1	1	1	1	1	1	1

5.3 Schaltfunktionen und Schaltnetze - kombinatorische Schaltungen, Schaltungen ohne Gedächtnis, statische Schaltungen

Eine Funktion einer oder von mehr Schaltvariablen über der Menge $B=\{0,1\}$ in die Menge B bezeichnet man als Schaltfunktion. Besteht der Bildbereich aus mehreren Schaltvariablen, spricht man von einem Schaltnetz oder einem kombinatorischen Schaltnetz

Eine Abbildung $f : B^n \rightarrow B$ heißt SCHALTFUNKTION (switching function);

Eine Abbildung $f : B^n \rightarrow B^m$ heißt SCHALTNETZ (combinatorial logic network)

Für alle natürlichen Zahlen n besteht die Menge B^n aus endlich vielen Elementen. Als Kardinalität oder Mächtigkeit einer Menge B bezeichnet man die Anzahl der Elementeaus der die Menge B besteht. Offensichtlich gilt $|B| = 2$ und $|B^n| = 2^n$.

Nachdem die Mächtigkeit von $|B^n|$ eine endliche Zahl ist, lässt sich ein Schaltfunktion durch eine Tabelle mit 2^n Zeilen definieren: Man spricht von einer Wahrheitstabelle.

Eine Schaltfunktion hat eine Schaltvariable als Ausgang und n Schaltvariable als Eingang. Das wird durch folgendes Blockschaltbild verdeutlicht.

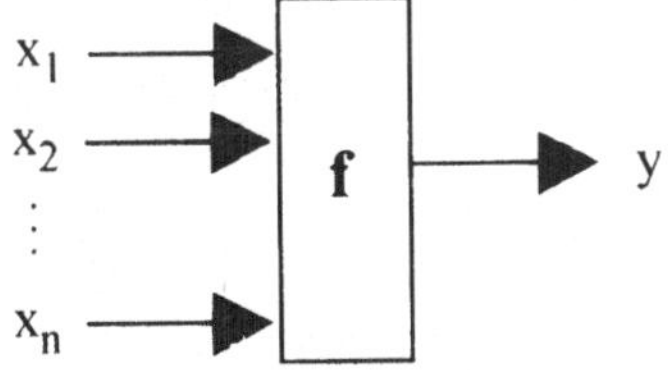

Abb. 5.4: Schaltfunktion

In einer Wahrheitstabelle für eine Schaltfunktion wird für jedes Element aus B^n der Wert der Funktion angegeben. Ein Schaltnetz hat m Schaltvariable als Ausgang und besteht gewissermaßen aus m Schaltfunktionen.

Abb. 5.5: Schaltnetz, Projektion eines Schaltnetzes

Bei einer Wahrheitstabelle für ein Schaltnetz wird für jede der m Schaltvariablen eine Spalte von Werten angegeben. Für alle Elemente i der Menge $\{1,2,...m\}$, d. h. für alle $i \in \{1,2,...m\}$ existiert eine Funktion f_i, $f_i:B^n \to B$ durch die den Elementen $x=(x_1,...,x_n)$ eindeutig ein Wert $f_i(x_1,...,x_n) = y_i \varepsilon B$ zugeordnet wird.

$$\forall \qquad \exists \qquad f_i:B^n \to B \quad : \quad (x_1,...,x_n) \mapsto f_i(x_1,...,x_n) = y_i$$
$$i \in \{1,2,...m\} \qquad f_i$$

Die f_i bezeichnet man als Projektionen des Schaltnetzes auf die i-te Koordinate.

Eine Schaltfunktion kann auf zwei Arten bestimmt werden. Durch

1.   eine algebraische Formel, das ist eine SCHALTFORM oder durch

2.   eine WAHRHEITSTABELLE

Eine Schaltform T ist ein algebraischer Ausdruck über B^n.

$$f_T : B^n \to B \qquad (x_1, x_1,..., x_n) \mapsto T(x_1, x_1,..., x_n)$$

Als Beispiel wird nun zu nachfolgender Schaltfunktion, die durch die Schaltform $T(x,y,z)$ gegeben ist, die Wahrheitstabelle erstellt.

$$T(x,y,z)=(x \vee y) \wedge z \qquad f_T : B^3 \to B \quad (x,y,z) \mapsto T(x,y,z)=(x \vee y) \wedge z$$

Zu einer Schaltform kann unter Verwendung der weiter oben angeführten Symbole eine Gatterschaltung gezeichnet werden, die direkt einer gerätetechnischen Realisierung durch Gatterbausteine entspricht. Eine Gatterschaltung der Schaltform des Beispiels ist durch nachfolgendes Bild gegeben:

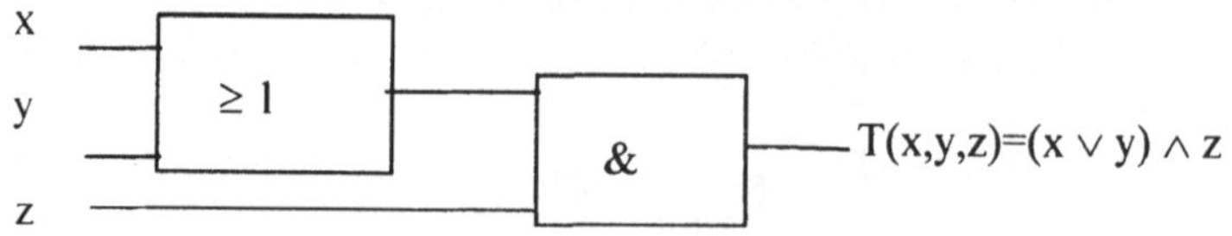

Die Wahrheitstabelle der Schaltfunktion:

x	y	z	$(x \vee y)$	$(x \vee y) \wedge z$
0	0	0	0	0
0	0	1	0	0
0	1	0	1	0
0	1	1	1	1
1	0	0	1	0
1	0	1	1	1
1	1	0	1	0
1	1	1	1	1

5.4 Das zentrale Rechenwerk eines Computers als Gatterschaltung und die disjunktiv kanonische Normalform

Als wichtiges Beispiel für konkrete und wichtige kombinatorische Schaltungen, bzw. Schaltnetze soll nachfolgend ein Addierwerk für einen Computer behandelt werden. Wie allgemein in der Technik üblich empfiehlt sich auch hierbei eine modulare, strukturierte Betrachtungsweise, wobei eine zu lösende Aufgabenstellung stufenweise durch jeweils einfachere realisiert wird. Die Addition ist eine elementare Grundrechenart und als solche auch von zentraler Bedeutung für jeden Computer. Zunächst wird die Addition einstelliger Dualzahlen betrachtet. Die Addition von zwei Summanden x und y ergibt eine Summe z und kann darüber hinaus einen Übertrag ergeben. Der Sachverhalt kann in einer Wertetabelle für ein Schaltnetz und als Gatterschaltung beschrieben werden, eine entsprechende Schaltung wird als Halbaddierer bezeichnet.:

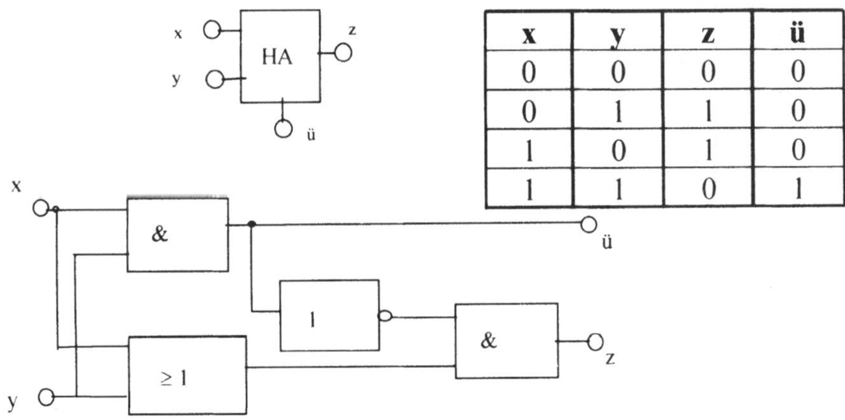

x	y	z	ü
0	0	0	0
0	1	1	0
1	0	1	0
1	1	0	1

Abb. 5.6 :Wahrheitstabelle und Gatterschaltung für Halbaddierer

Diese Gatterschaltung wird als Halbaddierer bezeichnet, da sie noch nicht die ganze Aufgabe bei der Addition bewältigt. Nachfolgend ist ein LabVIEW Programm (ein Virtuelles Instrument) angegeben mit dem die Funktion eines Halbaddierers implementiert werden kann.

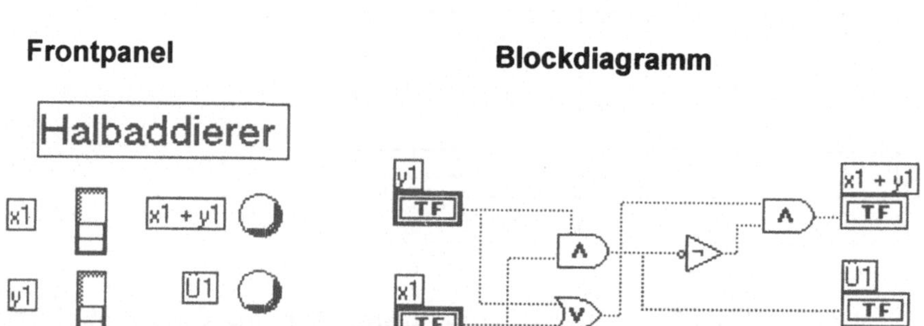

Abb. 5.7: LabVIEW VI eines Halbaddierers

Zur vollständigen Addition einer Stelle zweier mehrstelliger Dualzahlen muss man berücksichtigen, dass an dieser Stelle ein Stellensumme entsteht, für deren Bildung ein Übertrag der nächst niedrigeren Stelle zu berücksichtigen ist und dass ein Übertrag für die nächst höhere Stelle entstehen kann. Diese Überträge können jeweils 0 oder 1 sein. Das bedeutet, dass für die mit einem Halbaddierer gebildete Summe noch eine zweite Summe mit dem Übertrag der vorhergehenden Stelle zu bilden ist. Zwei Halbaddierer müssen daher zu einem Volladdierer verschaltet werden.

x_i	y_i	$ü_i$	z	$ü_{i+1}$
0	0	0	0	0
0	0	1	1	0
0	1	0	1	0
0	1	1	0	1
1	0	0	1	0
1	0	1	0	1
1	1	0	0	1
1	1	1	1	1

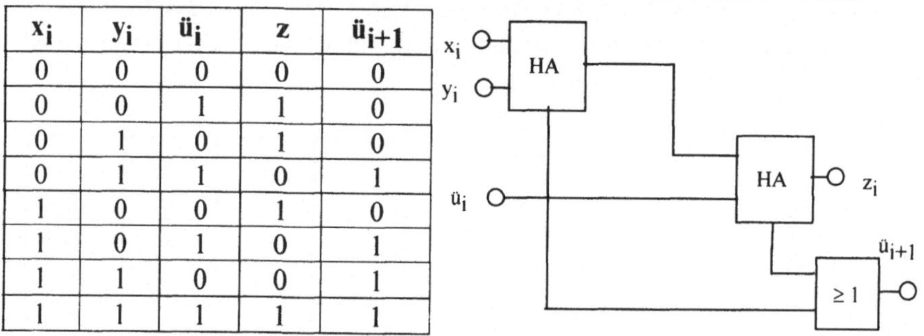

Abb. 5.8: Wahrheitstabelle eines Addierers

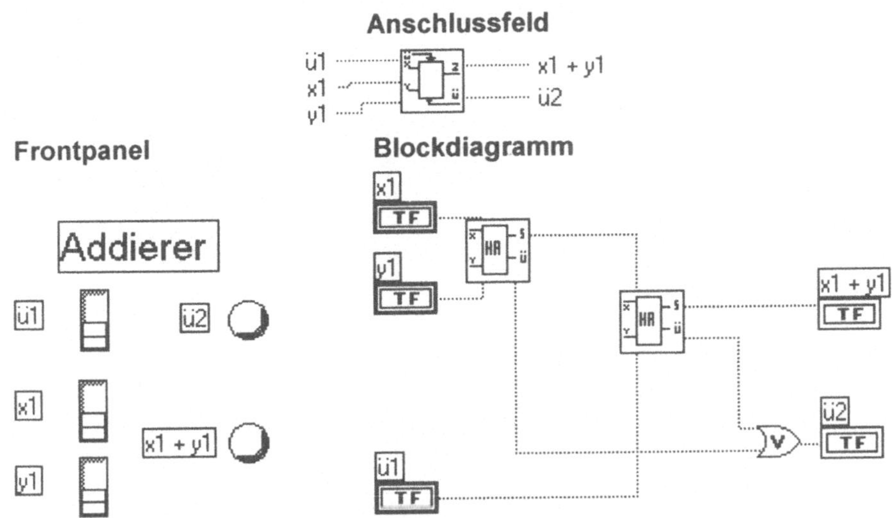

Abb. 5.9: Gatterschaltung und LabVIEW VI eines Addierers

Will man n-stellige Dualzahlen addieren, benötigt man n Addierer (Volladdierer), die ein Addierwerk für n-stellige Zahlen bilden, wie durch nachfolgende Beispiel einfach ersichtlich ist.

Beispiel:	dezimal	dual
	70	1000110
	+ 34	+ 100010
Summe	104	1101000

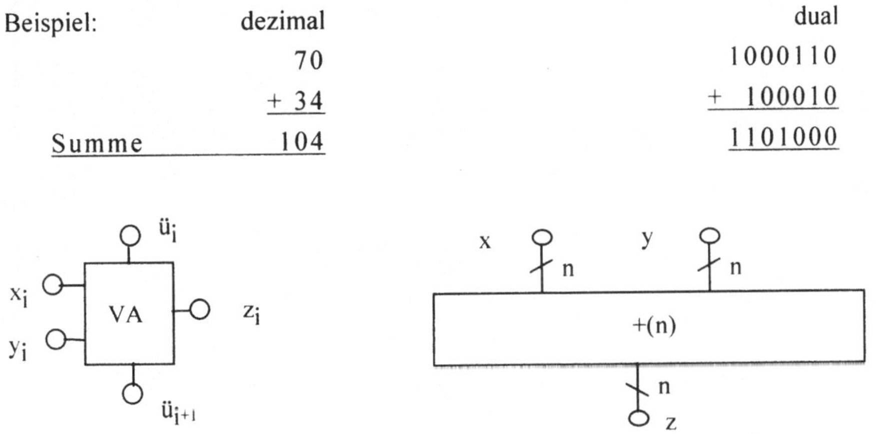

Abb. 5.10: Addierwerkes für mehrstellige Binärzahlen

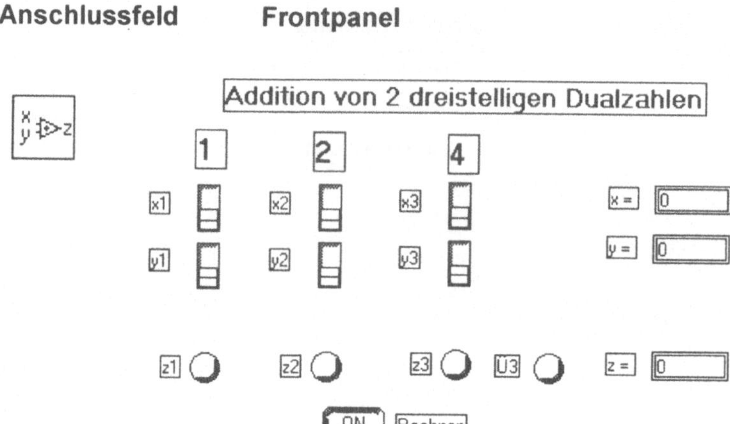

Blockdiagramm

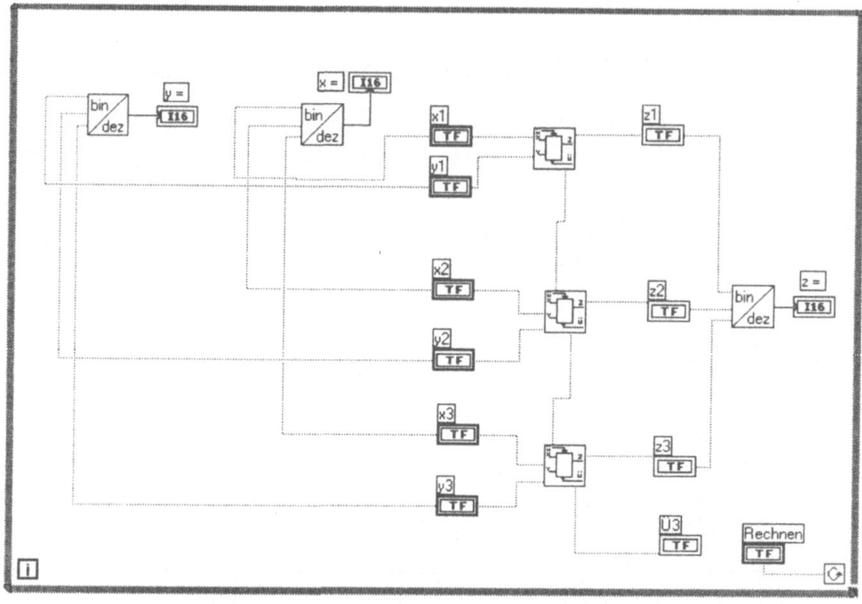

Abb. 5.11: LabVIEW Programm eines Addierwerkes für zwei dreistellige Binärzahlen

　　Obiges Beispiel zeigt die Addition von zwei dreistelligen Binär- oder Dualzahlen durch ein Lab VIEW Programm. Das entspricht der Simulation eines mit Gatterschaltungen aufgebauten (stark vereinfachten, da nur für drei Binärstellen) parallelen Addierwerkes eines realen Rechners. Für jede Stelle der zu addierenden Zahlen ist eine eigener Addierer als konkrete Gatterschaltung zuständig.

　　Die Umwandlung der Dualzahlen in Dezimalzahlen wird in diesem Programm durch das nachfolgend dargestellte LabVIEW Programm bewerkstelligt.

Anschlussfeld

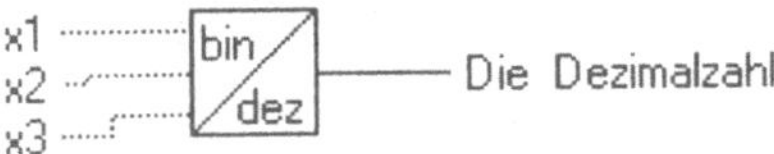

Frontpanel   **Blockdiagramm**

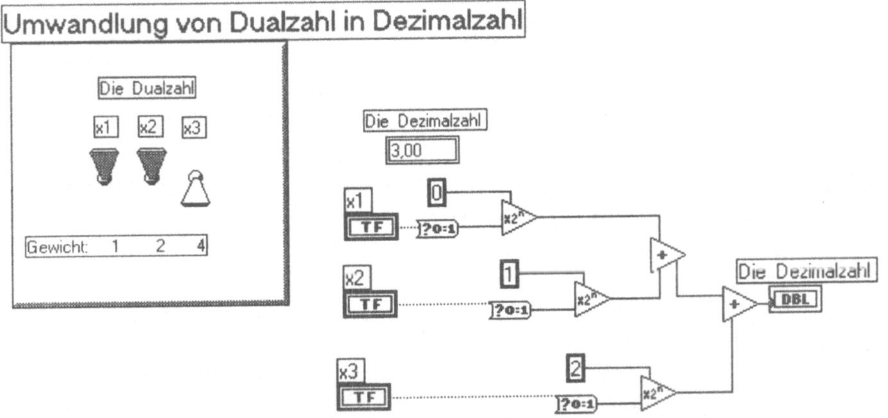

Abb. 5.12 : Umwandlung einer Dualzahl in eine Dezimalzahl

Schaltfunktionen und Schaltnetze werden auch als statische Schaltungen bezeichnet, da der Funktionswert, der Wert am Ausgang, nur von den jeweiligen Eingabewerten abhängig ist. Jeder Schaltform T kann eine Schaltung mit Gattern zugeordnet werden (siehe obige Beispiele). Umgekehrt entspricht jeder Gatterschaltung eine Schaltform. Wenn $T(x_1,...,x_n)$ eine Schaltform in den n Schaltvariablen $x_1,...,x_n$ ist, ist die zugehörige Schaltfunktion $f_T : B^n \rightarrow B$ erklärt durch: $f_T(x,y,z) := T(x,y,z)$.

Wenn eine Schaltfunktion f z.B. als Wahrheitstabelle gegeben ist, ist man daran interessiert, eine Schaltform T zu finden, die diese realisiert. Eine Schaltform T realisiert eine Schaltfunktion f wenn gilt $f_T = f$. Wie sich zeigen lässt, gilt die Aussage, dass es zu jeder Schaltfunktion eine Schaltform gibt, die diese realisiert.

Für die Konstruktion von Schaltformen, die eine Schaltfunktion realisieren, ist die disjunktive kanonische Form von großer Nützlichkeit. Für eine Schaltfunktion $f:B^n \rightarrow B$ ist die zugehörige **disjunktive kanonische Form** $D_f(x_1,...,x_n)$ definiert als Schaltform $D_f(x_1,...,x_n)$, bei der gilt

$$D_f(x_1,...,x_n) := \sum_{a \in f^{-1}(1)} (y_1 \wedge ... \wedge y_n)_a$$

wobei für alle i gilt: $y_i := x_i$ wenn $a_i = 1$

$y_i := \neg x_i$ wenn $a_i = 0$

$f^{-1}(1)$ heißt die ON-Menge der Schaltfunktion, die Produkte $(y_1 \wedge ... \wedge y_n)$ bezeichnet man als **Minterme**.

Durch eine Beispiel soll die disjunktiv kanonische Normalform verdeutlicht werden, indem zu der, durch nachfolgende Wahrheitstabelle angegebenen Schaltfunktion, eine Schaltform systematisch gefunden wird.

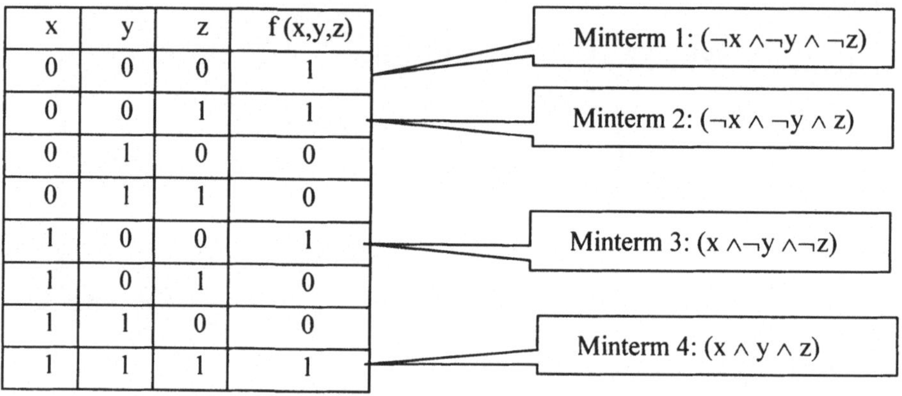

x	y	z	f (x,y,z)
0	0	0	1
0	0	1	1
0	1	0	0
0	1	1	0
1	0	0	1
1	0	1	0
1	1	0	0
1	1	1	1

$$D_f(x, y, z) = (y_1 \wedge ... \wedge y_n)_{000} \vee (y_1 \wedge ... \wedge y_n)_{001} \vee (y_1 \wedge ... \wedge y_n)_{100} \vee (y_1 \wedge ... \wedge y_n)_{111}$$

$$D_f(x, y, z) = (\neg x \wedge \neg y \wedge \neg z) \vee (\neg x \wedge \neg y \wedge z) \vee (x \wedge \neg y \wedge \neg z) \vee (x \wedge y \wedge z)$$

Jeder Minterm liefert durch die UND Verknügfung nur für eine Kombination der Schaltvariablen x, y, z den Wert 1. Im Beispiel existieren vier Minterme, die über ODER zur disjunktiven kanonischen Form verknüpft werden und dadurch genau an den jeweiligen Stellen eine 1 liefern, wie dies in der Wahrheitstabelle spezifiziert und somit für eine Realisierung gefordert ist.

Dieses Beispiel ist ein ganz allgemeines. Dadurch ist leicht ersichtlich, dass mit diesem konstruktiven Verfahren zu jeder beliebigen Schaltfunktion eine sie realisierende Schaltform (und damit eine Gatterschaltung) gefunden werden kann. Zu Schaltfunktionen und Schaltnetzen gibt es eine umfangreiche und sehr brauchbare Theorie, auf die hier jedoch nicht eingegangen wird. In der Einführung zu diesem Kapitel wurde die Fragestellung angesprochen, dass jede beliebig komplexe Schaltung durch möglichst wenige Grundkomponenten realisiert werden soll. Durch die disjunktive kanonische Form kann man nun diesbezüglich wertvolle Aussagen machen. Es ist durch das konstruktive Verfahren dieser Normalform offensichtlich, dass die UND, ODER und NICHT Funktion als Grundfunktionen ausreichen um jede beliebige Funktion zu realisieren.

Es gilt somit die für die digitale Elektronik wichtige Aussage: Auf der Menge B ={0,1} sind die drei Verknüpfungen UND, ODER und NICHT ein vollständiges Funktionensystem, d.h. jede beliebige Schaltfunktion über B lässt sich durch eine endliche Kombination von diesen drei Funktionen realisieren. Durch die disjunktive kanonische Form kann für jede Schaltfunktion eine Schaltform mit ausschließlich den drei Verknüpfungen gefunden werden, die diese Schaltfunktion realisiert.

Von besonderer praktischer Bedeutung sind zwei zusammengesetzte Grundfunktionen NAND und NOR. Für diese zusammengesetzten Funktionen gilt, dass sie jeweils auch ein vollständiges Funktionensystem über B bilden. D.h., für jede Schaltfunktion kann eine Schaltform gefunden werden, die nur aus NAND bzw. nur aus NOR besteht und die Schaltfunktion realisiert.

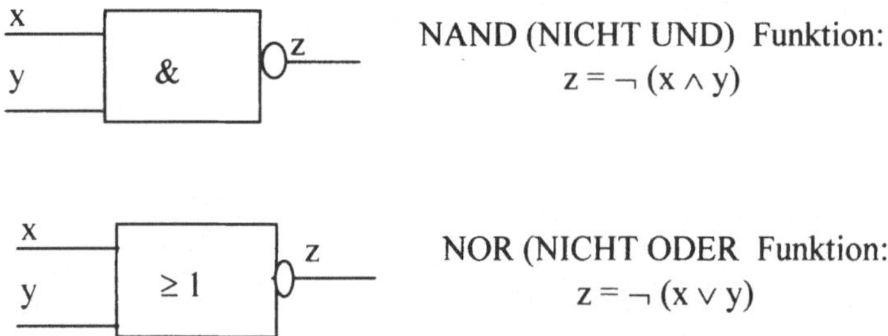

NAND (NICHT UND) Funktion:
$$z = \neg\,(x \wedge y)$$

NOR (NICHT ODER Funktion:
$$z = \neg\,(x \vee y)$$

Um zu zeigen, dass NAND vollständig ist, muss lediglich gezeigt werden, dass sich die NICHT, die ODER und die UND Funktion mit NAND Gattern realisieren lassen. Durch die nachfolgend dargestellten Gatterschaltungen wird dies bewiesen.

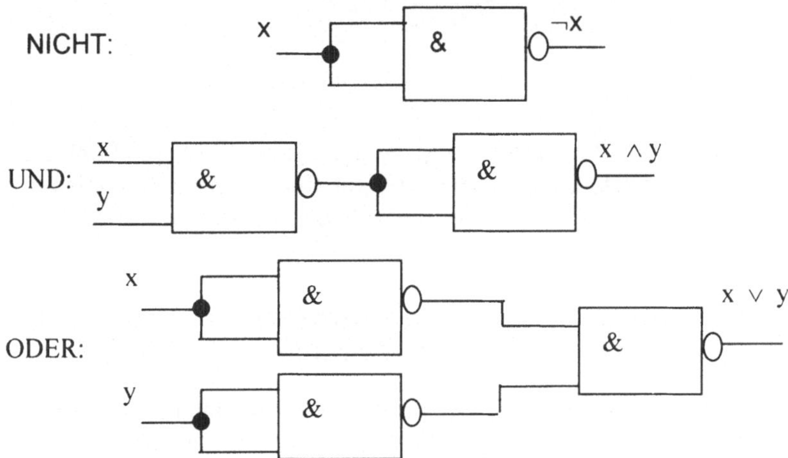

Schaltfunktionen und Schaltnetze können durch Gatterschaltungen gerätetechnisch realisiert (aufbauen) und durch Wahrheitstabellen eindeutig beschrieben werden. Gatterschaltungen lassen sich mit verschiedenen Technologien realisieren und so wurde es möglich sehr leistungsfähige, digitalelektronische Geräte, die Computer, zu bauen. Heute sind Computer stand der Technik und bei verschiedenen steuerungstechnischen Aufgabenstellungen sind logischen Verknüpfungen, Schaltnetze bzw. Schaltfunktionen erforderlich. Im Befehlsvorrat von Computern gibt es selbstverständlich die logischen Grundfunktionen, um selbst kompliziert logische Funktionen zu programmieren. Als Alternative kann man Schaltnetze und Schaltfunktionen jedoch auch direkt, basierend auf der Wahrheitstabelle als Funktion, betrachten und mit Hilde von Arrays (eindimensionalen Feldern) implementieren. Jedem Index in einem eindimensionalen Feld entspricht eindeutig eine Binärzahl, jeder Wert eines Feldes als ganze Dezimalzahl kann auch als Binärzahl interpretiert werden. Nichts anderes ist ein Schaltnetz. Somit lässt sich mit Feld-(Array-) Funktionen im Computer sehr einfach eine universelle Logikschaltung als eindimensionales Feld realisieren. Das wird durch das nachfolgende Programm dargestellt (Implementierung (Simulation) von Schaltfunktionen am Digitalrechner durch eindimensionales Feld, durch einen Vektor).

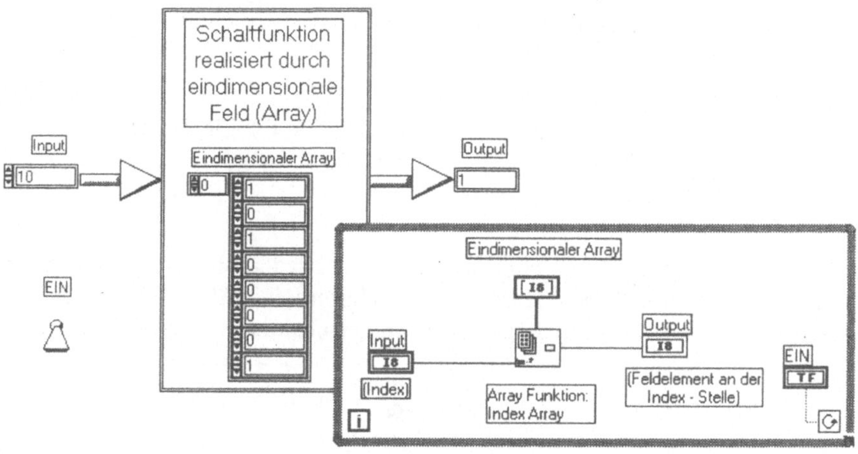

Abb. 5.13: Lab VIEW Programm als Beispiel für die Implementierung von Schaltnetzen basierend auf einem eindimensionalen Feld: Universelle Logikschaltung

5.5　Schaltwerke - Schaltungen mit Gedächtnis, dynamische, sequentielle Schaltungen

Bei Schaltfunktionen und Schaltnetzen wird für momentane Werte der Eingangsschaltvariablen eindeutig ein Wert der Ausgangsschaltvariablen zugeordnet. Neben solchen statischen Schaltungen sind dynamische, das sind Schaltungen mit Speicherverhalten, von großer Wichtigkeit. Unter Speicherverhalten wollen wir verstehen, dass der Wert der Ausgangsschaltvariablen (das Ausgangssignal) nicht nur vom momentanen Wert der Eingangsschaltvariablen (dem Eingangssignal), sondern außerdem noch vom (inneren) Zustand der Schaltung abhängt.

Speicherschaltungen können sich in verschiedenen Zuständen befinden. Ein Eingangssignal kann den Zustand der Schaltung ändern und der Zustand wird beibehalten bis er durch ein entsprechendes Eingangssignal wieder verändert wird. Damit lassen sich sequentielle, dynamische Schaltungen beschreiben und realisieren bei denen das Ausgangssignal nicht nur vom momentanen Wert des Eingangssignals, sondern darüber hinaus von dessen Vergangenheit, seiner Historie abhängt. D.h. bei solchen Schaltungen können alle bisherigen Werte der Eingangssignale, deren Vorgeschichte bzw. deren dynamische Entwicklung den Ausgang beeinflussen.

Das einfachste, für die Digitaltechnik aber sehr wichtige, Speicherelement hat nur zwei Zustände 0 und 1, und kann somit 1 Bit speichern. Viele physikalische Erscheinungen lassen sich zur Speicherung eines Bits ausnutzen: Mechanische Schalter, die Magnetisierung eines Eisenkernes, elektronische Schaltungen und andere mehr.

Nachfolgend soll das Grundprinzip einer elektronischen Schaltung mit Speicherverhalten behandelt werden. Hierbei handelt es sich um eine rückgekoppelte Gatterschaltung aus zwei NICHT - ODER (NOR) Gattern.

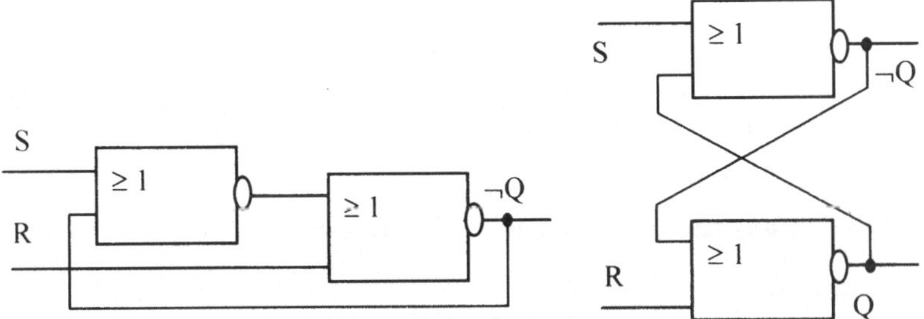

Abb. 5.14: Flipflop aus rückgekoppelten NOR Gattern

Verbindet man den Ausgang Q mit einem Eingang eines NOR Gatters, entsteht eine Rückkopplung, welche die Schaltung zu einem Speicher macht. Der Ausgang Q kann die zwei stabilen Zustände 0 und 1 einnehmen. Sowohl eine 0 als auch eine 1 am Ausgang „hält sich" stabil. Wenn der S - Eingang 1 gesetzt wird und R auf 0 ist, wird der Ausgang in den Zustand 1 geschaltet. Wird S wieder 0 und bleibt R 0, bleibt Q auf 0. Wird jedoch R auf 1 gesetzt (und S bleibt 0), wird der Ausgang auf 0 gesetzt und bleibt 0 auch wenn R wieder 0 wird. Der Eingang S heißt daher auch Setzeingang und R heißt Rücksetzeingang. Eine solche Schaltung heißt Flipflop (genauer: ungetaktetes Flipflop, weil sie ohne Taktsignal arbeitet) und bildet das Grundelement elektronischer Speicher. R und S dürfen nicht beide gleichzeitig 1-Signal führen, da in diesem Falle Q und ¬Q 0-Signal führen würden. Dieser Fall ist daher auszuschließen. Ein Flipflop ist eine symmetrische Schaltung.

R	S	Q_n	Q_{n+1}	$\lnot Q_{n+1}$	
0	0	0	0	1	Speicher - 0
0	0	1	1	0	Speicher - 1
0	1	0	1	0	Setzen
0	1	1	1	0	Setzen
1	0	0	0	1	Rücksetzen
1	0	1	0	1	Rücksetzen
1	1	0	?	?	Unbestimmt
1	1	1	?	?	Unbestimmt

Ein Flipflop kann auch aus rückgekoppelten NAND Gattern aufgebaut werden. Neben ungetakteten Flipflops gibt es insbesondere für den Rechnerbau wichtige getaktete Flipflops. Bei diesen erfolgt die Zustandsänderung taktgesteuert. Durch 1-Signal am Takt-Eingang wird das Eingangsgatter für den Dateneingang geöffnet.

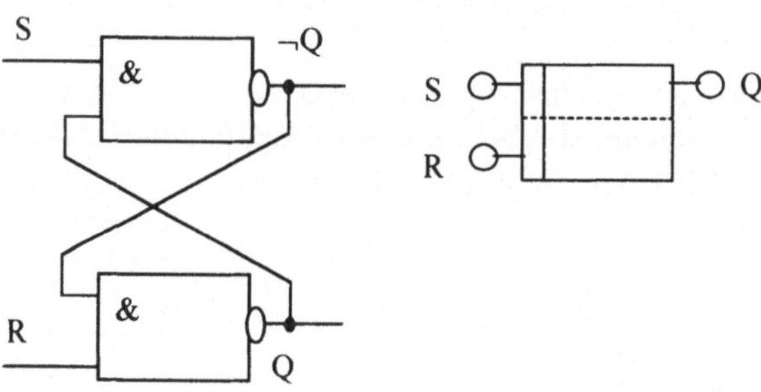

Abb. 5.15:Flipflop aus rückgekoppelten NAND Gattern und Schaltbildsymbol

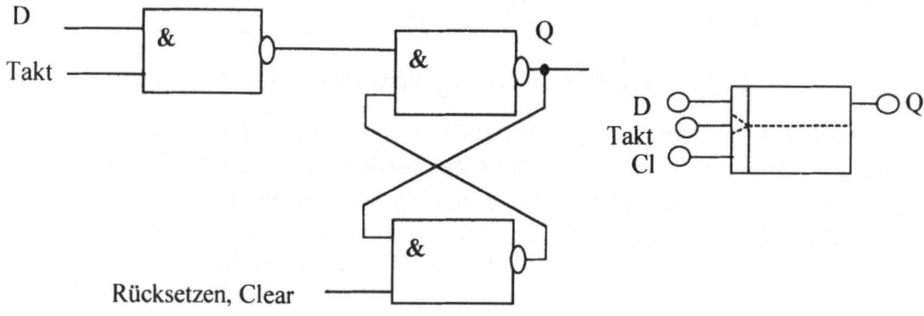

Abb. 5.16: Dynamisches Flipflop

Bei der Simulation eines Flipflops aus NAND oder NOR Gattern am Computer mit LabVIEW tritt ein Problem auf, welches in der Arbeitsweise von Digitalrechnern im allgemeinen und in der Datenflussorientierung von LabVIEW begründet ist. Rückkopplungen dieser Art sind nicht möglich, da Funktionen zu jedem Zeitpunkt eindeutig definierte Eingänge benötigen, damit sie schalten können. Abhilfe schaffen Zwischenspeicher in Programmstrukturen wie „For" und „While" Schleifen, die Schieberegister. Durch sie gelten in jedem Durchlauf (Takt) eindeutige Signalzustände. Veränderte und an ein Schieberegister übergebene Daten können für den nächsten Durchlauf als Eingangsdaten verwendet werden. Das Beispiel eines Flipflops als LabVIEW Programm zeigt nachfolgendes Bild.

Anschlussfeld 

Frontpanel   **Blockdiagramm**

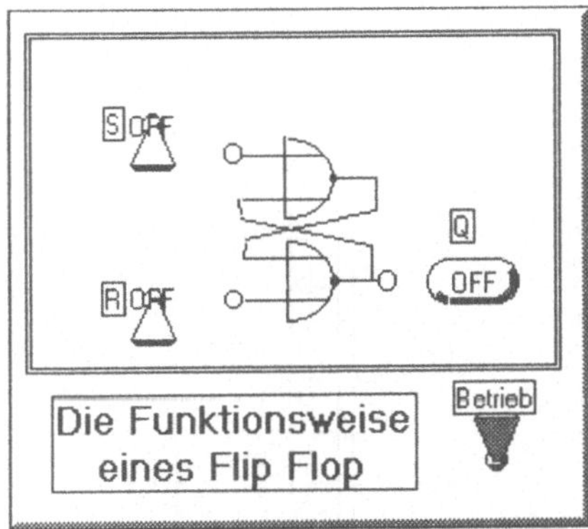

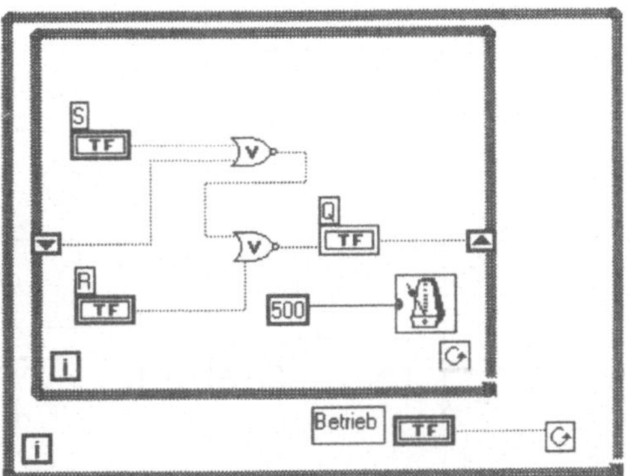

Abb. 5.17: Flipflop als LabVIEW Programm
(Rückkopplung über Schieberegister in While-Schleife)

5.5.1 Register, Schieberegister

Ein Register ist ein Speicher für eine Anzahl logisch zusammengehöriger Bits wie z. B. 4 Bit, ein Byte (8 Bit) oder ein Maschinenwort. Ein Register besteht aus miteinander nicht (bzw. nur über „Clear" und Takt) verschalteten Flipflops. Nachfolgend ist ein Flipflop für 4 Bit dargestellt. Es gibt unterschiedliche Formen von Registern bezüglich des Einlesens und Auslesens des Inhaltes. Dies kann seriell oder parallel erfolgen. Nachfolgendes Beispiel ist für Bit-paralleles Ein- und Auslesen gedacht. Bei seriellem Ein- und Auslesen sind die Flipflops eines Registers in Reihe (Serie, hintereinander) verschaltet, man spricht von einem Schieberegister.

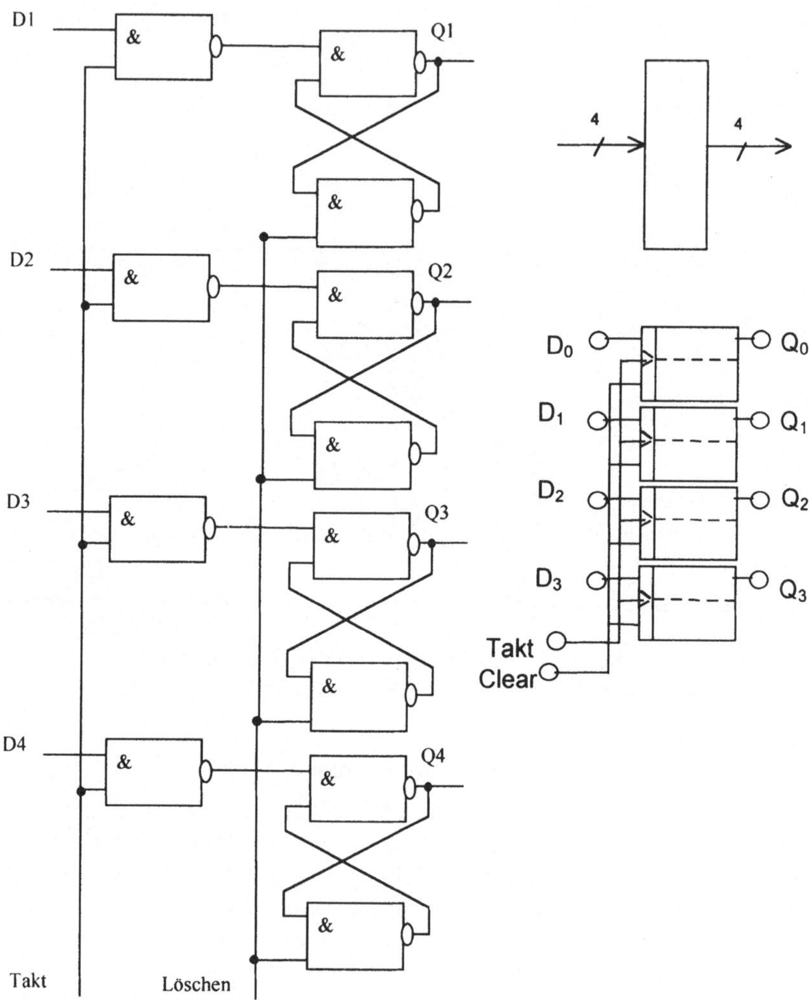

Abb. 5.18: Register für vier Bit

5.5.2   Schaltwerke

Schaltungen, die sich aus Schaltnetzen und Speicherelementen zusammensetzen, nennt man Schaltwerke. Ihr charakteristisches Kennzeichen ist es, dass die Ausgangssignale nicht nur von den Eingangssignalen sondern zusätzlich von den Zuständen der Speicherelemente der Schaltungen abhängen. Da die Zustände durch zurückliegende Eingangssignale eingestellt wurden, kann man den Sachverhalt so sehen, dass die Ausgangssignale von den momentanen Eingangssignalen und den früheren Eingangssignalen bestimmt werden. Schaltwerke haben gewissermaßen ein „Erinnerungsvermögen", es sind Schaltungen mit Gedächtnis. Schaltnetze sind ein spezieller Fall von endlichen Automaten, für die es in Mathematik und Systemwissenschaft eine gut ausgebaute allgemeine Theorie gibt, die Automatentheorie.

5.5.3 Endliche Automaten

Abstrakte Automaten haben in verschiedenen Bereichen, vor allem aber in der Biologie, Informatik, der Kommunikationstechnik und in der Automatisierungstechnik große Bedeutung und vielfältigste Anwendungen gefunden. Besonders endlich Automaten (finite state machines) zeichnen sich durch konzeptionelle Einfachheit und durch die Verfügbarkeit einer gut ausgebauten Theorie aus. Moderne Computer sind endliche Automaten.

Definition - Endlicher (abstrakter) Automat

Ein 5-tupel $M = (A,B,Q, \delta, \lambda)$ heißt endlicher Automat, wenn gilt:

1) **A, B, Q sind endliche Mengen,**

> **A heißt Eingangsmenge** oder Eingabealphabet
> (Elemente aus A heißen Eingabebuchstaben)
>
> **B heißt Ausgangsmenge** oder Ausgabealphabet
> (Element aus B heißen Ausgabebuchstaben)
>
> **Q heißt Zustandsmenge** oder Zustandsalphabet
> (Elemente aus Q heißen Zustände)

2) δ ist eine Funktion $\delta : Q \times A \rightarrow Q$

> δ **heißt Zustands - Überführungsfunktion**

3) λ ist eine Funktion $\lambda : Q \times A \rightarrow B$

> λ **heißt Ausgabefunktion**

Definition - Gerichteter Graph eines endlichen Automaten

Zu einem endlichen Automaten $M = (A,B,Q, \delta, \lambda)$ ist ein gerichteter Graph G(M) wie folgt definiert:

$G(M) := (K, N, \alpha, \beta)$ wobei gilt

$K := Q \times A$ **K heißt Kantenmenge**

$N := Q$ **N heißt Knotenmenge**

$\alpha : K \rightarrow N \times N$; $(q,a) \mapsto \alpha(q,a) := (q,\delta(q,a))$ **a heißt Kanten-Knotenabbildung**

$\beta : K \rightarrow A \times B$; $(q,a) \mapsto \beta(q,a) := (a,\lambda(q,a))$ **b heißt Kantenbewertung**

Beispiel:

$A = \{a, b\}$; $B = \{1,2\}$; $Q = \{A, B, C, D, E \}$ δ und λ werden durch nachfolgende Tabellen (Automatentafeln) angegeben

δ	a	b
A	A	A
B	B	A
C	E	C
D	C	D
E	C	E

λ	a	b
A	2	1
B	2	1
C	1	2
D	2	1
E	1	2

Abb. 5.19: Zustandsüberführungsfunktion und Ausgabefunktion zu einem endlichen Automaten

Der zu M gehörige Graph G(M):

N = Q = {A, B, C, D, E, F}

K= Q x A = {(A,a), (A,b), (B,a), (B,b), (C,a), (C,b), (D,a), (D,b), (E,a), (E,b), (F,a), (F,b)}

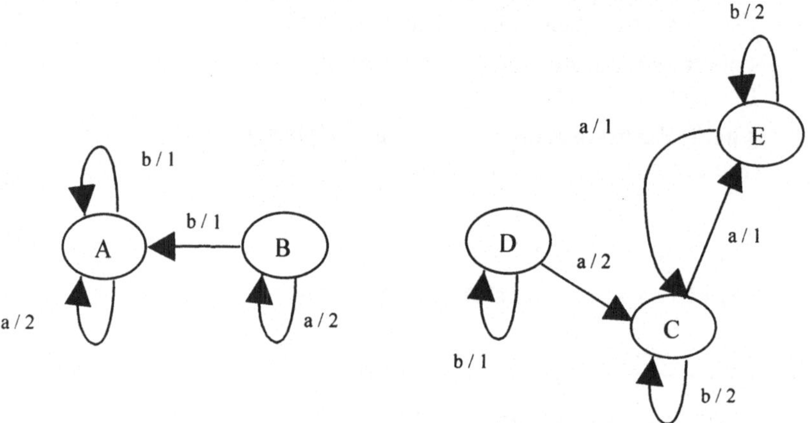

Abb. 5.20: Graph eines endlichen Automaten

Ein endlicher Automat befindet sich ursprünglich in einem Anfangszustand. Durch Eingabebuchstaben (Eingänge) verändert sich in der Regel der Zustand und es ergibt sich jeweils ein Ausgabebuchstabe. Trifft ein weiterer Eingang ein, wird unter Berücksichtigung des sich geänderten Zustandes ein neuer Ausgang ermittelt. Eingänge können nicht nur als Eingabebuchstaben, sondern aus über dem Eingabealphabet gebildeten Eingabewörtern bestehen. Ihnen werden über die Automatentabellen Ausgabewörter zugeordnet. Dadurch wird eine Dynamik generiert. Der Sachverhalt wird in nachfolgendem Bild anschaulich dargestellt.

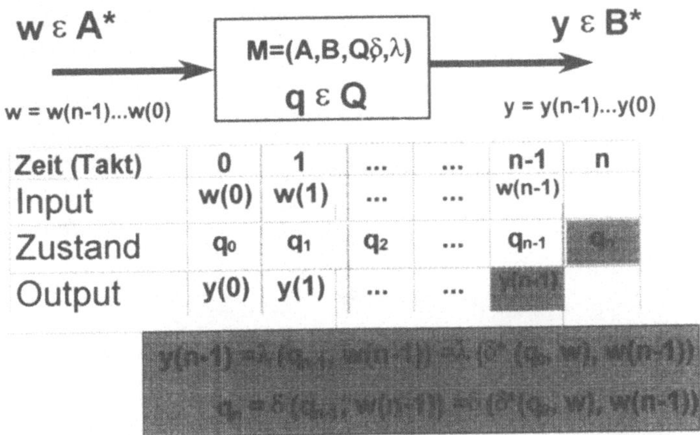

Abb. 5.21: Die Erzeugung einer Dynamik mit einem endlichen Automaten

5.5.4   Schaltwerke und die Simulation endlicher Automaten

Schaltwerke sind spezielle endliche Automaten auf binärer Basis, die für Rechenwerke, Codierer etc. große Bedeutung erlangt haben, da sie sich mit dem derzeitigen Stand der Halbleitertechnologie sehr gut für gerätetechnische Realisierungen eignen.

Definition - Schaltwerk

Ein endlicher Automat $M = (A,B,Q, \delta, \lambda)$ heißt Schaltwerk, wenn gilt:

1) A ist Untermenge einer Menge B^m $(B=\{0, 1\}$ m   Eingangsschaltvariable)

2) B ist Untermenge einer Menge B^p $(B=\{0, 1\}$ p   Ausgangsschaltvariable)

3) Q ist Untermenge einer Menge B^n $(B=\{0, 1\}$ n   Zustandsschaltvariable)

Feststellung: Ein Schaltwerk ist ein endlicher Automat, bei dem die Zustandsüberführungsfunktion und die Ausgabefunktion Schaltnetze sind.

Definition - Simulation endlicher Automaten

Gegeben seien zwei endlich Automaten $M = (A,B,Q, \delta, \lambda)$ und
$M' = (A',B',Q', \delta', \lambda')$.

Ein Tripel (α,β,γ) von Abbildungen $\alpha : A \to A'$, $\beta : B' \to B$, $\gamma : Q \to Q'$ heißt eine **Simulationszuordnung** von M zu M', wenn gilt:

Für alle q aus Q und a aus A gilt $\gamma(\delta(q,a)) = \delta'(\gamma((q),\alpha(a))$ und
$$\lambda(q,a) = \beta(\lambda'(\gamma((q),\alpha(a)))$$

Existiert für zwei Automaten M und M' eine Simulationszuordnung, sagt man auch M' simuliert M. Man kann sich leicht vorstellen, dass die Situation von Be-

deutung ist, wenn M ein beliebiger Automat ist (eine reale Problemstellung) und M´
ein Schaltwerk oder auch ein Computerprogramm. Damit ist die Situation korrekt
erfasst und definiert wie ein Schaltwerk (oder auch ein Computerprogramm) ein
reales System simuliert.

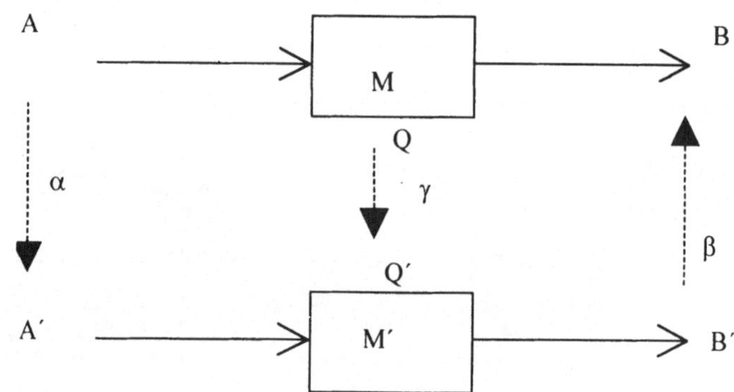

**Abb. 5.22: Simulationszuordnung (α,β,γ) eines endlichen Automaten M
zu einem endlichen Automaten M´**

Ein Computer kann als endlicher Automat betrachtet werden, genauer gesagt als
Schaltwerk. Als Schaltwerk kann er somit aus zwei Schaltnetzen und zwar aus δ,
der **Zustands-Überführungsfunktion bzw. dem Zustandsüberführungsnetz und**
λ **der Ausgabefunktion bzw. dem Ausgabenetz realisiert werden.**

$$\delta : B^n \times B^m \to B^n \quad \text{und} \quad \lambda : B^n \times B^m \to B^p$$

Andererseits kann ein endlicher Automat am Computer durch die Implementierung
der endlichen Funktionen δ und λ sehr einfach programmiert bzw. simuliert werden. Die endlichen Funktionen lassen sich ganz einfach als zweidimensionale Felder
(Arrays), d.h. als Matrizen realisieren. Der Wert in der Matrix an einer Stelle Zeile i,
Spalte j entspricht hierbei dem Funktionswert für die entsprechenden Indizes. Mit
LabVIEW lässt sich sehr einfach unter Heranziehung der Feldfunktionen ein universeller endlicher Automat aufbauen. Nachfolgendes Beispiel zeigt als Anwendung
eine Ampelsteuerung, die als endlicher Automat realisiert wurde. Das Programm ist
universell einsetzbar. Die eigentliche Programmierung der Funktion der Ampel
erfolgt durch das Festlegen der Werte in der Zustands- und Ausgabefunktion. Im
Beispielprogramm kann dies durch Verändern der Tabellenwerte im Frontpanel
erfolgen. Der interessierte Leser wird an dieser Stelle auf eigene Experimente mit
dem entsprechenden Programm verwiesen.

Anschlussfeld

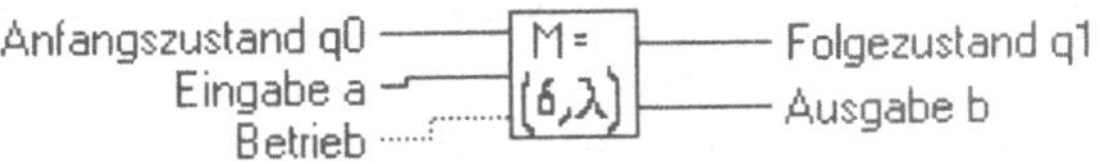

Frontpanel

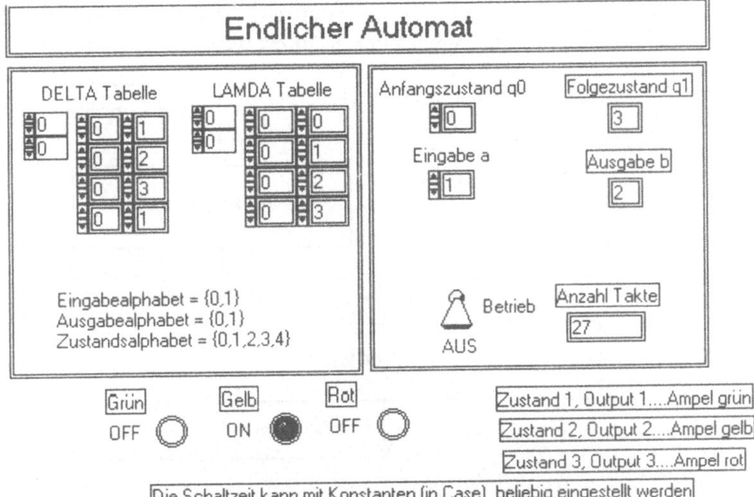

Abb. 5.23: Das Frontpanel zum Programm für die Simulation einer Ampelsteuerung basierend auf einem endlichen Automaten

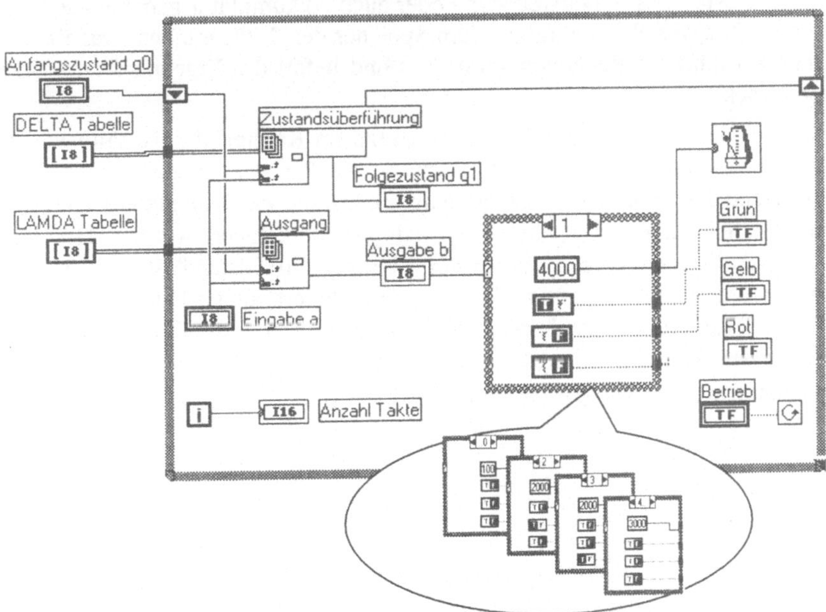

Abb. 5.24: Blockschaltbild der Ampelsteuerung basierend auf einem endlichen Automat

5.5.5 Grundkomponenten eines Rechners: Mikroprogrammierbare Arithmetisch Logische Einheit eines Computers als Schaltwerk

Das Verständnis von Schaltnetzen und Schaltwerken (eigentlich bereits jenes von Gattern und Flipflops) reicht aus, um eine Vorstellung darüber zu vermitteln, wie ein Computer arbeitet. Nachfolgend soll das zentrale Arbeitsprinzip unter Verwendung der bereits eingeführten Begriffe beispielhaft (es wird nur die Addition behandelt, bei anderen Befehlen gilt analoges) kurz erläutert werden.

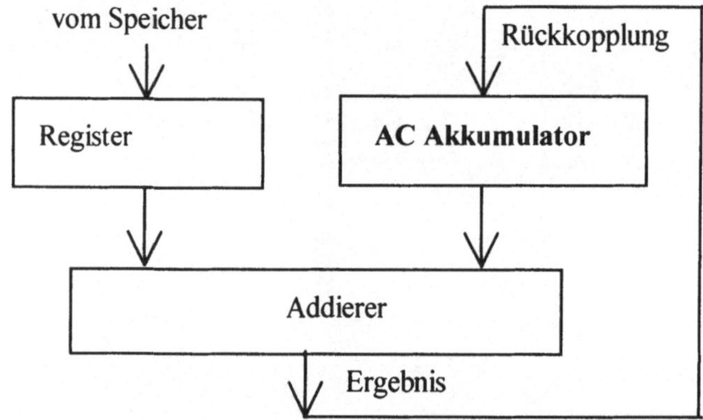

Abb. 5.25: Die Durchführung der Addition in einem Computer

Für die Durchführung der Addition in einem Rechner führt das Rechenwerk mehrere Operationen aus. Durch einen Transportbefehl wird der 1. Operand in ein spezielles Register, das Arbeitsregister - oder auch Akkumulator genannt - geladen. Ein Speicher-Register übernimmt aus dem Speicher den 2. Operanden. Das Rechenwerk (Addierer) führt die Rechenoperation aus und liefert das Ergebnis in den Akkumulator zurück.

Am Beispiel eines Addierers wurde bereits im Kapitel über Schaltnetze gezeigt, dass mit Gatterschaltungen ein Addierwerk, ein Paralleladdierer, aufgebaut werden kann. Beim Paralleladdierer ist für jede Binärstelle ein Volladdierer zuständig ist. Grundsätzlich kann ein Addierwerk auch seriell realisiert werden. Das kann mit einem Schaltwerk erfolgen, wobei der Übertrag ein Zustand ist und im Falle von logisch „1" ein entsprechend anderes Ergebnis liefert, als im Falle von Logisch „0". Auch der Addierer für eine Stelle muss nicht wie schon gezeigt aus Gattern aufgebaut werden, sondern kann als Automat realisiert werden, wobei hierfür eine entsprechende λ und δ Tabelle „programmiert" wird.

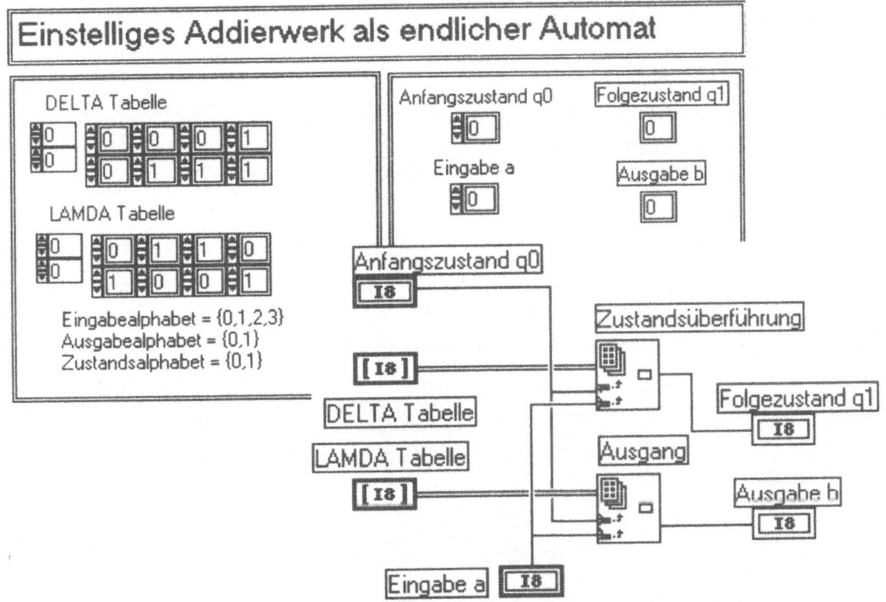

Abb. 5.26: Ein einstelliges Addierwerk als endlicher Automat (LabVIEW Programm)

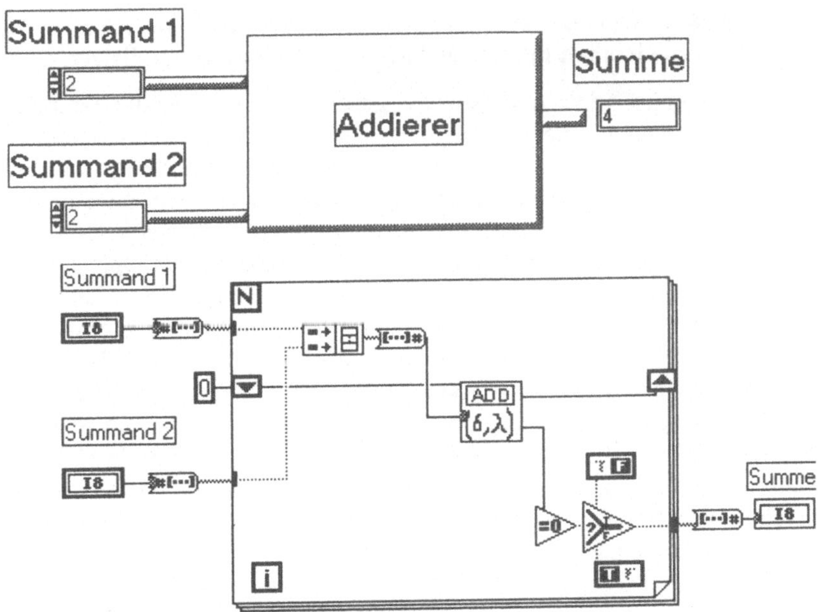

Abb. 5.27: n-stelliges serielles Addierwerk als LabVIEW Programm

Auf diese Art und Weise kann ein sehr universelles Rechenwerk geschaffen werden, welches ihre Funktionalität durch entsprechende Eintragungen in die λ und δ Tabelle erhält. Neben Tabelleneintragungen für die Addition können solche für andere Funktionen erfolgen. Man kann in ein und die selbe Automatenschaltung durch Belegung von mehr Tabellenplatz mehr Funktionen einprogrammieren. Man spricht von Mikroprogrammierung.

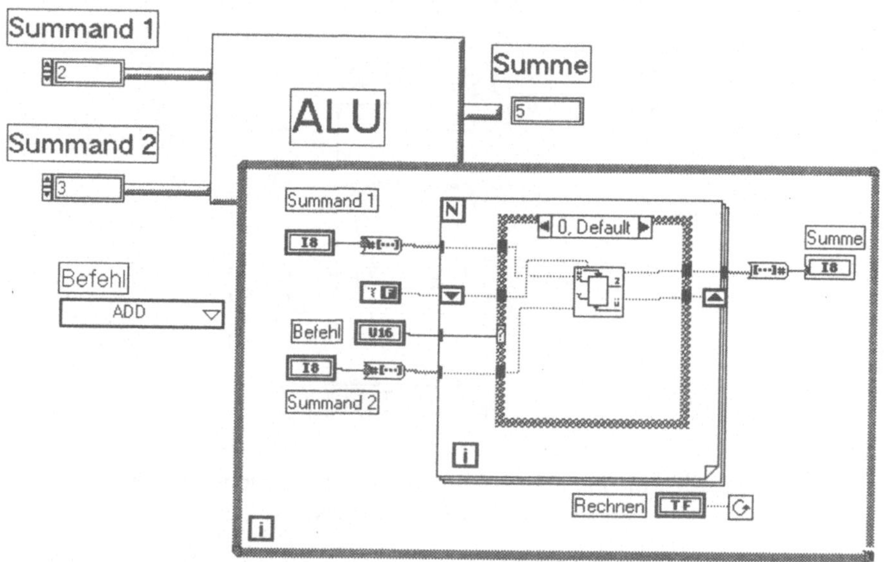

Abb. 5.28: Das Prinzip einer seriell arbeitenden Arithmetisch Logischen Recheneinheit mit einem LabVIEW Programm realisiert

Am Beispiel eines Addierwerkes wurde gezeigt wie eine wichtige Grundfunktion eines Digitalrechners aus noch einfacheren schaltungstechnischen Grundfunktionen aufgebaut werden kann. In ähnlicher Weise kann man zeigen, dass die Subtraktion, Multiplikation, Verschiebe- und andere Operationen implementiert werden können. Darauf weiter einzugehen würde den hier gegebenen Rahmen jedoch sprengen. Wichtig ist, dass gezeigt wurde, dass für die Durchführung von Operationen „Prozessoren" aus elementaren Komponenten (UND, ODER, NICHT - Gatter, endliche Automaten oder Schaltwerke) gebaut werden können, die in der Lage sind Daten zu verarbeiten (Datenprozessoren). Für diese Bearbeitung muss der Ablauf der Verarbeitung jedoch noch gesteuert werden (Steuerwerk - Steuerprozessoren). Formale Basis hierfür bietet die Schaltalgebra. Die Elektronik (insbesondere Mikroelektronik) bietet leistungsfähige Komponenten für die gerätetechnische Realisierung. Hierauf wird im folgenden Abschnitt kurz eingegangen. Besonders wichtig ist jedoch eine entsprechende Gesamtplanung, eine Architektur . Darauf wird im Kapitel Rechnerarchitektur eingegangen.

5.6   Technologische Grundkomponenten der Schaltungs- und Gerätetechnik von Digitalrechnern

5.6.1   Relais-Schaltungen

Jede Wirkung der Elektrizität, die sich in einer mechanischen Bewegung äußert, kann zum Schließen oder Öffnen von Kontakten ausgenutzt werden. Derartige Bauelemente werden als Relais bezeichnet, die in zahlreichen Bauformen zur Verfügung stehen. Der weitaus gebräuchlichste Relaistype ist das Gleichstromrelais. Dieses besteht aus einem Weicheisenkern, der eine oder mehrere Erregerwicklungen trägt, und einem Weicheisenanker, der mechanisch auf Kontakte oder Kontaktfedern einwirkt. Bei einigen Relaistypen wird als magnetische Verbindung zwischen Kern und Anker ein Weicheisenjoch verwendet. Nachfolgendes Bild zeigt in einer vereinfachten Skizze den Aufbau eines Rundrelais.

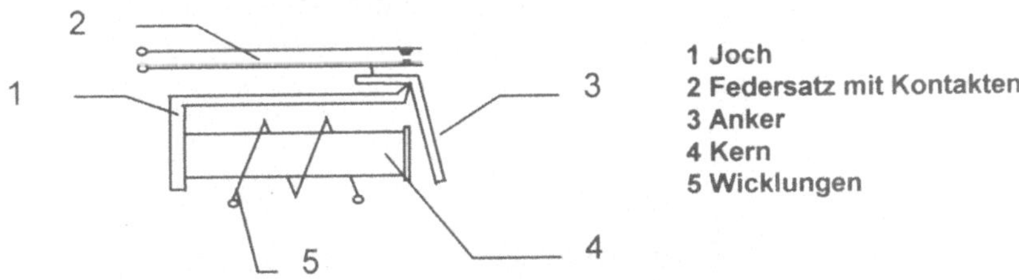

Abb. 29: Aufbau eines Rundrelais

Die Kontaktfedern bestehen aus Federblech. Sie sind an der Kontaktseite geschlitzt und zur Erhöhung der Kontaktsicherheit mit Doppelkontakten versehen. Arbeitskontakt, Ruhekontakt und Umschaltkontakt (DIN-Benennung: Öffner, Schließer und Wechsler) sind die Grundkontakte, der Kontaktform.

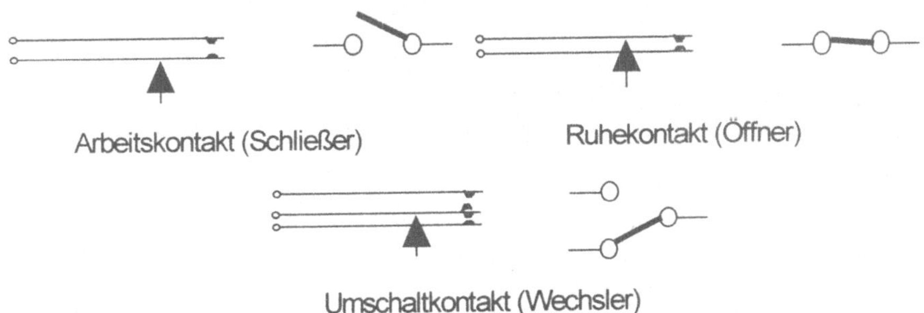

Abb. 5.30: Arbeits- Ruhe- und Umschaltkontakt: Federsätze und Schaltzeichen

Als einfachstes Grundelement logischer Schaltungen in Relaistechnologie ist die Folgeschaltung anzusehen. Das ist eine Schaltung, die lediglich zur Signalübersetzung bzw. Signalanpassung angewendet wird. Der Signalzustand am Ausgang folg direkt dem am Eingang anstehenden Signal. Diese Schaltung ist auch als Verstärker schaltung oder als Signalvervielfacherschaltung gebräuchlich, wenn z.B. die Schaltleistung des Kontaktes E nicht ausreicht, um direkt einen Verbraucher zu schalten, oder wenn der Kontakt mehrfach benötigt wird.

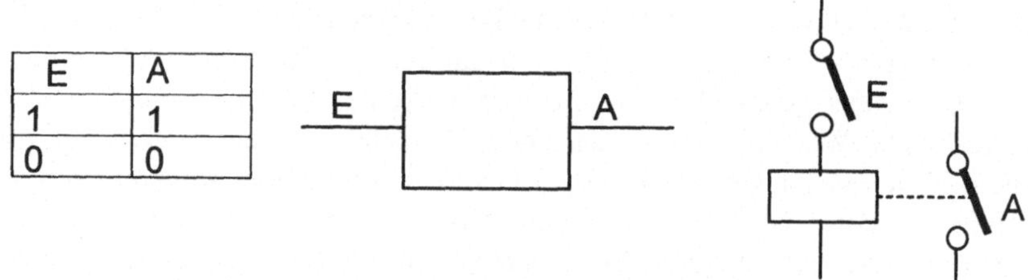

Abb. 5.31: Folgeschaltung in Relaistechnologie

Muss die Funktion eines Kontaktes „umgedreht" werden, so wird nachfolgend abgebildete Schaltung eingesetzt. Es ist die NICHT Schaltung oder Inversions-Schaltung in Relaistechnologie.

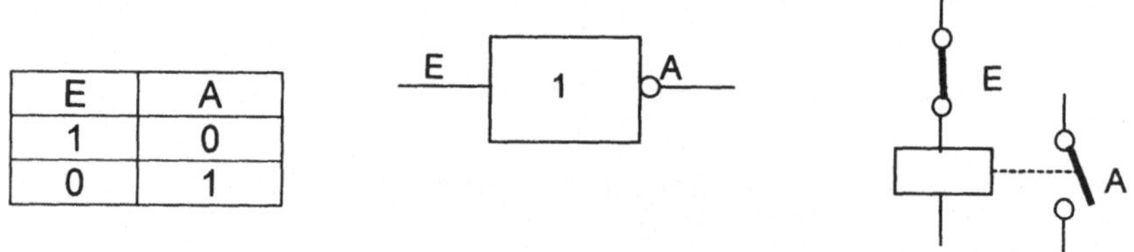

Abb. 5.32: Nicht oder Inversions-Schaltung

Auch Schaltungen für die logische UND und ODER Funktionen in Relaistechnik lassen sich einfach realisieren.

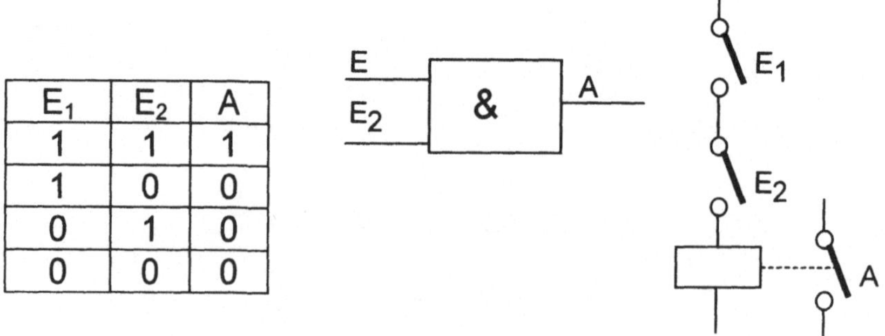

Abb. 5.33: UND Schaltung in Relaistechnologie

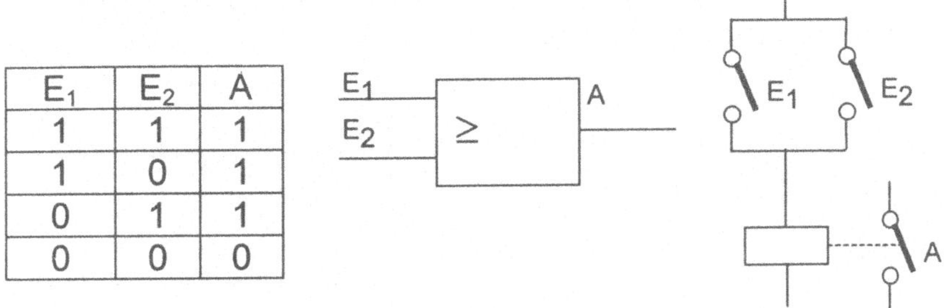

Abb. 5.34: ODER Schaltung in Relaistechnologie

In Relaistechnik lassen sich jedoch auch Speicherschaltungen realisieren, wie nachfolgendes Bild zeigt

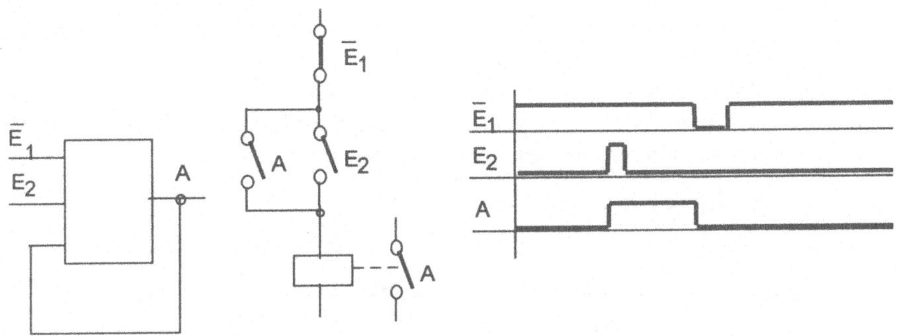

Abb. 5.35: Speicher in Relaistechnik

5.6.2   Dioden-Schaltungen

Elektronenröhren wurden nach ihrer Erfindung ursprünglich hauptsächlich als Gleichrichter für Wechselspannungen, als Dioden und als analoge Bauelemente für die Verstärkung von Sprachsignalen eingesetzt (Telefonie, Radio,...). Sie wurden als elektronische Komponenten jedoch sehr bald auch für die Digitaltechnik und die Rechnertechnik eingesetzt. Elektronenröhren stellen die zentrale und bahnbrechende Erfindung für die Elektronik dar, die sich nach der Erfindung des Transistors enorm entwickelt hat. Elektronenröhren sind relativ groß und störungsanfällig. Sie erfordern eine komplizierte und aufwändige Herstellungstechnik und relativ viel „Hilfsenergie" für den Betrieb. Transistoren, als Festkörper-Komponenten ermöglichen erweiterte Einsatzmöglichkeiten gegenüber Elektronenröhren, bei wesentlich besseren Merkmalen in fast allen Bereichen.

Dioden sind elektronische Bauelemente, die ursprünglich mit Elektronenröhren, nun jedoch aus Halbleitern hergestellt werden. In Diodenschaltungen nutzt man das von der Richtung der angelegten Spannung abhängige Stromleitungsverhalten von Dioden aus. Je nach Art des Diodennetzwerkes und abhängig vom Signalpegel liegen diese während des stationären Zustandes entweder in Durchlass- oder in Sperr-

richtung. Wegen des passiven Verhaltens der Diodenschaltungen (keine Verstä
kung) ist die Größe des logischen Netzwerkes begrenzt.

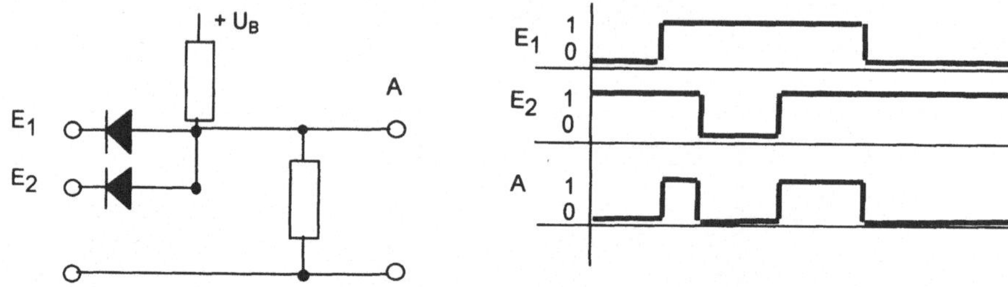

Abb. 5.36 UND Diodengatter (Schaltung und Signal-Zeitdiagramm)

Bei jeder Änderung des Ausgangspotentials der Schaltung treten Zeitverzögerur
gen durch Ladevorgänge auf, die eine Verschiebung bzw. Abflachung des Aus
gangsimpulses zur Folge haben. An diesem Vorgang sind das Zeitverhalten de
Dioden und die Schaltkapazitäten beteiligt. Beim Einsatz schneller Schaltdiode
überwiegt der Einfluss der Schaltkapazitäten, die man sich parallel zum Ausgan$_t$
liegend vorstellen kann. Daraus ergeben sich Beschränkungen in der maximale
Schaltfrequenz für die Gatter eingesetzt werden können.

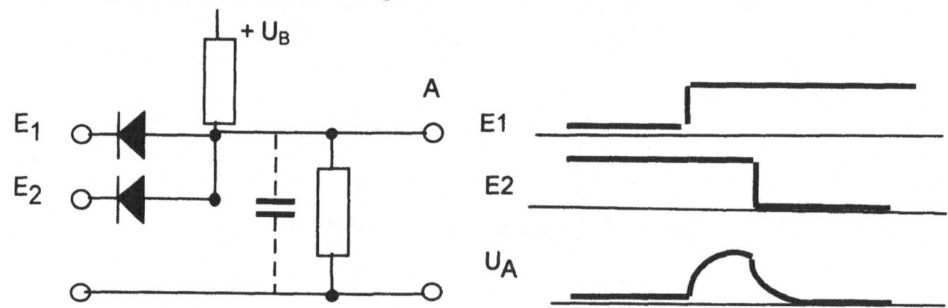

**Abb. 5.37: Übergangsverhalten eines UND Diodengatters (Spannungsverlauf
am Eingang und Ausgang)**

Mit Dioden und Widerständen kann man die Negation (NICHT Funktion) nich
realisieren. Dadurch beschränkten sich die mit Dioden-Schaltungen auszuführender
logischen (Booleschen) Verknüpfungen auf die UND Verknüpfung (Konjunktion
und die ODER Verknüpfung (Disjunktionen) und daraus gebildete Kombinationen.

5.6.3   Transistor-Schaltungen

Der Transistor ist ein aktives Bauelement und ermöglicht die Verstärkung von elek-
rischen Signalen. Für digitale Schaltungen lassen sich mit Hilfe von Transistoren
vielfältige Schaltstufen aufbauen. Transistoren sind die zentralen Bauelemente der
Halbleitertechnik. Halbleiter sind 4-wertige Elemente (Germanium, Silizium). Der
für die Elektronik wichtige Halbleitereffekt basiert auf Grenzschichtprozessen im
Bereich unterschiedlich dotierter (gezielt verunreinigter) Halbleiterbereiche: Emitter,
Kollektor, Basis. Werden 5-wertige Störatome in einen Halbleiterbereich eingebracht, entsteht ein Elektronenüberschuss, ein Überschuss an Elektronen oder negativen Ladungsträgern (n-Dotierung). Bei 3-wertigen Störatomen entsteht ein Mangel

an Elektronen, oder ein Überschuss positiver Ladungsträger (p-Dotierung). Zwei Grundtypen von Transistoren werden unterschieden:

- Bipolare Transistoren (pnp oder npn Transistoren)

- Unipolare Transistoren (Feldeffekt-Transistoren FET)

Die enormen Fortschritte der Mikroelektronik gehen insbesondere auf Erfolge im Bereiche von FETs zurück (MOS FET, CMOS FET). Charakteristisches Merkmal für FET Schaltungen in integrierter Technologie ist, dass nicht nur aktive, sondern auch passive Bauelemente durch FETs realisiert werden können. Ich möchte hier jedoch nicht weiter darauf eingehen, sondern lediglich beispielhaft Grundschaltungen mit bipolaren Transistoren anführen.

Der Transistor wird in einer Schaltstufe zumeist in Emitterschaltung betrieben. Er arbeitet während des stationären Zustandes entweder im Sperrbereich oder im Übersteuerungsbereich. Eine Grundschaltung einer Transistorschaltstufe ist in nachfolgendem Bild dargestellt.

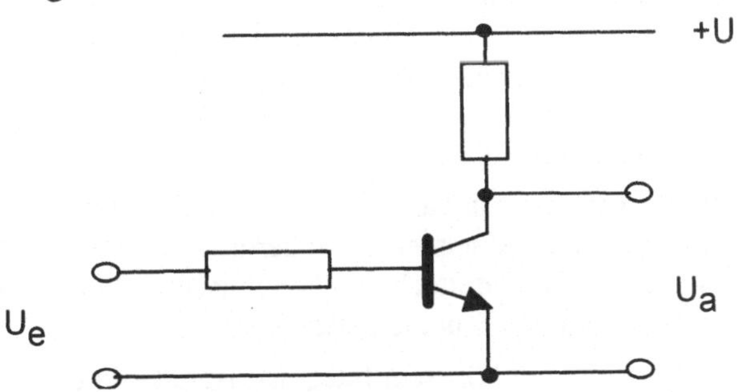

Abb. 5.38: Grundschaltung einer Transistorschaltstufe in Emitterschaltung

Das Funktionsverhalten eines Transistors lässt sich sehr anschaulich mit Hilfe von Transistorkennlinienfeldern veranschaulichen, wir wollen darauf jedoch verzichten und uns mit einer verbalen Kurzbeschreibung begnügen.

Im „lokalen Bereich" eines Arbeitspunktes bei einer Transistorschaltung wird annähernd lineares Verstärkungsverhalten im Zusammenhang von Eingangs- und Ausgangsspannung erreicht. Im Übersteuerungsbereich ergibt sich extrem nichtlineares Verhalten, der Transistor arbeitet als Schalter. Liegt am Eingang eine positive Spannung U_e (1-Signal) an, wird der Transistor leitend und es fließt Strom, sodass die Ausgangsspannung U_a niedrig wird (0-Signal). Liegt jedoch keine Spannung am Eingang an U_e (0-Signal), wird der Transistor gesperrt und es fließt kein Strom und die Ausgangsspannung U_a wird hohes Potential annehmen (1-Signal). Diese sehr vereinfachte Beschreibung bringt eine wichtige Eigenschaft von Transistorschaltstufen zum Ausdruck, die Signalumkehr. Es lassen sich somit sehr einfach NICHT Funktionen mit Transistoren realisieren.

5.6.3.1 Transistorschaltkreise

Mit Diodenschaltkreisen lassen sich logische UND und ODER Verknüpfungen einfach realisieren. Die NICHT Funktion lässt sich jedoch nicht erzeugen. Außerdem nimmt bei reinen Diodenschaltkreisen in jeder Stufe die Signalspannung und auch der verfügbare Strom ab, sodass nach zwei bis drei Stufen eine verstärkend Schaltung erforderlich wird. Als verstärkende Elemente bieten sich Transistoren ar die in ihrer Grundschaltung als Schalter überdies den Vorteil bieten, auch die Nega tion von Signalen durchführen zu können. Durch seine nichtlineare Kennlinie ist de Transistor aber auch in der Lage selbst eine Diskriminierung zwischen Null- unc Einssignal durchzuführen, sodass er gleichzeitig als Verknüpfungs- und Verstär kungselement eingesetzt werden kann.

Die enormen Fortschritte der Halbleitertechnologie (insbesondere durch die be sondere Fertigungstechnologie) haben zu einer Unzahl von möglichen „Schaltkreis familien" geführt. So ist der Aufbau von Schaltkreisen mit

> - diskreten Bauelementen (ab 1951),
>
> - Dickschicht/Dünnschichttechnik oder
>
> - monolithischen integrierten Techniken (ab 1960) möglich.

In den letzten Jahren haben sich in immer größerem Umfang integrierte Schaltun gen auf der Basis von bipolaren (TTL, ECL) und unipolaren (MOSFET - NMOS, CMOS, HMOS) Transistoren durchgesetzt. Für den anwendenden Ingenieur ist es durchaus wichtig, die technologischen Gegebenheiten kennenzulernen, auf dener die Möglichkeiten zur Herstellung der integrierten Schaltungen basieren.

Unter dem Begriff Mikroelektronik hat der Teilbereich der Elektronik, der die Re alisierung von Schaltungen und Systemen mit außerordentlich hohem Miniaturisie rungsgrad auf der Basis der Halbleitertechnik ökonomisch und mit hoher Zuverläs sigkeit gestattet, immer mehr an Bedeutung gewonnen.

Die Entwicklung führt zu immer höherem Integrationsgrad - darunter versteht man die Anzahl der Funktionselemente auf einem Halbleiterchip - bei gleichzeitiger Verbesserung der technischen Parameter. Ausgangspunkt dieser Entwicklung war Anfang der sechziger Jahre die Realisierung von Schaltungen

- mit niedrigem Integrationsgrad **(Small Scale Integration - SSI).** Es folgten Schaltungen

- mit mittlerem Integrationsgrad (Medium Scale Integration - MSI) und bereits ab Anfang der siebziger Jahre Schaltungen

- mit hohem Integrationsgrad (Large Scale Integration - LSI), der sich die Schaltungen

- der Großintegration (Very Large Scale Integration - VLSI; Ultra Large Scale Integration - ULSI; Super Large Scale Integration - SLSI; Extra Large Scale Integration - ELSI; Giga Large Scale Integration - GLSI) anschlossen.

1960 wurde als Ausgangspunkt dieser Entwicklung 1 Gatter pro Chip realisiert. 1975 waren es bereits etwa 50.10^3 Transistoren pro Chip, die integriert hergestellt werden konnten. Das entspricht als Zuwachs einer jährlichen Verdoppelung des Integrationsgrades. Die ständige Vergrößerung des Integrationsgrades stellt hohe Anforderungen an die Weiterentwicklung hinsichtlich der Strukturverkleinerung der Funktionselemente, der Chipvergrößerung sowie der Verbesserung der Methoden des Schaltungsentwurfs. Wesentliche Bedeutung hat auch die technologische Weiterentwicklung der Halbleitertechnik.

5.6.3.2   Dioden-Transistor-Logik (DTL)

Durch Kombination der schon erwähnten Widerstands-Dioden-Gatter mit Transistoren entstanden die Dioden-Transistor-Logik-Gatter (DTL Familie), die im Prinzip wie folgt aufgebaut sind:

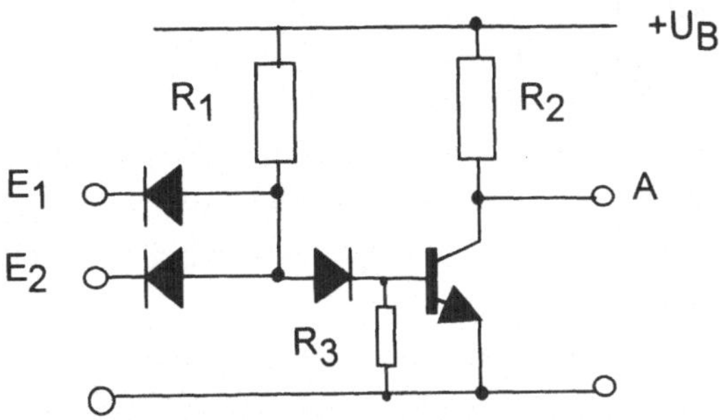

Abb. 5.39: Prinzip der Dioden-Transistor-Logik (DTL - Grundeinheit - für NAND Verknüpfung in positiver Logik

Für eine solche Schaltung gilt: Beim Anliegen positiver Spannungen an den Eingängen E_1 und E_2 sperren beide Eingangsdioden. Damit wird über den Spannungsteiler R_1, R_3 der Transistor leitend. Der Ausgang A liegt auf einem Niveau von ca. 0 Volt. Wird nun einer der beiden oder werden beide Eingänge an ca. 0 Volt gelegt, so sperrt der Ausgangstransistor. Am Ausgang A erscheint dann eine positive Spannung. Die realisierte Funktion entspricht der NICHT UND (NOT AND = NAND) Funktion bei positiver Logik (1 für hohe Spannung, 0 für niedrige Spannung)

5.6.3.3   Transistor-Transistor-Logik (TTL)

Auch bei der im nachfolgenden Bild gezeigten Schaltung ist eine Ähnlichkeit mit der DTL festzustellen, denn für die Eingangszuleitungen werden die Emitterstrecken von Transistoren verwendet. In monolithischer Technik werden zur Realisierung der TTL Schaltung als Eingänge Transistoren mit mehreren Emittern aufgebaut.

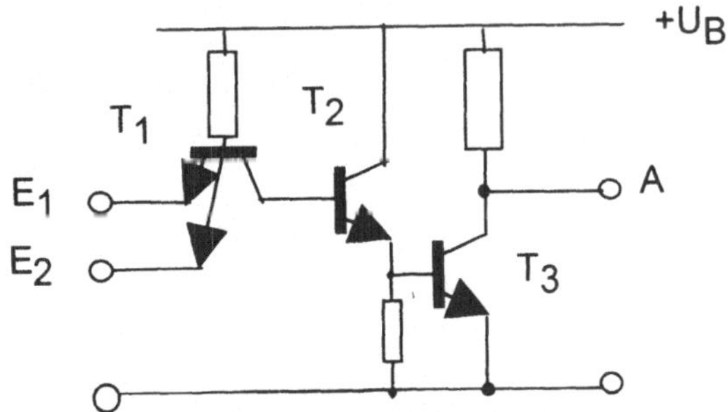

Abb. 5.40: Schaltungseinheit einer TTL Stufe für NAND in positiver Logik

Die Funktionsweise der Schaltung ist folgende: Liegt an einem der beiden Eingänge E_1 und E_2 Nullpotential, so wird die entsprechende Kollektor-Emitterstrecke des Transistors T_1 leitend. Die Basis des folgenden Transistors T_2 wird gegen 0 Volt gezogen; er sperrt. Damit sperrt dann auch der Ausgangstransistor T_3.

Erst wenn beide Eingänge von T_1 zugleich auf positiver Spannung liegen, wird de Ausgangstransistor T_2 leitend und der Ausgang A liegt (praktisch) auf Nullpotential.

In den (Logik-)Schaltkreisfamilien müssen die Transistoren in den übersteuerte Betriebszustand gefahren werden, wenn sie leitend werden sollen. Beim Umschalte treten Probleme des Abflusses von überschüssigen Ladungsmengen auf, die zu zeit lichen Verzögerungen führen. In dieser Hinsicht verhält sich die TTL Familie we sentlich günstiger als DTL Schaltungen.

Die TTL Schaltung stellt im Vergleich zu anderen Logikfamilien einen besonder. günstigen Kompromiss dar. Er lässt sich etwa durch folgende Fakten beschreiben:

- Das NAND Gatter stellt ein gutes Optimum zwischen Leistungsverbrauch und Verzögerungszeit dar.

- Der Mehremittertransistor hat hohe Schaltgeschwindigkeit und fertigungstechnische Vorteile.

- Die Abmessungen der Strukturen ließen ständig komplexere Schaltungen realisieren. Der Schwerpunkt der TTL Schaltungen liegt bei mittleren Integrationsgraden, wo sich noch recht universelle Bausteine herstellen lassen.

- Die Anpassungsfähigkeit hat inzwischen zu Baureihen mit unterschiedlicher Daten geführt, die aber untereinander weitgehend kompatibel sind.

- Für die TTL Schaltkreise gibt es ein umfangreiches Sortiment von Anpassungsschaltungen zu anderen Logikfamilien.

Das Störverhalten von logischen Schaltungen ist von besonderer Wichtigkeit und steht in engem Zusammenhang mit den elektrischen Eigenschaften der gewählter Schaltungen aber auch mit der Festlegung der Signalzustände. In der Regel akzeptieren TTL Schaltglieder Spannungen im Bereich von 0 bis 0,8 V als logisches 0-Signal, Spannungen zwischen 2 bis 5 V als logisches 1-Signal. Dazwischen liegt eir unzulässiger Bereich, der Störabstand. Unter ungünstigsten Bedingungen, im „worst case" sind die Signalzustände und damit der Störabstand für Eingangs- und Ausgangsglieder noch enger festgelegt wie im nachfolgenden Bild dargestellt ist.

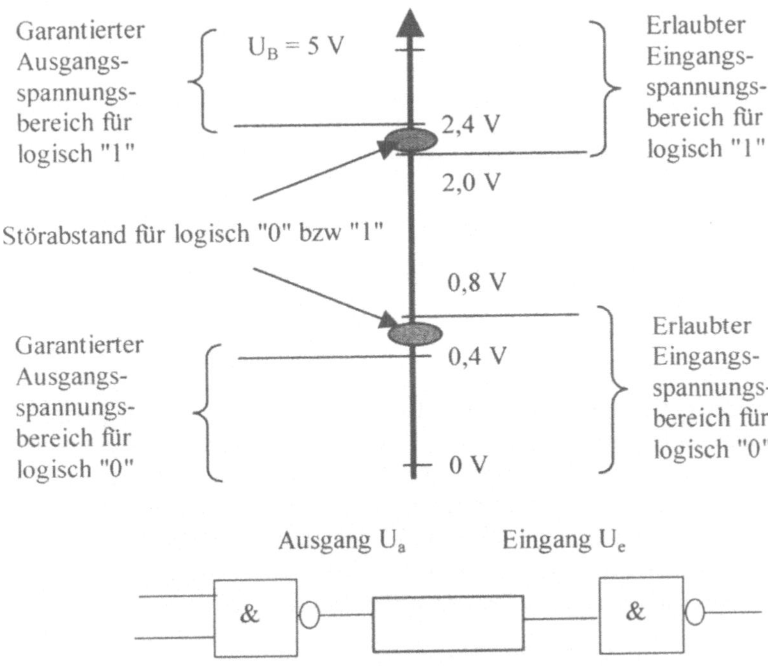

Abb. 5.41: Erlaubte TTL-Signalzustände

5.6.3.4 *Emitter-gekoppelte Logik (ECL)*

Werden nun sehr schnelle bipolare Schaltungen verlangt, dann müssen Übersteue-rungen der Transistoren vermieden werden. Solche Schaltungen können nach dem Prinzip emitterverkoppelter Verstärkerstufen aufgebaut werden. Eine Logikfamilie, die nach diesem schaltungstechnischen Grundprinzip gemäß aufgebaut ist, wird ECL (Emitter-gekoppelte Logik) genannt.

5.6.4 Mikroelektronik

Treibende Kräfte und technologische Konsequenzen der Entwicklung monolithischer Schaltungstechniken

Die Entwicklung der Elektronik entspricht einem allgemeinen Trend der Technik zu immer komplexeren und damit leistungsfähigeren Systemen. Diese Entwicklung entspricht offensichtlich dem allgemeinen Gesetz der Evolution, wie es insbesondere bei der Entstehung des Lebens und der Bildung der Arten durch immer komplexere, höhere Lebewesen gegeben ist. Eine solche Entwicklung führt in der Technik zu Konsequenzen, die durch folgende Faktoren für die Bauelemente gekennzeichnet werden können:

- Erhöhung der Zuverlässigkeit

- Erhöhung der Funktionsdichte

- Verkleinerung der Struktur und des Volumens

- Verringerung des Energieverbrauches

- ökonomische Massenfertigung, günstiges Preis - Leistungsverhältnis

- universelle Bauelemente bzw. Vielfalt von Bauelementen

- Erhöhung der Leistungsfähigkeit.

Bei dieser Aufstellung gilt die Reihenfolge des Aufzählens zugleich als Rangfolg der Wichtigkeit.

Zuverlässigkeit

Die Zuverlässigkeit technischer Geräte ist eine statistische Größe und wird im we-sentlichen durch die Zuverlässigkeit der verwendeten Komponenten bestimmt. Fü diskrete elektronische Bauelemente liegen Ausfallsraten etwa im Bereich 10^{-5} bis 10^{-9} h^{-1} vor. Mit Hilfe der Ausfallsraten lässt sich die MTBF (mean time betweer failures) bestimmen. Sie gibt an, wie groß im Mittel die Betriebszeit zwischen zwe aufeinanderfolgenden Ausfällen ist. Sind N Bauelemente mit der für alle Bauele-mente gleich angenommenen Ausfallrate vorhanden, so gilt:

$$MTBF = \frac{1}{N.\lambda}$$

Mit dieser einfachen Formel lassen sich wichtige Überlegungen für die Einsatzbe-reitschaft von Geräten anstellen. Werden z.B. 10^5 diskrete Bauelemente zu einem Gerät verschaltet (das ist bereits Stand der Technik bei VLSI Bauelementen au einem Chip), so ist bei einer Ausfallsrate von 10^{-5} h^{-1} mit einer MTBF von nur 1 Stunde zu rechnen. (Wobei hier die Ausfallsrate der Kontaktstellen noch nicht be-rücksichtigt ist, die im allgemeinen größer ist als die von diskreten Bauelementen.)

Bei Geräten, von deren Funktionieren das Leben von Menschen (Navigationselek-tronik in Flugzeugen oder auf Schiffen) oder der Erfolg großer Unternehmen ab-hängt, ist dies kurze mittlere gesicherte Betriebszeit bzw. diese hohe Ausfallswahr-scheinlichkeit nicht tragbar. Will man trotzdem solche Geräte bauen, muss man die Anforderungen an die Bauelemente steigern, eine Entwicklung die die Mikroelekt-ronik gebracht hat.

Im nachfolgenden Bild sind die relativen Ausfallsraten verschiedener elektroni-scher Technologien dargestellt.

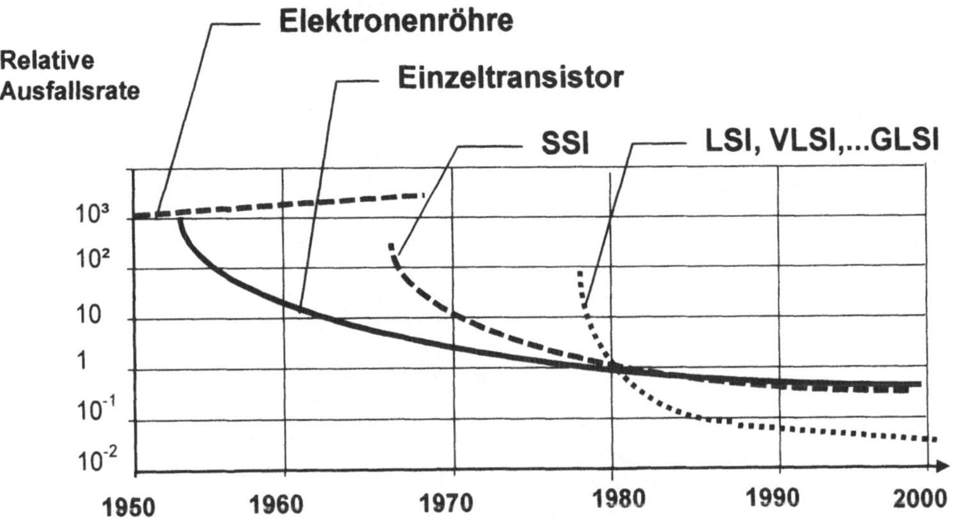

**Abb. 5.42: Relative Ausfallsrate der Komponenten bei
elektronischen Bauelementen**

Funktionsdichte

Der hohe Integrationsgrad der monolithischen VLSI Technik brachte aber auch eine steigende Komplexität der Halbleiterbausteine, die mehr und mehr in den Bereich von Geräten und Systemen hineinwachsen. Nachfolgendes Bild zeigt die Verzehnfachung der Anzahl aktiver Bauelemente (Funktionen) je Chip alle fünf Jahre.

VLSI Bausteine mit 100 000 und mehr Transistorfunktionen auf einem Chip sind keine Bausteine im klassischen Sinne mehr (Widerstände, Transistoren ...) sondern bereits Geräte, Systemteile bzw. Systeme. Die Erhöhung dieser Funktionsdichte kommt auch der Forderung der Steigerung der Zuverlässigkeit der Elementarfunktionen entgegen.

Das Gesetz von Gordon E. Moore: Bereits 1965 hat Gordon E Moore, Mitbegründer der Firma INTEL beobachtet (seither als nach ihm benanntes Gesetz formuliert), dass sich die Komplexität der Chips, die Anzahl der Transistoren, alle 18 bis 24 Monate verdoppelt, und sagte für die Zukunft exponentielles Wachstum voraus. Dieses „Mooresche Gesetz" hat mittlerweile über Jahrzehnte hinweg eine beachtliche Gültigkeit behalten.

Der von Intel 1971 auf den Markt gebrachte 4 Bit Mikroprozessor 4004 enthielt als Chip 2.300 Transistoren mit einer Strukturgröße von 10 μm auf einer Chipfläche von 12 mm². Nachdem davon auszugehen ist, dass diese Entwicklung zumindest bis 2010 anhalten wird, kann erwartet werden, dass um 2010 1 Milliarde Transistoren pro Chip Realität sein werden.

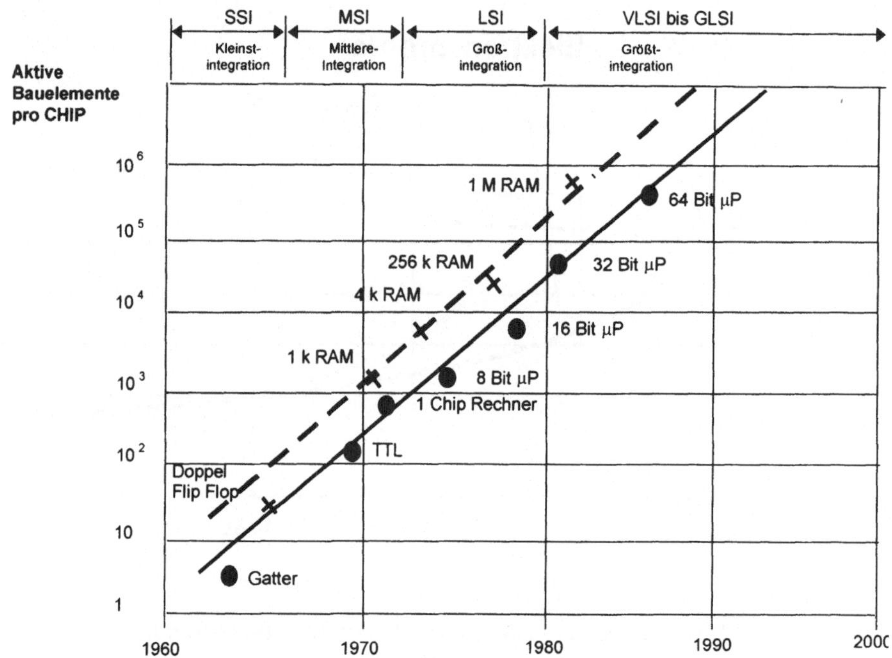

**Abb. 5.43: Zeitliche Entwicklung der Integrationsdichte
integrierter Schaltungen**

<u>Verkleinerung der Struktur und des Volumens</u>

Um 1952 benötigte man für ein Flipflop (elementare Speicherzelle) in Röhren-bauweise etwa 5 mal 10^{-4}m³ Raumbedarf. Das entsprach einer Speicherdichte von 2.10^3 Bit/m³. 1975 waren auf einem 6x3x2 mm³ großen Siliziumplättchen bereits 1024 Flipflops integriert, was einer Speicherdichte von 3.10^{10} Bit/m³ entsprach. Bei integrierten Schaltungen sind die einzelnen Bauelemente also nicht mehr zu handha-ben. Die Strukturbreite auf dem Halbleiterkristall ist bereits in der Größenordnung von µm, und alle 5 Jahre ist gegenwärtig eine Verdopplung der Strukturdichte fest-zustellen

<u>Energieverbrauch</u>

Der erste leistungsfähige elektronische Großrechner, der ENIAC (Electronic Nu-merical Integrator And Calculator) wurde 1945 gebaut, bestand aus etwa 20 000 Elektronenröhren und hatte einen Energiebedarf von 150 000 Watt. 1978 wurden Ein-Chip-Mikrocomputer angeboten mit etwa 20 000 Transistorfunktionen und einem Energieverbrauch von nur 1 Watt. Wahrlich eine gigantische Evolution.

Bei hochintegrierten elektronischen Bauteilen besteht eine Grenze bezüglich der Wärme, die von diesem Baustein abgeführt werden kann. Diese liegt bei ca. 10 Watt. Je nach Halbleitertechnologie fallen pro elementarem Schaltglied 10^{-6} bis 10^{-4} Watt Wärmeverlustleistung an. Eine Erhöhung der Packungsdichte ist also nur bei gleichzeitiger Verringerung der Leistungsaufnahme möglich. In der CMOS Technik

(Complementary MOS Technik) konnte man die Wärmeverlustleistung pro Schalt-glied bereits auf 10^{-7} Watt senken.

Kosten

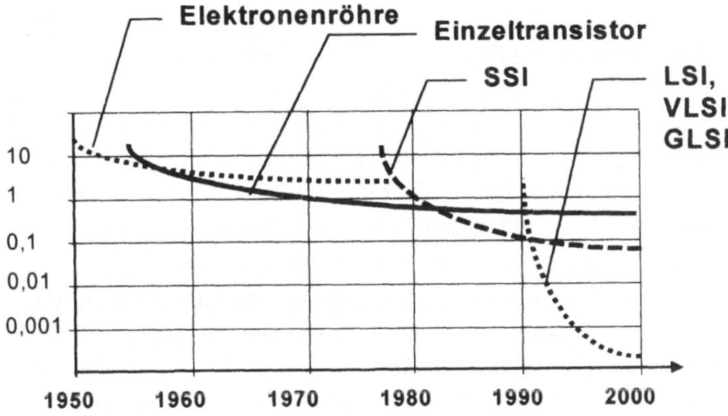

Abb. 5.44: Kostenentwicklung elektronischer Bauelemente

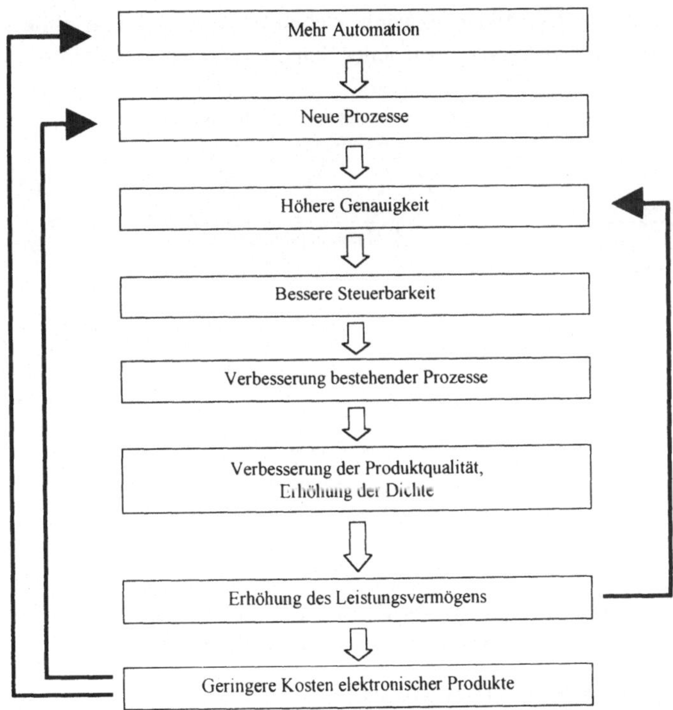

Abb. 5.45: Die Mikroelektronik als treibende Kraft im Bereich von Informations- und Automatisierungsprozessen (ein positiv rückgekoppelter Regelprozess)

Die Entwicklung der Mikroelektronik ist vor allem als qualitative Evolution z verstehen, die mit ihren Anwendungen im Mittelpunkt einer grundlegenden Reorga nisation der Produktions- und Verwaltungsstrukturen in den fortgeschrittenen In dustrieländern steht. Diese Aussage stützt sich nicht nur auf die Produktivitätssteige rungen, die der Mikroelektronik als neue „Supermaschine" zu verdanken sind, son dern auch auf die rapide sinkenden Kosten für mikroelektronische Bauteile, wo durch sich grundlegend neue Dimensionen für die technische Machbarkeit von „Ma schinen" eröffnen. Intelligente (künstlich intelligente, technisch intelligente) Ma schinen und Steuerungen werden nicht nur immer zuverlässiger, kleiner, leistungs fähiger und energiesparender, sondern vor allem auch immer billiger. Hochkomple xe mikroelektronische Schaltkreise (Chips) können durch automatisierte Produkti onstechnologien bei großen Stückzahlen extrem kostengünstig hergestellt werden.

Die Mikroelektronik hat im Bereich der Informations- und Automatisierungstech nik zu einer Vielzahl positiver rückgekoppelter Wirkungskreisläufe geführt. Im nachfolgenden Bild sind einige offensichtliche dargestellt. Aus der Regelungstheorie ist hinreichend bekannt, dass positive Rückkoppelung zu Aufschauklungsvorgänger führt. Diese sind im Umfeld der Mikroelektronik klar zu beobachten und es bleib abzuwarten, wann sich dieser Gesamtprozess zu einem stabilen, negativ rückgekop pelten Prozess entwickelt.

Schaltungstechnologien:

Dank der Erfolge der Mikroelektronik stehen heute eine große Fülle von Techno logien für die Realisierung elektronischer Schaltungen zur Verfügung.

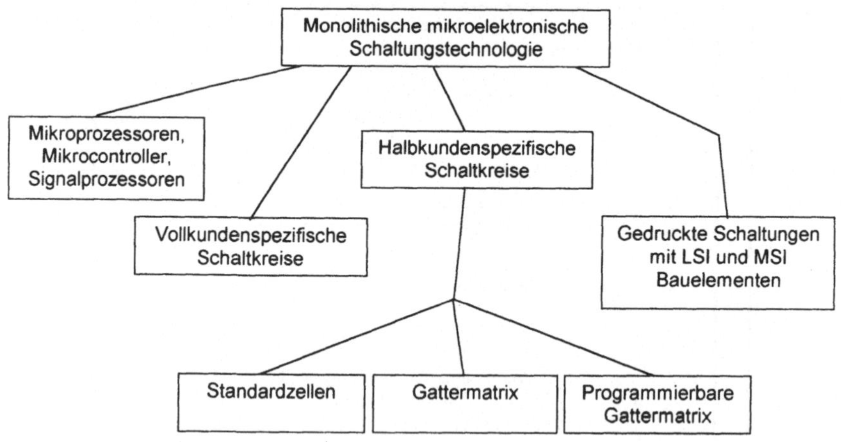

Abb. 5.46: Technologien für die Realisierung elektronischer Schaltungen mit mikroelektronischen Komponenten

Vollkundenspezifische Schaltkreise:

Diese Schaltungen werden von Grund auf (d.h. vom Transistor, Widerstand, Kon densator, Schaltwerk) nach Angaben des Kunden spezifiziert, entwickelt und produ ziert. Die Aufwendungen (Entwicklungskosten) richten sich individuell nach jedem einzelnen entwickelten Bausteintyp und sind relativ hoch. Ergeben sich Änderungen auf Grund falscher oder sich ändernder Spezifikationen, können sich die Kosten wesentlich erhöhen. Vollkundenspezifische Schaltkreise werden gegenwärtig nur bei sehr hohen Stückzahlen eingesetzt bzw. bei Anwendungen, die hohe Anforderungen stellen und an die Grenze der Technologie hinsichtlich minimaler Chipfläche, minimalem Volumen, minimaler Verlustleistung oder höchster Verarbeitungsgeschwindigkeit gehen. Solche Bausteine werden auch als ASIC bezeichnet, Application Specific Integrated Circuit.

Halbkundenspezifische Schaltkreise:

Schon sehr früh suchte man für Anwendungen, bei denen vollkundenspezifische Schaltkreise nicht wirtschaftlich bzw. leistungsmäßig nicht notwendig sind, nach ähnlichen Lösungen. Es stand die Technik der halbkundenspezifischen Schaltkreise, bei denen man beim Entwurf der Schaltung nicht bis auf die Transistorfunktion hinuntergeht, sondern auf höher aggregierte Module zurückgreift. Für den Entwurf dieser Schaltkreise spielen CAD (Computer Aided Design) Verfahren eine große Rolle. Vor allem drei Klassen von Verfahren werden unterschieden:

- Standardzellen-Verfahren: Eine Reihe von Funktionen sind in Form von Blöcken in geometrisch definierter Art und Weise in CAD-Bibliotheken enthalten. Durch Zusammenschalten mehrerer Funktionsblöcke wird eine Kundenschaltung realisiert.

- Gattermatrix-Verfahren (Gate Arrays): Die Struktur einer Gattermatrix ist ebenfalls in einer CAD Bibliothek vordefiniert. Sie entspricht den Masken der Diffusionsschritte für den Siliziumwafer. Der Entwurfsingenieur kann die Verbindung der Gatter (die letzten Produktionsschritte, die Metallisationsmasken) kundenspezifisch durchführen.

- Programmierbare Gattermatrizen (Fusible Logic Arrays): Hierbei handelt es sich um Gattermatrizen, bei denen alle möglichen Metallverbindungen ausgeführt werden und die Bauelemente im gekoppelten Zustand dem Kunden übergeben werden. Mit entsprechenden Einrichtungen werden beim Kunden die Gattermatrizen „programmiert, d.h. es werden nicht notwendige bzw. nicht gewünschte Gatter-Verbindungen selektiv verbrannt (durch kurze, gezielte Stromstöße).

Mikroprozessoren, Mikrocontroller, Signalprozessoren:

Mikroprozessoren sind Standardbausteine und keine kundenspezifischen Produkte. Mit ihrer Hilfe lassen sich jedoch kundenspezifische Schaltungen durch eine Integration von Hardware und die Funktion bestimmender Software erzielen. Die Lösung des Kundenproblems wird also weitgehend von der Standard-Hardware auf die kundenspezifische Software verlagert. Vorteilhaft ist bei dieser Technologie der extrem niedrige Preis der in großen Stückzahlen gefertigten Hardware. Die Funktion kann einfach und rasch geändert werden.

Mit Mikroprozessoren sind jedoch meist mehrere Bauteile erforderlich um eine Funktion zu implementieren. Dies führt zu erhöhtem Flächenbedarf, größerem Energiebedarf und reduziert die Zuverlässigkeit. Die Verarbeitungsgeschwindigkeit ist bei dieser Technologie auch meist geringer als bei sämtlichen anderen.

Gedruckte Schaltungen:

Bei dieser eher klassisch zu bezeichnenden Technologie werden mit Hilfe vor Standardbauelementen in SSI, MSI und zunehmend LSI oder VLSI Technologie Schaltkreise mit gedruckten Schaltungen aufgebaut. Es ergibt sich ein hoher Flächenbedarf und die Zuverlässigkeit ist eher gering und kann bei größeren Anlager problematisch werden. Durch multilayer (Mehrebenen-) Platinen und VLSI Bauelemente ergeben sich hohe Bauteil- und Funktionsdichten. Überdies ergibt sich durch Multilayertechnik eine Reduzierung des Übersprechens, der gegenseitigen störenden Signalbeeinflussung. Die Oberflächenmontage erhöht überdies die Bauteildichte weiter und vermindert die Leiterbahnlängen. Dadurch werden Rausch- und Übersprecheffekte vermindert.

6 Rechnerarchitektur, Mikroprozessoren, Mikrocomputer

6.1 Die von Neumann Architektur

Die Bedeutung der technologischen Entwicklungen für die Fortschritte in der Automatisierungstechnik, der Rechentechnik und der Informationstechnik ist offensichtlich und unumstritten. Die enormen Errungenschaften wären jedoch undenkbar, wenn es nicht neben den rein technologischen auch Errungenschaften theoretischer Natur für die Analyse und den Entwurf von Systemen, basierend auf den zur Verfügung stehenden technologischen Komponenten, gegeben hätte. Für die analoge Elektronik sind hier insbesondere die Regelungstheorie und die lineare Systemtheorie zu nennen. Für den Bereich der Digitalelektronik und Rechnertechnik sind die mathematische Logik, die Schaltalgebra, die Schaltwerk- und Automatentheorie und die Theorie formaler Sprachen anzuführen. Die Entwicklung moderner komplexer Informationssysteme erfordert nicht nur ein solides Beherrschen und Verstehen von Theorie und Technik der Bausteinkomponenten, sondern insbesondere auch ein solides Beherrschen ihrer strukturierten architektonischen Ganzheit. Für die Struktur und Architektur moderner Rechenanlagen hat John von Neumann bahnbrechendes geleistet.

In der Computertechnik hat man sehr früh die Bedeutung einer modularen, übersichtlichen und klaren Strukturierung mit Hilfe eines Architekturkonzeptes erkannt. John von Neumanns Computerarchitektur war jahrzehntelang dominant und ist es heute noch. Das grundlegende Organisationsprinzip der meisten Computer, die gegenwärtig benutzt oder auf dem Markt angeboten werden, basiert auf dem aus den 40-er Jahren stammenden Konzept von John von Neumann, Burks und Goldstine [Neumann, 1963]. Dass ein Konzept aus der Mitte der vierziger Jahre die dramatische technologische Entwicklung der letzten Jahrzehnte (wir nennen hier nur: Elektronenröhren, Magnettrommelspeicher, Kernspeicher, Transistor, integrierte Schaltung, Großintegration von Schaltkreisen und Speicherelementen) überdauert hat, ist höchst bewundernswert und spricht für seine Bedeutung.

Wahrscheinlich ist der Hauptgrund für die Langlebigkeit des von Neumann - Architekturkonzeptes darin zu suchen, dass es eine einzigartige Verbindung von Einfachheit und Flexibilität in einem komplexen Sachverhalt darstellt. Die Einführung des Architekturbegriffes ermöglichte in der Computertechnik die wirkungsvolle Zweiteilung der Bereiche:

- Entwicklung möglichst universeller technologischer Ressourcen (Hardware, Systemsoftware),

- Festlegung der eigentlichen Problemlösung durch eir anwendungsspezifisches Programm (Anwendungssoftware).

Als typisch für eine architektonische Arbeitsweise ist die Konzentration auf die eigentliche Aufgabenstellung, die Benutzeranforderungen, zu betrachten. Davon abgeleitet erfolgt jeglicher Aufbau. Die zentralen Aufgaben eines Computers sind das Sammeln (Speichern), Verarbeiten und Darstellen (Eingabe, Ausgabe) von Information. Folgende grundlegende Komponenten sind daher in jedem Rechner erforderlich und bilden die Hardware-Betriebsmittel eines Rechners:

- Eingabe / Ausgabe Einheit (Input / Output)
- Speicher
- Kommunikationseinrichtung - Bus
- Zentrale Verarbeitungseinheit (steuern und verarbeiten)

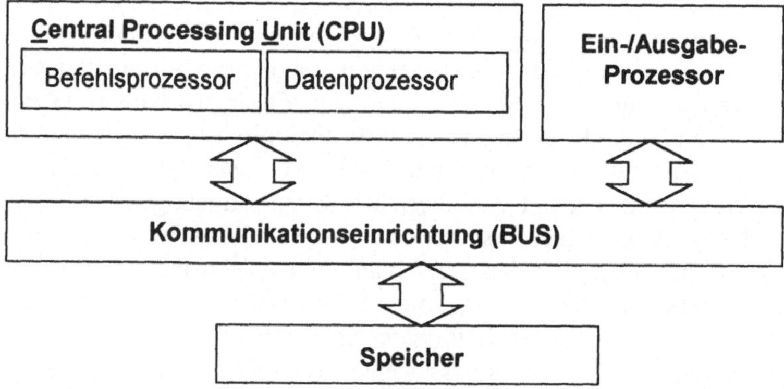

Abb. 6.1: Rechnerarchitektur: Architekturschaltbild eines von Neumann-Rechners („Princeton Computer")

Zwischen den Hardware Betriebsmitteln wie Speicher, Zentrale Verarbeitungseinheit und Eingabe/Ausgabe Einheit werden Daten über eine „Informationssammelschiene", über den Bus als Kommunikationseinrichtung ausgetauscht. Die zentrale Verarbeitungseinheit muss Befehle und Daten verarbeiten, sie wird als CPU - Central Processing Unit bezeichnet und umfasst einen Befehlsprozessor und einen Datenprozessor. Die Eingabe/Ausgabeeinheit wird auch als Ein-/Ausgabeprozessor oder I/O Prozessor bezeichnet.

Das Operationsprinzip für Rechner nach von Neumann unterscheidet drei rechnerinterne Datentypen, die als Worte von Binärzeichen jeweils gleicher Länge organisiert sind:

-        Befehle,
-        Daten,
-        Adressen

In einem Rechner werden Daten und Befehle als Datenworte oder Befehlsworte (kurz Daten oder Befehle), d.h. als entsprechende 0 - 1 Kombinationen dargestellt.

Mit der Begriffswelt der Schaltalgebra besteht ein Wort der Länge n aus n Schaltvariablen, d.h. $w = (x_1, x_2, ..., x_{n,}) \in B^n$; $B=\{0,1\}$. Die formale Schreibweise für die Länge eines Worts $w \in B^n$ lautet: $|w| = n$ (Länge von w gleich n)

In einem Rechner werden einzelne Befehle zusammengefasst und als ganze Befehlsfolgen abgespeichert, die man als Programm bezeichnet. Die Möglichkeit der Abspeicherung von Befehlsfolgen als Programme führte zum Begriff der speicherprogrammierten elektronischen Datenverarbeitungsanlagen. Ein Programm, das Daten verarbeitet, wird jeweils nach dessen Start Wort für Wort, d.h. Befehl für Befehl, vom Speicher in die zentrale Verarbeitungseinheit eingelesen und dort ausgeführt.

Jeder Rechner besitzt nun bestimmte Fähigkeiten, die durch Befehle gezielt ausgelöst bzw. eingesetzt werden. Jeder Befehl beinhaltet gewisse Mitteilungen an ein Steuerwerk zur Ausführung einer bestimmten Operation. Zur Aufnahme, Verarbeitung und Abgabe von Daten stehen grundsätzlich drei Typen von Operationen zur Verfügung:
- arithmetische Operationen
- logische Operationen
- organisatorische Operationen

Den Grundbestand an arithmetischen Operationen bilden zumindest die vier Grundrechnungsarten (Addition, Subtraktion, Multiplikation, Division). Die Summe der Operationen bildet den Befehlsvorrat eines Rechners und ist die eigentliche Grundlage für seine Programmierbarkeit (in Maschinensprache).

Als wesentliches Merkmal der „von Neumann-Maschine" ist nun zu erwähnen, dass nicht zwischen Befehls- und Datenspeicher unterschieden wird. D.h. Befehle unterscheiden nicht, ob sie Daten oder Befehle als eigentliche Daten verarbeiten. Dadurch wird es möglich, dass mit einem Computerprogramm Programme bearbeitet (z.B. von einer höheren Sprache in die Maschinensprache übersetzt) werden.

Für die Programmabarbeitung herrscht ein starres Zweiphasenschema vor:

Phase 1: Auf Grund einer durch einen Befehlszähler angezeigten Adresse wird ein Speicherzelleninhalt geholt und als Befehl interpretiert.

Phase 2: Auf Grund der im Befehl gefundenen Adresse wird ein Speicherzelleninhalt geholt und entsprechend der durch den Befehl gegebenen Vorschrift verarbeitet, wobei angenommen wird, dass dieser Speicherzelleninhalt ein Datum ist, das den im Befehl getroffenen Voraussetzungen entspricht.

Das Operationsprinzip der von Neumann Rechnerarchitektur kann also durch die wiederholte Ausführung von vier Schritten zusammengefasst werden:

       Schritt 1:   Befehl holen
       Schritt 2:   Adressrechnung
       Schritt 3:   Operand holen
       Schritt 4:   Befehl ausführen

Die Struktur einer Rechnerarchitektur ist durch Art und Anzahl der Hardware-Betriebsmittel gegeben sowie durch die Regeln für die Kommunikation und Kooperation zwischen diesen. Die hauptsächlichen Hardware-Betriebsmittel sind: Prozessoren, Speicher, Kommunikationseinrichtungen (Busse, Kanäle), Eingabe-Ausgabegeräte (E/A- bzw. I/O-Geräte).

Grosse Bedeutung kommt in einem Rechner der interner Kommunikationseinrichtung, dem Bus, zu. Unter Bus versteht man einer. Informationsweg (physikalischer Kanal) über den Daten von jeder einzelnen Quelle zu jeder einzelnen Senke übertragen werden können. Im allgemeinen gibt es mehrere Quellen und mehrere Senken. Den Bus kann man technisch auch als ein Bündel funktional zusammengehöriger Leitungen betrachten, über die Information übertragen wird. Bitparallel wird Wort für Wort übertragen. Der Bus wird manchmal als „Nadelöhr" der Rechenmaschine bezeichnet, weil er offensichtlich in jeder Aktion des Rechners einbezogen ist und somit eine kritische Nahtstelle bildet.

Wie die Prozessoren und Speicher miteinander Information austauschen erfordert gewisse Regeln, die durch die Schaltungstechnik zu realisieren sind. Die Kommunikationsregeln werden bestimmt durch sogenannte Protokolle, die, allgemein betrachtet, den Informationsaustausch zwischen den Hardware-Betriebsmitteln regeln. Die Kooperationsregeln legen fest wie die Hardware-Betriebsmittel zur Erfüllung einer gemeinsamen Aufgabe zusammenwirken (z.B.: Master-Slave-Prinzip).

Busse sind ein wesentliches Entwurfsmerkmal von Rechnern. Man unterscheidet zwischen Einbusrechnersystemen (Rechner mit einem Universalbus) und Mehrbusrechnersystemen. Bezüglich der Art von Bussen unterscheidet man zugeordnete Busse (dedicated) und nicht zugeordnete Busse (globale). Rechner nach dem ursprünglichen von Neuman Konzept verfügen über einen nicht zugeordneten Bus. Als typische Vertreter sind die „Princeton-Rechner" zu sehen wie etwa die lange Zeit sehr erfolgreichen Einbusrechner PDP 11 und VAX von Digital Equipment. Typische Beispiele von zugeordneten Rechnern sind die sogenannten „Harvard-Rechner" bei denen auch eine Trennung von Programm- und Datenspeicher vorliegen kann und die sich in einer Trennung von Befehls- und Datenbus niederschlägt. Die Busse können hierbei physikalisch oder nur funktional zugeordnet und differenziert werden.

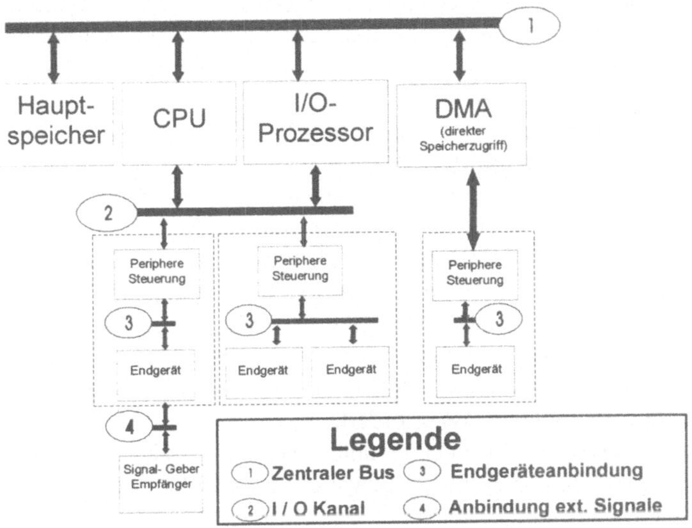

Abb. 6.2: Rechnerarchitektur mit zugeordneten Bussen

6.2   Aufbau und Funktionsweise einer CPU - Mikroprozessor und Mikrocomputer

Durch die Rechnerarchitektur ist die Struktur eines Rechners sehr klar festgelegt. Die Verarbeitung durch Schaltnetze und Schaltwerke als Gatterschaltung oder als Mikroprogramm findet in Prozessoren statt, die zu einer CPU vereinigt sind. Bis etwa Anfang der 80-er Jahre waren Computer groß und (sehr) teuer. Die wesentlichen Komponenten eines Rechners wie die CPU etc. waren physisch als eigenes Gerät erkennbar. Mittlerweilen ist es möglich geworden, einen in der Wirkungsweise einem „großen Computer" gleichen Computer, den Mikrocomputer klein und (sehr) billig zu realisieren. Mikrocomputer basieren durchwegs auf Mikroprozessoren, die in moderner VLSI-Chip Technologie gefertigt werden und bei denen die CPU zu einem einzigen Baustein des Computers geworden ist.

Am Markt sind unterschiedliche Arten von Mikroprozessoren und Mikrocomputer erhältlich. Unter einem Mikroprozessor versteht man in Abgrenzung zum Begriff Mikrocomputer den integrierten Baustein (Chip), der die CPU eines Mikrocomputers darstellt. Neben Mikroprozessoren auf einem Chip gibt es mittlerweile auch ganze Mikrocomputer auf einem Chip: Single Chip Mikrocomputer.

Der Datenverkehr im (Mikro-) Computer erfolgt über Bussysteme. Praktisch alle Mikroprozessoren arbeiten mit drei Bussystemen: Datenbus, Adressbus, Steuerbus (Kontrollbus oder Control Bus). Busse sind die Datenwege, durch die alle verbundenen Einheiten (mehrere Sender und Empfänger) verbunden sind, die eventuell an einem Datentransport teilnehmen können. Durch Steuerleitungen (Steuerbus, Control Bus, Kontrollbus) wird sichergestellt, dass bei einem

Datentransport nur ein Sender und die zugehörigen Empfänger tatsächlich an der Daten- bzw. Adressbus „angeschlossen" sind. Nach Übermittlung der Daten kann das Bussystem für eine Übertragung von einem anderen Sender zu anderen Empfängern benutzt werden.

Es gibt Mikroprozessoren, die eine Wortlänge von 4, 8, 12, 16, 32 und 64 Bit verarbeiten, wobei unter der Wortlänge die Anzahl der Bits verstanden wird, die vor einem Mikroprozessor zusammenhängend verarbeitet werden können.

Die CPU, der Prozessor, ist das Herzstück eines Computers. Sie steuert den gesamten Ablauf des Computers und bearbeitet die Daten, sie kann also arithmetische und logische Operationen ausführen. Für jeden Prozessortyp gibt es eine eigene, maschinennahe Programmiersprache, die Assembler-Sprache. Sie besteht aus Kurzbezeichnungen (Mnemonischen Codes) für die einzelnen Prozessorfunktionen. Assembler ist eine symbolische Programmiersprache die spezielle Hardware-Kenntnisse erfordert.

(Mikro-) Prozessoren und Rechner unterscheiden sich nach vielen Kriterien:
- gewählten Realisierungstechnologie (NMOS, PMOS, CMOS, TTL- bzw. ECL Gatter,...),
- Geschwindigkeit (Taktrate)
- Wortlänge
- Umfang und Art der Befehlssätze und andere mehr.

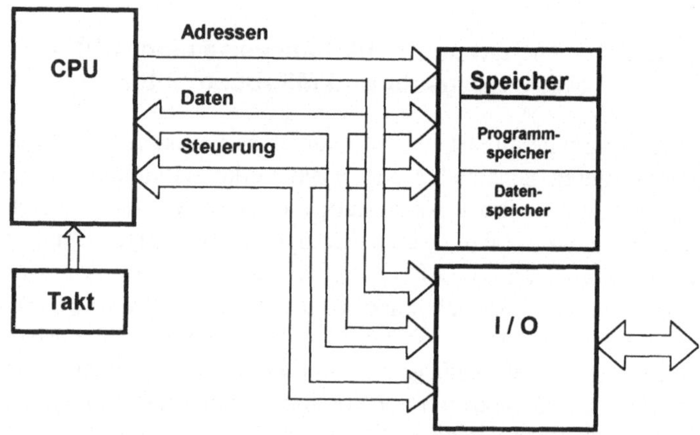

Abb. 6.3: Blockschaltbild eines Mikrocomputers

Trotz des unterschiedlichen Aufbaus von Mikroprozessoren kann man jeden Mikroprozessor in drei Funktionsbereiche unterteilen:
- Rechenwerk (ALU - Arithmetic Logic Unit)
- Steuerwerk
- Register (schnelle Speicher)

Das Rechenwerk, die „Arithmetisch Logische Einheit" (ALU), verknüpft Daten aus verschiedenen Registern in Abhängigkeit von der anliegenden Information an den Funktionseingängen und stellt das Ergebnis in einem weiteren Register zur Verfügung. Das Rechenwerk führt neben Rechenoperationen auch

Vergleichsoperationen durch, deren Ergebnis an einem sogenannten Status-Ausgang
zur Verfügung steht.

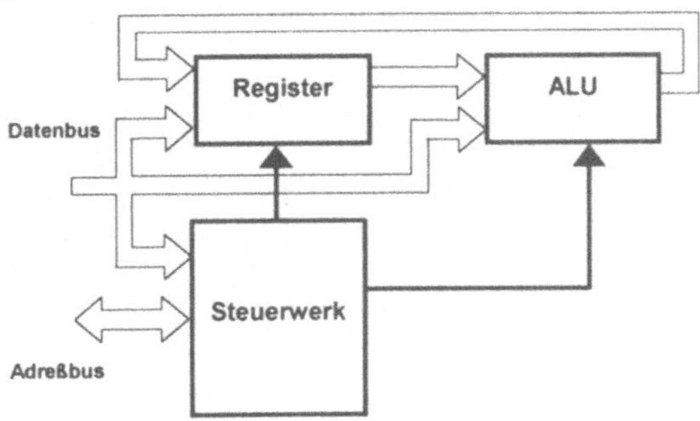

Abb. 6.4: Prinzipschaltbild einer CPU

Im Rechner wird nun ein Programm über seine Befehl abgearbeitet. Das
Programm und auch die Daten stehen im Speicher und sind für den Prozessor über
die Adresse der Speicherstellen direkt ansprechbar. Befehle werden zyklisch
abgearbeitet. Zu Beginn eines jeden Befehlszyklus wird der Befehl selbst, d.h. der
Befehlscode aus dem Programmspeicher in das Befehlsregister (den Befehlszähler)
gebracht, wo er decodiert wird. Der Befehlscode muss folgende Informationen
enthalten:
- um welchen Befehl handelt es sich
- welche Register werden benötigt (wo stehen Operanden , wohin kommt
  Ergebnis)
- beteiligte Speicherplätze.

Die typische Abarbeitung eines Befehls wird durch die nachfolgenden drei Bilder
dargestellt, die den Zyklus „Laden des ersten Befehls", „Ausführen des Befehls"
und „Laden des nächsten Befehls" beschreiben.

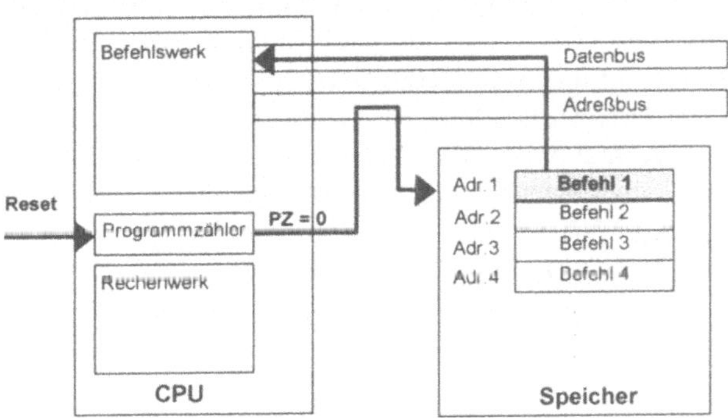

Abb. 6.5: Befehlsabarbeitung im Computer: Laden des ersten Befehls

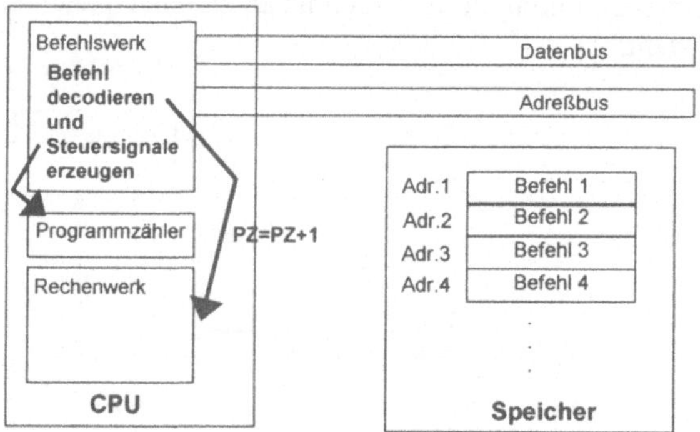

Abb. 6.6: Befehlsabarbeitung im Computer: Ausführen des Befehls

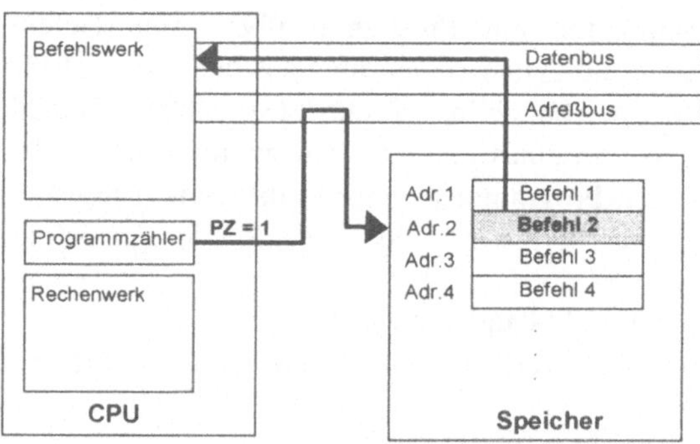

Abb. 6.7: Befehlsabarbeitung im Computer: Laden des nächsten Befehles

Prozessoren verfügen in der Regel über eine große Fülle unterschiedlicher Befehle. Befehle für die Datenübertragung, arithmetische Befehle, logische Befehle, Befehle für den Aufruf von Unterprogrammen, Input-/Output- Befehle, Inkrement-Dekrement- Befehle, Sprung- und Verzweigungsbefehle und diverse andere mehr.

Die Anzahl der Datenworte (oder Bytes) die für einen Befehl benötigt werden hängen von der Komplexität des Befehles ab. Die ersten weit verbreiteten Mikroprozessoren hatten eine Wortlänge von 8 Bit (ein Byte) und diese Prozessoren verfügten über 1 Byte, 2 Byte und 3 Byte Befehle. Die unterschiedlichen Bytes der Befehle beinhalten Befehlscode (Op-Code, Operationscode), Daten und Adressen.

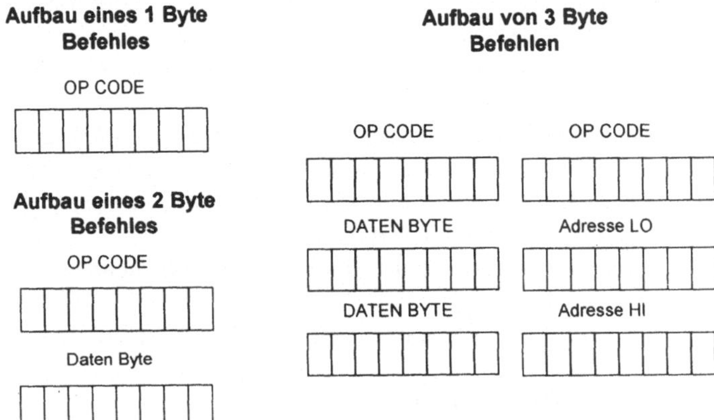

Abb. 6.8: Befehle unterschiedlicher Wortlänge

Auch für die in den Befehlen verwendete Adressierung der anzusprechenden Speicherzellen des Speichers oder der Register in einem Computer gibt es eine Fülle alternativer Möglichkeiten. Folgende **Adressierungsarten** können unterschieden werden:

Immediate: Der Maschinencode enthält unmittelbar die zu verarbeitenden Daten (Konstante)

Direkt: Der Maschinencode enthält direkt die Register-, Speicher- oder I/O Adresse des zu verarbeitenden Operanden.

Indirekt: Der Maschinencode enthält nur einen Hinweis darauf, wo die Adresse des zu verarbeitenden Operanden zu finden ist.

Indiziert: Die Adresse des zu verarbeitenden Operanden wird aus mehreren Teilen zusammengesetzt.

Die Befehlssätze von Mikroprozessoren können im Prozessor unterschiedlich technisch implementiert werden. Zum einen kann dies geschehen durch eine festverdrahtete Gatterlogik am Chip zum anderen durch ein Mikroprogramm (Firmware in Anlehnung an Software). Ein mikroprogrammierbarer Prozessor kann z.B. durch ein strukturiertes Schaltwerk realisiert werden, wobei die $\delta-$ und $\lambda-$Tabelle den Code für den Befehlssatz repräsentieren. Bei einem Mikroprozessor, der mikroprogrammiert ist, kann durch ein entsprechendes Mikroprogramm eine Softwarekompatibilität zu einem anderen Mikrocomputer erreicht werden, falls der andere Mikroprozessor die gleiche Wortlänge besitzt, oder es kann durch ein entsprechendes Mikroprogramm eine besonders gute Anpassung an eine bestimmte Aufgabe erzielt werden.

Ein Maschinebefehl besteht aus Kombinationen von 0 und 1. Die Eingabe solcher binärer Zahlenfolgen ist sehr umständlich und fehleranfällig. Deshalb wurden bereits früh Methoden entwickelt die die Eingabe und die Lesbarkeit von Maschinenprogrammen aus solchen Befehlen erleichtern. Zunächst hat sich die Codierung in hexadezimaler Form sehr bewährt. Bei der Darstellung durch hexadezimale Ziffern (0, 1, 2, bis F) werden bei längeren Bitkombinationen immer von rechts beginnend, jeweils 4 Binärstellen zu einer Hexadezimalziffer zusammengezogen.

Auch in hexadezimaler Abkürzung geschriebene Maschineprogramme sind nach wie vor schwer lesbar. Deshalb hat sich die mnemonische Schreibweise von Maschinenbefehlen durchgesetzt. Dabei wird für jede Operation eine leicht zu merkende Abkürzung verwendet, z. B. LD für load (laden), OUT für output, SUB für subtract etc. Durch einen Zwischenraum getrennt werden dann 1 oder 2 Operanden angegeben, wobei zwei Operanden immer durch ein Komma getrennt sein müssen. Ein Maschinenbefehl in mnemonischer Schreibweise hat die Form:

<Operation>[_<Operand>[,<Operand>]]

<>   Inhalt der Klammer wird durch den entsprechenden OP-Code bzw. Operand ersetzt

[ ]   diese Teile des Maschinenbefehles müssen nicht immer vorhanden sein

_   Zwischenraum (Blank)

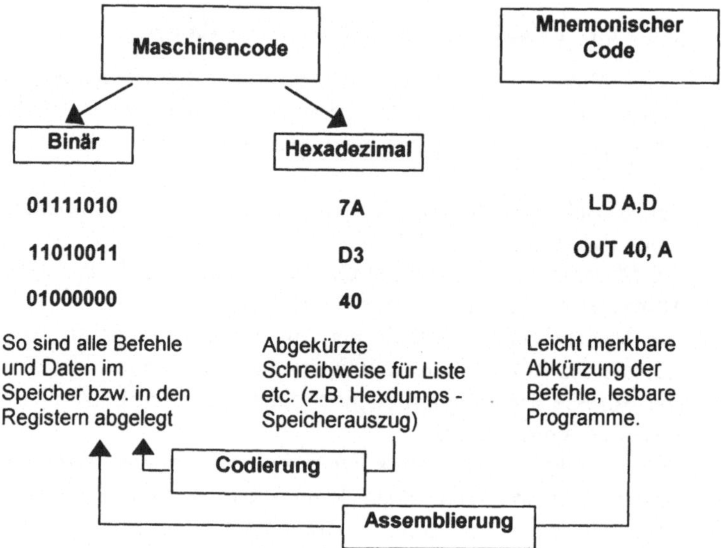

Abb. 6.9: Maschinencode und Assembler

Programme, die in mnemonischer Darstellung geschrieben sind, werden durch spezielle Dienstprogramme, die sogenannten Assembler in binären Maschinencode umgewandelt.

Aus den bisherigen Betrachtungen sollte die grundsätzliche Arbeitsweise eines Computers weitgehend klar ersichtlich sein. Bei diesen Betrachtungen fällt die alles überragende Bedeutung der CPU und des Busses für das Leistungsvermögen eines Computers auf. Es stellt sich nun die Frage, wie kann die Leistungsfähigkeit grundsätzlich verbessert werden, wie kann seine Arbeitsweise beschleunigt werden. Schnellere Busse, raschere Befehlsausführung durch Optimierung der Befehle sind ein Ansatz, strukturelle Maßnahmen ein anderer. Möglichkeiten zur Beschleunigung der Arbeitsweise sind von Anfang an und nach wie vor ein zentrales Thema.

(Mathematische) Koprozessor(en) hinzufügen: Zur Entlastung des Prozessors bei rechenintensiven Aufgaben (allgemein bei Spezialaufgaben) kann man einen eigenen Koprozessor verwenden. Insbesondere mathematische Koprozessoren für die rasche Durchführung von Gleitpunktoperationen haben sehr früh Bedeutung erlangt. Diese Rechenoperationen werden vor allem bei Tabellenkalkulationen und in Grafikprogrammen benötigt und führen dort zur Verbesserung der Rechengeschwindigkeit. Die Leistungsverbesserung durch einen Koprozessor wird am besten veranschaulicht, indem man konkrete Rechenzeiten für gewisse Berechnungen mit und ohne Koprozessor gegenüberstellt:

Befehl	Ausführungszeit in µs	
	8088 und 8087 Koprozessor	8088 und Software
Addition,	17	1600
Subtraktion	17	1600
Multiplikation	27	2100
Division	39	32

Abb. 6.10: Vergleich von Ausführungszeiten mit und ohne Koprozessor

Pipelines - Befehlspiplining einführen: Als Pipeline wird eine spezielle Befehlsausführungseinheit (execution unit) im Prozessor bezeichnet, die ein stufenweises Laden, Verarbeiten und Zurückschreiben von Daten ermöglicht. „Pipelining" ist die phasenweise Parallelverarbeitung von Befehlen, die zu besonders hoher Rechnerleistung führt. Dadurch wird die Verarbeitungsgeschwindigkeit der Prozessoren gesteigert.

Multiprozessoren: Anstelle von einer CPU werden mehrere eingesetzt.

Vereinfachung der Struktur der Befehle - CISC versus RISC Prozessoren:

CISC-Computer (Complex Instruction Set Computer): Im Laufe der Rechnerentwicklung wurden Prozessoren mit einem immer komfortableren Vorrat an Assembler-Befehlen ausgestattet. Zu jedem Befehl muss prozessorintern ein eigenes Programm ablaufen (Mikro-Code). Es wurden auch viele Befehle unterschiedlicher Wortlänge entwickelt. Im Laufe der Zeit wurden die Befehlssätze immer umfangreicher (einige 100), die Komplexität der Befehlssätze und Prozessoren wuchs enorm und ist an Grenzen der Machbarkeit gestoßen. Es zeigte sich überdies, dass die Programmierer die umfangreichen Befehlssätze nur zu einem geringen Teil ausnutzten.

RISC-Computer (Reduced Instruction Set Computer): Das RISC-Konzept ist das Resultat von umfangreichen Forschungsarbeiten und der Erkenntnis, dass die Computerleistung erhöht werden kann, wenn die Anzahl und die Komplexität der Instruktionen, die ein Prozessor ausführen kann, verkleinert werden. Damit werden die Computerinstruktionen direkt in die Hardware implementiert und der Systemaufwand der Mikroprogrammierung von konventionellen Computern vermieden wird. Ein Rechner mit RISC-Architektur verwendet einen eher kleinen Vorrat an Maschinenbefehlen. Diese sind einfach gehalten und von kurzer, weitgehend gleicher Wortlänge, sodass sie in einem Prozessorzyklus abgearbeitet werden können. Die Befehle sind überwiegend nicht mikroprogrammiert (firmware) sondern im Layout fest verdrahtet (Gatterschaltungen). Durch diverse Register werden zeitaufwendige Speicherzugriffe minimiert.

6.3   Typische Mikroprozessoren

6.3.1   Der 8080 Prozessor von INTEL

In der Industrie besonders gut eingeführt sind Mikroprozessoren die auf den Prozessor 8080 der amerikanischen Firma INTEL aufbauen. Es handelt sich beim 8080 Prozessor um einen Mikroprozessor der Wortlänge von 8 Bit und mit der Fähigkeit, einen Speicher von 64 KBytes direkt zu adressieren. Ferner können 256 verschiedene Peripherieeinheiten adressiert werden.

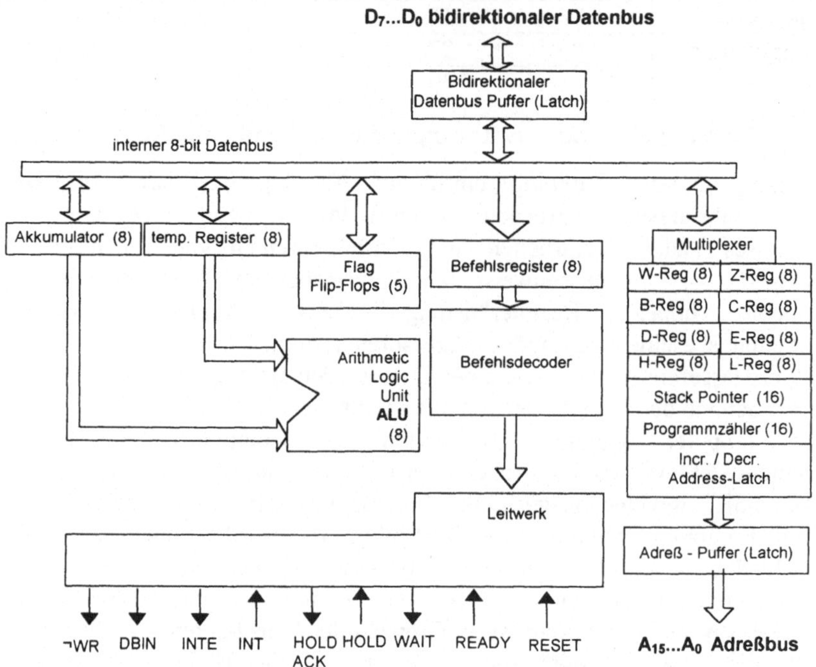

Abb. 6.11: Prinzipschaltbild des INTEL 8080 Prozessors

Die 8080 CPU kann in verschiedene Funktionseinheiten eingeteilt werden:
- Eine Registermatrix und eine Adresslogik,
- eine Arithmetisch Logische Einheit,
- das Befehlsregister und die Steuerlogik sowie
- den bidirektionalen Datenbus-Puffer

Diese Funktionseinheiten sind in nachfolgendem Bild vereinfacht dargestellt:

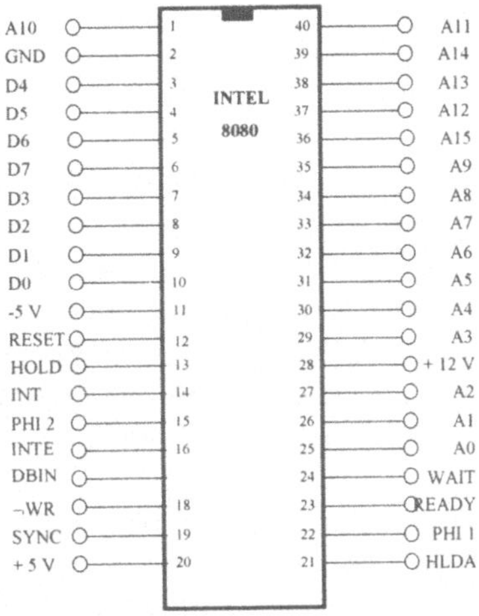

<pre>
A10   O—— 1   40 ——O   A11
GND   O—— 2   39 ——O   A14
D4   O—— 3   38 ——O   A13
D5   O—— 4   INTEL   37 ——O   A12
D6   O—— 5   8080   36 ——O   A15
D7   O—— 6   35 ——O   A9
D3   O—— 7   34 ——O   A8
D2   O—— 8   33 ——O   A7
D1   O—— 9   32 ——O   A6
D0   O—— 10   31 ——O   A5
-5 V   O—— 11   30 ——O   A4
RESET O—— 12   29 ——O   A3
HOLD   O—— 13   28 ——O + 12 V
INT   O—— 14   27 ——O   A2
PHI 2 O—— 15   26 ——O   A1
INTE   O—— 16   25 ——O   A0
DBIN   O——   24 ——O WAIT
¬WR   O—— 18   23 ——O READY
SYNC   O—— 19   22 ——O PHI 1
+5 V   O—— 20   21 ——O HLDA
</pre>

Abb. 6.12: Anschlussbelegung des INTEL 8080 Prozessors

Die CPU besitzt unterschiedliche Register: einen Programmzähler (16 Bit), ein Stapelregister (Stack-Pointer, - 16 Bit), 6 Register zu je 8 Bit, die auch paarweise angesprochen werden können (Register B und C, Register D und E, Register H und L, Register W und Z als Zwischenspeicher, die dem Benutzer nicht für die Programmierung zur Verfügung stehen).

Die Arithmetisch Logische Einheit - ALU - enthält verschiedene Register, von denen für den Benutzer nur der Akkumulator (8 Bit) und ein Zwischenregister mit 5 Bit direkt zugänglich sind. Das Zustandsregister beinhaltet die Information über Nullbit, Übertragsbit (Carry), Paritätsbit, Vorzeichenbit und Hilfsübertragsbit.

Die Pinbelegung (Anschlussstifte) ist aus oben dargestelltem Bild zu ersehen:

6.3.2   Die Prozessoren der INTEL 80x86 Serie und ausgewählte sonstige Mikroprozessoren

Mikroprozessoren haben insbesondere durch Personal Computer eine große Verbreitung erlangt. Eine unübersehbare Fülle von verschiedenen Personal Computern unterschiedlichster Hersteller befindet sich auf dem Markt. Diese sind untereinander weitgehend kompatibel und lassen sich durch die in diesen Geräten verwendeten Mikroprozessoren klassifizieren:

- IBM verwendete bereits in den ersten Computern den von Intel erzeugten Prozessor 8088 (8086), der auf den Prozessor 8080 aufbaut. Durch diverse weiterentwickelte und verbesserte Varianten und aus Kompatibilitätsgründen hat die INTEL 80x86 Prozessorarchitektur in den entsprechenden weiterentwickelten Versionen auch heute noch mehr denn je Bedeutung (x steht für 1, 2, 3, 4, 5,...). Die 80x86 Prozessorfamilie sind typische CISC-Prozessoren. Der Prozessor 80586 wurde unter dem Markennamen Pentium eingeführt und enthält RISC-Elemente. Pentium Pro, Pentium II und III sind RISC Prozessoren.
- Der von der Firma Motorola entwickelte und nunmehr auch in mehreren Nachfolge-Versionen verfügbare Prozessor 680x0 (x steht für 1, 2 etc.) wird

vornehmlich in Computern von Apple (Macintosh), Atari (ST-Serie) unc
Commodore (Amiga) eingebaut. Auch in vielen Laserdruckern sind diese
Prozessoren zu finden. Für die Prozessdatenverarbeitung be
Echtzeitanwendungen finden die Motorola Prozessoren Anwendung ir
sogenannten VME-Bus Systemen (Versa Module Europe)
- Seit den frühen 90-er Jahren gibt es besonders leistungsfähige Prozessoren vor
   IBM/Apple/Motorola, Silicon Graphics und DEC (Digital Equipment Corp. -
   inzwischen Compaq). DEC Alpha Prozessoren sind RISC-Prozessoren, die
   bereits Mitte der 90-er Jahre über 400 MIPS verarbeiten konnten. Erreicht wurde
   diese hohe Leistung zum einen durch eine reine 64 Bit Architektur und durch
   eine hohe Taktrate. Alle Kommunikationspfade und auch alle Register sind auf
   64 Bit ausgelegt.
   Der Power Chip war die Antwort von IBM auf die Herausforderung vor
   INTEL und DEC (aber auch HP). Gemeinsam mit Motorola und Apple hat IBM
   auf den Bedarf von Hochleistungsprozessoren reagiert. Power steht für
   Performance Optimized With Enhanced RISC.

Die genannten Prozessortypen decken weitgehend den gleichen Einsatzbereich bei
Personal Computern und Workstations ab, sind sehr leistungsfähig und stehen in
gewisser Weise in Konkurrenz zueinander. Für den zum de-facto- Industriestandard
gewordenen IBM PC haben jedoch nach wie vor primär die INTEL Prozessoren
Bedeutung. Nachbauten dieser Prozessoren gibt es von AMD, Cyrix, IDT und
anderen Firmen.

Die Entwicklung der Intel Prozessoren der Familie 80x86

8088   IBM setzte 1981 im ersten PC und im PC XT
          (XT... eXtended Technology) den Intel Prozessor 8088 ein:
          - 16 Bit Datenwort (extern 8 Bit)
          - 20 Adressleitungen (2^{20} = 1.048.580 = 1 M)
          - Taktfrequenz 4,77 MHz (Mega Hertz)
8086   - 16 Bit Datenwort (intern und extern)
          - 20 Adressleitungen (1 M = 2^{20})
          - Taktfrequenz 8 MHz Megahertz) ansonsten wie 8088
80188/186   Mit den Prozessoren 80186 und 80188 hat Intel etwas schnellere
          und günstigere Prozessoren als die Vorgängermodelle entwickelt, die
          jedoch kaum Bedeutung erlangt haben.
80286   1984 wurde dieser Prozessor erstmals im IBM PC - AT eingesetzt.
          (AT... Advanced Technology)
          - kann über 24 Bit bis zu 16 MB direkt adressieren
          - Taktfrequenz 16 und 20 MHz
80386   Im Oktober 1987 kam dieser Prozessor als Nachfolger des 286 auf den
          Markt.
          - 32 Bit Datenwort
          - bis zu 4 GB direkt adressierbar (4 G = 4096 M); 1G=2^{30}
          - 33, 40 und 50 MHZ Taktfrequenz
          DX - Prozessor ...DeluXe
          SX - Prozessor ...SiXteen (nur 16 Bit Adressen)
          SL - Prozessor ...Low Power (stromsparend für tragbare PC)
80486 Entspricht dem 386 er, der i486 DX enthält jedoch zusätzlich:

- Koprozessor vom Type i387 (zur Beschleunigung gewisser Funktionen)
- einen 8 KByte Cache-Speicher, der die Zugriffe auf den Arbeitspeicher
  spürbar beschleunigt
- 33, 40,50 und 66 MHZ Taktfrequenz
  DX 2 Prozessoren laufen intern mit der doppelten Taktfrequenz ab.
  DX 4 weitere interne Takterhöhung
  Der Prozessor Intel 468 arbeitet mit einem 5-stufigen Pipelining. Daten
werden auf diese Weise gleichzeitig geladen, verarbeitet und geschrieben.
Die Verarbeitungsgeschwindigkeit beschleunigt sich erheblich.

80586 - Pentium: Gehäuse mit 273 Pins (ca. 30 cm² = 5,5 mal 5,5 cm),

- 64 Bit Datenbus
- getrennte Daten und Befehls-Cache
- Taktfrequenz 60, 100, 133, 200 MHz
- etwa 3,3 Millionen Transistoren
- 32 Bit Adressbus, 64-Bit-Datenbus,
- integrierte Gleitkomma-Einheit
- Speicherverwaltungseinheit,
- zwei integrierte 8-KB-Caches
- System Management Mode (SMM).
- Superskalare Architektur

Der INTEL 586 Prozessor - Pentium - arbeitet mit 2 Pipelines, da er zwei
Befehlsausführungseinheiten besitzt (wird als superskalare Architektur
bezeichnet). Beide Pipelines arbeiten unabhängig voneinander, sodass zwei
Instruktionen gleichzeitig ausgeführt werden können. Pentium Prozessoren
wurden von Intel im März 1993 als Nachfolger des i486 eingeführt. Mit
SMM bezeichnet Intel eine eigene Technologie, die es dem Mikroprozessor
ermöglicht, die Arbeit bestimmter Systemkomponenten zu verlangsamen
oder anzuhalten, wenn sich das System im Leerlauf befindet oder keine
CPU intensiven Aufgaben ausführt. Dadurch kann eine Verringerung der
Leistungsaufnahme erreicht werden. Der Pentium arbeitet mit
Verzweigungsvorhersage und erreicht damit eine bessere Systemleistung.
Zusätzlich verfügt der Pentium über integrierte Merkmale zur Sicherung
der Datenintegrität, und er unterstützt eine funktionale Redundanzprüfung
(Functional Redundancy Checking, FRC).

Pentium Pro:RISC Prozessor mit 150-200 MHZ Prozessortakt;
Herstellungstechnik in 0,35 µm; Gehäuse mit 387 Pins, November 1995
eingeführt.

Pentium MMX haben sich seit Mitte 1997 durchgesetzt. MMX steht für
Multimedia Extension. Der Befehlssatz wurde um spezielle Befehle für den
Multimedia-Bereich erweitert. Anfang 1998 war der 200 MMX Pentium
der Minimalsteinstiegsprozessor. Der Pentium MMX wurde in
Ausführungen bis 266 MHz produziert.

Pentium II ist der Pentium Pro Nachfolger mit MMX-Technik in einem neuen
Gehäuse. Der Pentium II passt nur in einen speziellen Sockel, der von Intel
patentiert ist, dem sogenannten Slot 1. RISC Prozessor mit über 233 bis 400
MHZ Prozessortakt; Herstellungstechnik in 0,25 µm.

Pentium III ist der Pentium II-Nachfolger mit einem erweiterten MMX-Befehlssatz. und wurde im Jahre 2000 mit 600 MHz für einen Slot 1-Steckplatz vertrieben. Ankündigungen von 1 GHz Taktfrequenz existierer seit Frühling 2000. Der 100 MHz Bustakt ist für diese Prozessorer vorgesehen. Herstellungstechnik in 0,18 µm.

Die Prozessoren sind auf der Mutterplatine, dem Herzstück eines PCs entweder eingelötet, gesockelt oder auf besonderen Steckkarten untergebracht. Damit sie be˙ der großen Anzahl von Kontakten (Pins) einfach aus- und eingebaut werden können, wurden sogenannte Zif-Sockel (Zero insertion force; Austausch ohne Kraftaufwendung) und Prozessorkarten entwickelt. Die nach dem Prozessor wichtigste Komponente der Mutterplatine ist der Chipsatz. Darunter versteht man jene ICs, die das Zusammenspiel zwischen dem Prozessor, dem Hauptspeicher, dem externen Cache-Speicher (L2-Cache) sowie den I/O-Schnittstellen unmittelbar steuern. Der jeweilige Chipsatz ist auf eine Mutterplatine zugeschnitten.

Als Real Mode bezeichnet man den Betriebsmodus in der Mikroprozessorfamilie Intel 80x86, in dem der Prozessor nur jeweils ein Programm zu einer Zeit ausführen kann. Er kann nur etwa 1 Megabyte Speicher adressieren, aber frei auf den Systemspeicher und Eingabe-/Ausgabegeräte zugreifen. Der Real Mode ist der einzige Betriebsmodus des 8086-Prozessors sowie der einzige, der vom Betriebssystem DOS unterstützt wird. Im Gegensatz hierzu steht der Protected Mode der Mikroprozessoren 80286 und höher. Er verfügt über Mechanismen zur Verwaltung und zum Schutz des Speichers wie sie in Multitasking-Umgebungen wie Windows benötigt werden. Überdies verfügt er über einen größeren Adressraum. Wenn man einen Prozessor im Protected Mode betreibt, bieten sich hardwareseitige Unterstützung für Multitasking, Datensicherheit und virtuellen Speicher an.

6.4   Kommunikation im Rechner - Systembus

6.4.1   Buszuteilung: Zentrale und dezentrale Bussteuerverfahren

In einem Rechner sind am Bus mehrere Teilnehmer angeschlossen. Es besteht daher vielfach der Bedarf, dass mehrere Teilnehmer zur gleichen Zeit Übertragungen durchführen wollen, d. h. Buszugriff anfordern. So können z.B. die CPU, ein Mathematik-Koprozessor oder der Ein-/Ausgabeprozessor gleichzeitig ein Kommunikationsbedürfnis haben. Der Bus stellt das gemeinsame Übertragungsmedium für alle Teilnehmer dar und es muss daher eine Möglichkeit geschaffen werden, um die Übertragungsanforderungen zu koordinieren. Dabei gilt es sicherzustellen, dass

- mehrere Teilnehmer nicht gleichzeitig Übertragungen durchführen (die Signale würden sich überlagern und fehlerhafte Übertragung wäre die unmittelbare Folge - Buskonflikt)
- Übertragungswünsche von Teilnehmern in einer angemessenen Zeit befriedigt werden, das heißt, dass die Wartezeiten zwischen Entstehen der Übertragungsanforderung und der Durchführung der Übertragung in einer planbaren und akzeptablen Größenordnung liegen.

Der Bus muss einem Teilnehmer nach einer Busanforderung (Übertragungswunsch) exklusive für eine Übertragung zugeteilt werden. Eine Zuteilungssteuerung (Schiedsrichter, englisch Arbiter) entscheidet, welchem Teilnehmer der Bus zugeteilt wird. Hier gibt es grundsätzlich zwei Möglichkeiten wie diese Zuteilungssteuerung erfolgen kann:
- durch eine zentrale Zuteilungssteuerung
- dezentrale Zuteilungssteuerung durch die beteiligten Teilnehmer

Nachfolgend werden drei zentrale und die dazu entsprechenden dezentralen Buszuteilungsverfahren vorgestellt.

Beim zentralen Reihungsverfahren (der linearen Verkettung oder Daisy Chaining) gibt es für alle Geräte eine gemeinsame „Anfrageleitung" (Busanforderung, Bus Request) und eine gemeinsame „Belegt Leitung" (Bus Busy). Auf jedes Anfragesignal antwortet die Bussteuerung wenn der Bus frei ist mit einem Verfügbarkeitssignal Bus verfügbar (Available). Gelangt das „Bus verfügbar" Signal an ein Gerät, das eine Anforderung gestellt hat, so gibt diese das „Available Signal" nicht weiter. Es erhält den Bus für die Übertragung und setzt als Rückmeldung das „Bus belegt Signal" (Busy)

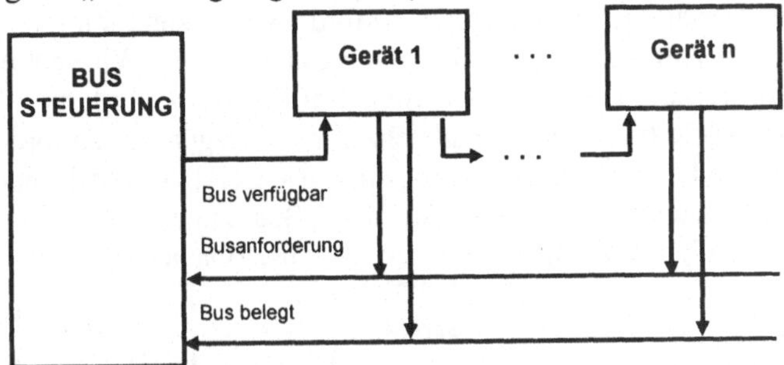

Abb. 6.13: Zentrales Reihungsverfahren - Verkettung, Daisy Chaining

Es handelt sich hierbei um ein sehr einfaches Verfahren. Der Anschluss neuer Geräte an den Bus verlangt keine zusätzlichen Leitungen. Das Verfahren ist jedoch sehr fehleranfällig. Fällt ein Gerät der „Daisy Chain" aus, so sind alle weiteren Geräte nicht mehr erreichbar. Durch die Verschaltung gibt es ein festes Prioritätenschema und relativ lange Signallaufzeiten.

Als nächstes zentrales Bussteuerverfahren wird das zentrale Wählverfahren - Polling dargestellt. Jeder Teilnehmer kann ein Anforderungssignal zur zentralen Station schicken. Diese fragt dann die Teilnehmer durch Hochzählen auf den Abfrageleitungen (Wählleitungen, Poll-count) der Reihe nach ab, um den Anforderer herauszufinden.

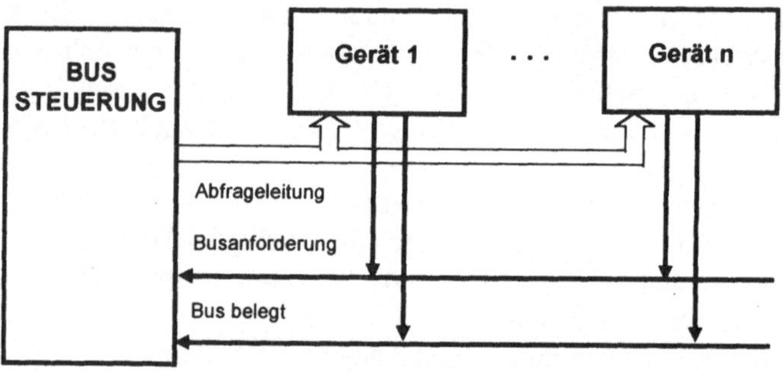

Abb. 6.14: Zentrales Wählverfahren - Polling

Das Verfahren ist gekennzeichnet durch eine relativ geringe Fehleranfälligkeit und dadurch dass es kein festes Prioritätenschema enthält. D.h. es lassen sich für besonders wichtige Teilnehmer deren Prioritäten abbilden (mehr Buszugriffe). Die Erweiterung kann durch eine beschränkte (feste) Anzahl der Abfrageleitungen mit Schwierigkeiten verbunden sein.

Das zentrale Verfahren unabhängiger Anforderungen sieht für jedes Gerät ein separates Paar von Anforderungs- und Zuteilungsleitung vor. Wünscht ein Gerät die Zuteilung des Busses, so setzt sie ein Signal auf seine Anforderungsleitung. Die Busverwaltung wählt bei mehreren gleichzeitig vorliegenden Anforderungen auf Grund der verwendeten Strategie ein bestimmtes Gerät aus und sendet ihm ein Zuteilungssignal. Durch ein Signal auf der „Bus zugeteilt" Leitung gibt das angewählte Gerät allen anderen zu erkennen, dass der Bus belegt ist.

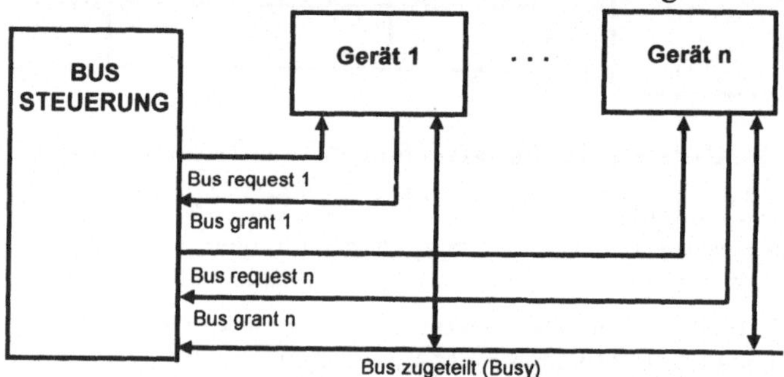

Abb. 6.15: Zentrales Verfahren unabhängiger Anforderungen

Dieses Verfahren ist sehr leistungsfähig. Es ergeben sich kurze Auswahlzeiten, da alle Anforderungen gleichzeitig vorliegen können, jede beliebige Zuteilungsstrategie ist realisierbar (beliebige Prioritäten). Als Nachteil ist zu nennen, dass eine sehr hohe Anzahl an Leitungen erforderlich ist.

Bei den dezentralen Bussteuerverfahren ist keine zentrale Steuerstation erforderlich. Beim dezentralen Reihungsverfahren (Verkettung, Daisy Chaining) sind in einer Schleife alle Geräte verkettet. Es wird das „Bus verfügbar" Signal von Station zu Station geschleift. Eine Station, die den Bus benötigt, wartet bis sie dieses Signal bekommt, führt die Übertragung (Busbelegung) durch und gibt anschließend das „Bus verfügbar" Signal an die nächste Station weiter.

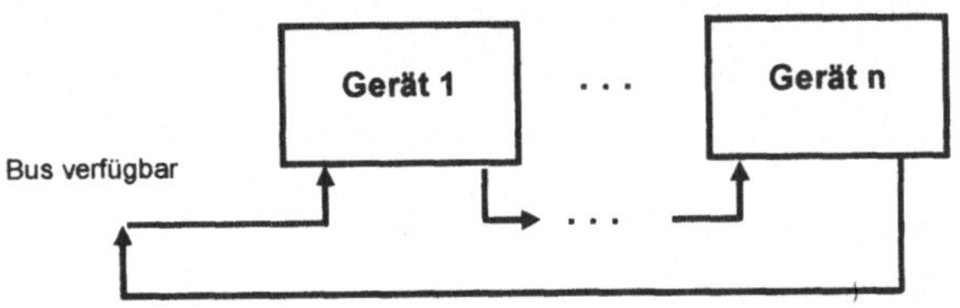

Abb. 6.16: Dezentrales Reihungsverfahren - Verkettung, Daisy Chaining

Auch beim dezentralen Wählverfahren (Polling) ist keine zentrale Steuerstation erforderlich. Bei der Initialisierung dieses Systems erhält eine Station den Bus zugeteilt. Hat sie Bedarf, setzt sie das „Bus akzeptiert" Signal und führt die Übertragung durch. Wenn sie den Bus nicht mehr benötigt, gibt sie das „Bus verfügbar" Signal und einen Abfragecode über die Abfrageleitungen an eine Station weiter.

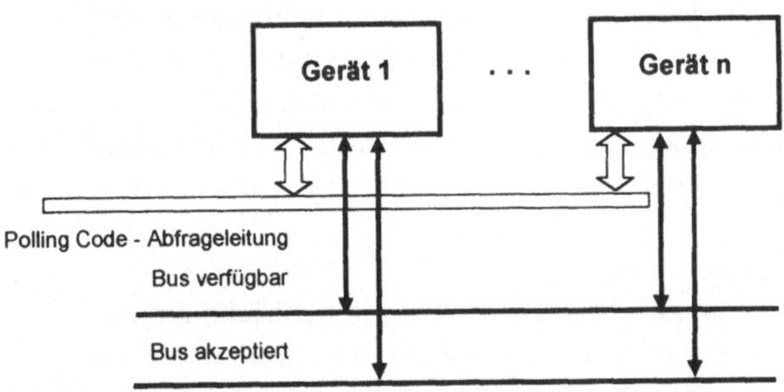

Abb. 6.17: Dezentrales Wählverfahren - Polling

Beim dezentralen Verfahren der unabhängigen Anforderungen schickt jede Station, die den Bus belegen möchte ihre Anforderung auf eine ihr zugewiesene „Bus request" Leitung, die mit einer bestimmten Priorität versehen ist. Da alle Stationen diese Signale empfangen, kann jede bei Vorliegen mehrerer Anforderungen entscheiden welche die höchste Priorität hat. Diese greift auf den Bus zu und setzt das „Bus assigned" Signal solange sie den Bus benötigt.

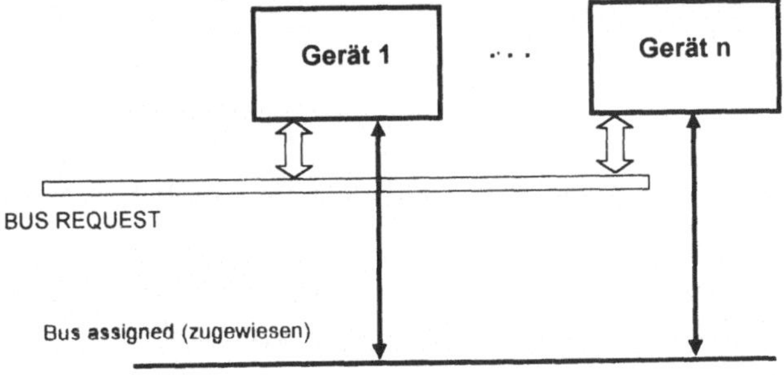

Abb. 6.18: Dezentrales Verfahren der unabhängigen Anforderungen

6.4.2   Synchronisierung der Busteilnehmer

Nachdem einer Station der Bus zugeteilt wurde, muss die Kommunikation zwischer den Teilnehmern abgewickelt (gesteuert, synchronisiert) werden. Auch hierfür gib es unterschiedliche Grundprinzipien. Bei allen geht es darum, eine Synchronisierung der Kommunikationspartner zu erzielen bezüglich:

- Signalübergabe auf den Bus (Sender)
- Signalübernahme vom Bus (Empfänger)
- Bedeutung und Funktion der übermittelten Signale

Es finden synchrone und asynchrone Übertragungsprinzipien Verwendung, wobei auch Mischformen vorkommen.

Synchrone Übertragungsverfahren sind charakterisiert durch die Existenz eines festen Taktes, der entweder von einer zentralen Stelle oder einem Übertragungsteilnehmer erzeugt und zur Steuerung der Übertragung herangezogen wird. Durch diesen Takt werden die Kommunikationspartner untereinander synchronisiert, d.h. dadurch werden die Datenübertragungszeitpunkte festgelegt.

Bei den asynchronen Übertragungsverfahren existiert zu Beginn einer Übertragung keine Synchronisierung zwischen den Kommunikationspartnern. Daten werden „asynchron" ausgesendet und erst durch das übertragene Zeichen selbst erfolgt für diese Übertragung eine Synchronisierung, die jedoch für jede Übertragung neu erfolgen muss.

Man unterscheidet

- Asynchrone Übertragung ohne Rückmeldung
- Asynchrone Übertragung mit Rückmeldung (Handshake).

Bei der asynchronen Übertragung ohne Rückmeldung wird die Datenübertragung vollständig von einem Teilnehmer gesteuert. Das kann der Sender oder der Empfänger sein. Besonders einfach ist die sendergesteuerte Übertragung: Der Sender legt Daten an die Datenleitungen an und erzeugt einen Übergabeimpuls sobald die Daten sicher eingeschwungen sind und vom Empfänger übernommen werden können.

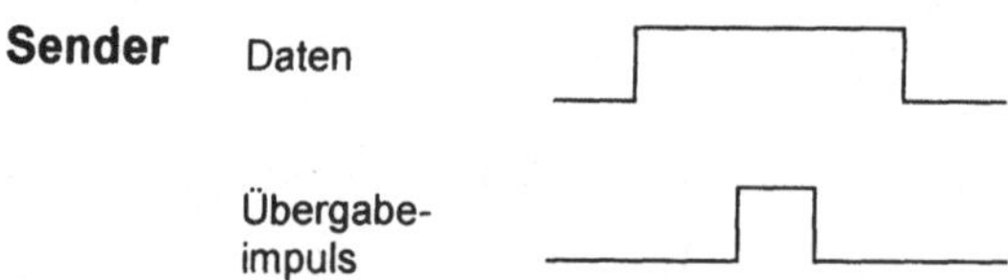

Abb. 6.19: Sendergesteuerte asynchrone Übertragung ohne Rückmeldung

Ein wesentlicher Nachteil dieses Verfahrens ist, dass der Datenübertragungszeitpunkt vom Sender festgelegt wird und es kann nicht zuverlässig festgestellt werden, ob der Empfänger bereit ist, die Daten auch zu übernehmen.

Bei der asynchronen Übertragung mit (direkter) Rückmeldung stellt der Sender Daten an die Datenleitungen zur Verfügung und zeigt dies dem Empfänger durch ein Signal an. Der Sender wartet dann, bis der Empfänger die Datenübernahme bestätigt (quittiert). Dieses Verfahren wird auch als „Handshake - Verfahren" bezeichnet.

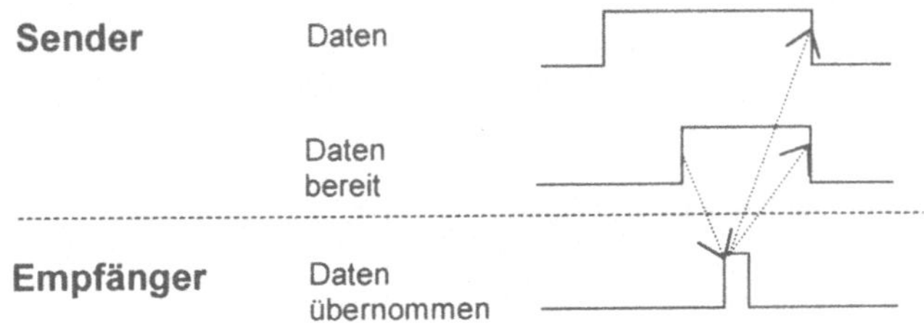

**Abb. 6.20: Asynchrone Übertragung mit Rückmeldung - Handshake
Verfahren**

6.4.3   Bidirektionale Busanbindung

Jeder Eingang eines elektronischen Bausteins stellt für den treibenden Ausgang eine
Belastung dar. Die meisten elektronischen Bausteine können zwischen ein und
zwanzig Bausteineingänge treiben (man spricht von einem fan-out von 1 bis 20).
Sind mehr Eingänge durch einen Ausgang zu treiben sind zusätzlich Leitungstreiber
(Verstärker) erforderlich.

Bei Bussen ist es die Regel, dass mehrere Ausgänge zusammengeschaltet werden
müssen. Dies erfordert Gatter mit speziellen Ausgangsgliedern. Open Kollektor und
Tri State sind alternative Technologien.

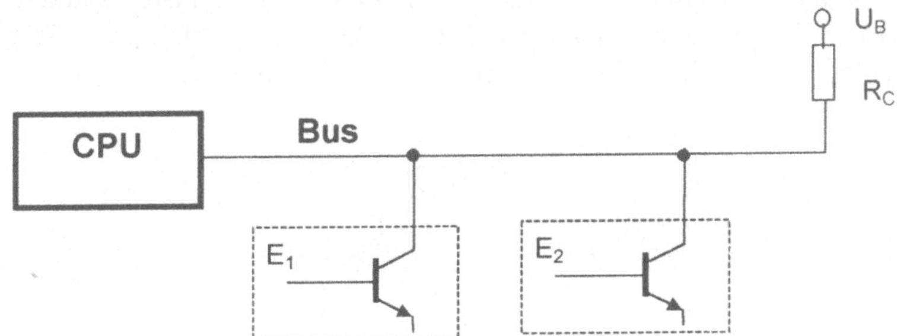

Abb. 6.21: Open Kollektor Ausgangsglieder

Beim Open Kollektor haben alle zusammengeschalteten Gatter nur einen
gemeinsamen Arbeitswiderstand. Man spricht von einem „Pull-Up Widerstand"
oder auch von einem WIRED OR. Nachteil ist eine relativ geringe
Schaltgeschwindigkeit.

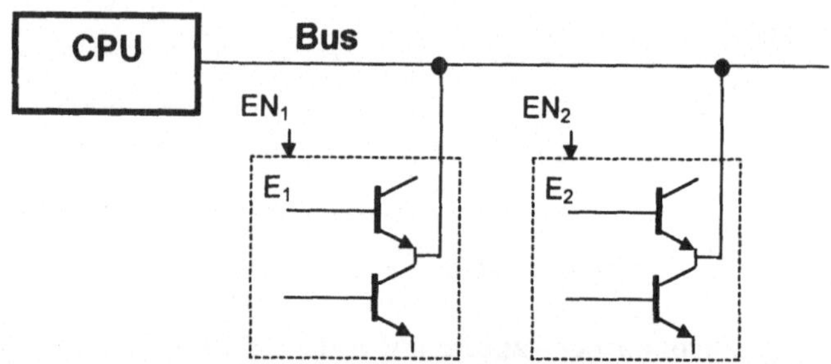

Abb. 6.22: Tri-State Ausgang

Der Ausgang eines Tri-State Gatters kann sich außer in den zwei aktiven Zuständen für logisch Null und Eins noch in einem dritten, dem inaktiven (hochohmigen) Zustand befinden. In diesem Zustand ist der Ausgang durch Sperren beider Transistoren in einer Gegentakt - Ausgangsstufe hochohmig gegen die Potentiale für logisch 0 und logisch 1.

In einem Rechner, z.B. bei einem Ein-/ Ausgabegerät ist es erforderlich, dass Daten gelesen und geschrieben werden können, d.h. dass über den Bus-Daten in zwei Richtungen fließen können. Zusätzlich ist auch Verstärkung ebenfalls in beiden Richtungen erforderlich, damit die Signale von allen am Bus angeschlossenen Geräten empfangen werden können. Bidirektionale Datenpuffer erfüllen diese Aufgabe. Ein Prinzipschaltbild für einen Datenpuffer für eine PIA, einen Peripheral Interface Adapter, einen bidirektionalen Bustreiber zeigt nachfolgendes Bild.

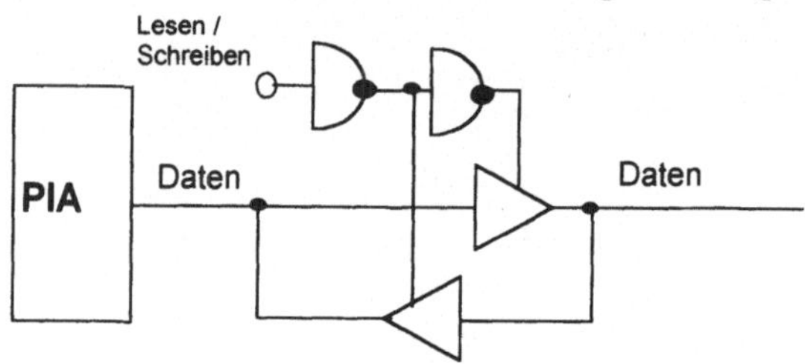

Abb. 6.23:Bidirektionaler Bustreiber

6.4.4   Bussysteme in PCs

Im Rechner ermöglichen unterschiedliche Bussysteme den Datenaustausch zwischen Prozessor, Hauptspeicher, I/O-Geräten (Steckkarten). Man unterscheidet zwischen internen und externen Bussen. Interne Busse sorgen grob gesagt für den Datenaustausch im Rechner, während externe für den Anschluss von Peripheriegeräten (z.B. Plattenlaufwerke, etc.) bestimmt sind. An dieser Stelle sollen nur die internen Busse betrachtet werden, externe Busse werden wir im Kapitel zum Thema Kommunikation unter Schnittstellen behandeln.

Mit dem ISA-Bus-System, Industry Standard Architecture, gelang 1981 IBM durch den Personal Computer der Durchbruch. Alle PC Hersteller sprangen nach und nach auf den „ISA-Zug" auf und machten diese Architektur zu einem de-facto-Standard, der im XT, AT und allen Nachfolgemodellen (leider noch immer)

Verwendung findet. In der ersten Ausführung für den PC/XT (XT steht für eXtended) hatte dieser Bus eine Breite von 8 Datenbits. In diesem 8-Bit-Bus können gleichzeitig jeweils 8 Bit über 8 Leitungen parallel gesendet oder empfangen werden. Die Taktrate betrug 4,77 MHz. 1984, mit der Einführung des PC/AT (Advanced Technology), bekam der ISA-Bus 16 Bit, 24 Bit Adressen, maximale Taktgeschwindigkeit 8,3 MHz. ISA-Datenübertragung am Bus benötigt zwischen 2 und 8 Takten. Daher liegt die maximale Datenrate, die Kanalkapazität des ISA-Busse bei etwa 8 MByte pro Sekunde:

   8 MHz * 16 Bit = 128 Mbit/s

   128 Mbit/s zu 2 Takten ergibt 64 Mbit/s

   128 Mbit/s zu 8 Takten ergibt 8 Mbit/s

Der ISA oder wie er auch bezeichnet wird, der AT-Bus, arbeitet synchron. Das ist ein wesentlicher Nachteil, da die langsamste Komponente des Computersystems die maximale Geschwindigkeit des Gesamtsystems bestimmt. Trotzdem hatte dieser Bus einen großen Erfolg,. Dafür war nicht primär die Technik verantwortlich. Die Industrie-Standard-Architektur brachte dem Computermarkt enorme Vorteile durch eine einheitliche Grundlage für die Hardware- und Softwareentwicklung. Sehr rasch entstand ein umfangreiches und vielfältiges Angebot an Zusatz- und Peripherie-Modulen. Die weite Verbreitung stellte einen sehr wirksamen Investitionsschutz dar.

Im April 1987 stellte IBM mit MCA (Micro Channel Architektur) ein weiteres Bussystem für die PS 2 Systeme vor, welches zu ISA nicht kompatibel ist. Obwohl technisch wesentlich ausgereifter als ISA, konnte IBM dieses System nicht zum Durchbruch führen. Die nicht vorhandene Kompatibilität zu ISA hat hierzu sicher beigetragen.

Ende 1988 stellten neun Hardwarehersteller (AST, Compaq, Epson, HP, NEC, Olivetti, Tandy, Wyse und Zenith) eine Erweiterung des ISA Busses unter der Bezeichnung EISA (Erweiterte Industrie Standard Architektur) vor. Durch die Entwicklung immer leistungsfähigerer Prozessoren (80386, 80486) war die Kapazität von ISA bereits sehr ausgeschöpft: 32 Bit Adressen, 32 Bit Daten wurden Notwendigkeit. Die EISA-Busarchitektur hat sich trotz entscheidender technischer Neuerungen nahtlos in die bestehende PC-Basis eingefügt. EISA ist „aufwärtskompatibel" zu ISA. Das bedeutet, dass im Gegensatz zu MCA alle verfügbaren Erweiterungskarten eines ISA PCs in einem EISA-System ohne jegliche Probleme verwendet werden können. Sowohl MCA als auch EISA haben als wesentlichen Vorteil eine asynchrone Arbeitsweise, wodurch nicht mehr die langsamste Komponente die Systemperformance bestimmt. Eine weitere wichtige Erneuerung zur Leistungssteigerung ist das Bus-Mastering-Prinzip, das ein Multi-Mastersystem ermöglicht. ISA ist hingegen ein Single-Mastersystem. Die Funktion eines Bus-Masters kann verschiedenen wichtigen Erweiterungskarten zugeteilt werden, wodurch diese sehr effizient und schnell auf Speicher und I/O-Geräte zugreifen können. Prinzipiell kommen Multi-Master-Systeme immer zum Einsatz, wenn komplexe Prozesse miteinander gekoppelt werden und gleichzeitig ablaufen sollen. Multi-Mastering erfordert eine Instanz, die festlegt, welcher Master zu einem bestimmten Zeitpunkt die Kontrolle über den Bus haben soll. Diese Instanz wird Arbiter (arbiter = Schiedsrichter) genannt und arbeitet mit einem Prioritätsprinzip (Dringlichkeit). Typische Master können die CPU, die RAM-Refresh Einheit und

I/O-Geräte hoher Dringlichkeit sein. Der Arbiter ist eine wichtige Komponente des Chipsets eines Rechners.

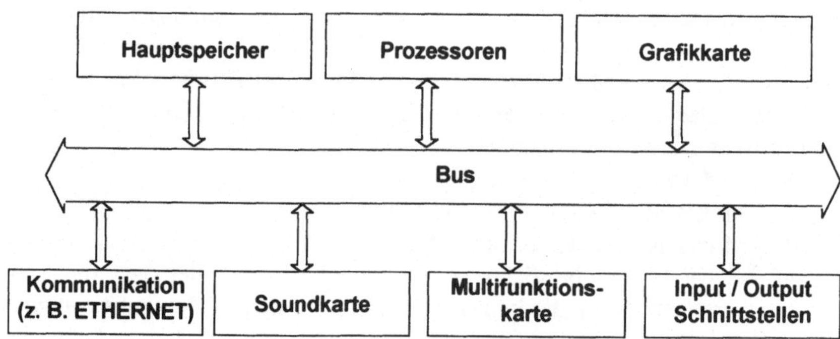

Abb. 6.24: Struktur bei ISA-, EISA- und Mikrokanal-Bus

Die bis jetzt besprochenen Busse haben eines gemeinsam: Sie sind relativ langsam. Das war in Zeiten mit textorientierten Bildschirmen und Betriebssystemen nicht so problematisch. Großer Bedarf an schnelleren Bussen entstand durch grafische Bildschirme und grafische Betriebssysteme. Grafische Systeme erfordern die Verarbeitung von sehr großen Datenmengen für die Grafiken. Der AT-Bus konnte den erforderlichen Informationsfluss nicht mehr bewältigen und entwickelte sich zum Flaschenhals des Gesamtsystems. Während immer schnellere Prozessoren mit Taktraten von 66 MHz und mehr Standard wurden, wurde der ISA-Bus mit 8 MHz die eigentliche Systemschwachstelle. Eine naheliegende Lösung dieses Problems besteht darin, die Einheiten zu trennen. CPU, Hauptspeicher, Plattensteuereinheit und Bildschirmsteuerung werden über einen schnellen, lokalen Prozessorbus gekoppelt, die langsameren I/O-Geräte werden über eine Koppeleinheit angeschlossen. Einen ersten Ansatz stellte 1992 der „VESA Local Bus" dar. Bei einem lokalen Bus handelt es sich um eine Verbindung auf der Systemplatine, die dem Prozessor den direkten Zugriff (ohne Umweg über Systembus) auf Erweiterungskarten gestattet. VESA steht für die Video Engineering Standard Association.

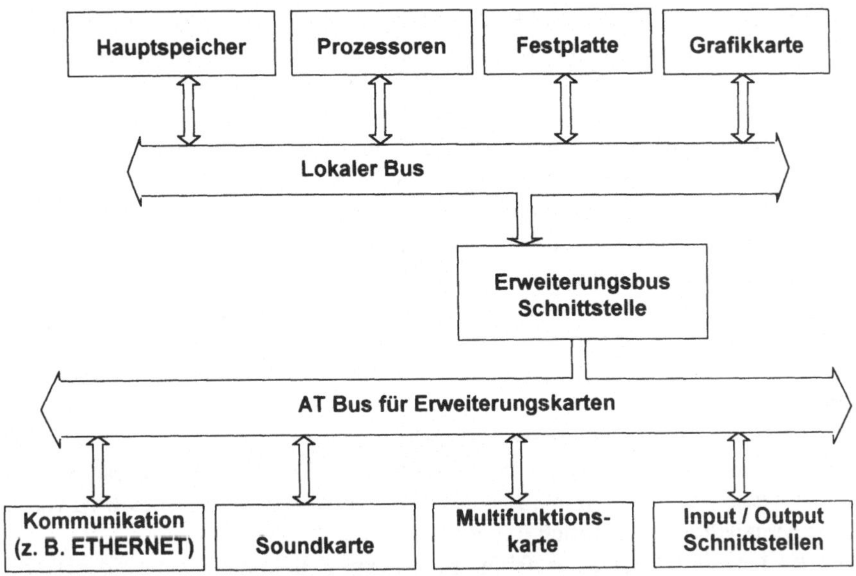

Abb. 6.25: Local Bus Architektur

Anfang 1992 organisierte Intel den Zusammenschluss einer neuen Interessentengruppe bezüglich PC-Bussystemen mit dem Ziel die Schwächen des ISA- und EISA-Busses zu überwinden. PCI - Peripheral Component Interface ist das mittlerweile zu einem breiten Standard gewordenen Ergebnis.

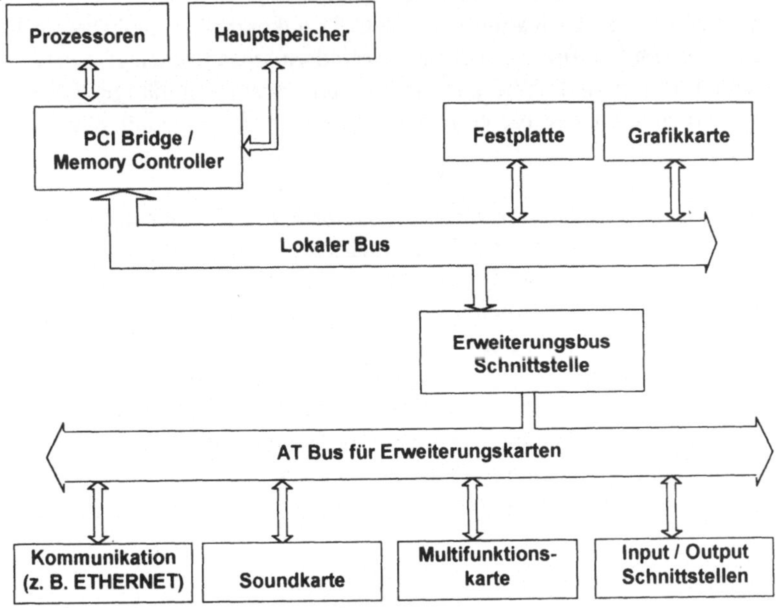

Abb. 6.26: PCI - Lokale Bus Architektur unter der Federführung von Intel

Obwohl Microsoft und andere bereits seit längerer Zeit zur restlosen Abschaffung der AT-Bus-Steckplätze im PC drängen, sind die Chancen dafür gering. Zu viele Kartentypen sind noch für diesen technologisch längst überholten Standard verfügbar und finden damit das Auslangen. Soundkarten, Modem/ISDN-Karten und sogar TV-Video-Karten. Insbesondere manche Spezialsteuerkarten für Zusatzhardware für Computerspiele sind nur in AT-Bus-Ausführung zu erhalten. Erst seit 1999 haben sich Mainboard-Hersteller dazu entschlossen, PCs anzubieten, die nur über PCI und modernere Schnittstellen verfügen, also auf AT-Bus-Kompatibilität vollständig verzichten.

Der „schnelle" PCI-Bus erlaubt eine maximale Taktrate von 33 MHz (laut Spezifikationen sind bis zu 66 MHz vorgesehen) und ist durch die mittlerweile nach wie vor schneller gewordenen Prozessoren damit schon wieder zum Flaschenhals geworden.

PCI-Kommunikation kann auf zwei Arten erfolgen:

1. Der Prozessor kümmert sich um den kompletten Datenverkehr. Diese Situation ist dann gegeben, wenn kein „Busmastering" verwendet wird. Alles wird von der CPU gemanagt, was natürlich Rechenzeit kostet.
2. Die Karten sind Busmaster fähig. In diesem Fall können sie „eigenständig" handeln, beispielsweise mit dem Hauptspeicher kommunizieren, ohne dass die CPU dabei irgendwie mithelfen muss. Die CPU spart also Rechenleistung, das System arbeitet schneller.

Bei PCI gibt es unterschiedliche Möglichkeiten Leistung zu gewinnen, wenn man die nötigen Prinzipien kennt und die entsprechenden Optionen aktiviert. Enthält ein System mehrere Busmaster taugliche Karten (beispielsweise einen SCSI-Adapter für die Steuerung der Festplatten und eine Grafikkarte), kann es zu einem Problem kommen. Wenn zwei PCI-Karten von der CPU unkontrolliert selbständig handeln, kommt es zu einem Konflikt. Um das zu verhindern muss festgelegt werden, welche Karte wann was tun darf. Wie perfekt mehrere Busmaster fähige PCI-Karten in einem System miteinander harmonieren, hängt von der Qualität des Mainboard-Chipsatzes ab.

Nahezu alle modernen PCI-Steckkarten, insbesondere Grafikkarten und SCSI-Controller, sind PCI-Busmaster tauglich. Das bedeutet eine schnellere und bessere Kommunikation über den PCI-Bus, mehrere PCI-Karten können schneller „gleichzeitig" angesteuert werden. Bei modernen PCs sind alle PCI-Steckplätze Busmaster fähig, bei älteren oftmals nicht

Unter Peer Concurrency versteht man bei PCI-Karten die Option, dass im System mehrere PCI-Karten gleichzeitig aktiv sein dürfen oder ob alle „der Reihe nach" arbeiten müssen. Der gleichzeitige Betrieb bringt die effektivste Systemleistung. Die Option CPU to PCI beschleunigt die CPU-Kommunikation mit dem PCI-Bus. PCI-Streaming bedeutet, dass der PCI-Bus unabhängig von der CPU größere Datenblöcke transportieren darf.

6.5   Speicher

6.5.1   Allgemeines zu Speichern

Unter einem Speicher versteht man bei einem Computer die Vorrichtung, in der Daten gespeichert werden können. Auf kaum einem technischen Gebiet wurde in den letzten Jahrzehnten so intensiv geforscht wie auf dem der Speicherung von Information. Kein Gebiet der Physik wurde ausgelassen, jeder physikalische Effekt wurde auf seine Brauchbarkeit für die Informationsspeicherung untersucht. Viele Erfolge sind das Ergebnis. Die Vielfalt der zur „Informationsaufbewahrung" benutzten Speicher hat den einfachen Grund, dass die Anforderungen an Speicher je nach Anwendung und dahinter stehendem „Prozessor" verschieden sind. Anforderungen gibt es bezüglich den drei Hauptparametern, **Zugriffszeit, Kapazität und Kosten.**

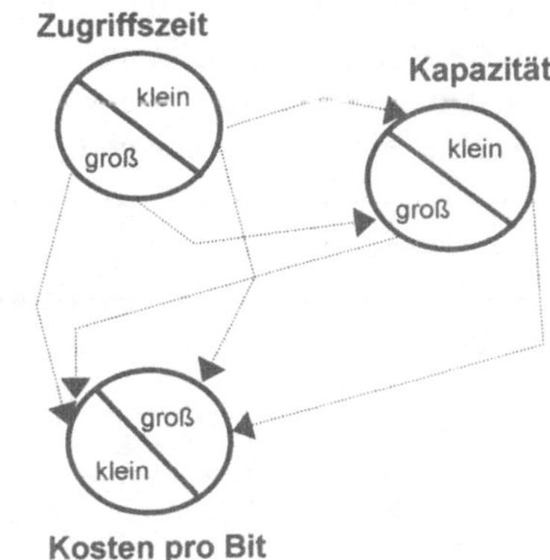

Abb. 6.27: Die wichtigsten Kenngrößen für Speicher

Es gibt keinen, nach all diesen Parametern optimalen Speicher. Speicher mit kleiner Zugriffszeit, also schnelle Speicher, verursachen große Kosten pro Bit und werden daher nur mit relativ kleinen Speicherkapazitäten hergestellt. Kleine Kapazität verursachen relativ große Kosten pro Bit da die anteiligen Kosten für Gehäuse, Tests und andere Fixkosten von diesen wenigen Bits getragen werden müssen. Kleine Zugriffszeiten erfordern in der Regel eine aufwendige Technologie.

Es gibt auch eine Vielzahl von Kriterien für die Einteilung - für die Klassifizierung - von Speichern:
- Speicherverhalten bei Stromabschaltung (flüchtige / nichtflüchtige)
- organisatorische Kriterien (Anordnung)
- technologische Kriterien (Halbleiter, magnetische Grundstoffe, etc.)

Flüchtige Speicher können die Daten nur bei aktiver Stromzufuhr aufrechterhalten. Zu den flüchtigen Speichern gehören der Arbeitsspeicher (RAM), der Pufferspeicher (Cache) und der Registerspeicher. Nichtflüchtige Speicher (Permanentspeicher) behalten im Gegensatz zu den flüchtigen Speichern die Daten (Informationen) auch bei abgeschalteter Stromzufuhr. Nichtflüchtige Speicher lassen sich weiter unterteilen in Halbleiterspeicher (z.B. ROM, PROM und EPROM), bei denen die Informationen in Chips gespeichert sind und sog. Massenspeicher wie Festplatten,

Diskettenlaufwerke, CD-ROM-Laufwerke und Bandlaufwerke (Streamer), Flash-Speicher, PROM, RAM, ROM, (Magnetblasenspeicher, Kernspeicher).

In der Pionierzeit der EDV hatten Magnet-Kernspeicher als Hauptspeicher vor Computern eine große Bedeutung. Der Ausdruck Kernspeicher wird daher vielfach noch synonym für Arbeitsspeicher verwendet, wenngleich heutige Arbeitsspeiche nicht mehr auf dem Kernspeicherprinzip basieren.

Nach der funktionellen Anordnung kann man Speicher in 3 Gruppen einteilen:
- Nulldimensionale Zellen (Speicherung von 1 Bit, Flipflop)
- Eindimensionale Register (Vektoren, Speicherung von Worten, eine Reihe von Flipflops, Register)
- Zweidimensionale Matrizen (flächenförmige Speicheranordnung, zu Speicherung großer Datenmenge. Sie bestehen aus in Zeilen und Spalter angeordneten Flipflops; ROM's, RAM's ...)

Angesichts der großen Variationsbreite der qualitativen und quantitativer Speicherkenngrößen ist es erforderlich, die eingesetzten Speicher auf die betrieblichen Aufgabenschwerpunkte abzustimmen. In diesem Zusammenhang ha es sich sehr früh als ratsam herausgestellt, verschiedene Speicherarten in einen Rechnersystem zu verwenden. Man spricht von einer „Speicher-Hierarchie".

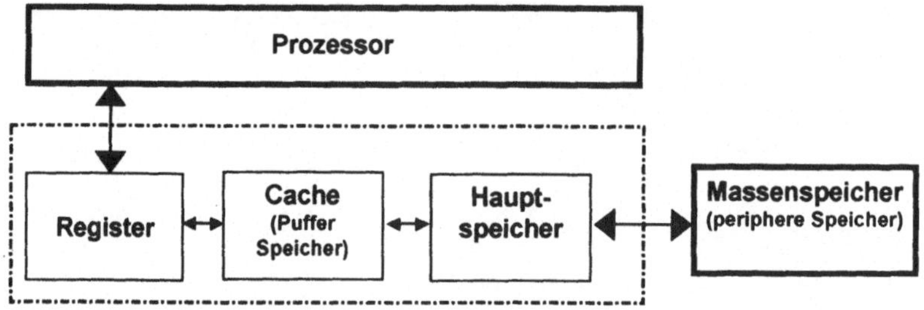

Abb. 6.28: Speicherhierarchie in einem Rechner

Die **Registerspeicher (Scratch Pad)** arbeiten eng mit dem Rechenwerk und Leitwerk (Befehls und Datenprozessor) zusammen und sind Bestandteil der CPU. Sie sind mit sehr kurzer Zugriffszeit die eigentlichen Arbeitsspeicher des Prozessors. Sie nehmen vorübergehend Daten und Befehle auf, damit während des Ablaufs von Operationen alle Steuer- und Adresssignale sowie Zwischenresultate zur Verfügung stehen.

Der **Hauptspeicher (Arbeitsspeicher, main memory)** ist ein sehr prozessornaher Speicher. Er muss bezüglich Zugriffszeit auf die Leistungsfähigkeit und auf die Verarbeitungsgeschwindigkeit des Prozessors abgestimmt sein und trotzdem hohe Speicherkapazität aufweisen, damit er ganze Programme laden und ausführen kann. Diese Speicher besitzen Zugriffszeiten in der Größenordnung von unter 60 ns. Hierfür kommen Speicherausführungen mit wahlfreiem Zugriff (RAMs) und großer Kapazität zur Speicherung von Programmen und Daten in Frage.

Zur Anpassung der Geschwindigkeit des Hauptspeichers an den Prozessor werden **Pufferspeicher (Cache-Speicher)** eingesetzt. Sie sind schnelle Zwischenspeicher zwischen Hauptspeicher und den noch schnelleren Registerspeichern.

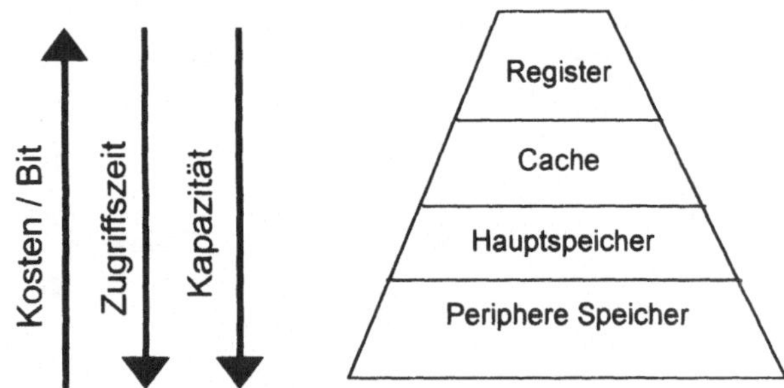

Abb. 6.29: Die wichtigsten Kenngrößen der unterschiedlichen Speicher

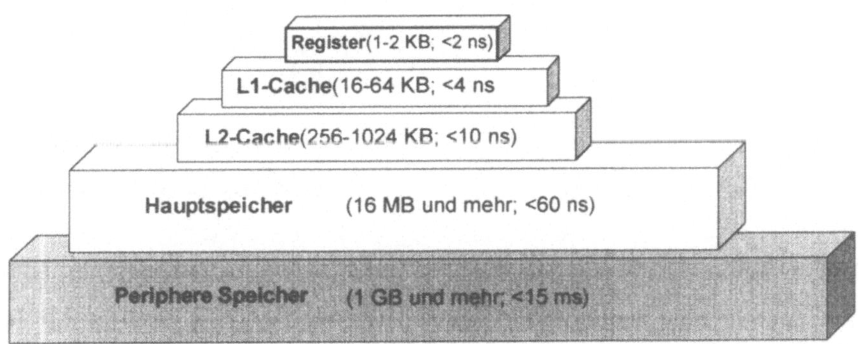

Abb. 6.30: Speicherhierarchie - typische Zugriffszeiten

6.5.2   Halbleiterspeicher, Hauptspeicher und Programmspeicher

Der Prozessor holt aus dem Datenspeicher Daten und Befehle, arbeitet damit und kopiert Ergebnisse zurück. Der Arbeitsspeicher eines modernen Computers und eines PCs besteht aus RAM Chips. RAM (Random Access Memory) sind Speicher mit wahlfreiem Zugriff. Mit Lese- und Schreibzugriff kann jede beliebige Stelle im Speicher direkt angesprochen werden.

Kenngrößen: Kapazität (256 kBit, 1 MBit, 4Bbit, 64 Mbit je Chip)

Zugriffszeit in Nanosekunden: Bei einer Taktfrequenz von 4,77 MHz ergaben sich typische Werte von 150 ns, bei 10 MHz 100 ns, bei 25 MHz 60 ns ($1 ns=10^{-9}s$).

Ein Cache-Speicher (oder kurz nur Cache) ist ein temporärer, besonders schneller Zwischenspeicher (RAM) für häufig verwendete Prozessorfunktionen und Daten. Durch die Zwischenspeicherung muss der Prozessor nicht jedes Mal aus dem Hauptspeicher nachladen und wird dadurch schneller.

Random Access Memories (RAM) sind Schreib-Lese-Speicher, bei denen jeder Speicheradresse eine Speicherstelle zugeordnet wird, die wahlweise bei Anlegen der entsprechenden Adresse an die Adresseingänge gelesen oder überschrieben werden kann. Das RAM wird im Mikrocomputer zum Abspeichern von aktuellen Daten verwendet, welche sich auch ändern können.

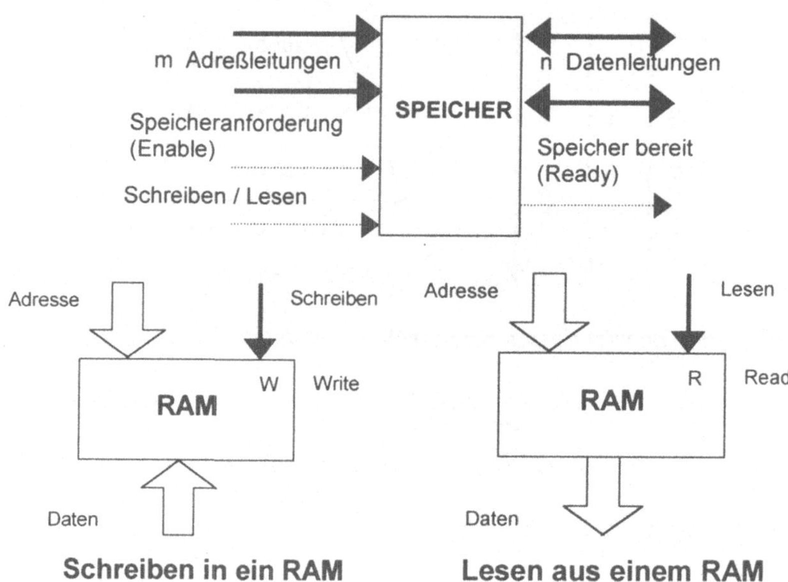

Abb. 6.31: RAM Speicher, die Arbeitsspeicher im Computer

RAMs als Bauelemente sind in verschiedenen Wortlängen organisiert. Ein RAM 265 x 8 hat 256 adressierbare Speicherplätze mit je 8 Bit Inhalt. Bei Random Access Memories unterscheidet man statische und dynamische Speicherelemente. Sowohl statische als auch dynamische RAMs sind flüchtige Speicher, das heißt, sie verlieren die gespeicherte Information bei Ausfall der Versorgungsspannung. Während statische RAMs den Speicherinhalt bei angelegter Versorgungsspannung ohne weitere Maßnahmen beliebig lange behalten, muss bei dynamischen RAMs (DRAM) der Speicherinhalt in bestimmten Zeitabständen (Refresh Cycle) neu eingeschrieben werden. Dynamische RAMs sind integrierte Halbleiterschaltungen, die Informationen nach dem Kondensator-Prinzip speichern. Kondensatoren verlieren in relativ kurzer Zeit ihre Ladung. Deshalb müssen dynamische RAM-Platinen eine Logik zum ständigen Auffrischen (zum Wiederaufladen) der Ladung in den Speichern enthalten. Da der Prozessor keinen Zugriff auf den dynamischen RAM hat, wenn dieser gerade aufgefrischt wird, können ein oder mehrere Wartezustände beim Lesen oder Schreiben auftreten. Dynamische RAMs werden häufiger eingesetzt als statische RAMs, obwohl sie langsamer sind. Die Schaltungen sind einfacher konstruiert und können daher wesentlich mehr Daten als statische RAM-Chips speichern. Statisches RAMs sind Halbleiterspeicher, die aus Flipflops aufgebaut werden, welche die gespeicherten Informationen nur bei anliegender Betriebsspannung behalten. In Computern werden statische RAMs meist nur für den Cache-Speicher eingesetzt.

L1-Cache sind Speicher, die in den Prozessoren ab der Generation i486 integriert sind. L1-Cache, haben in der Regel 8 KByte und können in einem einzelnem Taktzyklus gelesen werden. Pentium Prozessoren verfügen über zwei L1-Caches, wobei ein Cache für Code und der andere Cache für Daten verwendet wird.

L2-Cache sind Speicher, die aus einem statischen RAM auf einer Hauptplatine bestehen, auf der sich ein Prozessor ab der Generation i486 befindet. L2-Cache, sind in der Regel 128 KB bis 1 MB groß, schneller als die System DRAM, jedoch langsamer als der L1-Cache, der im Prozessor integriert ist.

Bei ROM (Read Only Memory)   Speichern ist die Information auf Dauer gespeichert. ROMs werden daher z.B. als Programmspeicher für das BIOS (Basic I/O System) verwendet. ROMs sind ebenfalls frei adressierbare Speicher. Der Speicherinhalt eines ROM wird bereits bei der Herstellung des Speicherchips festgelegt und kann nicht mehr geändert werden. Die Organisationsform der ROMs ist jener von RAMs gleich. ROMs sind jedoch nicht flüchtige Speicher, d.h. sie verlieren bei Stromausfall den Speicherinhalt nicht. In ROMs werden im Mikrocomputer hauptsächlich Programme, gelegentlich aber auch Daten gespeichert, bei denen keine Änderung zu erwarten ist. Da ROMs bereits bei der Herstellung „maskenprogrammiert" werden, ist eine Mindestproduktionsmenge Voraussetzung.

Programmierbare Read Only Memories (PROMs) sind Festwertspeicher, die vom Anwender programmiert werden können. Die einzelnen Bits der auf bestimmten Speicheradressen zu programmierenden Daten werden mit Hilfe eines Programmiergerätes eingeschrieben. Die Programmierung erfolgt durch Durchbrennen von Widerständen oder Diodenstrecken. PROMs werden im Mikrocomputer oft an Stelle von ROMs verwendet, wenn die geringe Stückzahl die Herstellung von (maskenprogrammierten) ROMs nicht rechtfertigt.

Erasable PROMs (EPROM) sind Festwertspeicher, die vom Kunden programmiert und durch Bestrahlung mit ultraviolettem Licht allenfalls gelöscht und neu programmiert werden können. Dieser Vorgang ist wiederholbar.

Flash-Speicher sind nichtflüchtiger Speicher, die funktionell mit einem EEPROM-Speicher vergleichbar sind, aber blockweise gelöscht werden müssen, während sich ein EEPROM als Speicher mit wahlfreiem Zugang Wort um Wort bzw. Byte um Byte gelöscht werden kann. Durch die blockorientierte Arbeitsweise eignet sich ein Flash Speicher als Ergänzung oder als Ersatz für Festplatten in portablen Computern. In diesem Zusammenhang werden Flash Speicher entweder in das Gerät eingebaut oder als PC-Card über einen PCMCIA-Slot austauschbar eingesteckt. Der praktische Einsatz als Hauptspeicher (RAM) ist durch die blockorientierte Natur des Flash-Speichers nicht möglich, da der Computer in der Lage sein muss, den Speicher in Einzelbyte-Inkrementen zu beschreiben

6.5.3   Speicheraufteilung - der Anschluss von Speicherbausteinen

Das Fassungsvermögen, die Kapazität moderner Speicherbausteine ist mittlerweile zwar enorm, es ist jedoch wesentlich geringer als die in Systemen adressierbaren Speicherstellen. Daher ist es erforderlich, konkreten Speicherbausteinen einen festen Platz in einer Speicheraufteilung (memory map) zuzuordnen. Als Speicheraufteilung versteht man einen Plan, in dem angeführt ist, welche Bits des Adressbusses welche Speicherzellen adressieren.

RAMs sind in verschiedenen Wortlängen organisiert. Beispielhaft sollen die Möglichkeiten der Organisation von großen Speichern aus kleinen aufgezeigt werden: Ein RAM 265 x 4 hat 256 adressierbare Speicherplätze, mit je 4 Bit Inhalt. Ein RAM 1024 x 1 hat 1024 adressierbare Speicherplätze (2^{10}) mit je 1 Bit Inhalt.

Mit 8 Adressleitungen lassen sich 256 Stellen in einem Chip auswählen, mit 10 sinc es 1024 (=1K). Will man größere Speicher organisieren müssen mehrere Chip: kombiniert werden. Dies geschieht über eine Baustein-Auswahlleitung CS (Chip Select). Nachfolgend werden zwei Beispiele angeführt wie ein 1 Kx8 Bit Speiche aufgebaut werden kann mit 1024 x 1 und mit 256 x 4 Speicherbausteinen.

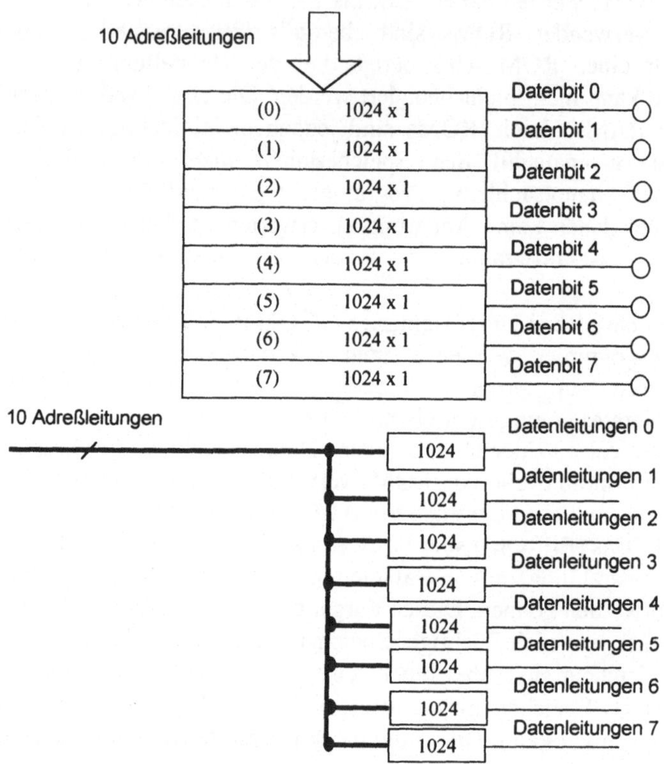

Abb. 6.32: 1K x 8 Speicher aus 8 Bausteine mit je 10 Adresseingängen

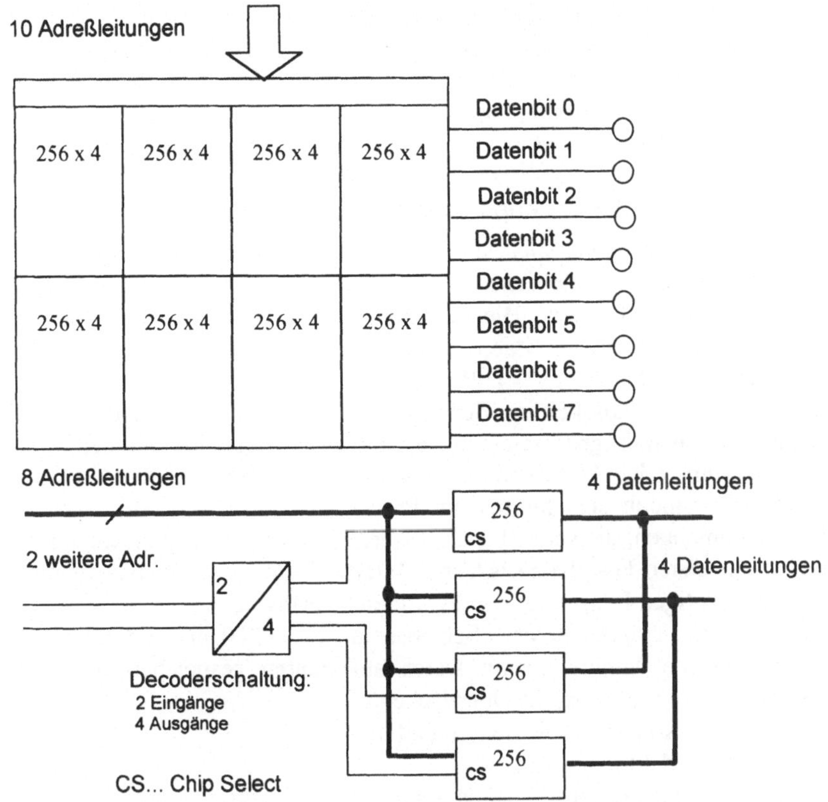

Abb. 6.33: 1K x 8 Speicher aus 8 Bausteine mit je 8 Adresseingängen und 4 Datenleitungen

Bei der Organisation großer Speicherbereiche unterscheidet man segmentierte und lineare Adressräume bzw. Architekturen. Unter segmentierten Speicherarchitekturen versteht man eine Methode der Speicheradressierung, bei der ein großer Adressraum aus kleineren gebildet wird. Typisches Beispiel für diese Architektur sind die Intel 8

0x86 Prozessoren. Der Speicher wird bei dieser Architektur für Adressen im 16-Bit Adressformat in Segmente zu 64 Kilobyte unterteilt. Durch ein 32-Bit Adressformat kann der Speicher in Segmenten bis 4 Gigabyte adressiert werden. Ein Adressraum, der in logische Einheiten, die sog. Segmente, unterteilt ist wird als segmentierter Adressraum bezeichnet. Um eine gegebene Speicherstelle zu adressieren, muss ein Programm sowohl ein Segment als auch einen Offset innerhalb dieses Segments spezifizieren. Der Offset stellt einen Wert relativ zum Beginn des betreffenden Segments dar. Da sich Segmente überlappen können, sind die Adressen nicht eindeutig..

Eine Architektur, die einem Mikroprozessor den direkten Zugriff auf jede einzelne Speicherstelle mittels eines einzelnen Adresswertes gestattet, bezeichnet man als lineare Adressierung. Damit weist jede Speicherstelle innerhalb des gesamten adressierbaren Speicherbereichs eine eindeutige, spezifische Adresse auf. Einen linearen Adressraum verwenden die Betriebssysteme des Macintosh, OS/2 und

Windows NT. DOS arbeitet mit einem segmentierten Adressraum, in dem für der Zugriff auf eine Speicherstelle eine Segmentnummer und Offsetnummer erforderlich ist. Die segmentierte Adressierung ist typisch für den Real Mode der Prozessorfamilie Intel 80x86, während die meisten anderen Mikroprozessor-Architekturen auf einem linearen Adressraum arbeiten

6.5.4   Periphere Magnetplattenspeicher

Massenspeicher, periphere Speicher, Hintergrundspeicher, Großraumspeicher sind schließlich jene Speicher auf denen Daten großen Umfangs über längere Zeiträume gespeichert werden können. Hierzu finden Magnetbänder, Magnetplatten und optische Platten Anwendung. Magnetplatten haben hier besonders große Bedeutung. Sie müssen Daten mit Hilfe von Treiberprogrammen mit hoher Übertragungsgeschwindigkeit in den Arbeitsspeicher abgeben und von diesem übernehmen können. Zugriffszeiten liegen im Bereich von Millisekunden.

Bei Großraum- oder Archivspeichern werden Zugriffszeiten im Minutenbereich akzeptiert. Es handelt sich hierbei um Programmbibliotheken oder Speicher von großen Datenmengen, die selten benötigt werden (Archiv von Magnetbändern). Die Kapazität der ersten Festplatten betrug 5 MByte. Heute sind Festplatten im GByte Bereich zu günstigen Preisen für den PC Bereich verfügbar.

Festplatten sind magnetisierbare Scheiben mit ca. 5.000 bis mittlerweile 10.000 Umdrehungen pro Minute. Damit Daten auf Platten gespeichert und von dort gelesen werden können wird die Oberfläche in

- konzentrische Spuren und in
- Sektoren eingeteilt

Spuren und Sektoren ermöglichen eine präzise Positionierung des Schreib- / Lesekopfes. Festplatten besitzen 32 und mehr Sektoren pro Spur und 300, 600, oder über 1.000 Spuren. Die Einteilung in Spuren und Sektoren wird als „Formatieren" bezeichnet. Disketten und Diskettenlaufwerke verwenden flexible magnetisierbare Scheiben (ca. 300 Umdrehungen pro Minute) für die transportable Speicherung von Daten. Man unterscheidet Disketten mit normaler Dichte (D), doppelter Dichte (DD, 2D) und hoher Dichte (HD). Disketten gibt es in 2 Größen (5 1/4 Zoll und 3 1/2 Zoll) und mit unterschiedlicher Kapazität (360 KByte - DD / 40 Spuren / 9 Sektoren, 720 KByte - DD / 80 Spuren / 9 Sektoren, 1,44 MByte - HD / 80 Spuren / 18 Sektoren). 1,44 MByte sind für moderne EDV-Anwendungen leider nicht überwältigend viel Speicherplatz. Nach vielen Versuchen für Disketten einen Standard jenseits der am meisten verbreiteten 1,44 MByte einzuführen, kamen schließlich weitere Systeme hinzu. Mit einer Kapazität von 100 MByte pro Diskette haben sich die sogenannte ZIP-Laufwerke relativ gut verbreitet.

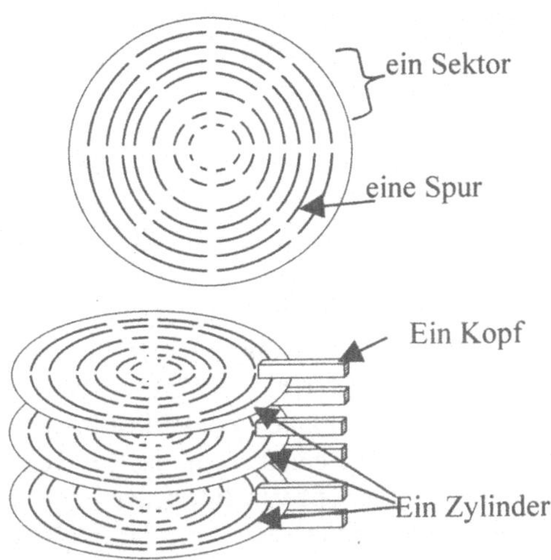

Abb. 6.34: Einteilung einer Festplatte in 7 Spuren und 8 Sektoren; 3 Platten mit insgesamt 6 Oberflächen (Zylinder aus 6 übereinanderliegenden Spuren)

In nachfolgender Tabelle wird in einer Tabelle die Entwicklung einiger wichtiger Parameter der Magnetplattentechnologie im Zeitraum von 1980 bis 1995 gegenübergestellt.

Tabelle 6.1: Die Entwicklung der Magnetplattentechnologie von 1980 bis 1995

Parameter	1980	1995
Aufzeichnungsdichte	1,96 Mbit / Inch²	682 Mbit/Inch²
Maximale Kapazität	5 MByte	23 Gbyte
Durchschnittliche Suchzeit	85 ms	8 ms
Maximaler Durchsatz	0,62 MByte/s	200 MByte/s
Rotationsgeschwindigkeit	3.600 U/min	10.000 U/min
Durchschnittliche Latenzzeit	8,33 ms	2,99 ms
MTBF	11.000 Stunden	1 Mio. Stunden
Laufwerkshöhe	143,65 mm	12,7 mm
Preis je MByte	300 US $	0,15 US $

Festplatten und Diskettenlaufwerke benötigen eine Steuereinheit (Controller). Ein Disk-Controller ist ein Spezialchip, der zusammen mit der zugehörigen Schaltungstechnik das Lesen von und Schreiben auf ein Plattenlaufwerk eines Computers hardwareseitig übernimmt. Ein Disk-Controller positioniert den Lese-/Schreibkopf, dient als Bindeglied zwischen Laufwerk und Prozessor und steuert den Informationstransfer von und zum Speicher. Disk-Controller werden sowohl für Diskettenlaufwerke als auch Festplattenlaufwerke und CD-ROM Laufwerke, das sind optische Speicherlaufwerke, eingesetzt. Sie können entweder im System integriert sein oder sich auf einer Karte befinden, die in einen Erweiterungssteckplatz eingesteckt wird. Für die heute im Einsatz befindlichen PCs gibt es verschiedene Kombinationen von Platten und Controllern: AT-Bus, Festplatten mit integriertem Controller, SCSI-Festplatten mit externem (Small

Computer System Interface) Controller, ESDI-Festplatten mit externem Controller (ESDI Enhanced Small Device Interface). Die größte Verbreitung haben (noch) AT-Bus oder IDE-Festplatten (IDE steht für Integrated Device Equipment oder Integrated Disc Electronic).

Frühe Festplatten hatten nur einen sehr kleinen lokalen Pufferspeicher in den beim Lesen höchstens ein Sektor passte. Der Pufferspeicher musste daher die Daten des gerade gelesenen Sektors zur Weiterverarbeitung an CPU und Speicher weitergeben, bevor der nächste Sektor gelesen werden konnte. Wenn das im Falle aufeinanderfolgender Sektoren nicht innerhalb der sehr kurzen Lücke zwischen den Sektoren abgeschlossen wurde, musste der Kontroller den nächsten Sektor ungelesen vorbeilassen und konnte erst mit der nächsten Umdrehung die Daten einlesen. Das bedeutet bei den frühen Platten Zeitverlust in der Größenordnung von 20ms, eine Ewigkeit für den CPU-Zeitakt. Um das zu vermeiden, werden die Sektoren mit einem Versatz, man spricht von Interleave oder Sector Skew, auf das Medium geschrieben. Bei einem Interleave von beispielsweise zwei (wie im nachfolgenden Bild dargestellt) hat der jeweils übernächste Sektor die nächsthöhere Sektornummer. So können mit zwei Umdrehungen alle Sektoren einer Spur gelesen werden, und es ist genügend Zeit für die Weitergabe der Daten vorhanden. Bei modernen Kontrollern wird ausreichend Pufferspeicher bereitgestellt, sodass eine ganze Spur zwischengespeichert werden kann und Interleave wird somit überflüssig

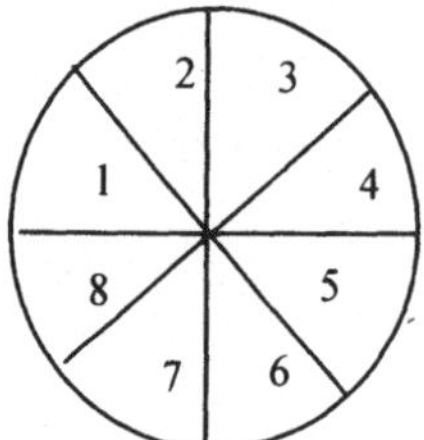 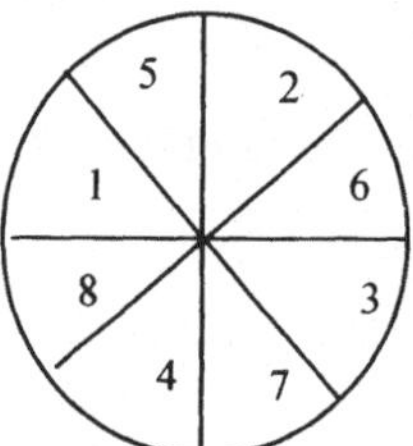

Abb. 6.35: Nummerierung der Sektoren eine Festplatte: Interleave

Zunehmend an Bedeutung gewinnen Systeme mit hoher Zuverlässigkeit. Zentrale Technologie diesbezüglich ist RAID. RAID steht für Redundant Array of Independent Discs. Die ursprüngliche Bezeichnung lautete Redundant Array of Inexpensive Discs und geht zurück auf Arbeiten an der University of California in Berkley in den Jahren 1987/88. RAID-Systeme schützen Daten gegen Ausfall einer Festplatte. Viele Festplatten werden zu einem System zusammengefasst. Es handelt sich dabei um ein Verfahren zur Datenspeicherung, bei dem die Daten zusammen mit Fehlerkorrekturcodes (z.B. Paritätsbits oder Hamming-Codes) auf mindestens zwei Festplattenlaufwerken (allgemein ein Array von Festplatten) verteilt gespeichert werden, um Leistung und Zuverlässigkeit zu erhöhen. Das Festplattenarray wird durch Verwaltungsprogramme und einen Festplatten Controller zur Fehlerkorrektur gesteuert. RAID wird meist für Netzwerkserver eingesetzt.

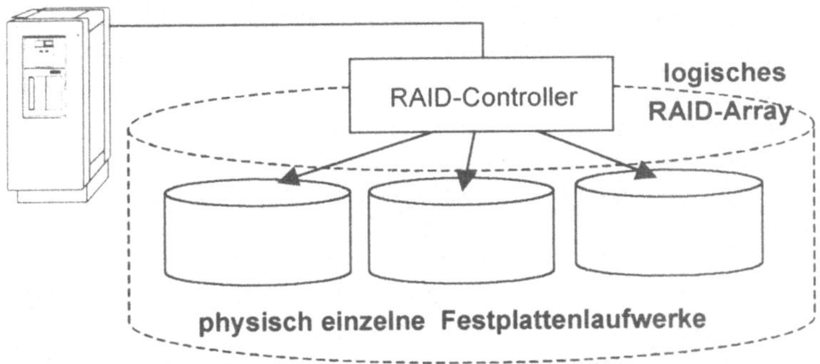

Abb. 6.36 : Das Grundprinzip von RAID: Mehrere Laufwerke werden zu einem großen logischen Laufwerk zusammengefaßt

Bei RAID gibt es verschiedene Stufen, welche die Geschwindigkeit, Zuverlässigkeit und Systemkosten klassifizieren. Zum Aufbau von RAID-Systemen gibt es viele Alternativen. Sie können direkt in einem Computer eingebaut oder auch mit speziellen Gehäusen aufgebaut werden. RAID Controller können in Hardware oder Software realisiert sein und verfügen über sehr bedeutungsvolle Leistungsmerkmale. Hot-Swapping z.B. ermöglicht den Austausch von Festplatten während des Betriebes, was insbesondere bei großen Systemen mit einer Vielzahl angeschlossener Benutzer und hoher geforderter Systemverfügbarkeit sehr wichtig ist. In Windows NT Systemen wird RAID 0, 1 und 5 unterstützt.

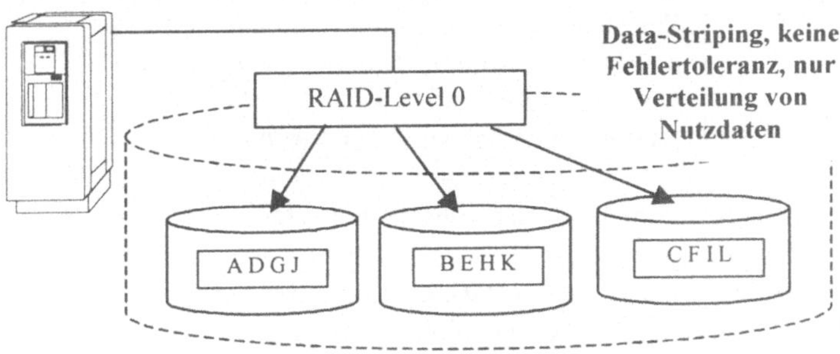

Abb. 6.37: RAID Level 0

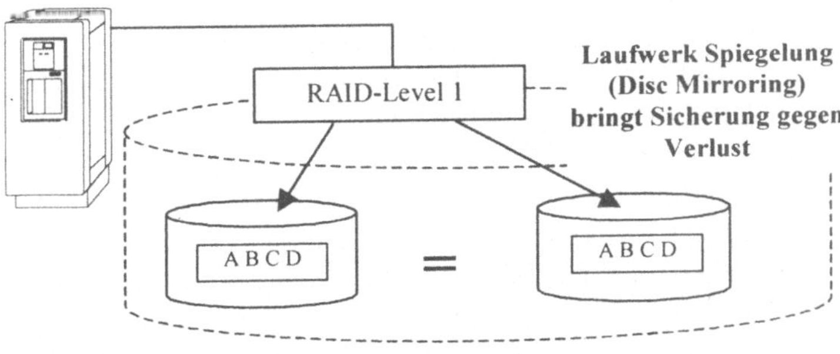

Abb. 6.38: RAID Level 1

RAID Level 0 steht für Striping. Bei diesem Verfahren werden mehrere kleinere Laufwerke zu einem großen logischen Laufwerk zusammengefasst. Der Striping-Faktor sagt dabei aus, wie groß die Stücke sind, welche jeweils auf eines der Laufwerke geschrieben werden. Dieses Verfahren liefert mit kleinen Striping-Faktoren den Vorteil der hohen Transferrate beim Schreiben und Lesen von langer Anforderungen durch die Möglichkeit das parallelen Zugreifens auf die Laufwerke.

Tabelle 6.2: RAID - Redundant Array of Independent Discs

	Bezeichnung	Beschreibung	benötigte Festplatten
0	Stripe Set	Daten werden auf mehrere Festplatten verteilt- vorwiegend für schnelleren (da paralleler Zugriff). Dadurch ergibt sich kein echter Sicherheitsgewinn.	>2
1	Disc Mirroring	Einfaches Spiegeln einer Festplatte auf eine Zweite. Es stehen daher nur 50 % der Speicherkapazität zur Verfügung, man gewinnt jedoch an Sicherheit.	>2
5	Stripe Set mit Parität	Daten werden auf mehrere Festplatten verteilt und es wird eine Paritätsinformation erzeugt. Bei Ausfall einer Festplatte kann aus den Daten der verbliebenen Festplatten mittels der Paritätsinformation der Inhalt der defekten Festplatte wieder hergestellt werden. Es stehen 65 % der Nettospeicherkapazität zur Verfügung.	>3

Bei Hochleistungssystemen ist der Einsatz von Hardware-RAID zu empfehlen. Software-Lösung sind zwar auch sehr schnell, aber insbesondere beim Stripe-Set mit Parität erfordert die Berechnung der Parität enorme Rechenleistung. Das kann durch spezielle Hardware Controller viel schneller geschehen.

Neben magnetischen Plattenspeichern sind noch die Magnetband- bzw. Magnetkassettenspeicher zu erwähnen, die insbesondere als Datensicherungsmedium unter der Bezeichnung Streamer Bedeutung erlangt haben. Im professionellen Bereich werden heute meist DAT-Streamer verwendet. Die Systeme gehen auf Entwicklungsarbeiten von Sony und HP zurück und sind standardisiert. Unter DDS 1 (Digital Data Storage) sind Kassetten mit 2 GByte festgelegt, unter DDS 3 12 GByte pro Diskette.

6.5.5   Compact Disc und Digital Versatile Disc - CD und DVD

CD ist die Abkürzung für Compact Disc und steht für einen optisch lesbaren Datenträger. Es handelt sich hierbei um ein optisches Speichermedium für digitale Daten. Eine CD besteht aus einer nichtmagnetischen, polierten Metallplatte mit einer schützenden Kunststoffbeschichtung. Es gibt eine breite Fülle von Anwendungen, da sich große Datenmengen auf engem Raum speichern lassen. Eine Audio-CD, kann bis zu rund 74 Minuten Musik in Hifi-Qualität enthalten.

Als CD-Player oder Compact Disc Player bezeichnet man ein Gerät, mit dem sich die auf einer Compact Disc (CD) gespeicherten Informationen lesen lassen. Ein CD-Player enthält sowohl die optischen Einrichtungen, um den Inhalt der CD zu lesen, als auch die elektronische Schaltungstechnik für die Interpretation der Daten beim Lesevorgang. Eine CD wird mit einem optischen Abtastmechanismus gelesen, der im wesentlichen aus einer intensiven Laser-Lichtquelle und einem Spiegel besteht. Die Daten auf einer CD-ROM werden von der Unterseite der Platte von innen nach außen gelesen. Dazu justiert das Lesegerät einen Laserstrahl von ca. 1,6 mm Durchmesser mit Hilfe zweier Unterstützungsstrahlen auf die „Pit-Spur". An der Änderung des Reflexionsverhaltens erkennt die Elektronik den Wechsel zwischen Pits und Lands. Daten sind in Datenblöcken organisiert. Ein Block mit 2.352 Bytes enthält nur 2.048 Bytes an Nutzdaten. Für die Synchronisation der Aufzeichnung werden 12 Bytes benötigt, in vier Bytes wird die Adresse untergebracht, 288 Bytes stehen für die Fehlerkorrektur zur Verfügung. Weit mehr als 10 Prozent der Plattenkapazität werden also reserviert, um Fehler zu korrigieren. Das ist notwendig, weil durch die irreversible Art der Datenspeicherung eine Korrektur von Übertragungs- oder Materialfehlern während des Schreibens nicht möglich ist. Die Korrektur erfolgt auf der Master-Disc, von der anschließend die gesamte Auflage gezogen wird. CDs verfügen über eine einheitliche Aufzeichnungsdichte. Daher müssen die Daten den Lesekopf des Abspielgeräts mit einer konstanten Lineargeschwindigkeit passieren (CLV, Constant Linear Velocity). Um das zu gewährleisten, dreht sich die Platte je nach Kopfposition unterschiedlich schnell – mit höchster Geschwindigkeit (500 Umdrehungen pro Minute) beim Lesen der äußeren Windungen, die mehr Datenblöcke fassen als die inneren, und mit geringer Geschwindigkeit (215 Umdrehungen pro Minute) im inneren Plattenbereich.

Eine CD-ROM fasst bis zu 680 MegaByte an Daten. Es passen selbst komplexeste Daten wie Konstruktionszeichnungen, Multimedia-Projekte, Buchmanuskripte, Bilddateien, Fotos, Präsentationen auf eine CD. Da kaum ein anderes Speichermedium so kompatibel ist wie die CD-ROM, gibt es auch keine Kompatibilitätsprobleme mit dem Datenformat. Eine CD kann immer und überall eingelesen werden.

Compact Disc ist auch ein Oberbegriff für Technologien, welche die Basis für optische Medien wie CD-ROM, CD-ROM/XA, CD-I, CD-R, DVI und Foto-CD etc. bilden. Diese Medien gehören alle zu den CDs und unterscheiden sich hinsichtlich des Datenformats und der Möglichkeiten beim Lesen und Beschreiben. Die Formate der einzelnen CD-Typen sind in speziellen „Büchern" dokumentiert, die anhand der Farbe des Einbandes bezeichnet werden. Beispielsweise ist das Format für Audio-CDs im „Red Book"".

In einem CD-Player der Stereoanlage nutzt man Audio-CDs, auf einem Computer CD-ROMs. ROM steht für Read Only Memory. Eine CD-ROM kann Daten nur abspielen. Der Vorteil liegt in der großen Speicherkapazität. CD-ROMs sind überdies sehr robust, weil das optische Abtastverfahren relativ wenig störanfällig ist. CD-ROMs enthalten in der Regel Grafiken oder Bilder. Die CD-ROM wurde von den Firmen Philips und Sony entwickelt, die alle Spezifikationen in einem als Yellow Book benannten Dokument festlegten. Mittlerweile gibt es Erweiterungen.

Die Spezifikationen im Yellow Book enthalten einen erweiterten Standard (XA =Extended Architecture) für Multimedia-Anwendungen.

Mittlerweile können CDs nicht nur als ROM verwendet werden. Daten sind durch den Anwender auch löschbar und können von ihm auf eine CD geschrieben werden. Löschbare Compact Discs (compact disc-erasable) stellen die Erweiterung dar, die das mehrmalige Ändern der auf der CD gespeicherten Daten erlaubt. Heute verbreitete CDs können mit dem Attribut „einmal schreiben, mehrfach lesen" oder „write once, read many times" charakterisiert werden. Das bedeutet, dass sich die Daten, die bereits geschrieben wurden, nicht mehr ändern lassen. Allerdings können CDs bei bestimmten Formaten in mehreren Sitzungen beschrieben werden - es lassen sich also Daten hinzufügen. Wiederbeschreibbare Compact Disc (compact disc rewritable) ist der Oberbegriff für mehrfach beschreibbarer Compact Discs. Zum Beschreiben von CDs benötigt man einen CD-Rom-Brenner. CD-ROM-Brenner sind mittlerweile ein bewährtes Medium zur Datensicherung. Während CD-ROM-Brenner anfangs teuer waren, zählen sie nun schon fast zur Standardausrüstung zumindest auf einem PC in jeder Firma aber auch im Privatbereich. Das Brennen eigener CD-ROMs kann man z.B. für umfangreiche Datensicherung (Backups) nutzen. Es gibt einen klaren Vorteil, der für den Einsatz von CD-ROMs als Backup-Medium oder auch als Medium für den Datenaustausch spricht. Fast jeder moderne Computer ist mit einem CD-ROM-Laufwerk ausgestattet. Es gibt kaum noch PCs ohne CD-ROM-Laufwerk. Werden wichtige Daten auf CD-ROM gebrannt, können diese Datenträger von jedem Computer gelesen werden. Außerdem ist die CD ein Standardmedium geworden, das leicht zu transportieren und ebenso leicht zu handhaben ist.

DVD steht für Digital Versatile Disc und bedeutet „digitale vielseitig einsetzbare Scheibe" oder „digitale Mehrzweckscheibe" und bietet für viele Zwecke eigene Datenformate. Die DVD ist äußerlich auf den ersten Blick kaum von einer CD zu unterscheiden. Beide besitzen einen Durchmesser von 120 mm, sind ca. 1,2 mm dick und der Hauptbestandteil ist Polycarbonat. Darauf aufgebracht ist die Reflexionsschicht, die mit einem rund 200 Mikrometer dicken Acryllack geschützt wird. Gegenüber CDs besitzen DVDs über eine wesentlich höhere Speicherkapazität. DVD-ROM-Laufwerke sind eine Weiterentwicklung der CD-ROM-Laufwerke und sind in der Regel voll abwärtskompatibel zu sämtlichen CD-Standards. Egal ob Audio-CD, Daten-CD, Multimedia, ein modernes DVD-ROM-Laufwerk kann damit arbeiten.

Die DVD bietet gegenüber der klassischen CD wesentliche Verbesserungen. Die einfachste Version einer DVD, ein einlagig und einseitig bespieltes Medium (single-sided, single layer), stellt schon 4,7 GByte Speicherplatz bereit. Die größte DVD (dual-sided, dual layer) stellt 17 GByte Speicherplatz zur Verfügung. Das entspricht in etwa 25 voll bespielten CD-ROMs auf einem Medium.

Die Daten sind bei der DVD wie bei der CD in einem langen spiralförmigen Track angeordnet, wobei bei der DVD jedoch ein deutlich engerer Spurabstand von 0,74 µm (1,6 µm bei einer CD) zum Tragen kommt. Dadurch ergibt sich die höhere Datendichte auf der Scheibe. Die Daten sind in Pits untergebracht (minimale Pitlänge DVD 0,4 µm, minimale Pitlänge bei CD 0,9 µm). Die Wellenlänge des Lasers beträgt 780 nm .

Die DVD gibt es prinzipiell in vier verschiedenen Ausprägungen. Je nachdem wie viel Schichten mit Daten belegt sind, stehen entweder 4,7 GByte (DVD 5), 8,5 GByte (DVD 9), 9,4 GByte (DVD 10), 13,2 GByte (DVD 14) bzw. 17 GByte (DVD 18) Kapazität zur Verfügung. Die einfachste Variante DVD 5 („single-sided, single layer") nutzt nur die Hälfte der möglichen Kapazität. Da aus Gründen der Lesbarkeit durch die verbesserte Laseroptik die Schutzschicht der DVD auf die Hälfte (0,06 mm) reduziert werden musste, ergaben sich dadurch mechanische Schwierigkeiten.

6.6   Ein- und Ausgabe

6.6.1   Möglichkeiten für die Koordinierung des Datenaustausches mit I/O-Geräten

Für die Abwicklung der Vorgänge in einem Rechner ist die CPU verantwortlich. Sie führt Programme aus, steuert Ein- Ausgabegeräte etc.. In der Regel ist bei der Ausführung eines Programms die Eingabe von Daten, ihre Verarbeitung und die Ausgabe von Ergebnisdaten erforderlich. Durch die Programmlogik wird der Ablauf vorgegeben. Betrachtet man die Tatsache, dass die CPU-Daten wesentlich schneller verarbeiten kann als diese durch Ein- und Ausgabegeräte bereitgestellt bzw. weitergegeben werden können, wird offensichtlich, dass sich für das einfache Grundprinzip der Arbeitsweise eines Computers eine „Problematik bezüglich der Geschwindigkeit" ergibt: Für die (teuren) Eingabegeräte, die Verarbeitung und für die Ausgabegeräte ergeben sich lange Wartezeiten und somit eine schlechte Auslastung. Werden unterschiedliche Prozesse P1, P2 und P3 nacheinander bearbeitet, die jeder für sich aus einem Eingabesubprozess E1, einem Verarbeitungssubprozess V1 und einem Ausgabesubprozess A1 respektive bestehen, so kann der jeweils nächste Prozess erst starten, wenn der vorhergehende abgeschlossen ist. Lange Antwortzeiten auf die Ergebnisse sind die Folge.

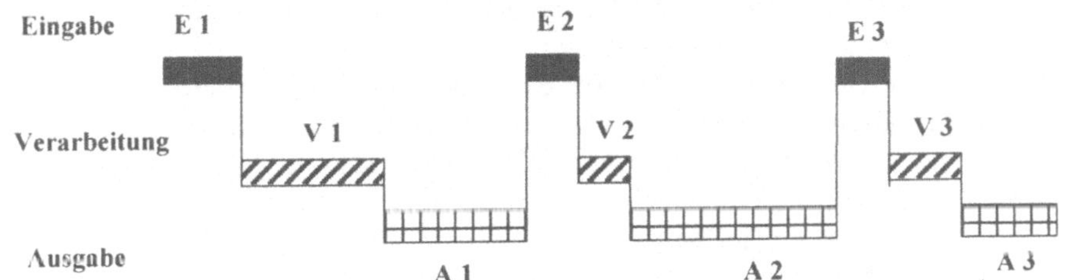

Abb. 6.39: Die Problematik der Geschwindigkeit bei zentraler Verarbeitungs sowie Ein- und Ausgabe

Durch eine überlappende Arbeitsweise, in der Ein-, Ausgabe- und Verarbeitungsprozesse logisch in autonome Kanäle strukturiert sind, wurde dieses Problem früh gelöst und eine hohe Auslastung aller Systemkomponenten bei gleichzeitig kurzen Antwortzeiten sichergestellt: das Kanalprinzip.

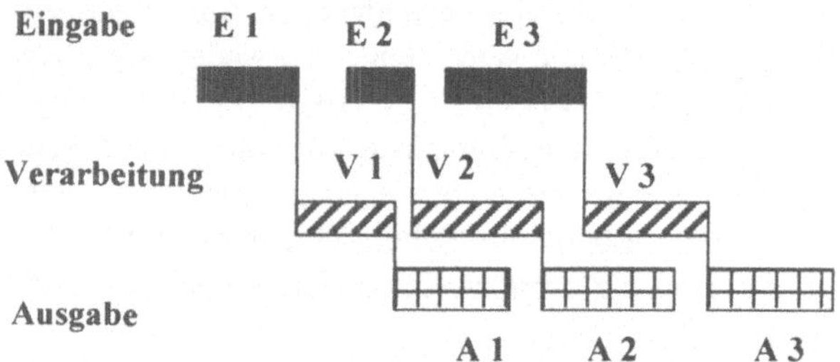

Abb. 6.40: Überlappende Arbeitsweise mit hoher Systemauslastung und kurzen Antwortzeiten: das Kanalprinzip

Für die Ansteuerung externer Geräte und für die Steuerung von deren Datenaustausch mit der CPU, gibt es unterschiedliche Möglichkeiten. Diese werden durch spezielle Steuerungseinheiten (Conroller) realisiert, damit die CPU entlastet wird:

- Programmierbare Ports
- Interrupt
- DMA - Direkt Memory Access

Über Ports werden verschiedene Einheiten eines Rechners von der CPU adressiert und angesprochen. Möchte die CPU z.B. Daten an eine Erweiterungskarte (z.B. einer Datenerfassungs-Prozess - I/O-Karte oder eine serielle Schnittstellenkarte aber auch an die Steuerung des Bildschirmterminals) senden, legt sie zunächst ein Signal auf eine spezielle Busleitung, um die Aufmerksamkeit aller Geräte zu wecken. Anschließend legt sie die Portadresse des gewünschten Gerätes auf den Adressbus. Das angesprochene Gerät reagiert darauf mit einem kurzen Signal und zeigt dadurch an, dass es bereit ist. Erst danach schickt der Prozessor die Daten über den Bus an das adressierte Gerät (Port). Voraussetzung für einen einwandfreien Datenaustausch ist eine eindeutige Zuordnung von Portadressen, die zumeist durch Mikroschalter auf der Steckkarte (sogenannte DIP-Schalter) oder durch programmierbare Register entsprechend eingestellt werden müssen.

Der Interrupt-Controller ist für die Steuerung externer Geräte, wie Tastatur, Erweiterungskarten, Schnittstellen, Maus, etc. verantwortlich und entlastet die CPU von Routine-Verwaltungsarbeit. Die CPU müsste ständig alle angeschlossenen externen Einheiten abfragen, ob Eingabedaten zu verarbeiten sind. Um die Steuerung der externen Geräte möglichst ökonomisch zu gestalten, fragt nicht die CPU das entsprechende Gerät ab, sondern die Geräte melden sich über einen sogenannten Interrupt bei der CPU, dass sie die Aufmerksamkeit, bzw. Verarbeitungsleistung der CPU benötigt. Die CPU unterbricht in so einem Fall die Verarbeitung des aktuellen Programms (Interrupt = Unterbrechung) und startet ein spezielles Programm zur Interrupt-Abarbeitung. Danach wird das unterbrochene Programm fortgesetzt.

Die externen Geräte kommunizieren aber nicht direkt mit der CPU um einen Interrupt auszulösen. Alle über Interrupt-Kanäle (IRQ - Interrupt Request Channels) ausgesendeten Interrupts werden zunächst von einem Interrupt-Controller abgefangen und analysiert. Jeder Interrupt-Kanal wird durch das Betriebssystem eindeutig einem Gerät zugeordnet.

Bereits sehr früh hat es sich in der Rechnerarchitektur eingebürgert die Ein/Ausgabeprozesse nicht durch die CPU (zentrale Recheneinheit), sondern durch spezielle Prozessoren durchführen zu lassen. Unterschiedliche Namen wurden für diese Prozessoren eingeführt: Kanal oder periphere Prozessoren (PP). Es ist ganz offensichtlich, dass man durch solche selbstständig arbeitenden Prozessoren die CPU entlasten kann und es zu einer Leistungssteigerung des Gesamtsystems kommt. Ein besonders wichtiger Fall eines Ein/Ausgabeprozessors ist der DMA-Kanal.

6.6.2   Memory Mapping und I/O-Mapping

Neben Speicherbausteinen sind Ein-/Ausgabeeinheiten (I/O-Einheiten) in einem Rechner von großer Wichtigkeit. Betrachtet man zunächst ein einfaches paralleles I/O-Tor als Schnittstellenbaustein zu einem externen I/O-Gerät, d.h. einem I/O-Baustein. Dieser benötigt Zwischenspeicher (Flipflops, Latches) und Bustreiber. Er fungiert als Schnittstellenbaustein zwischen externen Geräten und dem Kern des Rechners.

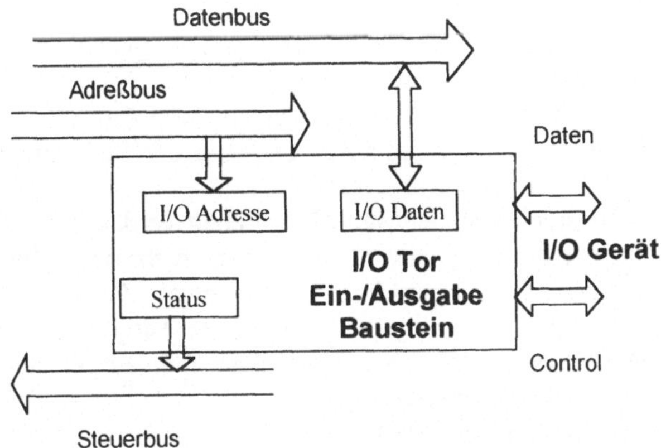

Abb. 6.41: Grundsätzlicher Aufbau eines Ein-/Ausgabebausteins

Der herkömmliche Einsatz von Mikrocomputern unterscheidet I/O- (Eingabe-Ausgabe-) und Speicherbefehle. Memory-Mapping besagt, dass Ein-/Ausgabeeinheiten im Speicherraum adressiert werden können, d.h. wie mit Speicherbefehlen (Lesen, Schreiben) Speicherplätze angesprochen werden können. Ein-/Ausgabe mit Memory-Mapping Technik ermöglicht es dem Prozessor, für den Datenverkehr mit I/O-Einheiten dieselben Befehle zu verwenden, die für Speicheroperationen benutzt werden. Ein Ein-/Ausgabe-Baustein wird dabei wie ein Speicherplatz behandelt.

Beim I/O-Mapping sendet der Prozessor besondere Steuersignale aus, die anzeigen, dass es sich bei dem vorliegenden Zyklus ausschließlich um eine Ein- / Ausgabeoperation und nicht um eine Speicheroperation handelt. Besondere Steuerleitungen sind vorhanden - eine zum Lesen und eine zum Schreiben aus einer I/O-Einheit

Folgende Vorteile können für I/O-Mapping genannt werden:
- durch kürzere Adressierung ist weniger Hardware zur Decodierung notwendig
- die Befehle sind kürzer

- Arbeitserleichterung beim Programmieren durch spezielle Befehle

6.6.3 Interruptgesteuerte Ein-/Ausgabe

Die Interrupt-Technik ist von großer Wichtigkeit und das Prinzip soll zunächs durch ein anschauliches Beispiel einer Unterbrechung im täglichen Leber veranschaulicht werden. Hierzu stellen sie sich folgendes vor:

1. Sie sitzen am Arbeitsplatz und lesen eine Bedienungsanleitung.
2. Das Telefon klingelt.
3. Sie markieren sich die Stelle in der Bedienungsanleitung, legen sie zur Seite und heben den Telefonhörer ab.
4. Sie melden sich am Telefon und erklären damit die Bereitschaft zu einem Gespräch.
5. Die Unterhaltung beginnt.
6. Nun klopft es an der Bürotür.
7. Sie bitten den Anrufer , einen Augenblick zu warten.
8. Sie gehen zur Tür und öffnen.
9. Sie unterhalten sich mit der Person an der Tür, geben kurz Auskunft und beenden das Gespräch.
10. Sie kehren zum Telefon zurück und führen das Gespräch zu Ende.
11. Nun kehren sie zurück zur markierten Stelle in der Bedienungsanleitung und lesen weiter.

Dieses einfache Beispiele aus dem täglichen Leben verdeutlich, was erforderlich ist, wenn eine Unterbrechung eintritt und man mehrere Tätigkeiten (Lesen, Telefonieren, einen Gast empfangen) koordinieren muss. Zu jedem Zeitpunkt muss man sich zur Ausführung von nur jeweils einer dieser Tätigkeiten entscheiden. Der Übergang zwischen diesen wird durch zwei Mechanismen ausgelöst:

- Unterbrechung (Interrupt)
- Erledigung der Tätigkeit

Die Übergänge in diesem einfachen Beispiel sind geschachtelt, d.h. jede neue Unterbrechung stoppt die Erledigung der momentanen Tätigkeit. Sämtliche Hilfsmittel wenden sich der neuen Unterbrechung zu und führen sie zu Ende, sofern keine weitere Unterbrechung eintritt. Abschließend wird die unterbrochene Tätigkeit wieder aufgenommen. Dieses Prinzip ist von großer Wichtigkeit und weit verbreitet in der Informatik (in Hardware und Software).

In der Rechnerarchitektur werden drei Arten von Interruptsteuerungen unterschieden, damit die am Bus angeschlossenen Gerätesteuerungen (Einheiten) um das Recht der Buszuteilung in Wettstreit treten können:

1. Single Line Interrupt
2. Multilevel Interrupt
3. Vektorinterrupt

Single Line Interrupt: Alle Geräteinterrupts werden über eine logische ODER Schaltung zu einem Interruptsignal zusammengeführt. Tritt ein Interrupt auf muss durch eine Interrupt-Routine zunächst ermittelt werden wer den Interrupt ausgelöst hat und sodann dieser bedient werden.

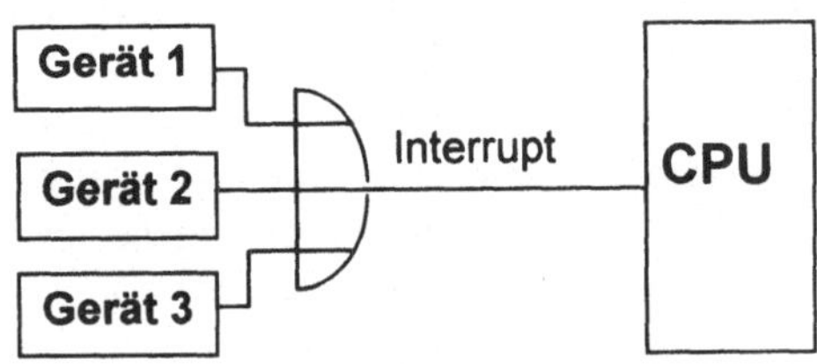

Abb. 6.42: Single Line Interrupt

Nach gestarteter Interrupt Routine wird z.B. durch eine Polling Routine festgestellt, welches Gerät die Unterbrechung ausgelöst hat.

Beim Multilevel Interrupt gibt es für jedes Gerät eine eigene Intrerruptleitung:

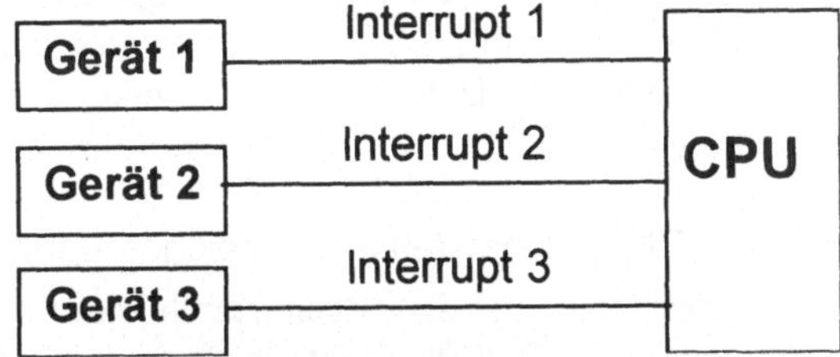

Abb. 6.43: Multilevel Interrupt

Verschiedene Ebenen von Interruptprioritäten sind einfach möglich, jede mit einer anderen Wirkung. Polling wird nur notwendig, wenn mehrere Geräte zu einer Leitung zusammengefasst werden.

Beim Vektor Interrupt wird der, den Interrupt verursachenden Einheit ein Interrupt Vektor (ein Datenwort) zugeordnet, der die Adresse angibt, aus welcher der nächste Befehl (zum Abarbeiten des Interrupts) ausgelesen werden soll.

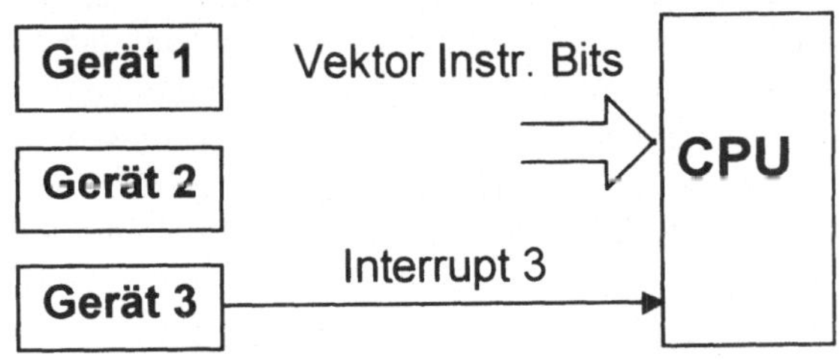

Abb. 6.44: Vektor-Interrupt

Durch einen Interrupt unterbricht der Prozessor ein gerade laufendes Programm und führt statt dessen eine Interrupt-Routine aus. Ist diese beendet, wird das Programm an der Stelle wieder fortgesetzt, an der es unterbrochen wurde. Interrupts werden hauptsächlich verwendet, um auf Ereignisse außerhalb des Prozessors zu reagieren, z.B. für die Bedienung von Peripheriegeräten. 80x86-Prozessoren können insgesamt 256 Interrupts verwalten. Diese sind von 0 bis 255 nummeriert. Hinter jedem Interrupt verbirgt sich eine Interrupt-Routine, die bei Aufruf des zugehörigen

Interrupts ausgeführt wird. Das Bindeglied zwischen Interrupt und Interrupt-Routine ist die Interrupt-Vektortabelle. Diese enthält für jeden der 256 Interrupts einer Eintrag, der (wie ein Vektor) auf die Anfangsadresse der Interrupt-Routine im Speicher des PCs zeigt. Sobald ein Interrupt auftritt, übergibt der Prozessor die Programmsteuerung an die entsprechende Interrupt-Routinen. Dazu holt sich de Prozessor automatisch die Anfangsadresse der zugehörigen Interrupt-Routine aus der Vektortabelle und beginnt mit der Ausführung, selbst wenn gerade ein vorheriger Interrupt ausgeführt wird. Auf diese Weise wird der jeweils wichtigste Interrupt als erster behandelt.

Interrupts lassen sich in zwei Klassen unterteilen: hardwarebedingte und softwarebedingte Interrupts. Hardwarebedingte Interrupts können unterdrückbar (maskabl, maskierbar) oder nicht unterdrückbar (non maskable, nicht maskierbar) sein. Ein nicht unterdrückbarer Interrupt besitzt eine höhere Priorität als ein unterdrückbarer Interrupt. In der Regel wird der nicht unterdrückbare Interrupt dafür benutzt, ernste Fehler, wie z.B. Spannungsfehler, Speicherfehler oder Bus-Paritätsfehler, zu melden. Wenn der Prozessor einen nicht unterdrückbaren Interrupt erkennt, muss er erst den aktuellen Befehl beenden, bevor er die entsprechende Interrupt-Routine ausführen kann.

6.6.4   DMA - Unmittelbarer Speicherzugriff

Bereits sehr früh hat es sich in der Rechnerarchitektur eingebürgert, die Ein/Ausgabeprozesse nicht durch die CPU (zentrale Recheneinheit), sondern durch spezielle Prozessoren durchführen zu lassen. Unterschiedliche Namen wurden für diese Prozessoren eingeführt: Kanal oder periphere Prozessoren (PP). Es ist ganz offensichtlich, dass man durch solche selbstständig arbeitenden Prozessoren die CPU entlasten kann und es zu einer Leistungssteigerung des Gesamtsystems kommt. Typischerweise erledigen periphere Prozessoren beim Datenverkehr mit Datenendgeräten die Formatierung der zu übertagenden Datenblöcke und eine eventuell erforderliche Code-Konvertierung. Ein besonders wichtiger Fall eines Ein/Ausgabeprozessors ist der DMA-Kanal. DMA - Direct Memory Access ist eine Technik, bei der Daten von einem Gerät direkt in den Arbeitsspeicher übertragen werden, ohne die CPU hierzu einzuschalten. Dadurch kann der Datenaustausch im Gegensatz zum softwargesteuerten Datenaustausch durch Einschaltung der CPU (bei dem jedes Wort vom externen Gerät abgefragt werden muss und in den Speicher geschrieben wird) wesentlich beschleunigt werden. Durch DMA wird ein Blocktransfer zwischen Speicher und einem Peripheriegerät unabhängig von der CPU durchgeführt.

Zugriffskonflikte auf den Bus und den Speicher zwischen CPU und dem DMA-Kanal werden dadurch vermieden, dass der DMA-Kanal Priorität über die CPU erhält. Durch nachfolgendes Bild wird die DMA-Arbeitsweise verdeutliche.

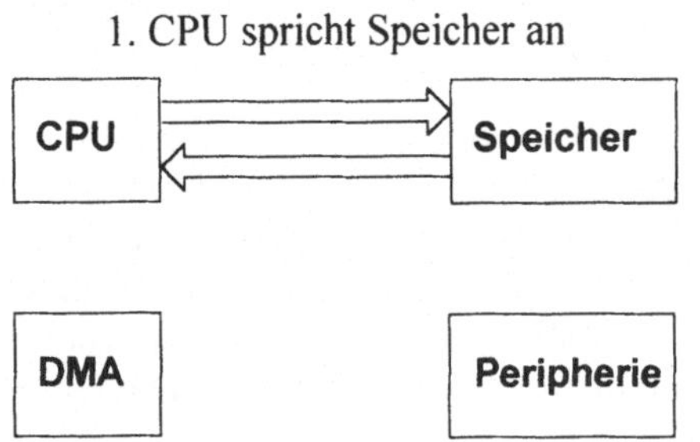

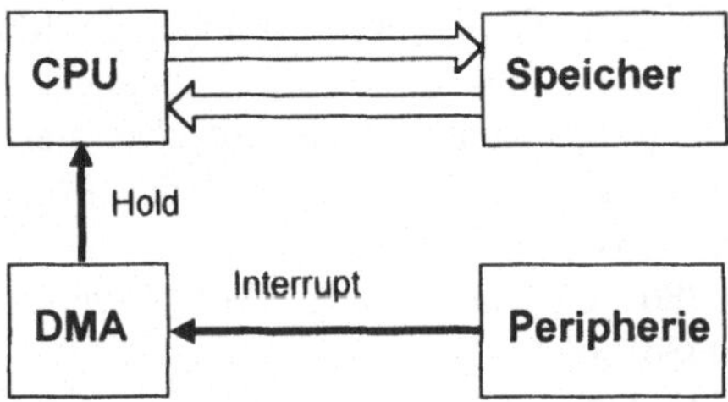

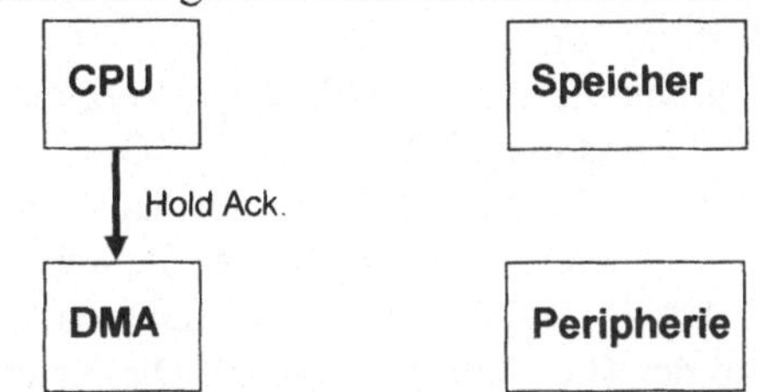

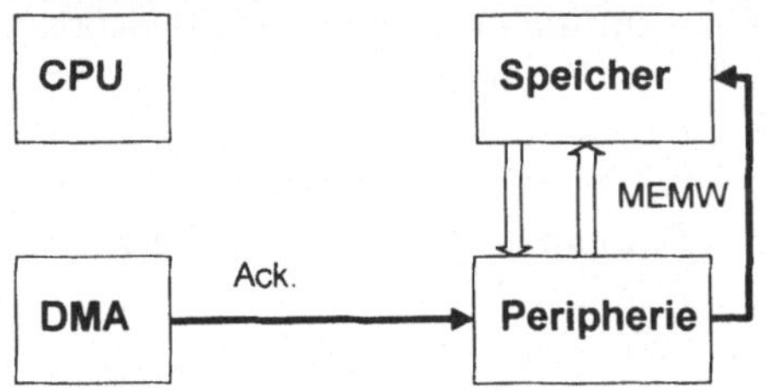

Abb. 6.45: Die Arbeitsweise von DMA - Direct Memory Access

6.7   Leistungskennzahlen von Rechnern und Prozessoren-Systemleistung

Wesentliches Leistungskriterium eines Rechners ist die Verarbeitungsgeschwindigkeit für Befehle und somit auch für Programme. Die Leistung eines Rechners ist ein Maß dafür, wie effektiv die unterschiedlichen Subsysteme innerhalb des Rechners zusammenarbeiten. Gesamtleistung wird durch Benchmarks gemessen und bestimmt durch

- Leistung des I/O Systems (insbesondere Online-Bildschirme, Videosystem)
- Arbeitsspeicher
- Bussystem
- Plattenlaufwerke (externe Speicher)
- Prozessorleistung

MIPS steht für Million Instructions Per Second und ist eine Leistungskenngröße der Verarbeitungsgeschwindigkeit, die durch physische Charakteristika (welche Chip Technologie etc.) und die Taktfrequenz, mit welcher der Prozessor betrieben wird, bestimmt wird. Für den Intel Prozessor 80486DX 50 wurde von Intel 41 MIPS angegeben.

MFLOPS steht für Million Floating Point Operations Per Second und ist eine Leistungskenngröße speziell für Gleitpunktoperationen der Mathematik.

Der ICOMP-Index ist eine firmenspezifische Leistungskenngröße. Intel hat für seine Prozessoren einen eigenen Kennwert als einfachen Vergleichswert entwickelt, mit dem sich bestimmen lässt, wie schnell sich der Prozessor A von Intel im Vergleich zum Prozessor B von Intel verhält.

Der Intel	80386SX 20 hat einen ICOMP Wert von	32
	80486SX 25	100
	80486DX 50	249
	Pentium 66	510
	Pentium 166	1308

Von großer Bedeutung sind herstellerunabhängige Vergleichskenngrößen für das Leistungsverhalten von Prozessoren. SPECmark (SPEC - System Performance and Evaluation Cooperative) ist diesbezüglich zu nennen. Es ist das ein aus 10 verschiedenen Teiltests bestehendes Benchmark, das die jeweils gemessene Laufzeit mit der auf einer DEC VAX 11/780 (ein sehr leistungsstarker Rechner der Firma Digital Equipment Mitte der 80er Jahre) vergleicht. Die Kenngrößen sind zu sehen als Verhältniszahlen (SPECratios). Der SPECmark ist ein geometrischer Mittelwert der SPECratios. SPEC als Institution vertreibt den Benchmark-Quellcode und einen SPEC-Newsletter. SPECmarks haben insbesondere im Workstation Bereich Bedeutung, seit Juli 1992 werden sie getrennt nach Integer und Gleitkomma Rechenleistung (SPECint92, SPECfp92 - fp steht für floating point) betrachtet.

Der Intel	Pentium 66 hat einen SPECint92 von	ca. 65
der IBM	POWER PC MPC 601	ca. 60
der DEC	DEC Alpha APX 21066	ca. 70

Dhrystone ist ein klassisches Benchmark um MIPS-Werte für Maschinen zu bestimmen. Unter der Annahme, dass eine VAX 11/780 1 MIPS leistet, werden auf der Basis des Dhrystone Benchmarks unterschiedlichen Maschinen MIPS-Werte zugeordnet. Es umfasst nur Ganzzahl-Operationen, ADA und. C-Code. 53% der Befehle sind Zuweisungen, 32 % Kontrollanweisungen und 15 % Funktionsaufrufe.

Das Whetstone Benchmark umfasst Gleitkomma-Operationen, die typisch sind für wissenschaftliche Anwendungen. Es wurde ursprünglich in Fortran erstellt und später auch auf C übertragen (portiert).

Linpack ist ein Fortran-Benchmark zur Ermittlung der MFLOPS einer Maschine.

Khronerstone ist ein kommerzielles Benchmark.

7 Das Windows Programmiermodell, Windows New Technology, Echtzeitanforderungen

Besonders für den betrieblichen Einsatz in Unternehmen jeder Art ist die Festlegung einer zukunftssicheren Betriebssystem- und Hardwareplattform für Informationssysteme von großer operativer und strategischer Bedeutung. Diese Plattformen müssen eine Reihe von Anforderungen erfüllen:

- Stabilität, damit störungsfreies arbeiten am Arbeitsplatz sichergestellt ist.

- Datenschutz, damit vertrauliche Daten sicher verwaltet werden können.

- Leistungsfähigkeit, damit die Rechenleistung der Hardware optimal ausgenutzt wird.

- Flexibilität, damit dei Plattform für unterschiedliche Anwendungen einsetzbar ist.

- Investitionsschutz. Kompatibilität zu bestehender (und zukünftiger) Hard- und Software.

- Niedrige Betriebskosten durch geringen Administrationsaufwand.

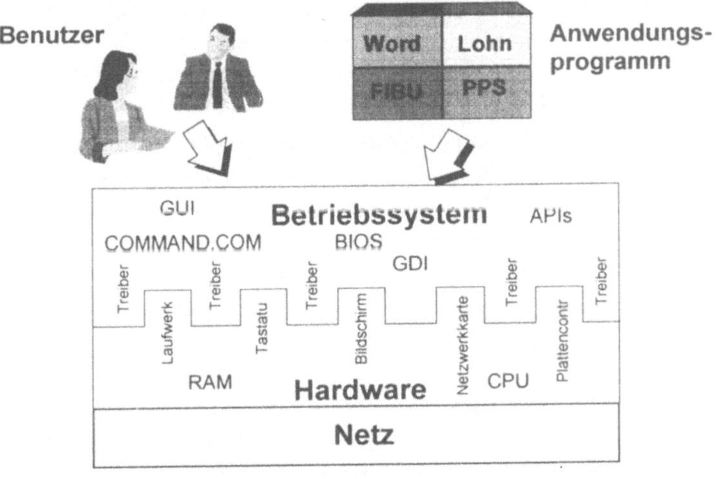

Abb. 7.1: Das Betriebssystem als Schaltstelle zwischen Benutzern, Anwendungen, sowie lokaler und entfernter Hardware im Netz

Für den kommerziellen Anwendungsbereich hat sich die Windows-Plattform zu einem Standard entwickelt. Sie bietet unterschiedliche Systeme für unterschiedliche Anforderungen und integrierte Administrationswerkzeuge zur Verwaltung von Benutzern und Ressourcen. Bei der Wahl des besten Windows-Betriebssystems bietet Microsoft seinen Kunden eine großen Palette an innovativen und hochwertigen Produkten. Jedes weist bestimmte Funktionsmerkmale und Systemanforderungen auf. Bei der Entwicklung von Software und Hardware liegt der Schwerpunkt auf der Verwaltbarkeit und dem Senken der Anschaffungs- und Folgekosten. Wegen der großen marktwirtschaftlichen Bedeutung der Microsoft Windows-Plattform werden nachfolgend im Überblick einige Gesichtspunkte kurz dargestellt.

7.1   Softwareentwicklung für Windows - Das Windows-Programmiermodell

Die Betriebssysteme von Microsoft für die „PC Welt" haben eine sehr große marktwirtschaftliche Bedeutung. Wenn man nach dem Grund des Erfolges für Microsofts Windows Betriebssysteme fragt, dann findet man auf der einen Seite Kopfschütteln, auf der anderen Seite verweist man auf die überlegene Technologie. Ein neutraler Beobachter könnte sich in jedem Fall die Frage stellen, warum denn eine Familie von Betriebssystemen über die man bezüglich Stabilität nicht nur gutes erfahren hat, die Basis für eine ganze Rechnergeneration werden und einen so dominanten Marktanteil erreichen konnte. Die Antwort auf diese Frage kann eigentlich niemand genau geben. Letztendlich ist es Microsoft gelungen, seine Software von DOS nach Windows zu migrieren (übertragen) und derart weiterzuentwickeln, dass sie mittlerweile nicht nur von der Bedienphilosophie, sondern auch von der Technologie zu den modernsten am Markt gehört. Der Erfolg von Microsoft lässt sich als gelungener Markteinstieg, hohes Maß an Benutzerorientierung, Umsetzung innovativer Ideen, strategische Partnerschaften und Allianzen, Pragmatismus sowie strategisch ausgerichteter „Markteroberung und -verteidigung" beschreiben.

Entsprechend den unterschiedliche Anforderungen gibt es eine ganze Familie von Windows Betriebssystemen. Alle Versionen von Windows haben eine vollgrafische Benutzeroberfläche, sind ereignisorientiert und weitgehend Hardware unabhängig. Sie ermöglichen durch Multitasking und Multithreadding die gleichzeitige parallele Ausführung von Programmen auf einem Rechner.

Fenster, Tastatur und Maus bilden die wesentliche Schnittstelle zwischen Benutzer und Prozessen. Wie bereits aus dem Namen ersichtlich, ist das zentrale Element der Windows Benutzeroberfläche das Fenster. Ein Fenster ist ein rechteckiger Bereich des Bildschirms, der einem Prozess fest zugeordnet ist und über das der Benutzer Daten mit dem Prozess austauschen kann. Ein Prozess ist im wesentlichen ein am Rechner ablaufendes Anwendungsprogramm. Die wesentlichen Bestandteile der Benutzeroberfläche Windows sind Fenster und Symbole. Bei Symbolen handelt es sich um verkleinerte Fenster. Es gibt unterschiedliche Fensterarten: Vollbildfenster, Gruppenfenster, Programmfenster, Programmsymbole, Gruppensymbole.

Windows ist auf die Bedienung mit der Maus ausgerichtet. Die Maus dient zum Positionieren und zum Ausführen wichtiger Aktionen wie Anwendungsprogramme starten, eine Schaltfläche drücken, ein Fenster vergrößern, verkleinern oder am Bildschirm verschieben. Der Aufbau eines Fensters kann bei der Programmierung festgelegt werden. Die Bestandteile des Fensters werden allerdings von Windows selbst erzeugt und auch die Funktionalität ist prinzipiell festgelegt. Ein Fenster weist folgende Bestandteile auf:

- Titelleiste (der Name des Anwendungsprogramms wird angezeigt)

- Systemmenüfeld

- Menüleiste

- Symbol-Schaltfläche (durch Anklicken wird Fenster verkleinert)

- Vollbild-Schaltfläche (vergrößern des Fensters, sodass es den gesamten Bildschirm einnimmt)

- Wiederherstellen Schaltfläche (Fenster wird in der ursprünglichen Größe wiederhergestellt)

- Bildlaufleiste (Anzeige im Fenster verschieben)

- Bildlaufpfeil (Fensterinhalt in Pfeilrichtung verschieben)

- Bildlauffeld (zeigt relative Position des angezeigten Fensterinhalts im Verhältnis zum gesamten Fensterinhalt)

Eine Unmenge von Konstanten, Variablen und Funktionen werden durch das Betriebssystem bereitgestellt und können durch den Softwareentwickler genutzt werden. Die Komplexität ist zunächst einmal kaum erfassbar. Die Entwicklung von Programmen für Windows ist prinzipiell mit jeder Programmiersprache möglich. Voraussetzung ist nur, dass es eine Funktionsbibliothek gibt, die in die Zielsprache eingebunden werden kann. Microsoft stellt für die Entwicklung von Windows Programmen das sogenannte „Software-Development-Kit" (SDK) zur Verfügung, das neben der eigentlichen Funktionsbibliothek eine Reihe von Tools zur Entwicklung und Steuerung von Windows-Programmen enthält. Darüber hinaus gibt es jedoch eine Fülle weiterer leistungsfähiger Softwareentwicklungsumgebungen für die professionelle Softwareerstellung.

Im folgenden soll prinzipiell und eher vereinfacht dargestellt werden, wie der Source-Code für Windows Programme prinzipiell aufgebaut ist, wie ein lauffähiges Programm erzeugt und wie es in die Windows Oberfläche eingefügt wird.

Programme für Windows sind grundsätzlich anders aufgebaut als Programme für DOS (Disk Operating System), das Betriebssystem, das dem PC zum Durchbruch verholfen hat. Unter DOS kann jeweils nur ein Programm auf einem Rechner ausgeführt werden (single task, am Rechner kann nur ein Prozess ausgeführt werden), während Windows gleichzeitig mehrere Programme ausführen kann. Windows- Programme ermöglichen überdies Ereignissteuerung und unter einer Oberfläche können gewissermaßen gleichzeitig mehrere Programme (mehrere Prozesse) ablaufen. Unter DOS werden Programme sequentiell abgewickelt. Ein streng sequentielles Programm läuft so ab, dass Anweisung für Anweisung nacheinander ausgeführt wird.

Programmaufruf
Funktion 1 ...Systemaufrufe
Funktion 2 ...Systemaufrufe
...
Programmende

Abb. 7.2: Typischer Aufbau eines DOS Programms

Dieser Programmablauf wird durch nichts unterbrochen, außer durch Aufrufe an das Betriebssystem und durch Interrupts, die von Schnittstellen des Systems ausgelöst werden. Die Betätigung der Tastatur oder der Maus bewirken z.B. eine kurze Unterbrechung eines laufenden Programms, um eine erforderliche Eingabeoperation sofort durchzuführen.

Windows Programme sind ereignisorientierte Programme. Im Gegensatz zu DOS können bei Windows (und auch unter UNIX) gleichzeitig mehrere Programme aktiv sein, der Benutzer kann zwischen diesen Anwendungen wechseln, die Steuerung erfolgt durch Ereignisse. Der Benutzer kann an jedes der Programme, die gleichzeitig laufen, Eingaben richten. Das übliche Eingabemedium zur Kommunikation mit Windows Programmen ist die Maus. Mit Hilfe des Mauszeigers wird ein Programm als aktiv ausgewählt und alle Eingaben werden dann an dieses Programm geschickt. Die Übertragung von Benutzereingaben erfolgt bei ereignisorientierten Programmen unter Windows nicht mehr direkt und ausschließlich durch das Programm selbst wie bei einem rein sequentiellen Programm, sondern es gibt eine zentrale Instanz des Betriebssystems, die für die Verarbeitung aller Eingaben verantwortlich ist. Eine solche Eingabe wird als Ereignis (event) angesehen, das von einem „event handler" entgegengenommen und an eines der laufenden Programme weitergegeben wird.

Dies hat grundlegende Konsequenzen für die Struktur der Programme. Bei einem Programm für DOS erfolgt das Einlesen einer Eingabe, wenn es im Programmablauf nötig ist. Beim Einlesen wird das Programm angehalten, es erfolgt die Eingabe des Benutzers und das Programm läuft weiter. Ein Programm für Windows wird dagegen durch Ereignisse gesteuert. Die Eingaben des Benutzers werden durch den „event handler" an das Programm übergeben, daher muss ein Windows Programm als zentralen Bestandteil eine Schleife enthalten, die Ereignisse entgegennimmt und darauf reagiert.

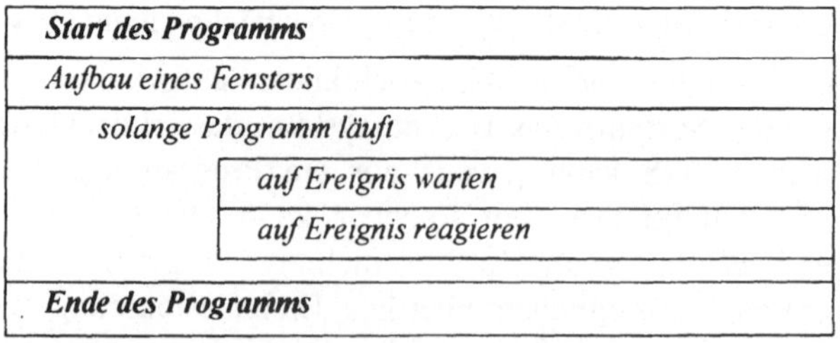

Start des Programms		
Aufbau eines Fensters		
solange Programm läuft		
	auf Ereignis warten	
	auf Ereignis reagieren	
Ende des Programms		

Abb. 7.3: Typischer Aufbau eines Windows Programms

Es ergibt sich dadurch eine vollkommen andere Programmstruktur. Das eigentliche Hauptprogramm besteht aus einer Schleife zur Entgegennahme von

Ereignissen. Je nach Eingabe des Benutzers können als Reaktion unterschiedliche Funktionen aufgerufen werden.

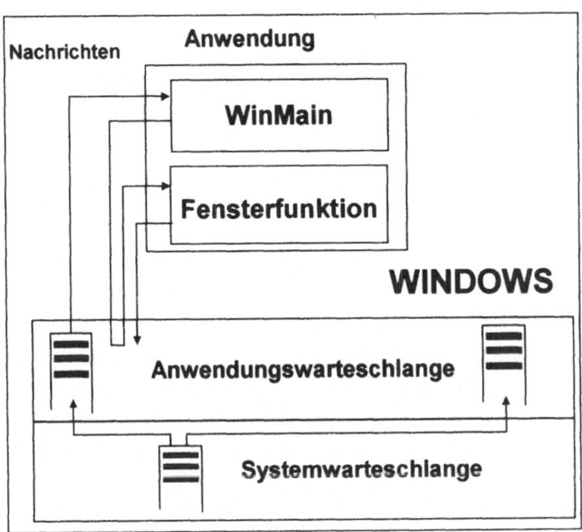

Abb. 7.4: Einbindung einer Anwendung unter Windows

Für den Benutzer sind bei Bedarf gleichzeitig mehrere Programme sichtbar, zwischen denen er auswählen kann. Hier liegt auch ein wesentlicher Unterschied zur Programmierung für DOS. Da Programme nicht sequentiell ablaufen und während ihrer Laufzeit durchaus unterbrochen werden können, kann ein Programm also theoretisch unendlich lange an einem Punkt „auf ein Ereignis warten" (stehen bleiben, bis es vom Benutzer wieder mit einer Eingabe angesprochen wird), ohne dass die Bearbeitung anderer Programme dadurch negativ beeinträchtigt wird.

Ein weiterer wichtiger Aspekt der Windows-Programmierung ist, dass ein Programm gleichzeitig mehrfach aufgerufen werden und am Rechner laufen kann. Bei jedem Aufruf des Programms wird ein eigenständiger Prozess erzeugt, die Dateninhalte der einzelnen Prozesse sind unabhängig voneinander. Es gibt jedoch die Möglichkeit, in einem Programm eine eigene Klasse von Daten zu definieren, die für alle Prozesse verfügbar sind, die von diesem Programm erzeugt werden. Damit besteht die Möglichkeit wichtige Daten, die für alle Aufrufe eines Programms verfügbar sein müssen, zentral zu speichern. Auf diese Weise wird Speicherplatz gespart und die Einheitlichkeit solcher Daten sichergestellt.

Ein wesentliches Merkmal von Windows ist die Tatsache, dass die gesamte Bildschirmdarstellung grafisch orientiert ist. Die meisten Oberflächen von Betriebssystemen waren ursprünglich rein textorientiert. Der bildliche, punktweise bzw. pixelweise Aufbau grafischer Symbole (Pixel steht für Picture Element) benötigt erheblich mehr Zeit und war daher zunächst nur besonders leistungsfähigen Systemen vorbehalten. Mit der Verbesserung der Leistungsfähigkeit von Bildschirmen, Grafikkarten und Rechnern konnten sich grafikorientierte Oberflächen immer mehr durchsetzen. Sie haben den Vorteil, dass alle Symbole am Bildschirm durch Pixel oder Vektoren aufgebaut werden und damit die

Darstellungsqualität erheblich verbessert werden kann. Dadurch können unterschiedliche Schriftarten verwendet und Schriften mit anderen Symbolen verwendet werden. Der Nachteil ist allerdings, dass die Ein-/Ausgabe nicht mehr mi den elementaren Möglichkeiten der Standardbibliothek möglich ist. Software Entwicklungssysteme wie SDK stellen daher eine Reihe von Funktionen zu Verfügung, mit denen Daten eingelesen und ausgegeben werden können. De Programmieraufwand ist höher als bei vergleichbaren Programmen für eine Textoberfläche, die Leistungsfähigkeit ist allerdings auch erheblich größer.

Füllten in den Anfängen der Windows-Programmierung Bücher mit der Betriebssystembeschreibung und dem Windows SDK (System Developer Kit) die Regale der Büchereien und Entwickler, um der Komplexität gerecht zu werden, kann man nun feststellen, dass von Version zu Version immer bessere Programmierschnittstellen dem Entwickler das Leben einfach machen. An dieser Stelle kann und soll nicht detailliert auf die Softwareentwicklung eingeganger werden. Hierzu gibt es eine Vielzahl guter Bücher. Es soll jedoch noch auf einige grundlegende Gedanken und Philosophien von Windows hingewiesen werden, die zum besseren Verständnis der Softwarearchitektur und des Entwicklungstrends dienen können. Nachfolgende Themen werden kurz angesprochen:

- die Nachrichtenverarbeitung unter Windows

- das grafische Interface von Windows

- die ressourcenbasierte Programmierung

- dynamisch ladbare Bibliotheken, Dynamic Data Exchange und Object Linking
  and Embeddding (DLL/DDE/OLE)

- Application Programm Interface - API

- Windows und das Internet

7.1.1   Die Nachrichtenverarbeitung unter Windows

Sämtliche Windows-Anwendungen, aber auch Prozesse des Betriebssystems selbst, kommunizieren über Nachrichten miteinander. Der unter Windows so wichtige Ereignismanager (event handler) kommuniziert in einer Windows Anwendung mit der Funktion „WinMain". „WinMain" erfüllt in einem Windows Programm eine ähnliche Aufgabe wie die „Main" Funktion in einem C Programm. Die meisten Windows Nachrichten sind genau definiert und werden in allen Anwendungen mit der gleichen Bedeutung verwendet. Hierzu gehören beispielsweise Nachrichten zum Öffnen oder Schließen von Fenstern, Nachrichten zur Verarbeitung von Mausereignissen oder was immer man sich in diesem Zusammenhang vorstellen kann.

Durch die Ereignisorientierung werden Programmstrukturen notwendig, die nicht mehr sequentiell abgearbeitet werden, sondern eine Ereignisverarbeitung ermöglichen. Möchte man die Ereignisverwaltung „händisch" erledigen, so ist ein tiefgreifendes Verständnis über die Windows-interne Funktionalität notwendig. Um diese Komplexität zu kapseln, unterstützen nahezu alle Entwicklungsumgebungen entsprechende Applikationsrahmen oder Bibliotheken zur Vereinfachung der Handhabung von Nachrichten und Ereignissen.

7.1.2   Das grafische Interface von Windows - GDI

Windows unterstützt die Abstraktion der Hardware durch eine angepasste Schnittstelle, das sogenannte Graphics Device Interface (GDI). Hierdurch wird es für den Programmierer möglich, vollkommen unabhängig vom Grafik- oder Druckertreiber seine Implementierung vorzunehmen. Anstatt direkt auf die Hardware zuzugreifen, werden GDI-Funktionen benutzt, die sich auf speziell definierte Datenstrukturen, den sogenannten Gerätekontext, beziehen. Das Betriebssystem bildet den Gerätekontext auf ein physisches Gerät ab und führt die entsprechenden Operationen durch. Auf der Treiberseite kann wiederum der Programmierer seinen Gerätetreiber auf den Gerätekontext abbilden und dadurch die optimale Anpassung eines Gerätes, also eines Druckers, einer Grafikkarte, oder auch eines anderen Gerätes an das Betriebssystem erreichen.

7.1.3   Die ressourcenbasierte Programmierung

Windows ermöglicht es, die programmtechnische Anwendung und das Aussehen der Anwendung getrennt zu erarbeiten und zu implementieren. Die grafischen Elemente werden in einem Ressourcen-Editor erstellt und in einem speziellen Datenformat abgelegt. Die Ressourcendatei enthält z.B. die Symbole, Icons und Bitmaps, Menüdefinitionen, Dialogvorlagen und Zeichenketten. Der Quelltext wird in konventionellen oder speziellen Editoren in der jeweiligen Programmiersprache erstellt. Durch das Übersetzen und Linken der Quelldateien und Ressourcendateien wird die lauffähige Anwendung erstellt.

7.1.4   Dynamisch ladbare Bibliotheken (DLL), Zwischenablage, Dynamic Data Exchange (DDE) und Object Linking and Embeddding (OLE)

Im Gegensatz zur konventionellen Programmierung, in der Bibliotheken als binärer Objektcode fest zu einer Anwendung gebunden (gelinkt) werden, ermöglicht Windows das Laden von Bibliotheken zur Laufzeit. Durch dieses dynamische Laden und Einbinden von Modulen können verschiedene Programme Bibliotheken gemeinsam nutzen, ohne dass zusätzlicher Speicher sowohl auf der Festplatte als auch im Hauptspeicher benötigt wird.

Eine DLL - Dynamic Link Library - ist eine kompilierte Datei, die sich aus globalen Daten, Funktionen und Ressourcen zusammensetzt. Sie kann interne Funktionen beinhalten, die nur innerhalb der DLL zugänglich sind, oder externe Funktionen, die durch die Anwendung, welche die DLL einbindet, benutzt werden können. Beim Übersetzen der DLL wird eine sogenannte Importbibliothek erstellt, die in die aufrufende Anwendung eingebunden werden muss. In der Regel ist diese Importbibliothek wesentlich kleiner, als dieses bei einer direkten Einbindung der gesamten Bibliothek der Fall wäre. Beim Ladevorgang werden die dynamisch ladbaren Bibliotheken an bevorzugte Adressen innerhalb des Speichers kopiert.

Ein weiterer Vorteil von DLLs ergibt sich durch eine wesentlich effizientere und modulare Softwareentwicklung, da die jeweiligen DLLs durch getrennte Entwickler mit definierten Schnittstellen implementiert werden können. Neben den Standard-DLLs, die am Rechner im Windows Systemverzeichnis gespeichert werden, gibt es mittlerweile spezialisierte DLLs mit definierten Komponentenschnittstellen, den sogenannten OLE-Komponenten oder ActiveX- Controls. OLE ist eine konsequente Weiterentwicklung von DDE, dem Dynamic Data Exchange mit dem es möglich ist, dass Windows Anwendungen direkt Daten austauschen. So ist es möglich, dass ir Word Dokumenten direkt auf Daten aus einer Excel Tabelle zugegriffen wird. Ausgangspunkt dieser in Windows so wichtigen Möglichkeit des Austausches von Daten zwischen unterschiedlichen Programmen stellte die Zwischenablage dar, in die man aus jedem Programm Daten kopieren kann und aus der man wiederum Daten einfügen kann.

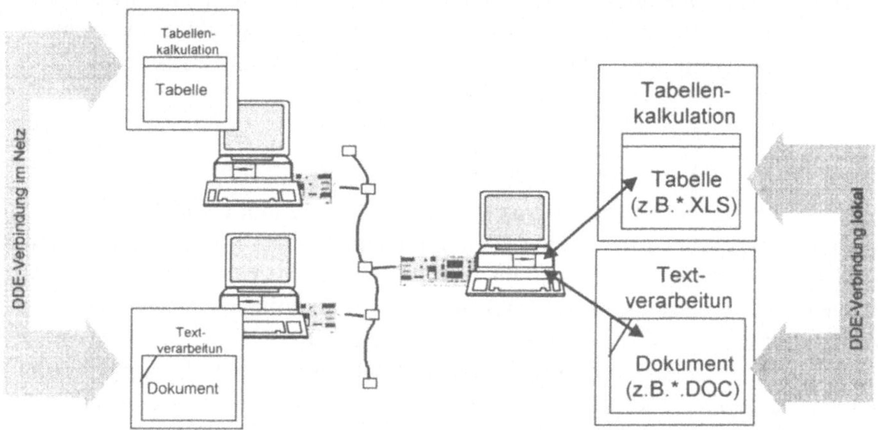

Abb. 7.5: Dynamischer Datenaustausch DDE als Basis für den direkten Datenaustausch zwischen unterschiedlichen Anwendungsprogrammen

7.1.5   Application Programm Interface - API

Während in den Anfängen der Windows Programmierung eine kaum überschaubare Anzahl von mehr oder weniger unstrukturierten Funktionen und Variablen dem Entwickler zur Verfügung standen, hat sich mittlerweile eine Microsoft spezifische Schnittstelle durchgesetzt, die WIN32-API. Diese Programmierschnittstelle ist die Basis der modernen Softwareentwicklung und stellt umfassende Funktionen für die Behandlung von Betriebssystemfunktionalität bereit. Die WIN32-API ist für alle Windows Plattformen weitgehend identisch. Durch die unterschiedliche Zieldefinition der Betriebssystemfamilien sind zwar einige Unterschiede vorhanden, aber im wesentlichen handelt es sich dann um Teilmengen der umfassenden API.

Für den Softwareentwickler hat dies entscheidende Vorteile. Software braucht nur einmal geschrieben zu werden und ist dann, unabhängig vom eingesetzten Windows Betriebsystem, auf allen Plattformen lauffähig. Leider ist dieses zur Zeit eher Vision denn Realität, aber es wird unermüdlich daran gearbeitet.

7.1.6   Windows und das Internet

Das Internet bietet gänzlich neue Möglichkeiten und hat daher neuen Software-Technologien zum Durchbruch verholfen. ActiveX und Java sind solche leistungsfähigen Ansätze zur Entwicklung von Internet-Anwendungen. Trotzdem sind diese Software-Technologien nicht imstande, alle Anforderungen der Internetära zu erfüllen. Um schnell zuverlässige, skalierbare, verteilte Softwarelösungen zu erstellen, müssen ActiveX und Java in Systeme eingebettet werden, die das Internet, aber auch alles was bewährter Stand der Technik ist, unterstützen. Und genau das müssen moderne Netzwerkbetriebssysteme wie die Plattform Windows New Technology in Zusammenwirkung mit Workstation Betriebssytem-Plattformen wie Windows 95/98/NTW/2000 leisten

Windows New Technology und die Microsoft Windows Distributed Internet Applications Architecture (Windows DNA) stellen die Werkzeuge für die Implementierung von Internet Anwendung bereit. Ihre Komponenten verbergen die technologische Komplexität und vereinfachen die Entwicklung und Bedienung von Software. Dadurch können wesentlich mehr Organisationen und Menschen an dem Massenaustausch von Informationen und dem sozialen Netz teilhaben, das ein typisches Merkmal der Netzwerk-zentrischen Megaphase, der Internetära ist. Computerbenutzer können sich auf ihre eigentlichen Aufgabenstellungen konzentrieren und trotzdem, gewissermaßen als Werkzeug, die Vorteile der modernen Informationstechnologie insbesondere der Internet-Technologie in voller Breite nutzen.

Internet Information Server (IIS), Common Gateway Interface (CGI), Internet Server Application Programming Interface (ISAPI), Active Server Pages, Entwicklungen für den Transaction Server und Message Queuing sind im Betriebssystem Windows NT enthalten und bilden die Softwareschicht, die für die Entwicklung zuverlässiger Internetsysteme mit ActiveX und Java erforderlich ist. Diese Komponenten heben das Betriebssystem auf ein fortgeschrittenes Betriebsniveau. Anstatt das Hauptaugenmerk auf die physische Kontrolle der verschiedenen Bestandteile der Hardware zu lenken, konzentrieren sich die Komponenten des Windows NT-Servers auf die Installation von Software, mit der Computer bzw. Personen über das Internet zusammenarbeiten können, d. h. auf Software, die zuverlässige Transaktionen und den effizienten Versand asynchroner Nachrichten erlaubt.

Microsoft Windows NT-Server ist ein modernes multifunktionales Netzwerk-Serverbetriebssystem für höchste Ansprüche. Wichtige Anforderungen an ein Serverbetriebssystem sind Skalierbarkeit, große Leistungsfähigkeit (Performance - kurze Antwortzeiten auch bei großer Belastung), hohe Performance im Dateizugriff, in der gemeinsamen Nutzung von Druckern, der Ausführung von Applikationen, dem Zugriff auf das Internet, hohe Robustheit gegen Störungen, Sicherheit und Mehrzweck-Anwendbarkeit. Vorteile von Windows NT sind seine einfache Bedienung, Flexibilität und die umfangreichen, erweiterten Internet-, Intranet- und Kommunikationsdienste, die durchaus den höchsten Anforderungen der heutigen Informationssysteme von Unternehmen genügen und gleichzeitig die Netzwerkgrundlage für zukünftige Systeme darstellen.

Windows NT-Server baut auf der umfangreichen Erfahrung von Microsoft auf und bietet relativ einfache Installation, Bedienung und Verwaltung. Administratoren können eine konsistente Benutzeroberfläche für alle 32-Bit Windows Plattformen zur Verfügung stellen, womit der Schulungsbedarf reduziert und die Migration von Benutzern innerhalb der Microsoft Windows-Betriebssysteme relativ einfach möglich ist.

7.2   Windows New Technology Grundlagen

Windows NT ist ein 32-Bit Multitasking Betriebssystem mit Multiprocessing und Multithreading Fähigkeit. Windows NT ist ein absolut eigenständiges Betriebsystem und setzt also nicht auf DOS auf. Windows NT steht für Windows New Technology. Programme werden unter Windows NT in getrennten Speicherbereichen ausgeführt, sodass selbst bei Programmabstürzen das System nicht in Mitleidenschaft gezogen wird. Windows NT erfüllt Sicherheitsanforderungen, die an ein System im produktiven Umfeld gestellt werden: Arbeiten ohne Anmeldung mit Passwort ist nicht möglich.

Jeder Benutzer hat seine eigene Arbeitsumgebung, die er selbst gestalten kann und die ihm bei jeder neuen Anmeldung wieder zur Verfügung steht. In einem Windows NT-Netzwerk kann diese Umgebung mit auf andere Rechner wandern. Bei Windows NT kann im Gegensatz zu z.B. UNIX oder LINUX nur ein Benutzer interaktiv mit dem System arbeiten und Programme ausführen. Windows NT ist kein Multiuser-System, auf dem gleichzeitig viele Benutzer Programme ablaufen lassen können. Es können jedoch mehrere Benutzer Windows NT gleichzeitig als Datei-Server oder Web-Server nutzen.

Windows NT ist als Workstation oder als Windows NT-Server, inklusive dem Internet Information Server (Web-Server, FTP-Server, etc) erhältlich. Der Windows NT-Server enthält File-Server Lösungen für Windows, DOS und den Macintosh. Mit der Windows NT Workstation sind Peer-to-Peer Netzwerke möglich. Umfangreiche Software ist unter Windows NT lauffähig. Insbesondere ist jede Software, die ausschließlich die Programmierschnittstelle (API) von Windows NT und Windows 95, Windows 3.1 sowie DOS verwenden, lauffähig. Grob gesagt sind das alle Programme, die nicht an dem Betriebssystem vorbei auf die Hardware zugreifen, wie dies z.B. bei DOS-Spielen der Fall war und ist. Diese greifen vielfach direkt auf die Soundkarte zu. Ein direkter Zugriff auf die Hardware ist unter Windows NT jedoch nicht möglich, das wird aus Gründen der Betriebssicherheit vom System verhindert.

Die Windows NT Architektur ähnelt der Microkernel Architektur von UNIX. Im Executive sind elementare Betriebssystem-Funktionalitäten zusammengefasst. Hierzu zählen Sicherheitsmechanismen, Inter-Prozess-Kommunikation, Scheduling, Ein/Ausgabe (I/O), Dateisystem und Speichermanagement. Als Multitasking Betriebssystem ermöglicht Windows NT die gleichzeitige Ausführung von Programmen. Der Standardcomputer hat jedoch nur eine zentrale Verarbeitungseinheit, eine CPU, und daher können mehrere geladene Programme nicht wirklich gleichzeitig ablaufen. Die Rechenzeit wird nach einem Zeitscheiben-Prinzip zyklisch in kleine Teile geteilt und den Prozessen zur Verfügung gestellt. Dies geschieht über einen Scheduler (oder Zeitscheiben-Manager). Die kleinsten

Programmeinheiten, die Rechenzeit vom Scheduler zugeteilt bekommen können, sind Threads (Programmfäden). Der Scheduler arbeit immer zuerst Threads mit der höchsten Priorität (Dringlichkeit) ab und kann dabei dynamisch Prioritäten vergeben.

Wichtiger Begriff ist der Prozess. Im Gegensatz zum Thread ist ein Prozess keine Ausführungs-, sondern eine Verwaltungseinheit des Systems. Ein Prozess ist eine geladene und somit ausführbare Anwendung (ein Programm). Der Prozess verfügt über Systemressourcen wie z.B. Programmdaten, Code und Pipes (Warteschlangen). Wenn ein Prozess startet, wird automatisch ein Default Thread als seine Ausführungseinheit angelegt. Dieser schafft dem Prozess eine Systemumgebung. Prozesse, genauso wie Threads können auch andere Prozesse oder Threads aufrufen. Man spricht von Eltern- und Kind-Prozessen bzw. -Threads. Ohne hierauf weiter eingehen zu wollen sei erwähnt, dass es Systemprozesse und Anwendungsprozesse gibt. Um Systemstabilität zu erreichen ist eine wichtige Eigenheit des Schedulers, dass er Prozesse eigenmächtig beenden kann, wenn diese sich z.B. der Kontrolle des Betriebssystems durch welchen Fehler immer, entziehen möchten.

Zwischen verschiedenen Prozessen ist Kommunikation erforderlich um Daten und Nachrichten auszutauschen. Man spricht von Interprozess-Kommunikation. Die wichtigsten Techniken diesbezüglich sind Pipes, Queues (Warteschlangen) und shared Memory. Bei Pipes unterscheidet man anonyme und benannte (named pipes). Anonyme Pipes arbeiten im Halbduplex-Betrieb, eine benannte Pipe arbeitet im Vollduplex-Betrieb und ist ein bidirektionaler Kommunikationsmechanismus zwischen Prozessen.

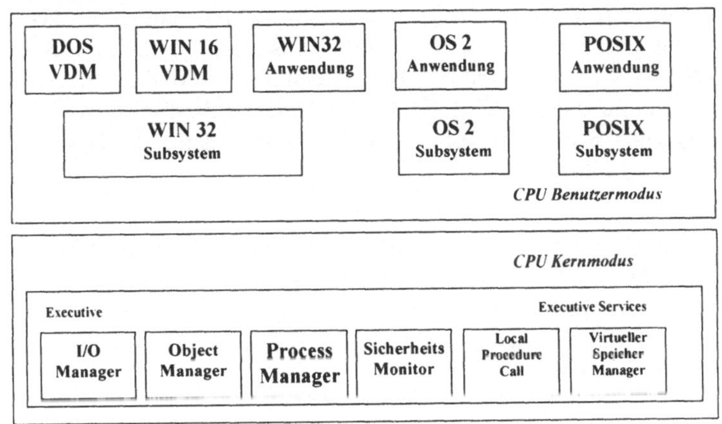

Abb. 7.6: Das Betriebssystem Windows New Technology

Eine leistungsfähige Möglichkeit Nachrichten zwischen Prozessen auszutauschen stellen Queues (oder Warteschlangen) dar. Auf Nachrichten in einer Warteschlange kann mit unterschiedlichen Prinzipien zugegriffen werden: FIFO-Prinzip (first in first out), LIFO (last in first out) oder prioritätsgesteuert (Dringlichkeit). Pipes und Warteschlangen benötigen Speicher aus dem Hauptspeicher des Computers. Eine weitere Möglichkeit für den Datenaustausch zwischen Prozessen stellt die gemeinsame Benutzung von Speicherbereich dar, d.h. mehrere Prozesse haben konkurrierend Zugriffsrechte auf den gleichen Speicherbereich im Hauptspeicher.

Auf den „Kernel" setzen Betriebssystem-Subsysteme auf. Im Augenblick enthält Windows NT das 32-Bit Windows Subsystem (WIN32), ein POSIX Subsystem und ein OS/2 Subsystem für OS/2 Applikationen. POSIX steht für „Portable Operating System Interface" (for Computer Environments) und ist aus der IEEE Standardgruppe 1003 für einen einheitlichen UNIX Standard hervorgegangen. Es können somit unter Windows NT auch POSIX Anwendungen ausgeführt werden. Dies beinhaltet jedoch keine Binärkompatibilität; POSIX Anwendungen müssen für Windows NT kompiliert werden. OS/2 Anwendungen können für gewisse Versionen binärkompatibel ausgeführt werden.

Für die Stabilität des Betriebssystems ist es wichtig, dass eine Anwendung und insbesondere ein Subsystem abstürzen können muss, ohne dass der Kernel beeinträchtigt wird. Die Trennung von Executive und Subsystemen dient der Systemstabilität. Das Win32 Subsystem stellt die Ausführungsumgebung für 32-Bit Applikationen (Windows NT und Windows 95/98-Programme), 16-Bit Applikationen (Windows 3.1-Programme) und DOS Applikationen zur Verfügung. Insbesondere die grafische Oberfläche wird von diesem Subsystem verwaltet. Windows 32 Applikationen setzen direkt auf dem Subsystem auf. Ihre Speicherbereiche sind voneinander getrennt. Ein Fehler in einem Programm beeinträchtigt somit kein anderes. Alte, 16-Bit Windows Anwendungen werden in einem getrennten Speicherbereich in einer virtuellen DOS Maschine (VDM) ausgeführt (Win16 VDM). DOS Anwendungen werden ebenfalls jeweils in einem getrennten Speicherbereich ausgeführt. Auch DOS Applikationen nutzen die virtuellen DOS Maschinen der Intel-Prozessoren (DOS VDM).

Eine wichtige Forderung zur Steigerung der Systemleistung ist es, dass durch das Betriebssystem nicht nur ein zentraler, sondern dass mehrere CPUs, mehrere Prozessoren unterstützt werden. Windows NT unterstützt Multiprozessormaschinen. So können Programme und einzelne Funktionen oder Ablauffäden von Programmen (Threads) wirklich parallel ablaufen. Hierbei ist eine deutliche Geschwindigkeitssteigerung der Ausführung möglich. Windows NT realisiert das symmetrische Multiprocessing.

Grundsätzlich wird zwischen symmetrischen und asymmetrischen Multiprocessing unterschieden. Der Unterschied soll mit einem Computer mit zwei Prozessoren verdeutlicht werden. Beim asymmetrischen Multiprocessing führt ein Prozessor die Prozesse und Threads des Betriebssystems aus, der andere die Prozesse und Threads von Benutzeranwendungen.

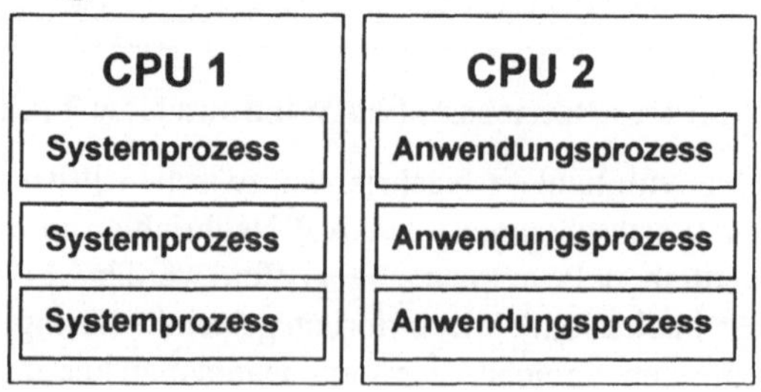

Abb. 7.7: Asymmetrisches Multiprocessing

Beim symmetrischen Multiprocessing übernehmen beide Prozessoren alle Arten von Prozessen.

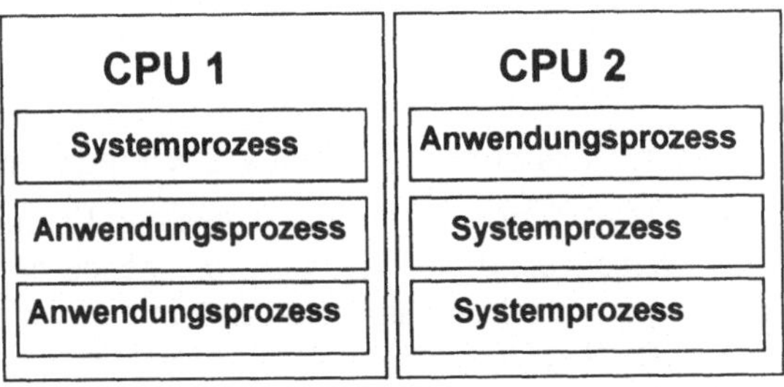

Abb. 7.8: Symmetrisches Multiprocessing

7.3   Dateien und Verzeichnisse

Dateien und Verzeichnisse bilden das Grundgerüst für die Informationsstruktur eines Betriebssystem. In Anlehnung an das Begriffspaar Karte und Kartei hat sich in der EDV aus dem Begriff Daten das Kunstwort „Datei" gebildet. Als Datei (file) bezeichnet man in der EDV eine Sammlung von Daten mit jeweils ähnlichem Inhalt und meist gleicher Form, die logisch und räumlich zusammengefasst und in einem Speicher (Diskette, Festplatte etc.) untergebracht sind. Eine Datei kann ein mit einem Textverarbeitungssystem geschriebener Brief, eine Adresskartei, eine mit dem Betriebssystem gelieferte Programmdatei (ausführbares Maschinenprogramm) oder eine durch eine Programmentwicklungssystem erstellte Programmdatei sein.

Dateien werden durch Dateinamen und Erweiterungen (extension) identifiziert. Beim Betriebssystem DOS darf der Dateiname bis zu 8 Zeichen umfassen und eine Erweiterung kann aus bis zu 3 Zeichen bestehen. Dateiname und Erweiterung sind durch einen Punkt getrennt. Die Angabe einer Erweiterung ist nicht erforderlich. Im Dateinamen und in der Erweiterung dürfen alle Buchstaben des Alphabets und alle Ziffern verwendet werden. Nicht verwendet werden dürfen folgende Zeichen: * ? / \ " . [ ] : < > + , ; | und Leerzeichen.

Durch die Erweiterung ist in der Regel der Inhalt von Dateien näher gekennzeichnet. So kann auf Anhieb erkannt werden, welche Art von Daten in einer Datei gespeichert sind. Im folgenden werden einige typische Erweiterungen beschrieben wie sie von DOS und gewissen Anwendungsprogrammen für bestimmte Dateien verwendet werden:

Erweiterung	Dateiart
COM	ausführbare Programmdatei, Command File (Befehlsdatei)
EXE	ausführbare Programmdatei (EXEcutable file)
SYS	Systemdateien und Gerätetreiber
HLP	Dateien für Hilfeinformation
TXT	Textdateien
DOC	Textdateien

BAT	DOS - Batch (Stapel-) Datei
XLS	Mappen (Tabellen) für das Programm Excel
DBF	Datenbankdateien von dBase (xBase)
LLB	LabVIEW Bibliothek
VI	Virtuelles Instrument (Lab VIEW Programm)

Der Begriff „Dateiname" wird zumeist für Dateiname und Erweiterung verwendet. Bei der Vergabe von Namen empfiehlt es sich „sprechende Namen" zu wählen, sodass zu einem späteren Zeitpunkt erkannt werden kann was in einer bestimmten Datei gespeichert ist (z.B. Brief.TXT etc.). Nicht erlaubte Dateinamen sind z.B. CON, COM1, COM2, LPT1, LPT2, AUX, PRN etc., da diese Namen sogenannte Gerätenamen sind, die das Betriebssystem schon vergeben hat. So spricht LPT1 die erste parallele (Drucker-)Schnittstelle an, PRN ist eine alternative Bezeichnung für LPT1 und COM1 spricht die erste serielle Schnittstelle an (AUX ist eine Alternative zu COM1).

Verzeichnisse dienen zur Organisation von Dateien. In einem Verzeichnis (Unterverzeichnis, directory, subdirektory) kann eine Gruppe von Dateien zusammengefasst werden. Neben Dateien können in einem Verzeichnis auch Verzeichnisse (Unterverzeichnisse) enthalten sein. Die oberste Verzeichnisebene bildet das sogenannte Stammverzeichnis, Hauptverzeichnis oder „Root Directory" und ist direkt einem Laufwerk (Festplatte C:, Diskettenlaufwerk A: etc.) zugeordnet. Das Stammverzeichnis hat immer den Namen „ \ " (dieses Zeichen wird als „Backslash" bezeichnet). Für die Benennung von Verzeichnissen gelten die gleichen Regeln wie für Dateinamen. Es hat sich jedoch eingebürgert, dass für Verzeichnisse keine Erweiterungen verwendet werden, bei Dateien jedoch sehr wohl. Als Pfad bezeichnet man die Beschreibung des Weges zu einem Unterverzeichnis oder einer Datei innerhalb der Hierarchie von Dateiverzeichnissen.

Das Datei System von DOS ist im wesentlichen bestimmt durch die File Allocation Table (FAT). Die FAT ist gewissermaßen das Inhaltsverzeichnis eines Speichermediums (Diskette, Festplatte, Partition) und enthält Zuordnungen des Namens von Dateien zu ihrer physikalischen Adresse auf der Speichereinheit. DOS erlaubt die Einteilung einer Festplatte in sogenannte Partitionen. Das sind abgetrennte Speicherbereiche, die wie separate Laufwerke behandelt und auch getrennt angesprochen werden.

Für Windows NT wurde ein neues File-System entwickelt (NTFS New Technology File System). Das Windows NT Dateisystem bringt wesentlich Verbesserungen. Die Namenslängen sind nun bis 255 Zeichen möglich und Namen werden im UNICODE gespeichert. Überdies gibt es keine Limitierung der maximalen Pfadlänge. Besonders wichtig ist, dass Dateien und Verzeichnisse mit umfangreichen Berechtigungen versehen werden können, wodurch der Zugriff und die Benutzung sehr genau gesteuert werden kann.

Bevor man eine Festplatte nutzen kann, muss man ihre logische Struktur festlegen, damit das Betriebssystem mit ihr arbeiten kann. Festplatten werden in Spuren und Sektoren aufgeteilt. Die Anzahl der Sektoren schwankt abhängig vom Typ der Festplatte und der Lage der Spur, die Größe der Sektoren ist immer auf 512 Byte festgelegt. Die Einteilung der Festplatte in Spuren und Sektoren erfolgt beim Hersteller durch die Low-Level Formatierung. Als Anwender muss man die Festplatte vor der Nutzung partitionieren und anschließend, die sich ergebenden Partitionen, noch formatieren. Das geschieht mit dem jeweiligen Format-Befehl des Betriebssystems, das auf die Partition zugreifen soll bzw. in der es enthalten ist. Unter DOS wird hierbei die File Allocation Table (FAT) sowie das Hauptverzeichnis (zumeist mit den Buchstaben C bezeichnet) angelegt. DOS erlaubt, dass die Partitionen einer Festplatte wie separate Laufwerke behandelt und auch getrennt angesprochen werden können. Es gibt drei Arten von Partitionen:

- Primäre DOS Partitionen

- Primäre Nicht-DOS Partitionen

- Erweiterte Partitionen

Die primäre Partition ist die einzige Partition, von der DOS aus gestartet werden kann. Sie wird als erstes eingerichtet. Entweder umfasst die primäre Partition die gesamte physikalische Festplatte oder die Platte wird aus organisatorischen Gründen (z.B. mehrere Betriebssysteme, oder aber bessere Ressourcenausnutzung) in mehrere Partitionen unterteilt. Eine Festplatte kann unabhängig vom Betriebssystem maximal nur vier Partitionen aufnehmen (vier primäre oder drei primäre und eine erweiterte). Wird eine primäre Partition eingerichtet, die nicht den ganzen physikalischen Speicherplatz der Platte einnimmt, so kann man den verbleibenden Speicherplatz als erweiterte Partitionen definieren. Innerhalb dieser können dann fast beliebig viele logische Laufwerke einrichtet werden. Bei einem typischen System mit einer primären Partition, die (für gewöhnlich) mit dem Laufwerksbuchstaben C. gekennzeichnet ist, können auf der erweiterten Partition maximal 23 logische Laufwerk eingerichtet werden, die mit den Buchstaben D bis Z angesprochen werden können.

Ab der MS-DOS Version 4.0 kann ein logisches Laufwerk bis zu 2 GByte groß sein. Bei älteren MS-DOS Versionen musste eine große Festplatte partitioniert werden, da DOS nur Partitionen bis zu einer Größe von 512MB verwalten konnte. Für die Unterstützung größerer Partitionen wurde ein neues Dateisystem FAT32 notwendig, das aber nicht von allen Betriebssystemen gelesen werden kann. Alle Angaben über die Einteilung einer Festplatte werden in der Partitionstabelle gespeichert. In dieser Tabelle sind folgende Informationen abgelegt: Angabe der Plattenseite, Zylinder und Sektoren, wo eine Partition beginnt und wo sie endet, Größe der Partition in Sektoren, Informationen über die Art der Formatierung (FAT, HPFS, NTFS) und des installierten Betriebssystems sowie Angabe, ob die Partition aktiv ist

Wenn man eine Festplatte mit dem DOS Programm FDISK in Partitionen aufteilt, wird die primäre Partition als aktiv gekennzeichnet. Diese Kennzeichnung weist darauf hin, dass von dieser Partition das Betriebssystem gestartet werden kann. Nach dem Einschalten wird das im ROM gespeicherte BIOS des Rechners aktiv und liest zunächst die Partitionstabelle ein. Ihr entnimmt es welche Partition aktiv ist. Von dieser Partition wird der Bootstrap-Loader aufgerufen. Dies ist das eigentliche Programm zum Laden des Betriebssystems. Alle Bereiche einer Festplatte, ob primäre Partition oder logische Laufwerke, müssen bevor man sie nutzen kann formatiert werden. Dabei wird auf jedem Laufwerk von DOS grundsätzlich folgende Struktur angelegt.

- Boot-Sektor mit Bootstrap-Loader
- die File Allocation Table (FAT)
- eine zweite, exakte Kopie der FAT (Sicherheitskopie)
- das Haupt- oder Root-Verzeichnis

Betriebssysteme wie OS/2, UNIX, LINUX oder Windows NT strukturieren die logischen Laufwerke etwas anders. Mit Hilfe der Dateisysteme HPFS oder NTFS wurden einige (historisch zu sehende) Schwächen des DOS-Dateisystems behoben. Hier kann aus Platzgründen nicht näher darauf eingegangen werden.

Windows NT - NTFS (New Technology File System) ist das Dateisystem für Windows NT. Es ermöglicht Namenslänge bis 255 Zeichen, die Speicherung von Namen im UNICODE Format, eine max. Partitionsgröße von $2*10^{64}$ und eine max. Dateigröße von $2*10^{64}$. Für die maximalen Pfadlängen gibt es keine Beschränkung, was bei großen Systemen wichtig ist. Wesentlicher Vorteil gegenüber FAT unter DOS ist die Möglichkeit, dass Dateien und Verzeichnisse mit Attributen (Schreibrechte, Leserechte etc. ausgestatte werden können, was für Sicherheitsanforderungen bei vielen Benutzern in Netzwerksystemen von höchster Wichtigkeit ist..

Herz des NTFS-Dateisystems ist der Master-File-Table MFT. Der MFT existiert im Original und als Kopie, falls eine Störung auftritt. Der Boot-Sektor existiert ebenfalls als Kopie in der logischen Mitte der Festplatte. Kleine Dateien (kleiner 1500 Byte) werden direkt im MFT gespeichert. Dies erlaubt einen schnellen Zugriff. Wird die Datei größer, so werden Extents angelegt, in denen der Inhalt gespeichert wird. Im zugehörigen MFT-Eintrag steht dann der Ort, an dem die Extents zu finden sind. Ähnlich geschieht dies mit den Verzeichnissen. Kleine Verzeichnisse werden im MFT für schnellen Zugriff gespeichert, große Directory-Informationen werden strukturiert in Extents ausgelagert.

Große Bedeutung hat in Informationssystemen die Konsistenz von Daten in Dateien, auch und gerade wenn es zu Systemabstürzen kommt. Das Dateisystem NTFS sichert Konsistenz durch Transaktions-Logs. Ein Datei-Update wird entweder vollständig oder nicht durchgeführt. Damit angefangene Operationen nicht verloren gehen, werden diese in einem Transaktions-Log gespeichert. Windows NT unterstützt Hot-Fixing. Darunter versteht man die Verschiebung von Daten von einem als defekt erkannten Festplattensektor auf einen intakten freien Sektor, um Probleme, möglichst schon bevor sie auftreten, aus den Weg zu gehen.

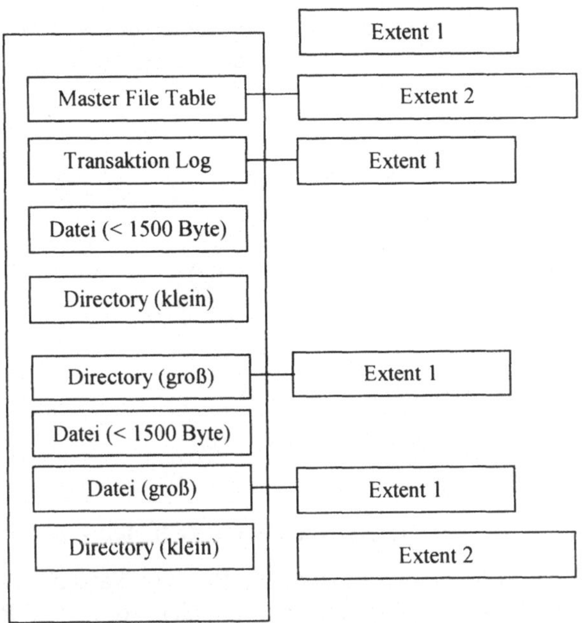

Abb. 7.9: MFT, Kern des Filesystems von Windows NT

Das NTFS bietet die Möglichkeit, Verzeichnisse und einzelnen Dateien zu komprimieren. Das Komprimierungsverfahren ist eine Echtzeit-Kompression, die jedoch bei bereits komprimierten Daten keine Wirkung zeigt. Die Komprimierung ist für Programme absolut transparent, da sie direkt in das Dateisystem eingebaut ist. Sehr wirkungsvoll ist die Komprimierung bei Texten und Bilddaten. Komprimieren lassen sich Dateien und Verzeichnisse am einfachsten über den Explorer. Einfach mit der rechten Maustaste auf das Verzeichnis oder die Datei klicken, das Kontextmenu öffnet sich und mit „Eigenschaften", „Komprimieren" ist die Arbeit getan. Durch Klicken auf „Übernehmen" werden das Verzeichnis oder die Datei komprimiert. Wenn man die Eigenschaften einer Datei abruft, erhält man auch Informationen über die komprimierte Größe (der Platz also, der tatsächlich auf der Festplatte belegt wird) und die Attribute, die für sie durch den Systemadministrator oder Eigentümer vergeben wurden.

7.4   Windows im Netzwerk

Bei vernetzten Systemen sind zwei Arten von Betriebssystemen zu unterscheiden. Server-basierte Netze und Peer-to-Peer Netze.

Man spricht von Server-basierenden Netzen, wenn zwei oder mehrere Rechner (PCs) so miteinander verbunden sind, dass sie Ressourcen und Peripheriegeräte (z.B. Festplattenlaufwerke, Drucker, Daten)gemeinsam benutzen können, wobei mindestens ein Rechner als Server fungiert. Der Server ist in dem Falle ein Rechner, auf dem das Netzwerk-Server-Betriebssystem ausgeführt wird und der die Kommunikation und die gemeinsamen Netzwerk-Ressourcen steuert. Die Client-

Computer sind die einzelnen Benutzer-Rechner, die an das Netzwerk angeschlosser sind. Wichtige Vertreter von Server-basierenden Netzen sind Novell 4.x, 5.x unc Windows NT-Server.

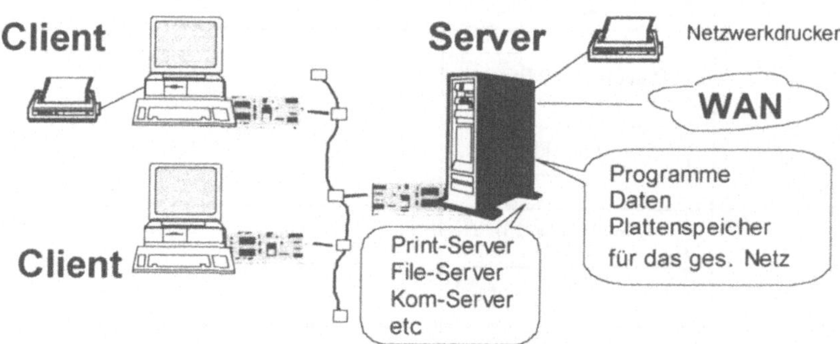

Abb. 7.10: Server-basierende Netze - Server bieten zentral Dienste an

Bei Peer-to-Peer Netzen oder Partner zu Partner Netzen werden zwei oder mehrere Rechner (PCs) so miteinander verbunden, dass sie Ressourcen und Peripheriegeräte (z.B. Festplattenlaufwerke, Drucker, Daten) gemeinsam benutzen können, wobei jedoch alle Rechner gleichgestellt sind (d.h. keiner der Rechner fungiert als Hauptrechner oder als zentraler Kontrollrechner. Jeder Rechner ist im Netz durch einen Namen eindeutig identifizier. Verzeichnisse oder Dateien können für andere PCs freigegeben werden (direkt über den Windows Explorer oder Dateimanager). Drucker (Geräte allgemein) an einem lokalen PC können als Netzwerkdrucker für andere PCs freigegeben werden. Typischer Vertreter für Peer-to-Peer Netze war Windows for Workgroup, aber auch mit Windows 95/98/NT-Workstation lassen sich sehr einfach solche Netze realisieren. Somit lassen sich in einer Arbeitsgruppe Daten und Ressourcen (gleichberechtigt) nutzen.

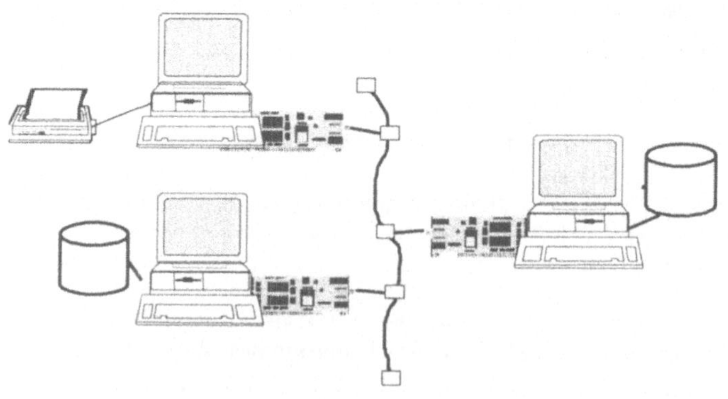

Abb. 7.11: Peer-to-Peer Netze ermögliche die gleichberechtigte Vernetzung von Rechnern in einer Arbeitsgruppe

In Netzwerken besteht der grundsätzliche Bedarf unterschiedlichste Ressourcen zu verwalten und diese selektiv nur ausgewählten und berechtigten Benutzern zur Verfügung zu stellen. Diesbezüglich gibt es auf allen proprietären, firmenspezifischen Betriebssystemen umfassende und stabile Erfahrung, die modernen Systeme haben vielfach noch Schwächen, weil sie sich aus einer anderen Richtung (PCs) kommend entwickelt haben. Im PC Umfeld waren die ursprünglichen Anforderungen an ein Betriebssystem gänzlich andere als im Umfeld der Großrechner und der Minirechner. Unter Windows NT können mit dem Benutzer-Manager neue Benutzer angelegt werden und Arbeitsumgebung durch Profile für Benutzer und Computer vergeben werden. Wichtig ist es, die Rechte für die gemeinsame Nutzung von Ressourcen sorgfältig zu planen und auch zu überwachen. Indem ein Systemadministrator Benutzerrechte, Dateirechte, Rechte einer Datei, Rechte eines Verzeichnisses etc sorgfältig plant, kann er ein hohes Maß an Systemsicherheit und Systemstabilität sicherstellen und auch Überprüfungen vornehmen. Die Überwachung von Zugriffen auf sensible Bereiche von Firmendaten, die Überwachung für Datei und für Verzeichnis und die gezielte Freigabe von Verzeichnissen ist möglich und auch erforderlich.

Mit Windows NT können verschiedene Arten von Netzwerken realisiert werden. Grundsätzlicher Vorteil aller Netzwerkmodelle ist, dass Hardware wie z.B. Drucker und Festplatten aber auch Software und Daten gemeinsam genutzt werden können und nicht mehrfach angeschafft werden müssen. Die Benutzer können einfache Nachrichten miteinander austauschen und untereinander Datenaustausch betreiben. Jedes Netzwerkmodell hat darüber hinaus spezifische Vor- und Nachteile, auf die im einzelnen an dieser Stelle nicht eingegangen werden soll. Die einfachste Form des Netzwerkes lässt sich unter Windows NT in Form der Arbeitsgruppe realisieren. Eine Arbeitsgruppe besteht aus einem oder mehreren dedizierten Servern. Die beteiligten Server stellen gemeinsam genutzte Ressourcen wie Drucker und Verzeichnisse zur Verfügung.

Jeder Benutzer muss ein Konto in einer Benutzerdatenbank jedes Servers besitzen, dessen Ressourcen er nutzen möchte. Das bringt die Notwendigkeit mit sich jeden Server gesondert zu administrieren, was einen nicht zu unterschätzenden Administrationsaufwand mit sich zieht. Die Benutzerdatenbank eines jeden beteiligten Servers muss für sich gepflegt werden. Es besteht die Gefahr, dass Zugriffsberechtigungen inkonsistent werden.

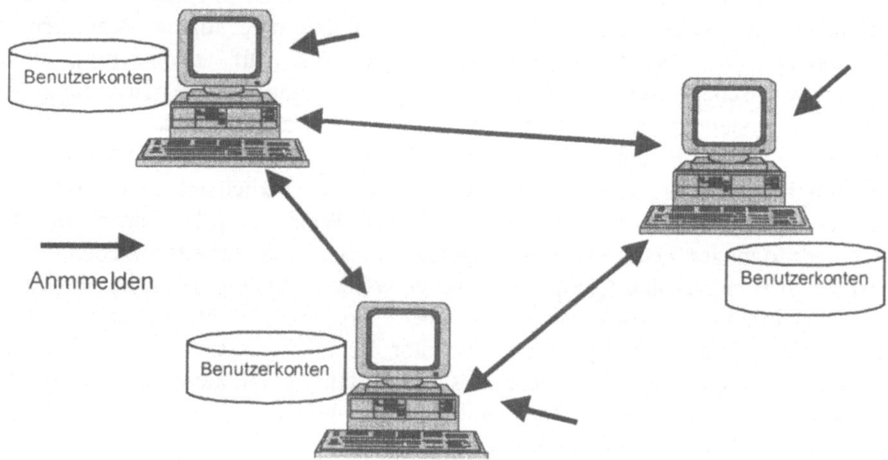

Abb. 7.12: Einfachste Form eines Windows NT Netzes - Arbeitsgruppe

Windows NT-Netzwerke lassen sich in Verwaltungseinheiten organisieren, in Domänen (oder englisch Domains). Jede Domäne verwaltet ihre eigene Datenbank mit eingetragenen Benutzern. Meldet sich ein Benutzer an einem Rechner an, der Teilnehmer einer Domäne ist, so wird er über diese Benutzerdantenbank authentifiziert. Authentifizierung ist der Vorgang, die Authentizität (Echtheit) eines Benutzers nachzuweisen. Das geschieht durch Identifizierung (Benutzername) und z.B. durch ein Passwort. Das Eintragen von Benutzern auf jeder Workstation innerhalb der Domäne ist somit nicht nötig. Es genügt ein einmaliges Eintragen für die gesamte Domäne. Ein weiterer wichtiger Vorteil ist, dass die Arbeitsumgebung des Benutzers (Desktop, etc.) in einer Domäne mit dem Benutzer von Computer zu Computer im Netz wandern kann.

Eine Windows NT Domäne besteht aus

- einem Windows NT Server als Primary Domain Controller (PDC),

- einer beliebigen Anzahl von Windows NT Workstations, Windows 95/98/NT/2000, oder DOS Rechnern,

- optional aus einer beliebigen Anzahl von Windows NT-Server als Backup Domain Controller (BDC) oder Anwendungsserver

Der Aufbau einer typischen Domäne ist im nachfolgenden Bild dargestellt.

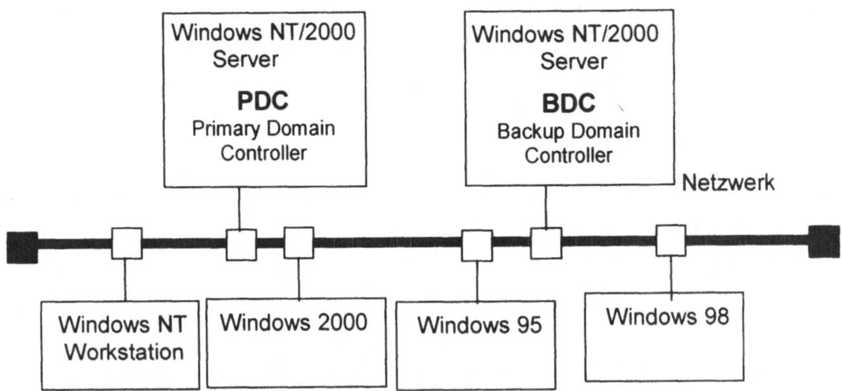

Abb. 7.13: Windows NT-Netzwerk nach Domänen-Konzept

Der Primary Domain Controller (PDC) hält die Datenbank der Domäne. In der Datenbank sind alle Rechner der Domäne und die Benutzer abgelegt. Der Primary Domain Controller authentifiziert Benutzer, die sich an dieser anmelden möchten. Es existiert genau ein PDC pro Domäne. Ein Backup Domain Controller (BDC) hält eine Kopie der Domänen-Datenbank. Er übernimmt in regelmäßigen Zeitabständen Änderungen der Datenbank. Fällt der Primary Domain Controller aus, übernimmt er seine Funktionalität. Er dient somit der Sicherheit in einer Domäne. Es kann eine beliebige Anzahl von Backup Domain Controllern existieren. Es ist sinnvoll, mindestens einen BDC vorzuhalten, falls eine Abschaltung des PDC während des Betriebes notwendig sein sollte. Werden mehrere Windows NT-Server in einer Domäne eingesetzt (z.B. File-Server, Druck-Server, Web-Server) ist es durchaus sinnvoll alle nicht-PDCs zu einem Backup Domain Controller zu machen. Da der Primary Domain Controller die Benutzer authentifiziert, sollte der File-Server zum PDC erhoben werden. Insbesondere auch dann, wenn viele Datei-Zugriffe durch eingetragene Benutzer (z.B. Studenten, Außendienstmitarbeiter, etc.) erfolgen.

An den Windows NT Workstations kann bei der Anmeldung gewählt werden, ob man sich lokal an der Workstation anmelden will oder an der Domäne. Wählt ein Benutzer die lokale Workstation, muss er in die lokale Benutzerdatenbank der Workstation eingetragen sein, oder ein öffentliches Benutzerkonto verwenden. Bei Zugriffen auf Ressourcen der Domäne ist in der Regel eine weitere Benutzername/Passworteingabe erforderlich. Diese Benutzername/Passwortkombination muss in der Domäne eingetragen sein. Wählt der Benutzer die Anmeldung an der Workstation über die Domäne, so hat er automatisch auf alle Ressourcen Zugriff wie es durch seine Berechtigungen festgelegt ist.

Das Domänenkonzept von Windows NT ist sehr wichtig und auch komplex. Es entspricht aber nicht mehr dem Stand der Technik und den Anforderungen an moderne Informationssysteme. Es wird daher ab Windows 2000 weitgehend abgelöst durch leistungsfähige Verzeichnisdienste. Unter einem Verzeichnisdienst oder Directory Service versteht man in einem vernetzten Informationssystem einen Dienst, der Auskunft darüber gibt, welche Objekte in diesem vernetzten System vorzufinden sind. Darüber hinaus werden diese Objekte im Verzeichnisdienst beschrieben und der Dienst ermöglicht durch entsprechende Funktionen ihre Verwaltung (hinzufügen, ändern, löschen etc.). Insbesondere haben Verzeichnisdienste folgende Aufgaben:

-        Verzeichnis aller Objekte

-        Darstellung und Verwaltung aller Objektbeziehungen untereinander

-        Autorisierung und Authentifizierung

-        Zugriffskontrolle

Die Objekte können Software- oder Hardwareobjekte wie Dateien, Verzeichnisse, Datenbanken, Drucker, CD-ROM-Laufwerke oder Streamer für die Datensicherung, etc. sein. Der allgemeine Begriff hierfür ist Ressourcen. Verzeichnisdienste sind ein wichtiger Bestandteil von Netzwerkbetriebssystemen. Ein internationaler Standard liegt durch X.500 von der ITU vor.

Microsoft Internet Information Server (IIS) stellt die typischen Internetdienste (World Wide Web, FTP und Gopher) bereit, die vollständig in das Betriebssystem Microsoft Windows NT integriert sind. Active Server Pages (ASP) ist eine Komponente im IIS, um auf dem Server, Programme, Skripts und Serverkomponenten auszuführen. ASP ist ein zentrales Element aus der Microsoft-Strategie bei der Umwandlung des Internet (eigentlich des World Wide Web) in eine Plattform für dynamische, leistungsfähige, weltweit flächendeckende Anwendungen.

WINS – Windows Internet Name Service – ist eine verteilte Datenbank für geroutete Netze. Geroutete Netze sind über spezielle Koppelelemente verschaltete Netze und sind mittlerweile Standard in Internet-Netzwerkumgebungen. In der Datenbank ist eine Paarungen aus Computername und Internet-Adresse eingetragen und diese kann von entsprechend konfigurierten Computern abgefragt werden. WINS ist für ein geroutetes Netzwerk gedacht, zu dem Computer unter Windows NT-Server gehören. WINS ermöglicht komplexe Netzwerkverbünde. DNS, das Domain Name Service, hat im Grunde die gleiche Aufgabe wie der WINS Service bei Windows Netzwerken. DNS ist jedoch allgemeiner und ist der Standard im Internet und in UNIX Netzwerken.

Microsoft Transaction Server (MTS) ist ein System zur Verarbeitung von Transaktionen, mit dem sich leistungsfähige, skalierbare und zuverlässige verteilte Anwendungen erstellen und warten lassen. Unter Skalierbarkeit versteht man, dass ein System modular durch Hinzufügen bedarfsorientiert erforderlicher Komponenten wächst. Microsoft Cluster Server (MSCS) ist darauf ausgerichtet, eine bessere Skalierbarkeit und Verfügbarkeit von Systemen zu gewährleisten. Microsoft Message Queuing (MSMQ) ist ein Subsystem in Windows NT, welches eine asynchrone Kommunikation von Anwendungen ermöglicht.

7.5   Windows 2000

Technischer Fortschritt, ohne mit Vorhandenem zu brechen, das ist seit langem eine erfolgreiche Strategie von Microsoft, um die PC-Welt kontinuierlich zu modernisieren. Dabei müssen die Investitionen und das Know-how von Unternehmen und Anwendern geschützt werden. Informationssysteme sind mittlerweile ein nicht unwesentlicher Kostenfaktor in vielen Unternehmen, insbesondere jedoch ein strategischer Erfolgsfaktor. Total Cost of Ownership (TCO) ist ein wichtiger Begriff. Nicht nur die Investitionskosten in der Informationstechnologie müssen beachtet werden, sondern auch jene für Mitarbeiterausbildung und Systemverwaltung. Dem Betriebssystem kommt hierbei eine Schlüsselfunktion zu, da sich dadurch langfristige strategische Bindungen (Lock-In Effekte) ergeben.

Die derzeit aktuelle Version von Windows heißt Windows 2000 und ist von Microsoft nicht nur ein technisch signifikantes Update, sondern wird in Zukunft die Basis für alle Microsoft PC-Betriebssysteme, vom Notebook-PC bis hin zum hochskalierbaren Unternehmens-Server sein. Diese zukunftsweisende Ausrichtung sollte durch die Namensänderung von Windows NT 5.0 in Windows 2000 verdeutlicht werden. Die Windows 2000 Familie besteht aus folgenden Produkten:

- Windows 2000 Professional, das Standard-Desktop-Betriebssystem für den kommerziellen Anwendungsbereich.

- Windows 2000 Server, für die Unterstützung von Server-Systemen mit bis zu zwei Prozessoren als Lösungsansatz für kleine und mittelständische Unternehmen.

- Windows 2000 Advanced Server für leistungsstarke Abteilungs- und Anwendungsserver mit umfangreichen Netzwerk- und Internet-Diensten.

- Windows 2000 „Datacenter" Server unterstützt bis zu 16 Prozessoren und 64 GB Hauptspeicher sowie diverse Server.

Windows 2000 Server ist das Standardbetriebsystem für kommerzielle Anwender. Es ist ein vielseitiges Betriebssystem für Server, das auf einer verlässlichen, sicheren und offenen Architektur aufgebaut ist. Es entspricht den Anforderungen von Unternehmen jeder Größe, da es zusammen mit vorhandenen Investitionen in der Informationstechnologie eingesetzt werden kann. In das Produkt sind viele Elemente integriert, die für Lösungen aus der Sicht eines Unternehmen benötigt werden. Außerdem ist es ein Betriebssystem, das relativ einfach zu installieren, verwalten und zu verwenden ist.

Windows 2000 Server ist eine Multipurpose Plattform für alle Netze, es ist geeignet als Server für Applikations-, Web-, Datei- und Druckdienste in Arbeitsgruppen und Abteilungen. Mit diesem Betriebssystem kann man ein Unternehmen sicher und kosteneffizient internetfähig machen. Windows 2000 Advanced Server wurde für E-Commerce und umfangreiche Branchenlösungen entwickelt. Windows 2000 Datacenter Server wird neben allen Merkmalen von Advanced Server zusätzliche Möglichkeiten bereitstellen, um die Bedürfnisse von Rechenzentren, intensiver Online Transaktionsverarbeitung (OLTP) und umfangreichem Datawarehousing zu erfüllen.

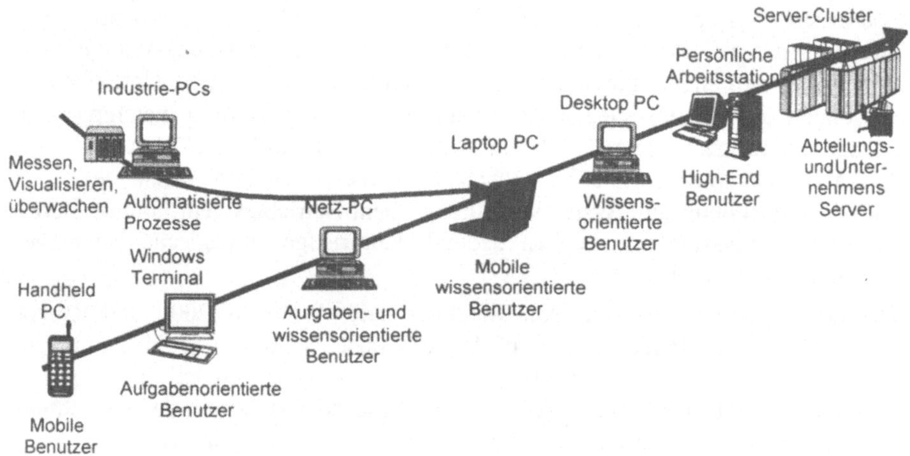

Abb. 7.14: Microsoft Windows - Eine Betriebssystemfamilie für viele Anwendungsfälle

7.6   Echtzeit

In der Mess- und Automatisierungstechnik kommt dem Begriff Echtzeit eine große Bedeutung zu. Echtzeit, oder Realzeit heißt zunächst „real time" und nicht „real fast". Man spricht auch oft von harter und von weicher Realzeit. Für manche Anwender ist es wichtig, dass

- die notwendigen Informationen innerhalb eines definierten Zeitintervalls geliefert wird und dass

- sichergestellt ist, dass diese Zeit-Bedingung eingehalten wird.

Echtzeit ist ein vielfach missverstandener Begriff. Die einen verstehen darunter alles was schnell ist, für andere gewinnt Echtzeit im Sinne von Determinismus, von garantierter Reaktionszeit eine wichtige Qualität. Unter Echtzeit wird in automatisierungstechnischen Anwendungen ein Vorgang beschrieben , der innerhalb akzeptabler Verzögerungszeiten abläuft. Im Normenwesen ist Echtzeit in DIN 44300 wie folgt festgelegt:

„Unter Echtzeit versteht man den Betrieb eines Rechensystems, bei dem Programme zur Verarbeitung anfallender Daten ständig betriebsbereit sind, derart, dass die Verarbeitungsergebnisse innerhalb einer vorgegebenen Zeitspanne verfügbar sind.

Die Daten können je nach Anwendungsfall nach einer zeitlich zufälligen Verteilung oder zu vorherbestimmten Zeitpunkten anfallen."

Nach dieser Festlegung in DIN 44300 handelt es sich bei Echtzeitsysteme also um Systeme, die auf ein äußeres Ereignis unter allen Bedingungen definiert antworten und wobei die Antwort garantiert innerhalb einer bestimmten Zeitschranke bereitgestellt wird.

Obwohl Windows NT im allgemeinen ein recht zuverlässiges Betriebssystem ist und schon vielfach für Messwerterfassungs- und Steuerungsanwendungen benutzt wurde und auch weiterhin benutzt wird, gibt es berechtigter Weise viele Bedenken bezüglich der Echtzeitfähigkeit von Windows NT. Im Zusammenhang mit der Definition von Echtzeit ist ein garantiertes, planbares ein „deterministisches Zeitverhalten". Das kann Windows NT nicht sicherstellen.

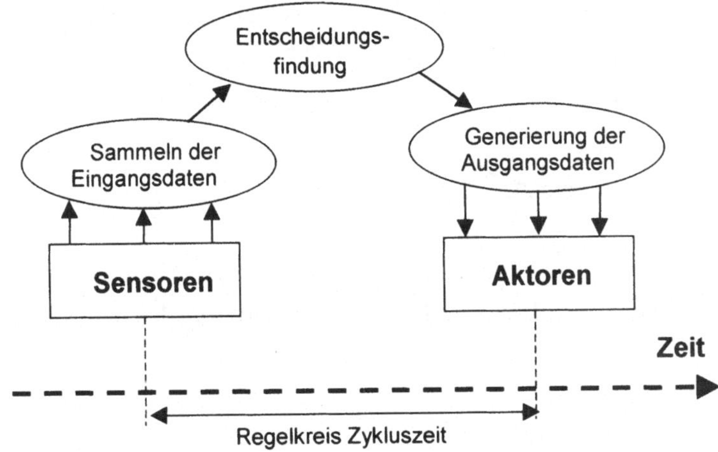

Abb. 7.15: Zeitkritische Anforderungen in einem Regelkreis

Eine typische Anwendung mit „Echtzeit-Anforderungen" ist ein Regelkreis in einem Abtastsystem. Bei der Bearbeitung eines Regelkreises muss typischerweise garantiert werden, dass innerhalb der Abtastzeit (Zykluszeit) der Stellausgang als Reaktion auf das Eingehen eines Messwertes am Eingang des Regelkreises, reagiert. Denkt man als Anwendung an ein Kraftfahrzeug - Sicherheitssystem wie ABS, ein Flugzeug - Steuerungssystem oder ähnliches, so ist sofort einzusehen, dass eine definierte Zeitschranke genau eingehalten werden muss. Bei weniger kritischen Prozessen hingegen kann es durchaus zulässig sein, dass die Zeitschranken in gewissen Grenzen überschritten werden. Während man im ersteren Falle von „harter Echtzeit" spricht, bezeichnet man letztere als „weiche Echtzeit". Von harter Echtzeit spricht man insbesondere, wenn bei nicht Einhalten von Zeitschranken ein erhebliches Risiko für Menschen, Maschinen, Anlagen oder die Umwelt besteht.

Um Echtzeit zu garantieren, werden spezielle Prozessrechner oder Rechner mit geeigneten Echtzeitbetriebssystemen eingesetzt. Hierbei spielt es keine Rolle, ob es sich um harte oder weiche Echtzeitanforderungen handelt. Um Echtzeitanforderungen gerecht zu werden, müssen die Systeme über spezielle Scheduler verfügen, die Prozessen oder Threads wohl definierte Rechenzeiten zuweisen.

Betrachtet man Windows für den Echtzeitbetrieb, so muss man feststellen, dass Windows nicht echtzeitfähig ist. Dennoch kann Windows, ein gutes Systemverständnis vorausgesetzt, mit sehr guten Antwortverhalten aufwarten. Hierbei muss insbesondere zwei unterschiedliche Anforderungen berücksichtigen. Das sind die Reaktion auf Unterbrechungsanforderungen (Interrupt) und die Priorisierung von Tasks bzw. Threads.

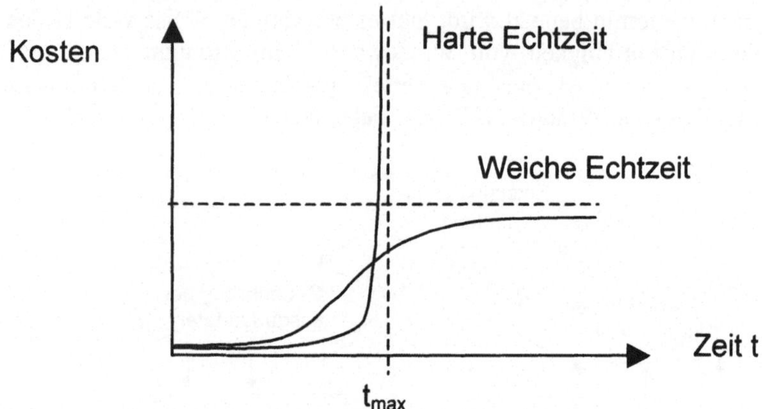

Abb. 7.16: Harte und weiche Echtzeitanforderungen

8 PC-Schnittstellen und Schnittstellen zur Gerätesteuerung

8.1 Schnittstellen, Gerätetreiber, Systemressourcen

Schnittstellen sind Hardware-Verbindungen samt der erforderlichen Software (Gerätetreiber), durch die externe Geräte, die sogenannte Peripherie, an einen Computer angeschlossen werden. Schnittstellen werden auch als Interface bezeichnet. Für jede Schnittstelle sind feste Eigenschaften vereinbart und sie ermöglichen eine weitgehend herstellerunabhängige Zusammenschaltung von Geräten. Hält sich ein Peripherie-Hersteller, z.B. von CD-ROM-Laufwerken, Festplatten oder Scannern an diese Konventionen, so können seine Geräte in jedem Fall über die entsprechende Schnittstelle an einen Computer angeschlossen werden, der diese Schnittstelle unterstützt. Voraussetzung ist jedoch, dass bei der Installation die Schnittstellensteuerung durch eine entsprechende Konfiguration der erforderlichen Systemressourcen harmonisch in das Gesamtsystem eingebunden wird.

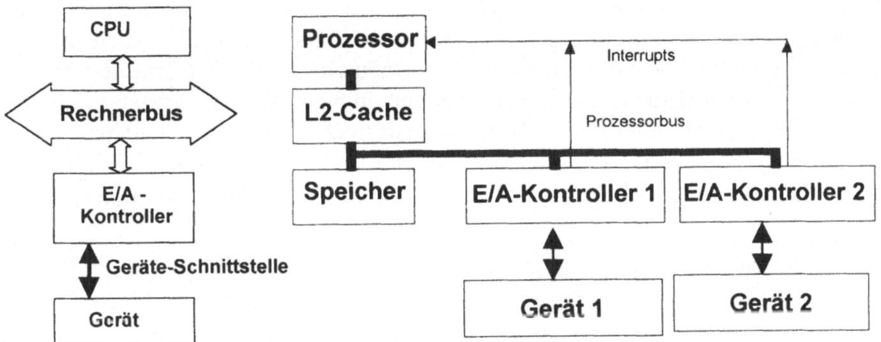

Abb. 8.1: Die Einbindung von Geräten in ein System

Gerätetreiber sind systemnahe Programme, die beim Start des Betriebssystems aufgerufen werden und die sich selbst im Speicher installieren. Dort bilden sie quasi als Zwischenstück zwischen dem Betriebssystem, den Systemressourcen und der Hardware. Auf der Betriebssystemseite kommunizieren die Gerätetreiber über fest definierte Protokolle (Vereinbarungen) mit den Systemkomponenten und den Anwenderprogrammen. Auf der Hardwareseite dagegen ist jeder Treiber nur für eine spezielle Hardware konfiguriert. In der Praxis sieht das bei Installation einer serielle Schnittstellenkarte folgendermaßen aus. Die Schnittstellenkarte im PC wird vom

Betriebssystem als serielle Schnittstelle z. B. unter der Bezeichnung COM1 angesprochen und genutzt. Um die Hardware entsprechend anzusteuern und an das Betriebssystem anzupassen muss der COM-Gerätetreiber durch den speziellen, hardwarespezifischen Treiber der Karte ersetzt werden. Das Betriebssystem übergibt die zu sendenden Daten an diesen Treiber, ohne sich um das weitere zu kümmern. Der Treiber weiß, wie er die Hardware ansprechen muß, und die Daten weiterleitet oder empfängt. Auf diese Art und Weise kommuniziert das Betriebssystem nicht nur mit den externen Erweiterungsschnittstellen, sondern auch mit der Tastatur, der Grafikkarte und den Datenträgern wie Diskettenlaufwerk und Festplatte. Bei den Gerätetreibern werden zwei große Gruppen unterschieden. Die blockorientierten und die zeichenorientierten Gerätetreiber.

Zu den blockorientierten Gerätetreibern gehören alle Datenträger wie Festplatten- und Diskettentreiber. Da hier meist große Datenmengen übertragen werden, werden die Daten zur Übertragung in Blöcke gepackt, um eine höhere Effizienz zu erhalten. Gerätetreiber sind ausführbare Programm-Dateien. Die Dateien der Gerätetreiber erkennt man im allgemeinen an der Dateierweiterung *.SYS. Treiber können nur beim Booten in das Betriebssystem eingebunden werden. Um den Rechner aber individuell konfigurieren zu können, muß der einzelne Anwender bestimmen können, welcher Gerätetreiber geladen wird. Diese Konfiguration entnimmt der Rechner beim Booten einer bestimmten Datei, der CONFIG.SYS oder einer Datenbank, der Registry.

Einer der größten Vorteile des PCs ist seine hohe Modularität auf Hardware- und Systemseite. So kann man die Bestandteile eines PCs von verschiedenen Herstellern zusammenfügen und alles funktioniert in der Regel reibungslos. Es ist also möglich, unterschiedlichen Komponenten unter dem gleichen Betriebssystem zu betreiben. Möglich wurden diese vielfältigen Kombinationsmöglichkeiten erst durch die unter DOS eingeführten ladebaren Gerätetreiber. Dadurch ist es nicht erforderlich, dass nach Einbau einer neuen Hardwarekomponente in einen PC das Betriebssystem mit den Programmen die diese neue Hardware ansprechen neu compiliert und gelinkt werden muss. Dies ist bei Unix und Linux erforderlich. Bei den PCs genügt es, die entsprechenden erforderlichen Gerätetreiber beim Start des Betriebssystems zu laden.

Systemressourcen sind Kommunikationskanäle, Adressen, Interrupts und Signale, die von Geräten über die Gerätetreiber verwendet werden, um über die verfügbaren Busse zu kooperieren. Gewissermaßen handelt es sich hierbei auf abstrakter Ebene um die Einbindung der Gerätesteuerung mit seiner Systemsoftware, den Gerätetreibern, in das Betriebssystem. Auf der untersten Ebene gehören zu den Systemressourcen:

- Bussteckplatz (Slot)
- Speicheradressen
- Interrupt Leitungen - IRQ-Leitungen
- DMA-Kanäle und
- I/O-Schnittstellen-Adressen

Systemressourcen müssen harmonisch aufeinander abgestimmt sein, um einen einwandfreien Betrieb sicherzustellen. Leider ist dies insbesondere bei Erweiterungen immer wieder problematisch.

Plug-and-Play (Plug & Play, PnP) ist ein Begriff im Hinblick auf die Installation und Konfiguration neuer Hardware-Komponenten. Es bedeutet übersetzt etwa „Anschließen und Arbeiten", und soll das mühsame Einstellen von Schaltern (DIP-Switches) auf den Karten, das Zuordnen von Interruptleitungen (IRQ), I/O Adresse und DMA Kanälen bei der Konfiguration, das heißt beim Einstellen auf die Systemerfordernisse, vereinfachen. Die grundsätzliche Idee, die dahintersteht, ist sehr gut, gehört doch gerade das nachträgliche Installieren und Umkonfigurieren von Peripheriegeräten zu den schwierigsten und zeitaufwendigsten Aufgaben bei der Arbeit am Computer. Egal, ob es sich um ein CD-ROM-Laufwerk, einen Drucker, einen Monitor, ein Modem, eine externe Festplatte oder eine Datenerfassungskarte für die Messdatenerfassung handelt, es wirft fast immer große Probleme auf, bis der Computer die neue Komponente erkennt sowie richtig anspricht und ansteuert. Plug & Play soll diese Arbeiten weitgehend automatisieren und für die reibungslose Verständigung zwischen Computer und Peripheriegeräten sorgen. Dabei übernimmt das BIOS (Basic I/O System) und das Betriebssystem fast alle anfallenden Aufgaben, vom Laden der richtigen Gerätetreiber bis hin zur optimalen Verbindung von Hardware und Software.

Theoretisch ist die Installation einer neuen Hardwarekomponente unter Windows 95/98/NT/2000 ganz einfach. Beim Hochfahren erkennt Windows, dass eine neue Karte eingesteckt ist und konfiguriert sie automatisch. Schlimmstenfalls müssen hierbei die Betriebssystem- und die mit der jeweiligen Karte mitgelieferten Installationsdisketten eingelegt werden, damit die erforderlichen Gerätetreiber installiert werden können. Sind die Treiber installiert, startet Windows in der Regel neu und alles ist erledigt. Das klingt sehr gut, bereitet jedoch manchmal Schwierigkeiten. Wenn eine Plug&Play-Installation erfolgreich ist, arbeiten mehrere Komponenten richtig zusammen:

1. Das BIOS (Basic I/O System) erkennt eine Karte automatisch beim Hochfahren des Systems.

2. Die Erweiterungskarten im Bus müssen, falls Jumper vorhanden sind, richtig konfiguriert werden.

3. Wenn das BIOS eine Karte richtig erkannt hat und diese richtig vorkonfiguriert ist, wird Windows diese beim Hochfahren erkennen. Wenn sie das erste mal nach dem Einbau erkannt wird, erscheint ein Dialog, und Windows fordert zum Setup auf.

Der Hardware-Assistent zur Erkennung neuer Hardware kann auch im Gerätemanager der Systemsteuerung von Windows gestartet werden, um neue Hardware suchen zu lassen. Das Setup kann auch von den Disketten, die mit der Erweiterungskarte geliefert werden, manuell gestartet und ausgeführt werden.

Die wichtigsten und problematischsten Systemressourcen stellen die Interruptkanäle, DMA-Kanäle und die E/A-Adressbelegungen dar. Nachfolgend werden die in PCs typischerweise gewählten ISA-Bus Festlegungen als Orientierungshilfe angeführt. Die folgende Tabelle zeigt die Interruptkanalbelegung

eines IBM kompatiblen Computers und die von gebräuchlichen Geräter
verwendeten Interrupts.

Tabelle 8.1: Interruptkanalbelegung im PC

Interrupt Kanal	verwendet von
0	Systemtimer
1	Tastatur
3	COM2
4	COM1
5	LPT2 / MFM-Festplattencontroller
6	Diskettenlaufwerk
7	LPT1
8	Echtzeituhr
9	Umgeleiteter IRQ 2
10	einige VGA-Adapter
11	frei
12	frei
13	Mathematischer Koprozessor
14	Primärer DIE-Port
15	Sekundärer DIE-Port

Die nachfolgende Tabelle zeigt die DMA-Kanalbelegung eines IBM kompatiblen
Computers und die von gebräuchlichen Geräten verwendeten Kanäle.

Tabelle 8.2; DMA-Kanalbelegung im PC

DMA-Kanal	verwendet von
0	Speicherrefresh
1	SDLC oder frei
2	Diskettenlaufwerk
3	MFM-Festplattencontroller
4	Kaskadierung des ersten DMA-Controllers
5	frei
.6	frei
.7	frei

Die folgende Tabelle zeigt die E/A-Adressbelegung eines IBM kompatiblen
Computers und die von gebräuchlichen Geräten verwendeten Bereiche. Für die
peripheren Geräte sind auf dem PC-Bus die Hexadezimal-Adressen von 000 bis 3FF
reserviert.

Tabelle 8.3 : Adressbelegung für Eingabe-/Ausgabegeräte im PC

E/A-Adressen (hexadezimal)	verwendet von
000 bis 0FF	Mainboard, Hauptplatine
100 bis 1EF	frei
1F0 bis 1F7	MFM-Festplattencontroller
1F8 bis 1FF	frei
200 bis 20F	Spielecontroller /Joystick
210 bis 217	Erweiterungseinheit
218 bis 21F	frei
220 bis 24F	reserviert (IBM)
250 bis 277	frei
278 bis 27F	LPT2
280 bis 2EF	frei
2F0 bis 2F7	reserviert (IBM)
2F8 bis 2FF	COM2
300 bis 31F	Kartenprototyp (oft von Ethernet-Adaptern verwendet)
320 bis 32F	MFM-Festplattencontroller
330 bis 35F	frei
360 bis 36F	reserviert (IBM)
370 bis 377	frei
378 bis 37F	LPT1
380 bis 38C	SDLC /Sekundäres Bi-Sync-Interface
38D bis 39F	frei
3A0 bis 3AF	Primäres Bi-Sync-Interface
3B0 bis 3BF	Monochromer Grafikadapter
3C0 bis 3CF	EGA-Grafikcontoller
3D0 bis 3DF	CGA-Grafikadapter
3E0 bis 3E7	reserviert (IBM)
3E8 bis 3EF	COM3
3F0 bis 3F7	Diskettenlaufwerkscontroller
3F8 bis 3FF	COM1

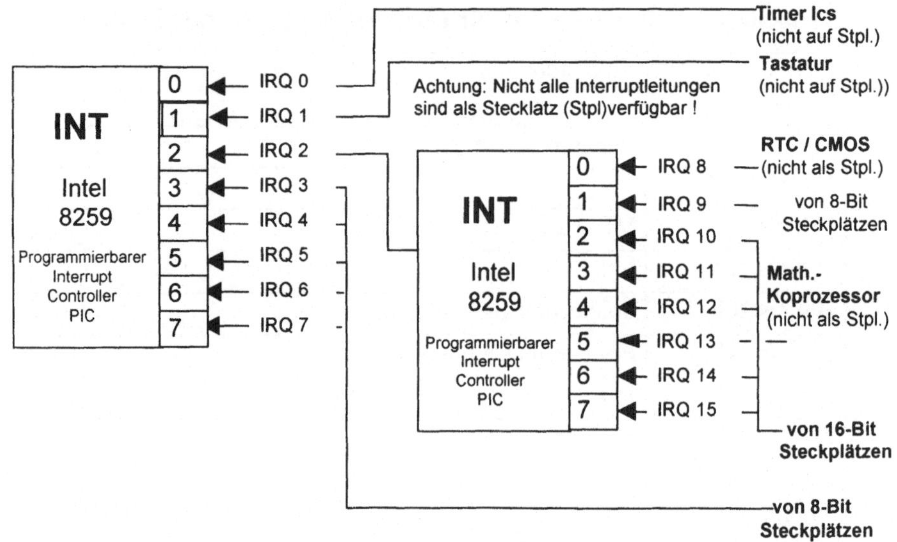

Abb. 8.2: Kaskadenschaltung der Interrupt Controller im PC

Für moderne PCs und anspruchsvolle Endgeräte ist der PCI-Bus unerlässlich. PCI-Busmastering und die Scatter-Gather-Funktion bieten Möglichkeiten, die Systemleistung sehr wesentlich zu steigern. Ein wesentlicher Vorteil des PCI-Bus ist das Busmastering. Die meisten PCI-Rechner ermöglichen sogar mehrere Master in einem System. PCI-Karten (Boards) können entweder Initiator (Bus Master Board) oder Target (Slave Board) sein. Als Busmaster konfigurierte transferieren in der Regel die Daten schneller und effektiver als Geräte, die rein als Slave konfiguriert sind. Slaves lösen eine sequentielle Operation für den Datentransfer aus, wodurch die CPU kontinuierlich unterbrochen wird, um Daten zu transferieren. Mit einem Busmaster-Board geschieht der Datentransfer vom Board zum Speicher ohne ständige Unterbrechung der CPU. Die Daten können übertragen werden, während die CPU andere Aufgaben (ohne Unterbrechung) ausführen kann. Dadurch ergibt sich eine gesteigerte Effizient des Gesamtsystems. Ein Bus-Master kennt die Größe des zu übertragenden Datenbereiches und das Ziel der Daten. Es ist für das System von Vorteil, wenn der Busmaster anstelle der CPU die Datenübertragung durchführt, da während der Datenübertragung die CPU andere Aufgaben erfüllen kann. Erfahrungen zeigen, dass sich mit Busmastering eine Verbesserung beim Bus-Durchsatz um den Faktor 10 erreichen lassen.

Im Zusammenhang mit Busmastering gibt es zur weiteren Effizienzsteigerung eine Funktion, die als „Scatter-Gather-Busmastering" bezeichnet wird. Sie trägt dem Rechnung, dass bei der Datenübertragung in den Arbeitsspeicher (DRAM) vielfach der Speicherbereich nicht als physikalisch-zusammenhängender Block, sondern nur als logisch zusammenhängender Block (virtueller Speicher) vorliegt und aus einzelnen fragmentierten Segmenten besteht. Bei der Ausführung einer Datenübertragung trotz Busmastering kann der Fall auftreten, dass die Daten auf Grund ihrer Größe in mehreren Segmenten abzuspeichern sind. Ohne die „Scatter-Gather-Funktion", die der PCI-Controller beherrschen muss, wäre die

Datenübertragung nicht als ununterbrochener Zyklus durchführbar, da zwischenzeitlich eine Neuadressierung des noch freien Speichers durch die CPU nötig wäre. Ein PCI-Controller mit der Scatter-Gather-Funktion ermittelt vor der Datenübertragung die vom Betriebssystem als frei ausgewiesenen Speicherbereiche und führt daraufhin die Übertragung zum segmentierten Speicher durch.

8.2   Ein Schichtenmodell für Peripherieschnittstellen

Der Anschluss von peripheren Geräten an einem Computer ist im Detail betrachtet sehr komplex, da eine große Fülle an technischen Gesichtspunkten zu berücksichtigen ist. Um diese Komplexität zu managen und um den Anschluss von Peripheriegeräten an einen Computer zu vereinfachen, bewähren sich Peripherie-Schnittstellenmodelle, die in der Regel aus mehreren Schichten aufgebaut sind. Vor allem bei älteren Geräten und Schnittstellen sind die zur Strukturierung gedachten Schichten oft nicht ausgebildet oder eindeutig erkennbar. Nützlich ist eine Hierarchie aufeinander aufbauender Schichten, wobei die unterste Schicht alle Angaben über die physikalischen Belange wie Kabel, Steckerverbindungen, Spannungspegel und Stromstärken der Signale etc. enthält. Außerdem ist auf dieser untersten Ebene auch das zeitliche Verhalten der Signale festzulegen. Diese unterste Schicht wird also als Physikalische Schicht bezeichnet. Über der physikalischen Schicht liegt die Protokollschicht, die z.B. Information über die Unterscheidung von Daten und Befehlen an das Endgerät enthält. Über der Protokollschicht liegt eine (abstrakte) Schicht, ein Modell des Geräts, das angeschlossen werden soll. Schließlich kann darüber noch eine Schicht mit Kommandosätzen liegen. Nachfolgend wird dieses Bild am Schichtenmodell einer Druckerschnittstelle verdeutlicht. Dieses Bild zeigt auch, dass nicht jede Schicht explizit ausgeprägt sein muss. Im konkreten Fall einer Druckerschnittstelle wurde für PCs vom Anfang an die Centronics-Schnittstelle als parallele Schnittstelle verwendet, die sowohl Protokoll als auch physikalische Festlegungen umfasst. Das Modell des Druckers legt fest, ob es sich um einen Typenraddrucker, Matrixdrucker, Seitendrucker oder einen Zeilendrucker handelt. Dadurch wird festgelegt ob der interne Speicher eine ganze Seite oder jeweils nur ein Zeichen oder eine Zeile zwischenspeichern muss, aber auch ob die Steuerung einen Zeilenvorschub erzeugen muss oder nur einen Seitenvorschub etc. Als Kommandosatz ist im Beispiel die Seitenbeschreibungssprache "Postscript" gewählt. Sie baut auf dem Modell eines Seitendruckers auf und erlaubt es Text auszugeben und verschiedenste grafische Elemente zu zeichnen. Es gibt auch andere Seitenbeschreibungssprachen, wobei insbesondere Hewlett Packard hier sehr marktbestimmend wirkt.

Schicht 4: Kommandosprache	Postscript
Schicht 3: Gerätemodell	Seitendrucker
Schicht 2: Protokoll	Centronics
Schicht 1: Physikalische Schicht	

Abb. 8.3: Schichtenmodell einer Druckerschnittstelle

Dieses etwas abstrakte Modell ist sehr nützlich, damit man bei der Spezifikation einer Schnittstelle nichts Wesentliches vergisst.

8.3   Centronics- oder Drucker-Schnittstelle, IEEE 1284

Die Centronics-Schnittstelle ist eine parallele Schnittstelle, die für den Anschluss von Druckern entwickelt wurde. Sie ist ein Industriestandard und kann mittlerweile auch für den Anschluss weiterer Geräte wie Streamer, ZIP-Laufwerke, Netzwerk-Adapter, Scanner, Nullmodemkabel etc. verwendet werden. 1994 wurde die ursprüngliche Druckerschnittstelle erweitert durch IEEE 1284. In diesem Standard werden vier Spezifikationen festgelegt:

- Standard Parallel Port (SPP)

- Bidirektionaler Parallelport

- Enanced Parallel Port (EPP)

- Enhanced Capability Port (ECP)

Die Centronics-Schnittstelle benutzt ein abgeschirmtes 36-poliges Kabel mit paarweise verdrillten Leitungen. Das Kabel darf maximal 5 m lang sein. Als Druckerstecker kommt ein 36-poliger Stecker zum Einsatz, für den sich die Bezeichnung Centronics-Stecker eingebürgert hat. Auf der Computerseite des Kabels befindet sich im Falle des PCs eine 25-polige Sub-D-Buchse. Die Signalpegel entsprechen denen der TTL-Bausteine. Die Schnittstelle verfügt über acht Datenleitungen DATA1 bis DATA 8.

Standard Parallel Port (SPP) entspricht der ursprünglichen Spezifikation und war schon Bestandteil des IBM PCs 1981. Es ist eine reine Druckerschnittstelle (ursprünglich für Matrix- und Typenraddrucker). 8 Datenleitungen gehen vom PC zum Drucker, 5 Statusleitungen vom Drucker zum PC (ACK, BUSY,...) und 4 Steuerleitungen vom PC zum Drucker (Strobe, Selecct etc.). Durch den "Missbrauch" von vier der fünf Statusleitungen zur Datenübertragung konnte die Schnittstelle schon frühzeitig für bidirektionale Datenkommunikation genutzt werden.

Der bidirektionale Parallelport wurde im PS/2 von IBM eingeführt. Die Datenleitungen sind hierbei bidirektional ausgeführt und erlauben 150-200 KByte/s. Enhanced Parallel Port (EPP) ist eine Weiterentwicklung durch Intel Xircom und Zenith. Es wird die SPP-Steckerverbindung verwendet, die Steuer- und Statusleitungen wurden hierfür aber neu definiert und das Übertragungsprotokoll wurde geändert. Die Schnittstelle sieht einen Hardware-Handshake vor und ermöglicht eine Datenübertragung mit 1 bis 2,3 MByte/s. Enhanced Capability Port (ECP) wurde schließlich von Microsoft und Hewlett-Packard weiterentwickelt. Sie beinhaltet EPP und sieht zusätzlich einen DMA-Kanal und ein 16 Bit-FIFO vor. Es können mehrere Geräte angeschlossen werden (ähnlich USB).

8.4   Bildschirmsteuerung, Grafikkarte

Eine wichtige Schnittstelle zwischen Anwender und PC ist der Bildschirm. Hier werden die vom Benutzer eingegebenen Daten zur Kontrolle angezeigt und die vom PC erzeugten Ergebnisse erscheinen in einer für den Benutzer sichtbaren Form. Handelsübliche Bildschirme verfügen wie Fernsehgeräte über ein Kathodenstrahlröhre (Braunsche Röhre). LCD-Bildschirme (Liquid-Crystal Display) benötigen weniger Strom und auch weniger Platz als Kathodenstrahlröhren und setzen sich zunehmend durch.

In einem Kathodenstrahlmonitor wird das Bild durch einen Elektronenstrahl aufgebaut. Das Bild setzt sich aus einer bestimmten Anzahl paralleler Zeilen zusammen, die vom Elektronenstrahl überstrichen werden. Dabei schaltet die Elektronik den Strahl an den Bildpunkten aus, die nicht aufleuchten sollen. Für die Ansteuerung eines Bildpunktes werden TTL-Signale verwendet. Die Abkürzung TTL bezeichnet die bereits im Kapitel 5 behandelte Elektronik.-Bauelemente-Familie Transistor-Transistor-Logik. Ein TTL-Signal ist ein digitales Signal von 5 Volt aus Rechteckschwingungen unterschiedlicher Pulsbreite. TTL-Signale werden zur Steuerung des Elektronenstrahls benutzt. Digital bedeutet, dass es für den Strahl nur die beiden Zustände „Ein" und „Aus" gibt. Bei monochromen Bildschirmen leuchtet dort, wo der Elektronenstrahl auf die Innenseite des mit einer Phosphorverbindung beschichteten Bildschirms trifft, ein Punkt auf, wenn das TTL-Signal den Zustand „Ein" besitzt. Um auch die Helligkeit dieses Punkts steuern zu können, wird ein zusätzliches Intensitätssignal (ebenfalls TTL) verwendet.

Manche Monitore fassen alle Informationen in einem BAS-Signal zusammen (Bildinhalt-Austast-Synchron-Signal) das auch Composite-Signal genannt wird. Farbbildschirme arbeiten mit drei Elektronenstrahlen (je einer für die Farben Rot, Grün und Blau). Da pro Strahl ein TTL-Signal zur Verfügung steht, ergeben sich insgesamt 2 x 2 x 2 = 8 mögliche Farben (tatsächlich werden aber nur vier genutzt).

Zur Ansteuerung des Bildschirms dient die Grafikkarte (Bildschirmadapter). Bildschirme können grundsätzlich in 2 unterschiedlichen Modi betrieben werden:

- im Textmodus und / oder
- im Grafikmodus.

Im Textmodus oder Zeichenmodus werden zur Bildschirmdarstellung vordefinierte Zeichen (erweiterter ASCII Zeichensatz) verwendet, im Grafikmodus hingegen kann jeder Bildpunkt (Bildpunkt wird auch als Pixel - Picture Element - bezeichnet) auf dem Bildschirm gesondert angesteuert werden. Im Grafikmodus ist eine gegenüber dem Textmodus weitaus flexiblere Bildschirmdarstellung möglich. Der Textmodus ist jedoch in der Regel schneller und benötigt weniger Speicher.

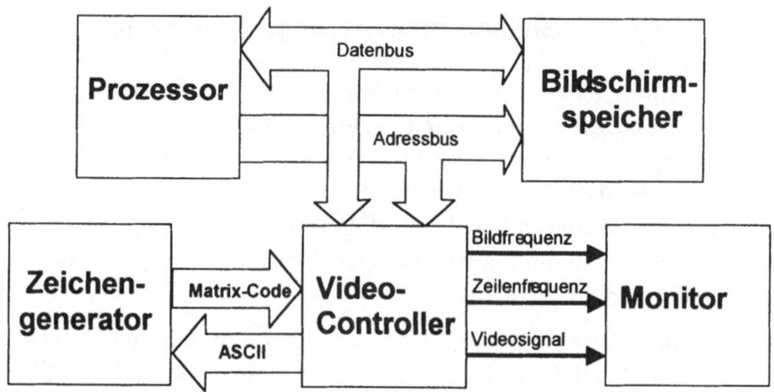

Abb. 8.4: Grundprinzip einer Bildschirmsteuerung

Es gibt unterschiedliche standardisierte Karten bzw. Adapter für die Ansteuerung von Bildschirmen, die in erster Linie historisch, aber auch aus der Sicht der jeweils gestellten Anforderungen zu sehen sind. So ist es bei einem robusten Industrieterminal nicht unbedingt erforderlich die schönsten Farben mit der höchsten gerade im Multimedia-Bereich unterstützten Auflösung anzuzeigen.

MDA Monochrome Display Adapter (Schwarzweiß, erste im PC verwendete nicht grafikfähige Adapter), SW; 720*350; 50 Hz; 18,43 kHz

HGC Hercules-Grafikkarte (monochrom, grafikfähig - Firma Herkules)
SW; 720*348; 50 Hz; 18,43 kHz

CGA Color Graphics Adapter (Erste für PCs entw. Farbkarte)
4 Farben; 640 *200; 60 Hz; 15,75 kHz

EGA Enhanced Graphics Adapter (erweiterte Grafikkarte zu CGA)
16 aus 256 Farben; 640*350; 60 Hz; 21,85 kHz

VGA Video Graphics Array
16 Farben; 640*480; 60 Hz; 31,47 kHz

SVGA Super VGA bis zu Auflösungen 1024*1024, 256 Farben bzw.
Truecolor - fähig

Die (alten) Grafikstandards CGA und EGA arbeiten mit einem digitalen Videosignal (RGB-Signal, Rot-Gelb-Blau), sodass für jeden der Farbpunkte nur zwei Zustände zur Verfügung stehen (0 oder 1). Damit sind acht Farbkombinationen möglich. Durch Hinzufügung eines Intensitätssignal (schwach oder intensiv) wurde der Wert auf 16 darstellbare Farben, die auf CGA-und EGA-Farbbildschirmen darstellbar sind, erhöht.

VGA-Grafikkarten stellen seit Windows 3.1 einen wichtigen Standard dar, der jedoch bereits auf die IBM PS/2 Familie zurückgeht. Diese Modellreihe hatte auf der Hauptplatine einen speziell für die Bildschirmverwaltung entwickelten Baustein, das Video Graphics Array. Kurze Zeit später gab es auch von Fremdherstellern wie im PC-Bereich üblich separate Grafikkarten mit denselben Eigenschaften, die sich unter der ursprünglichen Bezeichnung VGA als Grafikstandard etablierten.

Eine VGA-Karte ist abwärtskompatibel zu EGA-Karten, d.h. sie kennt alle EGA-Betriebsmodi. Die Auflösung bei 16 Farben beträgt 640 Bildpunkte waagerecht und 480 Punkte senkrecht (EGA: 640 x 350). Bei einer reduzierten Auflösung von 320 x 200 können 256 Farben gleichzeitig dargestellt werden. Die aktuellen Farben sind aus einer Palette von 262.144 Schattierungen wählbar. Gegenüber den bisherigen Farbbildschirmstandards CGA und EGA verwendet VGA eine analoge Farbsteuerung. Für jede Grundfarbe Rot, Gelb und Grün wird ein analoges Signal verwendet. Damit sind theoretisch unendlich viele Abstufungen und somit Farbmischungen möglich. Da der Computer jedoch mit diskreten Zuständen arbeitet, wird jedes der drei Farbsignale durch einen Digital-Analog-Wandler digitalisiert. Diese Wandler liefern je 64 Werte, sodass insgesamt eine Farbpalette von 64 x 64 x 64 = 262.144 Farben darstellbar ist. Da die Farbinformationen gespeichert werden müssen, enthält die VGA-Karte ein Farbregister, in dem eine Palette von 256 aus den 262.144 Farben definiert werden kann. Nur diese stehen tatsächlich zur Verfügung.

Inzwischen werden Karten mit erweiterten Eigenschaften angeboten, den sog. Super-VGA-Modi. Die Arbeitsgemeinschaft VESA (Video Electronics Standard Association) der Kartenhersteller bemüht sich, diese Modi zu standardisieren.

Darstellung eines Pixels mit 24 Bit Farbtiefe: 16, 7 Mio. mögliche Farben

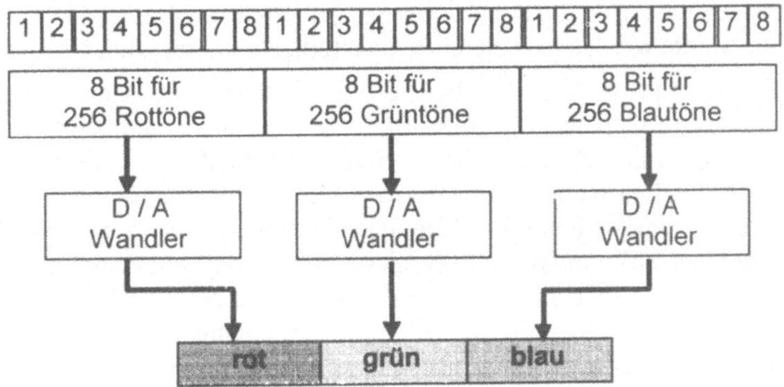

**Abb. 8.5: Mit 24 Bit Farbtiefe können 16,7 Mio. Farben
pro Bildpunkt dargestellt werden**

Für die Bildschirmsteuerung muss eine Steuereinheit alle erforderlichen Signale erzeugen, damit aus den im Speicher abgelegten Bildinformationen eben dieses Bild am Bildschirm aufgebaut werden kann. Monochrombilder müssen 50mal pro Sekunde erzeugt werden, wenn das Bild nicht flimmern soll (50 Hz). Die Bildwiederholfrequenz (auch Bildfrequenz oder Vertikalfrequenz genannt) gibt an, wie oft der Elektronenstrahl das gesamte Monitorbild in einer Sekunde aufbaut und wird in Hz angegeben. Die Bildfrequenz für VGA-Bildschirme beträgt in der Regel zwischen 60 bzw. 70 Hz, was für Farbbilder angemessen ist.

8.5   IDE- und SCSI- Schnittstelle

Festplatten werden immer erschwinglicher, während gleichzeitig die Speicherkapazitäten in geradezu astronomische Höhen steigen. Derzeit zählen Festplatten im Gigabyte-Bereich zur PC-Standardausrüstung. IDE-Festplatten stellen besonders wichtige und anspruchsvolle Peripheriegeräte dar. Festplatten im PC zeichnen sich dadurch aus, dass der Festplatten-Controller bereits im Laufwerk integriert ist. AT-Festplatten sind unter den Bezeichnungen IDE-Festplatten (IDE = Integrated-Device-Electronics), IDE-Laufwerke oder AT-Platten bekannt. Unter der Bezeichnung ATA (AT-Attachment) wurden sie vom ANSI standardisiert, was zu einer enormen Marktbedeutung geführt hat. Die Bezeichnung drückt aus, dass die Laufwerke nur an PCs mit AT-Bus (ISA-Bus) angeschlossen werden können.

In einem PC können in der Regel zwei IDE-Laufwerke (die schon vom Hersteller low-level formatiert wurden) gleichzeitig arbeiten. Das Betriebssystem DOS kann nur Festplatten mit einer bestimmte Anzahl von Spuren, Sektoren, Zylindern und Magnetköpfen verwalten. Bei IDE-Laufwerken muss sich der Benutzer aber um diese Einschränkungen nicht mehr kümmern; es genügt beim Setup die Angabe der Sektorenanzahl oder der Gesamtkapazität. Der integrierte Controller verfügt über einen sogenannten Translationsmodus, d.h. er rechnet die Benutzerangaben um und übermittelt dem Betriebssystem die erforderliche Konfiguration, auch wenn die tatsächliche Aufteilung in Platten, Sektoren und Köpfe im Gerät eine ganz andere ist. IDE-Laufwerke werden deshalb auch als intelligente Festplatten bezeichnet

Der IDE-Festplattencontroller ist bei fast allen gängigen PC-Modellen direkt auf dem Mainboard integriert. Der IDE-Bus wird meistens auf zwei Stiftleisten herausgeführt, die mit IDE-1 und IDE-2 bezeichnet werden. Die interne Festplatte und ein CD-ROM-Laufwerk sind in der Regel über ein gemeinsames Kabel an der Stiftleiste IDE-1 angeschlossen. Wenn eine zweite Festplatte in den Computer eingebaut werden soll, müssen beide Festplatten über ein gemeinsames Kabel (Flachkabel) an die Leiste IDE-1 und das CD-ROM-Laufwerk über ein separates Kabel an IDE-2 angeschlossen werden. Die Boot-Festplatte, das ist jene, auf der sich das Betriebssystem befindet, muss als Master und die zweite Festplatte als Slave konfiguriert werden. Das wird über Jumper eingestellt. Das CD-ROM-Laufwerk an IDE-2 muss ebenfalls als Master eingestellt werden.

Für eine Schnittstelle zu einer Festplatte ist ein Modell einer Festplatte erforderlich. Dazu verweisen wir auf Kapitel 6, in dem bereits bei den Speichermedien die Strukturierung einer Festplatte behandelt wurde. Demnach wird eine Festplatte in 7 Spuren jeweils zu 8 Sektoren eingeteilt. Mehrere Platten können mit je einem Lese- und Schreibkopf auch übereinander angeordnet werden. Dadurch ergeben sich Zylinder übereinander liegender Spuren. Daten werden auf dem rotierenden Datenträger gespeichert und können beliebig oft gelesen werden. Ein gesamtes Subsystem einer Festplatte besteht aus mehreren Komponenten. Zuerst ist da die Mechanik, die das Medium, die Platte und die Schreib- und Leseköpfe hält. Zusätzlich sind Verstärker erforderlich sowie Antriebe und Steuerelektronik. Wichtig zu nennen ist ein Datenseperator, der die gelesenen analogen Signale in digitale (serielle) Daten umwandelt. Als nächstes trennt der „Formatter" die Nutzdaten aus dem Aufzeichnungsformat und parallelisiert die Daten für die rechnerinterne Weiterverarbeitung. Der Controller steuert alle Lese- und Schreibvorgänge und die Bewegung des Kopfträgers. Ein Hostadapter stellt schließlich die Verbindung zum Computer her.

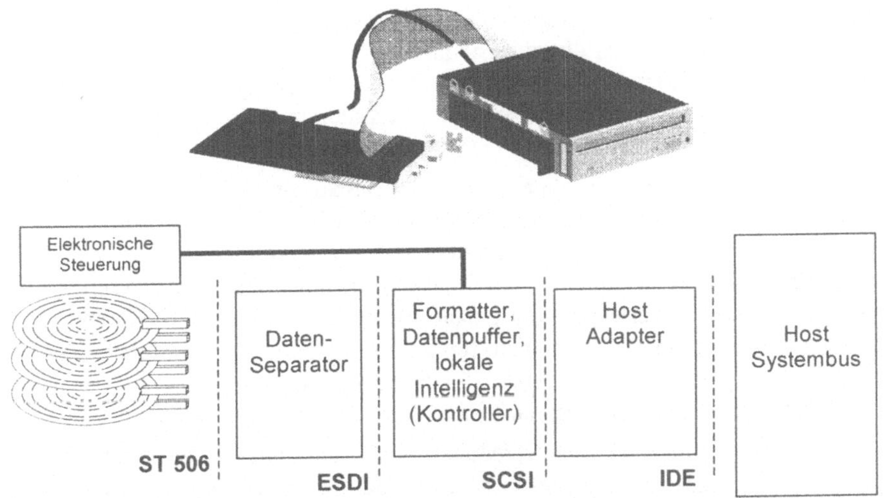

Abb. 8.6: Verschiedene Schnittstellen bei Festplatten

Die Schnittstelle ist physikalisch gesehen das Kabel, das die Einheit, die der Laufwerkhersteller baut, mit dem Computer verbindet. Es gibt nun viele Möglichkeiten wie alle oben angesprochenen Komponenten aufgebaut und in einem Computer eingebaut werden können. Der Trend geht eindeutig dahin, immer mehr Funktionalität direkt in das Laufwerk zu packen. Die ST506 Schnittstelle liegt zwischen Schreib-/Leseverstärker und Datenseparater. Sie legt kein Datenaufzeichnungsformat fest, erwartet jedoch, dass übergebene Daten korrekt aufgezeichnet werden.

ESDI geht einen Schritt weiter in der Zusammenfassung von Funktionalität. Der Datenseparater wird auf das Laufwerk integriert. Bei SCSI wird schließlich auch noch der Controller in das Laufwerk integriert. Die IDE-Schnittstelle hat schließlich fast den ganzen Hostadapter auf dem Laufwerk integriert.

1979 hat der Magnetplattenhersteller Shugart die Entwicklung eines neuen Platten-Controller auf einer logischen Ebene betrieben. Anstelle der direkten Adressierung von Zylindern, Köpfen und Sektoren erfolgte eine Adressierung logischer Blöcke. und die Entwicklung von Festplattentreibern, welche die Eigenschaften einer Festplatte erkennen. Das war die Geburtsstunde des SASI was für Shugart Associates Systems Interface steht. Erster Einsatz erfolgte 1984 für den Apple Macintosh. 1986 wurde SASI von ANSI X3T9.3 als SCSI-1 genormt. SCSI steht für Small Computer Systems Interface und ist ein geräteunabhängiger I/O-Bus der den Anschluss verschiedener Peripheriegeräte (z.B. Festplatte, CD-ROM-Laufwerk, Scanner, Drucker und andere) ermöglicht. Durch das Prinzip der Datenkapselung sind Einzelheiten über die Eigenschaften eines Gerätes zum Anschluss nicht notwendig. Die Parameter der Geräte können abgefragt werden. Treiber können für ganze Geräteklassen geschrieben werden, da Hardwareeigenschaften in den Geräteklassen gekapselt werden.

SCSI-Systeme basieren auf einem Client-Server-Prinzip. Der PC schickt z.B. eine Leseanforderung an eine Platte. Z.B. Lese 5 Datenblöcke ab 301. Die Platte errechnet als Server die physikalische Adresse, überprüft ob der Zugriff legal erfolgt, liest die Daten und übergibt sie an den PC (den Client). Der Client braucht nur Schnittstellen-Kommandos zu kennen. Geräteabhängige Informationen wie, wo befindet sich ein logischer Block, wie sind die Daten codiert oder die Mechanismen der Fehlerbehandlung sind nur dem Gerät, dem Server bekannt.

Bei SCSI-Festplatten gestalten sich der Einbau und die Konfiguration von Endgeräten relativ einfach. Eine SCSI-Festplatte wird z.B. in den Wechselrahmen eingesetzt und an einen SCSI-Festplattencontroller angeschlossen. Durch Stecken von Jumpern wird der Festplatte eine SCSI-ID (Kennnummer) zugewiesen, die kein anderes SCSI-Gerät verwendet darf, damit es nicht zu Kollisionen kommt. In der Regel werden folgende IDs vergeben: ID=0 für die interne Boot-Festplatte und ID=1 für eine SCSI-Festplatte in einem Wechselrahmen. Mit SCSI können jedoch wesentlich mehr Geräte als Festplatte und Wechselplatte angesprochen werden.

Es werden mittlerweile verschiedene SCSI Varianten unterschieden. Erster Standard war SCSI-1 gefolgt von SCSI-2 und SCSI-3. SCSI ist in der Grundversion ein 8-Bit-paralleler Multimaster-I/O-Bus für Standardschnittstellen zwischen einem Hostadapter und bis zu sieben peripheren Einheiten (ein Hostadapter und sieben Peripheriegeräte, Adressierung erfolgt mit 3 Bit). Jetzt gibt es schon SCSI-Controller, an die 15 Geräte anschließbar sind. Der Bus darf dabei maximal 6 m lang werden und die Datenrate beträgt 5 MByte/s. Als Fast-SCSI (auch Ultra-SCSI genannt) werden synchron übertragende Systeme mit 10 oder mehr Mbit/s bezeichnet. Dies wird durch Verdoppelung (Fast-10), Vervierfachung (Fast-20) oder Verachtfachung (Fast-40) des Taktes erreicht. Unter Wide-SCSI versteht man Systeme, die anstatt der 8 Bit eine Breite von 16 (Wide-16) oder 32 Bit (Wide-32) aufweisen. Durch die Verbreiterung des Busses von 8 auf 16 Bit wird meist der Zusatz "Wide" in die Bezeichnung eingefügt. Ultra-Wide-SCSI ist die Bezeichnung für eine SCSI-Variante mit einer Taktzeit von 50 ns und einer Datenübertragungsrate von 40 oder 80 MByte/s.

Abb. 8.7: SCSI- Konfiguration mit einem Computer als Initiator und einem Controller als Target

Der Bus besteht physikalisch aus Segmenten in einer "Daisy Chain" mit Leitungsabschluss. Die Segmente werden durch die Geräte getrennt. Die entsprechenden Stecker haben 50 oder 68 Pole. SCSI ist mittlerweile weit verbreitet, z.B. in PCs zum Anschluss von großen Festplatten, CD-ROM-Laufwerken oder Bandlaufwerken. SCSI eignet sich insbesondere für Anwendungen, bei denen es auf

Zuverlässigkeit, Fehlertoleranz, gleichmäßig hohe Datenrate und Flexibilität, etwa für einen später geplanten weiteren Ausbau, ankommt.

SCSI unterscheidet Initiatoren und Targets. Ein Initiator stößt eine Aktion an, indem er eine Target auswählt und Kommandos absetzt. Sobald ein Kommando abgesetzt ist, übernimmt die Target die Kontrolle über den Bus. SCSI-Geräte können entweder die Rolle eines Initiators oder einer Target übernehmen. SCSI bietet ein sehr umfassendes Bussystem und ermöglicht auch den Zugriff mehrerer Rechner auf die gleiche Peripherie. Nachfolgend sind einige Kombinationsmöglichkeiten für SCSI angeführt.

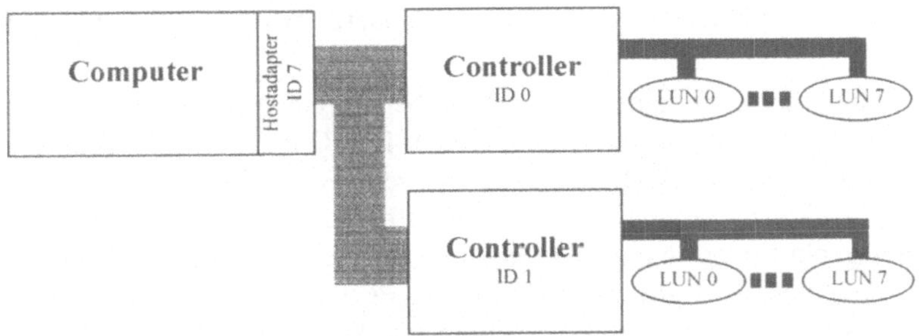

Abb. 8.8: SCSI- Konfiguration mit einem Computer als Initiator und zwei Targets

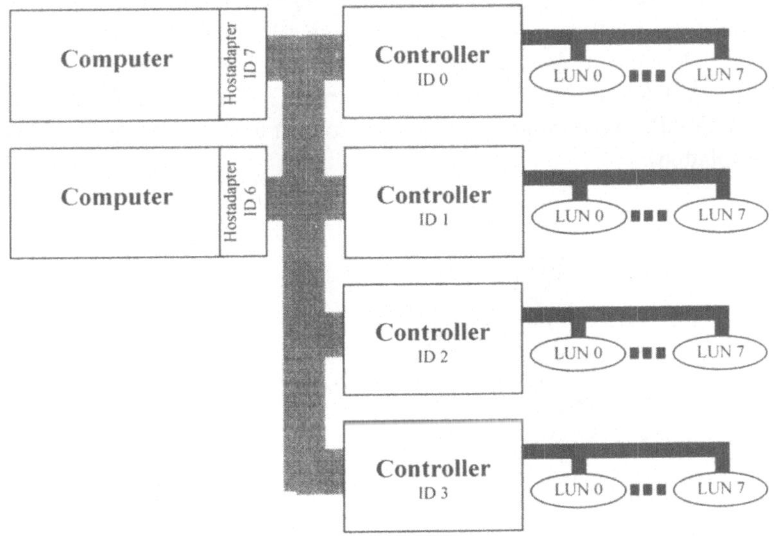

Abb. 8.9: SCSI-Konfiguration mehrere Initiatoren und mehrere Targets

8.6   PC Card (PCMCIA)

PCMCIA ist die Abkürzung für Personal Computer Memory Card International Association, das ist eine Vereinigung von Herstellern und Händlern, die sich mit der Pflege und Weiterentwicklung eines allgemeinen Standards für Peripheriegeräte auf der Basis von PC-Cards mit einem entsprechenden Steckplatz zur Aufnahme von Karten unterschiedlicher Funktionalität widmet. PC-Cards sind hauptsächlich für Laptops, Palmtops und andere portable Computer sowie für intelligente elektronische Geräte vorgesehen und können Speicher beinhalten, aber auch Endgeräte wie Modems, Netzkarten, Datenerfassungskarten für die Messtechnik etc. enthalten. Der gleichnamige PCMCIA-Standard wurde 1990 als Version 1 eingeführt.

Aus technischer Sicht handelt es sich hierbei um einen flexiblen Erweiterungsbus basierend auf einer 68poligen Steckerbuchse. Im PC muss ein PCMCIA-Steckplatz für die Aufnahme einer PC-Card vorgesehen sein. Ein PCMCIA-Steckplatz auch als PC-Card-Steckplatz bezeichnet, ist eine Öffnung im Gehäuse des Computers, Peripheriegerätes oder von anderen intelligenten elektronischen Geräten, die für die Aufnahme einer PC-Card vorgesehen ist. PC-Card ist ein Warenzeichen der Personal Computer Memory Card International Association. Eine PC-Card hat etwa die Größe einer Kreditkarte. Die im September 1990 eingeführte Version 1 spezifiziert eine Karte von Typ I mit einer Dicke von 3,3 Millimeter, die hauptsächlich für den Einsatz als externer Speicher vorgesehen ist. Version 2 der PCMCIA-Spezifikation wurde im September 1991 eingeführt und definiert sowohl eine 5 mm dicke Karte vom Typ II als auch eine 10,5 mm dicke Karte vom Typ III. Auf Karten des Typ II lassen sich Geräte wie Modem, Fax und Netzwerkkarten realisieren. Auf Karten vom Typ III bringt man Geräte mit größerem Platzbedarf unter, z.B. drahtlose Kommunikationseinrichtungen oder rotierende Speichermedien (z.B. Festplatten).

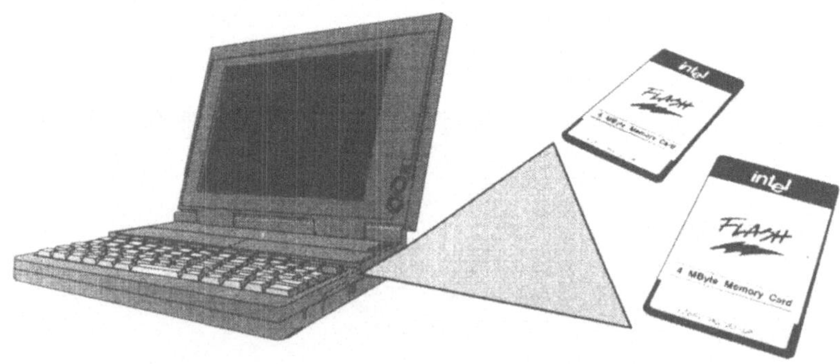

**Abb. 8.10: PC-Cards für die flexible Erweiterung der Funktionalität
von Laptops**

Die Karten besitzen 68 Anschlussstifte (2 x 34), die folgendermaßen belegt sind: Adressbus (26 Leitungen), Datenbus (16), Kontrollbus (10), Programmierung (2), Stromversorgung (6), Statusanzeigen (7), reserviert (1). Der PCMCIA-Datenbus ist

16 Bit breit, die Adressbusbreite beträgt 26 Bit. Damit sind maximal 64 MB adressierbar.

Der Speicher einer Chip-Karte ist in zwei logisch (evtl. auch physikalisch) getrennte Bereiche von je maximal 64 MB eingeteilt. Der erste Bereich (Attribut Memory) enthält die CIS (Card Information Structure), eine Datenliste, mit der sich die Karte dem System gegenüber identifiziert. CIS-Informationen sind z.B. Angaben über den Kartentyp, die Speichergröße usw. Der zweite Speicherbereich (Common Memory) ist der eigentliche Nutzspeicher der Karte.

Eine der wichtigsten Eigenschaften einer PCMCIA-Karte ist der XIP-Mechanismus (XIP = Execute In Place), der es erlaubt, Anwendungen direkt aus dem Kartenspeicher (RAM oder ROM) heraus auszuführen, ohne sie zuvor in den Arbeitsspeicher des PCs zu laden.

Der PCMCIA-Standard weist sowohl der Karte als auch dem Steckplatz Eigenintelligenz zu. Dazu wurden Socket- und Card-Services definiert. Die Aufgabe der Socket Services (eine Art BIOS) ist es, die CIS-Informationen zu lesen. Außerdem prüfen sie, wie viele PCMCIA-Anschlüsse vorhanden sind und ob während des Betriebs Karten gewechselt werden. Bei Bedarf wird automatisch umkonfiguriert. Bei den Card Services handelt es sich um die Software-Schnittstelle zum System. Mit Hilfe der von den Socket Services gelieferten Informationen stellen die Card Services den installierten Karten die entsprechenden Systemressourcen zur Verfügung.

8.7   Die V.24 Schnittstelle und ihre Verwendung für die Gerätesteuerung

Die derzeit wohl noch am häufigsten verwendete Schnittstelle für Verbindungen im EDV Bereich richtet sich nach der CCITT bzw. ITU-Empfehlung V.24. Genau genommen ist, was gebräuchlich mit V.24 bezeichnet wird, ein Satz von 2 Empfehlungen und einer Norm: V.24 für die Signalbezeichnung, V.28 für die Definition der elektrischen Signale und die ISO-Norm 2110 für die physikalischen Abmaße des Steckers. Inhaltlich stimmen diese drei Quellen mit DIN 66020 überein.

Für V.24 findet man oft auch die Bezeichnung RS-232-C. Es ist ein bereits sehr alter und bewährter Standard für eine serielle, bidirektionale, asynchron arbeitende Schnittstelle zur Verbindung von Computern und deren Endgeräte über das analoge Telefonnetz oder über Standleitungen, wobei in der Regel ein Modem erforderlich ist. Bei einer seriellen Schnittstelle werden die Datenbits, nacheinander übertragen. Im Gegensatz zur parallelen Schnittstelle stehen nur zwei Datenleitungen (Sendedaten, Empfangsdaten) zur Verfügung. Die anderen Leitungen sind Steuer- und Meldeleitungen für die Abwicklung der Kommunikation (Hardware-Protokoll). Der Standard beschreibt die Datenübertragung mit einer Datenrate von bis zu 20 kbit/s im Duplex- oder Halbduplex-Modus bis zu Entfernungen von ca. 20 Meter. RS in der Bezeichnung RS-232-C steht für Recommended Standard. EIA ist die Electronics Industries Association, das ist der amerikanischer Dachverband für die Hersteller elektronischer Geräte und Anlagen.

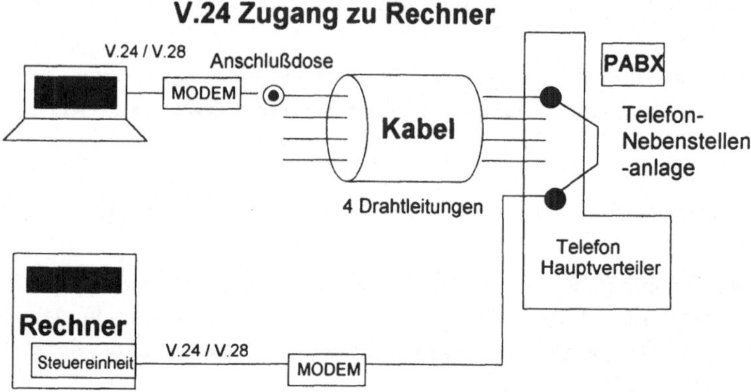

Abb. 8.11: Terminal-Computerverbindung basierend auf V.24

Bei der seriellen Schnittstelle wird das Bitmuster über eine einzige Signalleitung Bit für Bit nacheinander übertragen. Das 8-Bit Bitmuster $D_7\,D_6\,D_5\,D_4\,D_3\,D_2\,D_1\,D_0$ wird so über die Leitung übertragen, dass erst das Datenbit D_0 dann das Bit D_1 danach das Bit D_2 usw. übertragen wird. Die Datenbits werden eingerahmt von einem Startbit und ein oder zwei Stoppbits. Außerdem enthält das Datenpaket noch ein sogenanntes Paritätsbit, das zur Datenprüfung dient. Zur einwandfreien Datenübertragung ist eine Synchronisierung des Bitstroms erforderlich, sodass die Bits nacheinander zur richtigen Zeit in den Rechner hinein oder aus diesem Rechner heraus gelangen. Dieser Bitstrom wird in Baud (Takte pro Sekunde) angegeben: 1 Bit/s = 1 Baud wenn je Schritt 1 Bit übertragen wird. Typische Übertragungsgeschwindigkeiten sind: (110,150, 300, 600,1200, 2400,) 4.800, 9.600, 19.200, 36.400 und 56KBaud.

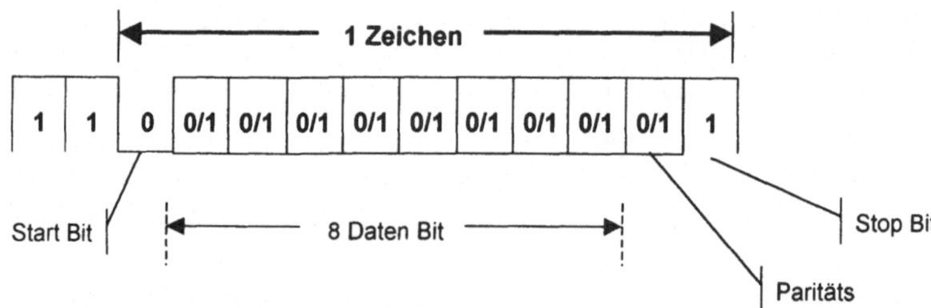

Abb. 8.12: Serielle Übertragungung von ASCII Zeichen basierend auf V.24

Der Aufbau einer V.24 Schnittstellenkarte ist aus nachfolgendem Bild ersichtlich. Der über die Schnittstelle empfangene bitserielle Datenstrom wird in einer Empfangssteuereinheit übernommen und über ein Schieberegister in eine für den Datenbus des Rechners geeignete parallele Form umgewandelt. Jedes Zeichen sychronisiert sich selbst. Durch das Startbit erkennt die Steuereinheit, dass ein neues Zeichen kommt. Durch das Paritätsbit erfolgt eine Plausibilitätsprüfung der Korrektheit eines empfangenen Zeichens. Auf der Sendeseite wird umgekehrt das parallel vorliegende Zeichen mit einem Startbit und einem Paritätsbit versehen und in bitserieller Form auf die Schnittstelle gelegt.

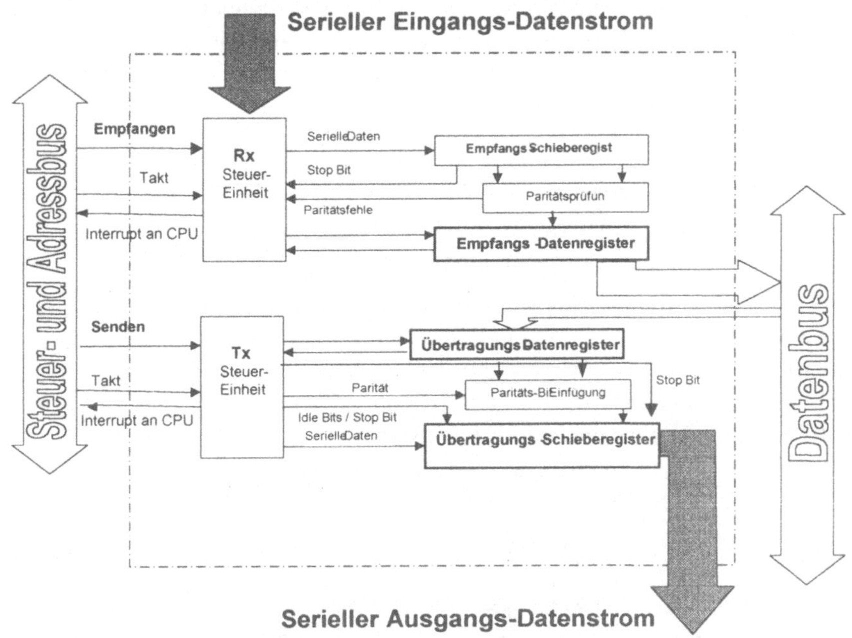

Abb. 8.13: Typischer Aufbau einer V.24 Steuerung in einem Rechner

Bei der seriellen V.24-Schnittstelle wird mit Gleichspannungssignalen im Bereich von -15 V bis +15 V gearbeitet. Das Signal ist "logisch high", wenn es im Bereich zwischen -3 V und -15 V liegt. Es wird als "logisch low" interpretiert, wenn es zwischen +3 V und +15V verläuft. Der Bereich -3 V bis + 3 V stellt den Sicherheitsabstand zur eindeutigen Signalzustandserkennung dar. Das Signal darf also keinen Spannungswert aus diesem Bereich annehmen.

Für die Datenkommunikation über das Telefonnetz sind Modems erforderlich, welche die digitalen Datensignale in auf Fernsprechleitungen übertragbare Analogsignale umwandeln. ITU/CCITT hat entsprechende Empfehlungen für solche Modems ausgearbeitet: V.21 für 300 Bit/s, V.22 für 1200 Bit/s, V.23 für 600/1200 Bit/s, V.26 für 2.400 Bit/s, V.27 für 4.800 Bit/s, V.29 für 9.600 Bit/s, V.34 für 28.800 Bit/s, V.34bis für 32.000 Bit/s, V.36 für gemietete Primärgruppenleitungen und V.90 für bis zu 56 kbit/s.

Kommunikation über V.24 kann auf der Basis von Software- oder Hardware-Protokollsteuerung erfolgen. Über einen Handshake-Mechanismus müssen sich Sender und Empfänger signalisieren, ob sie zum Austausch von Daten bereit sind. Basis für das Hardware-Protokoll sind Handshake-Leitungen. Die funktionellen Eigenschaften der Schnittstelle werden definiert durch die Schnittstellenleitungen für die Übertragung von Daten-, Steuer-, Melde- und Taktsignalen. Mit ihrer Hilfe wird der Verbindungsaufbau und der Verbindungsabbau sowie die Richtung des Datenflusses bei Halbduplex-Verbindungen gesteuert.

Die Funktion der Schnittstellenleitung „Sendedaten" (TxD Transmit Data) lässt sich wie folgt beschreiben. Sie führt der Datenübertragungseinheit die zu übertragenden binären Datensignale zu. In den Übertragungspausen wird diese Leitung im Ein-Zustand gehalten. Von der Datenendeinrichtung werden aber nur dann Daten angeliefert, wenn auf den folgenden Schnittstellenleitungen ebenfalls der Ein-Zustand herrscht:

Stift 20, DTR - Data Terminal Ready, Terminal betriebsbereit

Stift 4, RTS - Request To Send, Sendeteil einschalten

Stift 6, DSR - Data Set Ready, Betriebsbereitschaft

Stift 5, CTS - Clear To Send, Sendebereitschaft

Aus diesen Anforderungen ergeben sich Notwendigkeiten für die Verkabelung bzw. Verschaltung der Leitungen. Welche Leitungen konkret für die Verschaltungen von erforderlich sind, ist in den verschiedenen Teilen von DIN 66021 festgelegt (Schnittstellen zwischen DEE und DÜE). In dieser Norm finden sich auch konkrete Signal Zeitdiagramme für die Schnittstellensignale.

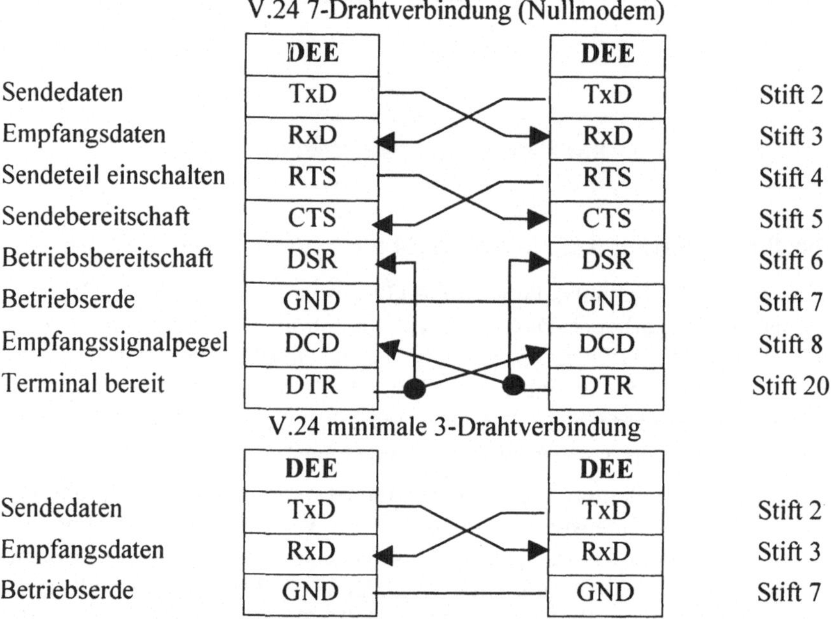

Abb. 8.14: Schnittstellenbelegung bei V.24 Verbindungen

Ein sehr häufig mit der seriellen Schnittstelle verwendetes alternatives Protokoll mit Software-Handshake ist das XON/XOFF-Protokoll. Dabei sendet das empfangende Gerät, wenn es keine weiteren Zeichen entgegennehmen kann, ein XOFF-Zeichen an den Sender. Wenn die Übertragung weitergehen kann, hebt ein XON-Zeichen die Sperre wieder auf . Dieses Protokoll ist sehr einfach aber nicht fehlersicher. Es kann sehr leicht ein Zeichen verloren gehen. Außerdem ist es nicht für die bidirektionale Übertragung von Binärdaten geeignet, da könnte nämlich XON oder XOFF als Teil des normalen Datenstromes auftreten.

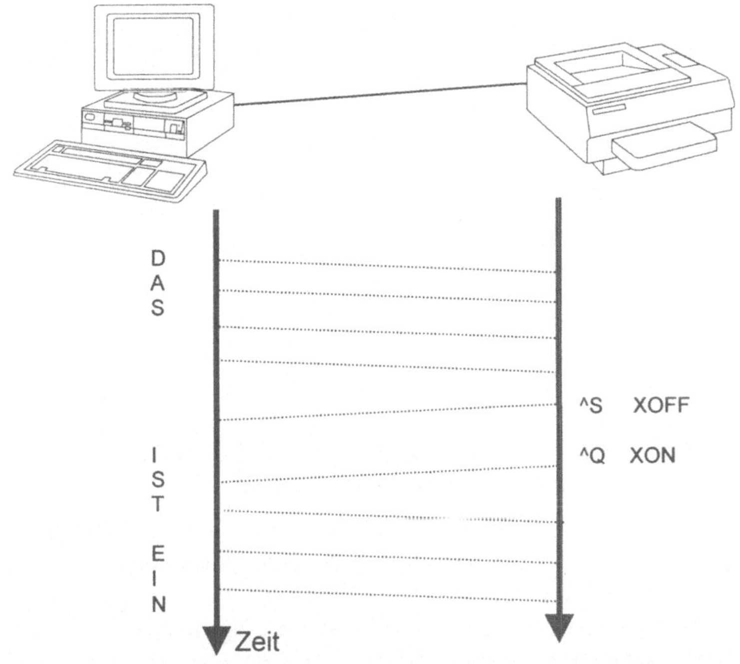

Abb. 8.15: XON/XOFF Protokoll basierend auf V.24

Für den Anschluss eines Terminals sind auf Computerseite entsprechende Terminalsteuereinheiten erforderlich. Jeder PC kann übrigens eine große Fülle unterschiedlicher Terminals emulieren, sodass man sich mit dem PC z.B. auf IBM Großrechnern, UNIX-Rechnern oder HP-Rechnern als normaler Terminalbenutzer anmelden kann. Das entsprechende Produkt unter Windows ist Hyperterminal und wird als virtuelles Terminal bezeichnet.

Im Mehrbenutzerbetrieb ist auf Rechnerseite über der Terminalsteuerung eine Sitzungssteuerung erforderlich. Je Benutzer (je Terminal) wird beim Logon (Anmeldung am Computer) ein Terminalprozess gestartet. Bei einem Rechner im Netz müssen und können für entfernte (remote) und lokale Benutzer Prozesse gestartet werden. Zugriffschutz und Berechtigungskonzepte haben hierbei eine große Bedeutung.

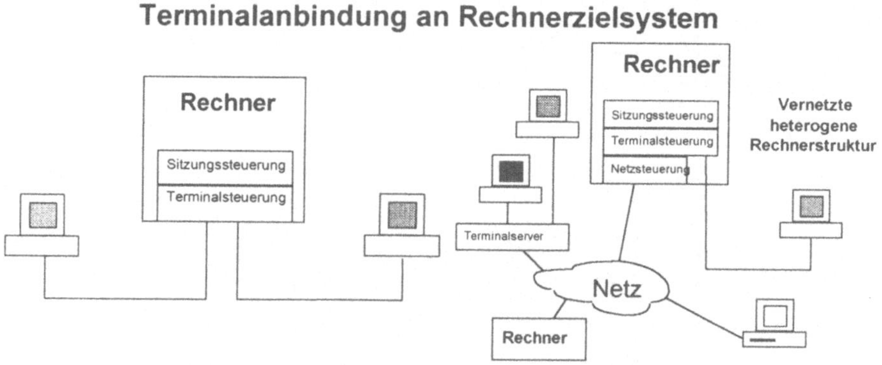

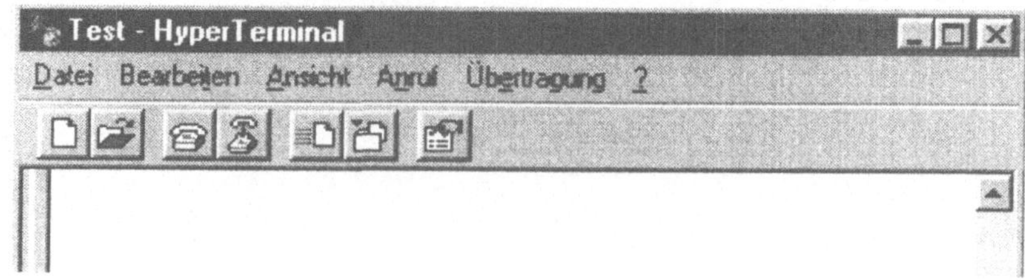

**Abb. 8.16: Terminalanbindung an einem Rechner erfordert
Terminal- und Sitzungssteuerung**

Das Windows Programm "Hyperterminal" ist ein virtuelles Terminal (zu finden unter Start / Programme / Zubehör / Kommunikation. Mit Hyperterminal kann mit jedem PC sofort eine Verbindung zu anderen Computern hergestellt werden und es können Nachrichten und Zeichen mit Computern bzw. anderen externen Geräten ausgetauscht werden. Ein virtuelles Terminal ist eine Nachbildung (Emulation) eines Terminals für einen Rechner. Rechner der Firmen IBM, HP oder DEC haben typischerweise firmenspezifische Terminals. Bei DEC sind VT 100 Terminals ein bewährter Standard. Virtuelle Terminals sind intelligente Terminals (z.B. auf einem PC), die mehrere firmenspezifische Terminals nachbilden (emulieren) können. Damit ist über virtuelle Terminals auch sehr einfach die Kommunikation unter PCs möglich, darüber hinaus aber auch die Kommunikation mit Minicomputern (DEC, HP, AS 400,...) und Großrechnern (IBM, Siemens,...), aber auch mit speicherprogrammierbaren Steuerungen, CNC-und DDC-Einheiten (Sollwerte setzen, Messwerte erfassen, Programmierung) etc.. Man spricht von Terminalemulation. Mit Hyperterminal kann aber auch auf Online-Informationsdienste wie CompuServe und auf Mailboxen in Computernetzen zugegriffen werden.

**Abb. 8.17: Hyperterminal - ein virtuelles Terminal zum Arbeiten mit der
seriellen V.24 Schnittstelle**

Insbesondere können mit dem Programm Hyperterminal auch programmierbare Geräte über eine serielle Schnittstelle mit einem PC verbunden werden. Es eignet sich auch sehr gut um programmierbare Geräte mit einer seriellen V.24 Schnittstelle kurzfristig im Zusammenwirken mit einem PC zu testen. Um die Funktionen von Hyperterminal voll nutzen zu können, benötigt man neben der für Windows erforderlichen Hardware noch zusätzliche Hardware-Komponenten, ein entsprechendes Kabel. Es müssen ferner gewisse Einstellungen richtig vorgenommen werden, die für die Kommunikation mit einem gewünschten Ferncomputer (remote Computer) relevant sind: welche Schnittstelle (COM1 oder COM2) / Datenübertragungsrate (9600 Bit/s), 7 oder 8 Datenbits, welches Protokoll zur Steuerung des Datenflusses (XON/XOFF), etc. Wichtig sind auch, die richtigen Terminal-Einstellungen. Will man die Daten, die man über die Tastatur eingibt, am eigenen Bildschirm anzeigen, muss "Lokales Echo" eingeschaltet sein. Soll am Ende einer Eingabe oder eines Empfanges von Daten automatisch das Steuerzeichen CR oder CR /LF eingegeben werden sind die entsprechenden Schalter zu setzen.

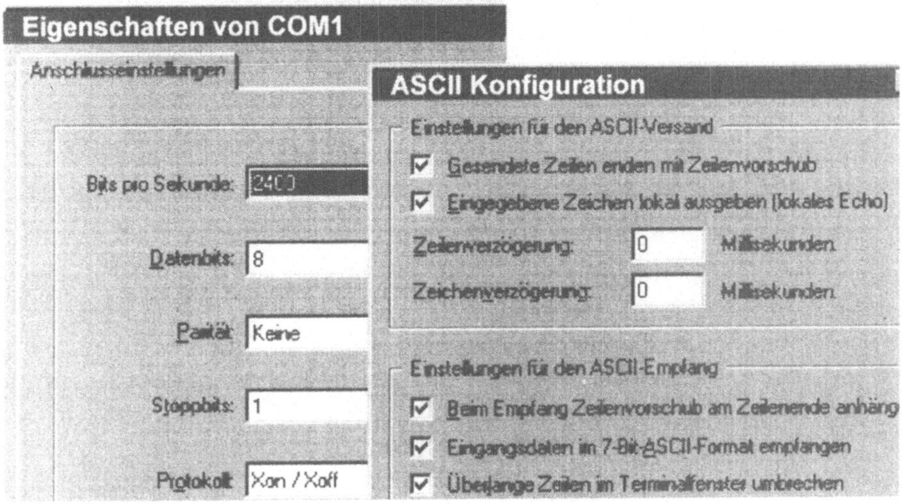

Abb. 8.18: Parameter Einstellungen für eine erfolgreiche Kommunikation mit Hyperterminal über die V.24. Schnittstelle

Gerätesteuerung über V.24 mit LabVIEW

Für die Steuerung von Mess- und Automatisierungsgeräten ist es zunehmend möglich, diese über standardisierte Schnittstellen von extern mit Befehlen zu versorgen. Hierzu ist es abstrakt gesehen erforderlich, Zeichenketten zu bilden und diese an ein Instrument über eine Kommunikationsschnittstelle zu schicken, damit eine gewünschte Funktion ausgelöst wird. Hierfür ist zunächst eine Zeichenkette einzugeben bzw. aus seinen Bestandteilen zusammenzusetzen. Da die serielle V.24 Schnittstelle schon sehr lange verfügbar, ist hat sie auch einen festen Platz nicht nur im EDV-Umfeld und im Umfeld des PCs, sondern allgemein im Bereiche der Gerätesteuerung programmierbarer Geräte wie Messgeräte, DNC-Steuerungen etc. Daten werden als ASCII Zeichenketten bitweise von einem Sender zu einem Empfänger übertragen. In der Regel sind spezielle Zeichen erforderlich, durch welche die eigentlichen Befehls- oder Nutz-Zeichenketten voneinander getrennt

werden. Üblicherweise werden Befehlszeichenketten durch „Carriage Return" und /
oder „Linefeed" abgeschlossen. In praktisch jedem PC ist zumindest eine, meist sind
zwei serielle Schnittstellen COM 1 und COM 2 verfügbar. Diese können über das
virtuelle Terminal im Windows-Zubehör „Hyperterminal" jederzeit und sofort für
die Kommunikation mit einem externen Gerät verwendet werden. In LabVIEW
können diese Schnittstellen sehr einfach über entsprechende VIs angesprochen und
mit Zeichenketten versorgt werden.

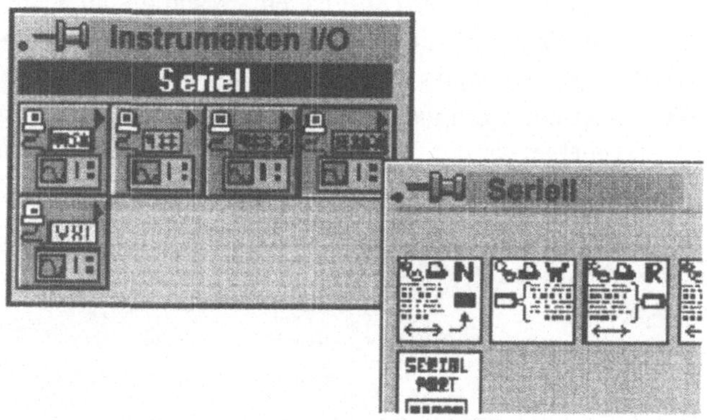

**Abb. 8.19: LabVIEW Funktionen können über die seriell-Palette über das
Menü Funktionen "Instrumenten-I/O" aufgerufen werden**

Durch das VI „Seriellen Anschluss initialisieren" wird ein ausgewählter serieller
Anschluss mit vorgegebenen Einstellungen initialisiert.

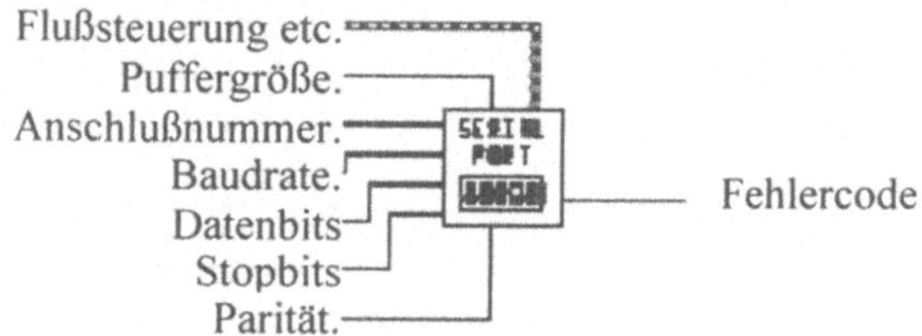

„Von seriellem Anschluss lesen" ist ein VI, das von dem durch
„Anschlussnummer" angezeigten seriellen Anschluss die durch „angeforderte
Byteanzahl" festgelegte Anzahl von ASCII Zeichen einliest.

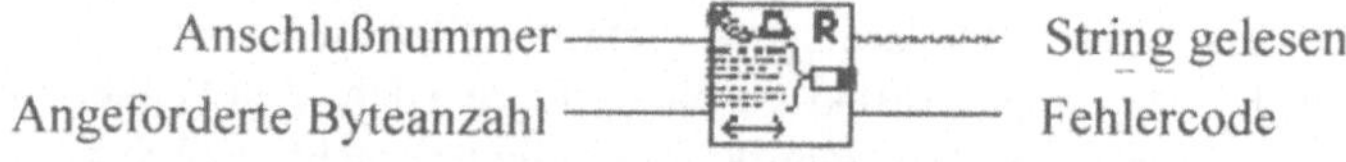

"Auf seriellen Anschluss schreiben" ist ein VI, das die Daten in "zu schreibender
String" auf den in Anschlussnummer angegebenen seriellen Anschluss ausgibt.

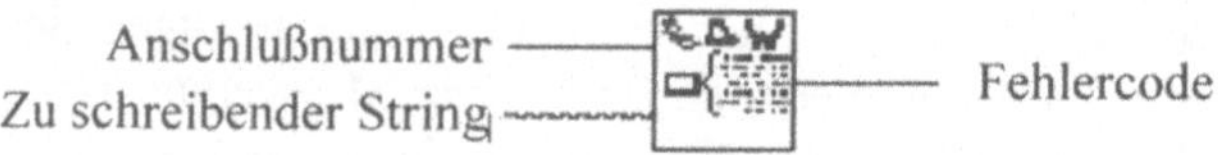

Ein typischer Anwendungsfall für eine serielle Gerätesteuerung ist durch
nachfolgendes Bild dargestellt.

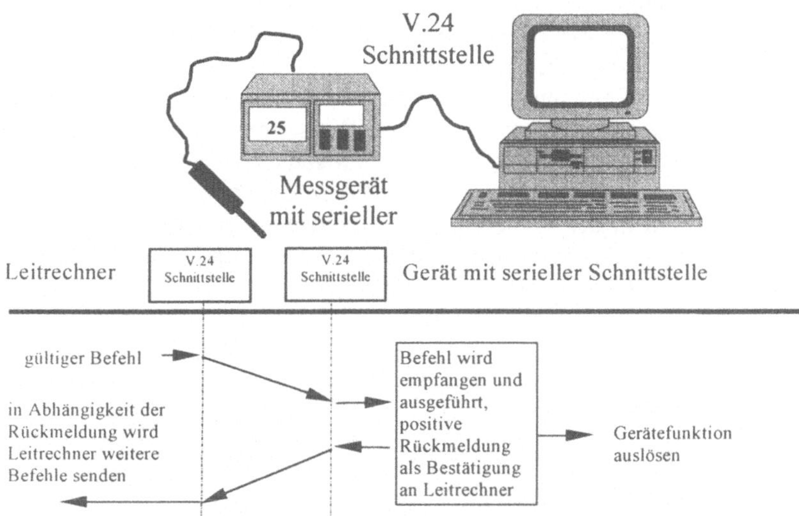

Abb. 8.20: Gerätesteuerung über die serielle Schnittstelle - Signal-Zeitdiagramm an der V.24 Schnittstelle

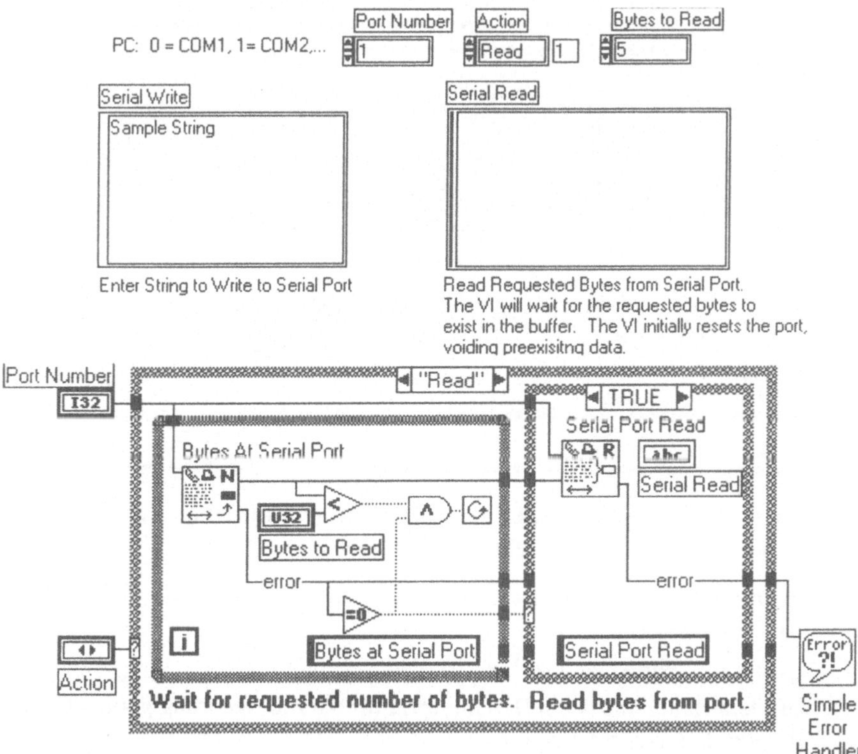

Abb. 8.21: V.24 Schnittstellenprogramm in LabVIEW

Kernstück der Gerätesteuerung über die serielle Schnittstelle basierend auf V.24 sind Programmteile zum Zusammenstellen und zum Analysieren von Zeichenketten. Hierfür sowie zum direkten Ansprechen der V.24 Schnittstelle gibt es in LabVIEW eine reiche Palette an Funktionen und fertiger VIs. Nachfolgendes Beispiel zeigt wie eine ISEL-DNC-Steuerung durch ein LabVIEW Programm mit Befehlen versorgt werden kann. Grundsätzlich muss durch das Programm zunächst die Schnittstelle, das serielle Port initialisiert werden. Als nächster Schritt wird ein Befehl an das Gerät geschickt und in der Folge wird auf eine eventuelle Antwort gewartet. Die empfangene Zeichenkette muss ausgewertet werden und davon abhängig wird ein nächster Schritt eingeleitet werden.

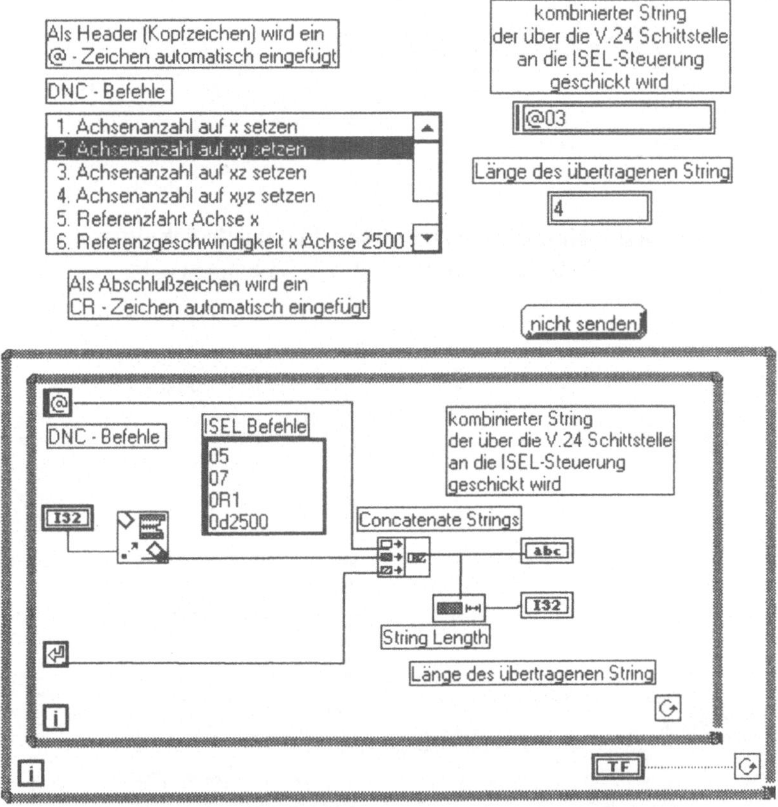

Abb. 8.22: Zusammenstellen einer Zeichenkette für einen ASCII Befehl an eine DNC-Steuerung

Für die **Kommunikation eines Leitrechners** (z.B. ein PC) mit einer CNC- / DNC- bzw. **SPS-Steuerung** muss

- Befehl im Leitrechner ermittelt werden
- aus dem Befehl muss ein Befehlsstring für die Zielsteuerung gebildet werden (Header z.B.@, Tail z.B. CR)

- Befehlsstring muss mit Schnittstellenprogramm über die Schnittstelle übertragen werden (Schnittstellenprogramm muss Schnittstelle richtig konfigurieren und Daten übertragen und empfangen. Die häufigsten Fehlermöglichkeiten müssen abgefangen werden)

- die Rückmeldung muss vom Leitrechner ausgewertet werden, um weitere Aktionen einzuleiten (wichtig: Fehlerbehandlung berücksichtigen)

8.8   Die seriellen Schnittstellen RS-422 und RS-485

V.24 bzw. RS 232-C ist schon eine relativ alte Norm und hat gewisse nicht unwesentliche Nachteile. Vor allem die geringe Leitungslänge und die niedrige Übertragungsrate sind nicht mehr zeitgemäß. Daher wurde ein neuer Standard mit der Bezeichnung RS-449 erarbeitet, der einen Kompromiss zwischen Kompatibilität mit RS-232-C und neuer geforderter Leistungsfähigkeit darstellt. Da höhere Datenraten mit asymmetrischen Leitungen (wie bei RS-232-C) nicht erreichbar sind, wurden zwei Teilnormen geschaffen:

- RS-423-A auf der Basis asymmetrischer verdrillter Leitungen (Punkt-zu-Punkt Verbindung, 20 kbit/s, 15 m, Sender und Empfänger haben gemeinsames Masse-Signal) und

- RS-422-A auf der Basis symmetrischer verdrillter Übertragungsleitungen (Punkt-zu-Punkt-Verbindung, keine gemeinsame Masse)

Eine vollständige Beschreibung findet sich auch in DIN 66 259 Teil 4. Im Vergleich zu der RS-232-C bietet RS-422 als wesentliche Vorteile, dass höhere Datenraten bis zu 10 Mbit/s, und größere überbrückbare Entfernungen bis 1200 m möglich sind.

Als Erweiterung von RS-422, mit im wesentlichen gleichen physikalischen Merkmalen gilt die Schnittstelle für Mehrpunktverbindungen, RS-485, die dadurch für ein Busprinzip geeignet ist (und für die meisten industriellen Bussysteme angewendet wird).

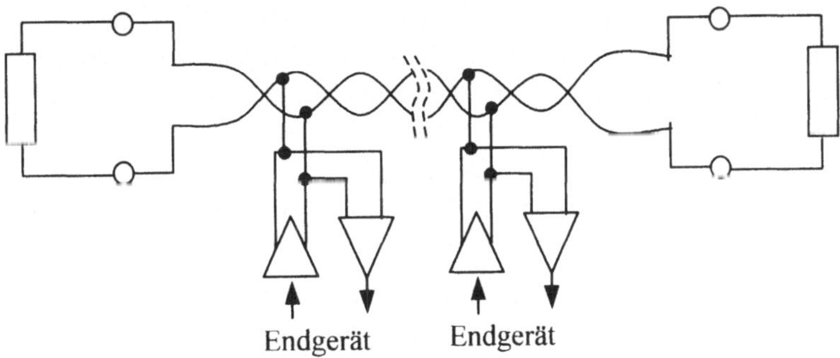

Abb. 8.23: RS-485 Busleitung

8.9   USB Schnittstelle und Firewire

Herkömmliche PCs haben eine Fülle unterschiedlicher Schnittstellen. und Steckerverbindungen z.B. serielle Ein-/Ausgänge für Maus und Modem, PS/2 Anschlüsse für Tastatur und Maus, DIN-Buchsen für die Tastatur, MIDI-Schnittstellen für den Joystik, eine Spielkonsole oder ein Lenkrad für ein Computerspiel, parallele Ausgänge für den Drucker.

Durch USB, den Universal Serial Bus sollen diese Anschlüsse vereinheitlicht werden und das bisher vorherrschende Kabelgewirr eingedämmt werden. Die einzelnen Geräte benötigen sodann keine eigens zugeordnete Interruptleitung am Systembus (IRQ) als zentrale und nicht konfliktlose Systemressource. Zudem können Umschalter für den Anschluss mehrerer Geräte an die gleiche Schnittstelle und teilweise auch externe Netzgeräte entfallen. An ihre Stelle treten Baum- bzw. Sternverteiler (Zwischenverstärker, Hubs). Maßgeblich entwickelt wurde der USB von Intel. Das Konzept im Mai 1995 vorgestellt, im Januar 1996 wurde Revision 1.0 mit Unterstützung von Microsoft und weiteren ca. 50 Unternehmen, wie Compaq, DEC, IBM, NEC und Northern Telecom freigegeben. Erste Produkte gab es ebenfalls 1996, seit Intel einen Chipsatz fertig entwickelt hat. Es wird erwartet, dass der Durchbruch im Laufe des Jahres 2000 erfolgt, nachdem seit 1999 nahezu alle neuen PCs mit einer USB-Schnittstelle ausgerüstet werden.

Die USB-Systemarchitektur besteht aus drei Elementen:

- **Host:** Das ist der Personal Computer an dem alle anderen Komponenten über nur einen Anschluss, über dem USB angeschlossen werden. Er besteht wiederum aus drei Schichten:

    - Der Client ist die höchste Schicht und kommuniziert direkt mit den Anwendungsprogrammen auf dem Host.

    - Die USB-System-Schicht

    - Das Bus-Interface, an dem der physische Bus (das Kabel)angeschlossen ist.

- **Hubs:** Ein Hub stellt verschiedene Anschlüsse (Ports) zur Verfügung, von denen Port 0 immer der „Upstream-Port" in Richtung Host oder nächsthöheren Hub ist. An die „Downstream-Ports" können Geräte (Devices) oder nächstniedrigere Hubs angeschlossen werden. Ein Hub besteht aus einem Hub-Repeater und einem Hub-Controller, der Steuerfunktionen ausführt.

- **Geräte - Devices:** Das sind die an den USB angeschlossenen Peripheriegeräte.

Hubs und Geräte können auch miteinander in einem physischen Gehäuse/Gerät integriert sein und werden dann als Compound Devices bezeichnet. USB unterstützt mit diesen drei verschiedenen Elementen Konfigurationen mit max. vier Stufen (Host-Hub, Hub-Hub und Hub-Device). Der Bus kann max. 127 Geräte bedienen. Es sind zwei Kabeltypen definiert:

- **Shielded Twisted Pair** STP - geschirmte verdrillte Zweidrahtleitungen mit einer max. Entfernung zwischen den Hubs/Devices von 5 m und einer maximalen Übertragungsrate von 12 Mbit/s.

- **Unshielded Twisted Pair** UTP ungeschirmte verdrillte Zweidrahtleitungen mit einer max. Entfernung von 3 m und einer max. Übertragungsrate von 1,5 Mbit/s.

Alle Segmente werden als Daisy Chain behandelt, wodurch alle Devices hintereinander geschaltet werden können und dadurch nur einen einzigen Anschluss an den PC benötigen. USB kann an jedem Anschluss bis zu 7 Segmente umfassen (mit einer maximalen Kabellänge von 5m). An die Tastatur werden etwa die Maus und ein Zeichentablett oder auch ein Spielsteuergerät angeschlossen. Mit dem Bildschirm können Lautsprecher, Mikrofon, Drucker, Scanner Modem oder Telefon verbunden werden.

Der Zugriff der einzelnen Geräte auf den Bus wird über ein Token-Protokoll von der USB-Einheit im PC, dem USB-Host-Controller, gesteuert. Der Bus wird über Stecker mit vier Stiften angeschlossen. Über zwei Stifte (Erde bzw. GND, und + 5V) kann dabei die Stromversorgung für periphere Kleingeräte, die keine eigene Stromversorgung haben, erfolgen. Zur Fehlersicherung wird CRC eingesetzt.

USB ermöglicht die automatische Erkennung und Konfiguration spezieller USB-geeigneter Peripheriegeräte, die auch während des laufenden Betriebs ein- und ausgesteckt werden können (Hot Plug&Play). Das Betriebssystem des PCs erkennt die jeweiligen neuen Geräte und aktiviert entsprechende Treiber.

USB ist jedoch nicht der einzige Ansatz zur Überwindung der Schwierigkeiten beim wirksamen Anschluss von Endgeräten. IEEE 1394, FireWire, High Performance Serial Bus (HPSB), High Speed Serial Bus (HSSB) oder P1394 genannt ist eine Alternative und ein Konkurrent zu USB. Die Ursprünge des Standards reichen zurück bis in das Jahr 1986, als Apple, das den Begriff FireWire prägte und schützen ließ. Aus seinem Protokoll von AppleTalk (das Apple spezifische Lokale Netz) heraus wurde unter dem Projektnamen Chefcat ein schneller Bus als AppleTalk-Nachfolger entwickelt. Damit sollten verschiedene Peripheriegeräte des PCs mit nur einem Kabel- und Steckertyp anschließbar sein. Der Bus erlaubt Datenverkehr mit hohen seriellen Datenraten von 100, 200 oder 400 Mbit/s. An Übertragungsraten im Gbit/s-Bereich wird gearbeitet. Als Medium wird ein sechsadriges STP-Kabel eingesetzt, das mit Steckern ausgestattet ist, die auch beim „Gameboy" von Nintendo Verwendung finden. Je zwei Adern sind als abgeschirmte, verdrillte Zweidrahtleitung ausgelegt und übertragen die Daten. Zwei weitere Adern im Kabel dienen der Spannungsversorgung. Der maximale Abstand zwischen den angeschlossenen Stationen, von denen bis zu 16 physikalische Geräte und 63 logische Einheiten in einer Daisy Chain hintereinander geschaltet werden können, beträgt 4,5 m. Ein angeschlossenes Gerät kann über den Bus gleichzeitig mit mehreren anderen Geräten am Bus kommunizieren. Die Stecker verfügen über sechs Kontaktstifte für vier Daten- und zwei Stromversorgungsleitungen. Sind die Geräte selbst mit Strom versorgt, kommen nur vieradrige Kabel und Stecker mit den Datenleitungen zum Einsatz.

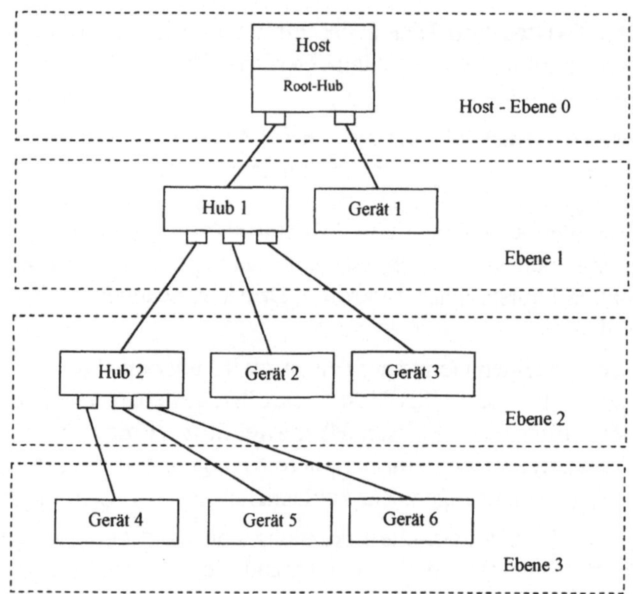

Abb. 8.24: USB - Künftige Standardschnittstelle für Tastatur, Bildschirm, Lautsprecher, Mikrofon, Drucker, Scanner Modem, Telefon etc.

8.10   IEC-Bus für Mess- und Prüfsysteme; GPIB-Kommunikation

Der IEC-Bus verbindet als Bus-System in der Regel autonome Messgeräte untereinander und mit einem Steuerrechner. Die IEC-Bus-Schnittstelle ist vielfach in industriellen Messgeräten eingebaut oder als Option nachrüstbar. Der IEC-Bus ist ein weltweit genormtes Schnittstellensystem für Messgeräte, bekannt unter den Bezeichnungen IEC-625 Teile 1 u. 2, IEEE 488, GPIB (General Purpose Interface Bus) oder HPIB (Hewlett-Packard Interface Bus). Die verschiedenen Benennungen sind teilweise historisch bedingt. So gehen die Ursprünge des IEC-Busses auf eine Entwicklung der Firma Hewlett-Packard zurück. HP bezeichnet diesen Bus auch heute noch als HPIB-Bus. Im Jahre 1977 wurde der IEC-Bus durch die Internationale Elektrische Commission (IEC) genormt. Die amerikanische Industrienorm IEEE 488 weicht durch die Festlegung auf einen 24 poligen Stecker von der IEC-Norm ab. In Deutschland erfolgt die nationale Übernahme der IEC-Norm mit der Bezeichnung DIN IEC-625 Teile 1. und 2.

Die frühzeitige Normung machte den IEC-Bus zu einem relativ unproblematisch einzusetzenden Standard. Es ist meist ohne Probleme möglich, Geräte verschiedener Hersteller miteinander zu verbinden. Der IEC oder GPIB Bus hat sich nun bereits über 30 Jahren zu einem praxiserprobten Schnittstellensystem automatisierter Instrumentierungs- , Mess-, Test- und Steuerungssysteme entwickelt. GPIB-Schnittstellenkarten für PCs ermöglichen es, diesen praxiserprobten Bus auch für PCs zu nutzen. Mit der steigenden Bedeutung des PCs in der Mess-, Anlagen-, Prozess- und Automatisierungstechnik bietet GPIB im Zusammenspiel mit einer

Fülle, am Markt verfügbarer GPIB-fähiger Standard- und Spezialinstrumente eine leistungsfähige und kostengünstige Basis für Systeme.

Es existiert auch eine standardisierte gerätespezifischen Befehlssprache. Mit der Entwicklung eines allgemein für alle Geräte gültigen Befehlssatzes können Funktionsgeneratoren und Messgeräte von verschiedenen Herstellern mit gleichen Befehlen angesprochen werden. Das bringt für Anwender enorme Vorteile. Diese bei neuen Geräten fast standardmäßig verwendete Gerätebefehlssprache wird mit SCPI bezeichnet. Neuere IEC-Bus-Geräte verwenden die von den meisten Herstellern unterstützte Befehlssprache SCPI zur Gerätesteuerung. SCPI steht für Standard Commands for Programmable Instruments.

Der IEC-Bus verbindet als paralleler Bus Rechner, Messgeräte zur Datenerfassung und Geräte zur Signalausgabe (Funktionsgeneratoren) miteinander. Das Prüfobjekt ist an den Aus- und Eingängen der Geräte angeschlossen. Dies können Generatoren zum Ansteuern der Prüf- bzw. Messobjekte, Spannungsmesser zur Signalmessung oder Steuergeräte zum Schalten und Steuern sein. Durch den modularen Aufbau sind beliebige automatische Messsysteme, je nach Anwendung, selbst zu erstellen. Die am IEC-Bus angeschlossenen Geräte sind durch Kabel miteinander verbunden. Zur Realisierung des parallelen Busses werden sogenannte Huckepackstecker verwendet, so ist ein Parallelschalten aller angeschlossenen Geräte durch Stecker einfach möglich.

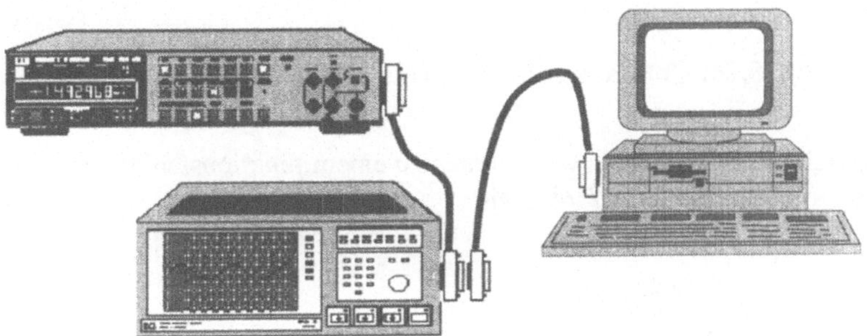

Abb. 8.25: Huckepackstecker zum Verschalten von IEC-Bus oder GPIB-Geräten

Die Geräte sind für sich autonom funktionsfähig. Gewisse Funktionen, die für den Ablauf der Messung von Bedeutung sind, können durch Signale, die über den Bus kommuniziert werden, ausgelöst und gesteuert werden. Der IEC-Bus lässt sich hierzu (entsprechend den unterschiedlichen Busfunktionen) in drei Teilbereiche unterteilen:

-       Datenbus,

-       Übergabesteuerbus und

-       Schnittstellensteuerbus.

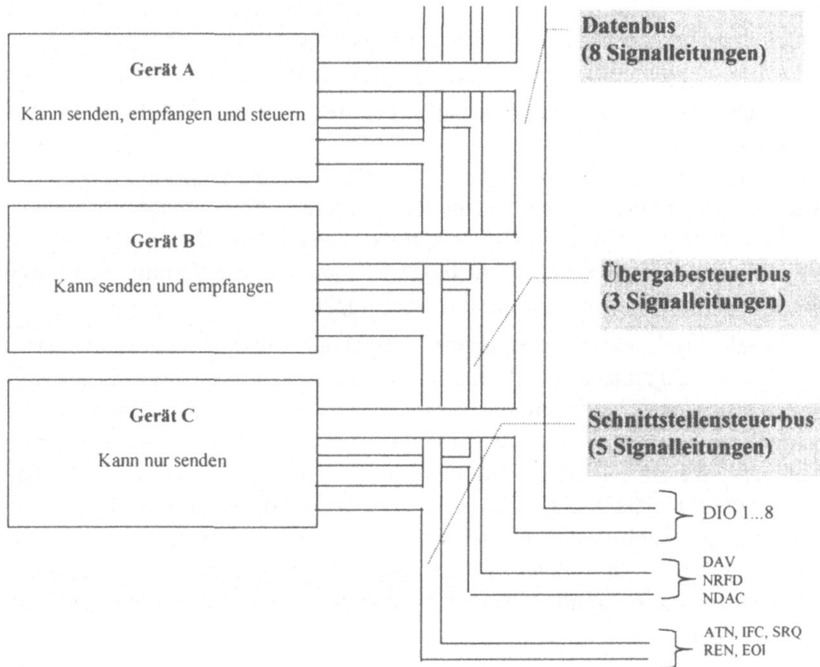

Abb. 8.26: Unterschiedliche Geräte werden über einen parallelen Bus verschaltet

Für das Zusammenschalten von Geräten zu einem funktionsfähigen System sind die drei Grundfunktionen erforderlich:

-        Steuern,

-        Sprechen und

-        Hören

Das Steuergerät (IEC-Bus-Controller) übernimmt die wichtige Funktion der Bussteuerung. Es ist in der Regel ein Rechner, der mit einer IEC-Bus-Schnittstelle ausgerüstet wurde. Der Controller steuert den Ablauf des gesamten (Mess-) Vorgangs und kontrolliert insbesondere den Informationsaustausch über den Bus. Als Steuergerät besitzt er die Fähigkeit, Daten über den Bus zu senden, zu empfangen und den Datenverkehr zu steuern.

Sprecher (Talker) sind Geräte mit der Möglichkeit, ausschließlich Daten zu senden. Das können Digitalmultimeter sein, deren Funktion darin besteht, Messdaten dem Controller zu übermitteln. Beim Talker besteht die Einschränkung, dass nur ein Gerät am Bus aktiv sein darf. Sind gleichzeitig zwei oder mehr Talker am Bus aktiv würden Datenüberlagerungen d.h. Datenkollision auftreten.

Ein Hörer (Listener) ist ein Gerät mit der Möglichkeit, Daten zu empfangen. Das als Talker bereits angeführte Digitalmultimeter wird zum Listener, wenn es Geräte-Einstellbefehle übernimmt, z.B. zur Messbereichseinstellung. Als aktive Listener können mehrere Geräte am Bus aktiv sein, es können z.B. mehrere Drucker parallel arbeiten. Bei komplexen Messsystemen werden mehrere Geräte mit Talker- und Listener Funktionen am IEC-Bus arbeiten, daher muss der IEC-Bus-Controller die Möglichkeit haben, jedes angeschlossene Gerät einzeln anzusprechen (adressieren) und seine gerade aktive Funktion als Talker oder Listener festzulegen. Der Controller gebraucht darüber hinaus noch Grundfunktionen der Bussteuerung, z.B. Grundzustand aktivieren.

GPIB-Geräte können Talker, Listener und/oder Controller sein. Ein digitaler Spannungsmesser ist z.B. ein Talker und kann auch Listener sein. Ein Talker sendet Datenmeldungen an einen oder mehrere Listener. Der Controller verwaltet den Informationsfluss auf dem GPIB, indem er Befehle an alle Geräte sendet. Der GPIB ist ein gewöhnlicher Rechnerbus. Während der interne Rechnerbus (Geräte) Karten rechnerintern zusammenschalten werden beim GPIB eigenständige Geräte über einen externen Kabelbus zusammengeschaltet. Die Rolle des GPIB-Controllers ähnelt der einer Vermittlungszentrale in einem Telefonsystem. Die Vermittlungszentrale, der Controller, überwacht das Kommunikationsnetz (GPIB). Sobald die Zentrale (Controller) bemerkt, dass eine Partei (Gerät) einen Anruf machen möchte (eine Datenmeldung senden möchte), verbindet sie den Anrufer (Talker) mit dem Empfänger (Listener). Der Controller adressiert einen Talker und einen Listener, bevor der Talker seine Meldung an den Listener senden kann. Nachdem der Talker die Meldung übermittelt hat, darf der Controller beide Geräte deadressieren. Einige Buskonfigurationen brauchen keinen Controller. Zum Beispiel kann ein Gerät immer ein Talker (ein sogenanntes Talk-only-Gerät) oder ein Listen-only-Gerät sein. Ein Controller ist nötig, wenn Sie den aktiven oder adressierten Talker wechseln müssen. Normalerweise übernimmt ein Computer die Controllerfunktion. Mit einer GPIB-Karte und der entsprechenden Software ausgestattet, kann ein PC sämtliche GPIB-Funktionen übernehmen.

Für den IEC-Busses gibt es zwei Steckersysteme, nämlich den 25poligen IEC-Stecker und den 24poligen IEEE-Stecker der amerikanischen Norm. Der 25polige IEC-Stecker verfügt über eine zusätzliche Masseleitung. Überwiegend hat sich weltweit der IEEE-Stecker durchgesetzt. Es können Adapter zur Anpassung verwendet werden. Die gesamte Kabellänge des IEC-Bussystems darf 20 m nicht überschreiten, wobei die Kabellänge zwischen den Geräten auf zusätzlich 2 m begrenzt ist. Dies resultiert aus den elektrischen Daten des IEC-Busses, der ausgelegt ist für den begrenzten Raum eines Laborplatzes. Darüber hinaus sind räumliche Erweiterungen möglich durch Zwischenschalten von Busextendern. Durch Umformung der Übertragungsverfahren können auf diese Weise größere Entfernungen überbrückt werden.

Für die elektrische Festlegung aller Bussignale gilt die TTL-Technik. Es können sowohl Treiber mit offenem Kollektor als auch Tristate-Treiber verwendet werden. Diese müssen einen Strom von mindestens 48 mA liefern können. Bei einem Leitungsabschluss von maximal 3,3 mA ergibt sich eine maximale Gerätezahl von 14.

GPIB ermöglicht den automatischen Austausch von Meldungen zwischen vernetzten Geräten. Es werden geräteabhängige Meldungen und Schnittstellenmeldungen unterschieden. Geräteabhängige Meldungen, auch Daten oder Datenmeldungen genannt, enthalten gerätespezifische Information, wie z.B.

Programmierungsbefehle, Messergebnisse, Maschinenzustand und Datendateien. Schnittstellenmeldungen verwalten den Bus selbst. Sie heißen üblicherweise Befehle oder Befehlsmeldungen. Schnittstellenmeldungen führen Aufgaben wie die Initialisierung des Busses, die Adressierung und Deadressierung von Geräten und die Einstellung von Gerätemodi für die entfernte (remote) oder lokale Programmierung durch. Der Begriff Befehl im hier gebrauchten Sinn ist nicht zu verwechseln mit Anweisungen für Geräte, die auch Befehle heißen können. Diese gerätespezifischen Anweisungen sind in Wirklichkeit Datenmeldungen.

Die ANSI/IEEE Norm 488.2-1987 erweiterte die frühere IEEE 488.1 Norm um eine genaue Beschreibung davon, wie der Controller den IEC- oder GPIB-Bus verwalten soll. Diese Erweiterung umfasst u.a. auch die Standardmeldungen, die konforme Geräte verstehen sollen, sowie die Mechanismen zur Meldung von Gerätefehlern und anderen Zustandsinformationen und die verschiedenen Protokolle für konforme Geräte. IEEE 488.2 besitzt die Fähigkeit, jede Busleitung jederzeit zu überwachen, was maßgeblich ist für die Erfassung von aktiven Geräten (Talker und Listener) auf dem Bus.

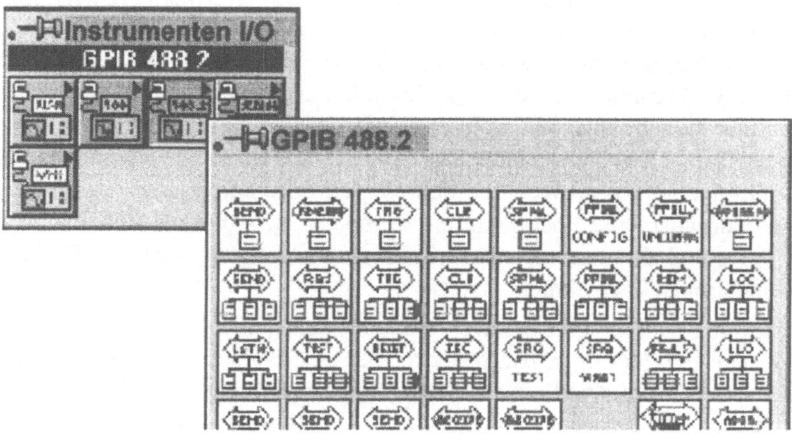

Abb. 8.27: GPIB-Funktionspalette in LabVIEW

Obwohl mehrere Controller auf dem GPIB erlaubt sind, darf jeweils nur ein Controller aktiv bzw. „Controller-In-Charge" (CIC) sein. Die aktive Steuerung vom aktuellen CIC kann an einen inaktiven Controller übertragen werden. Nur ein Gerät auf dem Bus, der System-Controller, darf sich selbst zum CIC machen. Die GPIB-Karte in einem PC ist normalerweise der System-Controller.

Das obige Bild zeigt die GPIB-488.2 Funktions-Palette in LabVIEW. Bei diesen Funktionen sind einige allgemeine Parameter für alle Funktionen von Bedeutung. Adresse enthält die primäre Adresse des GPIB-Gerätes, mit dem die Funktion kommuniziert. Die standardmäßige primäre Adresse der GPIB-Platine lautet 0. Sie wird als System-Controller angegeben. Timeout ist jene Zeit innerhalb der ein Kommunikationsvorgang abgeschlossen sein muss. Als Standardwert sind 10 Sekunden eingestellt. Die Funktionen „GPIB init" und „Timeout setzen" können zum Setzen der primären Adresse und zum Ändern des Timeout-Standardwertes während der Ausführungszeit verwendet werden. Bus bezieht sich auf die GPIB-

Bus-Nummer. Wenn in einem PC nur eine Schnittstelle vorhanden ist, lautet die Bus-Standardnummer 0. Anzahl der Bytes bezieht sich auf die Anzahl von Bytes, die über den GPIB gegeben werden.

Es gibt unterschiedliche Funktionen. Einzelgerätfunktionen führen GPIB-E/A- und Steuerungsoperationen mit einem einzelnen GPIB-Gerät aus. Im allgemeinen akzeptiert jede Funktion die Adresse eines einzelnen Geräts als eine ihrer Eingaben.

„DeviceClear" setzt ein einzelnes Gerät zurück. Durch „Selected Device Clear", wird ein ausgewähltes Gerät zurückgesetzt. „PassControl" übergibt die Steuerung an ein anderes Gerät mit Controller-Fähigkeiten. "Status lesen" fragt ein einzelnes Gerät nach seinem Statusbyte ab. „Empfangen" liest von einem GPIB-Gerät Datenbytes. „Senden" sendet Datenbytes an ein einzelnes GPIB-Gerät. „Trigger" triggert ein einzelnes Gerät.

Die Funktionen für mehrere Geräte führen GPIB-E/A- und Steuerungsoperationen mit verschiedenen GPIB-Geräten gleichzeitig aus. Im allgemeinen akzeptiert jede Funktion ein Feld aus Adressen als eine ihrer Eingaben. „All-Serial-Poll" (Alle seriell abfragen) fragt alle Geräte seriell ab. „DevClearList" setzt mehrere Geräte gleichzeitig zurück. „Lokale Variable aktivieren" aktiviert den lokalen Modus für mehrere Geräte. "Remote" aktivieren" aktiviert die Remote-Programmierung mehrerer GPIB-Geräte. „FindRQS" findet das Service anfordernde Gerät heraus. „Liste senden" sendet Datenbytes an mehrere GPIB-Geräte. Diese Funktion ähnelt der Funktion Senden und unterscheidet sich von der Funktion Liste senden dadurch, dass an mehrere Listener in einer Übertragung gesendet wird. „TriggerListe" triggert mehrere Geräte gleichzeitig.

Die Bus-Verwaltungsfunktionen führen systemweite Funktionen aus oder berichten den Status systemweit. „Find-Listener" findet alle Listener auf dem Bus. Diese Funktion wird normalerweise zum Entdecken der Anwesenheit von Geräten an bestimmten Adressen eingesetzt, da die meisten GPIB-Geräte über die Hören-Fähigkeit verfügen. Wenn Geräte entdeckt werden, können diese gefragt werden ihre Identität automatisch bekannt zu geben. „Reset-System" führt die Initialisierung des Busses, des Mitteilungsaustausches und der Geräte durch.

Nachfolgend wird als Beispiel ein LabVIEW Programm für die interaktive Kommunikation mit dem GPIB Bus angegeben. In diesem Programm ist ein GPIB-Simulator enthalten, sodass man die Arbeitsweise des Bussystems testen kann, ohne dass man GPIB-Karten und Geräte benötigt.

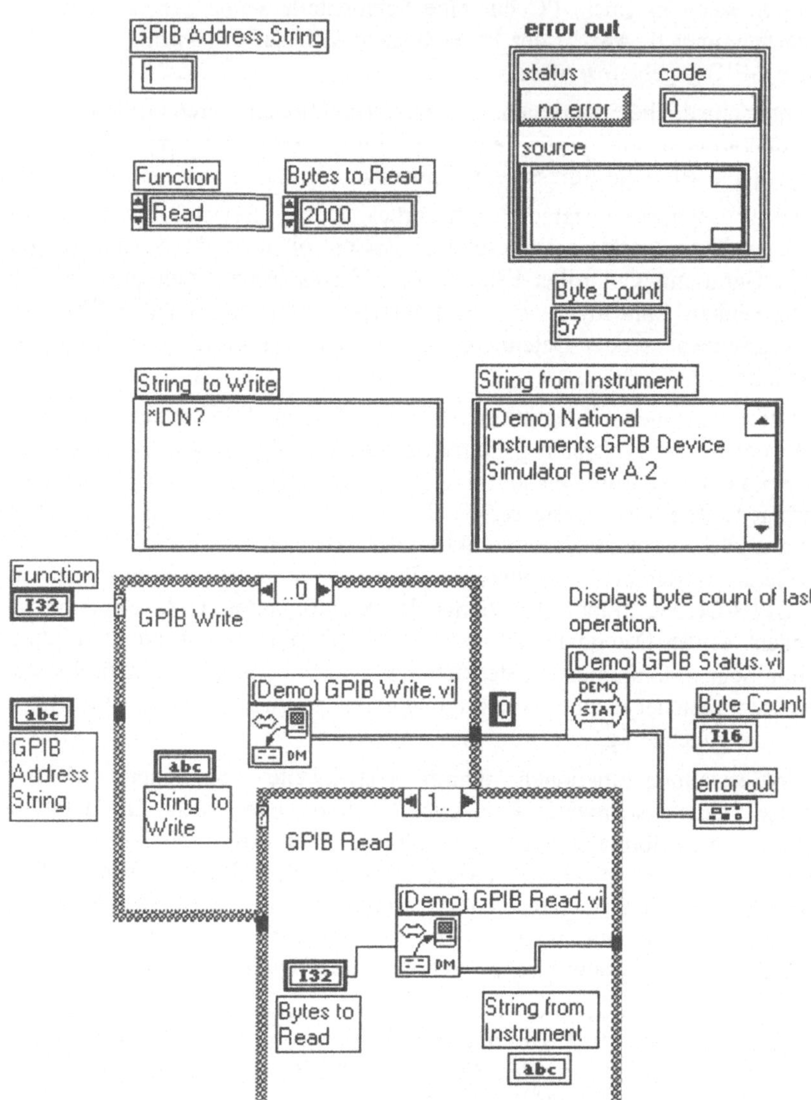

Abb. 8.28: Ein Beispielprogramm (Demo Interactive GPIB Example.vi) zur Kommunikation über GPIB basierend auf einem Simulator

9   Datenkommunikation und Rechnernetze

9.1   Einführung

Ausgangspunkt der technischen Kommunikation ist ganz allgemein das Bedürfnis, dass Personen oder Gruppen die sich an verschiedensten Orten befinden, miteinander über technische Hilfseinrichtungen kommunizieren wollen.

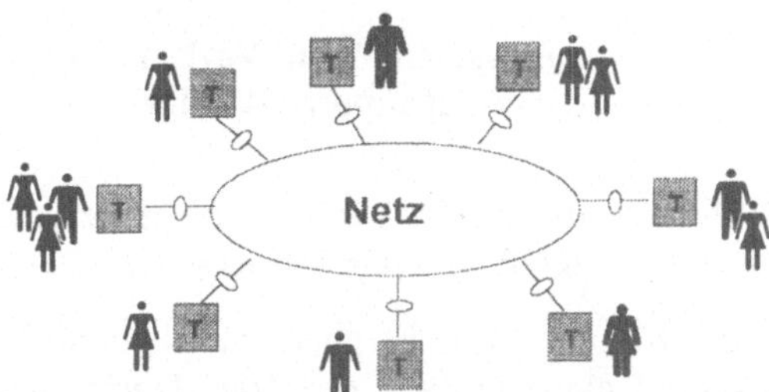

Abb. 9.1: Technischen Kommunikation - über Netze und Endgeräte können große räumliche Entfernungen überbrückt werden

Hierzu werden Dienste, Endgeräte und Netze verwendet. Insbesondere die Telefonie hat die Vorzüge und die Machbarkeit der weltweiten Kommunikation über technische Hilfsmittel deutlich gezeigt. Nicht nur Menschen haben ein Bedürfnis nach Kommunikation, vielfach ist es auch erforderlich, dass automatisierte Systeme mit anderen im Bedarfsfalle Daten über ein Netz austauschen, dass sie kommunizieren. Kommunikation verschiedener Systeme eines Netzes setzt voraus, dass zwischen diesen eine Verbindung dauernd oder für eine bestimmte Zeit besteht. Im einfachsten Fall steht zwei Stationen, (zwei Personen, zwei Computersystemen oder einem Computer und einem Bildschirmterminal) ständig eine eigene Übertragungsleitung zur Verfügung, die ausschließlich für den Signalaustausch zwischen diesen verwendet wird. Solche Verbindungen werden als Punkt - zu - Punkt- oder Standverbindungen bezeichnet. Neben Standverbindungen gibt es auch Wählverbindungen, die aus der Telefonie bekannt sind. Bereits 1954 gelang es zum ersten Mal Daten in einen entfernten Computer direkt über eine Telefonverbindung einzugeben.

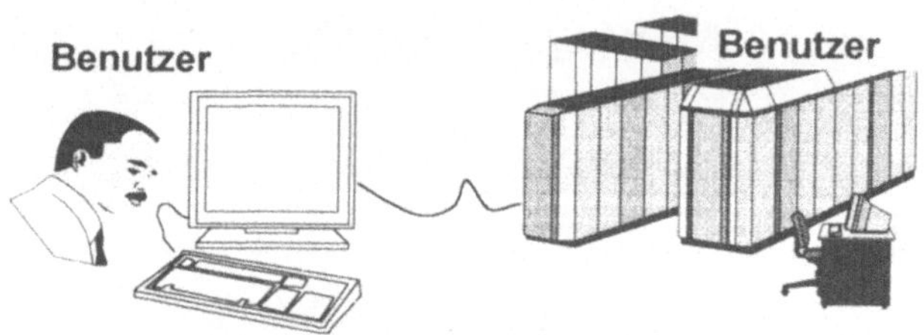

**Punkt-zu-Punkt-Verbindung
Terminalnetz (Standleitung)**

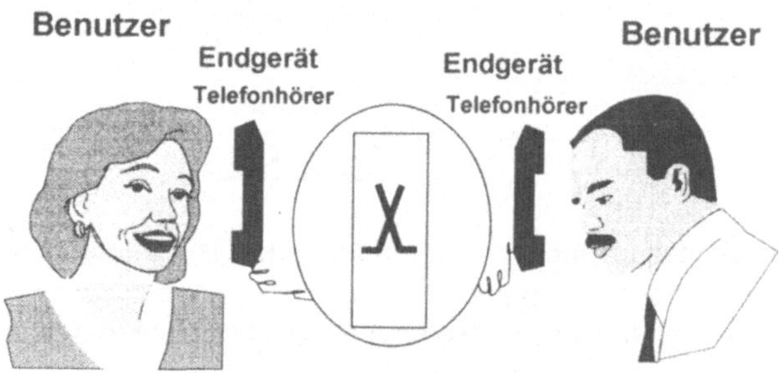

**Punkt-zu-Punkt Verbindung
Telefonnetz (Wählnetz)**

**Abb. 9.2: Punkt - zu - Punkt-Verbindungen als Standleitungen
oder in einem Wählnetz**

Datenfernübertagungsnetze für den Fernbereich aber auch den Privatbereich (Inhouse-Kommunikation) existieren seit den 60er Jahren. Grosse Organisationen waren bestrebt, ihre zentral aufgestellten und teuren Großrechner mittels Terminalzugriff auch von der Ferne zu nutzen. Aber nur ein geringer Teil der Mitarbeiter hatte und benötigte Zugang zur zentralen Datenverarbeitung.

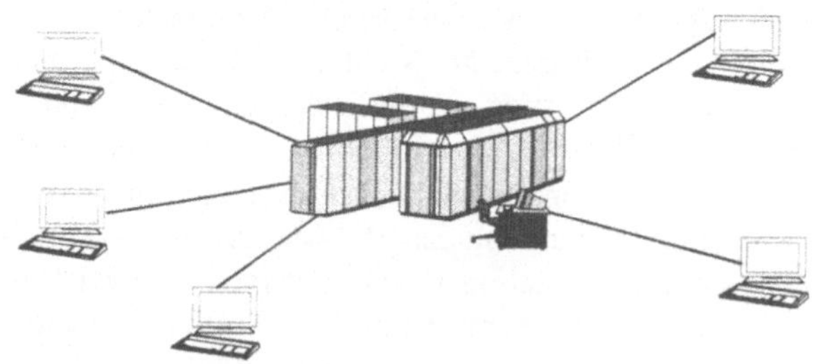

**Abb. 9.3: Terminalnetz mit Punkt - zu - Punkt- oder
Standverbindungen (Point-to-Point)**

Da zwei Stationen in der Regel eine Standleitung (aber auch eine Wählleitung etwa über das Telefonnetz) für die Punkt - zu - Punkt-Verbindung nicht auslasten, werden auch mehrere Stationen über nur eine Leitung miteinander verbunden: **Mehrpunkt-Verbindung** (Multipoint).

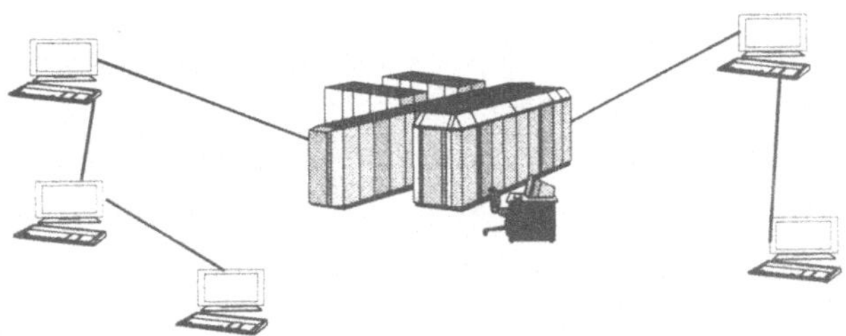

Abb. 9.4: Terminalnetz mit Mehrpunkt-Verbindungen (Multipoint)

Mit der zunehmenden Bedeutung der EDV in den 70-er Jahren wuchs der Bedarf nach Datenfernverarbeitung und nach Möglichkeiten, Endgeräte räumlich verteilt aufzustellen und wirtschaftlich mit den zentral in Rechenzentren aufgestellten Computern zu vernetzen. Hierarchische Terminalnetze mit autonomen Kommunikationssteuereinheiten wurden entwickelt, um die Kommunikationskosten gering zu halten.

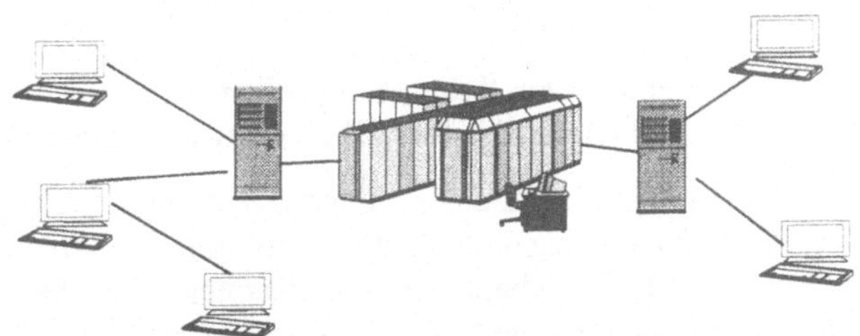

**Abb. 9.5: Hierarchische Terminalnetze mit autonomen
Kommunikationssteuereinheiten**

Für die Kommunikation in einem Netz sind Übertragungsstrecken (Leitungen, Kanäle) und Vermittlungseinrichtungen notwendig. Durch die Vermittlungseinrichtungen soll sichergestellt werden, dass die vorhandenen Leitungen möglichst gut ausgelastet werden aber auch, dass die richtige Leitung zum richtigen Augenblick für die erforderliche Verbindung zur Verfügung steht. Die Funktion der heute im Einsatz und in Entwicklung befindlichen Übertragungsstrecken und Vermittlungseinrichtungen wird nicht mehr ausschließlich durch Hardwarekomponenten (wie Leitungen, Verstärker und Schaltnetze) realisiert, sondern in immer größerem Maße durch Software bestimmt. Um Kommunikation zu ermöglichen müssen zwischen Endgeräten Signale ausgetauscht werden. Sie müssen vermittelt und übertragen werden. Um diese Aufgaben nehmen sich die Vermittlungstechnik und die Übertragungstechnik an. Übertragungstechnik und Vermittlungstechnik werden immer enger miteinander verflochten und für dieses Gebiet wurde der Begriff „Übermittlungstechnik" geprägt. Die Übermittlungstechnik bemüht sich um kostengünstige, leistungsfähige und zuverlässige Verbindungen. Als Stand der Technik kann man anführen

- große Kanalkapazität (größer als 10 Gbit/s),

- dynamisch zuweisbare Kanalkapazität,

- hohe Übertragungsgüte (weniger als einen unerkannten Fehler in 10^{12} Bit bei lokalen Netzen, bei Fernnetzen mit Stand- und Wählleitungen 10^6-10^7, bei Paketvermittlungsfernnetzen ca. 10^{11}),

- große Verfügbarkeit (durch die Abschaltung eines Benutzers werden in der Regel Störungen verursacht , sie bewirken jedoch nicht den Zusammenbruch des gesamten Netzes),

- sinkende Hardwarekosten

Die Bedeutung der unterschiedlichen Komponenten eines Übermittlungssystems wird aus nachfolgend dargestelltem Referenzmodell der technischen Kommunikation ersichtlich, indem es die wesentlichen Komponenten anführt.

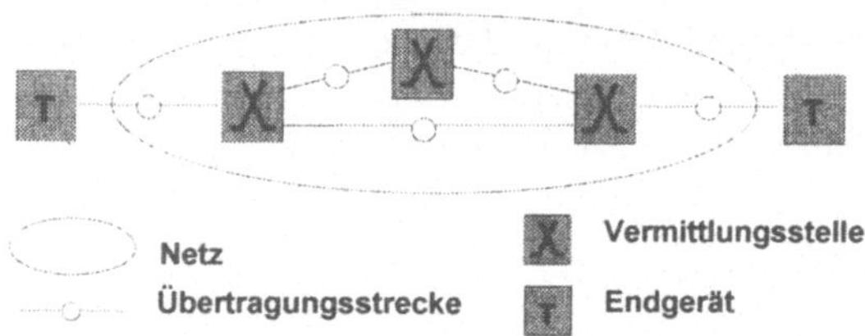

**Abb. 9.6: Referenzmodell der technischen Kommunikation:
Endgeräte, Übertragungstechnik, Vermittlungstechnik**

Unterschiedliche Dienste werden (noch) in unterschiedlichen Netzen zum Teil mit dienstspezifischen Endgeräten angeboten., da ursprünglich unterschiedliche Netze für unterschiedliche Dienste aufgebaut wurden. Beispiele sind das Fernsprechnetz (Telefon), das Fernschreibnetz (Telex) und die Datennetze (Datex-P, Datex-L etc.) sowie der Rundfunk und das Fernsehen.

Tabelle 9. 1: Endgeräte, Dienste, Netze der technischen Kommunikation

Endgeräte:	Telefon, Funktelefon (Handy), Radio, Fernseher, Fernschreiber, Fernkopierer, Rechner, PC, Datensichtgerät, etc.
Dienst:	Fernsprechen, Mobiltelefonie, SMS; Rundfunk und Fernsehen, Fernschreiben, Fernkopieren, Datenübermittlung, File-Transfer, Dokumente drucken, World Wide Web, E-Mail
Netze:	Fernsprech-Festnetz, Mobiltelefonnetz, GSM-Netz, Funknetz, Fernschreibnetz, Datennetze (LAN, Datex - P, Datex-L etc.)

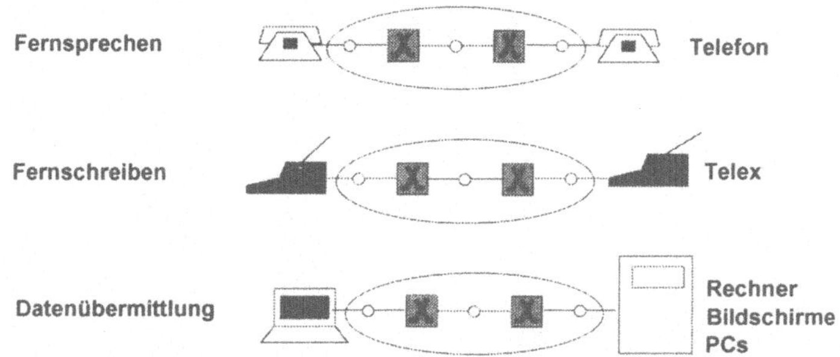

Abb. 9.7: Dienstspezifische Netze - jeder Dienst hat sein eigenes Netz und spezielle Endgeräte

Analoge Netze, insbesondere das analoge Telefonnetz mit analoger elektronischer Übertragungstechnik und Vermittlungstechnik, haben lange Zeit die Kommunikationstechnik geprägt und ihr zum Durchbruch verholfen. Bei der analogen Telefonie werden Sprachsignale in analoge elektrische Signale umgewandelt. Als solche werden sie übertragen (und vermittelt) und beim Empfänger wieder in ein analoges Sprachsignal zurückgewandelt. Bei der Übertragung kann das analoge Sprachsignal relativ leicht durch Störsignale überlagert werden. Für die gesamte Dauer eines Anrufes muss eine Verbindung bestehen und eine Leitung muss durchgeschaltet sein. Dadurch ergibt sich eine relativ schlechte Auslastung der Leitung, da diese auch, wenn nicht gerade gesprochen wird, für andere Verbindungen blockiert ist bzw. nicht zur Verfügung steht

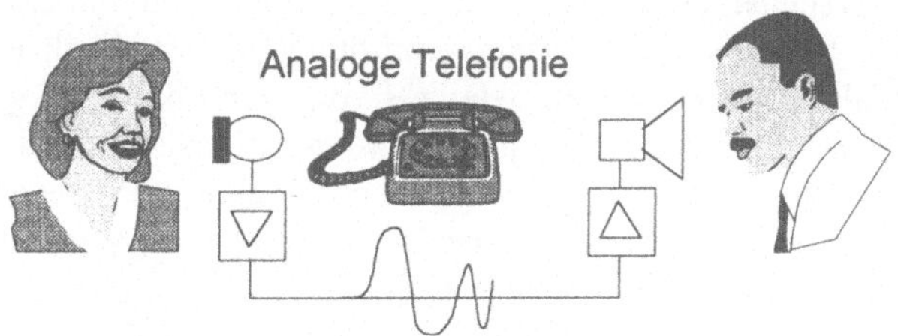

Abb. 9.8: Kommunikation im analogen Telefonnetz: analogelektronische Übertragungs- und Vermittlungstechnik

Um die gemeinsam zu nutzenden Ressourcen in einem Netz, die Übertragungsstrecken und die Vermittlungsstellen besser auszulasten und einen wirtschaftlichen, kostengünstigen Betrieb zu ermöglichen, begannen Bestrebungen, Netze zu integrieren. Unterschiedliche Dienste werden zunehmend in integrierten Netz angeboten.

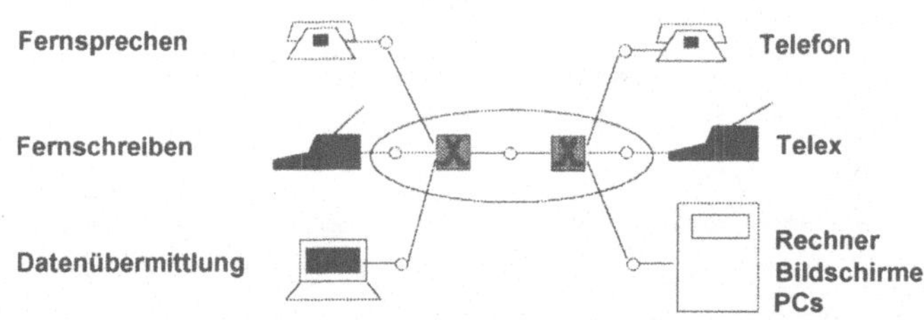

Abb. 9.9: Dienstintegrierte Netze - unterschiedliche Dienste werden über die entsprechenden Endgeräte in einem Netz abgewickelt

Derzeit werden die unterschiedlichen Netze überdies auch digitalisiert, sodass bereits in naher Zukunft von integrierten digitalen Netzen gesprochen werden kann. Ziel ist ein digitales Netz für viele integrierte Dienste. Unter ISDN: „Integrated Services Digital Network" versteht man ein „Dienstintegrierendes digitales Telekommunikationsnetz", das sich derzeit weltweit, basierend auf den ITU-Empfehlungen, aus dem analogen Telefonnetz entwickelt. Von der ITU (CCITT) sind für Fernnetze, d.h. für den öffentlichen Bereich, Normen und Standards für den Ausbau von ISDN-Netzen bereits vorhanden. Daher können im Fernnetzbereich bereits zukunftssicher ISDN-Einrichtungen installiert werden.

ISDN basiert auf dem integrierten Digitalnetz (IDN) für die Telefonie (digitale Übertragung und Vermittlung). Es entwickelt sich aus dem IDN für Telefonie durch Einfügen zusätzlicher Funktionen und Eigenschaften (einschließlich solch anderer spezialisierter Netze, wie z.B. Paketvermittlung). Es ist durch einige wesentliche Hauptmerkmale gekennzeichnet, wie z.B. dadurch, dass im gleichen Netz die Übermittlung von Sprachsignalen und Nichtsprachsignalen (z.B. Daten, Bilder, etc.) stattfindet. ISDN ist durch eine beschränkte Typenvielfalt normierter Benützerschnittstellen gekennzeichnet. Neue Dienste werden auf der Basis vermittelter 64 kbit/s-Verbindungen konzipiert

Abb. 9.10: Digitale Telefonie

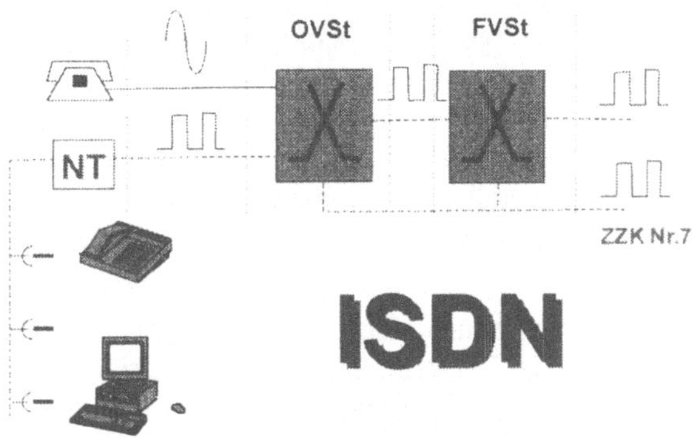

Abb. 9.11: ISDN - unterschiedliche Endgeräte und unterschiedliche Dienste in einem digitalen Netz

9.2   Übertragungsmedien und Übertragungstechnik

Eine grundsätzliche Entscheidung in der Übertragungstechnik ist die Wahl eines geeigneten physikalischen Übertragungsmediums. Hierbei werden Kupferleitungen und Glasfaserleitungen aber auch Ultraschall- und Funkstrecken unterschieden. Bei Kupferleitungen unterscheidet man Zweidrahtleitungen und Koaxialleitungen. Wichtiger Aspekt ist der Störschutz, der bei Zweidrahtleitungen z.B. durch das Verdrillen und die Abschirmung der Leiter erfolgen kann.

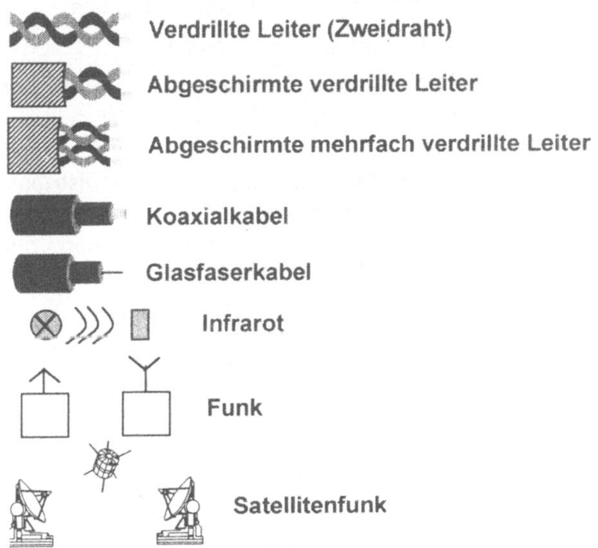

Abb. 9.12: Alternative physikalische Kommunikationsmedien

Koaxialkabel bestehen aus einem Innenleiter, der konzentrisch vom Dielektrikum, dem Außenleiter und der Außenabschirmung oder mehreren Abschirmungen umgeben ist. Bei den Zweidrahtleitungen existiert mindestens ein Leitungspaar, das zum Störschutz verdrillt und abgeschirmt sein kann. Bei symmetrischen Kabeln mit verdrilltem Innenleiter unterscheidet man zwischen geschirmten verdrillten Kabeln (shielded twisted pair, STP) und ungeschirmten (unshielded twisted pair, UTP). Bei beiden Kabeltypen sind gewissen Entfernungsrestriktionen zu berücksichtigen. Neben den Kabeln mit metallischen Leitern gibt es noch die Gruppe der Lichtwellenleiter, die dank ihrer geringen Dämpfung für große Entfernungsbereiche eingesetzt werden.

Kommunikationsmedien (und somit Verkabelung) stellen die physikalische Basis für jede Kommunikation dar. Entsprechend dem Fortschritt der Technik und der großen Bedeutung und der Komplexität haben sich Standards auch für eine strukturierte Verkabelung herausgebildet.

Für die Standardisierung von strukturierten Verkabelungen gibt es umfangreiche nationale und internationale Standardisierungsfestlegungen. Der internationale Standard ISO/IEC 11801 spezifiziert die universelle Gebäudeverkabelung und definiert die minimalen Anforderungen an Verkabelungen im Gebäudebereich. Auf europäischer Ebene ist EN 50173 der entsprechende Systemstandard. ISO/IEC 11801 „Generic Cabling for Information Technology" soll Sprach-, Daten-, Text-, Bilder- und Video-Anwendungen unterstützen und enthält Vorgaben für Konfiguration, Implementierung, Leistung und Konformität von Verkabelungssystemen. Der Standard enthält Empfehlungen zum generellen Aufbau eines Verkabelungssystems und klassifiziert die einzusetzenden Kabeltypen ebenso wie die Ende - zu - Ende-Verbindungen. Der Systemstandard umfasst:

- den Primärbereich mit der Geländeverkabelung,

- den Sekundärbereich mit der Gebäudeverkabelung und

- den Tertiärbereich mit der Etagenverkabelung.

Funktionalen Elemente in der Geländeverkabelung sind der Standortverteiler (SV, campus distributor, CD), und die Primärkabel. In der Gebäudeverkabelung sind es der Gebäudeverteiler (GV, building distributor, BD) und die Sekundärkabel und in der Etagenverkabelung bilden der Etagenverteiler (EV, floor distributor, FD) und die Tertiärkabel mit den entsprechenden Kabelverteilern und die Telekommunikationsanschlussdosen (TA, telecommunication outlet, TO) die wesentlichen Verkabelungselemente auf physikalischer Ebene.

Neben der ISO und der IEC hat auch EIA Aktivitäten in Richtung Verkabelungsstandards entwickelt: EIA 568, „Commercial Building Telecommunications Wiring" ist ein Standard, der genauso wie 11801 von einer strukturierten Verkabelung von Gelände-, Gebäude- und Etagenverkabelung ausgeht. Es werden vier grundsätzliche Arten von Kabeln vorgeschlagen, die in der Gebäude- und Etagenverkabelung verwendet werden können:

- 50-Ohm-Koaxialkabel,

- 150-Ohm-STP- (shielded twisted pair - zweipaarig),

- 100-Ohm-UTP-Kabel (unshielded twisted pair - vierpaarig unterteilt in fünf Kategorien, davon drei für die Datenübertragung akzeptable Kategorien)

- und die 62,5/125 µm Multimode-Gradientenindex-Profilfaser (Glasfaser).

Der Standard sieht vor, dass es grundsätzlich zu jedem Arbeitsplatz zwei kupferbasierte Informationswege geben muss: einen für das Telefon, den anderen für die Datenübertragung. Jedes Lichtwellenleiterkabel muss in Ergänzung zu diesen beiden Wegen installiert werden, nicht als Substitution der beiden. Der Standard hat folgende Kabel-Kategorien definiert:

Kategorie 1: Billigkabel für analoge Sprachübertragung und Übertragung mit Bitraten von wesentlich weniger als 1 Mbit/s. Kabel dieser Kategorie werden für Neuinstallationen nicht mehr empfohlen. Die Leistungen eines Kabels dieser Kategorie entsprechen den Leistungen, die man von einem konventionellen Telefonkabel erwarten kann.

Kategorie 2: Kabel zum Ersatz von Kategorie-1-Kabel. Übertragungen von Bitraten bis 4 Mbit/s über mittlere Entfernungen, z.B. für kleine Token-Ring-Netzwerke und ISDN.

Kategorie 3: UTP/STP-Kabel für Übertragungen von Bitraten bis 10 Mbit/s einschließlich Kategorie 1/2-Anwendungen, Leistung z.B. Ethernet 10Base-T bis 100 m.

Kategorie 4: UTP/STP-Kabel für Übertragungen von Bitraten bis 20 Mbit/s über größere Entfernungen als Kategorie 3 (10Base-T und Token-Ring).

Kategorie 5: erweiterter Frequenzbereich für Übertragung von Bitraten über 20 Mbit/s oder Frequenzen bis ca. 100 MHz über Entfernungen bis 100 m.

Ist die Festlegung auf ein physikalisches Medium erfolgt, muss ein Verfahren (eine Technik) bestimmt werden, wie die zu übertragenden Signale an dieses Medium optimal angepasst werden, damit eine optimale Übertragungsleistung (hohe Datenrate) und Übertragungsqualität (geringe Fehlerrate) erreicht wird. Dies geschieht durch ein geeignetes Übertragungsverfahren. Den Eigenschaften der Übertragungswege entsprechend, müssen die zu übertragenden Signale durch Codierung, Impulsformung oder Modulation einer Trägerschwingung dem Übertragungsweg angepasst werden. Grundsätzlich gibt es hier Basisband- und Breitbandverfahren, sowie analoge und digitale Übertragungsverfahren.

Basisband- und Breitbandverfahren stellen unterschiedliche Nutzungsformen eines Übertragungsmediums dar. Bei Basisbandverfahren werden die Impulse in der Frequenzlage wie sie anfallen auf den Träger aufgebracht, bei Breitbandverfahren werden sie zuvor einem für die Übertragung geeigneten Frequenzträger aufmoduliert. Analoge Modulationsformen sind aus der Nachrichtentechnik (Rundfunk, Fernsehen) hinreichend bekannt. Das Prinzip der Modulation wird durch nachfolgendes Bild dargestellt. Je nachdem welchen Signalparameter eines Trägersignals (Amplitude, Frequenz oder Phase) man für die Signalübertragung nutzt, spricht man von Amplituden-, Frequenz- oder Phasenmodulation.

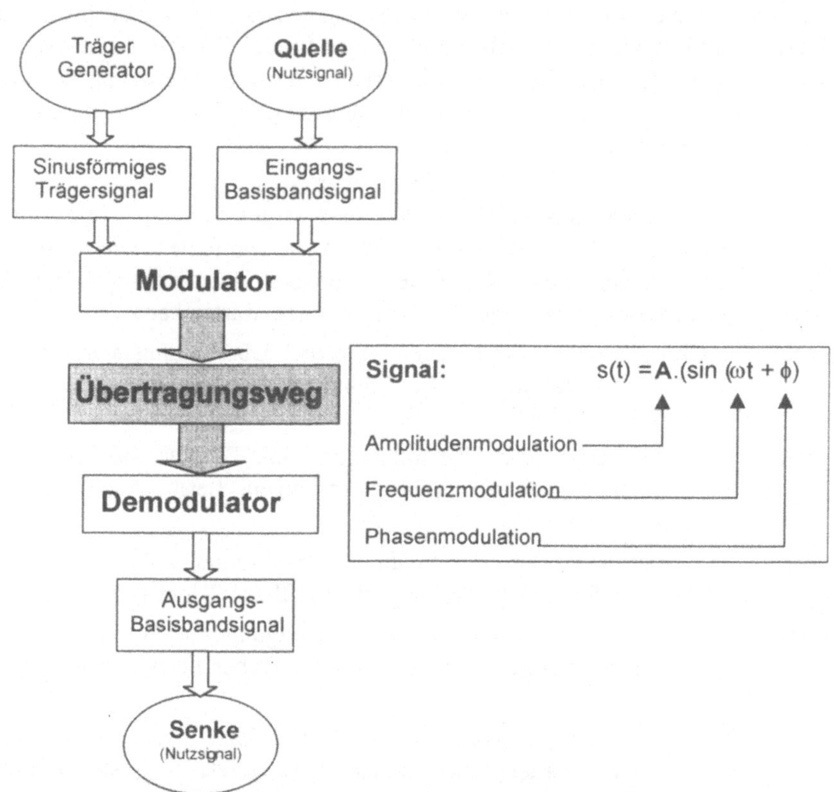

Abb. 9.13: Das Prinzip der Modulation

Digitale Übertragungsverfahren wurden anfangs primär aus qualitativer Sicht entwickelt. Der Erfinder der Pulscodemodulation A.H. Reeves hatte sich von den digitalen Übertragungsverfahren vor allem eine, dank der Regenerationsmöglichkeit digitaler Signale, praktisch distanzunabhängige Übertragungsqualität erhofft. Gegen Ende der 60er-Jahre wurde es jedoch darüber hinaus deutlich klar, dass die digitale Übertragung neben der Qualitätsverbesserung, vor allem auch enorme wirtschaftliche Vorteile mit sich bringt.

Im lokalen Bereich kann man für ein Übertragungssystem das jeweils bestgeeignete Übertragungsmedium wählen. Im Fernbereich hingegen ist man weitgehend auf das Angebot öffentlicher (betrieben durch die Post) oder am Markt durch private Betreiber angebotene Netze angewiesen. Weltweit flächendeckend wurden durch unterschiedliche Post- und Telegrafenbetreiber leistungsfähige vollautomatisierte Fernnetze für die Text- und Sprachkommunikation aufgebaut und sind Stand der Technik. Noch sind diese hauptsächlich mit elektromechanische Leitungsvermittlungstechnik (Relaistechnik) und analoger Trägerfrequenz-Übertragungstechnik ausgestattet. An ihrer digitalelektronischen Erneuerung und Erweiterung wird laufend gearbeitet.

Mit Zusatzeinrichtungen (Modems, Multiplexer, Konzentratoren) können die analogen Fernnetze für die Datenkommunikation genutzt werden. Digitale Netze für die Text- und Datenkommunikation befinden sich im Aufbau. Von zentraler Wichtigkeit ist ein wirtschaftlicher, kostengünstiger Betrieb der Netze, was praktisch nur durch die Integration vieler Dienste in möglichst universellen Netzen erreicht werden kann.

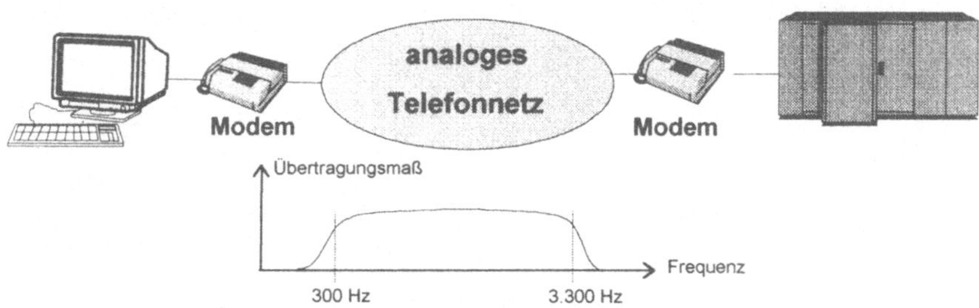

Abb. 9.14: Komponenten in einer, auf dem analogen Telefonnetz basierenden Datenübertragung

Um Daten über das analoge Telefonnetz zu übermitteln sind Modulations- und Demodulationseinrichtungen, sogenannte Modems erforderlich. In Telefonnetze wurde weltweit bereits viel Geld investiert, für die Weiterentwicklung wird daher auf die bestehenden Netze stark Rücksicht genommen, da diese Investition Nutzen abwerfen muss und es volkswirtschaftlich nicht zu rechtfertigen ist. hohe Investitionen in kurzen Zeitabschnitten zu wiederholen. Das analoge Telefonnetz wird daher weiterentwickelt zum ISDN, zum Integrated Service Digital Network. In diesem Netz werden Sprach-, Text-, Daten- und Festbildkommunikation in ein leistungsfähiges, flächendeckendes, gut ausgelastetes Kommunikationsnetz integriert, das auf der Basis des Telefonnetzes entwickelt wird.

In Fernnetzen fallen insbesondere für die Inanspruchnahme von Leitungen (Kanälen) hohe Kosten an. Durch Multiplexer und andere Zusatzeinrichtungen ist man bestrebt Mehrwert zu schaffen und Kosten zu reduzieren. In diesem Zusammenhang spricht man auch von VANs, Value Added Networks. Die Bedeutung von Multiplexern wird durch nachfolgendes Bild ersichtlich. Für Jede Verbindung ist eine Leitung und sind 2 Modems erforderlich. Leitung und Modems sind durch eine Terminal-Sitzung in der Regel nur sehr schlecht ausgelastet. Daher können mehrere Terminalverbindungen über eine Leitung geschaltet werden. Durch Multiplexing bzw. Demultiplexing wird der Datenstrom wieder zur jeweiligen Terminalsitzung zugeordnet.

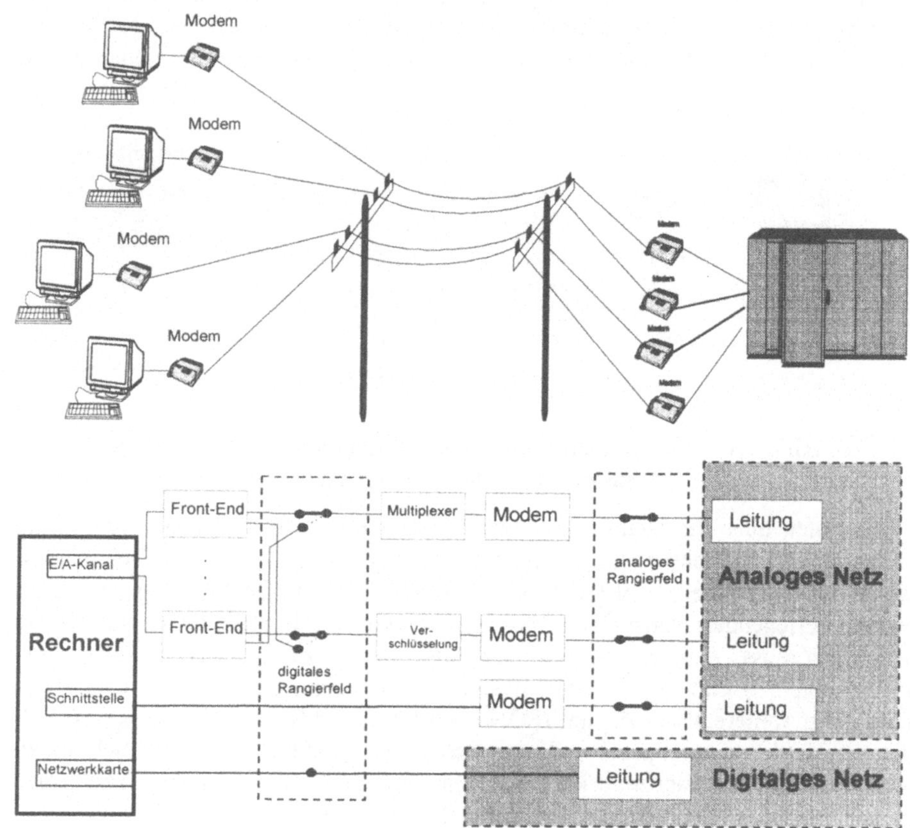

**Abb. 9.15 : Kommunikationskomponenten im Umfeld der
Datenfernverarbeitung**

Die Aufgabe eines Modems (Datenübertragungsendeinrichtung, DÜE) in der Rechnerkommunikation besteht darin, den in digitaler Form vorhandenen digitalen, seriellen Datenstrom in ein Analogsignal umzuwandeln, damit eine Übertragung auf niederfrequenten Sprachkanälen (wie sie für die Telefonie durch das Telefonnetz bereitgestellt werden) ermöglicht wird. Für verschiedenen Übertragungsgeschwindigkeiten werden unterschiedliche Modulationsverfahren (Amplituden-, Frequenz- und Phasenmodulation) angewandt. Dass hier zum Teil besondere Techniken benützt werden müssen, lässt sich aus der Tatsache ersehen, dass in einem Sprachkanal mit 3,1 kHz Bandbreite Datensignale mit einer Geschwindigkeit von 9600 bit/s bis 56 kbit/s übertragen werden können. Eine besonders einfache Form eines Modems stellt der Akustikkoppler dar, der es einem Benutzer ermöglicht, jeden beliebigen Telefonanschluss für die Übertragung von Daten zu benützen. Hierbei wird der Telefonhörer eines handelsüblichen Telefonapparates direkt auf den Akustikkoppler gesteckt. Da bei einem Akustikkoppler das Zusammenwirken von analogem Telefonnetz und digital arbeitendem Computer für die Datenübertragung sehr deutlich zum Ausdruck kommt wird es nachfolgend bildhaft dargestellt.

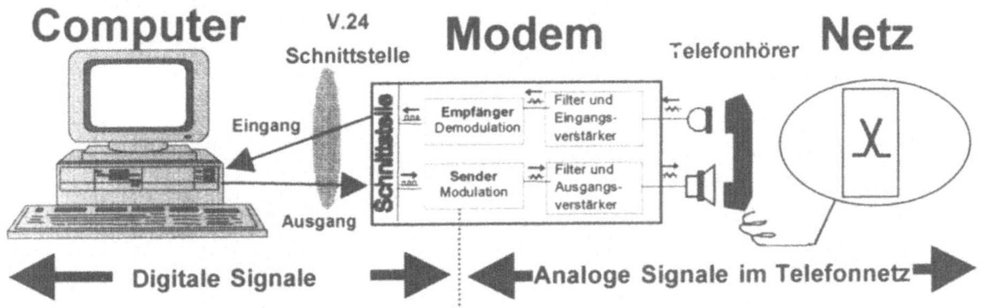

Abb. 9.16: Datenübertragung mit Modem im analogen Telefonnetz

Durch die Zusammenfassung mehrerer Datenkanäle in einem Übertragungskanal werden die Betriebskosten für die Übertragungsleitung gesenkt. Normalerweise werden mehrere langsame Datenkanäle in einem Hochgeschwindigkeitskanal gebündelt. Multiplexer ermöglichen es, mehrere Terminals an eine Übertragungsleitung anzuschließen. Es lassen sich unterschiedliche Arten von Multiplexverfahren unterscheiden. Raumteilung, Frequenzteilung, Zeitscheibenteilung und statistische Zeitscheibenteilung. Je nachdem welches Verfahren angewendet wird, gibt es unterschiedliche Multiplexer. Ein Konzentrator ist artverwandt mit dem Multiplexer und erfüllt auch eine ähnliche Funktion wie dieser, nämlich die Zusammenfassung mehrerer Datenkanäle in Übertragungskanäle. Darüber hinaus führt er zusätzliche intelligente Funktionen am zu übertragenden Datenstrom aus. Er verdichtet z.B. den Datenstrom, indem eine aufeinanderfolgende Anzahl von gleichartigen Zeichen in einem Statuswort zusammengefasst wird, das die nun codierte Art und genaue Zahl enthält.

Als Datenendeinrichtung (DEE, data terminal equipment, DTE) werden alle Geräte zum Senden und oder Empfangen von Daten bezeichnet. Es handelt sich hierbei um eine Sammelbezeichnung für Datenendgerät wie Terminals und Drucker, Datenkonzentratoren und Computer. Als Datenübertragungseinrichtung (DÜE, DCE, data circuit terminating equipment, data communication equipment) bezeichnet man eine Einrichtung, die aus folgenden Einheiten bestehen kann: Signalumsetzer, Anschalteinheit und gegebenenfalls Fehlerüberwachungseinheit und Synchronisiereinheit. Aus nachfolgendem Bild ist in abstrakter Form ersichtlich wie die Begriffe Datenendeinrichtung, Datenübertragungseinrichtung etc. zu einem Datenübermittlungssystem zusammenwirken, damit für das konkrete Beschreiben entsprechender Systeme ein weitgehend einheitlicher Sprachgebrauch gegeben ist.

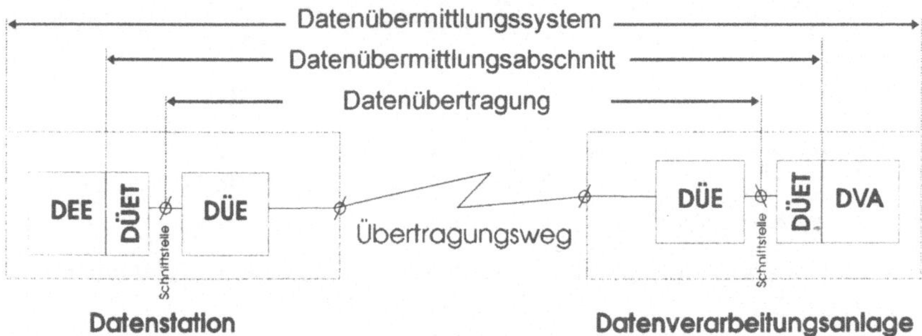

Abb. 9.17: Basismodell der Datenkommunikation

9.3 Vermittlungstechnik in Netzen, Netzstrukturen und Zugriffsverfahren

Für den Aufbau von Computernetzen basierend auf Übertragungswegen oder Übertragungsstrecken gibt es eine Fülle möglicher Alternativen. Eine Klassifizierungsmöglichkeit für Computernetze besteht daher nach der räumlichen und strukturellen Topologie der Vernetzung. Als Topologiealternativen für die Vernetzung lassen sich fünf Hauptarten, die für die Datenkommunikation verwendet werden, nennen. In nachfolgenden Bildern werden sie dargestellt: vermaschte Netze, Ringe, Sternnetze, Busse und Baum-Netze.

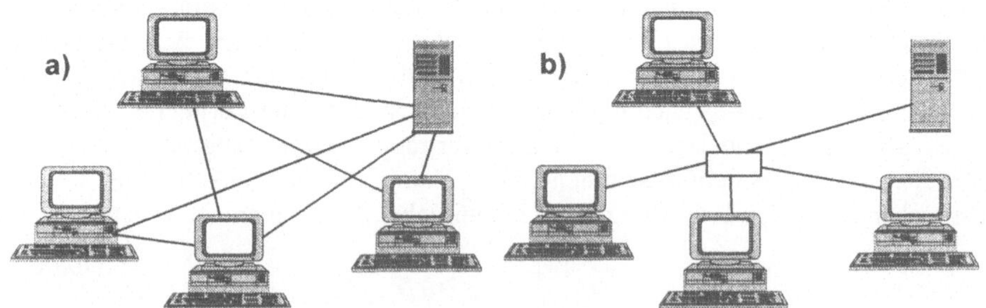

**Abb. 9.18: Topologische Klassifizierung von Computernetzen:
a) vermaschte Netze, b) Sternnetze**

Vermaschte Netze sind typisch für Netze größerer Ausdehnung, in denen dank der alternativ möglichen Verbindungspfade Systeme mit hoher Verfügbarkeit gebildet werden können. Sternnetze bilden eine sehr einfache Struktur. Bei diesen Netzen ist jedoch die große Bedeutung des zentralen Knotens augenfällig. Ist dieser gestört, bricht die Kommunikation im gesamten Netz zusammen. Typisches Anwendungsbeispiel von Sternnetzen sind private Telefon-Nebenstellenanlagen (PABX). Sehr ähnlich den Sternnetzen sind Netze mit baumartiger Struktur, wie sie für Kabelfernsehnetze sehr gut entwickelt und auch sehr verbreitet sind.

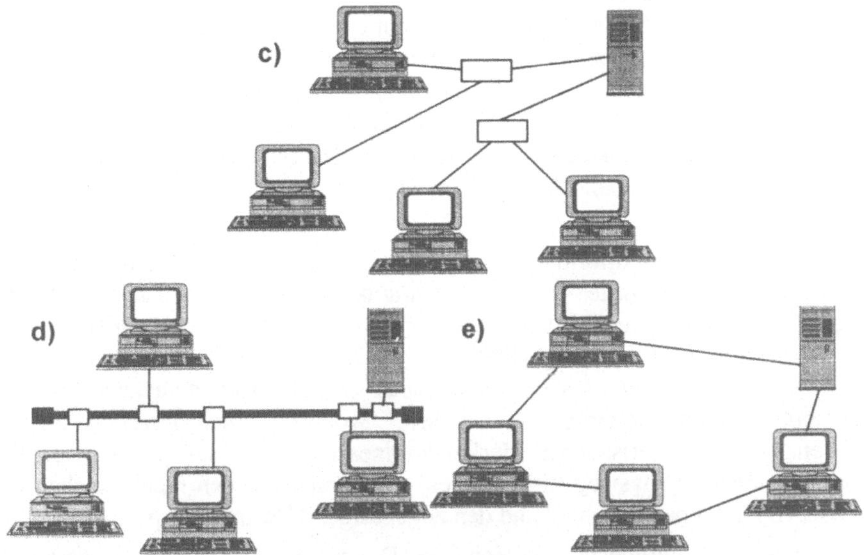

Abb. 9.19: Topologische Klassifizierung von Computernetzen:
c) Baumartige Netze, d) Busse, e) Ringe

Bei Bus-Netzen sind mehrere gleichwertige Stationen über einen gemeinsamen, meist passiven Bus zusammengeschlossen. Physikalisch entspricht der Bus einer Mehrpunkt-Verbindungsleitung. Im Gegensatz zu einer Punkt - zu - Punkt-Verbindungsleitung zwischen einer Quelle und einer Senke wird bei einem Bus eine Mehrpunktleitung von allen angeschlossenen Stationen für die Abwicklung ihrer Kommunikationsaufgaben verwendet. Hierbei wird eine für den Betrieb von Computernetzen wichtige Erfordernis deutlich. Während der Übertragung von Daten am Bus steht dieser für eine Verbindung zur Verfügung. Für jede gewünschte Verbindung muss also zuerst der Bus angefordert und zugeteilt werden.

Bei Ring-Netzen sind die Netzknoten durch Punkt - zu - Punkt-Verbindungen derart verschaltet, dass sich ein geschlossener Ring ergibt. Die Knoten mit den Teilnehmeranschlüssen sind daher gleichzeitig Regeneratoren für eine gerichtete Ringübertragung der Signale. Es ist offensichtlich, dass der Ausfall auch nur eines Knotens das ganze System unbenutzbar machen kann. Um dies zu vermeiden, werden Doppelringe, Verzopfungsschaltungen oder Anordnungen mit Überbrückungsrelais angewendet.

Computernetze lassen sich noch nach anderen Gesichtspunkten klassifizieren. Eine sehr wichtige ist die, nach dem Spektrum der möglichen Übertragungsbandbreite sowie nach der Kommunikationsentfernung. Demnach unterscheidet man Fernnetze, lokale Netze und Mehrprozessorsysteme.

Lokale Netze dienen der Übertragung von Informationen zwischen untereinander verbundenen unabhängigen Geräten in einem räumlich etwa durch ein Betriebsgelände begrenzten Bereich. Sie unterliegen vollständig der Zuständigkeit des Anwenders und sind hinsichtlich der räumlichen Ausdehnung in der Regel auch auf dessen Grundstück beschränkt. Sie grenzen sich bezüglich ihrer Ausdehnung und Datenrate gegenüber Mehrprozessorsystemen und Fernnetzen so ab, dass die einzelnen Stationen üblicherweise zwischen 100 Metern und einigen Kilometern voneinander entfernt sind und die Datenrate zwischen 100 kbit/s und 100Mbit/s (obwohl diese Grenzen eher unscharf sind) liegt. Die gebräuchlichsten Übertragungsmedien in lokalen Netzen sind Zweidrahtleitungen, Koaxialkabel und lichtleitende Glasfaserkabel. Der Funk gewinnt zunehmend Bedeutung (Wireless LANs).

Die Darstellung von Informationen innerhalb eines Rechnersystems erfolgt in Form paralleler Datenworte. Für die Kommunikation im rechnerinternen Bereich werden diese Datenworte direkt in paralleler Form (Wort für Wort) über parallele Busse ausgetauscht. Eine Möglichkeit die Leistungsfähigkeit von Systemen zu steigern ist es, direkt am Bus oder auch über spezielle Koppelelemente mehrere Prozessoren zusammenwirken zu lassen, wodurch Mehrprozessor-Systeme entstehen. Die charakteristischen Merkmale eines Parallelbusses sind sein parallel ausgelegter Übertragungsweg (n-Leitungen) zusammen mit den mechanischen und elektrischen Ankoppelelementen und den zugehörigen Übertragungsprotokollen.

In lokalen und Fernnetzen werden die Daten, im Gegensatz zu parallelen Prozessorbussen, in der Regel in serieller Form übertragen. Lokale Netze können untereinander über Fernnetze verbunden werden. Bei Fernnetzen werden zwei Arten unterschieden, die Metropolitan Area Networks (MAN, typische Vertreter sind Kabelnetze in Großstädten) und die eigentlichen Fernnetze, WANs (Wide Area Networks) wie sie ursprünglich von den Post- und Telegrafiebetrieben als Monopolträger für den, den Privatbereich überschreitenden Kommunikationsbereich, aufgebaut wurden. Mittlerweile ist das Kommunikationsmonopol in fast allen Ländern gefallen und im Kommunikationsbereich herrscht ein reger Wettbewerb.

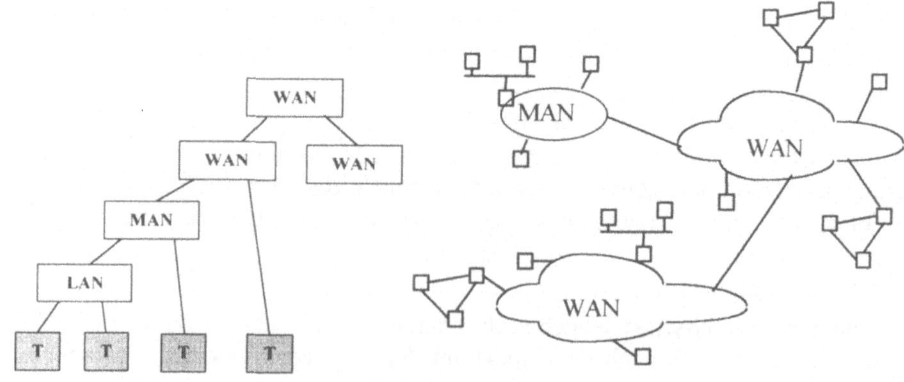

Abb. 9.20: Vernetzung von Netzen: Lokale Netze und Fernnetze

LAN   Local Area Netz (Privatbesitz)

MAN   Metropolitan Area Netz (Wirkungsbereich eines Großraumes, wie etwa
           einer Stadt)

WAN   Wide Area Netzwerk
           (Wirkungsbereich eines Landes, von Europa und weltweit)

Durch die Vernetzung von Netzen ergeben sich besonders günstige, ökonomische
und flächendeckende Kommunikationsstrukturen, die aus der Telefonie bekannt und
bewährt sind. Von großer Wichtigkeit, insbesondere bei großen Netzen, ist das
Management der damit verbundenen Komplexität. Diesbezüglich konnte im
Bereiche des globalen Telefonnetzes viel Erfahrung aufgebaut werden.

Für die Kommunikation im Fernbereich müssen kostenpflichtige Dienste von
Betreibern in Anspruch genommen werden. Diese Dienste könnten grundsätzlich
auch für den privaten Bereich genutzt werden. Das hat jedoch den Nachteil, dass
dadurch hohe Betriebskosten anfallen. Da ein Großteil der Kommunikation in
Firmen und im Privatbereich, d.h. im internen Bereich erfolgt, haben sich private
Telefonvermittlungsanlagen (Nebenstellenanlagen) durchgesetzt. Diese befinden
sich im Besitz des Betreibers und somit fallen keine Betriebskosten an, die einem
externen Betreiber zu bezahlen sind. Über Hauptanschlussleitungen sind
Nebenstellenanlagen an öffentliche Netze angeschlossen und ermöglichen somit
eine sehr wirtschaftliche Konvektivität. Nebenstellenanlagen aus der Telefonie sind
ein klassisches Beispiel für lokale Netze und lassen sich auch als lokale
Computernetze verwenden.

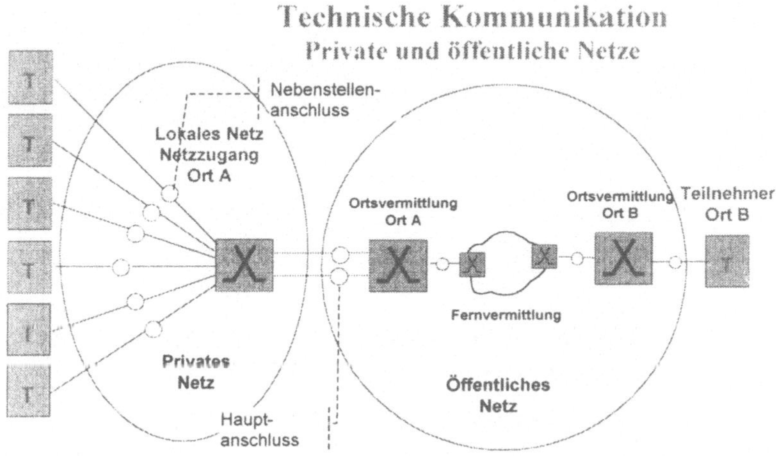

Abb. 9.21: Private und öffentliche Netze
Konvektivität in einem Netz von Netzen

Das ARPANET (Internet) entstand in den USA sehr früh und ist mittlerweile ein
weltweit verbreitetes Fernnetz der Datenkommunikation. In Europa wurde neben
dem Ausbau des Telefonnetzes auch großer Wert auf den Aufbau von
eigenständigen Daten-Fernnetzen, basierend auf dem weltweiten Standards X.25
(Datex-P, DATEX-L) gelegt.

Wichtiges Prinzip in der Kommunikation ist das der Mehrfachnutzung vor Kommunikationseinrichtungen, die durch Vermittlung den jeweiligen Stationer zugeteilt werden. Drei Vermittlungsprinzipien haben sich durchgesetzt: Durchschaltvermittlung (Leitungsvermittlung), Sendungsvermittlung (Nachrichtenvermittlung) und Paketvermittlung.

Durch die Telefonie ist das Prinzip der Durchschaltvermittlung (Leitungsvermittlung) sehr gut ausgebaut. Ein leitungsvermitteltes Kommunikationsnetz stellt für die Dauer einer Verbindung einen dedizierten physikalischen Kanal zwischen den kommunizierenden Partnern her. Damit im Netz Kommunikation erfolgen kann, ist zunächst eine Verbindung herzustellen und dann ist die Nachricht zu übermitteln. Wenn die Verbindung nicht mehr nötig ist, muss die Verbindung wieder abgebaut werden.

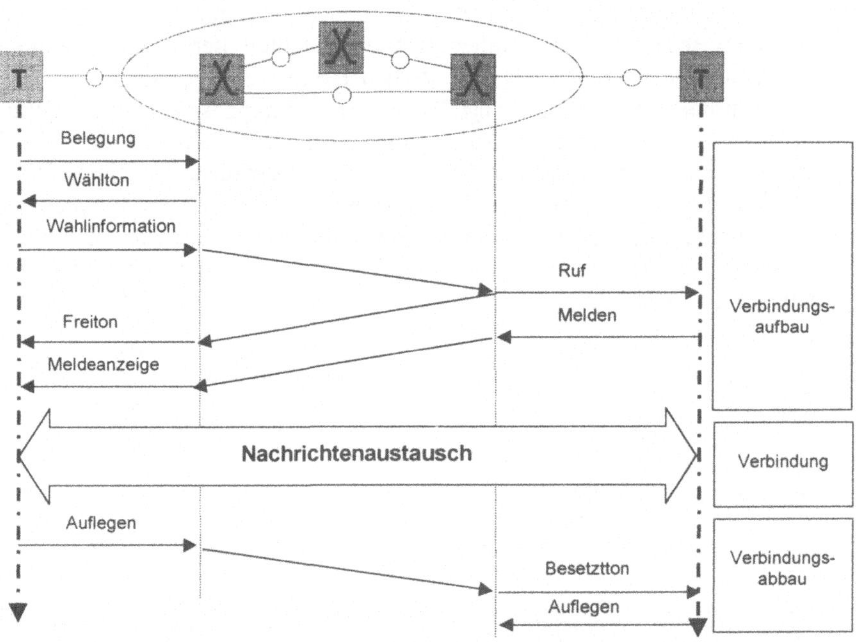

Abb. 9.22: Phasen einer verbindungsorientierten Kommunikation nach dem Leitungsvermittlungsprinzip

Die Sendungs- und Paketvermittlung basiert auf dem Prinzip der Teilstreckenvermittlung (Speichervermittlung, store and forward). Durch Zwischenspeichern in intelligenten Netzknoten werden Nachrichten bzw. Pakete, das sind Teile einer in kleinere Einheiten unterteilten Nachricht, von Knoten zu Knoten weitergeleitet. Zu übermittelnde Daten werden zu einem Netzknoten übertragen, dort kurzzeitig zwischengespeichert und dann eventuell über andere Knoten der Senke zugeleitet. Die zu sendenden Daten werden in klar definierte Pakete formatiert und mit zusätzlichen Verwaltungsinformationen (Adressen, Steuerinformationen) versehen, durch das Netz transportiert. Beim empfangenden Teilnehmer werden die Pakete wieder zum ursprünglichen Datenstrom zusammengefügt. Durch Vermaschung wird erreicht, dass es mehr als einen Weg zwischen den Vermittlungsstellen gibt. Die Beibehaltung der Reihenfolge der gesendeten Pakete muss das Netz garantieren und den Verlust von Paketen verhindern. Da verschiedene Pakete gleichzeitig auf verschiedenen Wegen transportiert werden können, ergeben sich nur geringe Verzögerungen. Im Gegensatz zur Leitungsvermittlung werden die Übertragungskanäle (Leitungen) nicht exklusiv reserviert, sondern sie werden mehrfach genutzt, da sie nur zur tatsächlichen Datentransportzeit in Anspruch genommen werden. Man spricht in diesem Zusammenhang von virtuellen Verbindungen. Auf diese Weise ergeben sich optimale Ressourcenauslastung und minimale Verzögerungen. Das Prinzip der Paketvermittlung ist sehr wirkungsvoll für die effiziente Auslastung von Hochleistungskommunikationskanälen und eignet sich daher auch sehr gut für andere als drahtgebundene Kanäle insbesondere für Funk und lichtleitende Glasfasern. Je nachdem ob nun bei einem Kommunikationsvorgang bei der Nachrichtenvermittlung mehr als nur eine Nachricht zu übermitteln ist, kann man verbindungsorientierte und verbindungslose Kommunikation unterscheiden. Bei der verbindungslosen Kommunikation beinhaltet jede Nachricht, die für das Zustandekommen der Kommunikation erforderliche Steuerinformation und das Abbauen in sich selbst.

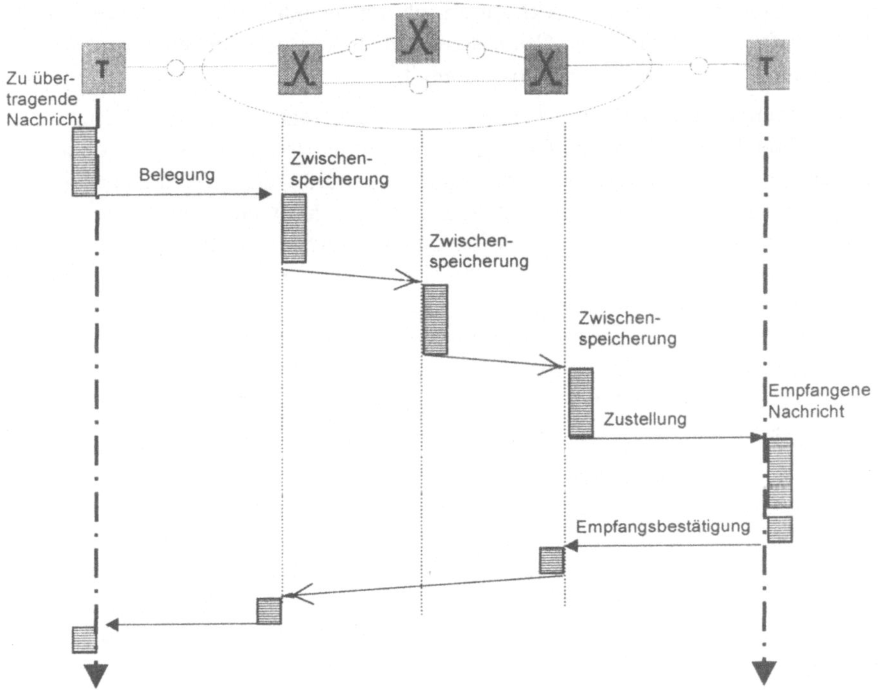

Abb. 9.23: Das Prinzip der Nachrichtenvermittlung (store and forward)

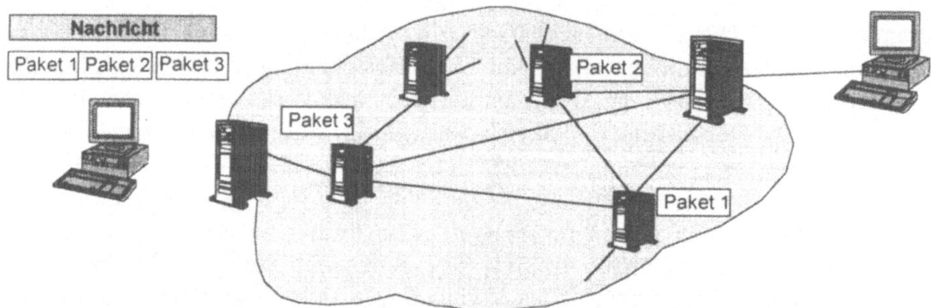

Abb. 9.24 : Paketvermittlung - Nachrichten werden in Pakete aufgeteilt und finden autonom ihren Weg durch das Netz

Für den Zugriff eines Teilnehmers auf ein für mehrere Teilnehmer gemeinsames Netz (z.B. ein für alle gemeinsamer Bus) muss ein bestimmtes Netzzugriffsverfahren (Buszugriffsverfahren) vereinbart werden. Ohne eine derartige Vereinbarung wäre ein geordneter reibungsloser Datenverkehr nicht möglich. Der Zugriff kann von einer übergeordneten Stelle kontrolliert (d.h. zentral) erfolgen, er kann aber auch in einer demokratischen Art von den Teilnehmern selbst (d.h. dezentral) vereinbart werden. Beim Master-Slave-Verfahren wird die Zuteilung des Zugriffs von einem Steuerrechner zentral vorgenommen. Dieser fragt die angeschlossenen Teilnehmer zyklisch ab, ob sie senden möchten und vergibt dann den Zugriff nach festgelegten Prioritätsregeln. Bevor der Teilnehmer an das Netz gehen kann, ist der Zugriff eindeutig geregelt.

Beim Tokenprinzip sind alle Teilnehmer gleichberechtigt, es gibt keinen festen Master. Die Berechtigung, auf den Bus zugreifen zu dürfen, wird vielmehr von Teilnehmer zu Teilnehmer weitergereicht und durch das Token angezeigt. Das Token ist eine Art Telegramm, das über den Bus läuft und meldet, wer von den Teilnehmern gerade die Masterfunktion innehat. Der Netzzugriff wird nach einem festgelegten Zeitintervall weitergegeben. Die Weitergabe erfolgt beim Token-Bus unabhängig von der physikalischen Form des Busses z.B. über die Reihenfolge der Teilnehmeradressen im sogenannten logischen Ring. Beim Token-Ring-Verfahren ist das Netz physikalisch ringförmig ausgeführt. Die Information wird über diesen Ring von einem Teilnehmer zum nächsten weitergeleitet, bis sie den richtigen Empfänger erreicht. Auch das Token wird auf diese Weise durch den Ring geleitet.

Neben den oben erwähnten gesteuerten Zugriffsverfahren gibt es die zufälligen oder stochastischen Netzzugriffsverfahren. Beim zufälligen Buszugriff hören die Teilnehmer den Bus ab. Wenn ein Teilnehmer senden möchte, wartet er, bis der Bus frei ist und beginnt dann, seine Daten zu übertragen. Bei diesem Verfahren kann es vorkommen, dass mehrere Teilnehmer zur gleichen Zeit auf den Bus zugreifen und senden wollen. Dann kommt es zu Störungen in der Übertragung. Das Problem kann auf verschiedene Art und Weise gelöst werden. Eine Möglichkeit ist, Vorsorge zu treffen, dass ein Zusammenprall der Nachrichten gar nicht erst geschehen kann. Man bezeichnet diesen Weg mit CSMA/CA (Carrier Sense Multiple Access, Collision Avoidance). Die zweite Möglichkeit ist, die Übertragung zu überwachen und bei einer Kollision bestimmte Maßnahmen zu treffen. Man spricht dann von dem CSMA/CD (Collision Detection) Verfahren. Beim CSMA/CD stellen die beiden

Teilnehmer, die gleichzeitig auf Sendung waren, ihre Übertragung ein, nachdem sie gemerkt haben, dass es zu einer Kollision gekommen ist. Jeder von ihnen versucht, die Nachricht nach einem zufällig gewählten Zeitintervall noch einmal abzusetzen.

Beim CSMA/CA sind den Teilnehmern Prioritäten zuerkannt. Dabei wird bei gleichzeitiger Sendung die Nachricht mit der höheren Priorität durchgelassen, während der Sender mit der niedrigeren Priorität den Sendeversuch abbricht und zu einem späteren Zeitpunkt wiederholt.

Damit Kommunikation in einem Netz erfolgen kann ist nicht nur Datenübermittlung erforderlich, die übermittelten Daten sind auch richtig zu interpretieren. Hierzu ist Software erforderlich. Sehr anschaulich lässt sich dies verdeutlichen anhand der Ausgabe von Texten eines Computers auf einem Drucker, wenn beide an ein Netz angeschlossen sind. Es ist nicht ausreichend, dass Drucker und PC physikalisch richtig (der richtige Stecker) an das Netz angeschlossen sind. Auf beiden Seiten müssen auch entsprechende Software-Komponenten, sogenannte Treiber vorhanden sein und richtig angesteuert werden.

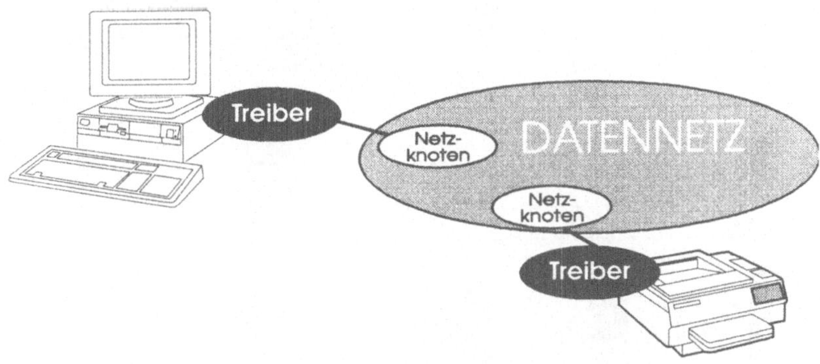

Abb. 9.25: Druckeranbindung an einen Rechner über ein Netz

Damit die Kommunikation insbesondere in heterogenen Netzen, das sind Netze in denen Systeme unterschiedlicher Hersteller, unterschiedlicher Technologie und unterschiedlicher Einsatzgebiete erfolgreich zusammenwirken können, hat die ISO ein 7-Schichtenmodell für die offene Kommunikation (OSI-Open System Interconnection) eingeführt. Dieses ISO-OSI-Schichtenmodell zerlegt die Kommunikationsaufgabe in 7 Ebenen unterschiedlicher Abstraktion und lässt damit die Komplexität machbar gestalten. Darauf wird im folgenden Kapitel genauer eingegangen.

9.4   Das ISO-OSI-Referenzmodell

Der steigende Bedarf und die Komplexität der Vernetzung von Rechnersystemen führte zur Entwicklung von Kommunikationsstandards. Ursprünglich wurden die Standards von Firmen wie IBM (SNA - System Network Architecture), DEC (DECnet), HP und Siemens herstellerspezifisch entwickelt. Nachdem diese unterschiedlichen Systeme weitgehend jeweils für spezielle Anwendungsbereiche entwickelt wurden und nachdem sie immer breiter verfügbar und Realität wurden entstand der große Bedarf nach einer automatischen Vernetzung untereinander Jedes System für sich gesehen hatte unübersehbare Stärken und Vorteile, aus Kunden und Anwendersicht war es jedoch ab einem bestimmten Zeitpunkt (Mitte der 80-er Jahre) nicht mehr vertretbar mehrere Systeme herstellerspezifisch nebeneinander zu betreiben. Das Zusammenwirken unterschiedlichster Systeme verschiedenster Technologie und unterschiedlichster Hersteller in einem Netz wurde erforderlich. Die ARPA (USA Advanced Research Project Agency des Departments of Defense; später DARPA) hat bereits in den 70-er Jahren die Entwicklung eines herstellerunabhängigen Netzes stark gefördert, als Ergebnis entstand ARPANET und das heutige Internet.

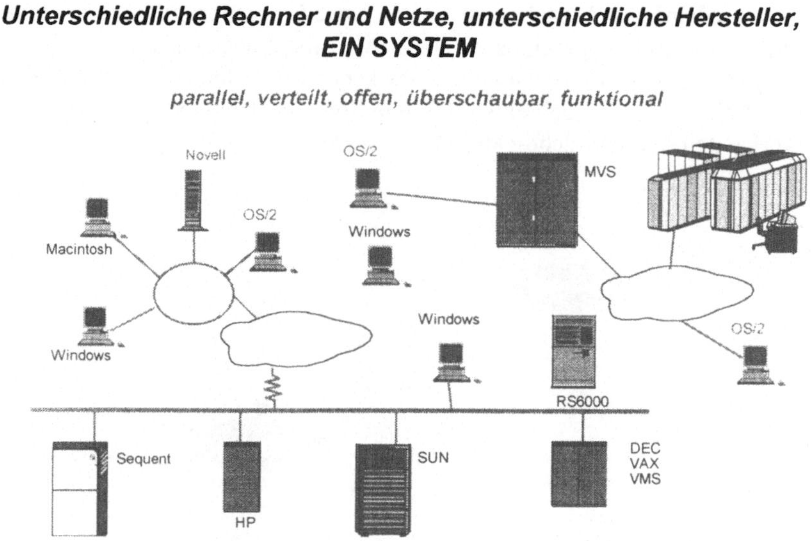

***Unterschiedliche Rechner und Netze, unterschiedliche Hersteller,
EIN SYSTEM***

parallel, verteilt, offen, überschaubar, funktional

**Abb. 9.26: Unterschiedliche Rechner und Netze verschiedener Hersteller:
EIN SYSTEM**

Die ISO hat mit CCITT (ITU) das OSI-7-Schichten Referenzmodell entwickelt. Dieses sieht eine hierarchische Gliederung der Kommunikation in Form eines Ebenenmodells vor. Die unteren Ebenen sind transportbezogen (Vermittlungs- und Übertragungstechnik), die oberen Ebenen sind anwendungsbezogen.

Seit den 90er Jahren ist es Stand der Technik, dass Rechner, Komponenten und Netze unterschiedlicher Hersteller zu einem System zusammenwirken können. Man spricht von heterogenen und insbesondere offenen Systemen. Das OSI- (Open System Interconnection) Referenzmodell wurde von der International Standards Organization (ISO) aufgestellt, um den Aufbau von großen Netzwerken über Herstellergrenzen hinweg zu standardisieren. Das Referenzmodell der ISO teilt den Informationsaustausch der Netzwerkteilnehmer in sieben Funktionsebenen (Schichten) ein.

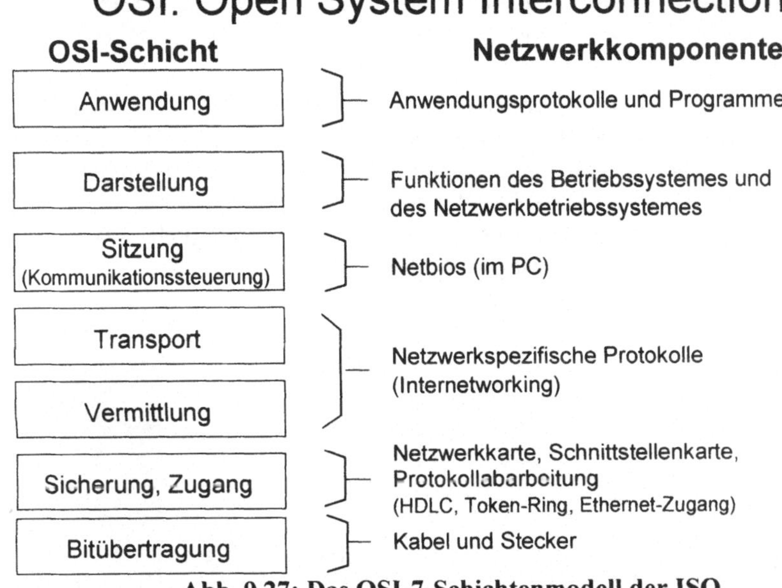

Abb. 9.27: Das OSI-7-Schichtenmodell der ISO

Schicht 1 (Physical Layer; physikalische Ebene). Die physikalische Schicht ist die Ebene der Bitübertragung. Sie definiert die mechanischen, elektrischen und funktionalen Parameter der physikalischen Schnittstelle. In ihr sind die Übertragungsgeschwindigkeit, die Länge der zu übertragenden Zeichenketten, das Übertragungsmedium, die Spannungspegel usw. abgehandelt.

Schicht 2 (Data Link Layer, Verbindungsebene, Sicherungsebene). Diese Schicht ist die Ebene der Datensicherung. Sie beschreibt das Zuteilungs- oder Zugriffsverfahren, legt Prioritäten fest und garantiert eine sichere Zeichenübertragung .

Schicht 3 (Network Layer; Netzwerkebene). Dies ist die Vermittlungsschicht. In ihr wird festgelegt, welchen Weg die Datenübertragung innerhalb eines Netzwerks nehmen soll. Diese Ebene hat insbesondere bei ausgedehnten komplexen Netzen Bedeutung.

Schicht 4 (Transport Layer; Transportebene). Die Transportschicht dient der Übertragungssteuerung. Sie legt die Art der Datenquittierung (Handshake) fest und stellt Prozeduren zur Fehlererkennung und Fehlerbehebung zur Verfügung. In dieser Schicht wird auch festgelegt, ob Daten wiederholt übertragen werden sollen.

Schicht 5 (Session Layer; Sitzungsebene). Die Kommunikationssteuerschicht organisiert den Ablauf der Kommunikation. Sie sorgt für ein ordnungsgemäßes Wiederanlaufen nach einem Abbruch.

Schicht 6 (Presentation Layer; Darstellungsebene). Die Darstellungsschicht legt den Code fest, mit dem die Daten übertragen werden und sorgt für die richtige Interpretation der Daten.

Schicht 7 (Application Layer; Anwendungsebene). Die Anwendungsschich enthält die anwendungsspezifischen Dienste der Schnittstelle. Sie beschreibt, wie die übertragenen Daten auf der Ebene der Anwendungssysteme verarbeitet werden sollen.

Wie schon angeführt, kommt der Vernetzung von Netzen eine große Bedeutung zu, es ist jedoch offensichtlich, dass es sich hierbei um eine komplexe Aufgabenstellung handelt und dass eine schier unübersehbare Flut an Produkten und Technologien gibt. Das ISO-OSI-Modell ermöglicht es jedoch, diese Vernetzung sehr übersichtlich zu veranschaulichen und hat es so ermöglicht, dass diese Technologien heute sehr kostengünstig verfügbar sind.

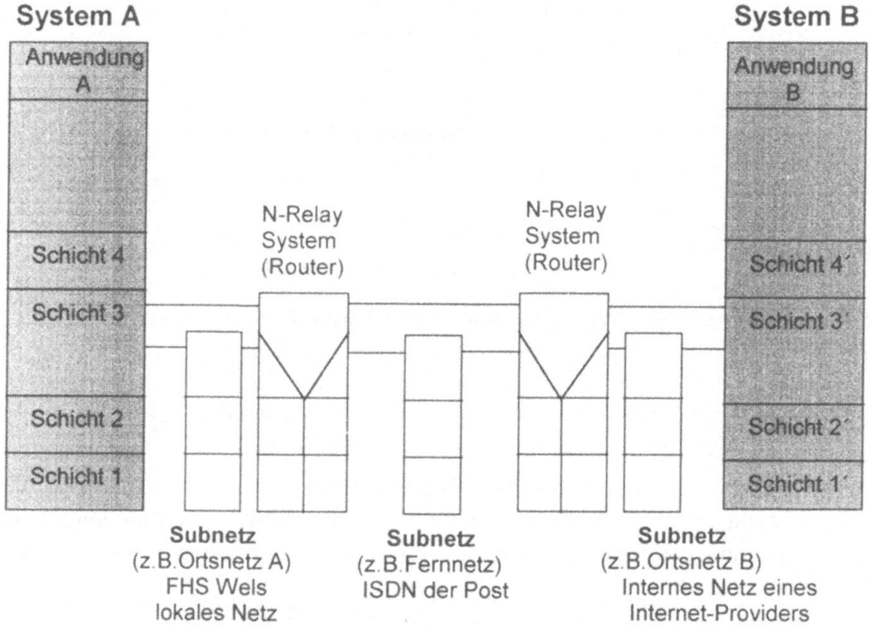

Abb. 9.28: OSI-Modell als Basis für die Vernetzung von Netzen

Zu den wesentlichen Prinzipien des ISO-OSI Modelles gehört die klare hierarchische Strukturierung der komplexen Aufgabenstellung der Kommunikation. Für jede hierarchische Ebene werden klare Regeln geschaffen, die Schichtenprotokolle, wie die Kommunikation zu erfolgen hat. Zwischen den Schichten wird der Datenaustausch, die Kooperation bzw. Kommunikation durch klar festgelegte Schichtenprotokolle festgelegt. Dadurch wird die Kommunikation von der rein physikalischen Kommunikation, dem Signalaustausch über das jeweilige physikalische Kommunikationsmedium, auf mehrere logische, aber klar abgegrenzte, Ebenen verlagert. Auf diese Weise lassen sich insbesondere die in großen Netzen kaum zu überblickenden Ausnahme- und Fehlersituationen, die auftreten können, sehr wirkunsvoll handhaben, sodass nicht wegen diversen Kleinigkeiten sofort mit ein Systemabsturz bei einer Datenverbindung zu rechnen ist.

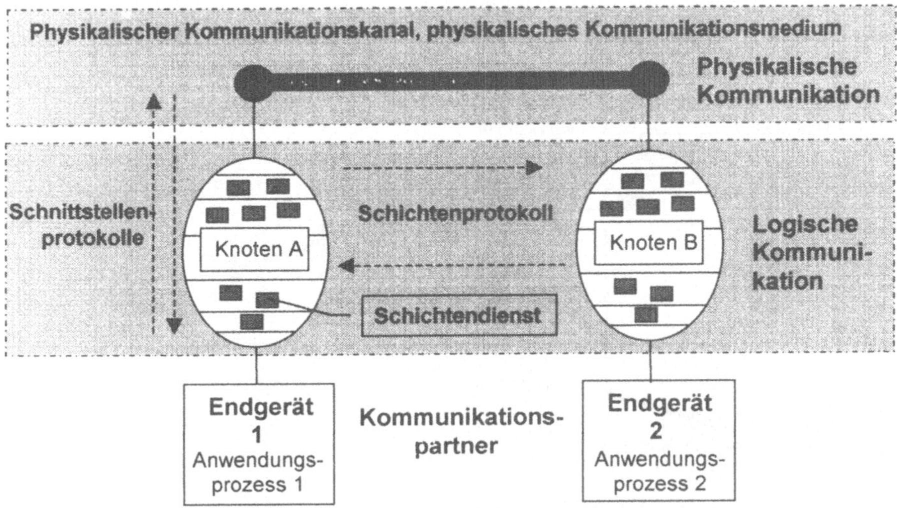

Abb. 9.29: Abstraktion der Kommunikation durch Schichtendienste sowie Schichten- und Schnittstellenprotokolle

Über Dienstleistungs-Zugriffspunkte (DZP) erbringen die Schichtendienste für jeweils unmittelbar darüberliegende Schichten (d. h. Schicht N erbringt klar festgelegte Dienste für Schicht N-1).

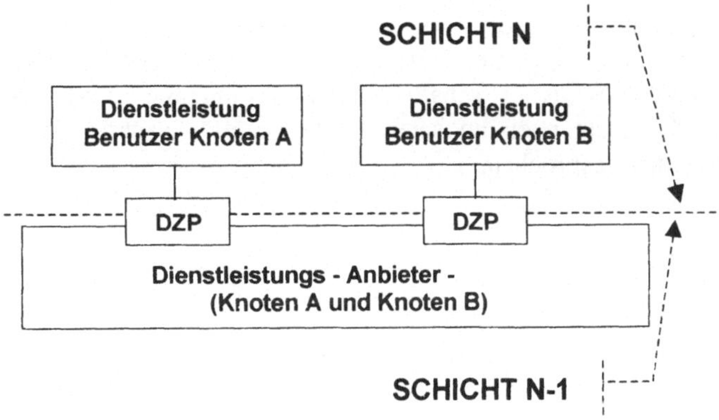

Abb. 9.30: Schichtendienste werden über Dienstleistungszugriffspunkte aufgerufen

Die Dienste werden basierend auf Schichtenprotokollen abgewickelt und über Schnittstellenprotokolle aufgerufen. Dienstleistungsgrundelemente für die Protokolle sind klar strukturiert:

- Request (Anforderung)

- Indikation (Anzeige, Nachricht)

- Response (Antwort)

- Confirmation (Bestätigung)

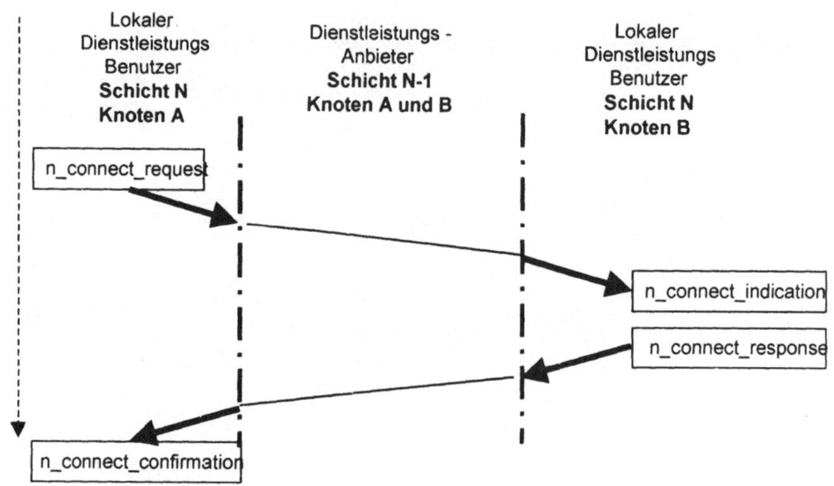

Abb. 9.31: Kommunikation erfolgt mit Dienstleistungsgrundelementen in einer „räumlich verteilten Black Box"

Repeater, Bridges, Router, Switches und Gateways sind die wesentlicher Kopplungselemente für die Vernetzung von Netzen. Sie verbinden zwei oder mehr Netzsegmente oder an und für sich unabhängige Netze miteinander, nehmer Einfluss auf den Datentransfer und dienen der Anpassung der Netzkonfiguration ar komplexe Anforderungen. Entsprechend den unterschiedlichen Anforderungen gib es unterschiedliche Komponenten, die unterschiedliche Funktionen erfüllen. Repeater verstärken Signale, Bridges vermitteln Pakete, Router finder Übertragungswege, Switches schalten Direktverbindungen und Gateways löser umfangreiche Übersetzungen im heterogenen Umfeld. Nachfolgend werden diese Komponenten kurz besprochen.

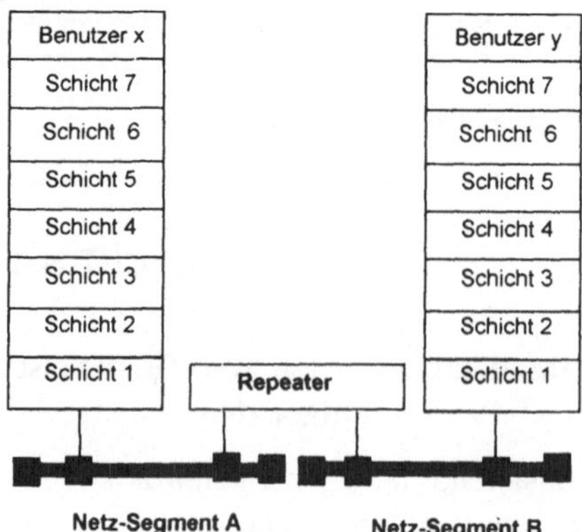

Abb. 9.32: Repeater verstärken Signale

Repeater arbeiten auf der ersten, der physikalischen Ebene des OSI-Referenzmodells. Sie koppeln z.B. zwei LAN-Segmente rein elektrisch miteinander, wobei eine der beiden Seiten in mehrere Stränge aufgefächert sein kann (Multiport-Repeater, Sternkoppler, Hub). Repeater sind sehr hardwareorientierte

Kommunikationsprodukte und dementsprechend relativ preisgünstig. Repeater dienen als Zwischenverstärker, indem sie Signalverlauf, Pegel und Takt der übertragenen Bitströme regenerieren. Sie filtern aus den übertragenen Signalen Störungen (Rauschen) heraus, rekonstruieren das Signal und geben ein exaktes Duplikat der empfangenen digitalen Daten an das nächste Netzsegment weiter.

Mittels einer Selbsttestfunktion erkennen Repeater ferner, ob fehlerhafte Signale aus einem Segment eintreffen. In diesem Fall wird das betreffende Segment automatisch abgeschaltet, bis der Fehler (Kurzschluss, fehlender Abschlusswiderstand o. ä.) ausgeräumt ist. Multiport-Repeater verhindern damit, dass ein lokaler Defekt das ganze Netz beeinträchtigt. Da Repeater die physikalischen Einflüsse (Dämpfung) des Mediums kompensieren, ermöglichen sie längere Übertragungsstrecken. Andererseits haben Repeater eine Latenzzeit (Delay) und verzögern den Signaltransfer.

Im Zuge eines modernen und lastoptimierten Netzdesigns sollten Repeater eher vermieden werden und an ihrer Stelle Bridges verwendet werden. Bridges stellen dem Netzplaner eine Fülle von Funktionen zur Verfügung (Lasttrennung, Filter, Redundanz, Fehlerentkopplung etc.), die bei rein hardwaregestützten Repeatern nicht vorhanden sind.

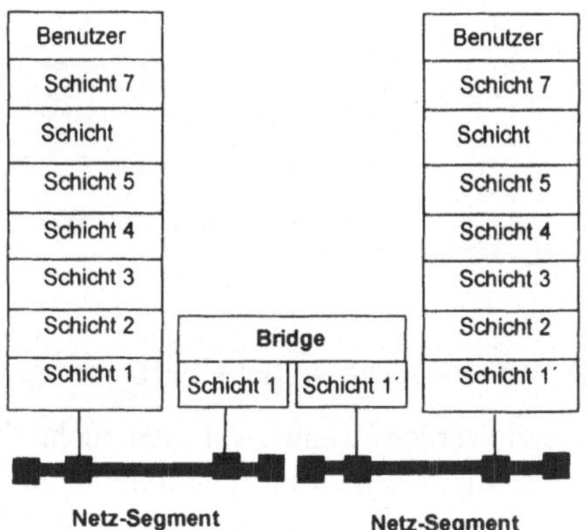

Abb. 9.33: Bridges vermitteln Pakete

Bridges und Router dienen beide zur Segmentierung vorhandener Netze oder zur Kopplung mehrerer Netze zu einem Inter-Netzwerk. Sie unterscheiden sich in ihrer Art der Datenbehandlung. Bridges operieren basierend auf physikalischen Adressen, Router auf logischen Netzwerkadressen (Network-Layer, Ebene 3). Bridges koppeln zwei oder mehr LAN-Segmente auf der logischen Ebene. Im Gegensatz zum Repeater werden die Pakete nicht nur elektrisch verarbeitet, sondern in einen Speicher geladen, in dem sie von der Bridge-Logik interpretiert werden. Eine Bridge „lernt", welche Stationen in beiden Segmenten angeschlossen sind. Anhand der Schicht-2 Adresse filtert sie diejenigen Daten heraus, die aus Segment A in Segment B transferiert werden müssen. Im Unterschied zu Repeatern leiten Bridges nur jene Daten weiter, die tatsächlich für das benachbarte Segment bestimmt sind. Ankommende Pakete, bei denen Quell- und Zielsegment identisch sind, verwirft die Bridge, ebenso ungültige Pakete. Diese Store-and-Forward-Funktion einer Bridge nimmt Zeit in Anspruch. Es tritt eine Verzögerungszeit (Latency) zwischen dem

Eintreffen eines Bits und dem Verlassen des verarbeiteten Bits auf. Werden große Anwendungen von einem zentralen Server geladen, oder muss bei einem Datentransfer jedes Paket erst vom Empfänger quittiert werden bevor das nächste abgeschickt wird, kommt es zu empfindlichen Verzögerungen, insbesondere, wenn mehrere Bridges kaskadiert werden. Andererseits sind Bridges ein Mittel zu Lastregulierung. Sie schaffen zwei Segmente mit jeweils der vollen Bandbreite Somit erhöhen sie die Performance der lokalen Kommunikation, vorausgesetzt, dass nicht der zentrale LAN-Server in einem der Segmente angesiedelt ist.

Bridges können - wie Repeater - verschiedene Netzwerktypen desselben Zugriffsverfahrens miteinander koppeln, z.B. Ethernet und Fast-Ethernet. Sie arbeiten auf dem Data-Line-Level (Schicht 2) und sind transparent gegenüber Protokollen und Geräten höherer Schichten. Dank standardisierter Schnittsteller können sie mit jedem Protokoll zusammenarbeiten.

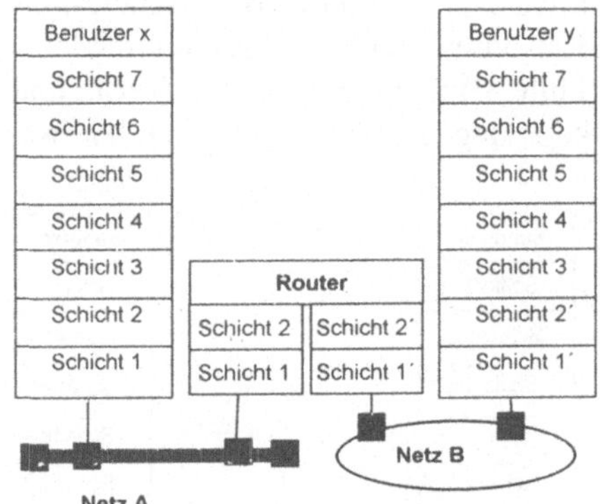

Abb. 9.34: Router finden Übertragungswege

Router müssen eingesetzt werden, wenn zwei oder mehr Datennetze miteinander verbunden werden sollen. Zu ihren Grundfunktionen gehört das Auffinden von Transferwegen in einem komplexen Netzwerk. Der Router nimmt dabei eine Anpassung der Adressen über unterschiedliche Netzwerke hinweg vor. Er leitet Datenpakete anhand ihrer logischen Netzwerkadressen weiter. Router arbeiten protokollabhängig. Ein „IP-(Internet Protokoll)-Router" ist deshalb für alle „Nicht-IP-Protokolle" (z.B. XNS, DECnet) nicht durchlässig. Multiprotkoll-Router können mit mehreren Protokollen gleichzeitig operieren wie IPX/SPX, DECnet, Vines-IP, TCP/IP oder SNA. Router eignen sich sehr gut zum Verbinden unterschiedlicher Netzwerktopologien z.B. Ethernet mit Token-Ring oder einem FDDI-Ring. Beim Senden und Empfangen passt der Router die Datenpakete jeweils den netzspezifischen Forderungen (Paketgrößen, maximale Laufzeiten etc.) an.

Hardwaremäßig stellen Switches eine Multiport-Bridge (Switching Hub) dar, in der eine CPU nach bestimmten Kriterien Eingangs- und Ausgangsports einander zuordnet. Beim Frame-Switching werden Frames, das sind autonome Datenpakete, aus einem Segment in das andere anhand von Quell- und Zieladresse weitergeleitet. Jeder Ebene-2 Adresse ist ein Port zugeordnet und der Switch schaltet anhand einer Weiterleitungstabelle (Cross-Point-Matrix) für die Dauer der Frameübertragung eine interne (Punkt - zu - Punkt-) Verbindung zwischen Quell- und Zielport. Das Netz wird so zu einer dynamischen Ansammlung von Punkt - zu - Punkt-Verbindungen. Dabei können mehrere Stationen gleichzeitig untereinander kommunizieren, denn im Switched LAN ist parallele Kommunikation (Multiplexing) möglich, weil der Switch intern zeitgleich mehrere Verbindungen zwischen Paaren von Ports aufbauen kann. Ein Switch beseitigt den CSMA-typischen Kollisions-Overhead, indem er temporär dedizierte, kollisionsfreie Verbindungen schaltet.

9.5   Lokale Computernetze - Ethernet

9.5.1   Allgemeines zu LANs

Der Siegeszug preiswerter und leistungsfähiger PCs hat zur Durchdringung aller kommerziellen, technischen und wissenschaftlichen Bereiche mit Arbeitsplatzrechnern geführt. Daraus erwuchs ein starker Bedarf nach Kommunikation. Inzwischen stehen in Unternehmen nicht mehr einzelne Zentralrechner oder PCs im Blickfeld der Informationsverarbeitung, sondern Rechnernetze oder PC-Netze. Am gesamten Kommunikationsbedarf von Organisationen hat die innerbetriebliche, die interne, Kommunikation den weitaus größten Anteil. Den Lokalen Computernetzen, den LANs, das sind die technischen Systeme, die diese Kommunikation unterstützen, kommt eine wichtige Bedeutung für die Strukturierung und Koordination der Arbeitsabläufe in einem Unternehmen zu. Anfangs stellten lokale Netze vorwiegend Datei- und Druckserverdienste zur Verfügung, um beispielsweise die gemeinsame Nutzung teurer Drucker oder Datenspeicher zu ermöglichen. Mittlerweile haben Netze vielfach schon die Rolle einer Informationsdrehscheibe für ganze Organisationen und Konzerne übernommen.

Die Vorzüge von LANs werden insbesondere in folgenden Funktionen gesehen:

- **Ressourcen-Teilung:** Kostenreduktion bringt die gemeinsame Nutzung von Informations- und Datenbasen, Betriebsmitteln wie Peripherie (Scanner, Laserdrucker, Farbdrucker, File-Server u.a.) und von Netzdiensten.

- **Datentransfer:** Die direkte Kommunikation zwischen Arbeitsplätzen (z.B. E-Mail), gemeinschaftliche Bearbeitung von Dokumenten erhöht die Effizienz.

- **Funktionenvielfalt**: Die wirtschaftliche und gemeinsame Nutzung von Programmen, Diensten, und Schnittstellen eines Servers.

- **Systematische Administration von Arbeitsplätzen**: Risiken und Probleme, die zunächst aus der völlig dezentralisierten individuellen Datenverarbeitung auf Insel-PCs entstanden sind, lassen sich in den Griff bekommen.

- **Datenintegrität und Datensicherheit** im Unternehmen durch gemeinsamen und gesicherten Zugriff auf Unternehmensdaten und automatisches Backup.

Es existiert eine Vielzahl von LAN-Systemen. Von Bedeutung sind vor allem diejenigen, die auf genormten Protokollen und Schnittstellen aufbauen, wie etwa Produkte basierend auf den IEEE 802 Standards wie Ethernet, Token-Ring und Token-Bus. In jüngster Zeit gewinnen Systeme mit höheren bis sehr hohen Übertragungskapazitäten zunehmend Bedeutung.

9.5.2　Die Evolution von Ethernet

Einen besonderen Stellenwert unter den Lokalen Netzen nimmt Ethernet ein. Die Konzeption von Ethernet geht auf ein Projekt an der University von Hawaii in der frühen 70er Jahren zurück und zwar auf die Datenkommunikation basierend auf den Funksystem ALOHA. Bei diesem System sind mehrere Stationen über einer gemeinsamen Funkkanal verbunden. Für die automatische Datenübertragung wurden neue Übertragungsprinzipien entwickelt, die später für Ethernet zentrale Bedeutung erlangten. Das Management von Kollisionen, die bei der Funkübertragung auftreten können und die Übertragung von Datenpaketen waren die zentralen Themen.

Konkret geht die Entwicklung von Ethernet auf das Jahr 1972 zurück, als Xerox in Palo Alto mit dem Betrieb eines experimentellen Ethernet-Systems begann. Erste Ergebnisse wurden 1976 veröffentlicht [Metcalfe, 1976]. 1979 haben der Computerhersteller DEC, der Prozessorspezialist Intel und der Büroexperte Xerox die DIX-Gruppe (DEC, Intel, Xerox) ins leben gerufen. Das war der Beginn der Entwicklung einer standardfähigen 10Mbit/s Ethernet-Konfiguration. 1980 stellte die DIX-Gruppe ihre Ethernet-Architektur vor, die später die sogenannte Ethernet-Version 1.0. wurde. Diese Spezifikation wurde in die LAN-Projektgruppe des IEEE eingebracht und 1982 hat die IEEE den 802.3-Standard für das Standard-Ethernet 10Base5 veröffentlicht (Yellow Cable Ethernet). 1985 wurde der Ethernet-Standard als ISO/DIS 8802/3 weltweit anerkannt. Seit 1986 gibt es Ethernet-10Base2, das als „Cheap-Ethernet" große Bedeutung erlangt hat. Im selben Jahr wurde auch der 10BroadT, der Breitband-Ethernet-Standard veröffentlicht. Seit 1995 gibt es einen 100-Mbit/s Ethernet Standard, Gigabit-Ethernet ist mittlerweile auch schon Realität.

Ethernet ist die weltweit am häufigsten installierte Technologie für lokale Netze. Es besticht durch die einfache Installation, Flexibilität und Vielseitigkeit. In der Handhabung ist Ethernet robust und benutzerfreundlich. Ein wichtiger Schlüssel zum Erfolg ist die offene Systemarchitektur, die den Anschluss verschiedenster Stationen und Endgeräte erlaubt. Dabei sind alle Stationen gleichberechtigt, und die Paketvermittlung erlaubt eine Mehrfachausnutzung des Mediums ohne administrativen Aufwand. Schätzungen zufolge basierten 1999 (als Quelle dienen diverse Computerzeitschriften) weltweit 70 Prozent aller LANs auf dieser Technologie. Das sind inzwischen also an die 50 Millionen installierte Ethernet-Knoten. Durch den Trend im Hard- und Softwarebereich zu immer leistungsstärkeren Anwendungen entstehen aus diesem Verbreitungsstandard in jüngster Zeit Bandbreitenprobleme. Das wirft Fragen nach Möglichkeiten der Leistungssteigerung auf und die Migration in höhere Ethernet-Bandbreiten; die Reorganisation von Netzwerken (Segmentierung, Switching) und die Kombination mit anderen Technologien.

Nachfolgende Tabelle gibt einen Überblick über die breite Palette an verfügbaren Ethernet-LANs. Für die Bezeichnung gilt hierbei nachfolgende Konvention. Die erste Zahl gibt an, mit welcher Übertragungsgeschwindigkeit im LAN gearbeitet wird. (1 = 1Mbit/s, 10 = 10Mbit/s, 100 = 100Mbit/s). Im Mittelteil steht Base für Basisbandübertragung, Broad für Breitbandübertragung. Die letzte Ziffer macht eine Aussage über das Medium bzw. über die Länge des Segments. T steht für verdrilltes

Leitungspaar (Twisted Pair), F für Lichtwellenleiter (Fiber Optic), 5 steht für 500m Segmentlänge und 2 für ca. 200m Segmentlänge.

Tabelle 9. 2: Ein breites Spektrum an Ethernet-LAN-Technologien

Kurz-bezeichnung	10Base5	10Base2	10BaseT	10BaseF	10Base36	100BaseT
Name	Standard-Ethernet	Cheapernet	Twisted-Pair-Ethernet	Ethernet auf Glasfaser	Breitband-Ethernet	Fast-Ethernet
IEEE-Standard seit	1982	1987	1991	1993	1992	1995
Medium	Koax	Koax	Twisted Pair	Glasfaser	Koax	Twisted Pair und Glasfaser
Datenrate (MBit/s)	10	10	10	10	10	100
Topologie	Bus	Bus	Stern	Stern/Baum	Baum	Bus
max. Segmentlänge (m)	500	185	100	2000	1800	100 / 400

9.5.3   Das Funktionsprinzip von Ethernet

Die durch IEEE 802 spezifizierte Architektur für das Standard-Ethernet (10Base5) basiert auf der Festlegung von Funktionen auf den unteren zwei Schichten des OSI-Referenzmodells. Für Ethernet sind die Abschnitte 802.1, 802.2 und 802.3 von Bedeutung. 802.1 und 802.2 treffen allgemeine Festlegungen der LAN-Architektur und des Logical Link Control, die sich auf sämtliche im IEEE-Standard beschriebenen LAN-Typen beziehen. IEEE 802.3 legt speziell die Spezifikationen für eine neu eingeführte Data-Link-Sub-Schicht „MAC (Media Access Control)" fest (eine Unterschicht der Schicht 2), sowie Eigenschaften der Komponenten auf der physikalischen (Bit-Übertragungs-) Schicht (Schicht 1) fest.

802.1 Internetworking				
802.1	IEEE 802.2 Logical Link Control			
	802.3 CSMA/CD	802.3 Token-Bus	802.3 Token-Ring	802.3 ...
Adressing, Management, Architecture	Medium Access Sublayer	Medium Access Sublayer	Medium Access Sublayer	Medium Access Sublayer
	Physical Layer	Physical Layer	Physical Layer	Physical Layer

Abb. 9.35: Die Familie der IEEE 802 Standards

Der IEEE Standard 802.3 definiert im einzelnen:

- MAC (Media Access Control)
- PLS (Physical Line Signaling)

- AUI (Attachement Unit Interface)
- MDI (Medium Dependent Interface)
- PMA (Physical Medium Attachement)

Media Access Control, die MAC-Schicht ist gewissermaßen Schaltstelle zwischen den höheren Protokollen und der physikalischen Bit-Übertragungsschicht. Ihre Dienste sind der Austausch von Paketen mit der LLC (d.h. an die nächst höhere Schicht - Logical Link Control), die Aufbereitung von Frames (Data Encapsulation/Decapsulation) zum Senden bzw. Empfangen, sowie der Austausch von Paketen mit der Bit-Übertragungs-Schicht (d.h. an die nächst niedrigere Schicht) und die Übergabe der Frames zum Senden auf das Medium mit Regelung des Zugriffs (Access Management)

Die Aufbereitung von Datenpaketen (Frames) zum Senden erfolgt durch die Data Encapsulation. Von der LLC-Schicht werden Daten in Form eines Datagrammes (eigenständiges Datenpaket) übernommen. Ein Frame wird erzeugt und damit wird ein komplettes, über den Bus übertragbares, Datenpaket aufgebaut. Zu dem erstellten Paket wird der Cyclic Redundancy Check durchgeführt. D.h. es wird über alle Bits des Paketes eine Prüfsumme gebildet und in ein CRC-Feld eingetragen. Das Datenpaket wird an das MAC-Sende-Modul übergeben, wo es in einen seriellen Datenstrom zum Senden auf das Medium umgewandelt wird.

Beim Empfangen von Paketen erfolgt die Data Decapsulation. Alle Datenpakete werde an alle Stationen im Netz versendet (Broadcast - Rundfunk). Jede Station hat anhand der Empfängeradresse selbst festzustellen, ob ein empfangenes Paket für sie bestimmt ist und nur solche Pakete werden von der Station weiterverarbeitet. Anhand des CRC-Wertes wird das empfangene Datenpaket auf seine Vollständigkeit und Plausibilität hin überprüft. Dies geschieht dadurch, dass die empfangende Station einen CRC-Test durchführt und das Ergebnis mit dem empfangenen CRC-Wert vergleicht. Stimmt dieser nicht überein oder fehlen Daten, wird das Paket verworfen. Von einem gültigen Paket werden die Nutzdaten herausgetrennt, das Nutzdatenfeld wird daraufhin geprüft, ob es zwischen 46 und 1500 Bytes lang ist und ob seine Datenmenge ein Vielfaches von 8 Bit umfasst. Werden hier Fehler entdeckt, wird das Paket ebenfalls verworfen. Ein als intakt erkanntes Datenfeld wird an die LLC-Schicht übergeben.

Die Datenübergabe an das Medium erfolgt mit CSMA/CD. Alle Stationen hängen am selben Medium und nutzen gemeinsam die vorhandene Übertragungsbandbreite. Alle Teilnehmer sind gleichberechtigt, d.h. sie konkurrieren um die Möglichkeit zur Übertragung, sie stehen im Wettstreit. Die Protokollschicht Medium Access Control (MAC) muss daher sicherstellen, dass nicht zwei oder mehr Stationen versuchen, gleichzeitig Daten auf das Medium zu übertragen. Zu diesem Zweck wird von Ethernet das Zugriffsverfahren Carrier Sense Multiple Access mit Collision Detection eingesetzt.

1. Alle Stationen horchen permanent den Kanal ab, das bezeichnet man als „Carrier Sensing". Eine übertragungswillige Station prüft, ob bereits Daten über das Netz laufen oder ob der Bus frei ist.

2. Wird der Kanal als frei erkannt, d.h. im Zustand „Idle" wahrgenommen, beginnt die Station ihre Übertragung, jedoch erst nach einer Verzögerung um

9,6 Mikrosekunden. Dieser „Interframe Gap" bezeichnet den Mindestabstand, der zwischen zwei Datenpaketen auf dem Bus auftreten muss.

3. Wird das Medium als belegt registriert, stellt die Station ihre Übertragung zurück (Deferring), bis es als frei erkannt wird und beginnt dann erneut mit der Übertragung.

4. Während der Übertragung wird der Kanal auch überprüft, ob eine Kollision auftritt. Bei kollisionsfreier Übertragung erkennt die Zielstation anhand der Empfängeradresse innerhalb des Datenpaketes, dass die Daten für sie bestimmt sind und nimmt diese auf . Die Übertragung ist damit abgeschlossen.

CSMA vermeidet Konflikte, schließt sie jedoch nicht aus. Es kann aber der Fall eintreten, dass eine Station den Kanal irrtümlich als frei registriert, obwohl bereits eine andere Station eine Übertragung abgesetzt hat, deren Signale aber noch nicht bei der übertragungswilligen Station angelangt sind. Sie wird daraufhin gleichzeitig mit der schon sendenden Station auf das Medium zugreifen und ihre Daten übermitteln. Es kommt zu einer Kollision: die beiden bitseriellen Signalströme überlagern sich, es tritt ein undefinierter Zustand ein und der Informationsgehalt der Sendungen geht verloren. Der Sender registriert das Kollisionssignal und bricht seine Übertragung ab. Wird die Kollision von einer der aktiven Netzstationen registriert, sendet diese ein Überlagerungssignal (Jam-Signal, das sind 4 - 6 Bytes beliebiger Daten) aus. Die beiden Sender-Stationen, welche die Kollision verursacht haben, erkennen auch dieses Jam-Signal und brechen daraufhin ihre Übertragung ab. Nach einer bestimmten Wartezeit (backoff time) wird ein erneuter Übertragungsversuch gestartet. Die Wartezeit nach einer Kollision wird durch einen Backoff-Algorithmus dynamisch verändert. Das Backoff-Intervall wird bei jedem vergeblichen Versuch verlängert. Nach 10 Fehlversuchen wird die Verzögerungszeit nicht mehr gesteigert; nach 16 gescheiterten Übertragungen werden die Sendebemühungen eingestellt und es wird eine Fehlermeldung erzeugt.

Die unterste Ebene des OSI-Refernzmodells definiert das Übertragungsmedium und die physikalische Umsetzung der Datenübertragung. Hier findet die Umsetzung der bitseriellen Datenströme in eine Folge elektronischer Signale statt. Codiert werden die Daten bei Ethernet nach dem Manchester-Code. Die Länge einer Bitperiode beträgt dabei 100 ns. In der Mitte jeder Bitperiode ereignet sich ein Spannungspegelsprung. Das Bit 1 wird durch einen Spannungswechsel vom niedrigen zum hohen, das Bit 0 vom hohen zum niedrigen Spannungsniveau dargestellt. Auf diese Weise ergibt auch eine Folge mehrerer gleicher Bitwerte kein gleichförmiges Signal. Die Spannungswechsel des Codes werden als Arbeitstakt genutzt; der Manchester-Code wird daher auch als selbsttaktender Code bezeichnet. Auf dem Ethernet-Kabel beträgt die Spannung zwischen -2,2 und 0 Volt.

Im IEEE Standard 802 wird die Funktion der OSI-Schicht 1 in eine Reihe von Dienstleistungsgrundelementen untergliedert und als Physikal Signalling Services der MAC-Schicht als Schnittstelle angeboten. Zum Medium hin lassen sie sich die Funktionen der Bitübertragungsschicht untergliedern in

●   Physical Line Signaling / PLS

●   Attachment Unit Interface / AUI

- Medium Attachment Unit / MAU, bestehend aus

- Physical Medium Attachment / PMA und

- Medium Dependent Interface / MDI

- Physical Line Signalling (PLS)

Das Physical Line Signalling liefert der MAC-Schicht Informationen zu Steuerung des Medienzugriffs nach dem CSMA/CD-Verfahren. Es signalisiert die verschiedenen Zustände des Mediums: „belegt", „idle", „Kollision ist aufgetreten". Baulich ist das PLS auf der (PC-) Netzwerkkarte integriert. Das Attachment Uni Interface (AUI) verbindet den Controller des Endgerätes mit dem an Übertragungsmedium angeschlossenen Transceiver (Kunstwort steht für Transfer Receiver, Übertrager/Empfänger). Es wird daher auch als Transceiver- oder Abzweig-Kabel, Branch bzw. Drop Cable bezeichnet. Die Medium Attachment Unit (MAU), auch als Transceiver bezeichnet, bildet die Verbindungsstelle zum Ethernet-Kabel. Die MAU enthält auch die Sende- und Empfangslogik und führt die Carrier Sense und die Collision Detection Funktion aus. Die zwei Subeinheiten der MAU sind:

- Physikal Medium Attachment (PMA) und

- Medium Dependent Interface (MDI)

Das PMA sendet bzw. empfängt serielle Bitströme im Austausch mit dem Medium. Ferner ist hier die Jabber-Funktion implementiert: ein Unterbrechungsmechanismus, der verhindert, dass eine Station das Medium unzulässig lange belegt. Keine Station darf länger als 30 ms am Stück senden (Sendefenster); danach wird von der MAU der Sendevorgang automatisch unterbrochen. Bei größeren Übertragungen mehrerer Stationen sind deren 30 ms lange Sendesequenzen ineinander verschachtelt, sodass die Stationen scheinbar gleichzeitig übertragen (Zeitmultiplexing).

Das MDI ist die physikalische Schnittstelle zum Medium. Sie ist baulich in verschiedenen Ethernet-Typen unterschiedlich ausgeführt. Beim 10Base5 Standard wird der Transceiver direkt auf dem Kabel (Yellow Cable) angeschlossen. Dazu wird die Isolierung aufgebohrt und ein Dorn (TAP) direkt mit der Kupferseele des Kabels in Kontakt gebracht. Beim 10Base2-(Thin Ethernet)-Standard wird der Transceiver direkt auf dem Ethernet Controller (im Endgerät) implementiert. Der Netzanschluss erfolgt über BNC-Buchsn und T-Stücke. Multiport-Transceiver (Fan-Out-Transceiver) erlauben den Anschluss mehrerer Endgeräte. Im Stand-alone-Betrieb machen sie die Bildung eines eigenständigen Mini-Ethernets möglich.

9.5.4   Der PC im Ethernet - Netzwerkkarten

Der PC als Arbeitsplatzrechner oder Server im Ethernet benötigt eine Netzwerk-Adapterkarte (Ethernet-Controller, NIC, Network Interface Controller) und ein netzwerkfähiges Betriebssystem. Nachfolgend werden einige Gesichtspunkte zu den Anforderungen an eine Ethernet-Karte bezüglich Durchsatz und Konfiguration aufgezeigt.

- Für ein 10-Mbit/s-Ethernet ist an und für sich der ISA-Bus ausreichend. ISA-Karten sollten jedoch nicht mehr verwendet werden, damit diese veraltete Technologie endlich auslaufen kann. ISA-Rechner verarbeiten wegen ihrer geringen Bustaktfrequenz und ihrer Busbreite von 8 bzw. 16 Bit nicht mehr als 3 MByte/s. Eine Migration von ISA-Rechnern zu 100Mbit/s-Ethernet ist daher nicht sinnvoll. ISA-NIC-Karten sollen daher nur noch an Rechnern ohne PCI-Slot eingesetzt werden.

- Der PCI-Bus ist für ein 10-Mbit/s Ethernet geradezu überdimensioniert. Den PCI-Datendurchsatz von 132 MByte/s kann das Netz nur zu 1 % weiterleiten. Erst ein 100-Mbit/s-Ethernet kann die Stärken des PCI-Busses umsetzen.

- PCI-Busmastering gilt als Universalstandard im PC-Bereich. Die Netzwerk Interface Controller Hardware ist auch sehr ausgereift, daher bestimmt hauptsächlich das Bussystem den Durchsatz . Busmastering-Karten mit Direct Memory Access können die Transferleistung um 50 bis 100 % steigern.

- Im Serverbereich sollte man NICs mit eigenem Prozessor einsetzten. Konkrete Produkte oder Chipsätze sind verfügbar.

- Die Konfiguration der NICs sollte durch Software, nicht durch Jumper erfolgen. Autosensing/Autonegotiation ist eine sehr nützliche Option. Hierbei handeln beim Verbindungsaufbau die Geräte automatisch den leistungsfähigsten gemeinsamen Kommunikationsmodus aus. Das ist eine besonders nützliche Option für heterogene Umgebungen, die sich gerade im Migrationsprozess befinden.

- Unterstützung von Full-Duplex durch die Nutzung von je zwei Adern zum gleichzeitigen Senden und Empfangen bei Twisted-Pair-Kabeln in Point-to-Point-Verbindungen kann die Leistungsfähigkeit sehr steigern. Dadurch verfügt man über zwei Durchsatzraten von 10 bzw. 100 Mbit/s.

9.6   X.25, Frame Relay, ATM, xDSL-ADSL

9.6.1   X. 25 - Datenpaketvermittlung und die Frame-Relay-Technik

Die bekanntesten Normen für digitale Schnittstellen stammen in Europa von der ITU (früher CCITT). Die ITU verwendet zur Kennzeichnung ihrer Empfehlungen Buchstaben und Zahlen. Die ITU-Empfehlungen der X-Serie beschreiben Protokolle und Schnittstellen in (digitalen) Datennetzen. Die bekanntesten sind X.21, X.25, X.400 und X.500.

Die Empfehlung X.25 ist eine Festlegung der Schnittstelle zwischen Endgerät (DEE) und Netz-Anschaltgerät (DÜE) für den synchronen Betrieb einer paketfähigen Datenendeinrichtung an einem öffentlichen Datennetz und umfasst sowohl den zeitlichen Ablauf als auch das Übertragungsformat. Die erste X.25-Empfehlung wurde 1976 in dem Orange-Buch veröffentlicht, zwischenzeitlich wurden 1984 das Rot-Buch, 1988 das Blau-Buch und 1993 weitere neue ITU-Empfehlungen erarbeitet.

Die X.25-Empfehlung orientiert sich an den untersten drei Schichten des OSI-Referenzmodells. In Schicht 1 erfolgt der physikalische Anschluss und die Bitübertragung, in Schicht 2, die Sicherungs- oder HDLC-Ebene (High Level Data Linc Control), die Leitungssteuerung und in Schicht 3 die Vermittlung der Pakete. Für die Schicht 1 werden die physikalischen und elektrischen Eigenschaften, Spannungspegel und Belegung der Verbindungsstecker beschrieben. Diese Eigenschaften sind in der Empfehlung X.21 zusammengefasst, die speziell für der Zugang zu öffentlichen Netzen entworfen wurde. Da der Großteil der anzuschließenden Endgeräte jedoch diese Schnittstelle nicht implementiert hat, gilt dafür auch die Empfehlung X.21 bis die zu dem weltweit verbreiteten Standard V.24 / RS-232-C kompatibel ist. Mit diesem werden jedoch nur Übertragungsraten bis 9.600 bit/s (19,2 kbit/s) abgedeckt, für höhere Übertragungsgeschwindigkeiten ist die X.21-Schnittstelle unbedingt erforderlich.

Bei X.25 werden zwischen den angeschlossenen Endeinrichtungen virtuelle Verbindungen betrieben, die auf logischen Kanälen laufen. Es gibt permanente und schaltbare virtuelle Verbindungen (permanent virtual circuit, PVC, und switched virtual circuit, SVC). An der Schnittstelle zwischen DEE und DÜE können logische Kanalnummern gebildet werden, wodurch sich 4.096 mögliche virtuelle Verbindungen für jede DÜE ergeben. Die Kommunikation wird mittels Kontroll- und Datenpaketen abgewickelt.

X.25-Schicht 3 bietet den anwendungsorientierten Schichten Auf- und Abbau von Endsystemverbindungen, Datentransport sowie Rücksetzen einer Verbindung und in Sonderfällen schnelle Signalübermittlung (Interrupt) an.

Paketierer/Depaketierer, packet assembler/disassembler (PAD) sind Protokollkonverter, die nichtpaketorientierte Protokolle in paketorientierte Kommunikationsprotokolle konvertiert. Datenendeinrichtungen, die ihre Daten nicht paketorientiert senden bzw. empfangen, müssen über sogenannte PAD-Einrichtungen, entweder in der Datenpaketvermittlungsstelle (posteigener PAD) oder durch Anpassungseinrichtungen beim Anwender (teilnehmereigener PAD), an ein X.25 Netz (z.B. das Datex-P-Netz) angepasst werden.

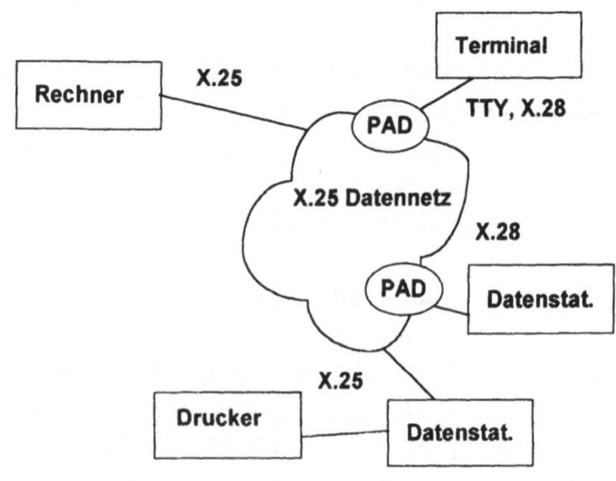

Abb. 9.36: X. 25 Datennetze

Frame- Relay bedeutet soviel wie Rahmen weiterleiten und ist ein mittelschnelles bis schnelles paketorientiertes Übertragungsprotokoll für Punkt - zu - Punkt-Verbindungen. Es unterstützt variable Paketlängen von 262 Bytes als Standardwert bis 8192 Byte (8 KByte). Frame-Relay arbeitet auf Schicht 1 und 2 des OSI-Modells und ist für Breitbandanwendungen geeignet. Es ermöglich Übertragungsraten von 64 kbit/s bis 45 Mbit/s.

9.6.2   Breitband-ISDN und ATM - Asynchron Transfer Modus

Zur Unterstützung von Breitbandanwendungen in der Datenverarbeitung aber insbesondere auch im Multimedia-Bereich wurde von der ITU das Breitband-ISDN (B-ISDN) auf der Basis des Asynchronen Transfer Modus, kurz ATM, definiert. B-ISDN wird als der breitbandige Anteil im ISDN verstanden, wobei aufgrund der ATM-Festlegung den Kommunikationspartnern keine feste Bandbreite wie beim normalen ISDN zugeordnet wird. Vielmehr erhalten Anwendungen flexibel nach Bedarf und Anforderung vom Netz Bandbreite zugeteilt. Das Übermittlungsverfahren basiert auf einem speziellen, vereinfachten Paketvermittlungsverfahren, das verbindungsorientiert arbeitet. ATM verwendet sehr kleine Pakete mit einer festgelegten, immer konstanten Länge von 53 Oktett. Um diese speziellen Pakete auch sprachlich von der Paketvermittlungstechnik abzugrenzen, werden sie als „Zellen" bezeichnet. Von den 53 Oktetten entfallen 5 auf den Zellenkopf, der zu Leitung der Zelle durch das Verbindungsnetz dient. Durch die Belegung einer bestimmten Anzahl von Zellen in einer bestimmten Zeitdauer, ergibt sich eine bestimmte Bandbreite für die Verbindung. Typische Teilnehmeranschlüsse im B-ISDN haben Übertragungsraten von 155 Mbit/s bis 600 Mbit/s (in Pilotphasen sind Anschlüsse mit 2 bzw. 34 Mbit/s üblich).

B-ISDN ermöglicht Benutzern die standortübergreifende Nutzung von Multimedia-Diensten, Videokonferenzen, anspruchsvolle Grafikanwendungen im medizinischen Bereich, sowie im CAD/CAM und CIM Bereich. Es ist überdies stark im Einsatz für die Verteilung von Ton-, Bewegbild-Diensten wie „Video on Demand", für die schnelle Vernetzung entfernter LANs und als Ethernet-Alternative bei schnellen LANs im Gespräch.

9.6.3   xDSL und ADSL - Asymmetrical Digital Subscriber Line

ADSL steht für Asymmetrical Digital Subscriber Line und ist ein asynchroner digitaler Teilnehmeranschluss an ein Kommunikationsnetz. Es ist eine spezielle Ausprägung der xDSL-Technologie (HDSL, High bit rate Digital Subscriber Line; VDSL, Very high bit rate Digital Subscriber Line). Es handelt sich hierbei um ein digitales Übertragungsverfahren für verdrillte Zweidrahtleitungen, d.h. sie sind einsetzbar über den bereits verlegten Anschlussleitungen der Endbenutzer in der Telefonie im Ortsnetzbereich. Es ist geeignet für Breitbandanwendungen und ist insbesondere im Zusammenhang mit dem Internet von Bedeutung. Ein stabiler und umfassender Standard für ADSL ist seit 1997 verfügbar, erste breit angelegte Feldversuche gibt es seit 1999. Durch einen speziellen Netzabschluss beim Benutzer ist es mit ADSL möglich Breitbanddaten und gleichzeitig normale Telefonverbindungen über ein und die selbe Telefonanschlussleitung abzuwickeln.

9.7　Moderne Alternativen für Informationssysteme basierend auf Rechnernetzen - Das Client-Server-Prinzip

Die Entwicklung der EDV kann gesehen werden als eine ständige Verbreiterung de technologischen Basis an Möglichkeiten für die optimale Gestaltung vor Informationssystemen. Auch heute noch können alle klassischen (vielfach als veraltet angesehenen) Technologien für Lösungsansätze eingesetzt werden Es kommen jedoch laufend neue Ansätze hinzu. Grundlegendes Verständnis der Anforderungen aber auch der Möglichkeiten und Stärken unterschiedlicher Technologien ist daher erforderlich. Zwischen klassischen Großrechnersystemen, vernetzten Minirechnern oder Personal-Computern bis zu Netzwerk Lösungen mit verteilter Informationserarbeitung im Internet und Intranet reicht die Palette der Möglichkeiten, wenn man ein Informationssystem aufbauen soll.

Ausgangspunkt für die Entwicklung leistungsfähiger Informationssysteme bildet die klassische Großrechner- oder Zentralrechnertechnologie auf zentralen Großrechnern. Diese waren und sind bei diesem klassischen und bewährten Ansatz sowohl für das Führen umfangreicher Datenbestände, für die Anwendungsfunktionalität in Programmen, die Aufbereitung der Ergebnisse auf Bildschirmen und die Präsentation von Daten zuständig. Um die Lösungen direkt zum Benutzer zu bringen, wurden schon in diesem Ansatz durch Terminalnetze die Endgeräte möglichst am Benutzerarbeitsplatz aufgestellt. Die Rechnertechnologie wurde zu immer günstigeren Kosten verfügbar und mit Minirechnern oder mit Rechnern der mittleren Datentechnik bzw. je nach Anwendungsbereich durch Prozessrechner entstanden im Laufe der Zeit sehr stark spezialisierte Insellösungen. Die Datenbanktechnologie ermöglichte das eigenständige und konsistente Führen von Daten auf Datenbankrechnern. Durch die Fülle von Minirechnern in großen Organisationen ergab sich der Bedarf, Daten mehrfach zu erfassen, da sie in verschiedenen Systemen benötigt wurden und werden. Das war arbeitsintensiv und vor allem eine Fehlerquelle. Daher entstand die Anforderung, Daten durch Vernetzung der Rechner direkt zwischen Systemen auszutauschen. Rechnernetze entstanden, die die spezialisierten Systeme vernetzten. Durch die immer leistungsfähiger werdenden Netze, aber auch durch die immer komplexeren Anwendungen entstand zunehmend eine weitere Spezialisierung, nun jedoch nicht auf abgeschlossenen Rechnern, sondern in der Struktur von Anwendungen. Konsistente Pflege von Datenbeständen, wobei diese vielen Anwendungen gleichzeitig bereitgestellt werden, wird zunehmend eine Erfordernis. Hohe Anwendungsfunktionalität (ohne die zentral geführten Daten zu lange zu blockieren) und sehr benutzergerechte (möglichst grafische) Präsentation der Ergebnisse für den Benutzer sind Stand der Technik. Erreicht wird dies durch klar strukturierte, verteilte Anwendungen, basierend auf Anwendung-zu-Anwendung-Kommunikation nach dem Client-Server-Prinzip.

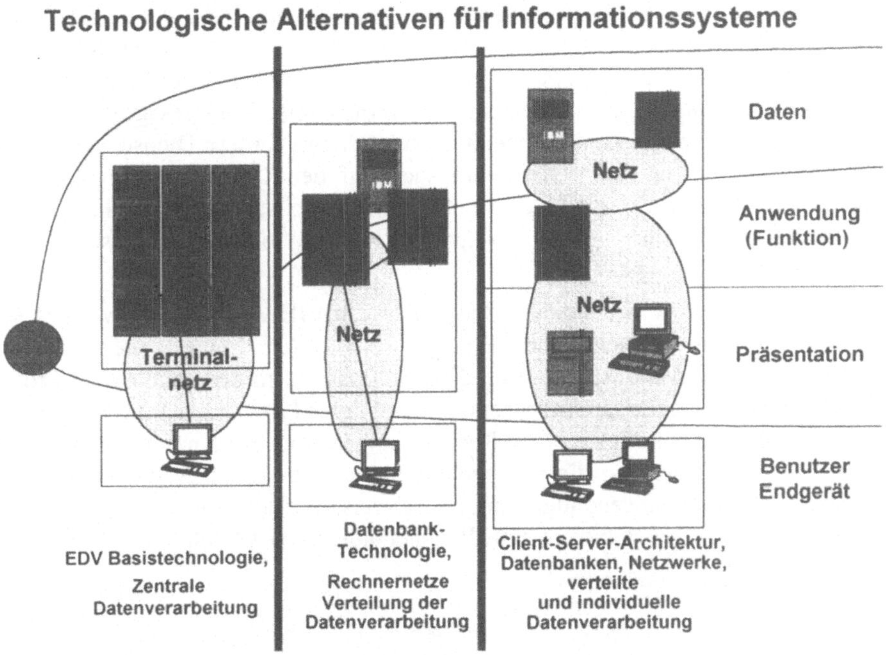

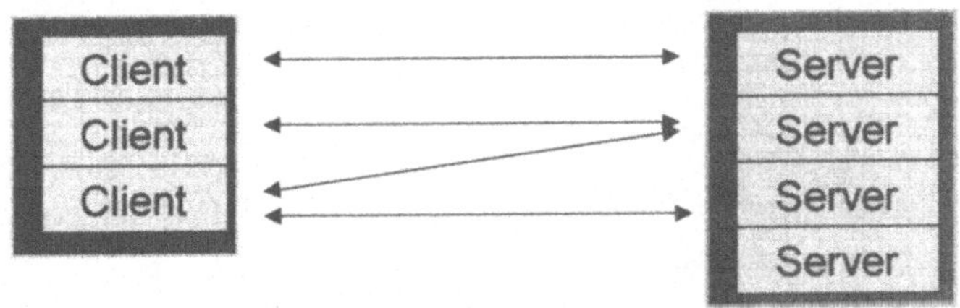

Abb. 9.37: Für moderne Informationssysteme kann man heute aus einem breiten Technologieportfolio schöpfen. Vom Zentralrechneransatz bis zu Client-Server-Lösungen

Abb. 9.38: Das Client-Server-Prinzip für vernetzte Informationssysteme

Das Client-Server-Prinzip in Netzen ermöglicht die Entwicklung besonders leistungsfähige und zuverlässiger, hochqualitativer Informationssysteme. Hierzu werden Anwendungen zumindest in zwei Teile aufgeteilt. Einen Server, der Dienstleistungen erbringen kann und einen Client der Anforderungen an den Server stellt und Ergebnisse weiterverarbeitet. Dadurch ergibt sich eine klare Strukturierung selbst sehr komplexer Aufgabenstellungen und eine vernünftige Möglichkeit zum Management der Komplexität. Um eine Verbindung aufzubauen, wartet ein Server-Prozess an einem vordefiniertem Dienstleistungszugriffspunkt (Port). Ein Client-Prozess fragt um eine Verbindung zu diesem Port an, eine Verbindung wird aufgebaut. Während der Verbindung schickt der Client-Prozess Anfragen zum

Server-Prozess, der Server-Prozess schickt Antworten zum Client-Prozess. Um eine Verbindung zu beenden, baut entweder der Server-Prozess oder der Client-Prozess die Verbindung ab. Client-Prozess (oder nur Client) und Server-Prozess (oder nur Server) können sowohl auf einem Computer lokal (z.B. ein Word-Dokument das Excel-Grafiken enthält), oder in einem Netz verteilt sein. Kurz gesagt lässt sich das Client-Server-Prinzip so beschreiben: autonome Clients fordern Dienste von Servern an. Dabei können in einem Netz und auch auf den Computern im Netz viele unterschiedliche Server und Clients nebeneinander existieren. Das Client-Server-Prinzip ermöglicht eine weltweite autonome Kooperation von Prozessen (sowohl Clients als auch Server).

Nachfolgend wird ein einfaches Beispiel in LabVIEW angeführt, welches sehr anschaulich das Client-Server-Prinzip z.B. für eine messtechnische Aufgabenstellung demonstriert. Bei diesem Beispiel fordert ein Client-Prozess Messdaten von einem anderen Prozess, einem Server-Prozess an. Eine Anwendung kann hierbei auf einem bestimmten Rechner eingerichtet werden, um Messwerte zu erfassen. Der Rechner und die Anwendung agieren als Server, wenn sie Daten auf Abfrage an andere Anwendungen, möglicherweise auf anderen Rechnern, liefern. Die anfordernden Anwendungen bzw. Rechner agieren als Client.

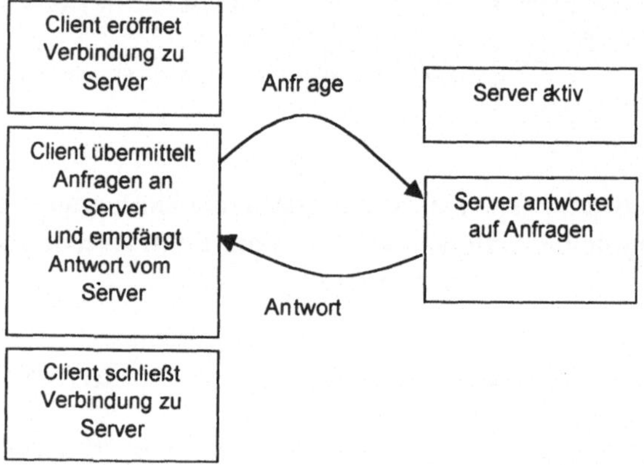

Abb. 9.39: Beispiel einer Client-Server-Anwendung

Das folgende Blockdiagramm und Frontpanel zeigt, wie ein Client in LabVIEW aufgebaut werden kann. LabVIEW eröffnet zunächst eine DDE-Verbindung zu einem Server. Anschließend werden bis die Stop-Taste gedrückt wird vom Server, Daten empfangen. Abschließend wird die Verbindung wieder geschlossen.

Eventuelle Fehler, die während der Datenübertragung auftreten, werden angezeigt.

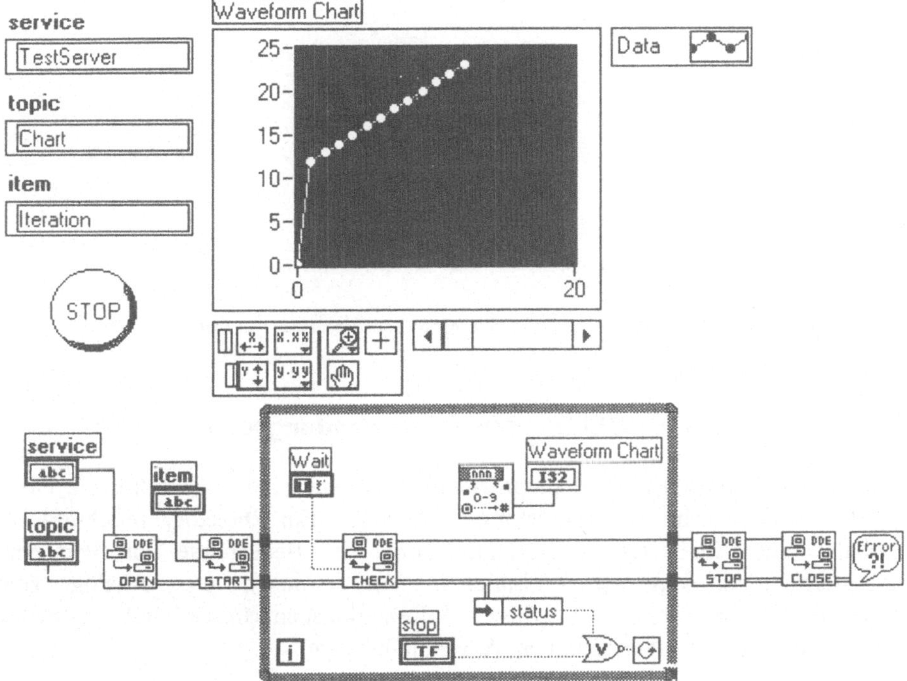

Abb. 40: LabVIEW-Programm eines Clients, der eine DDE-Verbindung zu einem Server unterhält

Nachfolgend wird ein Server-Programm in LabVIEW dargestellt. In diesem Programm wird eine While-Schleife solange ausgeführt, bis die Stop-Taste gedrückt wird. Der Index wird über eine DDE-Verbindung dem Client bereitgestellt.

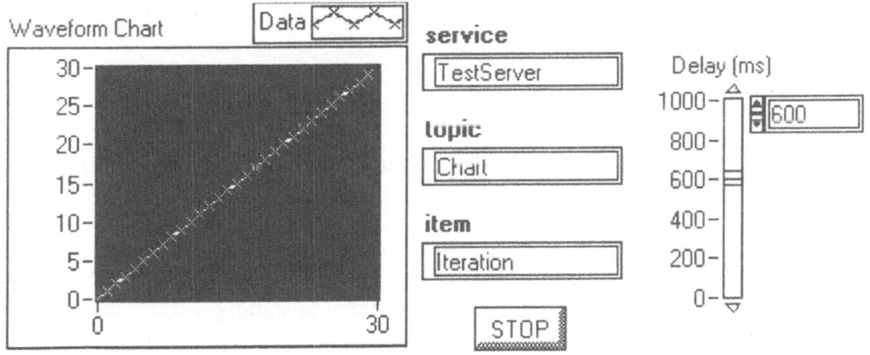

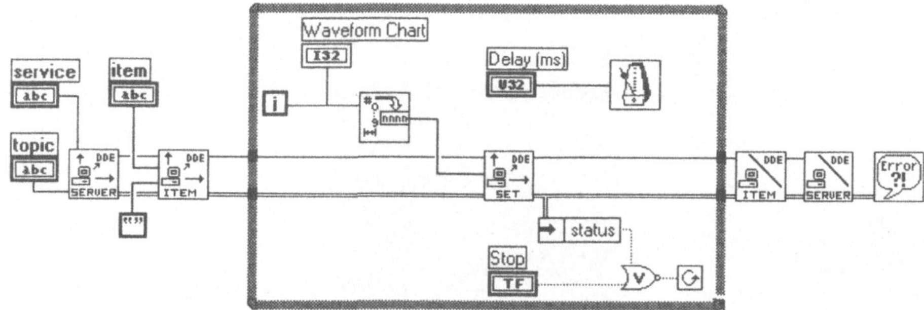

Abb. 9.41: Ein LabVIEW-Programm als Beispiel eines Servers

9.8　OSI-Dienste auf Anwendungsebene

Anwendungen, die im Netz kommunizieren, benötigen eindeutige Adressen. Diese werden in Verzeichnissen (Directories) verwaltet. Ein Directory reflektiert als globales Verzeichnis für die Kommunikation die Bedürfnisse von Personen, Diensterbringern, Benutzerorganisationen, Anwendungen etc. Analog zum Telefonbuch beziehen sich diese Informationsbedürfnisse auf Systeme, Netzteilnehmer, Teilnehmergruppen, Anwendungen etc.

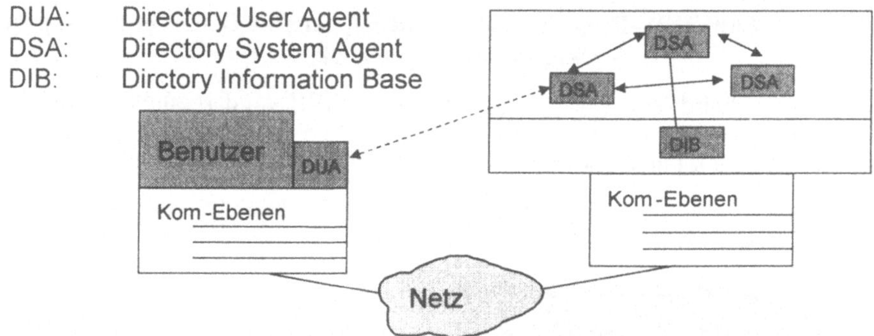

Abb. 9.42: Verzeichnisdienste - Netzwerkanwendungen zur Unterstützung der globalen Kommunikation

Dateien, die in Netzen die ausgetauscht werden, müssen von verschiedener Hardware, verschiedenen Betriebssystemen und Softwaresystemen gehandhabt werden können. Hierzu sind Netzwerk-File-Systeme zuständig. File Transfer Access and Management (FTMA) ist zuständig für den Zugriff und die Verwaltung von Dateien in Netzen. FTMA dient zum Übertragen von Dateien zwischen Systemen unterschiedlicher Hardware und Betriebssystemen. FTMA verwendet ein Virtuelles Filesystem, das unabhängig von den lokalen Dateiformaten ist. FTMA beinhaltet Einrichtungen für: File Transfer (Lesen, Schreiben ganzer Dateien), Zugriff auf

Files oder Teile davon und File Management (z.B. Erzeugen, Löschen, Lesen oder Ändern von Dateiattributen etc.)

Nachrichten für den Datenaustausch zwischen Anwendungen benötigen eine Standardisierung, die durch Electronic Date Interchange EDI (insbesondere EDIFACT) umgesetzt wird. EDI und EDIFACT ist standardisiert nach ISO 9735 und ITU/CCITT X.435. Standardisierter elektronischer Datenaustausch (Electronic Data Interchange - EDI) ist für den Austausch kommerzieller Nachrichten (Lieferscheine, Bestellungen, Rechnungen,...) zwischen Informationssystemen in elektronischer statt in Papierform entwickelt worden.. Elektronischer Austausch kann über Datenträger oder über Telekommunikationsnetze erfolgen. Die auszutauschenden Nachrichten bzw. Dokumente bestehen aus strukturierten Daten und sind für die Verarbeitung durch EDV-Anlagen bestimmt (und nicht für die Interpretation durch Menschen).

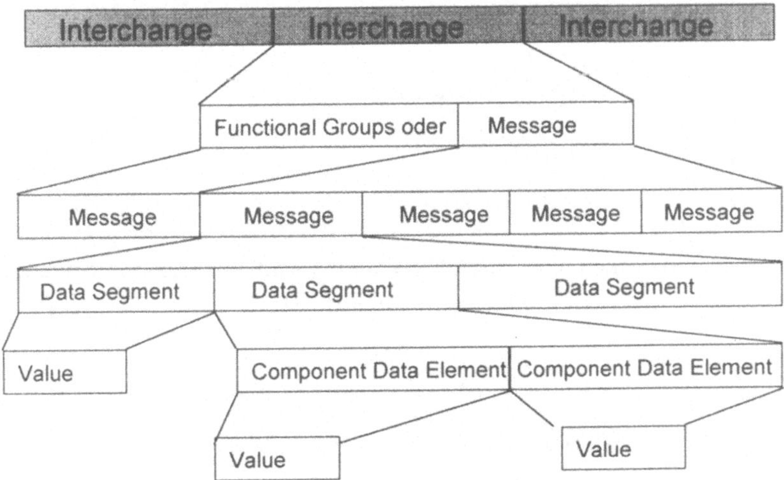

Abb. 9.43: Strukturierung von Nachrichten für den elektronischen Datenaustausch zwischen Anwendungen

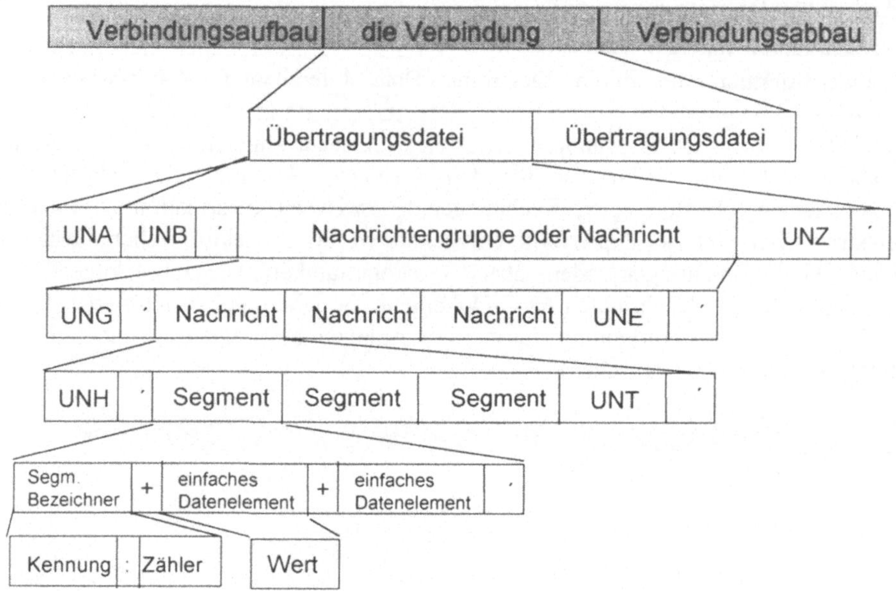

**Abb. 9.44: Struktur einer Datenübertragung und einer zu übertragenden
Datei basierend auf EDI**

10 Internet, Intranet, Extranet

10.1 Ein kurzer geschichtlicher Abriss

Die Ursprünge des Internet reichen in die 60er Jahre, die Zeit des „Kalten Krieges" zwischen den Weltmächten USA und Sowjet Union zurück. Im Departement of Defense, dem amerikanischen Verteidigungsministerium, wurden Überlegungen angestellt, wie man wichtige militärische Daten und Einrichtungen besser schützen kann. Selbst bei einem atomaren Angriff sollten wichtige Daten nicht zerstört werden können. Ein für die Verteidigung zuständiges Informationssystem sollte so aufgebaut werden, dass es nicht von einem zentralen Knotenrechner abhängig ist. Für das System durfte es nicht möglich sein, dass durch einen „Single Point of Failure" das Gesamtsystem funktionsunfähig wird. Als Lösung entstand ein elektronisches Datennetz, welches die gleichen Daten dabei auf mehreren, weit entfernten Rechnern abgelegt hat. Bei neuen oder geänderten Daten sollten sich alle angeschlossenen Rechner binnen kürzester Zeit den aktuellen Datenstand zusenden. Jeder Rechner sollte dabei über mehrere Wege mit jedem anderen Rechner kommunizieren können. So würde das Netz auch dann funktionieren, wenn ein einzelner Rechner oder eine bestimmte Leitung durch einen Angriff zerstört würde.

Die Advanced Research Projects Agency (ARPA - später umbenannt in DARPA, D steht für Devense) hat in Zusammenwirkung mit Forschungseinrichtungen dieses System geplant und als Projekt realisiert. Das Netz wurde daher ARPA-Net genannt. Ende 1969 waren die ersten vier Rechner an das ARPA-Net angeschlossen, 1972 waren bereits 40 Rechner im Netz. Sehr früh erfolgte die Festlegung auf UNIX als Betriebssystem. Zunächst war die Nutzung auf militärische Belange und Wissenschaftler in Universitäten und Forschungsinstituten beschränkt. Anfang der 80er Jahre wurde ein neues militärisches Datennetz, das Milnet aufgebaut und vom ARPA-Net abgekoppelt. Das ARPA-Net selbst wurde dem wissenschaftlichen Betrieb überlassen. Im zivilen Teil des Netzes nahm die Anzahl der angeschlossenen Rechner im Laufe der 80er Jahre sprunghaft zu, es wurde zum Internet. Heute ist das Internet „Das Netz der Netze". Es ist ein Informations-Verbundsystem, über das kleinere Einzelnetze zu einem Gesamtnetz wurden. Es wird daher auch sehr treffende als Backbone, als Rückgrat bezeichnet.

Großen Beitrag zur raschen Verbreitung des Internets hat das World Wide Web, auch WWW, 3W, Triple W oder kurz nur Web genannt, geleistet. Es handelt sich hierbei um eine sehr einfach zu bedienende Anwendung im Internet. Basierend auf sogenannten Hyperlinks ermöglicht das WWW den einfachen Zugriff auf Informationen und Anwendungen entfernter Rechner und Datenbanken über WWW-

Server und Browser. Entwickelt wurde das WWW 1990 in Genf auf Initiative vo
Physikern am Kernforschungszentrum CERN als weltweit verteilte, interaktive
Datenbank wissenschaftlicher Arbeiten zum Thema „Hochenergiephysik". Die erste
Version wurde vom britischen Quantenphysiker Tim Berners-Lee implementiert. Im
Sommer 1991 wurde das WWW erstmals im Internet bekanntgegeben
Benutzeroberfläche des WWW bilden sehr einfach zu handhabende Programme, die
Browser. Der erste Browser wurde 1992 vom CERN entwickelt. Die weltweite
Verbreitung erfolgte ab 1994, als besonders einfach zu bedienende Browser populä
wurden und über das Internet kostenlos verteilt wurden. Dadurch wurde eine
verbreitete Nutzung auch durch Nicht-Techniker möglich. Über das Internet und das
WWW gibt es eine Fülle guter Literaturquellen. Am besten und aktuellste besorg
man sich diese online aus dem Internet (www.webreference.com, www.weblehre.de,
www.selfhtml.de,   www.w3c.com   etc.).   Insbesondere   können   alle
Internetspezifikationen als sogenannte RFCs (Request for Comment) von jedermann
frei aus dem Internet bezogen werden.

10.2   Was ist das Internet und was versteht man unter
Intranet und Extranet

Das Internet ist ein Netzwerk von Netzwerken, die durch Kabel, Telefonleitungen
Funknetze oder Satellitenstrecken verbunden sind. Es ist weltumspannend, basiert
weitgehend auf dem Telefonnetz und benutzt die TCP/IP-Protokollfamilie. Es ist
durch ein enormes Wachstum und eine große Anzahl von Teilnehmern
gekennzeichnet. Einfacher Zugang zum Netz, einfache Handhabung des Netzes und
extrem kostengünstiger Betrieb sind die wesentlichen charakteristischen und
attraktiven Merkmale. Per 1996 waren mehr als 60.000 Netzwerke, 6 Million Hosts
und 30 Million Benutzer im Netz der Netze. Jeder Rechner hat im Internet eine
eindeutige Internetadresse. Benutzer können in Subnetzen vernetzt werden. Sie
müssen nicht über ihre Adresse, sondern können über einen eindeutigen, einfach zu
merkenden Namen angesprochen werden.

Das Internet ist also ein globales Netzwerk von Computern, die über eine
gemeinsame Sprache kommunizieren. Ähnlich einem internationalen Telefonsystem
liegen Besitz und Verwaltung des Gesamtsystems nicht in einer Hand, sondern sind
auf miteinander verbundene Subnetze verteilt, die als großes Netzwerk
zusammenarbeiten. Eigentlicher Kern des Internet ist das WWW, das World Wide
Web oder einfach das Web. Es bietet über Browser eine grafische, leicht bedienbare
Oberfläche zum Durchsuchen und Anzeigen von Dokumenten im Internet und hat
sich in extrem kurzer Zeit weltweit durchgesetzt. Diese Dokumente bilden aufgrund
der zwischen ihnen bestehenden Verbindungen ein Netz, ein „Web von
Informationen". Die Dateien, oder Seiten (pages), im Web sind miteinander
verknüpft. Es ist möglich von einer Seite zu einer anderen Seite zu wechseln, indem
auf spezielle Texte oder Grafiken, sogenannte Hyperlinks, geklickt wird. Seiten
können Nachrichten, Bilder, Filme oder Audiodaten (multimediale Information)
über beliebige Themen enthalten. Sie können sich auf Computern irgendwo in der
Welt auf einem Web-Server befinden. Wer mit dem Web verbunden ist, hat auf die
weltweit verfügbare Informationen im Internet Zugriff.

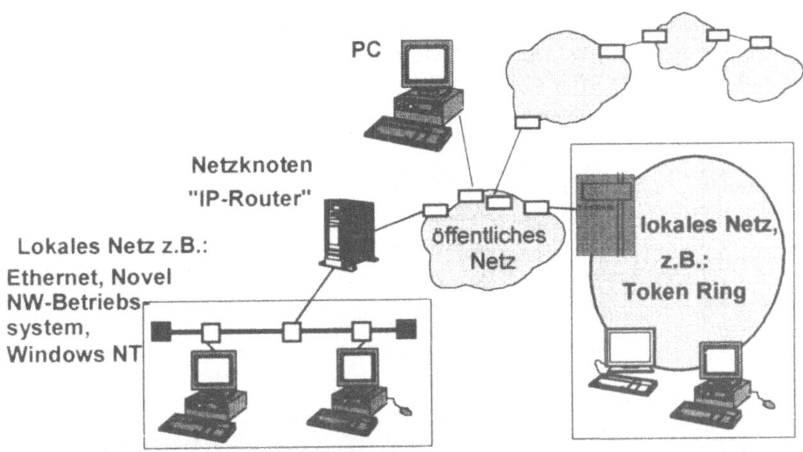

Abb. 10. 1: Das Internet, ein Netz von Netzen

Was ist nun ein Intranet? Die bewährte Internet-Technologie innerbetrieblich eingesetzt bezeichnet man als Intranet. Im Gegensatz zum allgemein und weltweit zugänglichen Internet, ist ein Intranet z.B. auf ein internes Firmennetz begrenzt. Dies kann sich auf ein LAN beschränken, es kann jedoch auch ein weltumspannend vernetztes, aber privat genutztes Netzwerk sein. Bei kleineren Unternehmen wird das Intranet vielfach nur über die eigene, hausinterne Netzverkabelung aufgebaut sein, bei regional oder global agierenden Unternehmen werden in der Regel die verschiedenen Entwicklungs- und Forschungsbereiche, Produktionsstandorte, Vertriebs- und Verwaltungsbüros zu einem großen Intranet gekoppelt. Im Intranet werden die üblichen Techniken und Anwendungen des Internets eingesetzt. Das beruht ganz pragmatisch auf wirtschaftlichen Erwägungen, da die dahinterstehenden Technologien einfach zu handhaben, bedienen und herstellerunabhängig sind. Beispielsweise kann ein Unternehmen Web-Server einrichten, die nur den Mitarbeitern zur Veröffentlichung von Firmenmitteilungen, Verkaufszahlen und anderen Firmendokumenten zugänglich sind. Die Mitarbeiter können auf diese Informationen über Web-Browser zugreifen.

Ein Extranet erweitert ein Intranet auf bestimmte ausgewählte externe Partner. Trotzdem ist es nicht wie das öffentliche Internet allgemein zugänglich, aber auch nicht wie ein privates Intranet völlig abgeschottet. Verbindungen werden über das öffentliche Internet hergestellt, sind aber nur für autorisierte Teilnehmer offen. Dabei wird nicht der Zugang zum gesamten Intranet gewährt, sondern nur zu klar abgegrenzten und meist zielgruppenspezifischen Teilbereichen. Hauptzweck eines Extranets kann in der Einbeziehung von bekannten Geschäftspartnern und wichtigen Kunden liegen, also im Bereiche der Business-to-Business-Kommunikation.

10.3   Internet-Dienste

TCP/IP ist ein Protokollsatz der Transport- und Netzwerkebene nach dem ISO-OSI-Referenzmodell, das es Rechnern ermöglicht, Ressourcen über ein Netzwerk zu teilen Der Ausdruck „TCP/IP" wird oft auch für andere Protokolle außer TCP und IP benützt und besteht aus vier Ebenen: Anwendungsebene (FTP, SMTP, HTTP), Transportebene (TCP), Vernetzungsebene (IP) und Netzzugangsebene (Ethernet, Token-Ring, Modem-Verbindung über RS-232)

OSI-Schicht   Dienste und Protokoll-Implementierungen im Umfeld von TCP/IP

OSI-Schicht	Dienste und Protokoll-Implementierungen im Umfeld von TCP/IP				
Application	File Transfer	Electronic Mail	WWW Hypertext	Terminal Emulation	Network Management
Presentation	File Transfer Protocol (FTP)	Simple Mail Transfer Protocol (SMTP)	... Transfer Protocol HTTP	TELNET Protocol	Simple Network Management Protocol (SNMP)
Session					
Transport	Transmission Control Protocol (TCP)			User Datagram Protocol (UDP)	
Network	Address Resolution	Internet Protocol (IP)		Internet Control Message Protocol (ICMP)	
Data Link	Die Netzwerkkarte (Ethernet, Token Ring) oder der Modemzugang				
Physical	Das Übertragungsmedium: verdrillte Zweidrahtleitungen, Koax, Glasfaser, Funk				

Abb. 10.2 : Die Einordnung der Internetdienste in das OSI-Modell

Die Vernetzungsebene (IP) verbindet viele LANs und benutzt ein unzuverlässiges Datagramm-Protokoll. Pakete können in Unordnung oder auch gar nicht ankommen. Internet-Protokoll-Router befördern Pakete an IP-Adressen. Nur IP-Verkehr, nicht der ganze darunterliegende LAN-Verkehr, wird befördert. Darum können diese IP-Router nicht von anderen Protokollen benutzt werden. Eine Sammlung von richtig konfigurierten IP-Routern bildet ein IP Netzwerk, ein Internet im engeren Sinne. Die Transportebene (TCP) bietet eine zuverlässige Verbindung für Anwendungen. Alle Daten kommen in der richtigen Reihenfolge an, Daten werden wieder verschickt, wenn ein Paket verschwindet (Fehlerbehebung) etc.. Identifiziert werden Verbindungen durch 16-Bit Portnummern. Eine TCP/IP-Verbindung ist durch ihren Ursprungs- und Bestimmungsort eindeutig identifiziert. Beide bestehen aus einer IP-Adresse und einer 16-Bit Portnummer. Zwei Rechner können mehrere gleichzeitige Verbindungen haben, Ursprung und Bestimmung können gleichzeitig Daten senden und empfangen.

Die Anwendungsebene benutzt zuverlässige TCP-Verbindungen, um „nützliche Arbeit" über das Netzwerk zu leisten: Anwendungsdienste basierend auf Protokollen der Anwendungsebene. FTP (File Transfer Protocol - Dateienübertragung zwischen beliebigen Rechnern), SMTP (Simple Mail Transfer Protocol - E-Mail), HTTP (Hyper Text Tranfer Protocol - World Wide Web), EDIFACT (Electronic Data Interchange for Administration Commerce Transport). Für die einzelnen Internet-Dienste wie World Wide Web, E-Mail, FTP usw. muss auf einem Rechner, der anderen Rechnern diese Dienste anbieten will, eine entsprechende Server-Software laufen.

10.3.1 Telnet

Telnet ermöglicht es, einen entfernten Rechner über das Internet so zu bedienen, als säße man direkt davor. Telnet stammt aus der UNIX Welt und bietet ein virtuelles Terminal über das Internet. Es erfordert das jeweilig, betriebssystemspezifische login (Anmelden) eines Benutzers an einem ans Internet angeschlossenen Rechners. Das Anmelden ist nur möglich, wenn man über eine User-ID und ein entsprechendes Passwort verfügt, d.h. wenn auf dem entsprechenden Rechner ein Benutzer-Account eingerichtet ist.

10.3.2 FTP - File Transfer Protocol

FTP ist ein Internet-Dienst, der speziell dazu dient, sich auf einem bestimmten Server-Rechner im Internet einzuwählen und von dort Dateien auf den eigenen Rechner zu übertragen (Download), oder eigene Dateien an den Server-Rechner zu übertragen (Upload). Ferner bietet das FTP-Protokoll-Befehle an, um auf dem entfernten Rechner Operationen durchzuführen, wie Verzeichnisinhalte anzeigen, Verzeichnisse wechseln, Verzeichnisse anlegen oder Dateien löschen. Es gibt eher einfache Basisdienste, die ASCII-Zeichen-orientiert arbeiten und praktisch auf jedem (internetfähigen) Rechner zur Verfügung stehen. Mit einem „get-Befehl" kann man Dateien von einem anderen Rechner holen, mit einem „put-Befehl" zu einem anderen Rechner senden. Es besteht also die Möglichkeit, auf Dateien von Rechnern zuzugreifen. Dazu muss man auf diesem Rechner jedoch als Benutzer entsprechende Berechtigungen, einen Account, haben. Es besteht jedoch auch die Möglichkeit per „anonymous FTP" auf reine FTP-Server als anonymer Benutzer zuzugreifen. Es gibt eine Fülle grafischer FTP-Programme, die häufig auch als Shareware vertrieben werden (z.B. „Cute FTP").

10.3.3 Electronic Mail, E-Mail

E-Mail oder elektronische Post ist der am meisten genutzte Internet-Dienst. Der Dienst erlaubt die persönliche Übermittlung von Nachrichten und Dateien von einem Sender an einen Empfänger. Wer an diesem Dienst teilnehmen will, braucht folglich eine eigene E-Mail-Adresse. Diese sind am @-Zeichnen etwa in der Mitte der Adresse erkennbar. @ steht für englisch „at" und heißt so viel wie also „bei". Vor allem im Geschäftsbereich verdrängt E-Mail nach und nach die herkömmliche Briefpost. E-Mails sind sehr preiswert und brauchen meist nur wenige Minuten vom Sender zum Empfänger, egal ob einige wenige oder mehrere tausend Kilometer zwischen ihnen liegen.

Moderne E-Mail-Programme können E-Mails in einer durchsuchbaren Datenbank speichern, sodass man vor längerer Zeit gesendete oder empfangene Mails leicht wiederfinden kann. Der MIME-Standard (Multpupose Internet Mail Extension), der sich bei E-Mails allmählich durchsetzt, erlaubt das einfache Anhängen beliebiger Computerdateien an ein Mail, sodass E-Mail auch für den individuellen Austausch von beliebigen Dateien geeignet ist und immer mehr Bedeutung gewinnt. E-Mail erfordert nicht, dass Sender und Empfänger gleichzeitig online anwesend sind. E-Mails werden in einem elektronischen Post Office abgelegt, von dem man sie abholt, wenn man gerade Zeit hat.

Ein normales E-Mail ist auf dem Weg vom Sender zum Empfänger etwa so geheim wie eine Ansichtskarte. Für vertrauliche Mitteilungen oder sensible Daten is es daher ungeeignet. Es gibt jedoch Verschlüsselungsverfahren wie PGP (Pretty Good Privacy), die das individuelle Kodieren und Dekodieren von E-Mails und angehängten Dateien erlaubt. Voraussetzung hierbei ist, dass sowohl Sender als auch Empfänger über eine entsprechende Zusatzsoftware verfügen und zuvor ihre Kodierschlüssel austauschen.

SMTP (Simple Mail Transfer Protocol) und POP (Post Office Protocol) sind die standardisierten Protokolle, die E-Mail-Diensten zugrunde liegen.

10.3.4 Gopher

Gopher ist ein Dienst mit einer menübasierten Bedienoberfläche zum Auffinden von Information oder zum Nutzen anderer Internet-Dienste wie FTP und Telnet. Er gilt heute als der Vorläufer des World Wide Web. Der Name kommt von „go for" und drückt damit aus, was der eigentliche Zweck dieses Dienstes ist: nämlich große Informationsbestände leichter durchsuchbar zu machen. Gopher ist für Anwender mit text- und tastaturorientierten Rechnern gut geeignet und hat kaum mehr eine praktische Bedeutung.

10.3.5 Suchdienste

Suchdienste oder Suchmaschinen (search engines) bieten die Möglichkeit per Schlagworten Dokumente mit entsprechendem Inhalt im Internet zu suchen und zu finden. Die gefundenen Dokumente werden als Liste angezeigt. Man kann aus den Listeneinträgen direkt zum Originaldokument verzweigen. Voraussetzung für das Finden der Dokumente ist der Eintrag des Dokuments auf einem entsprechenden Server.

10.3.6 Newsgroups - News, Usenet

Eine Newsgroup ist eine „Anschlagtafel im Internet", auf der Nachrichten hinterlegt werden können, die alle Besucher lesen können. Viele Newsgroups sind im Internet verfügbar. Jede Newsgroup behandelt einen Themenbereich und es gibt praktisch kaum einen Themenbereich, zu dem es nicht eine Newsgroup gibt. In Newsgroups werden Fragen gestellt und Antworten gegeben, es wird debattiert und wird rege diskutiert. Newsgroup-Dienste sind auf verschiedene Netze verteilt. Das größte und bekannteste ist das Usenet. Für Newsgroups gibt es spezielle Adressen wie „de.comp" oder „de.soc.weltanschauung". Wichtigsten Abkürzungen in Newsgroup-Adressen sind: alt (alternativ, bunt, verrückt), biz (Kommerzielles, jedoch keine Werbung), comp (Computer), de (deutschsprachig), misc (Sonstiges), news (Newsgroups zum Thema Newsgroups), rec (Freizeit, Hobby und Kunst), sci (Wissenschaften), soc (Soziales, Kultur, Politik), talk (Klatsch und Tratsch).

Um Newsgroups lesen und daran teilnehmen zu können, braucht man einen Newsreader, der in WWW-Browser zumeist enthalten ist. Um Newsgroups empfangen zu können, muss im Browser ein News-Server angeben sein. Nachrichten in Newsgroups sind hierarchisch organisiert. Irgend jemand positioniert eine Nachricht mit einem neuen Thema. Ein anderer antwortet auf die

Nachricht und bezieht sich dadurch auf das gleiche Thema. Weitere Teilnehmer können antworten. Auf diese Weise entsteht eine Baumstruktur von Nachrichten zu einem einmal begonnenen Thema. Technische Basis für Newsgroups bildet NNTP, das „Network News Transfer Protocol".

10.3.7 World Wide Web

Das World Wide Web (WWW) ist der jüngste Dienst innerhalb des Internet. Es zeichnet sich dadurch aus, dass es auch ungeübteren Anwendern erlaubt, sich im Informationsangebot zu bewegen. Die gewünschte Information erscheint gleich beim Aufruf am Bildschirm. Wenn man mit einem WWW-Browser „im Web unterwegs ist", braucht man sich nicht um Dateinamen oder um komplizierte Eingabebefehle zu kümmern. Für das bequeme Navigieren mit Hilfe einfacher Mausklicks hat sich die Bezeichnung „Surfen im Netz" eingebürgert.

Jede Web-Seite, einschließlich der Homepage einer Web-Site, so bezeichnet man eine zusammengehörende Web-Informationsbasis (Verzeichnis am Webserver), besitzt eine eindeutige Adresse, die als URL (Uniform Resource Locator) bezeichnet wird. Beispielsweise ist http://www.microsoft.com/home.htm eine Web-Adresse der Firma Microsoft. Die URL-Adresse gibt den Namen des Transportprotokolls, des Dienstes der verwendet wird und des Computers an, auf dem die Seite gespeichert ist sowie ev. den genauen Pfad zu dieser Seite.

Ein Web-Browser ist eine zentrale Komponente im Web. Es handelt sich hierbei um ein Programm zum Formatieren von Web-Dokumenten und zum Durchsuchen und Zugreifen auf Informationen im Web. Auf einem Web-Server, kann man Information in einem Unternehmens-Intranet oder im Internet veröffentlichen. Auf eine Anfrage durch einen Browser (Client) überträgt der Web-Server Daten mit Hilfe des Hypertext Transfer Protocols HTTP zum Web-Browser . Darüber hinaus ermöglichen Web-Server weitere Dienste. Das Web ist im wesentlichen ein System von Anfragen und Antworten. Web-Browser fordern Informationen an, indem sie eine URL-Adresse an den Web-Server senden. Der Web-Server antwortet mit der Rückgabe einer HTML-Seite (Hypertext Markup Language).

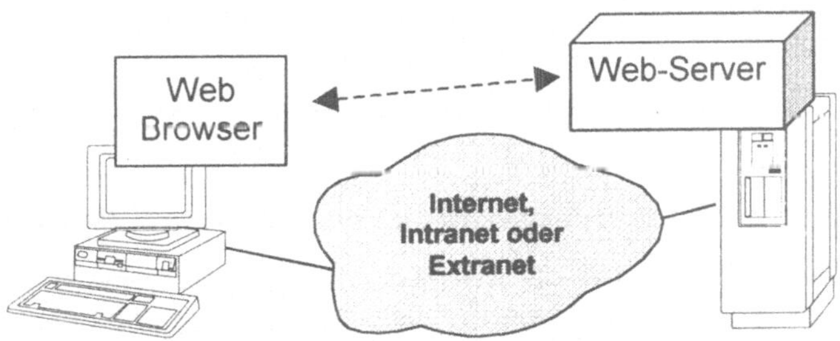

Abb. 10.3: Das Prinzip des WWW - Web-Server stellen Browsern auf Anforderung HTML-Seiten zu

Bei einer HTML-Seite handelt es sich entweder um eine statische Seite, die bereits formatiert und in der Web-Site gespeichert ist, um eine Seite, die vom Server dynamisch als Reaktion auf vom Benutzer gelieferte Informationen erstellt wird, oder um eine Seite, auf der die verfügbaren Dateien und Ordner der Web-Site zur weiteren Auswahl angeführt sind. Jede Seite wird durch eine eindeutige URL-Adresse identifiziert. Web-Browser fordern eine Seite an, indem sie einen URL an einen Web-Server senden. Der Server sucht anhand der Informationen in der URL-Adresse die gesuchte Seite und schickt sie dem anfordernden Browser. Ein URL-Adresse kann auch Informationen enthalten, die der Web-Server verarbeiten muss, bevor er eine Seite zurückliefert. Die Daten werden am Ende des Pfades angefügt. Der Web-Server startet mit diesen Daten ein Anwendungsprogramm, oder übergibt entsprechende Teile dieser Daten zur Verarbeitung an ein Programm oder an ein Skript. Das Ergebnis wird in Form einer Web-Seite zurück zum Browser geschickt. So lassen sich interaktive Anwendungen im Web erstellen.

Ein Web-Server reagiert auf eine Anfrage eines Web-Browsers mit der Rückgabe einer HTML-Seite. Die gelieferte Seite kann einem von drei Typen angehören: statische HTML-Seite, dynamische HTML-Seite oder Verzeichnislistenseite. Statische Seiten sind unveränderliche HTML-Seiten, die durch einen Autor bereits vor der Anfrage vorbereitet wurden. Der Web-Server liefert die HTML-Seiten an den Benutzer, führt jedoch keine besonderen weiteren Aktionen aus. Der Benutzer fordert eine statische Seite an, indem er eine URL-Adresse eingibt (in der folgenden Abbildung http://www.fhs-wels.ac.at/default.htm) oder auf eine Verknüpfung klickt, die auf einen URL zeigt. Die URL-Anfrage wird an den Server gesendet. Die Rückmeldung des Servers enthält die statische HTML-Seite. Auf die Angabe von default.htm (oder index.htm, home.htm) kann verzichtet werden da diese als Standardname, als „Homepage" vom Server bereitgestellt werden, wenn kein spezieller Dateiname angegeben wird.

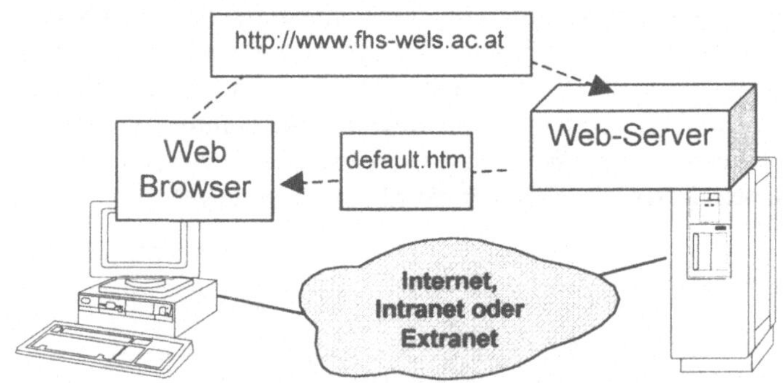

Abb. 10.4: Abruf einer Homepage von einem Web-Server

Dynamische Seiten werden als Reaktion auf eine Benutzeranfrage erstellt. Der Web-Browser sammelt Informationen, indem er eine Seite mit Textfeldern, Menüs und Kontrollkästchen präsentiert, die der Benutzer ausfüllt bzw. wählt. Wenn der Benutzer auf eine Schaltfläche in einem Formular klickt, werden die Daten des Formulars an den Web Server gesendet. Der Server übergibt die vom Benutzer angegebenen Daten entweder zur Verarbeitung an ein Skript bzw. an eine Anwendung, oder er verwendet sie für eine Abfrage bzw. zur Ablage in einer Datenbank. Das Ergebnis wird dem Benutzer in Form einer HTML-Seite mitgeteilt.

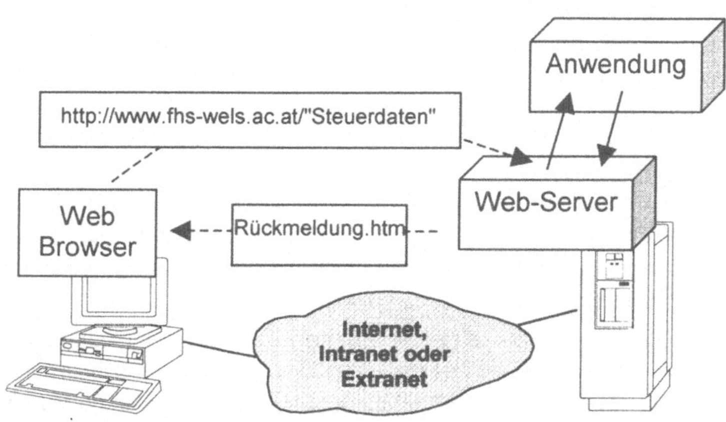

Abb. 10.5: Dynamische Webseiten ermöglichen interaktive Anwendungen im Web

10.3.7.1 HTML, die Sprache des Internet

HTML bedeutet HyperText Markup Language und steht für eine Sprache, die mit Hilfe von SGML (Standard Generalized Markup Language) definiert wird. SGML ist als ISO-Norm 8879 festgeschrieben. HTML ist eine Auszeichnungssprache, eine Markup Language, die die Aufgabe hat, die logischen Bestandteile eines Dokuments zu beschreiben. Als Auszeichnungssprache enthält HTML Befehle zum Markieren typischer Elemente eines Dokuments, wie Überschriften, Textabsätze, Listen, Tabellen oder Grafikreferenzen.

Das Beschreibungsschema von HTML richtet sich auf Dokumente und geht von einer hierarchischen Gliederung aus. Dokumente haben globale Eigenschaften wie zum Beispiel einen Titel und eine Hintergrundfarbe. Der eigentliche Inhalt besteht aus Elementen, wie einer Überschrift, einem Textblock, einer Grafik, einer weiteren Überschrift und z.B. einen weiteren Textblock. Einige dieser Elemente können wiederum Unterelemente besitzen. Ein Textblock kann zum Beispiel eine als fett markierte Textstelle enthalten oder eine Aufzählungsliste und eine Tabelle, die sich in einzelne Tabellenzellen (Zeilen, Spalten) gliedert. Die meisten dieser Elemente haben einen fest definierbaren Erstreckungsbereich. So geht eine Überschrift vom ersten bis zum letzten Zeichen, eine Aufzählungsliste vom ersten bis zum letzten Listenpunkt, oder eine Tabelle von der ersten bis zur letzten Zelle. Auszeichnungen markieren Anfang und Ende von Elementen. Um etwa eine Überschrift auszuzeichnen, kann folgendes Schema verwendet werden:

WWW-Browser, die HTML-Dateien am Bildschirm anzeigen, lösen die Auszeichnungsbefehle auf und stellen die Elemente in optisch entsprechender Form am Bildschirm dar. Dabei ist die Bildschirmdarstellung aber nicht die einzige denkbare Ausgabeform. HTML kann Information auch über das Audio-System des PC ausgegeben. Eine der wichtigsten Eigenschaften von HTML ist die Möglichkeit, Verweise zu definieren. Verweise werden als Hyperlinks bezeichnet und können zu anderen Stellen im eigenen Dokument führen, aber auch zu beliebigen anderen

Adressen im World Wide Web und sogar zu Internet-Adressen, die nicht Teil des WWW sind. Durch diese einfache Grundeigenschaft eröffnet HTML völlig neue Wege. Das Zugreifen auf Daten in räumlich weit entfernten Rechnern, wobei man nicht einmal wissen muss wo sich dieser befindet, wird bei modernen grafischen WWW-Browsern auf einen Mausklick reduziert. In eigene HTML-Dateien können Verweise eingebunden werden und dadurch inhaltliche Verknüpfungen zwischen eigenen Inhalten und denen anderer Autoren hergestellt werden. So ist es z.B. möglich in einem Dokument nicht nur Quellen im Inhaltsverzeichnis anzuführen, sondern es kann direkt ein Link hierauf erstellt werden. Auf dieser Grundidee beruht das World Wide Web und verdankt es seinen Namen.

HTML ist ein sogenanntes Klartext-Format. HTML-Dateien können mit jedem beliebigen Texteditor basierend auf ASCII-Zeichen erstellt und bearbeitet werden, der es erlaubt, ASCII-Texte abzuspeichern. Es sind keine komplexen und teuren Softwareprodukte erforderlich, die man zum Erstellen von HTML-Dateien benötigt. Es gibt zwar mächtige Programme, die auf das Editieren von HTML spezialisiert sind, doch das ändert nichts an der entscheidenden Eigenschaft, dass HTML nicht an irgendein bestimmtes, kommerzielles Software-Produkt gebunden ist. Da HTML ein Klartextformat ist, lässt es sich auch hervorragend mit Hilfe von Programmen generieren. Von dieser Möglichkeit machen beispielsweise CGI-Programme Gebrauch. CGI steht für Common Gateway Interface und bezeichnet eine Technik, die es WWW-Anwendungen erlaubt, Daten mit herkömmlichen Anwendungen auszutauschen. Wenn man im WWW zum Beispiel einen Suchdienst benutzt und nach einer Suchanfrage die Ergebnisse präsentiert bekommt, dann ist das, was man am Bildschirm geliefert bekommt, HTML-Code, der von einem Programm generiert wurde.

HTML ist als Auszeichnungssprache zum Erstellen von WWW-Seiten gedacht. HTML-Dateien funktionieren aber nicht nur im WWW. Es ist kein Problem, eine HTML-Datei auch lokal auf jedem Rechner mit einem WWW-Browser zu öffnen. HTML-Dateien sind deshalb auch ideal geeignet für lokale Dokumentationen, für CD-ROM-Oberflächen sowie für Readme- und Hilfe-Dateien.

Jede Auszeichnung auf einer HTML-Seite nimmt man mit Hilfe von sogenannten „Tags" vor. Ein Tag wird mit dem Kleiner-Zeichen (<) eingeleitet. Danach folgen das Kommando und meist noch einige Parameter. Das Ende des Tags kennzeichnet ein Größer-Zeichen (>). Ein Tag ist zum Beispiel <b>. Dieses legt fest, dass der nachfolgende Text „fett" (bold) gesetzt wird. Die meisten Kommandos erfordern es, dass außer dem Anfang auch das Ende der jeweiligen Formatierung gekennzeichnet wird. Am Ende einer Formatierung steht das gleiche Tag aber mit einem Schrägstrich davor. Das Tag </b> bestimmt, dass der nachfolgende Text wieder normal (ungefettet) dargestellt wird.

Jedes HTML-Dokument beginnt prinzipiell mit dem Tag <html>, das in die erste Zeile des Dokuments gesetzt wird und endet mit dem Tag </html>. Überdies gibt es ein paar grundlegende Layout-Vorgaben. So unterscheidet man zwei Bereiche:

1. den Kopf (Head), in dem einige grundsätzliche Definitionen stehen; dazu gehört vor allem der Text, der in der Titelzeile des Fensters dargestellt wird;

2. den Textkörper (Body); er enthält weiteren Text, aber auch Grafiken, Animationen etc. Die Tags, um diese zwei Bereiche zu definieren, lauten `<head>` und `<body>`

Eine Web-Seite muss also wie folgt aufgebaut sein:

```
<html>
<head>
<title>Meine erste Web-Seite</title></head>

<body>

Willkommen auf meiner Homepage!

...

</body>
</html
```

10.3.7.2 HTTP

HTTP (HTTP Version 1.1 gemäß RFC 2068) ist ein Protokoll auf Anwendungsebene für verteilte, kollaborative Hypermedia-Informationssysteme. HTTP ist seit 1990 verfügbar und erleichterte den Aufbau des Webs. Im OSI-Modell ist HTTP in der Anwendungsschicht angesiedelt und baut somit bei der Implementierung des Datentransfers und des Netzwerkroutings auf Protokolle der tiefer liegenden Schichten auf. Es können zwar auch andere Protokolle genutzt werden, HTTP wird aber hauptsächlich zusammen mit TCP/IP verwendet.

Das Protokoll HTTP ist auf Transaktionen ausgerichtet. Ein Client sendet eine Anforderung (Request) an einen Server und der Server reagiert darauf mit einer Antwort (Response). Die Anforderung besteht aus einer Anforderungsmethode (Request Method), einem Universal Resource Locator (URL), einer Protokollversion, Modifizierer für Anforderungen (Request Modifiers), Informationen über den Client und möglicherweise Inhalt im Body der Anforderung. Die Antwort besteht aus einer Statuszeile, welche die Protokollversion und einen Erfolgs- oder Fehlercode angibt, gefolgt von einer MIME-ähnlichen Nachricht, Metainformationen und möglicherweise einem Inhalt im Body der Antwort. Antwort ist normalerweise eine HTML-Datei oder eine Grafik, es sind jedoch viele verschiedene Dateitypen möglich. Wichtiger Bestandteil des Browsers ist der Parser. Der Parser zerlegt ein vom Server übermitteltes HTML-Dokument in seine Bestandteile, um seine Struktur zu analysieren und um zu erkennen, welche Elemente darin enthalten sind (Bilder, weitere Hyperlinks). Eventuell enthaltene Bilder werden sodann vom Server angefordert.

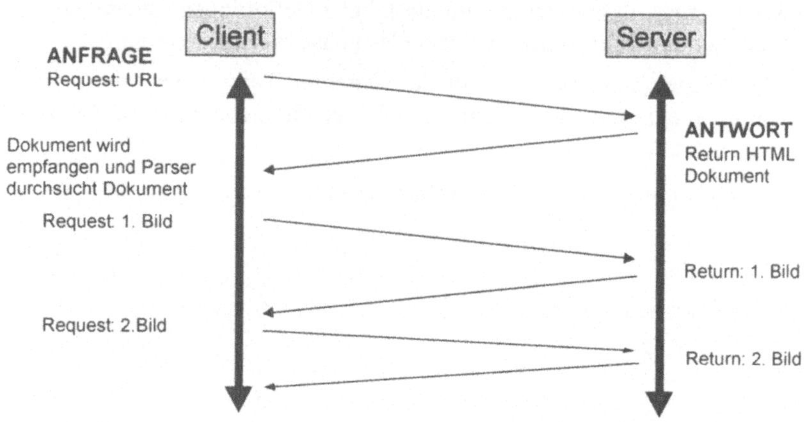

**Abb. 10.6: Typische HTTP-Transaktion
(Client fordert HTML-Seite mit zwei Bildern an)**

Es gibt eine Fülle von Techniken, um die Leistungsfähigkeit, insbesondere das Antwortzeitverhalten, zu verbessern. So ist es möglich, dass Clients zur Beschleunigung der Datenübertragung gleich über mehrere Verbindungen Inhalte eines HTML Dokumentes anfordern, d.h. dass sie zwei ausstehende Bildern nicht hintereinander sondern gleichzeitig anfordern.

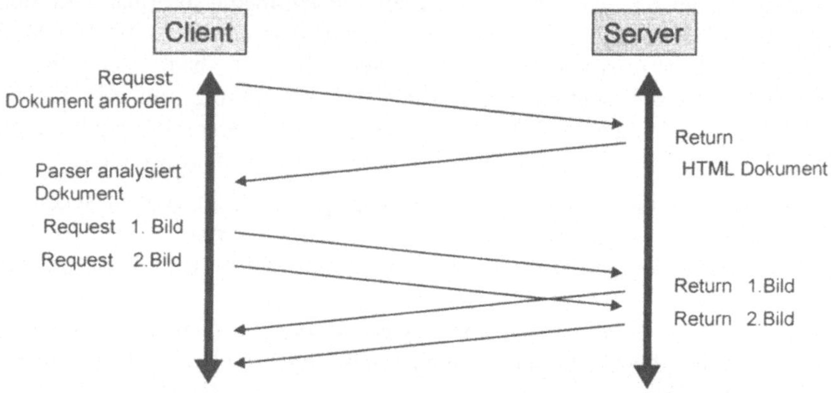

Abb. 10.7: HTTP-Transaktion: Client fordert zwei Bildern gleichzeitig an

Für den Aufbau dynamischer Web-Seiten mit CGI-Programmen wird ein Server vom Browser zumeist über ein Formular als URL auf ein CGI-(Common Gateway Interface)Programm verwiesen. Gewisse Eingabedaten für dieses Programm werden vom Browser mit der URL übergeben. Der Server leitet die Daten an das Programm weiter, übernimmt die entsprechende Antwort und bindet diese in ein HTML-Dokument ein, das er an den anfordernden Client übermittelt.

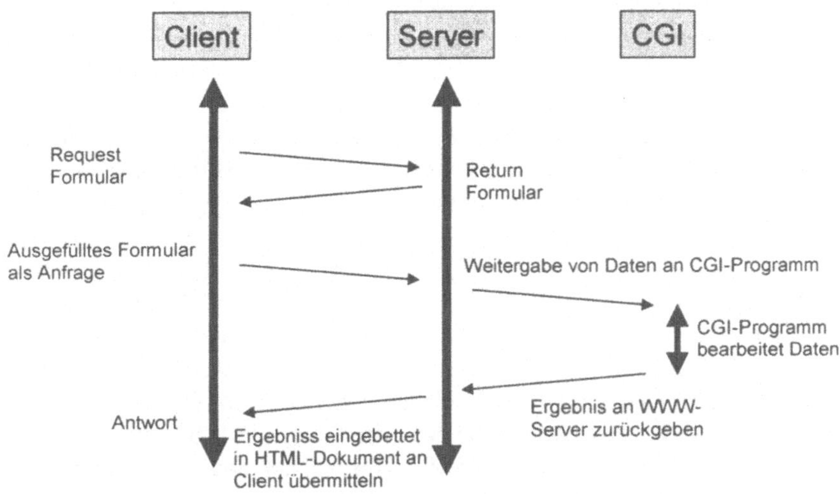

**Abb. 10.8: HTTP-Transaktion mit CGI-
Common Gateway Interface Anwendung**

10.4   Die Transportmechanismen im Internet

10.4.1 Adressierung im Internet und das Domain Name System DNS

Jeder Computer und jedes Netzwerk im Internet hat eine eindeutige Internet-
Adresse, zum Beispiel 196.12.104.151. Eine IP-Adresse in Dezimalschreibweise
besteht aus vier Zahlen im Bereich von 0 bis 255, die durch Punkte getrennt sind.
Eine typische IP-Adresse sieht also wie folgt aus: 169.12.224.5. Internetadressen
(RFC 790) bestehen aus einer Netzwerkadresse und einer Rechneradresse
(Hostadresse). Der erste Teil einer IP-Adresse ist die Netzwerkadresse, der zweite
Teil die Hostadresse. Wo die Grenze zwischen Netzwerk- und Rechneradresse liegt,
bestimmt ein Klassifizierungsschema für Netztypen, das aus nachfolgender Tabelle
ersichtlich wird.

Tabelle 10. 1: Klassifizierungsschema für Internetadressen

Netztyp	IP-Adressierung	Typische IP-Adresse
Klasse-A-Netz	**AAA**.xxx.xxx.xxx	**103**.234.123.87
Klasse-B-Netz	**BBB.BBB**.xxx.xxx	**151.170**.102.15
Klasse-C-Netz	**CCC.CCC.CCC**.xxx	**196.23.155**.113

Die oberste Hierarchiestufe bilden die Klasse-A-Netze. Nur die erste Zahl einer
IP-Adresse ist darin die Netzwerkadresse, alle anderen Zahlen sind Hostadressen
innerhalb des Netzwerks. Für Netzwerkadressen AAA solcher Netze sind Zahlen

zwischen 1 und 126 möglich, d.h. es gibt weltweit nur 126 Klasse-A-Netze. Eine IP-Adresse, die zu einem Klasse-A-Netz gehört, ist also daran erkennbar, dass die erste Zahl zwischen 1 und 126 liegt. Innerhalb eines Klasse-A-Netzes kann der entsprechende Netzbetreiber die zweite, dritte und vierte Zahl der einzelnen IP-Adressen seiner Rechner frei vergeben. Da alle drei Zahlen Werte von 0 bis 255 haben können, kann ein Klasse-A-Netzbetreiber bis zu 16,7 Millionen IP-Adressen an Host-Rechner innerhalb seines Netzes vergeben.

Die zweithöchste Hierarchiestufe sind die Klasse-B-Netze. Die Netzwerkadresse solcher Netze erstreckt sich über die beiden ersten Zahlen der IP-Adresse. Bei der ersten Zahl können Klasse-B-Netze Werte zwischen 128 und 192 haben. Eine IP-Adresse, die zu einem Klasse-B-Netz gehört, erkennt man also daran, dass die erste Zahl zwischen 128 und 192 liegt. Bei der zweiten sind Zahlenwerte zwischen 0 und 255 erlaubt. Dadurch sind etwa 16.000 solcher Netze möglich. Da die Zahlen drei und vier in diesen Netzen ebenfalls Werte zwischen 0 und 255 haben dürfen, können an jedem Klasse-B-Netz bis zu ca. 65.000 Hostrechner angeschlossen werden. Klasse-B-Netze werden vor allem an große Firmen, Universitäten und Online-Dienste vergeben.

Die unterste Hierarchie stellen die Klasse-C-Netze dar. Die erste Zahl einer IP-Adresse eines Klasse-C-Netzes liegt zwischen 192 und 223. Die Zahlen zwei und drei gehören ebenfalls noch zur Netzwerkadresse. Über zwei Millionen von Klasse-C-Netzen sind dadurch adressierbar. Vor allem an kleine und mittlere Unternehmen mit direkter Internet-Verbindung, auch an kleinere Internet-Provider, werden solche Adressen vergeben. Da nur noch eine Zahl mit Werten zwischen 0 und 255 übrig bleibt, können in einem C-Netz maximal 255 Host-Rechner angeschlossen werden.

Das derzeitige Adressierungs-Schema im Internet mit seinen 32 Bit langen Internetadressen wird den Anforderungen der Zukunft nicht mehr gerecht, daher gibt es bereits ein neues Adressierungsschema, IP-Version 6 oder IPv6 (RFC 1719, RFC 1883) mit einem Adressraum von 128 Bit.

Computer können mit Zahlen gut umgehen, Menschen in der Regel besser mit Namen. Deshalb hat man bei Internetadressen auch ein System ersonnen, das die numerischen IP-Adressen für die Endanwender in anschauliche Namensadressen übersetzt. Dazu wurde ein System geschaffen, das ähnlich wie bei den IP-Adressen hierarchisch aufgebaut ist. Eine Namensadresse in diesem System gehört zu einer Top-Level-Domäne und innerhalb dieser zu einer Sub-Level-Domäne. Jede Sub-Level-Domäne kann nochmals untergeordnete Domänen enthalten, muss es aber nicht. Die einzelnen Teile solcher Namensadressen sind wie bei IP-Adressen durch Punkte voneinander getrennt. Ein Beispiel einer Namensadresse ist fhs-wels.at.

Top-Level-Domänen stehen in einem Domänen-Namen an letzter Stelle. Es handelt sich um einigermaßen sprechende Abkürzungen. Die Abkürzungen, die Top-Level-Domänen bezeichnen, sind entweder Landeskennungen oder Typenkennungen. Beispiele sind de für Deutschland, at für Österreich, ch für Schweiz, com für kommerziell orientierte Namensinhaber weltweit, org für Organisation, net für Netz allgemein, edu für amerikanische Hochschulen und gov für amerikanische Behörden.

Jede dieser Top-Level-Domänen stellt einen Verwaltungsbereich dar, für die es auch eine „Verwaltungsbehörde" gibt, die für die Namensvergabe von Sub-Level-Domänen innerhalb ihres Verwaltungsbereichs zuständig ist.

Das System der Domänennamen wird DNS, Domain Name Service genannt und ist als ein Dienst implementiert, der auf Anfrage zu einem Domänennamen die korrespondierende Internet-Adresse liefert. Hierzu enthalten eigens konfigurierte Rechner, die Namen-Server, entsprechende Zuordnungstabellen. Die weltweite Zugänglichkeit der Internetinformationen wird von Namen-Servern gewährleistet. Jede Internet-Domäne muss über einen autorisierten Namen-Server verfügen. Dessen Informationen stehen auf mindestens zwei weiteren, topologisch von der Domäne getrennten „Secondary Name Servern" auch in Zeiten zur Verfügung, in denen die Domäne nicht erreichbar ist. Wenn bei einem Namen-Server ein Name, z.B. www.microsoft.com angefragt wird, gibt es drei Möglichkeiten.

1. Der Server kennt den Domänennamen und liefert die zugehörige Internet Adresse.

2. Der Server kennt den Namen nicht, aber er fragt andere Server nach dieser Adresse.

3. Weder der gefragte, noch andere Domain Name Server kennen die Domäne. Es kann keine Verbindung hergestellt werden.

10.4.2 Routing im Internet

Daten im Internet werden als einzelne Pakete autonom von einem Computer zu einem anderen auf Anforderung weitergegeben. Die Verbindung kann über verschiedene Netzwerke laufen, z.B. von einem LAN (Local Area Network) über verschiedene WANs (Wide Area Network) in ein anderes LAN. Die Verbindungsstellen zwischen verschiedenen Netzwerken sind von Routern besetzt. Als Kommunikationsstandard dienen im Internet die TCP/IP-Protokolle. Sie bestehen aus zwei Teilen.

Im Internet, als dem Netz der Netze, ist es zunächst nur innerhalb des eigenen Sub-Netzes möglich, Daten direkt von einer IP-Adresse zu einer anderen zu schicken. In allen anderen Fällen, wenn die Daten an eine andere Netzwerkadresse geschickt werden sollen, treten Router auf den Plan, die den Verkehr zwischen den Netzen regeln. Ohne Router gäbe es kein Internet. Die Beschreibung der möglichen Routen vom eigenen Netzwerk zu anderen Netzwerken sind in Routing-Tabellen auf den Routern festgehalten. Zu den Aufgaben eines Routers gehört es auch eine Alternativ-Route zu finden, wenn die übliche Route nicht funktioniert, etwa, weil bei der entsprechenden Leitung eine Störung oder ein Datenstau aufgetreten ist. Router senden sich daher ständig Testpakete zu, um das Funktionieren der Verbindung zu testen und für Datentransfers „verkehrsarme" Wege zu finden.

Wenn also im Internet ein Datentransfer stattfindet, ist keinesfalls klar, welchen Weg die Daten nehmen. Sogar einzelne Pakete einer einzigen Sendung können völlig unterschiedliche Wege nehmen. Wenn man beispielsweise von Österreich aus eine WWW-Seite aufruft, die auf einem Rechner in den USA liegt, kann es sein, dass die Hälfte der Seite über den Atlantik kommt und die andere über den Pazifik, bevor der WWW-Browser sie anzeigen kann. Weder der Benutzer noch der Browser merken davon etwas.

10.4.3 Das Internet Protocol IP

Die aktuellste Version der IP-Spezifikation ist derzeit RFC 791. IP behandelt die Protokollschicht, die in einem PC direkt über der Netzwerkkarte oder der Kommunikationsschnittstelle für eine Punkt-zu-Punkt-Verbindung (Modemanschluss) liegt und die eine Schnittstelle zu allen höher liegenden Protokollen bietet. IP stellt einen Mechanismus bereit, der Datenpakete, sogenannte Datagramme, über verbundene Computernetzwerke nach dem Paketvermittlungsprinzip von einer Quelle zu einem Ziel überträgt. IP garantiert hierbei weder die Zustellung der Pakete noch den Kontrollfluss. Es bietet auch keine Möglichkeit sicherzustellen, dass die Pakete in der Reihenfolge ankommen, in der sie gesendet wurden. Die eigentliche Kernfähigkeiten dieses Protokolls liegen im Bereich der Fragmentierung und Adressierung.

IP arbeitet auf der Grundlage von Internetmodulen, die auf allen Hosts, Routern und Gateways laufen müssen. Diese Module sind verantwortlich für die Fragmentierung von Datagrammen in kleinere Pakete und dafür, dass die Pakete beim Empfänger wieder neu zusammengesetzt werden. Dies ist notwendig, wenn Datagramme ein Netzwerk durchwandern, das eine Paketgröße spezifiziert, die kleiner ist als die der gesendeten Datagramme. Die Internetmodule sind auch verantwortlich für das Routing von Datagrammen zu ihren Zielen. Hierzu ordnen sie die Adressfelder, die im IP-Paketheader enthalten sind, eine anderen Gateway- oder einer Netzwerkadresse zu.

Vereinfacht ausgedrückt funktionieren Internetmodule wie folgt: Wenn eine Anwendung Daten zu versenden hat, übergibt sie als Argumente die Daten und die Zieladresse. Wenn sich die Zieladresse in einem anderen Netzwerk befindet, ermittelt das Internetmodul die passende Gatewayadresse, ergänzt den Datagrammheader und sendet das Datagramm zum Gatewayhost. Ein Internetmodul auf dem Gatewayhost greift das Datagramm auf und analysiert es. Es sendet dieses entweder an ein anderes Gateway oder, falls sich die Zieladresse des Datagramms im angeschlossenen Netzwerk des Gateways befindet, an einen lokalen Host. Nachdem das Modul die lokale Netzwerkadresse des Datagramms ermittelt hat, fordert es die lokale Netzwerkschnittstelle auf, einen Netzwerkheader zu erzeugen, mit dem das Modul das Datagramm verknüpfen kann. Anschließend sendet das Modul das Datagramm an den Zielhost.

Erreicht das Datagramm den Zielhost, entfernt die lokale Netzwerkschnittstelle den lokalen Netzwerkheader und übergibt das Datagramrn an das Internetmodul des Hosts. Das Internetmodul übergibt die Daten, die im Datagramm enthalten sind, an die entsprechende Anwendung auf dem Host.

Damit dieser doch sehr komplexe, aber in allen Einzelheiten klar spezifizierte, Vorgang automatisch ablaufen kann, muss jedem Paket die erforderliche Steuerinformation mitgegeben werden. Das geschieht im Header (Kopfinformation) des Paketes. Nachfolgendes Bild zeigt unter Bezug auf RFC 791 den Aufbau des Headers eines Internet-Datagramms.

0		1		2		3

0 1 2 3 4 5 6 7 8 9 0 1 2 3 4 5 6 7 8 9 0 1 2 3 4 5 6 7 8 9 0 1

Version	IHL	Type of Service	Gesamtlänge	
Identification			Flag	Fragment-Offset
Time to Live		Protokoll	Header-Prüfsumme	
Ursprungsadresse				
Zieladresse				
Optionen				Padding
Hier beginnt der Datenbereich				

Abb. 10.9: Header eines Internetdatagramms

Der Header des Internetdatagramms enthält umfangreich Felder, durch die jedes Internetmodul autonom in die Lage versetzt wird, die soeben besprochenen Mechanismen autonom auszuführen (dezentrale Steuerung). Der Header umfasst eine Versionsbezeichnung, ein Feld mit der Internet-Header-Länge IHL und einen Diensttyp (Type of Service), das ist ein Feld, das dazu dient, die Einstellungen für die Verzögerung, den Durchsatz, die Zuverlässigkeit und die Kosten eines Datagramms abzufragen. Das Feld Gesamtlänge legt die Gesamtlänge der Daten und des Headers fest. Obwohl die Gesamtlänge von Datagrammen 65.535 Oktette betragen kann (ein Oktett entspricht 8 Bits), muss ein Zielhost nur maximal 576 Oktette annehmen. Es ist deshalb ein großes Risiko, ein größeres Datagramm zu versenden. Wenn der Host größere Datagramme empfangen kann, ist der Versand natürlich sicher. Diese Größenangaben sind unabhängig davon, ob Datagramme als Ganzes oder in Teilen ankommen. Wenn ein Datagramm in fragmentierter Form (aus Teilen) eintrifft, wird es anhand der Felder Identification und Fragment Offset wieder zusammengesetzt. Ein Datagramm, das im Feld Flags die Angabe „nicht fragmentieren" enthält, bleibt intakt und wird ignoriert, falls die maximal zulässige Größe von Paketen in einem Netzwerk kleiner ist als die Größe des Datagramms. Das Feld gibt auch an, ob der Host das letzte Fragment empfangen hat und ob noch mehr Fragmente ankommen werden. Das Feld Time To Live gibt die maximale Zeitdauer in Sekunden an, die das Datagramm „am Leben bleiben" darf. Wenn der Wert in diesem Feld 0 erreicht, wird das Datagramm gelöscht. Jedes Modul, das Datagramme verarbeitet, muss diesen Wert um eins herabsetzen. Das gilt auch dann, wenn die Verarbeitungsdauer kürzer ist als eine Sekunde. Durch diesen Mechanismus wird sichergestellt, dass Irrläufer-Pakete nicht unendlich lang das Netz belasten können. Protokoll legt die nächste Protokollebene im Datenteil des Datagramms fest. Die möglichen Werte für dieses Feld sind in RFC 1700 festgelegt. Header-Prüfsumme ist ein Feld, das bei jeder Verarbeitung des Headers neu berechnet und verifiziert wird. Es schützt vor Übertragungsfehlern. Wenn ein Fehler entdeckt wird, kann mittels des Internet Control Message Protocol (ICMP) Bericht erstattet werden. Das Feld Optionen muss nicht unbedingt vorhanden sein. Es wird für die Sicherheit, loses oder striktes Sourcerouting, die Aufzeichnung des Routing und den Internet-Zeitstempel verwendet. Padding steht für Auffüllen und dieses Feld dient dazu, sicherzustellen, dass der Header bei der 32-Bit-Begrenzung endet. Quelladresse und Zieladresse als Felder enthalten die 32-Bit IP-Adressen.

10.4.4 Das Transmission Control Protocol (TCP)

TCP ist ein relatv zuverlässiges, verbindungsorientiertes Host-zu-Host-Protokoll. Es wurde so gestaltet, dass das Protokoll in die mehrschichtige Hierarchie von Protokollen passt, die Multinetzwerkanwendungen unterstützen. Die aktuellste Version der Spezifikation ist in RFC 793 enthalten. TCP geht davon aus, dass es für den Versand und den Empfang von Datagrammen variabler Länge auf ein Protokoll einer tieferen Ebene zugreifen kann, wie z. B. auf IP. TCP setzt jedoch nicht voraus, dass der Versand und Empfang auf dieser unterlagerten Ebene zuverlässig funktioniert. TCP liefert auf der Basis von IP Dienste in den Bereichen Datenübertragung, Zuverlässigkeit, Flusskontrolle, Multiplexing, Verbindungen, Prioritäten und Sicherheit.

TCP verbessert die Datenübertragung, weil das Protokoll kontinuierliche Datenströme an einen Host senden kann, indem es die Daten in IP-Datagramme packt und dann die Blockbildung und das Weiterleiten vornimmt, die bei den Übertragungen erforderlich sind. TCP stellt auch eine Push-Methode bereit, die sicherstellt, dass alle an TCP übergebenen Daten dem Empfänger unverzüglich zugestellt werden. Wenn Protokolle einer tieferen Ebene Pakete übermitteln, können die Daten beschädigt sein oder verloren gehen. Die Pakete können auch in der falschen Reihenfolge oder mehrmals gesendet werden. TCP bietet eine zuverlässige Datenübertragung, indem es jedem übertragenen Oktett eine Reihenfolge zuordnet. Der Empfänger nutzt diese Nummerierung, um die Reihenfolge der zugestellten Pakete zu korrigieren und Pakete zu finden und zu verarbeiten, die mehrfach empfangen wurden. Der Empfänger entdeckt auch beschädigte Daten, indem er eine Prüfsumme berechnet und mit der vom Sender übermittelten vergleicht.

TCP benötigt außerdem für jedes übertragene Oktett eine Bestätigung (ACK) vom Empfänger. TCP setzt daher eine Kopie der Daten in eine Warteschlange zur eventuellen Wiederholung der Übertragung. Es startet einen Timer und wartet auf das ACK. Wenn die Bestätigung eintrifft, wird die Kopie der Daten in der Warteschlange gelöscht. Wenn der Timer abläuft, bevor das ACK eintrifft, werden die Daten erneut übertragen.

Der Empfänger integriert ein „Fenster" mit Sequenznummern in das ACK, das vom Sender entgegengenommen werden kann. Dieses Fenster wird zur Kontrolle des Datenflusses eingesetzt und erlaubt es dem Empfänger, die Datenmenge anzugeben, die der Sender senden kann.

Anwendungen eines Hosts möchten Dienste von TCP eventuell multiplexen. TCP unterscheidet über Anschlussnummern, die mit den IP-Adressen verknüpft sind, zwischen den verschiedenen Anwendungen auf einem Host. 80 ist z. B. die Standardanschlussnummer für Webserver und 21 die Standardanschlussnummer für die Übertragung von Dateien mit FTP. Diese Kombination aus IP-Adresse und einer Anschlussnummer wird entsprechend der TCP-Spezifikation gemäß RFC 793 als Socket bezeichnet.

Eine eindeutige TCP-Verbindung ist ein Kommunikationspfad, der über ein Socketpaar identifiziert wird. Ein Socketpaar unterhält Statusinformationen über den Versand, den Empfang und die Bestätigung von Paketen und enthält Daten wie Sequenznummern und die Fenstergrößen. Eine Verbindung zwischen zwei Prozessen wird aufgebaut, wenn beide TCP-Sockets die erforderliche Statusinformation initialisiert haben. TCP-Verbindungen arbeiten im Vollduplexverfahren, was bedeutet, dass Daten in beide Richtungen gesendet werden können.

Sicherheit und Priorität der Kommunikation können über die Informationen im TCP-Header kenntlich gemacht werden. Der TCP-Header enthält keine Ziel- oder Quelladresse, weil der IP- Header diese Information bereits beinhaltet. Der TCP-Header ist im Datagramm dem IP-Header nachgeordnet und muss nur Informationen hinzufügen, die für sein Protokoll spezifisch sind. Der TCP-Header enthält die folgenden Felder (für Details siehe RFC 793).

0	1	2	3
0 1 2 3 4 5 6 7 8 9	0 1 2 3 4 5 6 7 8 9	0 1 2 3 4 5 6 7 8 9	0 1

Ursprungsport		Zielport	
Sequence Number			
Bestätigungsnummer			
Offset	Reserviert	Flags	Fenster
Prüfsumme		Dringlichkeitszeiger	
Optionen			Padding
Hier beginnt der Datenbereich			

Abb. 10.10: TCP-Header

Ursprungsport und Zielport sind 16-Bit-Felder, die zusammen mit den IP-Adressen das Socketpaar bilden, das die Verbindung kennzeichnet. Die Sequenznummer ist ein 32-Bit-Feld, anhand dessen die empfangenen Pakete in die richtige Reihenfolge gebracht werden können. Bestätigungsnummer ist ein 32-Bit-Feld, das die nächste Sequenznummer enthält, die der Sender erwartet. Fenster ist ein 16-Bit-Feld, das zur Kontrolle des Datenflusses eingesetzt wird. Das 16-Bit-Feld Prüfsumme wird verwendet, um beschädigte Daten zu erkennen.

Offset, ein 4-Bit-Feld, kennzeichnet, wo die Daten im Datagramm beginnen. Reserviert ist schließlich ein 6-Bit-Feld, das für den zukünftigen Gebrauch reserviert ist. Das Feld muss immer auf Null gesetzt sein. Unter Flags sind 6 Kontrollbits zusammengefasst mit nachfolgender Bedeutung:

URG: Wenn das Attribut URG gesetzt ist, informiert die TCP-Schicht die Anwendungsschicht asynchron darüber, dass dringende Daten eingetroffen sind. Das Urgent Pointer-Feld ist aktiviert.

PSH: Das Attribut PSH teilt der empfangenden TCP-Schicht mit, dass die Daten nicht gesammelt, sondern direkt zugestellt werden sollen (Push).

RST: Das Attribut RST wird benutzt, um die Verbindung zurückzusetzen. Das Attribut sollte nur gesendet werden, wenn ein Paket eintrifft, das ganz offensichtlich nicht für die aktuelle Verbindung bestimmt ist.

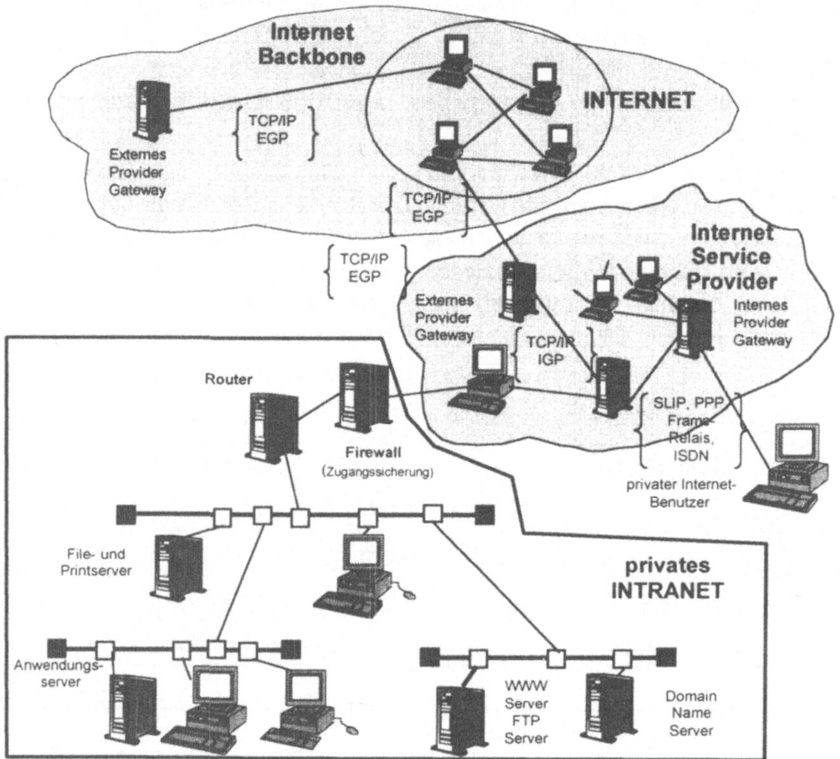

Abb. 10.11: Internet-Service-Provider und das Internet-Backbone

FIN: Mit dem Attribut FIN wird eine Verbindung getrennt. Beide Seiten müssen das Attribut FIN auf 1 setzen, bevor eine Verbindung abgebrochen werden kann. Damit wird sichergestellt, dass keine Daten verloren gehen, wenn eine Seite die Verbindung einseitig getrennt hat.

SYN: Das Attribut SYN wird in einem Prozess eingesetzt, der als dreiseitiges Handshake (Three-Way Handshake) bezeichnet wird. Dieser Prozess verhindert Verwirrung, wenn Duplikate alter Verbindungen initiiert werden, während eine neue TCP-Verbindung hergestellt wird. Durch den Vergleich der Attributwerte von ACK und SYN lässt sich der Empfang alter Pakete verhindern, die den Verbindungsprozess beeinträchtigen.

Der Dringlichkeitszeiger ist ein 16-Bit-Feld, das gültig ist, falls das Kontrollbit URG gesetzt ist. Der positive Offset wird zur Sequence Number addiert, um das Ende der dringenden Nachricht zu lokalisieren. Optionen ist ein 24-Bit-Feld, mit

Der Dringlichkeitszeiger ist ein 16-Bit-Feld, das gültig ist, falls das Kontrollbit URG gesetzt ist. Der positive Offset wird zur Sequence Number addiert, um das Ende der dringenden Nachricht zu lokalisieren. Optionen ist ein 24-Bit-Feld, mit dem z. B. die maximale Segmentgröße während des Verbindungsaufbaus festgelegt wird.

10.5   Sockets - die Programmschnittstelle zu TCP/IP

Der Übergang von einem Zustand in einen anderen in einer TCP-Verbindung wird durch Ereignisse wie z. B. eine Zeitüberschreitung hervorgerufen. Ereignisse können durch Benutzeraufrufe, ankommende Daten oder Zeitüberschreitungen (Time-Outs) bedingt sein. Zeitüberschreitungen können vom Nutzer, von einer wiederholten Übertragung oder von Wartezeit herrühren. Auch ankommende Daten, welche die Attribute SYN, ACK, RST oder FIN enthalten, können Ereignisse hervorrufen. Es gibt sechs TCP-Benutzeraufrufe, die Ereignisse hervorrufen können und jede TCP-Implementierung muss diese sechs grundlegenden Funktionen beinhalten, um die Interprozesskommunikation zu unterstützen:

- OPEN   • SEND   • RECEIVE
- CLOSE   • ABORT   • STATUS

Bereits kurz nachdem das Protokoll TCP entwickelt wurde, wurde es schon in den Kernel des Betriebssystems Berkeley Software Distribution UNIX (BSO UNIX) integriert. Die Funktionalität von TCP-Benutzeraufrufen gemäß RFC 793 steht seither Programmierern über Socketroutinen zur Verfügung. Daraus hat sich eine Standardprogrammierschnittstelle für die Entwicklung von TCP-Anwendungen entwickelt, die auch in die Windows-Betriebssystemfamilie durch Microsoft übernommen wurde. Windows-Sockets ist die entsprechende Programmierschnittstelle in Windows und sie basieren auf dem Standard der durch BSO UNIX vorgegeben wurde. Windows-Sockets ist eine offene Schnittstelle und Industriestandard für den Zugriff auf Netzwerkprotokolle, die in erster Linie für den Zugriff auf das Protokoll TCP/IP benutzt werden. Sie bilden ab Windows-Sockets 2.0 als Erweiterung jedoch eine protokollunabhängige Schnittstelle. Die Arbeitsweise von Sockets ist einfach gehalten und verläuft nach einem von zwei Schemata, je nachdem, ob der Benutzer ein Client oder ein Server ist. Diese Schemata werden nachfolgend kurz beschrieben.

10.5.1 Clients und Sockets.

Die Arbeit eines Clients beginnt, wenn ein Client mit der Socketfunktion einen Socket erzeugt. Der Client kann die Funktion „bind" aufrufen, um den Socket an eine Adresse und eine Anschlussnummer zu binden, die der Server benutzen kann, um Daten an den Client zu senden. Wenn der Client die Anschlussnummer 0 angibt, wählt TCP/IP einen nicht benutzten Anschluss aus dem Bereich 1024 bis 5000. Ähnliches gilt auch für den Client. Falls dieser versucht, eine Verbindung zu einem nicht gebundenen Socket herzustellen, wird der Socket automatisch an einen nicht benutzten Anschluss gebunden. Nachdem die Verbindung aufgebaut wurde, benutzt der Client die Funktionen „send" und „recv", um Daten an den Server zu senden und von diesem zu empfangen. Der Client trennt schließlich die Verbindung mit einem Aufruf der Funktion „closesocket". Dieses Schema wird im nachfolgenden Bild veranschaulicht.

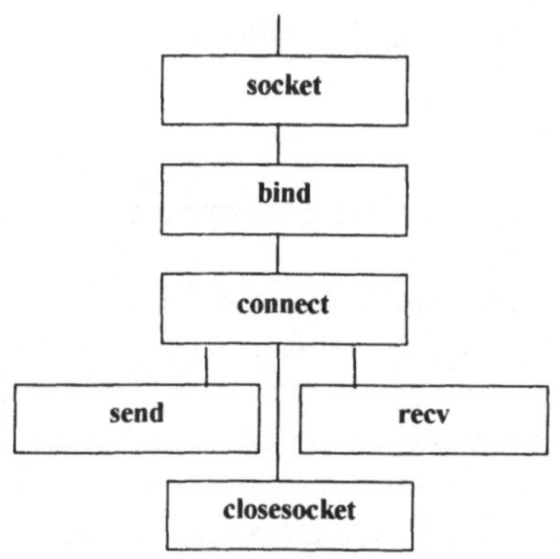

Abb. 10.12: Das Zusammenwirken des Clients mit dem Socket

10.5.2 Server und Sockets

Der Server wird aktiv, wenn er einen Socket mit der Funktion „socket" erzeugt und dann die Funktion „bind" aufruft, um den Socket an eine Adresse und eine Anschlussnummer zu binden. Der Client benutzt diese Adresse, um den Server zu lokalisieren. Die meisten Webserver verwenden Anschluss 80.

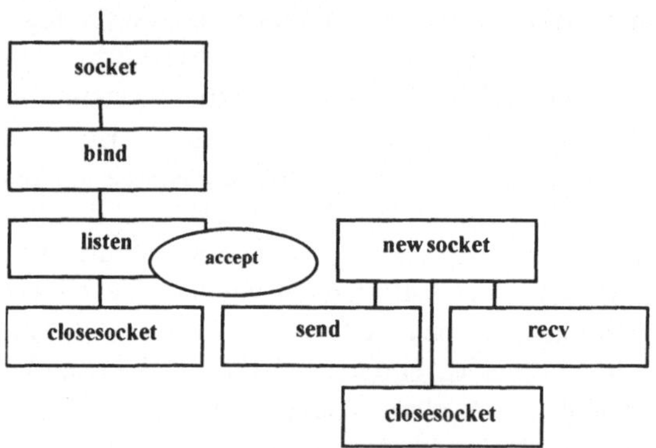

Abb. 10.13: Das Zusammenwirken eines Servers mit dem Socket

Der Server ruft die Funktion „listen" auf, um eine Warteschlange der noch ausstehenden Verbindungsanforderungen zu bilden. Mit der Funktion „accept" stellt der Server die Verbindung dann her, indem er einen neuen Socket zuweist, der die Kommunikation mit dem Client behandelt. Der Originalsocket verbleibt im Zustand „listen", um weitere Verbindungsanforderungen anzunehmen. Die neue Socketverbindung nutzt die Funktionen „send" und „recv", um Daten an den Client zu senden und von diesem zu erhalten. Der Server trennt die Verbindung schließlich mit einem Aufruf der Funktion „closesocket". Dieses Schema wird im obigen Bild veranschaulicht.

11 Prozessdatenerfassung und digitale Verarbeitung von Prozesssignalen

11.1 Einführung in die rechnergestützte Messtechnik

Rechnergestützte Messverfahren basieren im wesentlichen auf elektrischen Messverfahren. Bei diesen wird die eigentliche zu messende Größe zunächst in eine elektrische Größe umgewandelt und so weiterverarbeitet bzw. angezeigt. Direkte Messverfahren messen physikalische Größen durch Vergleich mit bekannten gleichartigen oder identischen Größen. Elektrische Messverfahren zur Messung physikalischer Größen bieten gegenüber den elektrischen viele Vorteile. Sie haben eine sehr hohe Empfindlichkeit und Auflösung und kommen mit sehr kleinen Leistungen aus. Elektrische Messgrößen lassen sich auch relativ einfach verstärken, wodurch es auch gelingt, sehr kleine Größen nachzuweisen und zur Anzeige zu bringen. Überdies sind elektrische Messverfahren sehr schnell, wodurch sie für Signale mit sehr hohen Grenzfrequenzen geeignet sind.

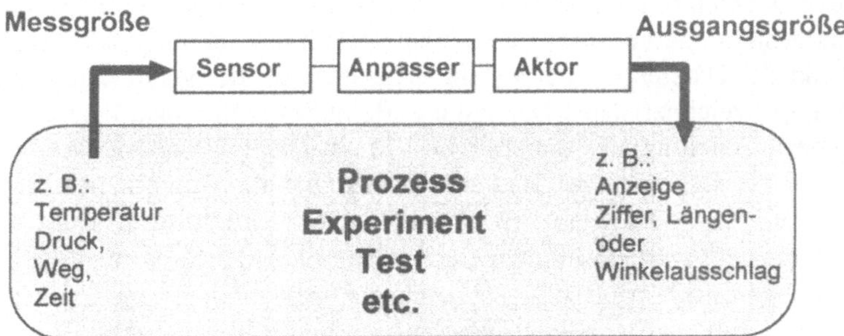

Abb. 11. 1: Aufbau einer elektrischen Messkette zur Messung physikalischer (nichtelektrischer) Größen

Die in der Technik interessierenden physikalischen Größen sind zumeist nichtelektrischer Art wie z.B. Temperatur, Druck, Kraft usw. und in den meisten Fällen analoger Natur. Die Grundstruktur eines Messdatenerfassungssystems lässt sich darstellen in einer Messkette aus Sensor, Anpasser und Aktor. Der prinzipielle Aufbau einer elektrischen Messkette zur Messung nichtelektrischer Größen ist im obigen Bild dargestellt. Die physikalische Größe Temperatur könnte beispielsweise auf eine Anzeige mit der physikalischen Größe Winkel (Zeigerausschlag in einem Anzeigeinstrument) dargestellt werden. In diesem Fall etwa könnte die Messkette aus einem Thermoelement mit nachfolgendem Verstärker und einem analogen Zeigerinstrument bestehen. Das im Bild dargestellte Prinzip beschreibt den Sachverhalt, dass eine physikalische Größe zuerst in ein elektrisches Signal umgewandelt, weiterverarbeitet und schließlich angezeigt wird. Zwischen den Gliedern der Messkette werden die Messsignale übertragen, wobei es wichtig ist, die Signale möglichst nicht zu verfälschen.

Vom Sensor (Messfühler) wird die zu messende Größe. erfasst und in ein elektrisches Signal umgeformt. Sensoren bedienen sich dabei physikalischer Effekte, z.B.: thermoelektrischer Effekt (Entstehung eines elektrischen Potentials an der Verbindungsstelle zweier unterschiedlicher Metalle bei Temperaturänderung, Temperaturabhängigkeit eines el. Widerstandes etc). Anpasser haben die Aufgabe, das elektrische Signal des Sensors spannungs- und widerstandsmäßig dem Aktor anzupassen. Dabei muss dem Aktor genügend Leistung zur Verfügung gestellt werden. Ein Anpasser kann auch die eventuell erforderliche Aufgabe der Linearisierung des Messsignals übernehmen. Das Signal ist nach dem Anpasser in der Lage, eine Anzeige oder sonstige Ausgabe zu aktivieren. Der Begriff Aktor beschreibt sowohl eine Anzeige als auch ein Stellglied im Prozess oder in der Anlage.

Für das Planen von Messeinrichtungen und deren Entwicklung und Betrieb sind übersichtliche Darstellungen in Form von Blackbox-Beschreibungen sehr nützlich. Das tiefe, verständnismäßige Eindringen in die interne elektronische Schaltungstechnik ist für den Anwender messtechnischer Baugruppen dabei in der Regel nicht erforderlich. In einer Zeit, in der zunehmend höchstintegrierte Schaltungen vordringen, werden diese Technikaspekte zunehmend auch von den Experten durch die Technologie „abgekapselt" und sind nur mehr im Sinne einer Blackbox handhabbar.

Komplexe Messeinrichtungen werden üblicherweise auf zwei unterschiedliche Weisen dargestellt: durch einen Geräteplan und durch einen Signalflussplan. Der Schwerpunkt der Darstellung beim Geräteplan liegt auf der gerätetechnischen Seite und auch in der zeichnerischen Darstellung. Beim Signalflussplan liegt der Schwerpunkt auf der Darstellung des Signalflusses (Messsignale und ihre Erfassung, Verarbeitung, Speicherung, Anzeige). Im Geräteplan sollen alle wesentlichen Messgeräte, Hilfsgeräte und Bauglieder, aus denen eine Messeinrichtung besteht, als Bild oder im Block dargestellt werden. Für den Geräteplan besteht keine Norm, allerdings gibt es Empfehlungen nach VDE/VDI 2600, die für Darstellungen im Geräteplan verwendet werden sollten. Der Signalflussplan ist eine abstrakte sinnbildliche Darstellung der funktionalen Zusammenhänge zwischen den Gliedern einer Messeinrichtung. Die Messkettenglieder werden sinnbildlich als Signalblöcke gezeichnet und durch Wirkungslinien miteinander verbunden. Gerätetechnische Gesichtspunkte bleiben unberücksichtigt. Signalblöcke werden als Rechtecke dargestellt. Durch Wirkungslinien sind die Signalblöcke miteinander verbunden und stellen so sinnbildlich die Wege der Messsignale dar. Die Wirkungsrichtung wird durch Pfeilspitzen an den Wirkungslinien angegeben, sie zeigt die Richtung der Übertragung an. Werden Messsignale addiert, laufen die Wirkungslinien an einer Additionsstelle zusammen, die durch einen Kreis gekennzeichnet ist. Verzweigt eine Wirkungslinie, wird diese Stelle durch einen Punkt gekennzeichnet. Ein Beispiel für einen Geräte- und einen Signalflussplan einer einfachen Füllstandsmessung zeigt nachfolgendes Bild.

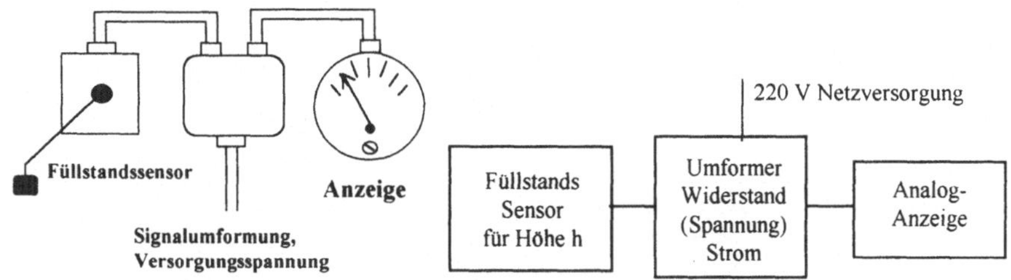

Abb. 11. 2 : Geräteplan und Signalflussplan für eine einfache Füllstandsmessung

Die technische Entwicklung insbesondere die Mikroelektronik begünstigt zunehmend die Tendenz, Methoden der analogen elektrischen Messtechnik durch digitale Techniken zu ergänzen bzw. zu ersetzen. Im Gleichgang mit dieser Entwicklung werden manuelle Messdatenerfassungs- und Auswertetechniken immer stärker ersetzt durch rechnergestützte und programmgesteuerte Verfahren. Solche Messdatenerfassungs- und Messdatenverarbeitungssysteme sind das Bindeglied zwischen der realen Welt, mit allen ihren physikalischen analogen Größen und den digitalen Systemen, die in der Datenverarbeitung und in der Automatisierungstechnik enormes zu leisten im Stande sind. Messsysteme im Verbund mit Rechnern führen u.a. folgende Aufgaben durch:

- Anpassung von Sensoren an das Automatisierungssystem,

- Messwerterfassung samt Analog-Digitalumsetzung

- Durchführen von Berechnungen

- Speicherung von Messwerten

- Präsentation der Ergebnisse,

- Aufbereitung von Daten für weitere Automatisierungsaufgaben

Anwendung finden rechnergestützte Messsysteme in der Prozess- und Automatisierungstechnik, der Qualitätskontrolle, in der Fertigungssteuerung, der Prozessregelung, in der Labormesstechnik und Analysentechnik und in vielen anderen Bereichen. Die wichtigsten Vorteile rechnergesteuerter Messverfahren sind die hohe Reproduzierbarkeit von Messungen, die Fehlersicherheit durch nichtmechanische Einstellungen und die unmittelbar druckreife Ausgabe der Messergebnisse über Drucker oder Plotter.

Für die digitale Verarbeitung von Prozesssignalen ist es zunächst erforderlich diese Prozesssignale zu erfassen. Erfassungssysteme für Prozesssignale oder Prozessdaten werden auch als DAQ oder Data-Acquisition-Systeme bezeichnet, wobei diese in der Regel auch die Ausgabe von Prozessdaten beherrschen. Prozessdatenerfassungssysteme umfassen also die direkte Ein- und Ausgabe von Prozesssignalen, damit diese mit einem Rechner als Steuer-, Verarbeitungs- und Speichereinheit weiterbehandelt werden können.

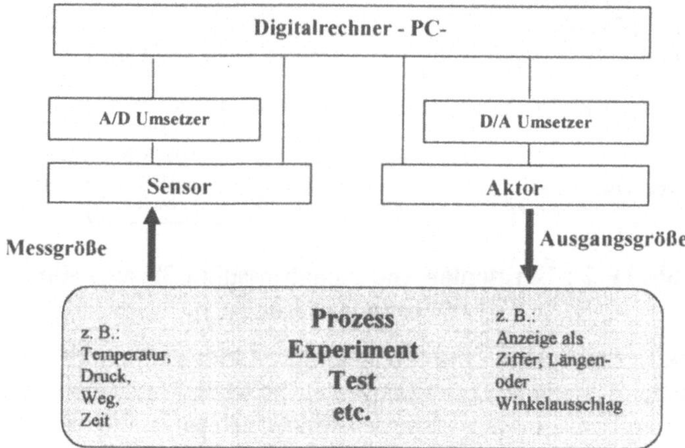

**Abb. 11. 3: Struktur eines rechnergestützten Datenerfassungs-
und Automatisierungssystems**

Unter Multifunktions-Datenerfassungssystemen versteht man im allgemeinen Einrichtungen die über mehrere E/A Funktionen verfügen, um

• analoge Eingänge und Ausgänge,

• digitale Eingänge und Ausgänge,

• Zähler/Zeitgeber Eingänge und Ausgänge

zwischen einem Rechner und einem technischen Prozess direkt auszutauschen. Sie sind eine zwingende Erfordernis für die direkte Verarbeitung von Prozesssignalen mit Digitalrechnern.

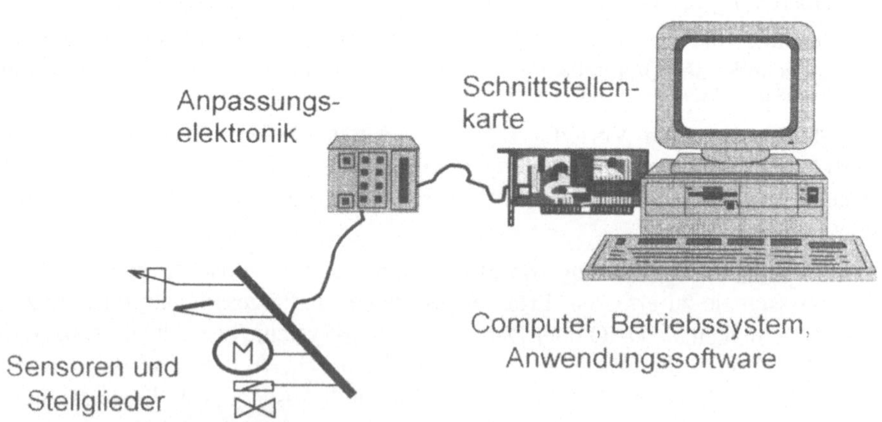

Abb. 11. 4: Komponenten eines Datenerfassungssystems für Prozessdaten

11.2 Systemaufbau, Struktur und Alternativen von Datenerfassungssystemen

In der Technik wird als Signal meist der Zeitverlauf einer physikalischen Größe bezeichnet. In elektrischen Messketten zur Messung physikalischer Größen ist das Signal vielfach ein Spannungs- oder Stromsignal als Abbild der eigentlichen physikalischen Größe über der Zeit. Nach dem zeitlichen Verhalten unterscheidet man:

- **statische Signale**, das sind Signale deren Wert zeitlich konstant ist,

- **stationäre Signale**, das sind solche, deren Kenngrößen konstant sind, z. B. Wechselspannung mit konstanter Frequenz und Amplitude,

- **quasistatische Signale**, deren Werte sich nur langsam ändern (die größte Gruppe der Signale sind quasistatische, wobei langsam hier nur relativ verstanden werden kann),

- **dynamische Signale**, deren Momentanwert sich schnell ändert, wobei auch die Änderungsrate von Bedeutung ist,

- **Ereignissignale**, deren sprunghafte Änderungen Informationen enthalten.

Entsprechend den unterschiedliche Anforderungen gibt es auch unterschiedliche Möglichkeiten für den Systemaufbau. von Datenerfassungssystemen. Schnittstellenkarten und Anpassungselektronik können mit dem Rechner in einem Gerät aufgebaut werden. Für Anwendungen die umfangreiche Signalaufbereitung oder eine große Anzahl von Signalkanälen benötigen, kann es jedoch vorteilhaft sein ein externes Gerät für die Prozessschnittstellen vorzusehen. Dieses kann mit dem Rechner über eine universelle Standardschnittstelle (V.24, parallele Druckerschnittstelle, USB, Ethernet) oder über eine spezielle Prozessschnittstelle (GPIB, Feldbus,...) kommunizieren.

11.2.1 Buskompatible Prozessschnittstellen - DAQ Einsteckkarten

Für Datenerfassungs-Einsteckkarten, d.h. Karten, die direkt an den Rechnerbus in einen freien Steckplatz eingesteckt werden können, gibt es mittlerweile einen großen Umfang an Möglichkeiten von kostengünstige Universalkarten bis zu sehr speziellen und eher teuren Hochleistungskarten. Durch DMA ermöglichen sie in der Regel eine hohe Datenflussrate direkt in den Speicher des Computers und haben nur einen geringen zusätzlicher Platzbedarf, da sie direkt im Computer installiert werden können.

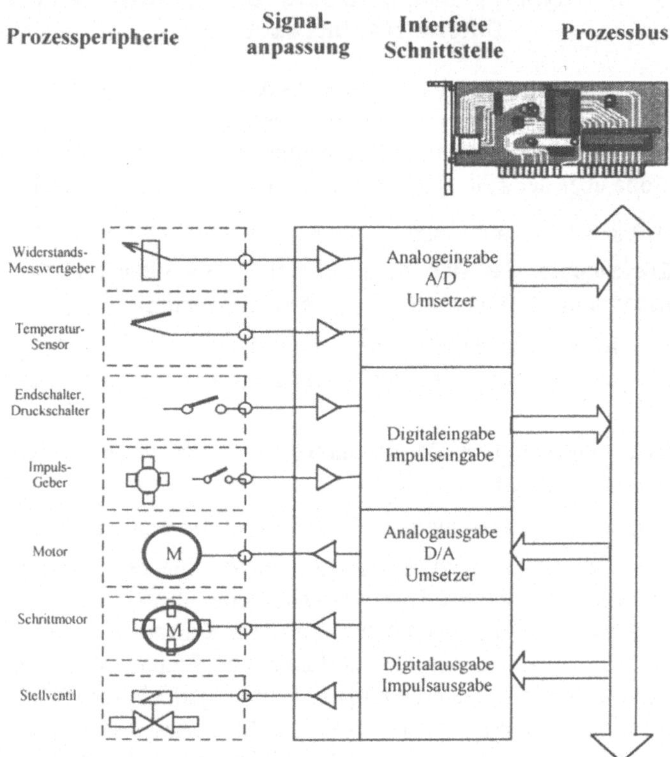

Abb. 11. 5: Buskompatible Datenerfassungskarten

Eine DAQ-Karte ist mit dem Rechner direkt über dessen internen Bus (PCI oder ISA) oder PCMCIA verbunden. Die Karte überträgt die Daten über diesen Bus direkt in den Speicher des Computers. Jeder Bus hat dabei seine spezifischen Vorteile. PCI ist der moderne Hochgeschwindigkeits-Bus mit der Fähigkeit, Daten mit 132 MBytes/s zu übertragen. DAQ-Geräte, die über einen PCI-Anschluss verfügen, sind Plug&Play-fähig und in einigen Fällen nutzen sie eine Eigenschaft, das Busmastering, um höchsten Datendurchsatz zu erreichen während gleichzeitig die CPU entlastet wird, sodass mehr Rechenleistung für andere Aufgaben zur Verfügung steht.

ISA ist der Vorgänger von PCI. Er unterstützt lediglich Datenraten bis zu 10 MBytes/s. Der ISA-Bus unterstützt den direkten Datentransfer von der Karte in den RAM des Rechners über DMA. Er kann jedoch keine Ressourcen teilen und es ergeben sich vielfach Probleme bei Plug&Play.

Eine insbesondere im Laptop-Bereich sehr verbreitete und vielversprechende Variante ist die Erfassung über PCMCIA-Karten. PCMCIA-DAQ-Karten sind Datenerfassungs- und Steuerelemente, die direkt in die PCMCIA-Schnittstelle eines Laptops oder Notebook-Computers gesteckt werden. PCMCIA-DAQ-Karten haben die Vorteile, dass sie kostengünstig, kompakt und sehr portabel sind. Es gibt bereits Multifunktionskarten mit analogen Ein-/Ausgängen, digitalen Ein-/Ausgängen und

Counter/Timer-I/Os. Der Bus ist Plug&Play-fähig und benutzt normalerweise Interrupts, um Daten in den Speicher des Rechners zu übertragen.

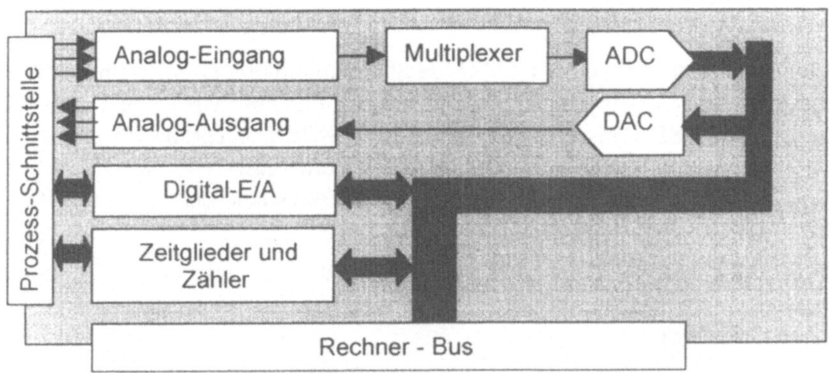

Abb. 11. 6: Typischer Aufbau einer DAQ-Einsteckkarte

11.2.2 Externe Systeme für die Prozessdatenerfassung

Externe DAQ-Systeme haben die Vorteile, dass sie in der Regel leicht erweiterbar sind und selbst für sehr große Kanalzahlen geeignet sind. Sie verfügen auch über einen leistungsfähigen und großen Umfang an Signalaufbereitungsmöglichkeiten. Es wird überdies kein Computerbus-Steckplatz benötigt.

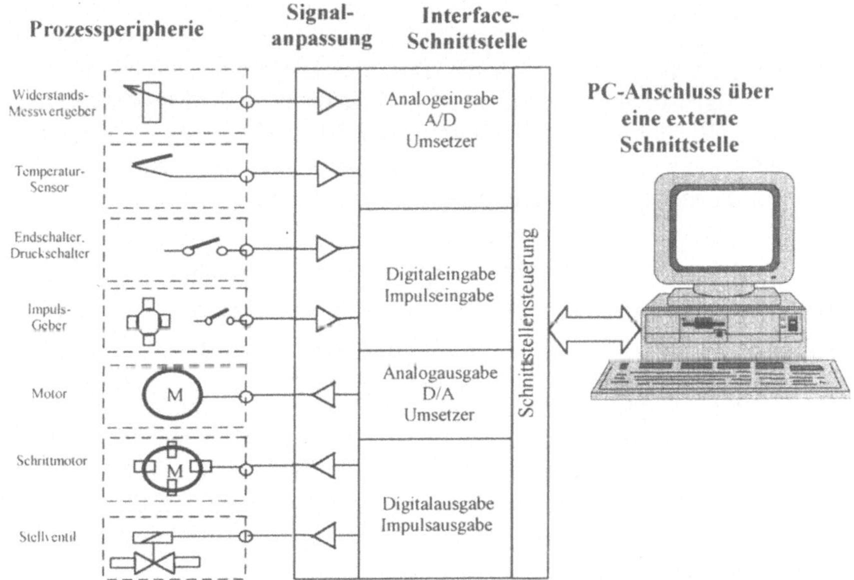

Abb. 11. 7: Externe Systeme für die Prozessdatenerfassung

Externe Datenerfassungssysteme ermöglichen eine Signalaufbereitung und Überwachung außerhalb des PCs. Typischerweise stützt sich die externe Datenerfassung zunehmend ebenfalls auf den PC und seine grundsätzlichen Speicher- und Verarbeitungsmöglichkeiten. Die Vorteile externer Datenerfassung sind die einfache Installation und die Austausch- sowie Ausbaubarkeit. Externe DAQ-Geräte lassen sich in zwei Kategorien einteilen:

- Lokal, darunter versteht man DAQ-Geräte in unmittelbarer Nähe zum Computer, die über das 1394-Interface (Datendurchsatz mit 400 MBit/s und Plug&Play-fähig), den USB (Universal Serial Bus, 12 MBit/s, ebenfalls Plug&Play-fähig und häufige verbreitet), oder den parallelen Port (dieser wird normalerweise als Drucker-Port genutzt) angeschlossen und für die Datenerfassung eingesetzt werden.

- Dezentrale DAQ-Geräte sind ferngesteuerte, üblicherweise über Ethernet, einen Feldbus (siehe nächstes Kapitel), oder über RS-232/485 an den Rechner angeschlossene Geräte.

11.2.3 Signalanpassung und Signalkonditionierung

Je nach Art der Signale und den speziellen Anforderungen einer Anwendung ist eine Signalaufbereitung und eine daraus resultierende Auswahl von Zubehör-Komponenten für die Datenerfassung erforderlich. Ein wichtiger Grund für die Signalanpassung ist die Isolation von Prozesssignalen und Computer aus Sicherheitsgründen. Das System, das gesteuert oder gemessen wird, kann möglicherweise Hochspannung enthalten, die dem Computer oder Anwender schaden können. Ein zusätzlicher Grund für Isolation ist die Unterdrückung von Erdungskreis-Problemen. Wenn ein Datenerfassungssystem und die gemessenen Signale auf verschiedenen Potentialen geerdet sind, können Probleme durch die unterschiedliche Spannungsreferenzen auftreten. Durch sogenannte Erdungsschleifen können hohe Induktionsspannungen auftreten und es kann ein Teile des Datenerfassungssystems zerstört werden. Die Signalkonditionierung passt den Signalbereich der Messsignale und der Ausgangssignale optimal an den Signalbereich der DAQ-Geräte an. Isolation und Signalkonditionierung sind eine zwingende Erfordernis in einem DAQ-System, erhöhen jedoch auch die Kosten des Systems pro Kanal zum Teil wesentlich.

11.2.4 Digitale Eingänge und Ausgänge

Digitale Eingänge und Ausgänge werden meist über eine parallele Schnittstelle bereitgestellt. Bei der parallelen Schnittstelle werden die einzelnen Bits eines Bitmusters von zumeist 8 Bit gleichzeitig auf entsprechend vielen Leitungen aus einem oder in ein Register oder Port übergeben. Die Richtung der Übergabe kann sowohl aus dem Rechner heraus als auch von außen in den Rechner hinein erfolgen. Die Schnittstelle kann durch die entsprechenden Softwarebefehle entweder zu einem Eingangs- oder zu einem Ausgangsport programmiert werden. Bei bitweiser Festlegung der Richtung sind auch Kombinationen von Eingangs- und Ausgangsleitungen am gleichen Port möglich.

Nachfolgendes Bild zeigt das Prinzip der parallelen 8-Bit Schnittstelle Über eine parallele Schnittstelle können nicht nur ASCII-Zeichen übertragen werden, sondern es ist auf einfache Art möglich, Schalterzustände oder Zählimpulse abzufragen und Steuersignale an Aktoren oder an optische oder akustische Signalmelder abzugeben.

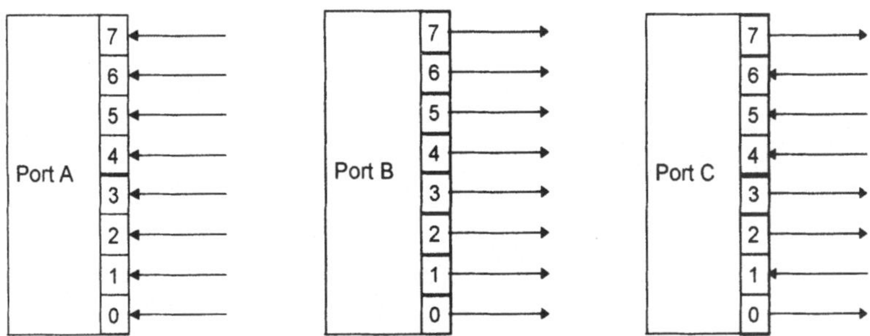

Abb. 11. 8: Parallele 8-Bit Schnittstelle
a) als Eingangsport, b) als Ausgangsport, c) als kombiniertes Port

Digitale Eingangssignale sind durch zwei Spannungspegel bestimmt. Z.B. 5 V für den High- bzw. 0 V für den Low-Zustand sind im Bereiche der TTL-Elektronik sehr typisch und die beiden Zustände werden daher TTL-Pegel genannten und repräsentieren z.B. die binären Zahlen 1 bzw. 0 einer Steuer- oder Datenleitung, der an den digitalen Port angeschlossenen Signalquelle. Mit der Signalaufbereitung von digitalen Eingangssignale ist es möglich, auch hohe Signalspannungen an die TTL-Eingänge anzupassen. Die Übertragung digitaler Signale mit verschiedenen Bezugspotentialen kann ebenso realisiert werden. Dafür haben Koppelelektronik-Komponenten galvanisch getrennte Eingänge. Die Eingangsmodule können als Relais oder als SSR-Solid-State-Relais (Leistungshalbleiter) ausgestattet sein, um hohe Spannungen an TTL-Eingänge anzupassen.

Digitale Ausgangssignale verwenden vielfach auch TTL-Pegel für die direkten Ansteuerungen von Relais oder auch für andere Schaltanwendungen. Mit der Aufbereitung der digitalen Ausgangssignale ist es möglich, auch hohe Signalspannungen an Geräte auszugeben und diese mit den TTL-Ausgängen zu steuern. Die Übertragung digitaler Signale mit verschiedenen Bezugspotentialen kann ebenso realisiert werden. Dafür realisiert die Koppelelektronik galvanisch getrennte Ausgänge für elektromechanische Relais, oder Ausgangsmodule mit Solid-State-Relais (Leistungshalbleiter), um hohe Spannungen an den Ausgang zu schalten.

Zähler und Zeitgeber liefern digitale Signale, bei denen es auf die Zahl der Umschaltvorgänge (Impulse) pro Zeiteinheit oder die zeitliche Dauer ankommt. Auf einer Einsteckkarte oder in einem externen DAQ-System verfügbare Zähler und Zeitgeber werden über diese Signale angesteuert. Dadurch lassen sich Anwendungen wie Taktgeneratoren, Zählschaltungen und programmierbare Pulserzeuger realisieren, es können aber auch Anwendungen für die Messung einer Pulslänge damit realisiert werden.

11.2.5 Analoge Ein- und Ausgänge

Analoge Signale sind Signale, deren Amplitude innerhalb eines bestimmten Bereichs jeden beliebigen Wert annehmen kann. Im nachfolgenden Bild ist die Abhängigkeit eines analogen Temperaturmesssignals von der Zeit dargestellt. Die analoge

Temperatur-Zeit-Funktion wird im Thermoelement in eine Spannungs-Zeit-Funktion umgeformt .

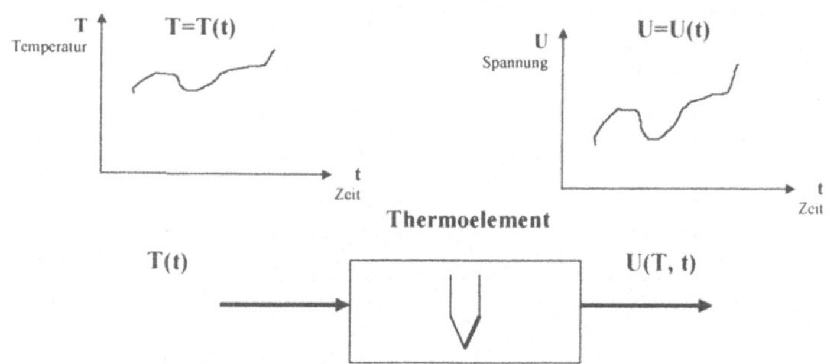

Abb.11. 9 : Das Thermolement liefert Spannungssignal in Abhängigkeit von der Temperatur und der Zeit

Zur Erfassung analoger Signale ist es wichtig, dass die Übertragungsfunktion des Messgliedes stetig und monoton verläuft. Eine durch den Nullpunkt verlaufende Gerade ist die ideale Übertragungsfunktion. Das am Ausgang des Messgliedes entstehende analoge Signal ist dann ein verzerrungsfreies Abbild der Messgröße.

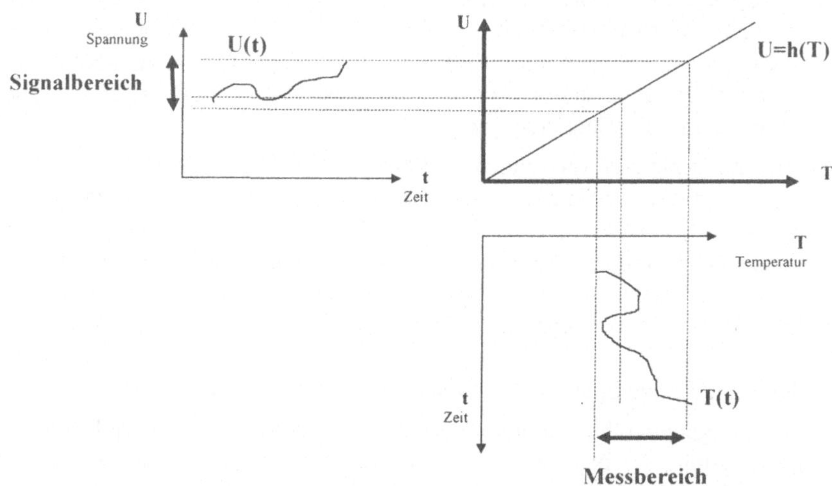

Abb. 11. 10: Die Übertragungsfunktion eines Sensors bildet einen Messwert in einen Signalwert ab

Die rechnergestützte Bearbeitung eines analogen Signals setzt dessen Umwandlung in ein digitales Signal voraus. Das geschieht durch einen Analog-Digital-Umsetzer. Zusätzlich ist es erforderlich, aus dem zeitlich kontinuierlichen Signal eine zeitlich diskrete Datenreihe zu bilden, Amplituden- und Zeitdiskretisierung ist notwendig. Ein analoges Signal wird durch Quantisierung in ein digitales übergeführt. Digitale Signale nehmen im Gegensatz zu den sich kontinuierlich in beliebig kleinen Schritten veränderlichen analogen Signalen nur ganz bestimmte diskrete Werte ein. Es sind ganzzahlige Vielfache einer „Quantisierungseinheit Δx".

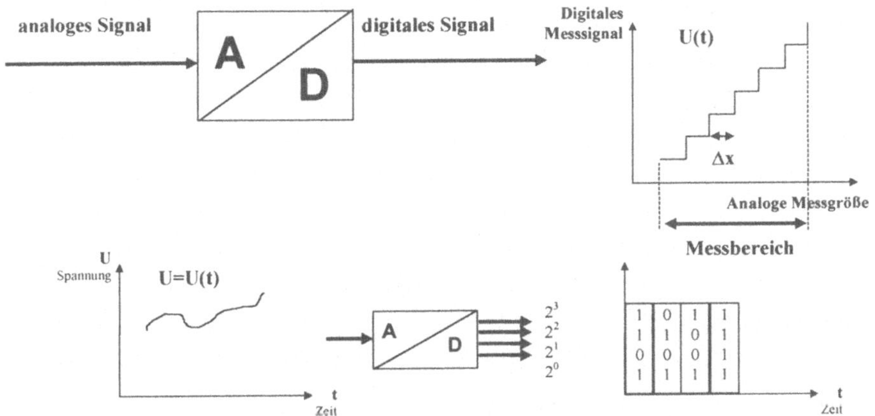

Abb. 11. 11: Das Prinzip der Analog-Digital-Umsetzung

Analog-Digital-Umsetzer, kurz ADU (oder AD-Wandler - ADW), sind meist integrierte Bausteine und verarbeiten analoge Spannungssignale in einem bestimmten Spannungsbereich. Das nichtelektrische Signal ist mit geeigneten Sensoren und Anpassern für diesen Spannungsbereich aufzubereiten. Zur Umsetzung des analogen Signals wird der gesamte mögliche Spannungsbereich in eine endliche Menge von Quantisierungsabschnitten eingeteilt. Die Höhe des analogen Spannungswertes drückt sich aus in einer bestimmten Menge an Quanten, das ist die kleinsten Auflösungseinheit der Messung. Diese kleinste Auflösungseinheit richtet sich nach der Bitzahl (der Wortbreite) des Umsetzers. Ein 8-Bit-Analog-Digital-Umsetzer kann 2^8-1 unterschiedliche Zustände darstellen, das entspricht bei einem Spannungsbereich von 0...10 V einer Quantgröße von

$$U_q = \frac{10V}{255} = 39{,}2\,mV$$

Diese Größe kennzeichnet das kleinste Auflösungsvermögen eines ADUs mit 8 Bit. Die Auflösung eines 12-bit-ADUs im Aussteuerbereich von 0... 10 V beträgt:

$$U_q = \frac{10V}{4095} = 2{,}4\,mV$$

Von entscheidender Bedeutung für den Umsetzvorgang ist die Beschaffenheit des zu wandelnden Signals. Bei statischen oder quasistatischen Signalen steht für den ADU genügend Zeit für den Wandlungsvorgang zur Verfügung. Das Eingangssignal verändert seinen Wert während des Umsetzvorgangs nicht. So kann der ADU von einer konstanten Eingangsspannung ausgehen. Dies ist bei dynamischen Größenänderungen nicht der Fall. Die Eingangsspannung bei höherfrequenten Signalen muss mit Hilfe einer Abtast- und Halte-Schaltung (Sample&Hold) für den Umsetzvorgang konstant gehalten werden. Signale, deren Amplitude sich mit der Zeit ändert, müssen mit einer zur Signaländerung angepassten Abtastfrequenz digitalisiert werden.

Das Ergebnis der Digitalisierung ist eine der Abtastfrequenz zugeordnete Reihe digitaler Zahlenwerte.

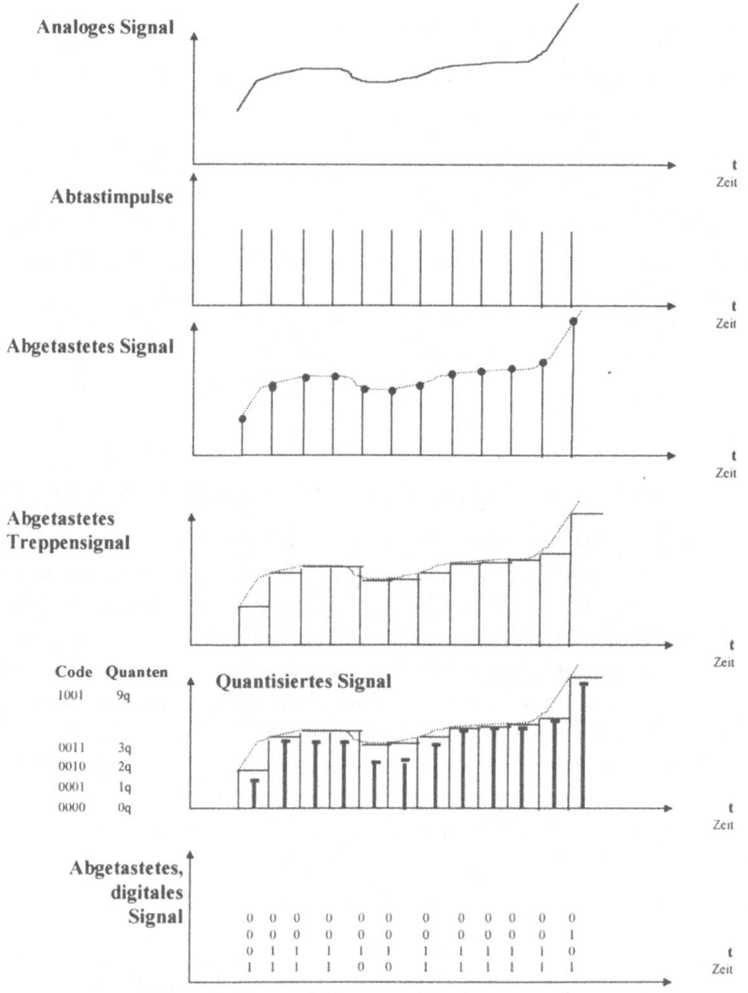

Abb. 11. 12: Abtastung, Quantisierung und Codierung von analogen Signalen

In obigem Bild ist der Vorgang der Abtastung, Quantisierung und Codierung eines analogen Signals dargestellt. Das Signal wird mit einem festen Takt abgetastet. Die erhaltenen Signalwerte bilden ein (zeit-) diskretes Zeitsignal. Der zum jeweiligen Tastzeitpunkt ermittelte diskrete Signalwert wird in einer Sample&Hold-Schaltung bis zum nächsten Taktimpuls beibehalten. Der eigentliche Umsetzvorgang geschieht in einer ersten Phase der Quantisierung, d.h., in der Haltezeit wird die Anzahl der Quanten gebildet. Die Anzahl der Quanten während einer Halteperiode wird einem Digitalwert zugeordnet. Das ergibt eine digitale Zahlenreihe. Ein wesentliches Kennzeichen eines ADUs ist die Abtastfrequenz; sie gibt an, wie oft pro Sekunde ein Spannungswert in einen Digitalwert umgesetzt werden kann. Die Abtastrate eines Analog-Digital-Umsetzers ist die maximale Zahl der Umwandlungen eines analogen Spannungswertes in einen Digitalwert pro Sekunde.

Das Abtasttheorem (auch Shannon Theorem oder Gesetz genannt) besagt, dass die Abtastfrequenz eines Umsetzers größer als doppelt so hoch sein muss wie die Frequenz des umzusetzenden Analogsignals. Nur bei Einhaltung dieses Theorems enthält das abgetastete Signal die vollständige Information, sodass eine Rekonstruktion des ursprünglichen Signals möglich ist.

Die wichtige Forderung für die Abtastfrequenz lautet daher: $f_T > 2\,f_{max}$. Die Verletzung des Abtasttheorems, d.h., Abtastfrequenz f_T ist kleiner oder gleich $2\,f_{max}$, führt zu fehlerhaften Signalverläufen, die im eigentlichen Signal nicht enthalten sind. Wird bei der Abtastung eines analogen Signals durch eine zu geringe Digitalisierungsrate das Abtasttheorem verletzt, tritt der Aliasing-Effekt auf, der bei der anschließenden Auswertung des digitalisierten Signals sich in einer völlig anderen Kurvenform zeigt. Der Aliasing-Effekt tritt immer dann auf, wenn die höchste Frequenz im abzutastenden Signal größer als $2\,f_T$ betragen kann. Um dies zu verhindern, muss darauf geachtet werden, dass Signale mit dieser Frequenz im Messsignal nicht vorkommen. Dies wird erreicht, indem man Filter, die vor der Abtaststufe in die Messkette eingebaut werden, vorschaltet. Aliasing-Filter sind Tiefpassfilter, die Signale oberhalb $2\,f_T$ sperren. Damit exakt bis zur Grenzfrequenz gemessen werden kann und keine reduzierten Aliasing-Effekte auftreten, sollten Aliasing-Filter möglichst dem idealen Tiefpass nahe kommen. Technische Aliasing-Filter sind fertige oder konfektionierbare Filter mit speziellen Filtercharakteristiken. Durch Einbau von Aliasing-Filtern in die Messkette wird verhindert, dass Frequenzanteile größer der doppelten Abtastfrequenz auf die Abtaststufe gelangen.

11.2.5.1 Digital-Analog-Wandler (D/A-Wandler)

Die digitalen Ausgangssignale des Rechners können nur in wenigen Fällen zur Beeinflussung der Regelstrecke unmittelbar genutzt werden. Mit ihnen lassen sich Funktionen ein- und ausschalten und mehrstufige Stelleinheiten steuern. Die digitalen Signale können jedoch keine analogen Funktionen unmittelbar ausführen. Hierzu bedarf es der Umsetzung in analoge Signale mittels Digital-Analog-Umsetzer.

Mit einer Auflösung von 12 Bit wird bei einem ADU ein Eingangsspannungsbereich in 4096 Schritte aufgeteilt. Bei einer Spannung von 0 bis 10 Volt und bei einer Verstärkung von 1 entspricht dies einer Schrittweite von 2,44 mV. Ist die Verstärkung auf 100 eingestellt, könnte schon eine Spannungsänderung von 24,4 µV bei einem Messbereich von 0 bis 0,1 Volt registriert werden. Bei hoher Verstärkung ist zu prüfen, ob mit der Anstiegszeit des Eingangsverstärkers die erforderliche Abtastrate realisierbar ist. Die Genauigkeit der Wandlung bei 12 Bit Auflösung ist vergleichbar mit der eines Digitalvoltmeters mit einer 3,6 Stellen genauen Anzeige.

Mit einer Auflösung von 16 Bit wird der Eingangsspannungsbereich in 65.536 Werte geteilt. Bei einem Eingangsspannungsbereich von 0 bis 10 V und einer Verstärkung von 1 wird also schon eine Spannungsänderung von 153 µV erkannt. Ist die Verstärkung auf 100 erhöht, könnte schon eine Spannungsänderung von 1.5 µV registriert werden. Die Genauigkeit der Wandlung bei 16 Bit Auflösung ist vergleichbar mit der eines Digitalvoltmeters mit einer 4,8 Stellen genauen Anzeige.

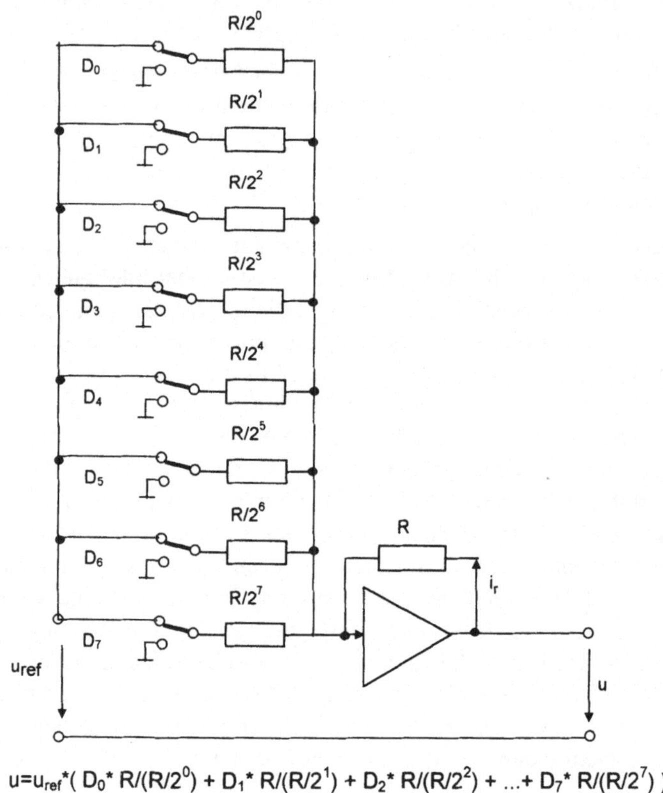

$$u = u_{ref} * (D_0 * R/(R/2^0) + D_1 * R/(R/2^1) + D_2 * R/(R/2^2) + ... + D_7 * R/(R/2^7))$$

Abb. 11. 13: Digital-Analog-Wandler (D/A-Wandler)

Bei der Auswahl eines ADUs für eine Anwendung sind verschiedene Merkmale zu beachten:

- Genauigkeit

- Eingänge: Einpolig gegen Masse oder Differenzverstärkereingänge (unempfindlicher gegen Störungen)

- Eigenschaften des Eingangsverstärkers (z.B. Linearität, Einstellzeit für alle Verstärkungsfaktoren und Abtastraten)

- Flexibilität: Soll die Verstärkung oder die Reihenfolge der Abtastung für mehrere Kanäle programmierbar sein ?

Simultane Abtastung - Multiplexing: Die Möglichkeit der simultanen Abtastung erlaubt die Erfassung der Messsignale zur selben Zeit (Zeitverschiebung liegt im Nanosekundenbereich) mittels Abtast&Halte-Schaltkreisen für jeden Kanal. Ohne die simultane Abtastung werden die Eingangssignale nacheinander auf das gemeinsame Abtast&Halteglied geschaltet. Bei diesem Multiplex-Verfahren kommt es zu zeitlicher Verschiebung im Mikrosekundenbereich. Ist diese Verschiebung für eine Anwendung tolerierbar, so sind kostengünstigere Multiplexerkarten zur Erfassung analogen Signale einsetzbar.

Obiges Bild zeigt ein einfaches Prinzip der Umsetzung digitaler Signale in analoge Signale. Die Bits des digitalen Signals schalten entsprechende Eingänge eines summierenden Rechenverstärkers mit dem „1"-Signal ein und mit dem „0"-Signals aus. Auf diese Weise entsteht am Ausgang des Verstärkers ein analoges Spannungssignal, das sich mit jedem Bit um je ein Spannungsinkrement ändert. Das Ausgangssignal ist daher quantisiert, d.h. es lässt sich nur in Stufen auflösen. Je mehr Bits der D/A-Wandler besitzt, desto feiner wird die Auflösung des Signals.

11.2.5.2 Analog-Digital-Wandler, A/D-Wandler

Die meisten Messeinrichtungen geben ein analoges Signal ab, das für den Rechner in ein digitales Signal umgesetzt werden muss. Die Analog-Digital-Umwandlung lässt sich mit Hilfe einer Rechenschaltung, eines D/A-Wandlers und eines Vergleichers bewerkstelligen.

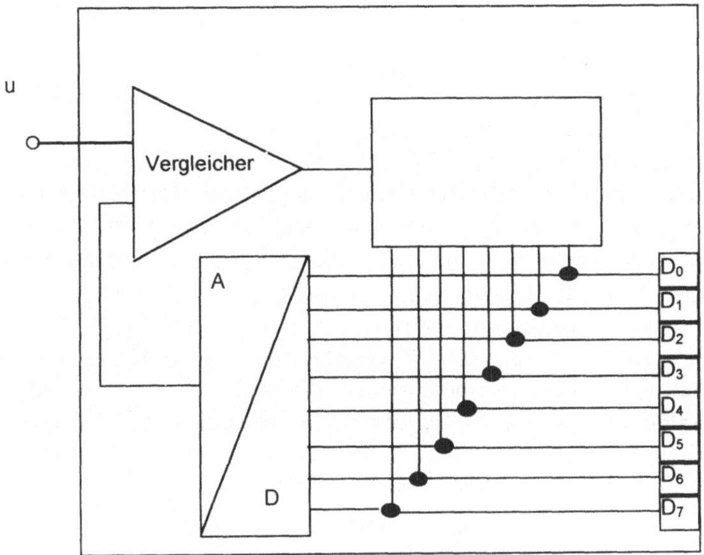

Abb. 11.14: Analog-Digitalwandler

Der Vergleicher gibt immer dann an seinem Ausgang das Signal „1" ab, wenn die Differenz aus dem analogen Eingangssignal und dem analogen Vergleichssignal positiv oder Null ist. Ist die Differenz negativ, so gibt der Vergleicher „0" ab. Die dem Vergleicher nachgeschaltete Rechenschaltung inkrementiert einen Speicher mit z.B. 8 Bit Wortbreite, solange das „1"-Signal anliegt, und dekrementiert diesen, sobald das „0"-Signal anliegt. Der Speicher bildet einerseits das Ausgangsport und stellt das digitale Ausgangssignal bereit, andererseits ist er mit einem Digital-Analog- Wandler verbunden und erzeugt auf diese Weise das analoge Vergleichssignal.

Wird am Eingang der A/D Wandler-Schaltung ein analoges Signal angelegt, das größer ist als das Vergleichssignal, so wird der Ausgangswert solange inkrementiert, bis er den Eingangswert erreicht hat. Wird dagegen ein analoges Signal angelegt, das kleiner als der Vergleichswert ist, so wird solange dekrementiert, bis wiederum der Ausgangswert dem Eingangswert entspricht. Besitzt der Vergleicher keine Umschaltschwelle, so wird der Umsetzer im untersten Bit immer zwischen „0" und „1" hin- und herschalten. Der dadurch entstehende Fehler ist aber gering. Ein Nachteil der beschriebenen Schaltung liegt darin, dass das Auf- und Abzählen in der Recheneinheit entsprechend lange dauert und es daher zu relativ großen Wandlungszeiten kommt. Man kann diesen Nachteil durch das Prinzip der Stufenverschlüsselung umgehen. Hierbei wird beim Auf- und Abzählen nicht mit dem niedrigsten Bit angefangen, sondern mit dem höchsten Bit. Wird dadurch über das Ziel hinausgeschossen, so wird dieses Bit zurückgesetzt und das nächst niedrigere Bit genommen. Auf diese Weise wird meist schon nach wenigen Schritten das Ziel erreicht.

11.3   Typische analoge Eingangselemente und Sensoren

11.3.1 Thermoelement

Thermoelemente oder Thermofühler sind Temperaturaufnehmer, die kleine Ausgangsspannungsänderungen proportional zur Temperaturänderung erzeugen. Sie ermöglichen eine kostengünstige und verlässliche Temperaturmessung. Thermoelemente bestehen aus einer Verbindung zweier, ungleicher Metalle. Der Verbindungspunkt erzeugt eine sehr kleine, temperaturabhängige Spannung. Die Spannung ist bezüglich der Temperatur nichtlinear; für geringe Schwankungen gilt jedoch: $\Delta U = S * \Delta T$, wobei S eine Konstante ist und als Seebeck-Koeffizient bezeichnet wird. S ändert sich mit der Temperatur, sodass die Ausgangsspannung über den gesamten Messbereich nichtlinear ist. Es gibt verschiedene Thermoelement-Typen. Diese werden durch Großbuchstaben beschrieben, die nach dem ANSI-Standard die Art der Verbindung beschreiben. Beispielsweise besteht ein J-Typ-Thermoelement aus den elektrischen Leitern Eisen und Konstantan (Kupfer-Nickel-Verbindung). Gebräuchliche Thermoelement-Typen sind J, K, T, E, R, S und B.

11.3.2 Messwertaufnehmer in Brückenschaltung

Messwertaufnehmer in Brückenschaltung können sehr kleine Änderungen von Messgrößen erfassen. Für Brückenschaltungen wird eine Referenzspannungsquelle und gegebenenfalls eine Beschaltung zum Abgleich der Brücke benötigt. Insbesondere Dehnungsmessstreifen in Kraft- und Druckaufnehmern werden in Brückenschaltung betrieben. Bei der Dehnung handelt es sich um eine mechanische Verformung durch eine angelegte Kraft, die durch Dehnungsmessstreifen gemessen werden kann. Ein Widerstands-Netzwerk in einer Wheatstone-Brückenschaltung wird typischerweise zur Spannungsmessung benutzt. Dabei ist es üblich, einen (1/4 Brücke) oder zwei (1/2 Brücke) der Widerstände mit bekanntem Widerstandswert, zu ersetzen.

11.3.3 Widerstandsmessung

Temperaturabhängige Widerstände gehören zu den genauesten Temperatursensoren und sind für ihre gute Stabilität bekannt. Üblicherweise werden sie in einem Temperaturbereich von 0° C bis 450° C eingesetzt, einige Varianten können sogar bis 800° C verwendet werden. RTDs (Resistive Temperatur Detektoren) werden aus reinen Metallspulen oder Filmen hergestellt. Bei Änderung der Temperatur ändert sich der Widerstand des Metalls. Dieses Verhalten ermöglicht den Einsatz zur Messung von Temperaturen durch Messung des Widerstands. Man untergliedert die RTDs in zwei Arten: Heißleiter (NTC-negativer Temperaturkoeffizient) und Kaltleiter (PTC-positiver Temperaturkoeffizient). RTDs werden aus Gold, Silber, Kupfer, Wolfram, Nickel sowie Platin hergestellt, wobei Platin das am häufigsten verwendete Material ist. Platin ist ein Edelmetall und hat exzellente Eigenschaften bzgl. der Messwertstabilität und zudem den höchsten Widerstand/Querschnittsfläche der erwähnten Metalle. Einer der größten Vorteile von RTDs ist, dass sie von vielen Herstellern nach nationalen und internationalen Normen hergestellt werden. Da der Widerstand der RTDs sehr niedrig ist (100 Ω für Platin bei 0° C) und sie sehr temperaturempfindlich sind (0.4 $\Omega/°C$), ist es unbedingt notwendig darauf zu achten, dass der Strom durch die RTDs so klein gehalten wird, dass es nicht zu einer Eigenerwärmung kommen kann.

11.3.4 Photozellen, Helligkeitssensoren

Es gibt viele Arten von Helligkeitssensoren. Einer der gängigsten Vertreter dieser Art von Sensoren ist die Cadmium-Sulfid (CdS) Photozelle. Dieser Sensor verringert seinen Widerstand mit zunehmender Helligkeit. Die Datenerfassungskarte speist dabei den Sensor mit einem konstanten Strom und misst den Spannungsabfall über den Widerstand. Mit Änderung der Helligkeit ändert sich auch die Spannung am Sensor.

11.3.5 Spannungseingang

Spannungsmessungen sind mit Datenerfassungskarten die häufigste und am einfachsten zu bewältigenden Signale. Typische Messbereich liegen im Bereiche von 0 bis 10 V. Höhere Spannungen erfordern eine Isolation und eine Spannungsteilung des Signals. Galvanische Trennung erlaubt die Messung von Spannungen in einem +/-10 V Bereich, der spannungsmäßig bis zu 1500 V von der System-Masse entfernt sein darf. Spannungsteiler reduzieren hohe Spannungspegel (z. B. 100 V) auf ein +/-10 V Niveau, sodass sie ohne Probleme mit einer Karte mit entsprechendem Eingangsbereich verarbeitet werden kann. Einige Karten sind schon mit erweiterten Spannungsbereichen (+/-42 V) verfügbar. In manchen Fällen sind einige Spannungen zu klein, um verlässlich erfasst zu werden und müssen daher vor der Wandlung verstärkt werden. Daher sind in vielen DAQ-Karten Verstärkerschaltungen bereits integriert. Signalkonditionierungs-Erweiterungen ermöglichen eine externe Verstärkung um den Faktor 1000 und mehr.

11.3.6　Stromeingang

Eingangssignale, die als variable Stromwerte (statt Spannung) repräsentiert werden, bezeichnet man als Stromeingangssignale. Stromeingänge werden meistens bei Applikationen zur Prozesssteuerung verwendet, wobei mit Einstreuungen zu rechnen ist. Die Messströme liegen im Bereich von 4 bis 20 mA oder 0 bis 20 mA.

Strommessungen werden bei Datenerfassungskarten durch Einbringen eines bekannten Widerstands in den Strompfad und anschließender Messung des Spannungsabfalls durchgeführt. Über die Gleichung $U = I * R$ wird der Strom berechnet. Die Strombereiche sind durch den Widerstandswert eingeschränkt. Übliche Messbereiche sind: 0 bis 20 mA oder 4 bis 20 mA

11.4　Softwarekomponenten in DAQ-Systemen

Eine wichtige Komponente eines Datenerfassungssystems ist die Software, welche die Steuerung der beteiligten Hardware übernimmt. Vier Software-Komponenten sind dafür notwendig: das Betriebssystem, Treibersoftware, Konfigurationswerkzeug und Anwendungsprogramme. Treiber-Software dient als Interface zwischen der Datenerfassungs-Hardware und den Anwendungsprogrammen. Sie enthält alle Informationen, die notwendig sind, um die Hardwarefunktionen anzusteuern - analoge E/A, digitale E/A, und Zähler/Zeitgeber. Die Anwendung ruft Funktionen der Treibersoftware auf, um die Hardware anzusprechen. Ein vollständiger Treiber muss in der Lage sein die verschiedenen Funktionen der Datenerfassungskarte anzusprechen. Dabei sollten alle Funktionen (analoge E/A, digitale E/A, und Zähler/Zeitgeber) möglichst gleichzeitig ablaufen können.

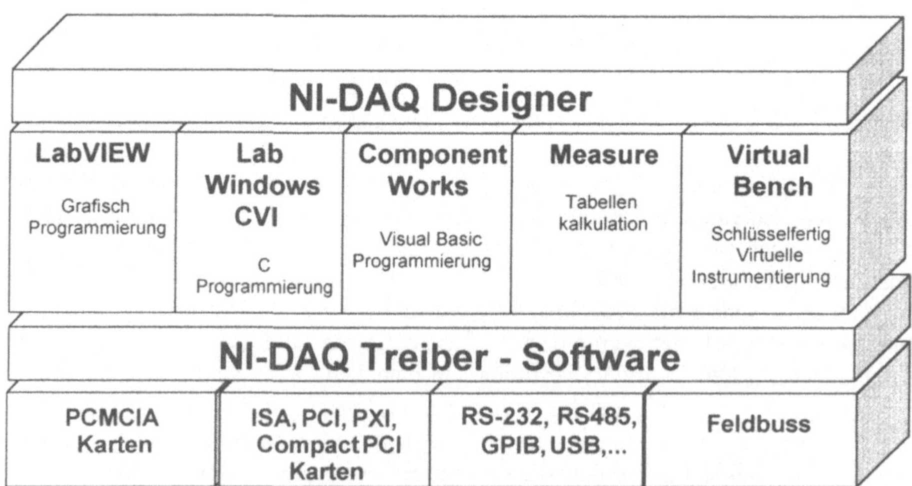

Abb 11.15: National Instruments bietet ein vollständiges System:
Von der der Erarbeitung der Benutzeranforderungen über die Software
bis zu DAQ Karten

Hilfsmittel zur Konfiguration beschleunigen die Inbetriebnahme des Systems und gewährleisten einen einfachen Aufbau der Messumgebung. Der Measurement & Automation-Explorer von National Instruments bietet eine einfache Umgebung zur Konfiguration und zum Überprüfen von angeschlossenen Geräten und deren Kanälen ganz in Anlehnung an bewährte Werkzeuge wie den Windows-Explorer und den Internet-Explorer. Eine große Palette an Hardware samt allem erforderlichen Zubehör wird von Firmen wie National Instruments angeboten.

Die Software-Entwicklungsumgebung ist eine Anwendung um benutzerspezifische Datenerfassungsanwendungen zu erstellen. Es gibt eine Vielzahl von Entwicklungsumgebungen, die dem Anwender Programmieren auf verschiedene Arten ermöglicht. National Instruments bietet besonders umfassende und fortschrittliche Konzepte an. Die verschiedenen Entwicklungsumgebungen können in folgende Gruppen unterteilt werden, wobei es für jede Gruppe konkrete Produkte von National Instruments giebt:

- Grafische Entwicklungsumgebungen: LabVIEW, LabVIEW-RT (in Verbindung mit Echtzeit-Karten), DASYLab, VEE von Hewlett Packard oder logiCAD.

- Komponentensoftware basierend auf ActiveX: Komponentensoftware wie ComponentWorks kann in ActiveX-containerfähigen Programmierumgebungen integriert werden wie zum Beispiel in Microsoft-VisualStudio.

- Textbasierte Systeme: LabWindows/CVI, Visual C++, Visual Basic und Borland C

- Fertigkomponenten: VirtualBench und Measure. Diese Anwendungen sind sofort lauffähig und erfordern keine Programmierung.

LabVIEW ist zum Standard für die grafische Entwicklung von DAQ-Anwendungen geworden. Mittels grafischer Programmierung können Anwender sehr schnell Test- und Entwicklungslösungen für alle Anwendungsarten entwerfen. LabVIEW arbeitet zum einen mit einem Frontpanel, das als Benutzeroberfläche mittels einfacher Drag&Drop-Technik erstellt wird und zum anderen mit einem Diagrammfenster. Hierin werden Symbole platziert und verbunden, um einen Programmplan zu erzeugen, der kompiliert und ausgeführt werden kann.

12 Feldbussysteme

12.1 Zentrale und dezentrale Verarbeitung von Prozessdaten

Technische Prozesse wie sie bei der Massenfertigung von Gütern aller Art, der Roheisengewinnung im Hochofen, der Stahlerzeugung im Stahlwerk, oder bei der Produktion von Flachstahl im Walzwerk vorzufinden sind, erfordern eine Vielzahl von Einrichtungen zur Erfassung von Messwerten, zur Steuerung, Regelung und Überwachung der unterschiedlichen Prozessgrößen. Voraussetzung dafür, dass die Prozesse optimal ablaufen ist, dass alle Einzelmaßnahmen aufeinander abgestimmt sind und in Beziehung auf ein Produktionsziel hin koordiniert werden.

Die Überwachung, Steuerung und Regelung der Einzelaufgaben soll dabei möglichst ohne Eingriffe von Menschen, d.h. automatisch erfolgen. Eine übersichtliche Kontrolle und die Dokumentation des Ablaufs sollen dafür sorgen, dass die Prozesse überwacht werden können und dass besondere Vorkommnisse signalisiert werden und ihre Entstehung später nachvollzogen werden kann. Derart umfangreiche Aufgaben können nur dadurch befriedigend gelöst werden, dass anstelle der technischen oder manuellen Einzellösung (Regelung, Steuerung, Überwachung,...) der Arbeitsabläufe eine umfassende Prozessführung durch Digitalrechner tritt. Während in den 70er und 80er Jahren hierzu relativ kostenintensive Prozessrechner (Minirechner) erforderlich waren, können diese Aufgaben zunehmend durch auf Mikrorechner basierende Prozessleitsysteme und vernetzte Personal Computer erledigt werden.

Anfangs wurde die digitale Prozessführung durch einzelne zentrale Prozessrechner bewerkstelligt. Bei der zentralen Prozessführung fragt ein Rechner die unterschiedlichen Messstellen im Prozess nacheinander ab und verarbeitet die einzelnen Prozessgrößen mittels entsprechender Algorithmen. Die Stellgrößen werden anschließend nacheinander an die Stelleinheiten des Prozesses ausgegeben. Über Analog-Digital-Umsetzer werden die Anzahl der anfallenden analogen Prozessgrößen erfasst. Die Umsetzer werden nacheinander auf die entsprechenden analogen Eingangskanäle umgeschaltet (Multiplexschaltung). Die Abfrage des Prozesses durch einen einzigen Rechner erfordert eine entsprechend lange Taktzeit, in der die einzelnen Messstellen nacheinander abgefragt werden. Es besteht ferner die Gefahr, dass eine einzige Störung im Rechner den gesamten Prozess lahm legt. Soll der gleiche Rechner außerdem zur Berechnung und Dokumentation der Prozessparameter dienen, so lässt sich die zentrale Führung nur auf Prozesse mit entsprechend langen Zeitkonstanten der einzelnen Regelstrecken z.B. bei Temperaturprozessen oder chemischen Prozessen anwenden. Bei Prozessen mit kurzen Zeitkonstanten sind die Zeitspannen zwischen den einzelnen Abfragen zu kurz, sodass der Rechner keine weiteren Aufgaben zwischenschieben kann.

Mit der Weiterentwicklung der Rechnertechnik, insbesondere mit dem Aufkommen kleiner kostengünstiger, aber trotzdem sehr leistungsfähiger, Rechnereinheiten au der Basis der Mikroprozessoren und durch die Verfügbarkeit von leistungsfähiger lokalen Computernetzen hat sich die Philosophie der Prozessführung dahingehend gewandelt, dass dezentral an den einzelnen Regelstrecken vor Ort mit kleinen digitalen Reglern gearbeitet wird. Die dezentralen Einzelrechner sind miteinander vernetzt und werden durch einen übergeordneten Leitrechner gesteuert. Die Vernetzung der einzelnen digitalen Mess-, Regel- und Steuereinrichtungen und der Leitrechner erfolgt über lokale Netze. Bei der Vernetzung kann zwischen unterschiedlichen Technologien und Topologien gewählt werden.

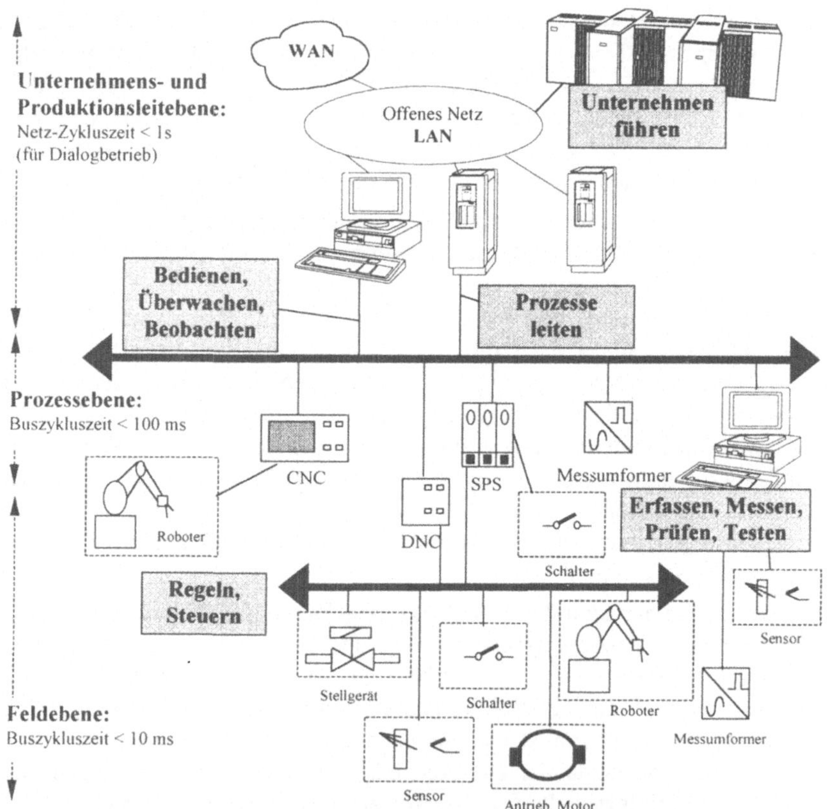

Abb. 12.1: Hierarchieebenen für Informationssysteme im Unternehmen

Informationsflüsse in einem Unternehmen sind sehr komplex. Es werden zu ihrer Strukturierung verschiedene Hierarchieebenen innerhalb des Automatisierungsverbundes gebildet. Moderne Automatisierungssysteme sind also durch hierarchisch angeordnete und vernetzte Verarbeitungsebenen gekennzeichnet. Auf allen Hierarchie-Ebenen sind die Systeme durch lokale Computernetze (lose) gekoppelt. Feldbusse spielen eine zunehmend große Rolle auf der Ebene unterhalb der Prozessrechner, auf der Feldeben. Es gibt ein Vielzahl an Systemen.

Nachfolgendes Bild zeigt eine Übersicht über die Kommunikationhierarchie in der Fertigung. Jede Ebene ist geprägt durch unterschiedliche Anforderungen an die Kommunikation. Es lässt sich tendenziell eine stark steigende Zahl von Teilnehmern sowie eine zunehmende Übertragungshäufigkeit an Nachrichten in diesem System von unten nach oben feststellen.

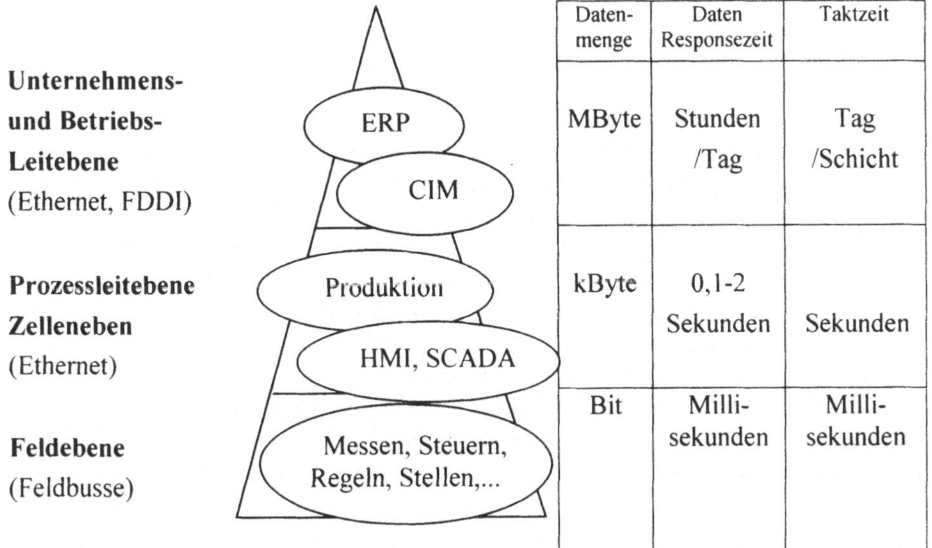

Daten-menge	Daten Responsezeit	Taktzeit
MByte	Stunden /Tag	Tag /Schicht
kByte	0,1-2 Sekunden	Sekunden
Bit	Milli-sekunden	Milli-sekunden

Abb. 12.2: Rechnerhierarchien im Fertigungsbetrieb

Die übertragene Datenmenge wächst von Bits bzw. Bytes in der Feldebene bis zu MBytes in der Leitebene. Die Kommunikationshierarchien sind für unterschiedliche Aufgabenbereiche zuständig: Von der Unternehmensführung, Produktionsleitung und Fertigungsleitung auf der obersten Hierarchiestufe, zur Prozessführung, Steuerung, Regelung und Überwachung auf der Prozessleit- oder Zellenebene bis zur direkten Ansteuerung und Datenentsorgung der Messeinrichtungen, Antriebe, digitale Ein-/Ausgänge, etc. auf der Feldebene.

Unter Zellen werden abgeschlossene, selbstständige Teilproduktionseinrichtungen innerhalb der Fertigung verstanden. Zellenbussysteme übernehmen die Prozessführung, Steuerung, Regelung, und Überwachung dieser Zellen oder von einzelnen Geräten in einem Industriebetrieb. Es stehen hierzu eine Reihe von Netzwerken zur Verfügung, die mit unterschiedlichen Kommunikationsprotokollen betrieben werden können.

Auf der Feldebene sind einzelne Feldgeräte der Mess-, Steuer- Regel- und Antriebstechnik Gegenstand der Betrachtung. Die Funktionsvielfalt und auch die Anzahl dieser Systeme steigt ständig. Gemeinsam mit ihrer Verbreitung steigen auch ständig die Anforderungen, was ihre Integrationsfähigkeit und ihre Integrationserfordernisse in moderne Automatisierungskonzepte betrifft. Die Einführung frei programmierbarer Umrichter beispielsweise versetzt Antriebe in einer Anlage nicht nur in die Lage, Antriebsaufgaben selbstständig und autark durchzuführen, sondern auch

Steuerungsaufgaben zu übernehmen. Der direkte Zugang zu Feldgeräten über den PC durch standardisierte Feldbusse ist zwar durch eine Fülle unterschiedlicher Feldbusse noch mühsam, eröffnet jedoch zunehmen viele neue Möglichkeiten. Für einen Hersteller von Automatisierungskomponenten stellen Feldbusse einen pragmatischen Ansatz zur Integration von Feldgeräten in bestehende Leitsysteme dar. Für Anwender bieten Feldbusse eine Basis für Herstellerunabhängigkeit und flexibler Erweiterbarkeit der Anlagen

12.2   Verschiedene Feldbussysteme

Wenn von einem Rechner innerhalb eines Prozesses mehrere Messwerte erfasst werden und / oder mehrere Einheiten gesteuert werden sollen, so muss bei konventioneller Verkabelung für jedes analoge und binäre Signal zu jedem Sensor oder Aktor eine entsprechende Signalleitung verlegt werden. Handelt es sich um digitale Signale, so sind eine Vielzahl von Leitungen pro Mess- oder Stellgröße erforderlich. Es ist ersichtlich, dass sich bei vielen Messwerten sehr schnell sehr komplizierte und aufwendige Verkabelungen ergeben, die störanfällig sind und in der Anschaffung und Unterhaltung sehr teuer sind. Sehr viel einfacher wird die Verkabelung, wenn Sensoren und Aktoren nicht einzeln sondern über ein lokales Netz oder über ein Bussystem mit dem Rechner verbunden sind. Der Bus leitet die Information in serieller Form vom Sender an den Empfänger über eine oder nur wenige Übertragungsleitungen, die von einer Steuereinheit zur anderen weitergeführt werden.

Feldbusse sollen Mess- und Steuer-Informationen direkt vor Ort zwischen den Steuereinrichtungen und den Steuerstrecken im Prozess übertragen. Deshalb sind für sie im allgemeinen nur die Schichten 1 und 2 und die Schicht 7 im OSI-Referenzmodell maßgebend.

12.2.1 BITBUS

Der BITBUS ist ein von der Firma INTEL ursprünglich zur Vernetzung von Mikroprozessoren entwickelter Bus, der inzwischen in die Norm Eingang gefunden hat - IEEE 1118. Der Bus hat lineare Struktur, die Busteilnehmer sind hintereinander an die gemeinsame Busleitung angeschlossen. Ein Leitrechner bildet den Master. Er kann die einzelnen Teilnehmer, die Slaves, ansprechen und sich von diesen Informationen holen.

Die Verbindung des Masters mit den Teilnehmern des Systems, den Slaves, erfolgt mit Hilfe der RS 485-Schnittstelle mit einer verdrillten Zweidraht-Leitung. Es können bis zu 250 Einheiten an den Master angeschlossen werden. Jeder Teilnehmer besitzt einen eigenen Mikrocontroller-Baustein mit integrierter Software, die ein Multitasking-Betriebssystem und ein Bus-Kommunikationsprogramm enthält.

Der Slave kann über sein Betriebssystem unabhängig vom Bus Ein- und Ausgangsdaten selbständig verarbeiten. Wird er jedoch über seine Adresse vom Master angesprochen, so wird das Anwenderprogramm unterbrochen und erst nach der Abarbeitung des BITBUS-Kommandos automatisch wieder fortgesetzt. Die Kommunikation auf dem BITBUS erfolgt über ein Telegramm mit 43 Bytes-Daten im SDLC-Format (Synchronous Data Link Control, ein bitsynchrones und verbin-

dungsorientiertes Schicht-2-Protokoll von IBM). Die Datensicherung basiert auf
dem Cyclic Redundancy Check-Verfahren (CRC).

Das Programm, das die Kommunikation mit dem Bus ermöglicht, heißt RAC-
Programm (RAC, Remote Access Control). Außer der RAC-Task kann der Mikro-
controllerbaustein des BITBUS-Teilnehmers sieben weitere Benutzer-Tasks verarbeiten. Die Programmierung dieser Tasks erfolgt durch Hochsprachen, z.B. durch
die Programmsprache C. Die Tasks können auch durch Befehle der Anweisungsliste
programmiert werden, wie sie bei der Programmierung einer SPS üblich sind. Der
BITBUS wird als Kommunikationsbus zwischen mehreren SPS-en eingesetzt. Er
dient aber auch zur Kommunikation zwischen einem Netz übergeordneter Leitrechner und den SPS-en in der Produktion. Sein Einsatz erweist sich überall dort als
sinnvoll, wo mittlere Datenmengen zwischen intelligenten Automatisierungsstatio-
nen transportiert werden sollen.

12.2.2 CAN-Bus

CAN ist die Abkürzung für Controller Area Network. Ursprünglich wurde der CAN-
Bus für den Einsatz in Kraftfahrzeugen entwickelt. Statt jeden Verbraucher -
Scheinwerfer, Hupe, Stellmotor für Fensterheber oder Sitzverstellung usw. - einzeln
mit den Schaltelementen zu verbinden und mit den steigenden Ansprüchen an den
Komfort immer kompliziertere Kabelbäume verlegen zu müssen, kann die Vielzahl
der Verbraucher beim Bus-System über eine Ringleitung mit Energie versorgt werden und über den Bus die entsprechenden Steuersignale empfangen. Ebenso kann
man über einen weiteren Bus intelligente Systeme wie Motorsteuerung, Automatisches Getriebe, Antriebsschlupfregelung und Antiblockier-System miteinander und
mit der Bedienungskonsole im Armaturenbrett vernetzen. Dabei müssen neben digitalen Informationen auch analoge Messwerte und Stellsignale übertragen werden.

Da es im Kraftfahrzeug auf hohe Störsicherheit der Datenübertragung ankommt,
wurde bei der Entwicklung des CAN-Busses auf Zuverlässigkeit und auf Maßnahmen zur Fehlererkennung und -behandlung großer Wert gelegt. Inzwischen wird der
CAN-Bus mit Erfolg auch bei industriellen Steuerungen und in der Verfahrenstechnik eingesetzt. Eine Reihe von Herstellern elektronischer Schaltungen hat PC-
Einsteckkarten, Mikrocontroller und Kommunikationsbausteine für diesen Bus entwickelt. Darüber hinaus sind Software-Pakete für die verschiedensten Anwendungen
erhältlich.

Der Bus kann mit einer modifizierten RS 485-Schnittstelle betrieben werden. Die
CAN-Anwendergruppe CiA (CAN-in-Automation), die 1992 gegründet wurde,
empfiehlt jedoch, die Schnittstelle nach dem Standard der Norm ISO/DIS-11898,
Schicht 1 aufzubauen. Diese lässt für Feldbusanwendungen eine Buslänge von 1 km
und eine Übertragungsrate von 1 Mbit/s zu. Beim CAN-Bus gibt es keine Teilneh-
mer-Adresse. Wenn ein Teilnehmer eine Nachricht auf den Bus legt, können alle
angeschlossenen Geräte diese Daten empfangen. Was mit der Nachricht geschieht,
ist abhängig von einem sogenannten Identifier, der mit der Nachricht zusammen
übertragen wird. Der Identifier gibt auch an, welche Priorität die übertragenen Daten
besitzen. Als Zugriffsverfahren verwendet CAN ein modifiziertes CSMA-Verfahren

Es handelt sich beim CAN-Bus um ein nachrichtenorientiertes Protokoll. Nach ISO/DIS 11898 können durch den Identifier 2032 Nachrichtenarten unterschieden werden. Industrielle Anwendung hat der CAN-Bus z.B. bei der Steuerung von Textilmaschinen, Aufzügen, Autowaschstrassen usw. gefunden.

12.2.3 INTERBUS-S

Der INTERBUS-S ist in der DIN E 19 258 genormt. Er besitzt eine Ringstruktur und arbeitet nach dem Master-Slave-Verfahren. Der Master sendet ein Telegramm mit den Ausgangsdaten aus, das alle Teilnehmer durchläuft und mit deren Eingangsdaten wieder beim Master eintrifft. Dabei arbeitet das System mit festen Übertragungszyklen. Die Zykluszeit beträgt bei voller Bestückung des Busses mit 42 Teilnehmern 7,2 ms. Sie kann bei entsprechend weniger Teilnehmern bis auf 1 ms verkürzt werden. Die Übertragungsrate ist mit 500 kbit/s angegeben. Die einzelnen Teilnehmer am Bus können bis zu 400 m voneinander entfernt sein. Ohne Einsatz von Zwischenverstärkern (Repeatern) kann die Gesamtausdehnung des Systems 13 km betragen.

Es handelt sich beim INTERBUS-S um einen selbstkonfigurierenden Bus. Es brauchen keine Adressen an die Busteilnehmer vergeben zu werden, weil sich die Reihenfolge des Aufrufs nach der physikalischen Lage der Teilnehmer im Ring richtet. Auch wenn Geräte ausgetauscht oder wenn neue zugefügt werden, sind keine Adressänderungen erforderlich. Es besteht jedoch die Möglichkeit eine Adresszuweisungsliste aufzustellen, die eine von der Busstruktur unabhängige logische Adressierung erlaubt. Die physikalische Übertragung der Daten erfolgt über eine verdrillte Zweidrahtleitung nach der RS 485-Spezifikation oder über Lichtwellenleiter.

Der INTERBUS-S hat sich sehr gut am Markt eingeführt. Es bestehen zwei Usergruppen. Das eine ist die DRIVECOM-Gruppe, die sich um die Anwendung des Busses in der Antriebstechnik kümmert. Die andere Gruppe nennt sich ENCOM-Gruppe. In ihr sind die Messgerätehersteller verbunden, zum Beispiel Firmen, die Drehwinkelgeber herstellen und vertreiben. Die internationale Normung des INTERBUS-S als Feldbus im Sensor-/Aktorbereich erfolgt durch die IEC.

Seit1992 ist ein INTERBUS-S-Protokoll-Chip erhältlich. Er ermöglicht die Ankopplung von Eingabe- und Ausgabekomponenten an das INTERBUS-S-Netzwerk ohne zusätzliches Mikroprozessorsystem und ohne Protokoll-Software. Der Baustein schaltet bis zu 16 Ein-/Ausgabebits mit dem INTERBUS-S zusammen. Die 16 E/A-Bits können für digitale Sensoren und Aktoren genutzt werden. Über Mikroprozessoren bzw. AD- und DA-Umsetzer können auch analoge Signale verarbeitet werden.

Der INTERBUS-S kann auch von PCs oder Industrierechnern aus angesteuert werden. Für PCs und VME-Rechner sind Interfacekarten verfügbar, welche die Kopplung zwischen Rechner und INTERBUS-S hardwareseitig realisieren. Passende Treiberprogramme in den höheren Sprachen BASIC, Pascal und C sorgen für die entsprechende Software-Unterstützung.

12.2.4 PROFIBUS

Der Process-Field-Bus (PROFIBUS) ist in der DIN 19245 genormt. Es handelt sich um einen Feldbus mit hybridem Buszugriffsverfahren. Der Bus kann mehrere Geräte enthalten, die Masterfunktionen ausüben und untereinander Daten austauschen. Außerdem kann er Module enthalten, die mit reinen Slave-Funktionen auskommen. Am Bus angeschlossene Master können z.B. Mikrorechner oder Speicherprogrammierbare Steuerungen sein oder Geräte, die komplexe Regelfunktionen enthalten oder Geräte, die den Steuerablauf auf einem Bildschirm darstellen. Teilnehmer mit reinen Slave-Funktionen sind Sensoren oder einfache Aktoren, die von den Mastern angesprochen bzw. abgefragt werden.

Der Datenverkehr der angeschlossenen Master untereinander erfolgt beim PRO-FIBUS nach dem Tokenbus-Prinzip. Jeder Master kann nach Erhalt des Tokens auf den Bus zugreifen. Alle Master bilden einen durch die Adressen der Teilnehmer festgelegten logischen Ring. Jeder Master bekommt das Senderecht zyklisch zugeteilt. Er kann die anderen Master ansprechen und sich mit ihnen austauschen oder mit den Slaves in Verbindung treten. Dazu ruft er die Geräte mit Slave-Funktionen der Reihe nach auf, gibt Ausgangsdaten an sie ab oder fordert sie auf, Eingangsdaten auszusenden. Das dezentrale Tokenbus-Prinzip und das zentrale Master-Slave-Verfahren bilden in ihrer Kombination das hybride Buszugriffsverfahren des PRO-FIBUSSES.

Der minimale Funktionsumfang für Master- und Slave-Implementierungen ist in der PROFIBUS-Norm DIN 19245, Teil 1 und 2, festgelegt. Es sind dies die sogenannten Pflichtdienste, die aus einer Menge von Diensten der FMS (Field-Message-Specification) ausgewählt sind. Mit Hilfe sogenannter Profile wird die Norm in die Praxis umgesetzt. Dienste und Parameter der DIN-Vorschrift werden problembezogen behandelt. Man unterscheidet Profile der Sensor- und Aktortechnik, der Antriebstechnik oder der allgemeinen Steuerungstechnik.

Das physikalische Übertragungsmedium beim PROFIBUS sind die RS 485-Schnittstelle mit paarweise verdrillter Zweidrahtleitung oder Lichtwellenleiter. Für den Anschluss von PCs, SPS usw. sind Interface-Baugruppen entwickelt worden. Eine solche Baugruppe besteht z.B. aus einer Leiterplatte mit einem EPROM-Speichermodul für das Betriebsprogramm und die Parameterdaten (Teilnehmeradresse, Baudrate usw.), sowie der RS 485-Schnittstelle mit zugehörigen Treiberbausteinen und galvanischer Trennung (Optokoppler). Ferner enthält sie auf einer zweiten Leiterplatte den Mikrocontroller-Baustein sowie RAM-Speicher für die Kopplung mit dem Bus des Steuergeräts.

Während mit dem PROFIBUS die FMS (Field Message Specification) erfüllt wird, wie sie für die Vernetzung großer und intelligenter Geräte erforderlich ist, wird daneben eine Modifikation des PROFIBUS vorgeschlagen, die sich speziell für die kleineren Datenmengen eignet, die mit hoher Geschwindigkeit auf der Sensor-Aktor-Ebene übertragen werden müssen. Es ist dies PROFIBUS-DP, DP steht für Dezentrale Peripherie. PROFIBUS-DP erfüllt nur einen Ausschnitt aus FMS und bedeutet eine Dienstauswahl, die für den Bereich einfacher Geräte ausreicht, die dezentral im Feld angeordnet sind.

Dem PROFIBUS-DP liegt das Master-Slave-Prinzip zugrunde. Eine SPS stellt z.B. den Master dar und die angesteuerten Aktoren und abgefragten Sensoren erfüllen Slave-Funktionen. Der Vorteil ist, dass die Übertragung wegen der fortgelassenen Dienstfunktionen und der geringeren Datenmengen schneller vonstatten gehen kann und dass die Verbindung weniger kompliziert ist und die Baugruppen preisgünstig sind.

Als Übertragungsmedium wurde der Lichtwellenleiter gewählt. Diese Technik gewährleistet optimale Störsicherheit und ermöglicht die für Regelkreise erforderlichen kurzen Reaktionszeiten. Die zu übertragenden Daten gliedern sich in zwei Gruppen: Die für Regelungen erforderlichen Daten umfassen nur wenige Bytes, die aber schnell und synchron übertragen werden. Das geschieht mit einer festgelegten Zykluszeit innerhalb der zyklischen Datenübertragung. Tritt hierbei ein Übertragungsfehler auf, so werden die Daten nicht wiederholt, sondern es wird mit den alten Daten vom letzten Zyklus weitergearbeitet. Tritt der Fehler mehrfach auf, so wird die Übertragung abgebrochen.

Außerdem müssen Parameter, Grenzwerte, Diagnose- und Kommandodaten u.ä. übertragen werden. Dies sind nichtzyklische Daten. Es handelt sich hier um mehr oder weniger größere Datenmengen, die aber keine Echtzeitforderungen erfüllen müssen. Daher wird während eines Zyklus nur jeweils ein Teil dieser Datenmenge übertragen. Die Korrektheit der Übertragung der nichtzyklischen Daten wird durch Quittung und Datenwiederholung bei Störung gewährleistet.

Es sind folgende Zykluszeiten definiert: 62 µs, 125 µs, 250 µs, 500 µs, 1 ms und ganzzahlige Vielfache von 1 ms. Je kleiner die Zykluszeit gewählt wird, desto weniger Antriebe können an einen Ring angeschlossen werden. Eine Steuerung muss dann eventuell auf mehrere Ringe verteilt werden. Typisch ist der Anschluss von 8 Antrieben an einen Lichtwellenleiterring mit 2 ms Zykluszeit bei einer Übertragungsrate von 2 Mbit/s.

Dabei werden z.B. von der Steuerung zu jedem Antrieb folgende Daten übertragen: 32 Bit Sollwert für Geschwindigkeit oder Lage, 16 Bit Grenzwert für das Drehmoment. Von jedem Antrieb werden zur Steuerung 32 Bit Istwert für Geschwindigkeit oder Lage und 16 Bit Istwert für das Drehmoment übermittelt und zusätzlich bis zu 8 kbit/s je Antrieb nichtzyklisch übertragene Daten. Diese Daten werden mit je 2 Byte in die Zyklen eingeschoben. Vom Übertragungsmedium her ist es ohne weiteres möglich, die Übertragungsrate von zur Zeit 2 Mbit/s auf 4 Mbit/s oder sogar 8 MBbit/s zu erhöhen. Die Begrenzung ist vielmehr durch die Rechenzeit der zur Zeit verfügbaren Mikrocontroller gegeben.

12.2.5 ASI-Bus

Der Aktor-Sensor-Bus (ASI) ist ein einfacher Bus auf der untersten Ebene der Automatisierungshierarchie zur Vernetzung von Sensoren und Aktoren. Das ASI-Netz hat Baumstruktur und besteht aus einer ungeschirmten Zweidrahtleitung mit einer Länge von maximal 100 Metern, auf der sowohl Daten als auch Energie übertragen werden können.

Der Buszugriff erfolgt von einem Master aus auf maximal 31 Slaves. Jeder Slave erhält über den Master eine eindeutige feste Adresse. Der Master fragt die Slaves zyklisch der Reihe nach ab. Bei 31 angeschlossenen Slaves ergibt sich dabei eine Zykluszeit von 5 ms. Neben dem Overhead aus Start- und Stopbits zur Synchronisation, der Slave-Adresse und den Bits zur Kontrolle der Datensicherheit enthalten der Masteraufruf und die Slaveantwort je 4 Bit für die Daten. Zwischen dem Master und jedem Slave können daher vier Bits pro Zyklus übertragen werden. Damit lassen sich pro Slave bis zu vier Schaltelemente abfragen oder vier binäre Aktoren bedienen. Pro Busstrang kann daher auf 124 Geräte zugegriffen werden. Die vier Bit je Slave lassen sich auch für intelligente Sensoren und Aktoren verwenden, die mehr als nur ein Schaltbit übertragen. Theoretisch ist auch die Übertragung analoger Daten möglich, wenn mehrere Slaves zusammengefasst werden.

Der Master kann außerdem azyklisch, d.h. zu einem von der Steuerung festgelegten Zeitpunkt, zusätzlich 4 Parameterbits an den Slave senden. Durch diese können Veränderungen in den Schaltelementen ausgelöst werden (z.B. Einstellung der Schaltschwelle, Wahl der Wellenlänge einer Lichtschranke, Einstellung eines Zeitgliedes). Der Master des ASI-Bus befindet sich auf einer Einschubkarte eines PCs oder einer SPS oder er ist über ein Gateway mit einem übergeordneten Bus verbunden. Der Slave kann an beliebiger Stelle des ASI-Bus mittels Schnapptechnik aufgesetzt werden bzw. im Sensor oder Aktor selbst eingebaut sein. Zusätzlich zu den Daten wird über die Zweidrahtleitung elektrische Energie mit 24 V Gleichspannung und maximal 100 mA je Slave zum Betrieb von Slave und Geräten geleitet. Zur Förderung des ASI-Busses haben sich verschiedene Hersteller von Aktoren und Sensoren im ASI-Verein zusammengeschlossen.

12.3   Manufacturing Automation Protocol (MAP) und Factory Automation Interconnection System (FAIS)

Manufacturing Automation Protocols ist ein ISO-OSI-konformer Kommunikationsstandard für den Fertigungsbereich, der seit 1980 unter der Federführung von General Motors entwickelt wurde. Es handelt sich um einen Kommunikationsstandard für Systeme im Industriebereich (z.B. Roboter-PC-Kommunikation). Die erste implementierbare Protokollversion 2.0 wurde im März 1984 von der MAP-Benutzergruppe vorgestellt, der die wichtigsten Hersteller von Automatisierungsprodukten angehören. MAP hat einen langen Entwicklungsprozess hinter sich seit General Motors 1980 die "MAP Task Force"einsetzte. Ziel war es, durch den Einsatz standardisierter Protokolle und festgelegter einheitlicher Schnittstellen die hohen Integrationskosten bei Automatisierungsanlagen in der Fertigung mit Gerätetechnik unterschiedlicher Hersteller zu reduzieren. 1984 wurde MAP Version 1.0 auf der National Computer Conference (NCC) in Las Vegas vorgestellt. 1985 wurde MAP Version 2.1 auf der AUTOFACT 85 in Detroit präsentiert. und 1988 kam es zur Einführung von MAP Version 3.0. MAP 3.0. wird auch als "Full-MAP" bezeichnet.

Wichtigster Bestandteil von MAP3.0 ist MMS, die Manufacturing Message Specification, eine standardisierte objektorientierte Anwendungsschicht für die Integration heterogener Automatisierungssysteme. MMS stellt 86 Dienste für die Kommunikation zwischen Rechnern, Workstations und Automatisierungssystemen zur Verfügung. MMS ist mittlerweile genormt als ISO-Standard 9506.

Neben Full-MAP gibt es auch "Mini-MAP". Es definiert nur die Schichten 1, 2 und 7 und überspringt die Protokollschichten 3 bis 6 des Full-MAP 3.0. Mini-MAP greift direkt von den Diensten der Schicht 2 auf die Anwendungsschicht 7 zu. Man erhält durch diese Modifikationen eine erhebliche Verbesserung des Echtzeit-Verhaltens sowie eine Verringerung des Implementierungsaufwandes.

FAIS oder Factory Automation Interconnection System ist die Bezeichnung für das japanische Projekt zur Verbesserung von Mini-MAP. Neben der Roboter Vereinigung IROFA (International Robotics and Factory Automation Center) und der finanziellen Unterstützung des MITI (Ministry of International Trade and Industry) beteiligen sich namhafte japanische Firmen der Automatisierungsbranche an diesem Projekt. FAIS entspricht hinsichtlich der ISO-OSI-Protokoll-Architektur dem Mini-MAP. Schicht 7 enthält neben MMS die für den vorgesehenen Anwendungsbereich optimierten Komponenten Network Management (NM) und Object Dictionaries (OD).

12.4   OPC-OLE for Process Control

OPC (OLE for Process Control) ist mittlerweile ein Standard der Automatisierungstechnik, der enorme Vorteile bezüglich der Wiederverwendbarkeit von Software bietet. Seitdem es Software gibt, erhofft man sich von der Wiederverwendbarkeit von Software Produktivitäts- und Qualitätsvorteile. Er sollte im Extremfall darin münden, dass Programmieren durch Kombinieren, Konfigurieren und Parametrieren bereits vorhandener Softwaremodule ersetzt werden kann. Leider ist diese Konzeption in der Vergangenheit noch keineswegs zur Realität geworden. Dies lag sowohl an den sich schnell ändernden Anforderungen industrieller Lösungen, an wechselnden Hardwareplattformen und auch am Fehlen allgemein akzeptierter Standards. Und so erfordert nach wie vor jede Änderung oder Anpassung einer bestehenden Software einen erheblichen Zeit- und damit auch Kostenaufwand, wodurch das Interesse an universell einsetzbaren Fertigmodulen ungebrochen ist.

Im Bereich der allgemein akzeptierten Standards hat sich als Folge der Verbreitung der Windows-Betriebssystem-Plattformen deren durchgängiges API-Konzept als de-facto-Standard im PC-Bereich durchgesetzt. Dies gilt auch im Bereiche der industriellen Steuerungen, da diese heutzutage zunehmend auf Industrie-PCs basieren. Im Zuge dieser Entwicklung zum Windows-Standard entstanden verschiedene Techniken, um Softwaremodule über standardisierte Schnittstellen miteinander kommunizieren zu lassen und sie damit unabhängig voneinander zu machen. Ein erster Meilenstein war DDE, Dynamic Data Exchange, das später durch die leistungsfähigere Technik OLE (Object Linking and Embedding) ersetzt wurde. Im Zusammenhang mit der Entwicklung von Windows NT wurde daraus das Common Object Model (COM) entwickelt, das nicht nur zur Interprozess-Kommunikation zwischen Anwendungen dienen soll, sondern im Betriebssystem selbst die Basistechnologie zur Kommunikation zwischen dessen zahlreichen Modulen darstellt.

Das Common Object Model ist ein leistungsfähiger Transportmechanismus für Nachrichten zwischen Objekten, vergleichbar etwa mit einem Netzwerkprotokoll der unteren Ebene zur Übertragung von Datenpaketen. Hier wie dort bleibt das Problem, dass der standardisierte Austausch von Datenpaketen zwar notwendig zur Kommunikation, aber lange noch nicht hinreichend ist, solange eine Verabredung über den Aufbau und die Interpretation der Dateninhalte fehlt.

Diese Lücke wurde für die Belange der Automatisierungstechnik mit OPC (OLE für Process Control) geschlossen. Im Kern handelt es sich bei OPC um eine Verabredung darüber, wie eine Applikation logisch auf Prozessdaten zugreift, unabhängig davon, wie dieser Zugriff physikalisch erfolgt. Darüber hinaus wird diese logische Zugriffsebene vollständig in einem eigenen OPC-Server implementiert, dessen Dienste von der Applikation als Client genutzt werden. Art und Umfang dieser Dienste und Details zur Implementierung sind in der OPC-Spezifikation genau festgehalten und beschrieben.

Durch die Einführung eines Dienstleisters, also eines Servers für Prozessdaten-Zugriffe, der zur Anwendung (Client) hin fest definierte und stets gleiche Funktionen bietet und nur als intimes Geheimnis seiner selbst weiß, wie diese Zugriffe physikalisch erfolgen müssen, ergibt sich eine vollständige Trennung zwischen der Logik einer Steuerungs- oder Automatisierungssoftware und den zugehörigen Zugriffen auf die Hardware. Dementsprechend können die Hardware-Zugriffe innerhalb des OPC-Servers geändert werden, bis hin etwa zu einem völlig neuen Systemkonzept z.B. durch den Ersatz von Peripheriekarten durch einen Feldbus, ohne dass die Applikation hiervon Kenntnis erhalten muss. Darüber hinaus kann jeder Projektbeteiligte dort arbeiten, wo seine Stärken liegen, d.h., der Lieferant der Peripherie liefert einen OPC-Server, der alle Stärken seiner Hardware ausreizt und die Anwendungs-Ingenieure konzentrieren sich auf die Steuerungs-, Automatisierungs- und verfahrenstechnischen Aufgaben.

Das Component Object Model (COM) und damit auch der OPC-Server sind nun nicht an enge Grenzen von Entwicklungsumgebungen und Betriebssystemen gebunden. Die COM-Schnittstellen sind weder an Programmiersprachen noch an Betriebssysteme gebunden. Das bedeutet, ein OPC-Server kann heute auf einem Industrie-PC unter dem Betriebssystem NT und morgen auf einer SPS unter IEC 1131 laufen, während die Steuerungs- und Visualisierungssoftware davon unberührt bleibt. Dies bedeutet ein sehr hohes Maß an Plattformenabhängigkeit und damit eine Garantie für eine lange Lebensdauer von Software.

Ein weiterer wesentlicher Vorteil des OPC-Servers liegt darin, dass er von mehreren Clients gleichzeitig genutzt werden kann. Diese Möglichkeit trägt zur weiteren Modularisierung von Anwendungssystemen bei, denn üblicherweise lassen sich bestimmte Aufgaben innerhalb eines solchen Systems, wie etwa Prozesssteuerung, Visualisierung, Datenarchivierung, Fernabfrage usw., völlig unabhängig voneinander realisieren. All diese Module können nun als eigenständige Clients um einen gemeinsamen OPC-Server herum gruppiert werden. Darüber hinaus sind einige dieser Aufgaben komplett mit Standardprodukten realisierbar, da mittlerweile fast alle von ihnen, z.B. Visualisierungsprogramme, den OPC-Standard unterstützen.

Der Kontakt zwischen einem COM-Client und einem COM-Server kann nicht nur dann hergestellt werden, wenn Client und Server auf dem gleichen Rechner laufen, sondern über Rechnergrenzen hinweg. Das Stichwort hierzu lautet DCOM, das für distributed COM steht. Mit Hilfe der DCOM-Erweiterung von COM kann also ein Client einen Server über Modem- oder Netzwerkverbindungen (Feldbus) nutzen. Bezüglich der Entfernung gibt es grundsätzlich keine Beschränkungen. Die Entfernung kann einige Meter oder den halben Erdball betragen.

Auf Grund der zahlreichen Vorteile der OPC-Technologie, der breiten Unterstützung durch die Hersteller von Standardsoftware und der breiten Akzeptanz in den Reihen der Automatisierungsindustrie ist davon auszugehen, dass OPC eine große Zukunft bevorsteht. Das wird zur Folge haben, dass die Hardware-Lieferanten geradezu gezwungen sind, zu ihren Geräten bzw. Peripheriekarten für Automatisierungsanwendungen den OPC-Server standardmäßig mitzuliefern.

13 Klassifizierung von Computersystemen und der Industrie-PC

13.1 Klassifizierung von Computersystemen

Computer, Digitalrechner, sind in unterschiedlichsten Ausführungsformen und für ein sehr großes Spektrum von Problemstellungen verfügbar. Sie lassen sich grundlegend in zwei Klassen einteilen:

- Spezialrechner, die für eine bestimmte Aufgabenstellung „dediziert" entwickelt werden (z. B. Steuerungseinheiten, Prozessrechner, Prozesseinheiten in der Automatisierungstechnik, Spezialprozessoren für die Bildverarbeitung etc.) und

- Universalrechner - General Purpose Computer.

Insbesondere letztere haben durch ihre breite Einsetzbarkeit eine enorme marktwirtschaftliche Bedeutung und eine große Verbreitung erlangt. Universalrechner lassen sich im wesentlichen in 4 Preis/Leistungsklassen einteilen:

- **Supercomputer,**

- **Großcomputer,**

- **Minicomputer,**

- **Arbeitsplatzcomputer (und tragbare Computer)**

Die Zuordnung von konkreten Systemen zu diesen Klassen ist nicht eindeutig und die wesentlichen Leistungsmerkmale befinden sich in einer stürmischen Entwicklung.

Supercomputer sind Rechner, die auf besonders hohe Verarbeitungsleistung ausgelegt sind und werden in der Regel von Spezialisten eingesetzt. Großcomputer sind die "EDV-Arbeitstiere" im Unternehmen. Mehrere 1000 Terminals können über Terminalnetze gleichzeitig angeschlossen und bedient werden. Großcomputer sind besonders gut geeignet um Unternehmensdaten zentral und sicher zu verwalten. (typische Beispiele sind IBM Rechner, Siemens Großcomputer oder IBM-kompatibler Großcomputer im Rechenzentrum).

Minicomputer sind typischerweise als Abteilungsrechner und Prozessrechner in Einsatz, wobei bis zu mehreren 100 Terminals gleichzeitig angeschlossen sein können. Minicomputer haben insbesondere den Anstoß für die verteilte Informationsverarbeitung gegeben. (Beispiele diverse Rechner von DIGITAL VAX, PDP 11; HP 3000 und UNIX - Rechner wie SUN, HP 9000, IBM RS 6000, oder IBM AS 400 etc). Bei Arbeitsplatzcomputern (Personal Computer, Workstation als typischer Vertreter) steht typischerweise einem Benutzer ein Rechner zur Verfügung.

In der bisherigen Computergeschichte (seit den 40-er Jahren) konnte alle 5 bis 6 Jahre eine Leistungssteigerung um Größenordnungen erzielt werden, die als "order of magnitude changes" (Quantensprünge) bezeichnet werden können. Das hat dazu geführt, dass heute PCs zum gleichen Preis wie etwa ein Farbfernsehgerät gekauft werden können, die jedoch über eine größere Leitungsfähigkeit verfügen als Großcomputer in den 70-er Jahren.

In den letzten Jahren hat diese Entwicklung dazu geführt, dass heute extrem leistungsfähige Rechner für jedermann erschwinglich sind und als multimediales Unterhaltungsgerät den Eingang in private Haushalte gefunden haben. Arbeitsplatzcomputer sind heute von praktisch keinem Arbeitsplatz (Sachbearbeiter, Sekretariat, Manager, Lehrer,...) mehr wegzudenken.

Für die Konzeption von Informationssystemen gibt es eine breite Vielfalt an Möglichkeiten, die bei der Auswahl eines Prozessor-Chips beginnt, über die Ausrüstung der Rechner-Hauptplatine und Zusammensetzung eines Rechners bis zur Konfiguration eines komplexen integrierten Systems als Netzwerk führt. Der projektierende Ingenieur kann (muss) eine den Anforderungen der Aufgabenstellung optimal entsprechende Lösung konfigurieren. Die Frage lautet nicht soll er entweder einen Supercomputer, einen Großcomputer, einen Minicomputer oder (mehrere) Mikrorechner einsetzen, sondern wie kann ein vernetztes Gesamtsystem möglichst aus der bestehenden Systemlandschaft heraus entwickelt werden und welche Funktionen werden auf welche Rechner gelegt. Hierzu ist jedoch Wissen um die grundlegenden Komponenten- und Systemmerkmale erforderlich. Der Personal Computer erweist sich als sehr universelles Werkzeug. Er kann als virtuelles Terminal (Terminalemulation) Zugriff auf Daten und Anwendungen von Supercomputern, Großcomputern und Minicomputern ermöglichen, aber auch als Arbeitsplatzrechner in den Büros (individuelle Datenverarbeitung IDV) als Leitrechner in der Produktion, als virtuelles Instrument im Labor oder in der Anlage etc. eingesetzt werden.

Systemhierarchie

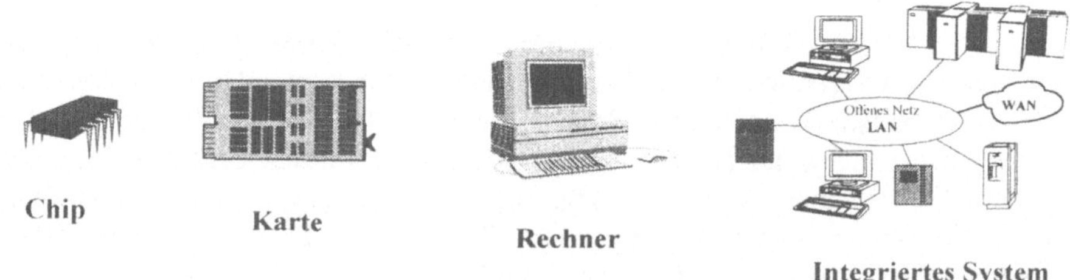

Abb. 13.1: Die Optionsbreite bei der Systemauswahl im Informationsbereich reicht vom Chip bis zum weltweit vernetzten Gesamtsystem

Für die Realisierung betrieblicher und technischer Informationssysteme gibt es heute eine große Fülle an technologischen Alternativen, die sich nach wie vor und mit enormer Geschwindigkeit weiterentwickeln:

-        mehr Flexibilität
-        größere Leistungsfähigkeit
-        offene vernetzte System
-        Client-Server-Architektur

sind kennzeichnend für die Entwicklung. Der PC nimmt in dieser Entwicklung eine sehr wichtige und universelle Rolle ein.

Die eigentliche Triebkraft hinter dem Trend zur Dezentralisierung und Vernetzung sind wirtschaftliche Aspekte. In den 70-er Jahren herrschten zentrale Großcomputer vor und es gab hierfür gute wirtschaftliche Gründe, die sehr treffend im Gesetz von Grosch ausgedrückt wurden (Die Leistungsstärke einer CPU ist proportional zum Quadrat ihres Preises). Durch diese Gesetzmäßigkeit wurde sehr deutlich der Vorteil zentraler Großcomputer ausgedrückt. Wenn man für eine CPU doppelt soviel ausgegeben hat, erhielt man die vierfache Leistung. Diese Beobachtung passte sehr gut in die Großcomputer-Technologie der 60-er bis Mitte der 80-er Jahre und viele Firmen kauften deshalb die jeweils größte Zentralrechnermaschine, die sie sich leisten konnten, um ein Optimum an Leistungsvermögen zu erhalten.

Für die Mikroprozessor-Technologie trifft das Gesetz von Grosch nicht mehr zu. Für ein paar 100 US$ kann man heute eine CPU kaufen, die mehr Anweisungen pro Sekunde ausführt als einer der größten Zentralrechner aus den 70-er Jahren. Die jeweils leistungsfähigsten am Markt verfügbaren Prozessoren werden in möglichst großen Stückzahlen preisgünstig vertrieben und möglichst rasch in Universalrechner eingebaut (Workstation, PC). Wenn man doppelt soviel Geld ausgeben kann, erhält man immer noch dieselbe CPU, die dann vielleicht mit einem etwas höheren Takt läuft. Leistungsfähige Arbeitsplatzrechner haben einen sehr breiten Markt und können so kostengünstig hergestellt werden. Überdies war es von Anfang an die Stärke der Arbeitsplatzrechner, dass sie kommunikationsfähig sind. Als Ergebnis haben wir heute eine Situation, dass es sehr einfach und auch kostengünstig ist, eine große Anzahl CPUs in einem System zu verbinden.

Der wichtigste Grund für die Einführung vernetzter, verteilter Systeme ist, dass man dadurch heute ein besseres Preis-Leistungs-Verhältnis erzielt, als es mit (einem) zentralen System möglich ist. Vernetzte Systeme ermöglichen ein kontinuierliche Leistungssteigerung durch die Zuschaltung (Skalierung) weiterer Rechner (CPUs). Durch die Erfolge der Netzwerktechnologie können somit skalierbare (inkremental wachsende) Systeme geschaffen werden, die an Leistungsvermögen (und insbesondere auch an Preis-Leistungs-Verhältnis) die Machbarkeit zentraler Systeme wesentlich übertreffen. Vernetzte Systeme ermöglichen die schrittweise Erhöhung der Rechenleistung, wenn der Bedarf gegeben ist.

Wesentlicher Vorteil verteilter und vernetzter Systeme ist ihre bessere Zuverlässigkeit. Wenn in einem Netz eine Maschine ausfällt, kann das System als Ganzes weiterarbeiten. Als weiterer Vorteil ist zu nennen, dass Anwendungen bedarfsgerecht auf jene Systeme verlagert werden können, wo sie erforderlich sind (ohne dadurch andere Systeme zu beeinflussen). Allgemein kann man jedoch feststellen, dass Mikrocomputer ein besseres Preis/Leistungsverhältnis als Minicomputer haben. Jenes von diesen ist wiederum besser als das von Großcomputern. Trotzdem kann man daraus nicht ableiten, dass Mikrocomputer schlechthin zu bevorzugen sind. Für jede Klasse von Systemen gibt es typische Anwendungsfälle, in denen diese und gerade diese optimal eingesetzt werden können. Durch eine Vernetzung dieser Systeme, z.B. mit lokalen Computernetzen, die über Fernnetze untereinander verbunden sein können, ergibt sich heute bereits die Möglichkeit äußerst flexible leistungsfähige Informationssysteme aufzubauen. Das dominante Architekturprinzip für Informationssysteme ist das Client-Server-Pinzip.

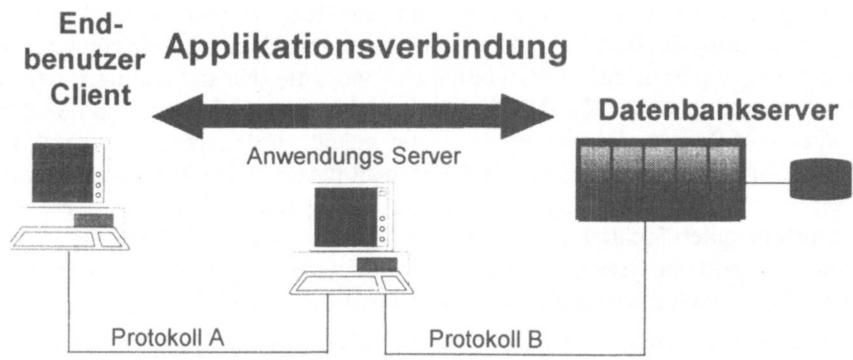

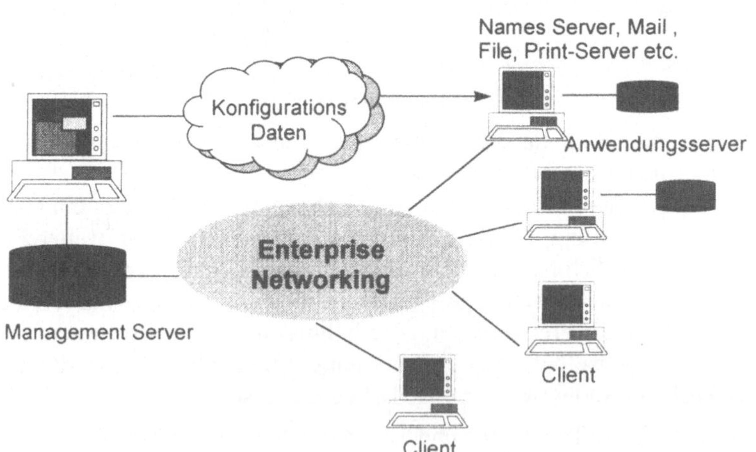

Abb. 13.2: Vernetzte Systeme auf dem Client-Server-Prinzip als Basis für unternehmensweite Informationssysteme

Entsprechend dem Client-Server-Prinzip können nun Rechner hauptsächlich Server- oder Client-Software bereitstellen. Die Groß- und Minicomputer werden vorwiegend Serverdienste für eine große Anzahl Benutzer oder/und Client-Computer bereitstellen. Sie werden heute überwiegend vertrieben unter Bezeichnungen wie Web- oder LAN-Server, Abteilungsserver, Unternehmensserver oder Superserver. Für Client-Computer sind auch unterschiedliche Ausprägungen üblich: tragbare Computer, PDAs (Personal Digital Assistants), anwendungsspezifische PCs, Notebooks, Laptops, Desktops etc.

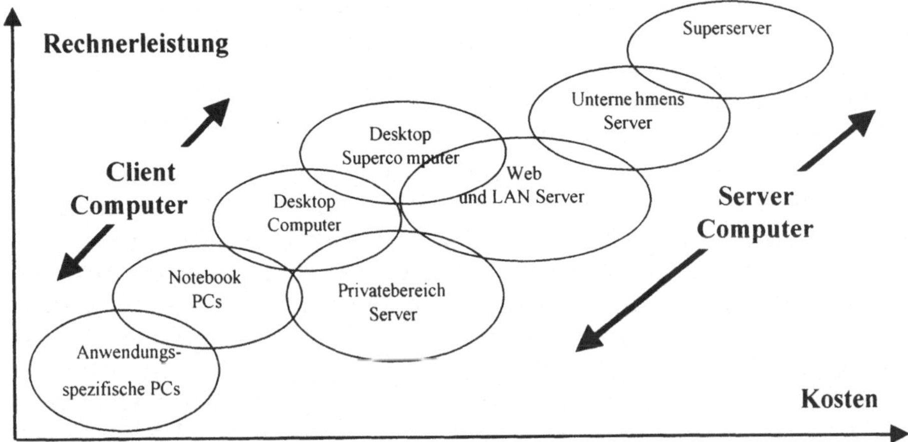

Abb. 13.3: Rechnerklassifizierung in Anlehnung an das Client-Server-Prinzip

13.2   Der Personal Computer in der Automatisierungstechnik - Industrie PC

Industrie-PCs (IPCs) sind die störsichere, temperatur- und vibrationssichere Ausgabe des Personal Computers. Sie sind ebenso flexibel wie der PC in Hardware und Software. Diese Flexibilität hat wesentlich für den Durchbruch des PCs im Büro und als Arbeitsplatzrechner für Sachbearbeiter, Techniker und Ingenieure beigetragen. Industrie-PCs eroberten sich seit den 90-er Jahren zunehmend einen festen Platz in der Messwertverarbeitung und in der Automatisierungstechnik. Die Entwicklung der Mess- und Automatisierungstechnik seit den 50-er Jahren ist weitgehend geprägt durch eine ständige Zunahme an Flexibilität, die durch die Entwicklung der Elektronik ermöglicht wurde.

In der Automatisierungstechnik der 60-er Jahre waren elektromechanische Relais- und Schützensteuerungen zunehmend umfangreich und unflexibel geworden. Die Funktionen wurden durch die Verdrahtung während des Aufbaues festgelegt. Bei Messgeräten war es bis in die 90-er Jahren üblich, dass für jede Messaufgabe ein speziell hierfür aufgebautes und als Einheit handhabbares Gerät eingesetzt wurde (wird). Es folgte ein kurzer Wettkampf in der Steuerungstechnik zwischen elektrischen und pneumatischen Steuerungen, wobei insbesondere die elektronischen Gatterschaltungen (UND-, ODER-, NICHT-Schaltkreise, Boolesche Schaltkreise) als klarer Sieger hervorgingen. Diese konnten relativ einfach auf gedruckten Schaltungen verschaltet werden und in großen Stückzahlen kostengünstig gefertigt werden. In den USA wurde für General Motors die "Speicherprogrammierbare Steuerung" -

SPS entwickelt und überzeugte vor allem wegen der großen Flexibilität. Funktionsänderungen, die zum Alltag der Inbetriebnahme einer automatisierten Anlage gehören, sind mit einem Programmiergerät durch Änderung von Speicherinhalten wesentlich einfacher durchführbar als durch Hardwareänderungen mit Lötkolben und Abisolierzange. In der Messtechnik wurden bereits in den 70er Jahren flexible, über Bussysteme verbindbare und programmierbare, Messsysteme entwickelt. Insbesondere HP mit dem HP-IP Bus und den in Basic programmierbaren Messgeräten hat hier eine Vorreiterrolle eingenommen. Mit Prozessrechnern gelang es schließlich komplexe Leitsysteme, zentrale und kompakte Leitstände, rechnergeführte Steuer-, Regel-, Mess- und Prüfsysteme zu realisieren.

Wie in allen Bereichen wurden insbesondere auch Prozessrechner immer kleiner und die-SPS Technik wurde immer kompakter. Aus dem von IBM in den frühen 80-er Jahren eingeführten PC ist ein sehr leistungsfähiges kostengünstiges universell einsetzbares uns somit sehr flexibles „OFFENES SYSTEM" geworden. Automatisierung im Büro, im Verwaltungsbereich (Digitalrechner, PC) und im Fertigungsbereich (SPS, Prozessrechner) wird zunehmend verzahnt bzw. integriert. Das Schlagwort ist CIM (Computer Integrated Manufacturing): die vollständige Vernetzung von Auftragsbearbeitung, Produktionsplanung, Fertigung / Produktion, Kostenrechnung etc. Der universelle PC übernimmt in der rauen industriellen Umgebung aufgabenorientierte Funktionen von SPS und Messsystemen. Mit der Aufgabenstellung (Büro-) PCs an die rauen Anforderung von Fertigungs- und Produktionsumgebungen anzupassen, wurde der Industrie-PC - IPC - geboren. Mit dem IPC können sowohl Funktionen aus dem Bürobereich, dem Bereiche der Steuerungstechnik (SPS) und der rechnergesteuerten Messtechnik (IEC-BUS) realisiert werden.

Der Begriff „Industrie-PC" weist ganz klar auf seine zwei Wurzeln hin:

-     PC steht für die Herkunft aus dem durch IBM eingeführten Personalcomputerbereich: INTEL Prozessor 80x86 Prozessor, MS-DOS bzw. Windows Betriebssystem

-     INDUSTRIE steht für besondere Umweltanforderungen aus Produktion und Fertigung. Diese entsprechen den Normen und Prüfvorschriften wie sie für speicherprogrammierbare Steuerungen typisch sind.:

    -   erhöhte Temperaturfestigkeit (0 bis 55 °C)

    -   erhöhte Vibrationsfestigkeit

    -   erhöhte Schockfestigkeit

    -   erhöhte EMV-Festigkeit

Der Industrie-PC vereinigt die Flexibilität und Universalität des PC mit Robustheit der speicherprogrammierbaren Steuerung - SPS. Für unterschiedliche Einsatzfälle haben sich unterschiedliche IPC-Bauformen herausgebildet:

    -       Der tragbare IPC

    -       Der Slot-IPC

    -       IPC im Monitor

    -       IPC im 19-Zoll-Gehäuse

    -       Hutschienen-PC

-       Compact PCI - IPC

Industrie PCs sind sehr leistungsfähige Systeme und werden nicht nur von den großen weltweit agierenden Konzernen angeboten. Es gibt in Deutschland und auch in Österreich eine große Anzahl namhafter und sehr erfolgreicher auch kleinerer Anbieter (z.B. die österreichische Fa. SIGMATEK).

Eine wichtige Anforderung an einen Industrie-PC ist, dass alle Komponenten langfristig verfügbar sein müssen, damit sie im gesamten Lebenszyklus einer Anlage verfügbar sind. Diese Forderung ist im sehr kurzlebigen PC-Geschäft vielfach nicht sichergestellt. Durch seine spezielle Bauweise ist ein Industrie-PC im Vergleich zu normalen PCs mechanisch und elektrisch robuster und hat daher eine wesentlich höhere Lebensdauer. Der Modellwechsel findet in der Regel auch nicht laufend statt, sondern die Produktlinien werden über einen möglichst langen Zeitraum gleich gehalten. Die verschiedenen Bauformen sind an den Einsatzort angepasst, d.h. es gibt nicht nur Tisch- und Tower-Geräte sondern auch Geräte für 19" Schrankmontage, Wandmontage sowie tragbare Geräte mit Platz für Erweiterungen.

An Industrie-PCs werden die härtesten Anforderungen hinsichtlich Zuverlässigkeit gestellt, daher werden neue Hardware-Technologien erst dann eingesetzt, wenn sie sich bewährt und als fehlerfrei herausgestellt haben. Auch die Stromversorgung ist an den Einsatzort angepasst. Gleich- und/oder Wechselspannung mit oder ohne Notstromversorgung finden Anwendung. Die spezielle Bauweise der Gehäuse garantiert, dass im Innenraum weder Staub noch Feuchtigkeit angesammelt werden kann, wodurch sich die Lebenserwartung drastisch reduzieren würde.

Alle Systeme sind in der Regel so ausgelegt, dass sie große Sicherheitsreserven haben und für den Dauerbetrieb ausgelegt sind, der keine Bedienung oder Wartung erfordert. Ein Industrie-PC verwendet in der Regel dieselbe CPU wie jeder normale PC. Die Rechenleistung ist daher beim selben CPU-Typ gleich. Bei der Auswahl der CPU gibt es jedoch noch andere Kriterien als die Rechenleistung. So ist in vielen Fällen die Stromaufnahme ein Kriterium und vor allem die Zuverlässigkeit. Für eine schnelle CPU mit viel Speicher wird man sich entscheiden, wenn hohe Rechenleistung gefordert ist. Das trifft bei aufwendigen grafischen Darstellungen, Server- Anwendungen und allen rechenintensiven Programmen zu. Es sind bei Industrie-PCs jedoch nach wie vor noch sehr alte Prozessoren (80386 SX, 80486 DX etc.) im Einsatz. Hierzu gibt es viele gute Gründe, zu diesen zählen etwa der Stromverbrauch (ein 30386SX benötigt nur 5-10 Watt für den Betrieb) oder die Zuverlässigkeit. Erprobte CPUs sind ausgereift und fehlerfrei. MTBF-Zeiten (meantime between failure) von über 200.000 Stunden werden erreicht, das man bei den jeweils neuesten Prozessoren (noch) nicht garantieren kann.

Mutterplatinen wie in einem normalen PC werden in Industrie-PCs kaum verwendet. Bei Industrie-PCs kommen hauptsächlich passive Busplatinen (Backplanes) und Slot-CPUs zum Einsatz. In die passive Busplatine wird die Slot-CPU eingesetzt. Diese Anordnung ist servicefreundlich, weil nur die Slot-CPU beim Tausch ausgebaut werden muss. Die Slot-CPU ist auch wesentliche Robuster als eine kommerzielle Mutterplatine. Sie ist so leistungsfähig, dass man ohne weiteres eine Busplatine mit 20 Slots einsetzen kann. Eine passive Busplatine steht vielfach anstelle der Mutterplatine (Mainboard). Es gibt sie für 3 bis 20 Slots wahlweise für AT-Bus und gemischt für AT und PCI- Bus.

Auch ein Industrie-PC kann einmal "abstürzen". Damit das nicht zum Problem wird gibt es "Watchdogs". Damit wird erreicht, dass der IPC sich selbst prüft. Er kann so programmiert werden, dass sich die Software regelmäßig bei der Hardware meldet. Die Hardware wartet eine gewisse Zeit ab. Meldet sich die Software nicht mehr, so veranlasst die Hardware einen Kaltstart. Dazu ist kein Personal nötig.

Laufwerke sind die empfindlichsten Teile eines PCs. Dies gilt sowohl hinsichtlich Temperaturbereich als auch hinsichtlich der Stoß- und Vibrationsfestigkeit. Daher müssen die Laufwerke eines Industrie-PCs besonders geschützt werden. Um ein mechanisches Laufwerk vor Stößen und Vibrationen zu schützen, muss es elastisch aufgehängt werden. Das ist auch bei einem mobiltauglichen Computer erforderlich. Gegen Temperaturen unter 0 Grad gibt es bei Festplatten bis jetzt kein Mittel außer einer Heizung. Es bilden sich Eiskristalle auf der Oberfläche der Datenträger. Beim Einschalten kann die Mechanik bleibenden Schaden erleiden.

Je nach Aufstellungsort müssen die Geräte allgemein, aber auch Industrie-PCs, einen entsprechenden Schutz (Schutzart) aufweisen. Die Schutzart ist durch die Buchstaben "IP" = "international protection" und einer zweistelligen Kennziffer definiert. Ein normales Bürogerät etwa hat die Schutzart IP20 bis IP30. Ein minimaler Industrie-PC besitzt ein Staubfilter, was der Schutzart IP40 entspricht, bei dem noch kein Wasserschutz erforderlich ist. .Völlig staubdichte Geräte, die auch gegen Sprühwasser geschützt sind, entsprechen der Schutzart IP43.

Industrie-PC-Netzteile müssen besonders störfest bezüglich der Stromversorgung sein. Auch wenn die Netzteile für die Stromversorgung genauso aussehen wie bei normalen PCs, müssen sie Störspitzen aus dem Netz weit besser absorbieren können als normale PCs. Redundante Netzteile, zwei Netzteile im Parallelbetrieb sind sicherer als eines. Die Leistung von einem muss jedoch genügen, um den Computer zu betreiben. Sind beide in Ordnung, so laufen Sie auf maximal halber Last. Das erhöht auch die Lebensdauer.

Für Industrie-PCs, die auf dem PCI-Bus basieren, gibt es einen breiten Standard, Compact-PCI, der von mehr als 400 Unternehmen unterstützt wird. National Instruments bietet leisungsfähige Systeme an, die diesem Standard entsprechen. Sie sind für Embedded Compact-PCI-Computer gedacht, die u.a. maximale Leistung und höchste System-Performance mit dem Intel Pentium III Prozessor bereitstellen. Leistungsstarke Industrie-PCs dieser Serie verfügen über die neuesten 700 MHz und den 450 MHz Intel Prozessoren jedoch in einer kompakten 3U Eurocard-Größe. Sie sind mit einer Fülle von PXI- und Compact-PCI-Modulen ausbaubar und laufen unter Windows 98 oder Windows NT. PXI steht für PCI eXtensions für die Instrumentierung und ist eine offene, von der PXI-System-Allianz geleitete, Spezifikation.

Tabelle 13.1: Schutzarten

Erste KZ	Berührungsschutz	Fremdkörperschutz	Zweite KZ	Wasserschutz
0	Kein besonderer Schutz		0	Kein besonderer Schutz
1	Gegen große Körperflächen	Große Fremdkörper >50mm	1	Gegen senkrecht fallendes Tropfwasser
2	Gegen Finger oder ähnlich große Gegenstände	Mittelgroße Fremdkörper Durchmesser >12mm	2	Gegen schräg fallendes Tropfwasser (bis 15° Abweichung von der Senkrechte)
3	Gegen Werkzeuge, Drähte und ähnliches mit einer Dicke >2.5mm	Kleine Fremdkörper Durchmesser >2.5mm	3	Gegen Sprühwasser (beliebige Richtung bis 60° Abweichung von der Senkrechten).
4	Gegen Werkzeuge, Drähte und ähnliches mit einer Dicke >1mm	Kornförmige Fremdkörper Durchmesser > 1mm	4	Gegen Spritzwasser aus allen Richtungen
5	Vollständiger Schutz	Staubgeschützt; Staubablagerungen sind zulässig, dürfen aber in Ihrer Menge nicht die Funktion des Gerätes gefährden.	5	Gegen Strahlwasser aus einer Düse aus allen Richtungen
6	Vollständiger Schutz	Staubdicht	6	Gegen Überflutung
			7	Gegen Eintauchen
			8	Gegen Untertauchen

Literatur

[Bauer, 1971]   Friedrich Bauer, Gerhard Goos; **Informatik**; Heidelberger Taschenbücher - Springer-Verlag, Sammlung Informatik, 1971

[Box, 1998]   Don Box, Inside COM, Addison Wesley, 1998

[Brockschmidt, 1995]   Kraig Brockschmidt, Inside OLE2, Microsoft Press, 1995

[Eckl, 1997]   Georg Eckel, William Stehen; **Intranets**, Carl Hanser Verlag, 1997

[Chappell, 1997]   David Chappell; **ActiveX und OLE verstehen**, Mierosoft Press, 1997

[Heinrich, 1992]   Lutz J. Heinrich; **Informationsmanagement, Planung, Überwachung und Steuerung der Informationsinfrastruktus**; Oldenbourg Verlag, 1992

[Heinrich, 1994]   Lutz J. Heinrich, Franz Lehner, Friedrich Roithmayr; **Informations- und Kommunikationstechnik**; Oldenbourg Verlag, 1994

[Jacobson , 1992]   I. Jacobson; **Object Oriented Software Engineering**, Addison Wesely, 1992

[Jamal, 1999]   Jamal, Philip Krauss; **LabVIEW - Das Grundlagenbuch**, Prentice Hall, 1999

[Jamal, 1995]   Jamal Rahman, Erhart: **Meßdatenerfassung mit LabWindows**; Franzis Verlag, 1995

[Jamal 1997]   R. Jamal, H. Pichlik: **LabVIEW - Programmiersprache der vierten Generation**, Prentice Hall Verlag 1997.

[Jamal 1997]   R. Jamal, H. Jaschinski: **Virtuelle Instrumente in der Praxis** (VIP '97), Anwendersymposium, Praxiswissen Elektronik Industrie, Hüthig-Verlag 1997.

[Jamal 1997a]   R. Jamal, P. Krauss: **LabVIEW – Das Grundlagenbuch**, Prentice Hall Verlag 1998.

[Jamal 1998b]   R. Jamal, H. Jaschinski: **Virtuelle Instrumente in der Praxis - Meßtechnik**, Tagungsband zum Anwendersymposium VIP' 98, Hüthig-Verlag 1998.

[Jamal 1998c]   R. Jamal, H. Heinze: **Virtuelle Instrumente in der Praxis – Automation**, Tagungsband zum Anwendersymposium VIP' 98, VDE-Verlag 1998.

[Jamal 1998d]   R. Jamal, H. Pichlik: **LabVIEW Applications**, Prentice Hall 1998.

[Johnson, 1997]   G. Johnson; **LabVIEW Graphical Programming**, MaGraw Hill 1997

[Johnson, 1998]   G. Johnson; **LabVIEW Power Programming**, MaGraw Hill 1998

[Kellermayr, 1986]   Kellermayr Karl; **Lokale Computernetze - LAN**, Springer Verlag ,1986

[Kelm, 1999]   Joachim Kelm (Hrsg.) et.al.; **USB-Universal Serial Bus**; Franzis Verlag, 1999

[Klußmann, 1999]   Niels Klußmann, **Lexikon der Kommunikations und Informationstechnik**, Hüthig Verlag, 1999

[Küpfmüller, 1958]   Küpfmüller, K; **Informationsverarbeitung durch den Menschen**, Nachrichtentechnische Zeitschrift, NTZ 12, 1958, Seite 68-64

[Meyer, 1990]   Software-Qualität (Meyer, 1990).

[Neumann, 1963]   Burks A. W., Goldstine H.H., von Neumann J.; **Preliminary Discussion of the Logical Design of an Electronic Computing Instrument**; in Taub A. H. (Herausgeber), Collected Works of John von Neumann, Vol. 5, Macmillan, New York, 1963, Seite 34-79

[NI, 1999]   Evalluierungsversion von LabVIEW, Graphische Programmierung zur Instrumentierung; Kostenlose Evaluarisierungssoftware und Kurzbeschreibung (Einführungs – Tutorial); National Instruments Corp. Austin USA, Ausgabe 1999

[Rechenberg, 1994]   Rechenberg P, **Was ist Informatik - Eine allgemeinverständliche Einführung**; Carl Hanser Verlag München Wien, 1994

[Rechenberg, 1997]   Peter Rechenberg, Gustav Pomberger; **Informatik - Handbuch**; Carl Hanser Verlag München Wien, 1997

[Siegmund, 1998]   Gerd Siegmund, **Technik der Netze**, Hüthig Verlag, 1998

[Steinbuch, 1967]   Karl Steinbuch; **Taschenbuch der Nachrichtenübertragung**, Springer - Verlag 1967

[Steinmetz, 1995]   Ralf Steinmetz; **Multimedia Technologie, Einführung und Grundlagen**; Springer Verlag, 1995

[Wells, 1997]   Lisa Wells, Jeffrey Travis; **Das LabVIEW - Buch**; Prentice-Hall Verlag, 1997

[Zerdick, 1999]   Axel Zerdick (et.al.); **Die Internet-Ökonomie, Strategien für die digitale Wirtschaft**; European Communication Council Report, Springer Verlag, 1999

Stichwortverzeichnis

E

F

G

H

N

P

O

SpringerInformatik

Johann Blieberger,
Johann Klasek,
Alexander Redlein,
Gerhard-Helge Schildt,

Informatik

Dritte, erweiterte Auflage
1996. XI, 418 Seiten. 183 Abbildungen.
Broschiert DM 60,–, öS 420,–
ISBN 3-211-82860-5
Springers Lehrbücher der Informatik

Das Buch ist eine unkonventionelle, auf intuitives Verständnis ausge-
richtete Einführung in jene Aspekte der Informatik, die nicht ausschließlich die Entwicklung von Software betreffen.

Trotz der breit angelegten Diskussion sehr heterogener Teilgebiete
bleibt der Blick auf das Gesamtsystem erhalten. Beim Leser werden
aber keine besonderen Vorkenntnisse vorausgesetzt.

Für die dritte Auflage wurde das Buch komplett überarbeitet und auf
den neuesten Stand gebracht.

SpringerWienNewYork

A-1201 Wien, Sachsenplatz 4–6, P.O.Box 89, Fax +43.1.330 24 26, e-mail: books@springer.at, Internet: **www.springer.at**
D-69126 Heidelberg, Haberstraße 7, Fax +49.6221.345-229, e-mail: orders@springer.de
USA, Secaucus, NJ 07096-2485, P.O. Box 2485, Fax +1.201.348-4505, e-mail: orders@springer-ny.com
Eastern Book Service, Japan, Tokyo 113, 3–13, Hongo 3-chome, Bunkyo-ku, Fax +81.3.38 18 08 64, e-mail: orders@svt-ebs.co.jp